औपनिवेशिक भारत में विज्ञान, प्रौद्योगिकी और आयुर्विज्ञान

भारत का नया कैंब्रिज इतिहास

III.5

डैविड आर्नोल्ड
स्कूल ऑफ़ ओरिएंटल एंड अफ्रिकन स्टडीज
लंदन विश्वविद्यालय

अनुवाद
शैलेन्द्र

वाणी प्रकाशन

वाणी प्रकाशन
4695, 21-ए, दरियागंज, नयी दिल्ली 110 002
फ़ोन : +91 11 23273167 फ़ैक्स : +91 11 23275710
शाखाएँ
अशोक राजपथ, पटना 800 004, बिहार
कॉफ़ी हाउस कैम्पस, महात्मा गांधी मार्ग, इलाहाबाद 211 001, उत्तर प्रदेश
महात्मा गांधी अन्तरराष्ट्रीय हिन्दी विश्वविद्यालय, वर्धा 442 001, महाराष्ट्र
सुल्तानिया रोड, नजदीक पानी टंकी, मोतिया पार्क, भोपाल 462 001, मध्य प्रदेश
www.vaniprakashan.in
marketing@vaniprakashan.in
sales@vaniprakashan.in

AUPNIVESHIK BHARAT MEIN
VIJNAN, PRAUDYOGIKI AUR AAYURVIJNAN
by David Arnold
Translated by Shalendra

ISBN : 978-81-8143-347-3
Science

प्रथम संस्करण 2005
आवृत्ति 2019

मूल्य : ₹ 299

सिटी प्रेस, दिल्ली-110 095 में मुद्रित

वाणी प्रकाशन का लोगो मक़बूल फ़िदा हुसेन की कूची से

अनुक्रमणिका

चित्र

सहारनपुर में एच.ई.आई.सी. के वानस्पतिक उद्यान का खाका, 1831
वैलकम ट्रस्ट की अनुमति से प्रकाशित, पृष्ठ 75

प्रधान संपादक की प्रस्तावना

'द न्यू कैंब्रिज हिस्ट्री ऑफ़ इंडिया' के विषय-विवेचन की अवधि सोलहवीं शताब्दी के आरंभ से शुरू होती है। कुछ मामलों में यह कैंब्रिज द्वारा प्रस्तुत इतिहासों की शैली में आमूल परिवर्तन करता है, लेकिन अन्य मामलों में संपादक मानते हैं कि वे संस्थापित शैक्षिक परंपरा के अंतर्गत ही अपना विवेच्य विषय प्रस्तुत कर रहे हैं।

1896 की ग्रीष्म ऋतु में एफ.डब्ल्यू. मेटलैंड और लॉर्ड एक्टन ने संयुक्त रूप से विस्तृत आधुनिक इतिहास तैयार करने की योजना पर विचार-विमर्श किया। साल के अंत तक यूनिवर्सिटी प्रेस के अधिकारियों ने 'कैंब्रिज मॉडर्न हिस्ट्री' के प्रकाशन का संकल्प लिया और लॉर्ड एक्टन को इसका प्रभार सौंपा। आशा की गई कि 1899 में प्रकाशन का प्रारंभ होगा और 1904 तक उसे पूरा कर लिया जाएगा, लेकिन यथार्थ में प्रथम खण्ड 1902 में और अंतिम खण्ड 1910 में प्रकाशित हुए और 1911-12 में सारणियों और मानचित्रों वाले अतिरिक्त खण्ड जोड़े गए।

'हिस्ट्री' को भारी सफलता मिली और इससे उत्साहित होकर कैंब्रिज इतिहासों की विशिष्ट शृंखला प्रकाशित की गई जिसमें अंग्रेजी साहित्य, प्राचीन विश्व, भारत, ब्रिटिश विदेशनीति, आर्थिक इतिहास, मध्ययुगीन इतिहास, ब्रिटिश साम्राज्य, अफ्रीका, चीन और लैटिन अमेरिका जैसे विविध विषय शामिल हैं और आज भी नए-नए प्रकाशन तैयार किए जा रहे हैं। वास्तव में, विभिन्न इतिहासों ने कैंब्रिज यूनिवर्सिटी प्रेस को कला और सामाजिक विज्ञानों में संदर्भ-ग्रंथों के प्रकाशन के लिए पर्याप्त ऊर्जा प्रदान की है।

कैंब्रिज इतिहासों को इतना विशिष्ट स्थान इसलिए प्राप्त हुआ है क्योंकि वे महज शब्दकोश अथवा विश्वकोश नहीं हैं। एच.एन.एल. फिशर ने ठीक ही कहा है कि इतिहास हमेशा 'विशेष अध्ययन से प्राप्त आधुनिकतम निष्कर्षों का उपयोग करते हुए विशेषज्ञों के दल' द्वारा लिखा गया है। तथापि, जैसाकि एक्टन ने 1896 में प्रेस अधिकारियों से इस बात पर सहमति जताई कि इतिहास उपलब्ध सामग्रियों का संकलन मात्र नहीं रहे हैं, अपितु वे मौलिक कृतियाँ हैं। निस्संदेह, 'इतिहासों' में कई गुणवत्ता की दृष्टि से एक-जैसे नहीं हैं; कुछ तो जल्द ही पुराने पड़ गए हैं, लेकिन उनकी विशेषता यह है कि वे उपलब्ध जानकारी के अभिलेख

न होकर संगत और व्यवस्थित रचनाएँ हैं; उन्होंने अनुसंधान में अभिरुचि पैदा की है और इस कार्य को आगे बढ़ाने में प्रेरणा के महत्त्वपूर्ण स्रोत रहे हैं। इस तरह उनके प्रकाशन दुहरा लाभ प्रदान करते हैं और बौद्धिक दृष्टि से अन्य प्रकार के संदर्भ-ग्रंथों से भिन्न और विशिष्ट स्थान रखते हैं। 'द न्यू कैंब्रिज हिस्ट्री ऑफ़ इंडिया' (भारत का नया कैंब्रिज इतिहास) के संपादकों ने अपनी रचनाओं में इस तथ्य को स्वीकार भी किया है।

अपने मूल रूप में 'कैंब्रिज हिस्ट्री ऑफ़ इंडिया' 1922 और 1937 के बीच प्रकाशित किया गया। आरंभ में इसे छह खण्डों में प्रकाशित करने की योजना थी, लेकिन ईसा की पहली सदी और भारत पर मुस्लिम आक्रमण के बीच की अवधि का विवरण प्रस्तुत करने वाला प्रस्तावित दूसरा खण्ड अब तक प्रकाश में नहीं आ पाया है। इसकी कुछ सामग्रियाँ अभी भी उपयोगी हैं, लेकिन अनेक मामलों में अब यह पुराना पड़ चुका है। पिछले पचास वर्षों में भारत के संबंध में अनेक नई खोजें हुई हैं और हाल की रचनाओं की एक अनूठी विशेषता यह रही है कि भारतीय इतिहास जिस मनमाने कालक्रम और निरपेक्ष रूप में पारंपरिक रूप में बाँटा गया है उसके औचित्य पर उन्होंने गहरी शंका प्रकट की है।

संपादकों का निर्णय था कि नए 'हिस्ट्री ऑफ़ इंडिया' को पारंपरिक ढाँचे में प्रस्तुत करना शैक्षणिक दृष्टि से वांछनीय नहीं होगा। पिछली आधी शताब्दी के भारतीय इतिहास पर अनुसंधान का चयनात्मक स्वरूप अपनाने से प्रस्तावित योजना आरंभ में ही खटाई में पड़ जाएगी और संपूर्ण भारतीय इतिहास को समरूप अथवा व्यापक रूप में प्रस्तुत नहीं किया जा सकेगा। अंततः उन्होंने एक ऐसे 'इतिहास' के प्रस्तुतीकरण की योजना बनाई जो परस्परव्यापी कालानुक्रम वाले चार खण्डों में विभाजित हो और प्रत्येक खण्ड में पृथक् विषय और प्रकरण पर छोटी-छोटी पुस्तकें हों। विस्तार की दृष्टि से यह भले ही एक दर्जन भारी-भरकम ग्रंथों के बराबर लगे, आकृति में 'द न्यू कैंब्रिज हिस्ट्री ऑफ़ इंडिया' एक ऐसी ताक़ जैसी प्रतीत होगा जिस पर भिन्न-भिन्न, किंतु परस्पर पूरक हिस्से संगृहीत हों। इसी योजना के अधीन 'हिस्ट्री' के चार मुख्य विभाजन किए गए :

1. 'द मुगल्स एंड देअर कंटेम्पॉररीज़' (मुग़ल शासक और उनके समकालीन)
2. 'इंडियन स्टेट्स एंड द ट्रैन्ज़िशन टु कॅलोनिऑलिज़्म' (भारतीय राज्य और उनका उपनिवेशीकरण)
3. 'द इंडियन एंपायर एंड द बिगिनिंग्स ऑफ़ मॉडर्न सोसायटी' (भारतीय साम्राज्य और आधुनिक समाज के उपक्रम), और
4. 'द इवोल्यूशन ऑफ कंटेंपॅररि साउथ एशिया' (समकालीन दक्षिण एशिया का विकास)।

जिस प्रकार इन खण्डों की पुस्तकें विषय-वस्तु और कालानुक्रम की दृष्टि

से एक-दूसरे की अनुपूरक हैं, वैसे ही परस्पर-प्रभावी भी हैं। ये विषय को वर्तमान परिप्रेक्ष्य में निरूपित करने और आगे के अनुसंधान के लिए प्रेरणा के रूप में अभिकल्पित हैं। हम यह दावा नहीं करते कि 'न्यू कैंब्रिज हिस्ट्री ऑफ़ इंडिया' अपने विषय पर अंतिम बात कहती है, लेकिन इतना अवश्य मानते हैं कि विषय पर चल रहे विचार-विमर्श में इसकी आवाज अवश्य सुनी जाएगी।

भूमिका

'कैंब्रिज हिस्ट्री ऑफ़ इंडिया' जब कई दशक पूर्व पहली बार प्रकाशित हुआ उस समय से, और विशेषकर पिछले दस-पंद्रह वर्षों में आधुनिक दक्षिण एशिया में विज्ञान, प्रौद्योगिकी और आयुर्विज्ञान के इतिहास में विद्वानों की अभिरुचि तेजी से बढ़ी है। यह अभिरुचि विविध स्रोतों और कार्य-सूचियों से पैदा हुई है, यथा—विज्ञान के इतिहास का यूरोप से उसके समुद्रपारीय उपनिवेशों में पार्श्विक विस्तार; भारत पर पश्चिम के प्रभाव के पुनर्मूल्यांकन का प्रयास (अथवा, इसके विपरीत, पूर्व-औपनिवेशिक विचारों और आचारों की उत्तरजीविता और उनका अनुकूलन) और भारत की आधुनिकता के स्वरूप और परिणामों की खोज; विज्ञान, प्रौद्योगिकी और आयुर्विज्ञान के नाम पर किए गए बड़े-बड़े दावों अथवा उनकी कथित वस्तुनिष्ठता को चुनौती; समकालीन दक्षिण एशिया में विज्ञान, प्रौद्योगिकी और राज्य के बीच गठबंधन के उद्भव (और उनके अशांतकर परिणाम); अथवा फिर दक्षिण एशिया के अध्येताओं को उपलब्ध स्रोतों के विस्तार और प्राचुर्य की बढ़ती स्वीकृति। जैसा कि किसी भी अपेक्षाकृत नए जाँच-क्षेत्र में होता है, कुछ मुद्दे विस्तृत और गहन विचार-विमर्श के हकदार रहे हैं, जबकि कुछ अन्य, जो कम महत्त्वपूर्ण नहीं लगते, मोटे तौर पर अनदेखा कर दिए गए हैं। सामान्यतः, आयुर्विज्ञान और सार्वजनिक स्वास्थ्य व्यापक पुनर्मूल्यांकन के विषय रहे हैं, जबकि विज्ञान के अन्य कई पक्षों, विशेषकर प्रौद्योगिकी, पर औपनिवेशिक युग के शीर्ष काल की पुरानी पड़ती रचनाओं को छोड़कर, नए सिरे से कोई खोजबीन नहीं की गई है। सामान्य तौर पर हम राजकीय नीतियों से सार्वजनिक प्रतिक्रियाओं की अपेक्षा अधिक परिचित हैं; विज्ञान, प्रौद्योगिकी और आयुर्विज्ञान के राजकीय चेहरे को अधिक पहचानते हैं, लेकिन आम जनजीवन और विशेष सामाजिक स्तरों पर इसके प्रभाव को बहुत कम जानते हैं।

प्रस्तुत पुस्तक अठारहवीं सदी के मध्य से बीसवीं सदी के मध्य तक के वैज्ञानिक, प्रौद्योगिक और चिकित्सीय घटनाक्रम का विस्तारपूर्वक सामान्य व्याख्यात्मक सर्वेक्षण करती है, लेकिन यह सर्वसमावेशी होने का दावा नहीं करती। यह अपने विवेच्य विषय को कई काल-खण्डों में बाँटती है और 1890 और 1900 के दशकों को विभाजक-रेखा मानकर अपने विषय का प्रतिपादन करती है। यह संबद्ध घटनाक्रमों को महज तकनीकी रूप में न लेकर हाल के इतिहास के साथ ताल-मेल बिठाते हुए उनके सामाजिक और वैचारिक संदर्भ में जाँचती है और विज्ञान को मात्र वस्तुनिष्ठ

परिघटना अथवा विशेष जीवनी-लेखन का विषय न मानकर एक ऐसी सांस्कृतिक निर्मिति मानती है जिसकी अपनी राजनीतिक कार्यावली और सांस्थानिक संरचनाएँ हैं। यह भारत और पश्चिम के बीच के संबंध को प्रौद्योगिकी के 'स्थानांतरण' अथवा पाश्चात्य वैज्ञानिक विचारों के 'प्रसार' की शब्दावली में सरलीकृत न कर उसकी जटिलता को केंद्रीय महत्त्व देती है। यह विभिन्न परंपराओं से गृहीत विज्ञान, प्रौद्योगिकी और आयुर्विज्ञान के विविध तत्त्वों, जिन्होंने भारत के अतीत और आधुनिकता को अनुप्राणित किया है, की शिनाख़्त करने का प्रयास करती है।

वर्षों तक पुस्तक के विवेच्य विषय की छानबीन करने में जिन लेखकों ने मुझे बहुमूल्य सुझाव दिए हैं, उनमें प्रमुख हैं : माइकल अडास, रॉबर्ट एंडर्सन, नीलाद्रि भट्टाचार्य, पार्थ चटर्जी, इंदिरा चौधरी, एंड्रू ग्राउट, रिचर्डग्रोव, रामचंद्र गुहा, सुमित गुहा, डैविड हार्डिमॅन, मार्कहैरिसन, डगलस हेनिस, श्रुति कपिला, सुदीप्त कविराज, इयानकेर्र, दीपक कुमार, क्लौडिया लाइबेस्काइंड, जिम मैसिलॅस, जॉन पिकस्टोन, मृदुला रमन्ना, पीटर रॉब्बू, सतपाल संगवाँ, सुमित सरकार, संजय शर्मा, एलिज़ाबेथ ह्विटकॉम्ब और माइकल वॉरबॉयज। अनेक मामलों में उनकी रचनाओं से मुझे इस पुस्तक की सामग्री जुटाने में मदद मिली है और मुझे विश्वास है कि मैंने उनके अनुसंधान और सिद्धांतीकरण की मौलिकता बनाए रखी है। मैं वेलकॅम ट्रस्ट और लिवरह्यूम ट्रस्ट का भी इस बात के लिए परम ऋणी हूँ कि उन्होंने मुझे अवकाश-काल में अनुसंधान करने और 1997 में भारत भ्रमण करने के लिए आर्थिक सहायता प्रदान की। मैं ब्रिटेन और भारत के अभिलेखागारों और पुस्तकालयों, विशेषरूप से इंडिया ऑफिस लाइब्रेरी (अब निष्क्रिय), स्कूल ऑफ़ ओरिएंटल एंड अफ्रिकन स्टडीज़, लंदन विश्वविद्यालय, दिल्ली के नेशनल आर्काइव्ज़ ऑफ़ इंडिया और नेहरू मेमोरिअल म्यूज़ियम, मद्रास के तमिलनाडु आर्काइव्ज़, कलकत्ता के नेशनल लाइब्रेरी और रॉकफेलर आर्काइव सेंटर, टैरिटाउन, न्यूयार्क के प्रति भी आभारी हूँ। मैं क्रिस बेली और गॉर्डन जॉनसन को इसके लिए हार्दिक धन्यवाद ज्ञापित करता हूँ कि उन्होंने विज्ञान, प्रौद्योगिकी और आयुर्विज्ञान को 'न्यू कैंब्रिज हिस्ट्री ऑफ़ इंडिया' में शामिल करने की स्वीकृति प्रदान की। कैंब्रिज यूनिवर्सिटी प्रेस की मेरिगोल्ड आकलैंड ने जो प्रोत्साहन और धैर्य प्रदान किया है उसके लिए मैं उनका परम आभारी हूँ। और अंत में जुलिअट मिलर को धन्यवाद देना कैसे भूलूँ जिसने प्रकृति और नोबेल पुरस्कारों से मेरी सहायता की है और जिंदगी के हर सुख-दुःख में मेरा साथ दिया है।

संकेताक्षर

ए आर	'एशियाटिक रिसर्चेज़'
बी एच एम	'बुलिटिन ऑफ़ द हिस्ट्री आफ़ मेडिसिन'
बी जे एच एस	'ब्रिटिश जॅर्नल ऑफ़ द हिस्ट्री ऑफ साइंस'
सी जे एन एच	'कलकत्ता जॅर्नल ऑफ़ नेचुरल हिस्ट्री'
सी आर	'कलकत्ता रिव्यू'
आई सी एस	'इंडियन सिविल सर्विस'
आई ई एस एच आर	'इंडियन इकॉनॅमिक एंड सोशल हिस्ट्री रिव्यू'
आई जे एच एस	'इंडियन जॅर्नल ऑफ़ हिस्ट्री ऑफ़ साइंस'
आई एम जी	'इंडियन मेडिकल गज़ेट'
आई एम एस	'इंडियन मेडिकल सर्विस'
आई आर एफ ए	'इंडियन रिसर्च फ़ंड असोसिएशन'
जे ए एस	'जॅर्नल ऑफ़ एशियन स्टडीज़'
जे ए एस बी	'जॅर्नल ऑफ़ द एशियाटिक सोसायटी ऑफ़ बंगाल'
जे आर ए एस	'जर्नल ऑफ़ द रॉयल एशियाटिक सोसायटी'
एम ए एस	'मॉडर्न एशियन स्टडीज़'
एम एच	'मॉडर्न हिस्ट्री'
एम आर	'मॉडर्न रिव्यू'
एन ए आई	नेशनल आर्काइव्ज़ ऑफ़ इंडिया (नई दिल्ली)
ओ आई ओ सी	ओरिएंटल एंड इंडिया ऑफ़िस कलेक्शन (ब्रिटिश लाइब्रेरी, लंदन)
आर ए सी	रॉक़फेलर आर्काइव सेंटर (टैरिटाउन न्यूयार्क)
एस ए आर	'साउथ एशिया रिसर्च'
एस एच	'स्टडीज़ इन हिस्ट्री'
टी एन ए	तमिलनाडु आर्काइव्ज़ (मद्रास)

अनुवादक की टिप्पणी :

कलकत्ता, बंबई और मद्रास के लिए आरंभ में उनके परिवर्तित नाम, क्रमशः कोलकाता, मुंबई और चेन्नई कोष्ठकों में दे दिए गए हैं, लेकिन बाद में उनके पुराने नाम ही रखे गए हैं।

अध्याय एक

प्रस्तावना : विज्ञान, उपनिवेशवाद और आधुनिकता

आधुनिक भारत में विज्ञान के संबंध में जो सवाल उठाए जाते हैं, वे अनिवार्यतः अन्य देशों के विज्ञान के इतिहास और समाजशास्त्र से जुड़े हैं। वैज्ञानिक ज्ञान का सामाजिक चरित्र क्या है? वैज्ञानिक अन्वेषण कौन करता है और क्यों करता है? विज्ञान किस प्रकार किसी समाज के अंतर्गत और विभिन्न संस्कृतियों के बीच अपनी छाप छोड़ता है? कल तक इतिहासकार और समाजशास्त्री विज्ञान की छानबीन इसके स्वघोषित उद्देश्यों और प्रकृति के संबंध में वस्तुनिष्ठ माने जाने वाले प्रश्नों को ध्यान में रखकर करते थे, परंतु अब इसकी जाँच-पड़ताल इसके आंतरिक व्यवस्थापन, सामाजिक संरचना और सांस्कृतिक प्रभुत्व के संदर्भ में होने लगी है। स्पष्ट है कि विज्ञान आज 'गहन सामाजिक क्रियाशीलता' का रूप ले चुका है, ऐसी 'क्रियाशीलता जो अपने समाज के मूल्यों से तटस्थ और असंपृक्त नहीं रह सकती'।[1] इस धारणा को अब व्यापक स्वीकृति मिली है कि विज्ञान का विकास समरूप न होकर अनेकानेक रूपों में होता है। विकास की यह प्रक्रिया किसी समाज के सांस्कृतिक, राजनीतिक एवं आर्थिक रूप-विधान को प्रतिबिंबित भी करती है और अनुप्राणित भी। इस प्रकार विज्ञान अतीत में स्वीकृत मान्यता की अपेक्षा कहीं अधिक आपातिक और संस्कृति-सापेक्ष रूप में अपने को अभिव्यक्त करता है।[2] वैज्ञानिक अनुसंधान व्यक्तिगत और सामूहिक दोनों स्तरों पर निरपेक्ष रूप में नहीं, अपितु अनुसंधानकों के सांस्कृतिक उत्तराधिकार में प्राप्त ज्ञान, उनके सामूहिक उद्देश्यों की पृष्ठभूमि एवं ठोस प्रकृति से प्राप्त सूचनाओं के आलोक में ही किए जाते हैं।[3]

भारत में दीर्घकालीन औपनिवेशिक शासन की स्थापना के बहुत पहले से ही एक सुव्यवस्थित वैज्ञानिक और प्रौद्योगिक परंपरा रही है। यहाँ विज्ञान, प्रौद्योगिकी और आयुर्विज्ञान के लंबे इतिहास पर विज्ञान के सामाजिक चरित्र एवं सांस्कृतिक विविधता की स्पष्ट छाप परिलक्षित होती है यद्यपि विज्ञान, प्रौद्योगिकी और आयुर्विज्ञान को सामान्य इतिहास-पुस्तकों में अब भी पश्चिमी जगत की देन के रूप में प्रस्तुत किया जाता है परंतु पूर्वापेक्षा अब इस मान्यता को कहीं अधिक स्वीकृति मिल रही है कि ऐसे ऐतिहासिक विवरणों को मात्र यूरोपीय उपलब्धियों का वृत्तांत अथवा

विदेशों में यूरोपीय उद्यम का आख्यान नहीं माना जा सकता। इधर अठारहवीं, उन्नीसवीं और आरंभिक बीसवीं सदी के औपनिवेशिक जगत में विज्ञान के महत्त्व को समझने के गंभीर प्रयास किए गए हैं, विशेषकर उन परिस्थितियों से जिनमें विज्ञान का इतिहास प्रायः साम्राज्यवाद के इतिहास से अविभाज्य रूप में संबद्ध प्रतीत होता है।[4] तथापि, विज्ञान के सामाजिक प्रभुत्व और सामाजिक संदर्भ को समझने के लिए आवश्यक है कि साम्राज्य-प्रणाली, उसके सिद्धांतों एवं माध्यमों के घेरे से बाहर निकलकर उस 'ग्रहणशील' समाज और उस विधि पर विचार किया जाए जिसके अंतर्गत पाश्चात्य विज्ञान को स्वीकृति मिली और देशी ज्ञान-मीमांसा में उसने अपने को प्रतिष्ठापित किया। भारत में विज्ञान के इतिहास को भारत का ही इतिहास माना जाना चाहिए, न कि भारत पर पाश्चात्य विज्ञान के मात्र प्रक्षेपण का इतिहास। प्रस्तुत पुस्तक अठारहवीं सदी के अंतिम चरण से बीसवीं सदी के मध्य तक के भारतीय विज्ञान, प्रौद्योगिकी और आयुर्विज्ञान का एक सामान्य व्याख्यात्मक सर्वेक्षण प्रस्तुत करती है। निश्चय ही इसकी रचना की बुनियाद यह प्रस्थापना है कि दक्षिण एशिया में ब्रिटिश उपनिवेशवाद के पनपने, पल्लवित-विकसित होने और विनष्ट हो जाने की अवधि के भारतीय इतिहास को प्रभावी ढंग से समझने के लिए विज्ञान की केंद्रीय भूमिका को हाल के वर्षों में विशेष मान्यता मिली है।

प्रस्तावना के रूप में यहाँ हमारी प्रस्थापना यह होगी कि दो सौ वर्षों के औपनिवेशिक शासन के दौरान भारत में विज्ञान, प्रौद्योगिकी और आयुर्विज्ञान को निम्नांकित तीन तत्त्वों ने रूपायित किया है :

(क) भारत की अपनी विज्ञान, प्रौद्योगिकी और आयुर्विज्ञान की दीर्घ परंपरा। ये परंपराएँ व्यापक आंतरिक भिन्नताओं से भरी, अनेक ऐतिहासिक प्रभावों से निर्मित और विविध सांस्कृतिक क्रिया-कलापों से संपृक्त थीं। और इन्होंने पश्चवर्त्ती ब्रिटिश शासन के लिए पृष्ठभूमि का निर्माण किया।

(ख) भारत में पाश्चात्य (अथवा 'औपनिवेशिक') विज्ञान, प्रौद्योगिकी और आयुर्विज्ञान के प्रचलन का स्वरूप, उनके सामाजिक और बौद्धिक प्रभाव, उनके सांगठनिक रूप और भारत में औपनिवेशिक शासन तथा यूरोप में महानगरीय विज्ञान के साथ उनके दोहरे संबंध।

(ग) भारत की आधुनिकता के प्रमुख लक्षण के रूप में विज्ञान, प्रौद्योगिकी और आयुर्विज्ञान के प्रभाव। इसमें देशी और पाश्चात्य दोनों स्रोतों के तत्त्व निहित थे और उनकी अभिव्यक्ति साम्राज्यिक विचारधारा तथा राष्ट्रवादी गतिविधियों के बीच विरोध के रूप में होती थी।

हम बारी-बारी से इन तीनों तत्त्वों पर विचार करेंगे।

भारत की वैज्ञानिक परंपराएँ

यह मान लेना गलत होगा कि भारत में कोई एकल वैज्ञानिक परंपरा रही है। एक पुरातन सभ्यता वाले इस देश के सहस्राब्दियों लंबे इतिहास में बहुमुखी मौखिक और लिखित परंपराएँ विकसित होती रही हैं और इनमें देशी तथा विदेशी दोनों तत्त्वों का मिलन होता रहा है। इस विविधता के फलस्वरूप न केवल भारतीय विज्ञान का उसकी संपूर्णता में स्वरूप निर्धारित करना कठिन हो गया है, अपितु अठारहवीं सदी के अंतिम चरण से लेकर आरंभिक उन्नीसवीं सदीपर्यंत पश्चिम में विकसित विज्ञान और प्रौद्योगिकी के साथ उसके अंतःसम्बन्धों का स्वरूप-निर्धारण भी उतना ही दुष्कर है। और तो और, भारत के अंदर भी जिसे प्रायः 'हिंदू' परंपरा कहा जाता है, उसमें अनुभव-जन्य, निरीक्षण-आधारित विज्ञान (जो नक्षत्र-विज्ञान और आयुर्विज्ञान में विशेष रूप में परिलक्षित होता है) समेत वैज्ञानिक चिंतन और आचरण के अनेक सूत्र थे जो ब्रह्मांड-विज्ञान और फलित ज्योतिष संबंधी विश्वासों के बाएँ-दाएँ तथा प्रायः उनके साथ संगति बैठाते हुए क्रियाशील रहे। वैदिक कालीन भारत में जहाँ खगोल-विज्ञान अधिकांश विषयों में धार्मिक अनुष्ठानों से संपृक्त था (क्योंकि यज्ञ और अन्य अनुष्ठानों के लिए विषुव एवं संक्रांतियों का सम्यक् ज्ञान आवश्यक था), वहीं, उत्तर-वैदिक काल और आरंभिक मध्ययुग में खगोल-विज्ञान, त्रिकोणमिति और बीजगणित धर्म और कर्मकांड से असंपृक्त होने लगे। 'सूर्यसिद्धांत' बाद के समय की अत्यंत महत्त्वपूर्ण रचना है। इसके कई अध्याय उपग्रहों की गति और स्थिति, ग्रहणों के स्वरूप और समय-निर्धारण, सूरज और चाँद के उदय तथा अस्त और छल्लेदार गोला जैसे खगोलशास्त्रीय उपकरणों की चर्चा करते हैं, परंतु इसमें विश्वोत्पत्ति तथा 'सूरज और चाँद के कुछ अशुभ पक्षों' का भी उल्लेख मिलता है।[5]

इसमें संदेह नहीं कि सुविज्ञजन भारत की प्राचीन वैज्ञानिक संपन्नता और विविधता को दीर्घकाल से स्वीकार करते रहे हैं, परंतु पिछली दो शताब्दियों से इन्हें अकालपक्व आरंभिक उपलब्धि मानते हुए पश्चवर्त्ती काल में इन्हें ह्रासमान और पतनोन्मुखी मानने की परिपाटी-सी चल पड़ी है। अठारहवीं सदी के अंतिम और उन्नीसवीं सदी के प्रारंभिक चरणों में यूरोपीय प्राच्यविदों ने भारत को एक ऐसे प्राचीन सभ्यता-संपन्न देश के रूप में चित्रित किया है जो प्राचीन ग्रीक और रोमन सभ्यताओं के समकक्ष और कतिपय मामलों में उनसे उच्चतर तथा उनका पुरोगामी था। एक उत्साही लेखक की तो यह भी टिप्पणी है कि 'एशियाई लोगों ने ग्रीसवासियों के द्वारा वर्णमाला सीखने के पूर्व ही विज्ञान के क्षेत्र में उत्कर्ष प्राप्त कर लिया था'।[6] खगोल-विज्ञान, गणित और आयुर्विज्ञान में तो हिंदू विज्ञान ने ईसा के पूर्व ही दक्षता प्राप्त कर ली थी। बाद में वे ही सारे अनुसंधानों के उद्गम-स्रोत बने जिन्हें पाश्चात्य सभ्यता ने ग्रहण कर अपने में समाविष्ट कर लिया। उदाहरणस्वरूप अरबी अंकों और शून्य के प्रयोग को लिया जा सकता है।[7] परंतु इस प्राच्यशास्त्रीय

व्याख्या के अनुसार भारतीय सभ्यता अपनी आरंभिक उपलब्धियों को अक्षुण्ण रखने में असमर्थ थी जिसके फलस्वरूप वह आगे चलकर पतनोन्मुखी हो गई। इस पतनोन्मुखी स्थिति में प्राचीन ग्रंथों पर आँख मूँदकर विश्वास किया जाने लगा, निरीक्षण का स्थान परंपरा ने ले लिया और धर्म ने विज्ञान को पदच्युत कर दिया। इसका आंशिक कारण तो निश्चय ही हिंदू समाज के भीतर बढ़ती वर्णव्यवस्था और धार्मिक अंधविश्वास था, परंतु ईसा की ग्यारहवीं सदी के बाद दक्षिण एशिया में इस्लामी ताकत का अभ्युदय भी एक प्रमुख कारक था। इस्लाम ने कतिपय निजी वैज्ञानिक और प्राविधिक कौशल का समावेश तो कराया, परंतु मुख्य रूप से इसे प्राचीन सभ्यता के अवशेषों के विध्वंसक के रूप में ही देखा गया। 1707 के बाद मुग़ल साम्राज्य का पतन, भारत का परस्पर विरोधी गुटों और क्षेत्रीय राज्यों में विभाजन और परिणामस्वरूप उत्पन्न 'अराजकता' के युग भारतीय विज्ञान, प्रौद्योगिकी एवं आयुर्विज्ञान में उत्पन्न गतिरोध और ह्रास के लिए उत्तरदायी माने गए। स्पष्ट है कि दक्षिण एशिया में पाश्चात्य विज्ञान के प्रचार-प्रसार में भारतीय विज्ञान ने मात्र उपोद्घात का काम किया, क्योंकि शताब्दियों की अवनति एवं अल्पदृश्यता के पश्चात् ब्रिटिश शासन ने पाश्चात्य जगत के अधिक विकसित वैज्ञानिक और प्राविधिक ज्ञान के द्वारा इसे अँधेरे से निकालकर उजाले में खड़ा किया। इससे स्पष्ट है कि भारतीय ज्ञान-विज्ञान के संबंध में प्राच्यविदों के मत के तीन पक्ष रहे हैं : प्राचीन भारतीय सभ्यता की महत्त्वपूर्ण उपलब्धियाँ, मुस्लिम मध्ययुग में इस सभ्यता का अधःपतन, तथा आधुनिक ब्रिटिश औपनिवेशिक काल का प्रबुद्ध शासन एवं वैज्ञानिक प्रगति। इस उपमहाद्वीपीय विज्ञान के विषय में इस मत को व्यापक स्वीकृति मिली है। यह एक ऐसी युक्ति है जिसका उपयोग न केवल ब्रिटिश विद्वानों, अधिकारियों और विवादियों ने वरन् अनेक भारतीयों ने भी किया है। इसने उन्हें अतीत और भारतीय परंपरा तथा आधुनिकता में विज्ञान के संबंध में अपनी समझ बनाने का आधार प्रदान किया है। आज भी ऐसे भारतीय लेखक हैं जो स्पष्टतः सखेद टिप्पणी करते हैं कि भारतीय विज्ञान की 'सर्जनात्मक चेतना' बारहवीं तथा मध्य-उन्नीसवीं सदी के अंतराल में अपने अपकर्ष के 'निम्नतम बिंदु' पर पहुँच गई थी।[8]

परंतु, हाल के वर्षों में कुछेक इतिहासकारों ने इन प्राच्यविदों की उपर्युक्त धारणा से असहमति जताते हुए मध्ययुगीन और आरंभिक आधुनिक भारत के विज्ञान, प्रौद्योगिकी और आयुर्विज्ञान पर नई रोशनी डालने का प्रयास किया है। उन्होंने भारत की वैज्ञानिक परंपरा में इस्लाम की देन अथवा विज्ञान की सहायता से एक गतिशील एवं समन्वयात्मक भारतीय-इस्लामी संस्कृति के उद्भव को उजागर करने का प्रयास किया है। इतिहास-लेखन की इस नवीन प्रवृत्ति में आयुर्विज्ञान पर विशेष बल दिया गया है। इसके अनुसार हिंदू आयुर्वेद और ग्रीक-अरबी मूल से उत्पन्न यूनानी-तिब्ब ने 'सर्जनात्मक संश्लेषण' के द्वारा एक-दूसरे को समृद्ध किया और

दोनों पद्धतियों के चिकित्सकों, वैद्यों तथा हकीमों के बीच कभी भी प्रतिद्वंद्विता अथवा विद्वेष का भाव ही न रहा। चिंतन की इस नई दिशा से अठारहवीं सदी में भी भारत में वैज्ञानिक परंपराओं की सतत विद्यमान जीवंतता एवं उनके अंतर्मिलन को समझने में मदद मिली है। यहाँ इतना अवश्य जोड़ा जा सकता है कि यूनानी शरीर-विज्ञान तथा आयुर्विज्ञान भारतीय पर्यावरण और क्षेत्रीय आयुर्विज्ञान को उसी प्रकार प्रभावित करते रहे जिस प्रकार आयुर्वेदिक पद्धति को।[9] यह भी दर्शाने के नवीन प्रयास किए गए हैं कि भारत ने सांस्कृतिक और प्रौद्योगिक अलगाव रखने तथा सभी प्रकार के अभिनव परिवर्तनों से विमुख रहने के बदले शताब्दियों से पड़ोसी देशों, मध्य-पूर्व तथा मध्य एशिया से लेकर चीन और दक्षिण-पूर्व एशिया के साथ कृषि, स्थापत्य, खगोल-विज्ञान, रसायन शास्त्र, आयुर्विज्ञान, धातु-विज्ञान, वस्त्र उत्पादन, पोत-निर्माण, युद्ध-सामग्रियों के निर्माण जैसे विविध क्षेत्रों में खुला आदान-प्रदान बनाए रखा।[10] यह विलक्षण सांस्कृतिक ग्रहणशीलता तथा सीमापार के प्रदेशों के साथ आदान-प्रदान की प्रक्रिया भारतीय विज्ञान को चीन, इस्लामी मध्य-पूर्व तथा गैर-यूरोपीय संस्कृतियों की सर्जनशीलता, प्रसार और पारस्परिक आदान-प्रदान के प्रतिमानों के साथ गहरे रूप से जोड़ती हैं। हाल के वर्षों में जोसेफ नीधम ने अपनी पुस्तक 'साइंस एंड सिविलाइज़ेशन इन चाइना' (चीन में विज्ञान एवं सभ्यता) में तथा अन्य संशोधनवादी विचारकों, जैसे लिनह्वाइट ने आधिकारिक रूप में एशियाई प्रौद्योगिकी के प्रति यूरोप के आभार की चर्चा की है।[11]

संशोधनवादियों का उपर्युक्त तर्क स्पष्टतः इस दावे का खण्डन करता है कि एक ठहरे हुए, परिवर्तन-विमुख भारत पर पश्चिम ने पहली बार अपने विज्ञान, प्रौद्योगिकी और आयुर्विज्ञान की मुहर लगाकर इसे प्रबुद्ध एवं प्रगतिशील बनाया। पंद्रहवीं सदी के अंतिम चरण से जिस वैज्ञानिक, चिकित्सीय तथा प्रौद्योगिकी आदान-प्रदान का क्रम प्रारंभ हुआ वह वाणिज्य और युद्ध के अभिकरण एवं उत्प्रेरणा के अतिरिक्त विद्वानों, व्यापारियों, चिकित्सकों और शिल्पकारों के प्रवास के द्वारा लगातार चलता रहा। बाह्य विश्व से भारत का संपर्क दो दिशाओं में हुआ; एक ओर तो इस्लाम के अधिक विस्तृत जगत से (इसमें भारत ईरान, मध्य एशिया तथा मध्य-पूर्व से जुड़ा) तो दूसरी ओर यूरोप की लगातार बढ़ती व्यापारिक और प्रौद्योगिक शक्ति के साथ। मुग़लों के शासन काल में जिस प्रकार की भारतीय-मुस्लिम राज्य-व्यवस्था एवं संस्कृति पनपी उससे खगोल-विज्ञान, आयुर्विज्ञान, वस्त्र उद्योग और आयुध-निर्माण के क्षेत्रों में विशेष प्रगति हुई। 1498 के बाद पहले पुर्तगालियों तथा उसके बाद डचों, फ्रांसीसियों और अंग्रेज़ों के साथ जुड़े संपर्कों के फलस्वरूप पोत-निर्माण और बागवानी जैसे क्षेत्रों को भी पर्याप्त प्रोत्साहन मिला।[12] यदि अशिक्षित शिल्पकारों की कारीगरी और विद्वत् समुदाय के बीच कोई खाई थी, यदि 1750 ई. के पूर्व शायद ही ऐसे लोग थे जिन्हें 'वैज्ञानिक' कहा जा सकता था तो यही

बात यूरोप, चीन और अन्य देशों के आधुनिक विज्ञान के प्रारंभिक काल पर भी लागू होती थी। धर्म और संस्कृति से संबद्ध विशिष्ट वर्ग के बौद्धिक क्रिया-कलाप तथा शिल्पकारों के कौशल ने संयुक्त रूप से विज्ञान और प्रौद्योगिकी में भारत को विशिष्टता प्रदान की, भले ही वे एक-दूसरे से पृथक और स्वतंत्र अस्तित्व रखते रहे हों। यदा-कदा, अपवादस्वरूप ही सही, दोनों जुड़ भी जाते थे, जैसे, अकबर के दरबार में सामरिक आवश्यकताओं और बौद्धिक जिज्ञासा के प्रोत्साहन ने दोनों को एकजुट कर दिया था।[13]

यद्यपि सोलहवीं सदी के प्रथम चरण से ही मुग़ल दरबार विज्ञान और प्रौद्योगिकी का प्रमुख संरक्षण-स्थल बना रहा, परंतु ऐसा नहीं था कि अठारहवीं सदी में मुग़ल राजवंश के पतन के साथ भारत अंधकार के युग में चला गया, भले ही संस्कृत फ़ारसी और अरबी में लिपिबद्ध की जाने वाली विज्ञान और प्रविधि की पांडुलिपियों की संख्या में कमी आ गई।[14] भारत के प्रादेशिक दरबारों में राजकीय संरक्षण के अधीन विज्ञान में अभिरुचि बढ़ती रही (पूर्व और पश्चिम के विज्ञानों में सामंजस्य लाने की प्रक्रिया जारी रही)। उदाहरणस्वरूप, राजा जयसिंह ने 1722 से 1739 के बीच जयपुर, दिल्ली, मथुरा, उज्जैन और बनारस में खगोलीय वेधशालाएँ बनवाईं। तंजौर के अंतिम मराठा शासक सरफोजी ने विभिन्न औषध-विज्ञानों में अभिरुचि ली और भारतीय तथा पाश्चात्य आयुर्विज्ञान के मूलग्रंथों को संगृहीत करवाया।[15] ज्ञान के नए-नए केंद्र खोले गए जिनमें एक ओर निज़ामों के अधीन हैदराबाद और अवध के नवाबों के अधीन लखनऊ ऐसे केंद्र थे जहाँ इस्लामी विज्ञान तथा यूनानी चिकित्साशास्त्र में शिक्षार्थी विशिष्टता प्राप्त करते थे तो दूसरी ओर अन्य प्राचीनतर मुख्यतः हिंदू ज्ञान-केंद्र, जैसे बनारस और पश्चिम बंगाल में नाडिया, फलते-फूलते रहे। मुग़ल साम्राज्य के विघटन के बाद भी दिल्ली विज्ञान, कला और साहित्य का प्रमुख केंद्र बनी रही और 1857 की क्रांति तक एक धुँधले 'पुनर्जागरण' की आभा बिखेरती रही।[16] लेकिन कुछ ऐसे क्षेत्र भी थे जहाँ नई प्रौद्योगिकी के प्रति भारत उदासीन बना रहा। सोलहवीं सदी के मध्य में जेसुइट संप्रदाय के द्वारा गोआ में मुद्रणयंत्र के प्रतिष्ठापन के बावजूद अठारहवीं सदी के अंतिम चरण तक भारत में कोई ख़ास हलचल नहीं पैदा हुई। परंतु उन्नीसवीं सदी में इसके विस्मयकारी द्रुतगामिता के साथ प्रसार ने ऐसे किसी भी संकेत को झुठला दिया कि मुद्रणयंत्र किसी 'यांत्रिक पिछड़ेपन' का परिणाम था।[17] मुद्रणयंत्र को अपनाने में दीर्घसूत्रता प्रौद्योगिक परिवर्तन के प्रति किसी दीर्घकालिक प्रतिरोध की भावना का प्रतिफल नहीं थी। यह मात्र इस बात की द्योतक थी कि भारत पाश्चात्य विज्ञान, प्रौद्योगिकी और चिकित्सा-प्रणाली को अपनाने में चयनशीलता बरत रहा था और अपने प्रतिष्ठित सांस्कृतिक मूल्यों तथा शिल्पकारों और लिपिकों के कला-कौशल को पांडुलिपियों की परंपरा में अक्षुण्ण रखने के प्रति आग्रहशील था।[18] इसके विपरीत सामरिक निपुणता

से संबंधित विषय तत्कालीन परिस्थिति में अधिक महत्त्व के थे, अतः उन पर विशेष ध्यान दिया गया। यह केवल मुग़लों के संबंध में ही नहीं, अपितु मैसूर के टीपू सुलतान (1799 में सेरिंग पटनम में उसकी पराजय होने तक) और पंजाब में रणजीत सिंह, जिसकी संधानशालाएँ उन्नीसवीं सदी के तीसरे और चौथे दशकों के बीच लाहौर और अमृतसर में भारी बंदूकें और तोपें बनाती थीं, की सेनाओं के विषय में भी लागू होता था।[19]

जिस प्रकार भारतीय विज्ञान के कालक्रम के संबंध में पुनर्विचार करना तथा प्राच्यविदों की एतद्विषयक पुरानी अवधारणा को खंडित करना आवश्यक है, वैसे ही यह भी आवश्यक है कि आंतरिक विविधताओं से भरे विशाल भारत के विज्ञान, प्रौद्योगिकी और आयुर्विज्ञान की महत्ता का पुनर्मूल्यांकन किया जाए। यह सही है कि 'भारतीय विज्ञान' अथवा 'हिंदू' आयुर्विज्ञान जैसे पदों का प्रयोग सुविधाजनक चलन-सा बन गया है, परंतु ऐसी उक्तियाँ इस उपमहाद्वीप के एक हिस्से तथा दूसरे हिस्से के बीच की व्यापक विविधताओं को अभिव्यंजित नहीं कर पातीं। जैसा कि ऊपर के अनुच्छेद में दिए गए उदाहरणों से संकेतित होता है, भारत की राजनीतिक और सांस्कृतिक व्यवस्था के विकेंद्रित स्वरूप ने अठारहवीं सदी में (यद्यपि एक जैसा नहीं) विज्ञान, प्रौद्योगिकी और आयुर्विज्ञान की अनेक पद्धतियों के विकास में मदद की और प्रत्येक को अपना विशिष्ट चरित्र विकसित करने की क्षमता प्रदान की। इस विविधता की कुछ अंतर्निहित अच्छाइयाँ भी थीं और कुछ त्रुटियाँ भी। एक केंद्र के पतन से दूसरे केंद्र के बने रहने में कोई बाधा नहीं पड़ती थी। विभिन्न क्षेत्रों के तरह-तरह के बौद्धिक एवं भौतिक उत्पादों और उनके पारस्परिक प्रभाव एवं विनिमय से संपूर्ण भारत लाभान्वित होता था। आयुर्वेद और यूनानी दोनों चिकित्सा पद्धतियों की क्षेत्रीय शाखाएँ कार्यरत थीं। इसी प्रकार विभिन्न क्षेत्रों में कपड़ा बुनने और रँगने के भिन्न-भिन्न तरीके काम में लाए जाते थे। भारतीय पर्यावरण की भौतिक भिन्नताओं, दक्षिण एशिया की महाद्वीपीय काया तथा राजनीतिक एवं सांस्कृतिक क्षेत्रों की बहुलता के फलस्वरूप आंतरिक विविधता का विकास हुआ तथा स्थानीय स्तर पर विशिष्टता हासिल करने के अवसर बढ़े, परंतु एक भिन्न परिप्रेक्ष्य में देखने पर यह भी स्पष्टतः परिलक्षित होता है कि भारत के विशाल आंतरिक भूभागों को जीतने और उन्हें एकजुट करने के लिए विज्ञान, प्रौद्योगिकी और आगुर्विज्ञान के सैद्धांतिक अभिकरण तथा भौतिक माध्यम को उपयोग में लाने के प्रयत्नों में (जैसा कि ब्रिटिश शासकों और राष्ट्रवादी वैज्ञानिकों ने किया था) भारी कठिनाइयों का सामना करना पड़ा।

एक बात यह भी थी कि भारत में विज्ञान के इतिहास में राजदरबारी या क्षेत्रीय सत्ता-केन्द्रों और देहातों के बीच अथवा पुराने और नए नगरों के बीच बार-बार तनाव की स्थिति बनती रही। औपनिवेशिक विज्ञान से भारत के तीन समुद्रतटीय

महानगरों—कलकत्ता, बंबई और मद्रास (आज के क्रमशः कोलकाता, मुंबई और चेन्नई)—की सांस्कृतिक, व्यापारिक और राजनीतिक तरक्की में जो भी वृद्धि हुई हो, यह ध्यान में रखना चाहिए कि इन महानगरों के विकास में उन शिल्पकारों और बुद्धिजीवियों का योगदान भी कम महत्त्वपूर्ण नहीं रहा है जो उत्पादन और ज्ञान के केंद्रों से निकलकर इन तक आए थे। फिर बनारस और दिल्ली जैसे अधिक पुराने ज्ञान-केंद्र थे जिनमें समय के अनुरूप अपने को ढालने की अद्‌भुत क्षमता थी। यह रेखांकित करने लायक तथ्य है कि सिंधु-गंगा के किनारे चार महत्त्वपूर्ण बिंदुओं पर अवस्थित लाहौर, लखनऊ, इलाहाबाद और ढाका के विश्वविद्यालयों में 1940 के दशक तक विज्ञान विभाग पूरे उत्कर्ष पर थे। ये विश्वविद्यालय ऐसे नगरों में थे जो दो सदी पूर्व से ही भारत के सांस्कृतिक-राजनीतिक क्षितिज को देदीप्यमान कर रहे थे।

नगरों वाली बात सामाजिक समुदायों पर भी लागू होती है। भारत के पुराने प्रबुद्ध वर्गों में से कुछ नई वैज्ञानिक व्यवस्था के व्याख्याकार एवं संवाहक के रूप में उठ खड़े हुए, जैसा कि औपनिवेशिक बंगाल में भद्रलोक (मध्यवर्गीय प्रबुद्ध वर्ग) के घटकों ब्राह्मणों, वैद्यों और कायस्थों के उदाहरण से स्पष्ट होता है। यह बौद्धिक और सामाजिक सामर्थ्य की निरंतरता का ही संकेतक है कि भारत के स्वतंत्र होने के पूर्व विश्व का सर्वाधिक सम्मानजनक पारितोषिक नोबल पुरस्कार एक तमिल ब्राह्मण को (1930 में) प्रदान किया गया। परंतु यह भी ध्यातव्य है कि अन्य सामाजिक समुदायों (जिनमें पारसी, भारतीय ईसाई और निम्नजाति के हिंदू थे) ने भी वैज्ञानिक आधुनिकता अपनाई। पुराने प्रबुद्ध वर्ग ने अपने 'आधुनिक' उपव्यवसाय में अपनी पारंपरिक पृष्ठभूमि से प्राप्त कुशलता, सूझ तथा अंतःप्रेरणा का किस सीमा तक उपयोग किया, यह कुतूहल का विषय है और इतिहासकारों द्वारा इसकी सही छानबीन अब तक नहीं की गई है।[20] ठीक इसी प्रकार अठारहवीं सदी के अंतिम और उन्नीसवीं सदी के प्रथम चरण में ब्रिटिश सत्ता की बढ़ती ताकत के सामने अनेक देशी राज्यों ने घुटने टेक दिए जिसकी परिणति 1856 में अवध का समामेलन तथा उसके दो वर्षों के बाद मुग़लों की दिल्ली के विनाश में हुई। इसके बावजूद भारत के बचे-खुचे राजाओं और अभिजात-वर्ग ने जिस सीमा तक (देशी और पाश्चात्य दोनों) विज्ञान को उन्नीसवीं और बीसवीं सदी में संरक्षण प्रदान किया वह विस्मयकारी प्रतीत होता है। यह संरक्षण भी विज्ञान की किसी एक शाखा में नहीं, वरन् खगोल-विज्ञान, आयुर्विज्ञान और तकनीकी की शिक्षा जैसे एक-दूसरे से सर्वथा भिन्न विषयों में प्रदान किया गया। 1898 में मैसूर की रियासत में भारत की प्रथम विशाल पन-बिजली परियोजना का निर्माण तथा उसके दस वर्षों के बाद बंगलोर में भारतीय विज्ञान संस्थान (इंडियन इंस्टिट्यूट ऑफ़ साइंस) की स्थापना जैसी चीजें स्पष्ट संकेत देती हैं कि किस प्रकार देशी रियासतें अपनी परिसीमित सत्ता के बावजूद ब्रिटिश

संरक्षण एवं प्रोत्साहन से भिन्न साहसिक विकल्प के रूप में वैज्ञानिक पहल को संरक्षण, सहायता और प्रोत्साहन देती थीं। इस दोहरे संरक्षण एवं प्रोत्साहन से विज्ञान की प्रगति में मदद तो मिली, लेकिन इससे अन्य अनेक मामलों में पश्चवर्त्ती औपनिवेशिक काल में भारत को एकल वैज्ञानिक सत्ता का रूप देने के लिए संस्थाओं और संगठनों के निर्माण के प्रयास में भारी कठिनाइयाँ भी पैदा हुईं।

उपर्युक्त विवरण से स्पष्ट है कि 'देशी' परंपराओं की जीवंतता और विविधता प्रमाणित करने के लिए ब्रिटिश शासन के पूर्व के भारतीय विज्ञान, प्रौद्योगिकी और आयुर्विज्ञान के चरित्र का पुनर्मूल्यांकन तो आवश्यक है ही, यह ब्रिटिश शासन की स्थापना के बाद जो कुछ हुआ उसे व्यापक संदर्भ में देखने-समझने में भी हमारी मदद करता है। यह मानना कठिन है कि भारत वैज्ञानिक और प्रौद्योगिक दृष्टि से कोरा कागज था और उसकी उपलब्धियाँ सुदूर अतीत की चीजें थीं जिसके फलस्वरूप वे दक्षिण एशिया में विज्ञान के प्रवाह को प्रभावित अथवा अनुप्राणित करने में असमर्थ थीं। भारत की पूर्व-उपनिवेशकालीन वैज्ञानिक और प्रौद्योगिक परंपरा के खुलापन और अनुकूलनशीलता की स्वीकृति से इस मत की पुष्टि होती है कि औपनिवेशिक काल दो हठधर्मी शक्तियों के बीच टकराव अथवा यूरोप के निर्विवाद प्रभुत्व का काल न होकर दोनों के बीच अंतःक्रियाशीलता का काल था। निश्चय ही यह मत सर्वथा उपयुक्त एवं तर्कसंगत है। तथापि, पूर्व-उपनिवेश कालीन विज्ञान और उसकी विरासत को बढ़ा-चढ़ाकर आँकना उचित नहीं है। यह भी ध्यान में रखना आवश्यक हैं कि औपनिवेशिक हस्तक्षेप और पाश्चात्य विज्ञान, प्रौद्योगिकी और आयुर्विज्ञान के अभूतपूर्व प्रभाव ने भारतीय समाज में भौतिक और बौद्धिक दोनों स्तरों पर गहरी खाई पैदा की है।

औपनिवेशिक विज्ञान

अतीत में ब्रिटिशकालीन भारत में विज्ञान, प्रौद्योगिकी तथा आयुर्विज्ञान को मूलतः पाश्चात्य विचारों, व्यवहारों और प्रविधियों के प्रवेश तथा प्रसार के आख्यान के रूप में चित्रित किया जाता रहा है। ऐसे चित्रण देशी वैज्ञानिक, प्रौद्योगिक और चिकित्सीय परंपराओं अथवा उपनिवेश में व्यवहृत विज्ञान तथा यूरोप की राजधानियों में प्रतिपादित विज्ञान के बीच खींचतान की उपेक्षा कर देते हैं। अगर ये देशी वैज्ञानिक, प्रौद्योगिक और चिकित्सीय परंपराओं का उल्लेख करते भी हैं तो निषेधात्मक रूप में, अर्थात् उन्हें तर्कहीन, असंगत और विज्ञान की युक्तिसंगत प्रगति का परंपरागत विरोधी मानते हैं, अथवा फिर यह मानते हैं कि उनकी वंश-परंपरा परवर्त्ती अठारहवीं सदी में पाश्चात्यज्ञान की नई रोशनी के फैलने से नष्ट हो चुकी है। परंतु पिछले वर्षों में भारत में विज्ञान, प्रौद्योगिकी और आयुर्विज्ञान का ज्यों-ज्यों विस्तार हुआ है तथा स्वयं पाश्चात्य विज्ञान का स्वरूप अधिकाधिक समीक्षात्मक मूल्यांकन का विषय

बनता गया है, त्यों-त्यों भारतीय और पाश्चात्य विज्ञान के पारस्परिक संबंध को एकलआयामी कम और संश्लिष्ट अधिक माना जाने लगा है। एक रूप और प्रगतिशील पाश्चात्य विज्ञान को यूरोप के बाहर के देशों में आँख मूँद कर स्वीकार कर लिया गया, इस धारणा को अनेक चुनौतियाँ मिली हैं। भारत में अठारहवीं सदी के अंतिम चरण से प्रारंभ विज्ञान के संबंध में अंतःक्रियाशील तथा क्षेत्र-केंद्रित दृष्टि से की गई व्याख्या भी इन्हीं चुनौतियों में एक है।

परंतु, एक पुरानी पड़ती परंपरा के प्रति विद्यमान मोह के संबंध में भी सम्यक् विवेचन आवश्यक प्रतीत होता है। पाश्चात्य विज्ञान के प्रसारवादी प्रतिमान के संबंध में 1967 में जॉर्ज बासल्ला[21] का एक महत्त्वपूर्ण कथन उल्लेखनीय है। यद्यपि उसका कथन अब पुराना तथा एकपक्षीय जान पड़ता है, फिर भी औपनिवेशिक विज्ञान पर आज भी चल रहे विवाद के मद्देनजर उसके मत को सारांशबद्ध करना अप्रासंगिक नहीं होगा। बासल्ला का प्रश्न था, 'आधुनिक विज्ञान' अपने मूल स्थान पश्चिमी यूरोप से किस प्रकार बाहर फैला और शेष विश्व में अपना स्थान बना पाया? उसके अनुसार यह विकास-प्रक्रिया तीन चरणों में पूरी हुई। प्रथम, यूरोपवासियों ने पाश्चात्य सर्वेक्षण, व्यापार, विजय-अभियान और उपनिवेशीकरण की प्रक्रिया के एक अंग के रूप में नए देशों से संबंध स्थापित किए। उन्होंने 'वैज्ञानिकेतर' समाज से मानचित्रों और सर्वेक्षणों के द्वारा आँकड़े, खनिज द्रव्य, पौधों और जंतुओं के नमूने प्राप्त किए। इस चरण में 'प्रकृति के क्रमबद्ध दोहन' में यूरोप की अभिरुचि मुख्य रूप से जिन विज्ञानों में थी वे थे वनस्पति-विज्ञान और जंतु-विज्ञान। इनके बाद खगोल-विज्ञान, भूगर्भ-विज्ञान और भूगोल का स्थान रहा। यद्यपि व्यापारिक प्रयोजनों के कारण भी इस वैज्ञानिक सर्वेक्षण को प्रोत्साहन मिला, परंतु बासल्ला ने उस वैज्ञानिक संस्कृति को अधिक महत्त्व दिया है जिसे लेकर यूरोपवासी आए तथा जिसके पास अपने अनुसंधानों के परिणाम भी पहुँचाए। इस प्रथम चरण का विज्ञान विश्व में बिखरा तो अवश्य, किंतु इसे ठीक से समझने, आँकने तथा उपयोग में लाने का काम ब्रिटेन, हॉलैंड तथा फ्रांस जैसे 'आधुनिक वैज्ञानिक संस्कृति' से संपन्न देशों ने ही किया। इधर नई जानकारियों के आलोक में पाश्चात्य विज्ञान ने भी अपने को संशोधित-परिष्कृत किया।

दूसरा चरण स्थानीय स्तर पर पनपने वाले 'औपनिवेशिक विज्ञान' का था। यह भी कह सकते हैं कि इसमें आवासी वैज्ञानिकों (जिन्हें बासल्ला यूरोपीय मान लेता है) ने वैज्ञानिक क्रिया-कलाप में भाग लेना शुरू किया जिसके फलस्वरूप स्थानीय स्तर पर वैज्ञानिक संस्थाओं की स्थापना होने लगी। प्राकृतिक इतिहास में अभिरुचि तो बनी रही, किंतु यूरोप में चल रहे अनुसंधानों से संबंधित प्रायः सारे वैज्ञानिक विषयों की प्रतिध्वनियाँ समुद्र पार के देशों में सुनाई पड़ने लगीं। फिर भी, स्थानीय वैज्ञानिक समुदाय यूरोप की सुविज्ञता तथा उसकी संस्थाओं पर

आश्रित हो गया और एक बाह्य वैज्ञानिक संस्कृति को अपना आधार मान लिया। बासल्ला ने स्पष्ट किया है कि औपनिवेशिक विज्ञान को 'पराश्रित' कहने का उसका अभिप्राय यह नहीं है कि यह मूलतः निम्न स्तर का विज्ञान था (यद्यपि समीक्षकों ने उसका निहितार्थ यही माना है)। उसका दावा है कि इस पद का प्रयोग उसने मात्र भारत जैसे औपचारिक उपनिवेश के लिए ही नहीं, चीन और जापान जैसे गैर-औपनिवेशिक देशों के अथवा स्वतंत्र होने के कई दशक बाद के संयुक्त राज्य अमेरिका के विज्ञान के लिए भी किया है। पाश्चात्य विज्ञान पर आश्रित होने के फलस्वरूप औपनिवेशिक विज्ञान से जुड़े अनेक लोग यूरोप में प्रशिक्षण लेते रहे और अनुसंधानकार्य भी उन्हीं विषयों में करते रहे जिनका निर्धारण यूरोपीय विज्ञान करता था। औपनिवेशिक वैज्ञानिक न तो यूरोप के अग्रणी वैज्ञानिक समुदायों में प्रवेश पा सकते थे और न उन प्रतिष्ठित एवं प्रभावशाली 'अदृश्य महाविद्यालयों' तक पहुँच सकते थे जहाँ नवीनतम वैज्ञानिक धारणाओं पर विमर्श होता था तथा नई विषय-सूचियाँ बनाई जाती थीं। स्थानीय वैज्ञानिक समुदाय 'पारस्परिक बौद्धिक उत्प्रेरणा और स्वतंत्र, आत्म-पोषित विकास' के लिए आवश्यक स्तर का स्पर्श अभी तक नहीं कर पाया था।

समय बीतने के साथ जब प्रशिक्षण प्राप्त कर बड़ी संख्या में वैज्ञानिक स्थानीय स्तर पर काम करने लगे तो इतर-यूरोपीय समाज निजी 'स्वतंत्र वैज्ञानिक परंपरा' तथा 'राष्ट्रीय विज्ञान' की स्थापना करने में जुट गए। यह तीसरा चरण था। राजनीतिक स्वतंत्रता ने निश्चय ही वैज्ञानिक स्वायत्तता को प्रोत्साहित किया, परंतु, बासल्ला के अनुसार, इससे अधिक महत्त्वपूर्ण कारक था राष्ट्रीय वैज्ञानिक संस्थाओं एवं सम्मानों का सर्जन। एक ऐसी राजनीतिक, शैक्षणिक और प्रौद्योगिक अंतःसंरचना खड़ी की गई जिससे स्थानीय वैज्ञानिकों द्वारों राष्ट्रीय सीमाओं के भीतर तथा राष्ट्रीय आकांक्षाओं और प्राथमिकताओं के अनुरूप शोधकार्य को पर्याप्त प्रोत्साहन मिला। बासल्ला के अनुसार संयुक्त राज्य अमेरिका और रूस अपने पश्चिमी यूरोप के पूर्व प्रशिक्षकों को पीछे धकेलते हुए दो विश्वयुद्धों के अंतराल में ही इस स्तर पर (अर्थात् तीसरे चरण में) पहुँच गए; जापान, ऑस्ट्रेलिया और कनाडा विकास-क्रम में उनसे थोड़ा पीछे रहे, जबकि एशिया, अफ्रीका और लैटिन अमेरिका के अन्य देश बहुत पीछे छूट गए।

किसी अधिक संतोषजनक प्रतिमान के अभाव में बासल्ला का यह वर्गीकरण व्यापक रूप से चर्चित-विमर्शित रहा है, यद्यपि इसे आंशिक स्वीकृति ही मिल पाई है। फिर भी बासल्ला उन विद्वानों में से एक था जिन्होंने 'औपनिवेशिक विज्ञान' की अवधारणा प्रस्तुत की और इसे समुद्रपारीय देशों में 'आधुनिक विज्ञान' के प्रथम प्रवेश तथा 'राष्ट्रीय विज्ञान' और 'स्वतंत्र वैज्ञानिक परंपरा' में इसकी परिणति के बीच का संक्रमणकालीन चरण माना। उसने आयुर्विज्ञान और प्रौद्योगिकी को इसकी

परिधि से बाहर रखा (जबकि यथार्थ में उन्नीसवीं सदी के भारत में शुद्ध विज्ञान की अपेक्षा इन दोनों का व्यावहारिक महत्त्व कहीं अधिक था)। उससे भी अधिक उलझन भरी बात यह है कि उसने उपनिवेशवाद के विभिन्न रूपों में भेद नहीं किया। उसने ब्राजील, जापान, भारत तथा आस्ट्रेलिया की पृष्ठभूमियों और अनुभवों में भिन्नता पर ध्यान नहीं दिया जबकि इनके इतिहास के एक सामान्य अध्येता के लिए भी यह मानना कठिन है कि इन सारे देशों ने एक ही समय-सीमा के भीतर समरूप वैज्ञानिक राह पकड़ी। यदि हम उन प्रदेशों की बात छोड़ भी दें जो कभी भी औपचारिक तौर पर उपनिवेश नहीं बने तो भी यह ध्यान में रखना आवश्यक है कि उत्तरी अमेरिका और आस्ट्रेलिया जैसे अधिवासी उपनिवेशों, जहाँ मूल निवासियों तथा उनकी संस्कृतियों का लगभग सफाया हो गया, और भारत जैसे 'शोषण के उपनिवेशों', जो औपनिवेशिक सत्ता के अधीन तो रहे किंतु जहाँ गोरों की संख्या अपेक्षाकृत कम रही तथा देशी संस्कृतियाँ अक्षुण्ण रहीं, के बीच विज्ञान की भूमिका में भारी अंतर थे। 'औपनिवेशिक विज्ञान' से बासल्ला का आशय स्पष्टतः सैलानी और आवासी यूरोपीय लोगों से था, यद्यपि यह पद किसी उपनिवेश में गोरों और देशी निवासियों द्वारा व्यवहार में लाए जाने वाले विज्ञान के संबंध में समान रूप से प्रयुक्त हो सकता था (अधिकाधिक हो भी रहा है)। (इस बहुरंगी वैज्ञानिक संस्कृति के प्रसंग में यह भी रेखांकित करने योग्य तथ्य है कि किसी एक उपनिवेश में यूरोपीय विज्ञान से जुड़े समूह में भी अलग-अलग मूल और दृष्टिकोण वाले लोग थे। यद्यपि ब्रिटिश उपनिवेश होने के कारण भारत विज्ञान और प्रौद्योगिकी में मुख्यतः ब्रिटेन से ही जुड़ा था, किन्तु अन्य देशों के भी वैज्ञानिकों—डेनमार्क के वनस्पतिशास्त्री, जर्मनी के वनशास्त्री, अमेरिका के मलेरिया विशेषज्ञ, इत्यादि का भी भारत में पश्चिमी वैज्ञानिक विचारों और व्यवहारों के प्रचार-प्रसार में योगदान रहा)। इसके अतिरिक्त, जैसा कि माइकेल अडास कहता है, बासल्ला के इस मत को उसकी पीढ़ी के विद्वानों द्वारा शायद ही चुनौती दी गई कि 'विज्ञान मूल्य-निरपेक्ष, वस्तुपरक, अनुभव-सिद्ध, समय की सीमा से परे, फलतः सार्वभौम है'। बासल्ला का प्रसारवादी मत एक 'विकासमान धर्मशास्त्रीय मान्यता पर आधारित था जिसके अनुसार पाश्चात्य विज्ञान का प्रसार (शेष) विश्व के लिए मंगलकारी भी है और अवश्यंभावी भी।'[22] इस अवधारणा में विश्वास के कारण उसने मान लिया कि औपनिवेशिक शासन विज्ञान के विस्तार का इच्छुक तो है ही, वह ऐसा करने का सशक्त माध्यम भी है। उसने इस बात पर विचार नहीं किया कि औपनिवेशिक सत्ता विज्ञान के विकास की गलत व्याख्या भी प्रस्तुत कर सकती थी, अथवा सैद्धांतिक और भौतिक कारणों से महत्त्वपूर्ण औद्योगिकी के प्रसार पर रोक भी लगा सकती थी। यह भी संदिग्ध है कि राजनीतिक स्वतंत्रता के बाद भी अनेक पूर्व उपनिवेशों के पास अपने राष्ट्रीय विज्ञान के निर्माण के लिए अथवा वैज्ञानिक महाशक्तियों के एक छोटे-से गुट पर निरंतर निर्भरता

से बचाव के लिए पर्याप्त साधन थे।[23]

फिर भी, बासल्ला की अवधारणा में निश्चय ही सत्य के अंश विद्यमान हैं। उदाहरणस्वरूप, प्रथम चरण में वनस्पति तथा जंतु विषयक विज्ञानों पर दिया गया बल अठारहवीं सदी के अंतिम तथा उन्नीसवीं सदी के आरंभिक वर्षों में भारत के अपने अनुभव से सत्य सिद्ध होता है (विज्ञान-विशेष के प्रति यह पक्षपात, वास्तव में, भारतीय वैज्ञानिकों द्वारा गणित, भौतिकी तथा रसायनशास्त्र जैसे 'शुद्ध' विज्ञानों के क्षेत्र में अनुसंधान कार्य करते रहने के बावजूद उन्नीसवीं सदी के अंतिम तथा बीसवीं सदी के आरंभिक वर्षों तक बना रहा)। बासल्ला अपनी टिप्पणी के अंत में कहता है कि विज्ञान की समीक्षा विभिन्न 'राष्ट्रीय, सांस्कृतिक और सामाजिक परिवेशों' में की जानी चाहिए। परंतु, यह खेदजनक है कि वह अपनी ही स्थापना का अनुपालन नहीं कर पाता। वह मानकर चलता है कि 'आधुनिक विज्ञान' का उद्गम-स्थल पाश्चात्य जगत है, अतः वहाँ से इसका प्रसार उन देशों में किया जाना चाहिए जो अब तक 'विज्ञान की पहुँच से दूर' हैं। वह इस तथ्य की उपेक्षा कर देता है कि भारत तथा चीन जैसे देशों में विज्ञान और प्रौद्योगिकी की सुदीर्घ परंपरा रही है। अब यह कैसे माना जा सकता है कि पाश्चात्य ज्ञान की किरणें फूटते ही ये परंपराएँ शून्य में विलीन हो गईं? वास्तविकता यह है कि यूरोपीय वैज्ञानिकों ने आरंभ में इन परंपराओं की गहरी समीक्षा की और उनमें उन्हें बहुत-कुछ ऐसा मिला जिसकी उन्होंने मुक्त कंठ से प्रशंसा की। निश्चय ही भारतीय परंपराओं को उन्नीसवीं सदी में हाशिए पर लाने की लगातार कोशिश की जाती रही, किंतु व्यवहार और सिद्धांत दोनों स्तरों पर उनकी महत्त्वपूर्ण भूमिका में अंतर नहीं पड़ा। बासल्ला के यूरो-केंद्रित प्रतिमान में गत्यात्मकता समरूपी पश्चिम की ही विशेषता हो सकती थी और शेष विश्व उसको निष्क्रिय रूप से ग्रहण करने के सिवाय तो उसमें कोई मौलिक अंशदान कर सकता था, न कोई आपसी सहमति बना सकता था। उसकी इस मान्यता के विरुद्ध कहा जा सकता है कि वैज्ञानिक ज्ञान और विज्ञान के सिद्धांत किसी 'ग्रहणशील संस्कृति के परिवेश में सक्रिय रूप में पुनःपरिभाषित, परिवर्तित और पुनर्गठित किए जा सकते हैं।'[24] परंतु औपनिवेशिक शासन के राजनीतिक-आर्थिक नियंत्रण तथा अंतर्राष्ट्रीय वैज्ञानिक समुदाय के प्रभाव और प्रभुत्व के कारण 1947 के पूर्व यह 'सैद्धांतिक उच्छेदन' सीमित अंश में ही हो सका।

फिर पाश्चात्य विज्ञान के संबंध में यदि उपर्युक्त विस्तारवादी और निष्क्रिय ग्रहणशीलता के मत को स्वीकार कर लिया जाए तो इस बात की सतही व्याख्या करना भी कठिन हो जाता है कि 'स्थानीय' ज्ञान और विभिन्न देशी उपकरणों से काम लिए बिना, स्थानीय विद्वानों, कलमनवीसों, दुभाषियों, कलाकारों, मछुआरों, वनवासियों से संपर्क साधे बिना और आवश्यक जानकारी लिए बगैर पाश्चात्य विज्ञान आखिर किस प्रकार विश्व के अनेक भागों में क्रियाशील हो सका। समय बीतने

के साथ इस जातीय श्रेष्ठता के दंभ को अधिकाधिक चुनौती मिलती गई है और ऐसे अनेक वैज्ञानिक अनुसंधानों का मूल स्रोत पुराने देशी ज्ञान में पाया गया है जिन पर एकाधिकार का दावा कल तक पाश्चात्य जगत करता था। दक्षिण एशिया के संदर्भ में तो विद्वानों ने वनस्पति विज्ञान, भूगर्भशास्त्र और त्रिकोणमितीय सर्वेक्षण जैसे पूर्णतः यूरोपीय स्रोत से उत्पन्न प्रतीत होने वाले औपनिवेशिक विज्ञान के क्षेत्र में भी भारतीय अनुसंधानों की देन और महत्ता को स्वीकार किया है।[25]

परंतु प्रश्न है, यदि 'औपनिवेशिक विज्ञान' के विस्तारवादी प्रतिमान को अस्वीकार कर देते हैं तो उसके स्थान पर क्या स्वीकार किया जाए? भारत के जटिल अनुभवों को किसी चौखटे में तो नहीं मढ़ा जा सकता, फिर भी इस संबंध में दो विकल्प विचारणीय हैं। प्रथम विकल्प के रूप में यह तर्क दिया जा सकता है कि केंद्र और परिधि के बीच, 'मातृस्थानीय'* (मेट्रोपोलिटन) विज्ञान और 'औपनिवेशिक' विज्ञान के बीच का विभेदीकरण भ्रांतिपूर्ण है। यह मूलतः सत्रहवीं सदी और उसके बाद के विज्ञान के अंतर्राष्ट्रीय स्तर पर विकास का गलत चित्रण करता है। आखिर ऐसा क्यों नहीं माना जा सकता कि विज्ञान (पश्चिमी यूरोप में स्थित) किसी समाज-विशेष का स्वत्व न होकर सच्चे अर्थ में सार्वभौमिक है और वह विभिन्न स्रोतों से प्राप्त जानकारियों तथा अवधारणाओं को आत्मसात करता है? 'मातृस्थानीय' (मेट्रोपोलिटन) विज्ञान का कोई एक निश्चित सत्ता-केंद्र नहीं रहा है। समय के अंतराल के साथ मेट्रोपोलिटन बदलते रहे हैं। विज्ञान, चाहे वह यूरोप में हो या अन्यत्र, काम करने अथवा, सुव्यवस्थित करने की एक विधिमात्र है।[26] यदि हम यूरो-केंद्रित दृष्टिकोण तथा अठारहवीं और उन्नीसवीं सदियों को विशेषाधिकार प्रदान करनेवाली संकीर्ण समय-सीमा के बंधन को त्याग दें तो हमें बिल्कुल साफ दिखाई पड़ेगा कि किस प्रकार चीन, भारत, इस्लामी जगत, यहाँ तक कि मेसो-अमेरिका ने भी पारस्परिक आदान-प्रदान के द्वारा विज्ञान, प्रौद्योगिकी और आयुर्विज्ञान के क्षेत्र में 1500 ई. के पूर्व उतना ही योगदान किया जितना यूरोप (बाद में उत्तर अमेरिका) ने परवर्ती 500 वर्षों में किया है। यह भी कहा जा सकता है कि औपनिवेशिक काल में भी उपनिवेशों के वैज्ञानिक विज्ञान के विकास में समान रूप से भागीदार थे। अतः उपनिवेशों में 'तथ्य संग्रह' के निम्न विज्ञान तथा मातृस्थान (मेट्रोपॉलिस) में सिद्धांत और संश्लेषण के 'उच्च विज्ञान' में विज्ञान के विभाजन को उचित नहीं माना जा सकता। निश्चय ही भारत में वैज्ञानिकों ने अठारहवीं और उन्नीसवीं सदियों में प्राकृतिक विज्ञानों में महत्त्वपूर्ण योगदान किए और इसके लिए अंतर्राष्ट्रीय ख्याति अर्जित की। अतः 'औपनिवेशिक' वैज्ञानिकों को मुख्यधारा के मेट्रोपोलिटन वैज्ञानिक

---

* 'मेट्रोपॉसि' का अर्थ है राजधानी या मुख्यनगर। प्रस्तुत पुस्तक में 'मेट्रोपोलिटन' शब्द का प्रयोग यूरोप के महानगरों, मुख्यतः लंदन के लिए हुआ है–अनु.

समुदाय से निम्नतर अथवा अलग-थलग मानना अनुचित है।[27]

फिर भी, उपुर्यक्त व्याख्या औपनिवेशिक विज्ञान के अनेक पक्षों पर छाए धुँधलके को दूर कर मेट्रोपोलिटन के प्रति कृतज्ञता के भार से तो हमें मुक्त करती है, परंतु विस्तारवादी प्रतिमान के एकलआयामी घेरे से हमें अधिक दूर नहीं ले जाती। विशेषकर 'विज्ञान के राजनीतिक चरित्र' को उजागर करने में यह बासल्ला की भाँति विफल रह जाती है। यह सही है कि कुछ मामलों में (जैसे—अपने वैज्ञानिक समुदाय के आकार, अपने समाजों और पत्रिकाओं की संख्या और गुणवत्ता, पाश्चात्य जगत के अग्रणी वैज्ञानिक और औद्योगिक राष्ट्रों में से एक के साथ सीधे तौर पर जुड़े होने की दृष्टि से) भारत विवेच्य अवधि में अपेक्षाकृत एक विशिष्ट स्थान रखता था, परंतु वह था तो आखिर एक उपनिवेश ही। चाहे ईस्ट इंडिया कंपनी के अधीन हो अथवा 1858 में उसके अंत के बाद सीधे ब्रिटिश ताज के अधीन, वैज्ञानिक अधिकारिता का एक ऐसा श्रेणीबद्ध संगठन क्रियाशील था जिसने ब्रिटेन तथा उसके वैज्ञानिकों को तो शीर्ष पर रखा, परंतु भारत के लिए (यहाँ तक कि भारत में कार्यरत ब्रिटिश वैज्ञानिकों के लिए भी) निर्भरता और अधीनता की स्थिति बनाए रखी। ब्रिटिश शासन के अंतिम दशकों में भी, जब कुछ इतिहासकारों की दृष्टि में अन्य कई क्षेत्रों की भाँति विज्ञान, प्रौद्योगिकी और आयुर्विज्ञान में भी भारत पर शासकीय बंधन शिथिल हो रहे थे, यह विस्मयकारी प्रतीत होता है कि भारत ब्रिटिश प्रभुत्व में गहरे रूप से जकड़ा रहा और राष्ट्रीय विज्ञान के प्रयासों के बावजूद मेट्रोपोलिटन विज्ञान के प्रतिमान, अभिकरण और विषय-सूचियाँ काम में लाई जाती रहीं। उपनिवेशवाद ने जिन राजनीतिक सिद्धांतों और संस्थाओं का ढाँचा खड़ा किया था उससे विज्ञान को सहजतापूर्वक अलग करना संभव नहीं था। अतः यह कथन बिल्कुल सटीक है कि बासल्ला का प्रतिमान 'उपनिवेशवाद की बाध्यताओं को बड़े हलकेपन से आँकता है'।[28] किसी अन्य व्याख्यात्मक युक्ति को प्रस्तुत करने में इन बाध्यताओं को ध्यान में रखना आवश्यक है। फिर यह भी स्वीकार किया जाना चाहिए कि विज्ञान, प्रौद्योगिकी और आयुर्विज्ञान मात्र औपनिवेशिक शक्ति नहीं थे। वे एक वैश्विक प्रभुत्व के पहलू थे और निश्चय ही आज भी हैं। अन्य देशों की कौन कहे, भारत जैसे विशाल और शक्तिशाली देश के लिए, 1950 और 60 के दशकों में जवाहरलाल जैसे प्रधानमंत्री के शासन काल में भी, वैज्ञानिक मुक्ति पाना बड़ा कठिन है। आंतरिक तौर पर भी विज्ञान वर्गीय विचारधाराओं और संरचनाओं की अभिव्यक्ति का एक सशक्त कारक रहा और इसमें औद्योगिक संगठन एवं उत्पादन की नवीन प्रणालियों के सर्जन, नए पेशेवर और श्रमिक वर्ग की विशिष्ट पहचानों के निर्माण तथा समाज के स्थापित उच्चाकांक्षी विशिष्ट वर्ग के प्रभुत्व की विशेष भूमिका रही। 'औपनिवेशिक विज्ञान' जैसे पद (आयुर्विज्ञान और प्रौद्योगिकी में इसके रागतुल्य पद भी) दोषपूर्ण हो सकते हैं, फिर भी औपनिवेशिक परिप्रेक्ष्य

में और उसके माध्यम से क्रियाशील सत्ता के विविध प्रौद्योगिकियों को अभिव्यंजित करने के लिए इस पद का (बासल्ला से अधिक लचीले अर्थ में) प्रयोग उपयुक्त प्रतीत होता है।

आधुनिकता के रूप में विज्ञान

औपनिवेशिक भारत के संदर्भ में विज्ञान और उसके महत्त्व को समझने का एक अन्य तरीका है उसे आधुनिकता के आईने में देखना। आधुनिक विश्व के निर्मायक तत्त्वों की दृष्टि से विज्ञान औपनिवेशिक और भारतीय दोनों अवधारणाओं से घनिष्ठ रूप से जुड़ा था। इसने आधुनिकता के बोध को रूपायित किया और उसे अधिकारिता प्रदान की। ब्रिटिश लोग आरंभ में तो भारतीय विचारों और आचरणों के प्रति ग्रहणशील रहे, परंतु उन्नीसवीं सदी के आरंभिक वर्षों से वे विज्ञान, प्रौद्योगिकी और आयुर्विज्ञान को अपने 'सभ्य बनाने के परम लक्ष्य' की प्राप्ति के लिए श्रेष्ठ और प्रभावी उपकरण के रूप में देखने लगे। यह उनकी श्रेष्ठता-मनोग्रंथि का परिचायक था। वे भारत को पिछड़ा तथा अंधविश्वासग्रस्त देश के रूप में देखते थे और इसके उद्धार को अपना साम्राज्यिक उत्तरदायित्व मानते थे। विज्ञान के संबंध में उनकी इस अवधारणा से ब्रिटेन और भारत के बीच बढ़ते विभेद को और हवा मिली। ब्रिटेन की औद्योगिक क्रांति के क्रम में नई प्रौद्योगिकी, विशेषकर वाष्प युग के भाप-संचालित जहाज तथा रेल, ने इस परिप्रेक्ष्य को बढ़ावा ही दिया।[29] परंतु यही काम तो पाश्चात्य और देशी आयुर्विज्ञानों में बढ़ते विभेद-भाव तथा दासता की जंजीरों में जकड़े भारत में अभियांत्रिकी, आयुर्विज्ञान और प्राकृतिक विज्ञान के द्वारा प्रभुत्व बनाए रखने की अपूर्व क्षमता में विश्वास ने भी किया। वायसराय लॉर्ड कर्ज़न के समय (1899-1905) विज्ञान् के रूपांतरण और आधुनिकीकरण की क्षमता में विश्वास चरम बिंदु पर पहुँच गया। यह साम्राज्यवाद के उत्कर्ष का काल था जब इसके सिद्धांतों की अनुगूँज 'शाही विज्ञान' की संस्थाओं और भाषणों में सुनाई पड़ने लगी। तथापि, भारत को सभ्य और आधुनिक बनाने की ब्रिटेन की क्षमता में विश्वास अनेक अंतर्विरोधों से भरा था जिनमें एक अंतर्विरोधी विश्वास यह भी था कि भारतीय वैज्ञानिक आधुनिकता के लाभों को ग्रहण करने के लिए अप्रस्तुत (अथवा अनुपयुक्त) थे। आधुनिक विज्ञान और प्रौद्योगिकी में पैठ से उत्पन्न प्रतियोगी लाभों से भारत को वंचित रखने के संकल्प और इसे राजाओं, किसानों तथा दस्तकारों का ही देश बने रहने के लिए उद्योगवाद-विरोधी भावना ने भारत को एक हद तक आधुनिक औद्योगिक समाज की विद्रूपताओं और विक्षोभों से अलग रखा।

यह आश्चर्य का विषय नहीं था कि पाश्चात्य विज्ञान और इसके आधुनिकता के संदेश के प्रति भारतीयों में भिन्न-भिन्न प्रतिक्रियाएँ हुईं। परंतु उनमें से कुछ, विशेषकर पश्चिम में शिक्षा प्राप्त लोगों ने भारत के कायांतरण के आह्वान का समर्थन

किया और आधुनिकीकरण की योजना के साथ जुड़ गए। ज्ञान प्रकाश के शब्दों में, 'वैज्ञानिक विवेचन पाश्चात्य शिक्षा प्राप्त विशिष्ट वर्ग के संलाप का व्यवस्थापक रूपक बन गया। पश्चिम की वैज्ञानिक और औद्योगिक प्रगति से प्रभावित-उत्प्रेरित विशिष्ट वर्ग देशी धर्मों और समाज का वैज्ञानिक विवेचन करने लगा। 'विज्ञान की सांस्कृतिक अधिकारिता' तथा विशिष्ट वर्ग को 'आधुनिकता एवं प्रगति' के संवाहक के रूप में मिली स्वीकृति ने संयुक्त रूप से उन्नीसवीं सदी के उत्तरार्द्ध में भारतीय जनमानस पर अपनी छाप छोड़ी'।[30] जैसाकि कुछ अन्य विद्वानों ने दर्शाया है, 'औपनिवेशिक आधुनिकता' सांस्थानिक और आर्थिक सुधारों तक ही सीमित नहीं रही, बल्कि शिक्षा और स्वास्थ्य, पारिवारिक जीव न और महिलाओं की भूमिका, धार्मिक विश्वासों और सामाजिक सुधारों से संबद्ध अभिवृत्तियों एवं आचरणों को भी आलोड़ित करने लगी।[31]

परंतु, आधुनिकता उपनिवेशी जनता के लिए समस्या-मुक्त नहीं हो सकती थी। आधुनिकता, अथवा उसका अर्थ संकोच, आधुनिकीकरण के विषय में प्रायः ऐसा मान लिगा गया है कि यह मूलतः पाश्चात्य संस्थाओं और मूल्यों के प्रसार एवं स्वीकृति का बोधक है। यह मान्यता बासल्ला द्वारा प्रतिपादित 'पाश्चात्य विज्ञान के प्रसार' के प्ररूपीकरण से बहुत अंशों में मेल खाती है। लगभग चार दशक पूर्व लूसियन पाई ने आधुनिकीकरण को परिभाषित करते हुए कहा है कि यह 'समुन्नत प्रौद्योगिकी एवं वैज्ञानिक मानसिकता पर आधारित, जीवन के प्रति युक्तिसंगत दृष्टिकोण, सामाजिक संबंधों में सहिष्णुता का भाव, सार्वजनिक मामलों में न्यायप्रियता तथा, सबसे बढ़कर, राजनीतिक क्षेत्र में इस विश्वास का स्वीकरण है कि राज्य-व्यवस्था की प्रधान इकाई राष्ट्र-राज्य है।'[32] औपनिवेशिक शासन के अधीन भारतीयों को इस विषय-सूची में से अनेक का समर्थन करने में कोई कठिनाई नहीं थी, फिर भी उन्हें ऐसा लगता रहा कि आधुनिकता एक ऐसी अभीप्सा है जिसे वे पूरी नहीं कर सकते उनके मन में यह आशंका बनी रही कि औपनिवेशिक अधिकारियों, ईसाई धर्म-प्रचारकों, शिक्षाविदों और वैज्ञानिकों द्वारा पूर्वाग्रह के साथ प्रस्तुत आधुनिकता का स्वीकरण उन्हें निरंतर संरक्षण और अधीनता में जकड़ कर रखेगा। और वे हमेशा एक कदम पीछे, दूसरी श्रेणी के, पाश्चात्य आदर्श की आंशिक अनुकृति बने रहेंगे। पार्थ चटर्जी का प्रश्न है, 'यह कैसे संभव हुआ कि भारतीयों ने एक ही साथ उपनिवेशवादी पश्चिम की आधुनिकता को स्वीकार एवं आत्मसात भी किया और औपनिवेशिक सत्ता तथा उसकी हीन-भारतीयता के भाव का विरोध भी ? इसके उत्तर में उसका निष्कर्ष है कि राष्ट्रवाद ने एक संलाप पैदा किया...जिसने राजनीतिक प्रभुत्व के औपनिवेशिक दावे को चुनौती दी...आधुनिकता के जिन सूत्र-वाक्यों पर औपनिवेशिक प्रभुत्व आधारित था उनको भी स्वीकार कर लिगा।'[33] यह एक पहेली जान पड़ती है और अधुनातन विद्वानों ने अनेक प्रकार से इसका समाधान करने

की चेष्टा की है। एक समाधान तो वही है जिसे ज्ञान प्रकाश ने प्रस्तुत किया है। उसके अनुसार, विज्ञान की सत्ता को पुनर्व्यवस्थित और भारतीय समाज की आवश्यकताओं तथा मुहावरों के अनुरूप 'अनुवादित' होना ही था; पश्चिम के द्वारा प्रस्तुत उसे ज्यों-का-त्यों ग्रहण नहीं किया जा सकता था। एक अन्य समाधान के रूप में कहा जा सकता है कि आधुनिकता कोई ऐसा तत्त्व नहीं है जिसका पश्चिम ने 'पेटेंट' कर लिया है और विश्व भर में उसकी फुटकर बिक्री कर रहा है। इसके विपरीत, यह नाना आकार ग्रहण करने में समर्थ है, इसके अनेक सांस्कृतिक एवं राजनीतिक रूप-भेद होते हैं। और वे सभी पश्चिमी विज्ञान, प्रौद्योगिकी तथा आयुर्विज्ञान से अनिवार्यतः बहुत-कुछ ग्रहण तो करते हैं, परंतु अपनी राष्ट्रीय परंपराओं और स्थानीय ज्ञान-प्रणालियों को भी उसमें समाविष्ट कर देते हैं। परिणामतः भारत जैसा देश अपनी सांस्कृतिक विरासतों और विशिष्ट अपेक्षाओं के अनुरूप अपनी आधुनिक पहचान बनाने में समर्थ होता है।[34]

प्रस्तुत पुस्तक में यह दर्शाया जाएगा कि उन्नीसवीं सदी और बीसवीं सदी के आरंभिक वर्षों में भारतीय वैज्ञानिकों और बुद्धिजीवियों ने भारतीय आधुनिकता का निजी ब्रांड बनाने के भरसक प्रयत्न किए। इसके लिए उन्होंने हिंदू विचारों और परंपराओं को चयनात्मक विधि से समाविष्ट (अथवा पुनराविष्कृत) किया, भले ही इस प्रक्रिया में निहित घटकों का मिश्रण, 'वर्णशंकरता' की मात्रा उदीयमान वैज्ञानिक समुदाय में भी भिन्न-भिन्न रही। तथापि, इस प्रक्रिया से भारत में विज्ञान को अधिकारिता एवं स्वत्व के नए बोध तो हुए, परंतु, इसने नई दुविधाएँ और नए प्रतिरोध-केंद्र भी खड़े कर दिए। औपनिवेशिक युग के अवसान के बाद भी यह स्पष्ट नहीं हो सका कि वैज्ञानिक आधुनिकता ने स्वयं भारत के अंदर किस सीमा तक सर्वानुमति पाई और भारतीय मूल्यों से अनुप्राणित विज्ञान किस सीमा तक पश्चिमी प्रभुत्व में पले-पनपे वैज्ञानिक समुदाय से स्वीकृति प्राप्त कर पाया। एक ओर जहाँ जवाहरलाल नेहरू जैसे कतिपय राष्ट्रवादी राजनेताओं ने अपने को 'विज्ञान की वेदी' का उपासक घोषित किया और उसे भारतीय आधुनिकता का अभिकर्त्ता एवं प्रतीक माना[35] वहीं कुछ दूसरों ने (एम.के. गांधी जैसे प्रभावशाली व्यक्ति के नेतृत्व में) भारत के लिए पराए विज्ञान और अनुपयुक्त प्रौद्योगिकी वाली आधुनिकता को नकार दिया। ये परस्पर-विरोधी प्रवृत्तियाँ आज के भारत में भी (पुस्तक-लेखन की तिथि तक—अनुवादक) किसी-न-किसी रूप में विद्यमान हैं (और इस रूप में प्रस्तुत पुस्तक के विवेच्य विषय नहीं हैं)।[36] फिर भी, भारत के प्रथम प्रधानमंत्री नेहरू के अधीन दोनों के बीच एक व्यावहारिक संतुलन अवश्य बना जिसमें राष्ट्र-राज्य को विज्ञान, प्रौद्योगिकी और आयुर्विज्ञान में परंपरागत शक्तियों को गौण भूमिका प्रदान की गई और वैज्ञानिक तथा प्रौद्योगिक आधुनिकता को जन-आकांक्षाओं के अनुरूप, अंतर्राष्ट्रीय स्तर पर स्वीकार्य एक नया आयाम मिला।

सन्दर्भ

1. नैंसी लीस स्टीपन, 'द ऑवर ऑफ़ यूजेनिक्स' : रेस, जेंडर, एंड नेशन इन लैटिन अमेरिका (इथाका, 1991), पृ. 9 : माइकेल मुल्के, 'सोसिऍलॉजि ऑफ़ साइंस इन द वेस्ट', करेंट सोसिऍलॉजि, 23 (1980), पृ. 1-184।
2. स्टीपन, 'यूजेनिक्स', पृ. 10।
3. स्टीवेन शेपिन, 'हिस्ट्री ऑफ़ साइंस एंड इट्स सोसिऍलॉजिकल रीकंसट्रक्शंस', हिस्ट्री ऑफ साइंस, 20 (1982), पृ. 196।
4. पाओलो पेलाडिनो एंड माइकेल वॅरबायज, 'साइंस एंड इंपीरिएलिज़्म' आइसिस, 84 (1993), पृ. 102।
5. उपयोगी प्रस्तावना के लिए देखें, ज़हीर बाबर, 'द साइंस ऑफ इंपायर : साइंटिफ़िक नॉलेज, सिविलाइज़ेशन एंड कॅलॉनिअल रूल इन इंडिया' (न्यूयार्क, 1996), अध्याय 2।
6. डेविड क्रॉफ, 'ब्रिटिश ओरिएंटलिज़्म एंड द बंगाल रेनॉसाँ : द डाइनैमिक्स ऑफ़ इंडियन मॉडर्नाइज़ेशन, 1773-1835' (बर्कले, सी ए, 1969), पृ. 102।
7. मौंटस्टुअर्ट एलफ़िंस्टन, 'हिस्ट्री ऑफ़ इंडिया' (9वाँ संस्करण, लंदन, 1905), पृ. 138-60।
8. बी.वी. सुब्बारायप्पा, 'वेस्टर्न साइंस इन इंडिया अप टु द एंड ऑफ़ द नाइंटींथ सेंचुरी', देखें डी.एम. बोस, एस.एन. सेन एंड बी.वी. सुब्बारायप्पा (एडिशंस), 'ए कॅन्साइज़ हिस्ट्री ऑफ़ साइंस इन इंडिया' (नई दिल्ली, 1971), पृ. 484।
9. आर.एल. वर्मा, 'द ग्रोथ ऑफ़ ग्रेसो-अरेबियन मेडिसिन इन मेडिईवल इंडिया', आइ जे एच एस, 5 (1970), पृ. 347-63; बाबर, 'साइंस', पृ. 78-9।
10. एस.एन. सेन, 'इनूफ्लुअन्स ऑफ़ इंडियन साइंस ऑन अदर कल्चर एरियाज़', आइ जे एच एस, 5 (1970), पृ. 332-46।
11. जोसेफ नीधम, 'द शॉर्टर साइंस एंड सिविलाइज़ेशन इन चाइना' (एडिशन, कॉलिन ए. रोनन), (4 खण्ड, कैंब्रिज, 1978-94); लिन्न ह्वाइट, 'मेडिईवल टेक्नॉलॅजि एंड सोशल चेंज' (ऑक्सफोर्ड, 1962)।
12. ए. जान क़ैसर, 'द इंडियन रिस्पॉन्स टु यूरोपियन टेक्नॉलॉजि एंड कल्चर' (ए.डी. 1498-1707) (दिल्ली, 1982); इर्फ़ान हबीब, 'द टेक्नॉलॉजि एंड इकॉनॉमी ऑफ़ मुगल इंडिया', आई इ एस एच आर, 27 (1980), पृ 1-14।
13. इर्फ़ान हबीब, 'अकबर एंड टेक्नॉलॉजि', देखें, इर्फ़ान हबीब (एडिशन), 'अकबर एंड हिज़ इंडिया' (दिल्ली, 1997), पृ. 129-48।
14. ए. रहमान (एडिशन), 'साइंस एंड टेक्नॉलॉजि इन मेडिईवल इंडिया : ए बिब्लिऑग्राफ़ी ऑफ़ सोर्स मैटेरियल्स इन संस्कृत, अरेबिक एंड पर्शियन' (नई दिल्ली, 1982), पृ.xi-xxi
15. बाबर, 'साइंस', पृ. 85-90, दीपक कुमार, 'अनूइक्वल कॅन्टेंडर्स, अनूईवन ग्राउंड्स :

मेडिकल एनकाउंटर्स इन ब्रिटिश इंडिया, 1820-1920', देखें, 'ऐंड्रू कनिंघम एंड ब्राइडी एंड्रूज' (एडिशंस), 'वेस्टर्न मेडिसिन एज़ कॉन्टेस्टेड नॉलेज' (मैंचेस्टर, 1997) पृ. 168-82; एन. गंगाधरम, 'द स्टेट ऑफ़ आयुर्वेद इन द एटींथ एंड नाइंटींथ सेंचुरीज़', देखें, जी. कुप्पुरम एंड के. कुमुदमणि (एडिशंस), 'हिस्ट्री ऑफ साइंस एंड टेक्नॉलॉजि इन इंडिया, 1' (दिल्ली, 1990), पृ. 13-29।

16. गैल मिनॉल्ट, 'सैयद अहमद देहलवी' एंड द 'देल्ही रेनासाँ', देखें आर.ई., फ्राइ केनबर्ग (एडिशन), 'देल्ही थ्रू द एजेज' (दिल्ली, 1986), पृ. 174-85।
17. एल. एस. एस. ओ. मैली, 'मेकैनिज़्म एंड ट्रांसपोर्ट', देखें 'एल.एस. एस. ओ.' मैली (एडिशन), 'मॉडर्न इंडिया एंड द वेस्ट' (लंदन, 1941), पृ. 221।
18. छपाई और इसके उपयोग हेतु देखें, सी.ए. बेली, 'इंपायर एंड इन्फ़ॉर्मेशन : इंटेलिजेंस गेदरिंग एंड सोशल कम्यूनिकेशन इन इंडिया, 1780-1870' (कैंब्रिज, 1996), पृ. 235-43।
19. आर्नोल्ड पेसी, 'टेक्नॉलॉजि इन वर्ल्ड सिविलाइज़ेशन : ए थाउज़ेंड-ईयर हिस्ट्री' (ऑक्सफोर्ड, 1990), पृ. 144।
20. तुलना करें, कपिलराज, 'नॉलेज, पॉवर एंड मॉडर्न साइंस : 'द ब्राह्मिंस स्ट्राइक बैक', इन दीपक कुमार (एडिशन), 'साइंस एंड एंपायर इन इंडियन कांटेक्स्ट, (1700-1947)' (दिल्ली, 1991), पृ. 115-25।
21. जॉर्ज बासल्ला, 'द स्प्रेड ऑफ़ वेस्टर्न साइंस', 'साइंस' सं. 156 (1967), पृ. 611-22।
22. माइकेल अडास, 'टेस्टिंग बासल्लास पैरॅडाइम : कॉलॉनियलिज़्म एंड द डिफ्यूजन ऑफ़ साइंस इन ब्रिटिश इंडिया', हिस्ट्री ऑफ़ साइंस की 19वीं अंतर्राष्ट्रीय कांग्रेस (सम्मेलन), ज़रगोज़ा में प्रस्तुत निबंध, अगस्त 1993, पृ. 36।
23. नैंसी स्टीपन, 'बिगनिंग ऑफ़ ब्राज़िलियन साइंस, ओस्वाल्डो क्रूज़, मेडिकल रिसर्च एंड पॉलिसी 1890-1920' (न्यूयार्क, 1976), पृ. 14-40, इयान इन्चस्टर, 'साइंटिफ़िक एंटरप्राइज़ एंड द कॉलॉनियल 'मॉडेल' : ऑब्ज़र्वेशंस ऑन ऑस्ट्रेलियन, एक्सपीरिअंस इन हिस्टॉरिकल कांटेक्स्ट', सोशल स्टडीज ऑफ़ साइंस, 15 (1985), पृ. 677-704; वी.वी. कृष्ण, 'द कॉलॉनियल मॉडल एंड द इमर्जेंस ऑफ़ नेशनल साइंस इन इंडिया,' 1876-1920, देखें पैट्रिक पेटिटजीन, कैथेरीनजामी एंड एनी मेरी माउलिन (एडिशंस), 'साइंस एंड एंपायर्स : हिस्टॉरिकल स्टडीज़ एबाउट साइंटिफ़िक एंड यूरोपियन एक्स पैंशन' (डॉरड्रेख्त, 1992), पृ. 57-72।
24. ध्रुवरैना एंड एस. इर्फान हबीब, 'द अनूफोल्डिंग ऑफ़ एन इन्गेजमेंट : द डाउन ऑन साइंस, टेक्नीकल एजुकेशन एंड इंडस्ट्रियलाइजेशन, इंडिया, 1896-1912', एस.एच., 9 (1993), पृ. 87-8।
25. उदाहरणस्वरूप, रिचर्ड ग्रोव, 'इंडिजेनस नॉलेज एंड द सिगिनफिकेंस ऑफ़ साउथ वेस्ट इंडिया फॉर द पोर्तुगीज़ एंड डच कांस्ट्रक्शंस ऑफ़ ट्रॉपिकल नेचर', देखें रिचर्ड एच.

ग्रोव, विनीता दामोदरन एंड सतपाल संगवान (एडिशंस), नेचर एंड द ओरिएंट : द एन्वाइरोन्मेण्टल हिस्ट्री ऑफ साउथ एंड साउथ ईस्ट इंडिया (दिल्ली, 1998), पृ. 187-209।

26. रॉय मैक्लिअॅड, 'ऑन विज़िटिंग द मूविंग मेट्रोपोलिस, रिफ्लेक्शंस ऑन द आर्किटैक्चर ऑफ इंपीरियल साइंस', हिस्टॉरिकल रेकॅर्ड्स ऑफ़ ऑस्ट्रेलियन साइंस, 5 (1982), पृ. 1-16।

27. सतपाल संगवान, 'फ्रॉम जेंटलमेन एमेच्युर्स टु प्रोफेशनल्स : रिअसेसिंग द नेचुरल साइंस ट्रेडिशन इन कॉलॉनियल इंडिया; 1780-1840,' देखें, ग्रोव इत्यादि (एडिशंस), नेचर, पृ. 227।

28. आर.के. कोचर, 'साइंस ऐज़ ए टूल इन ब्रिटिश इंडिया', इकॉनॉमिक एंड पॉलिटिकल वीकली, 17 अगस्त, 1991, पृ. 1933।

29. माइकेल अडास, 'मशींस ऐज़ द मेज़र ऑफ़ मेन : साइंस, टेक्नॉलॉजि एंड आइडियोलॉजिज़ ऑफ़ वेस्टर्न डोमिनैंस' (इथाका, न्यूयार्क, 1989), अध्याय 3-4।

30. ज्ञान प्रकाश 'साइंस बिटविन द लाइंस' देखें, शाहिद अमीन एंड दीपेश चक्रवर्त्ती (एडिशंस), सबएल्टर्न स्टडीज़ IX (दिल्ली, 1996), पृ. 60।

31. दीपेश चक्रवर्त्ती, 'द डिफरेंस-डेफरल ऑफ़ ए कॉलोनियल मॉडर्निटी : पब्लिक डिबेट्स ऑन डोमेस्टिसिटी इन ब्रिटिश इंडिया', देखें डैविड आर्नोल्ड एंड डैविड हार्डिमैन (एडिशंस), 'सबएल्टर्न स्टडीज VIII (दिल्ली, 1994), पृ. 50-88।

32. लूसिअन डब्ल्यू. पाई, 'ऐस्पेक्ट्स ऑफ़ पॉलिटिकल डेवलपमेंट' (बोस्टन, एम.ए., 1965), पृ. 8; तुलना करें, एस.एन. आइजेनस्ताद एडिशन, 'इंट्रोडक्शन : हिस्टोरिकल ट्रेडिशंस, मॉडर्नाइजेशन एंड डेवलपमेंट' देखें, एस.एन. आइज़ेनस्ताद (एडिशन), पैटर्न्स ऑफ़ मॉडर्निटी II : बियोंड द वेस्ट (लंदन, 1987), पृ. 1-11।

33. पार्थ चटर्जी, 'नेशनेलिस्ट थॉट एंड द कॉलोनियल वर्ल्ड : ए डेरिवेटिव डिस्कोर्स' (लंदन, 1986), पृ. 30।

34. प्रकाश 'लाइंस', पृ. 61-2, 80। पार्थ चटर्जी, 'आवर मॉडर्निटी', देखें 'द प्रेजेंट हिस्ट्री ऑफ़ वेस्ट बंगाल; एसे इन पॉलिटिकल क्रिटिसिज़्म' (दिल्ली, 1997), पृ. 193-210।

35. एड्रेस टु द नेशनल अॅकैडेमि ऑफ़ साइंसेज़, इलाहाबाद, 5 मार्च, 1938, देखें, 'सेलेक्टेड वर्क्स ऑफ़ जवाहरलाल नेहरू VIII (नई दिल्ली, 1976), पृ. 806; जवाहरलाल नेहरू, 'एन ऑटोबाइऑग्रफ़ि' (लंदन, 1936), पृ. 433-7।

36. देखें, सुनिल खिलनानी, 'द आइडिया ऑफ़ इंडिया' (लंदन, 1998)।

अध्याय दो

ईस्ट इंडिया कंपनी कालीन विज्ञान

भारत में ब्रिटिश ईस्ट इंडिया कंपनी का आगमन और आधुनिक विज्ञान का अभ्युदय प्रायः एक ही साथ हुआ। कंपनी की स्थापना 1600 ई. में हुई। यही समय वैज्ञानिक क्रांति का भी था। 1662 में रॉयल सोसायटी ऑफ़ लंदन की स्थापना होने तक कंपनी का कारोबार परवान चढ़ चुका था। सूरत, मद्रास (अब चेन्नई) और मसुलीपटम में इसके वाणिज्य-केंद्र स्थापित हो चुके थे। भारत में औपनिवेशिक काल के आरंभिक वर्षों के मुख्य विज्ञान—वनस्पतिशास्त्र, भूगर्भशास्त्र और किसी हद तक जंतुविज्ञान—ठोस शक्ल ग्रहण कर रहे थे। लगभग उसी समय अर्थात् अठारहवीं सदी के मध्य कंपनी ने अपने क्षेत्र का विस्तार करना शुरू किया। 1749 में बूफ़्फ़न की पुस्तक 'नेचुरल हिस्ट्री' (प्राकृतिक इतिहास) के प्रथम खण्ड का प्रकाशन हुआ। उस समय कर्नाटक में अंग्रेज़ों और फ्रांसीसियों के बीच प्रतिद्वंद्विता चरम पर थी। 1757 के पलासी युद्ध, जिसने बंगाल में ब्रिटिश प्रभुत्व का मार्ग प्रशस्त कर दिया, के चार वर्ष पूर्व 1753 में लिनीयस की रचना 'स्पीशीज प्लांटेरम' प्रकाशित हो चुकी थी। इस पुस्तक से द्विपदीय नामकरण की पद्धति प्रचलन में आई। मेट्रोपोलिटन वैज्ञानिक समाजों की उभरती पीढ़ी के लिए प्रतिमान स्वरूप जिऑलॉजिकल सोसायटी ऑफ लंदन की 1807 में स्थापना होने तक ब्रिटिश सत्ता भारतीय प्रायद्वीप के विशाल भूभागों, विशषेकर उत्तर भारत में फैल चुकी थी और अब मराठों की कमर तोड़ने की तैयारी में थी। 1830 में लायल की पुस्तक 'प्रिंसिपल्स ऑफ़ जिऑलॉजि', जिसकी गणना आधुनिक भूगर्भशास्त्र के मूल प्रवर्तक ग्रंथों में होती है, के प्रथम खण्ड के प्रकाशन के तीन वर्षों के अंदर कंपनी के बचे-खुचे व्यापारिक अधिकार लुप्तप्राय हो गए और नवंबर, 1859 में डार्विन के 'ऑरिजिन ऑफ़ स्पीशीज' के प्रकाशन के करीब 12 माह पहले कंपनी अपना बोरिया-बिस्तर समेट चुकी थी।

इससे स्पष्ट है कि भारत में कंपनी का शासन बौद्धिक, पुनर्जागरण (इनूलाइटेंनमेंट) के समय से लेकर डार्विनीय प्राणि-विज्ञान के अभ्युदय के कुछ समय पहले तक चला और इस दृष्टि से आधुनिक विज्ञान के अतिमहत्त्वपूर्ण चरण का समकालीन रहा। निश्चय ही यह स्थिति विज्ञान के विकास से लाभ उठाने और उसमें अपना योगदान करने की दृष्टि से बहुत अनुकूल थी। ऐसे में कुछ प्रश्न बड़े प्रासंगिक

प्रतीत होते हैं; यथा—कंपनी के लिए विज्ञान की केंद्रीय भूमिका क्या थी ? क्या इसका महत्त्व व्यावहारिक कम और आलंकारिक अथवा प्रतीकात्मक ज्यादा था ? कंपनी के शासन-काल में विज्ञान की कौन-सी शाखाएँ विकसित हुईं? वैज्ञानिक कार्य में कौन-से लोग संलग्न रहे और क्यों? उस काल के विज्ञान में भारत की क्या भूमिका रही? इस अध्याय में इन्हीं प्रश्नों के उत्तर देने के प्रयास किए जाएँगे।

विज्ञान की कंपनी

भारत में विज्ञान के मामलों में ईस्ट इंडिया कंपनी के लंदन स्थित कोर्ट ऑफ़ डायरेक्टर्स की तूती बोलती थी। कंपनी स्वयं ब्रिटेन में विज्ञान के अग्रणी संरक्षकों में एक थी और इस उपमहाद्वीप में यह और इसके कर्मचारी पाश्चात्य वैज्ञानिक गतिविधियों पर पूर्ण नियंत्रण रखते थे। अपने व्यापारिक विशेषाधिकारों को सुरक्षित रखने और बाहरी ताकतों को अपने अधिकारों में खलल डालने से रोकने के लिए कंपनी भारत में यूरोप के प्रवेश को विनियमित करती थी। किसी भी वैज्ञानिक अभियान को शुरू करने के लिए कंपनी का अनुमोदन अनिवार्य था और किसी भी वैज्ञानिक आगंतुक, चाहे वह कितना भी नामी-गिरामी क्यों न हो, को भारत आने की अनुमति देने में कंपनी भारी हीला-हवाला करती थी। अगर फ्रेंच प्रकृति-वैज्ञानिक एवं पर्यटक विक्टर जैक्विमाँट की, जिसकी मृत्यु भारत में हुई, बात छोड़ दें तो कंपनी कर्मचारियों के विज्ञान के मामलों में एकाधिकार का सबसे बड़ा अपवाद उन्नीसवीं सदी के अग्रणी ब्रिटिश वनस्पतिशास्त्रियों में एक जोसेफ डाल्टन हूकर[1] को माना जाएगा जिसने 1848-50 में भारत का भ्रमण किया। जर्मन प्रकृति-वैज्ञानिक अलैक्ज़ेंडर वॉन हमबोल्त्त ने काफी प्रयास किए, किंतु उसे भारत आने की अनुमति कभी नहीं मिली।[2] जोसेफ बैंक्स, चार्ल्स लायल और चार्ल्स डार्विन समेत अनेक जाने-माने वैज्ञानिकों ने भारत का भ्रमण किए बगैर यहाँ के प्राकृतिक इतिहास में गहरी अभिरुचि ली। यूरोप के वैज्ञानिक और तथ्य-संग्राहक नमूनों, मानचित्रों और वैज्ञानिक जानकारियों के लिए या तो सैनिक अधिकारियों, चिकित्सकों और सेवाकर्मियों के साथ अपने अनौपचारिक संबंधों पर निर्भर रहे या फिर स्वयं कंपनी की उदारता पर।[3]

भारत में नौकरशाही और सैनिक नियुक्तियों में अभ्यर्थियों का मनोनयन कोर्ट ऑफ़ डायरेक्टर्स के अधीन था, अतः वह संरक्षण के अधिकार से पूरी तरह लैस था और समुद्र पार ब्रिटेनवासियों को उपलब्ध वैज्ञानिक और प्राविधिक नियोजन की दृष्टि से अतिसंपन्न क्षेत्रों में एक में प्रवेश को विनिगमित करता था। एक बार भी कंपनी द्वारा नियोजित उसके जो सेवाकर्मी अपनी वैज्ञानिक अभिरुचि बनाए रखना चाहते थे वे कोर्ट ऑफ़ डायरेक्टर्स अथवा भारत में इसके सर्वोच्च प्रतिनिधि गवर्नर जेनरल के अनुमोदन और वित्तीय समर्थन पर पूर्णतः निर्भर रहते थे। कंपनी

द्वारा विज्ञान के समर्थन का एक आरंभिक उदाहरण लें। 1790 के दशक में इसने शल्य चिकित्सक वनस्पतिशास्त्री विलियम रॉक्सबर्ग को उसकी चित्रों से भरी रचना 'प्लांट्स ऑफ़ द कोरोमंडल कोस्ट' (कोरोमंडल तट के पौधे) के प्रकाशन हेतु तीन सौ पौंड प्रदान किए। तीन खण्डों वाली यह रचना 1819 में जाकर पूरी हुई और कंपनी को इस पर दो हजार पौंड खर्च करने पड़े, लेकिन तब तक प्राकृतिक इतिहास की ऐसी महँगी रचनाओं के लिए बाजार बिल्कुल मंदा पड़ गया था। इस 'व्यापारिक तबाही' ने कंपनी को ऐसे कार्यों में उदारतापूर्वक दान के प्रति हतोत्साहित किया और बाद के वैसे प्रकृतिवादियों को इससे भारी निराशा हुई जो अपने को ऐसे उदारदान के हकदार समझते थे।[4]

1840 के दशक में कंपनी ने ह्यू फॉकनर और प्रोबी टी. कोटली को उत्तर भारत से शिवालिक के जीवाश्मों की सूची के प्रकाशन में आर्थिक सहायता की और प्रत्येक चालीस प्रतियों के लिए एक गिन्नी (सोने का इक्कीस शिलिंग का सिक्का) देने का वादा किया। परंतु लंदन के रॉयल सोसायटी और कई अन्य वैज्ञानिक निकायों के प्रयास के बावजूद कोर्ट ऑफ़ डारेक्टर्स ने फ़ॉकनर और कोटली द्वारा भारत से जलयान से भेजे गए चालीस टन जीवाश्मों के वर्गीकरण, निदर्शन एवं प्रदर्शन के कुल व्यय का भुगतान करने से इनकार कर दिया। ब्रिटिश सरकार द्वारा प्रदत्त एक हजार पौंड की तुलना में चालीस गिन्नियाँ साधारण रकम थीं।[5] हूकर की रचना 'फ़्लोराइंडिका' (भारत के पेड़-पौधे) का प्रथम और एकमात्र खण्ड 1855 में प्रकाशित हुआ। इसके प्रकाशन के लिए हूकर वित्तीय सहायता की आस लगाए था, लेकिन कोर्ट ऑफ़ डायरेक्टर्स ने इसमें तनिक दिलचस्पी नहीं ली। 19वीं सदी के भारतीय वनस्पतिशास्त्र की इस एकमात्र अति महत्त्वपूर्ण रचना को पूर्ण प्रकाशन हेतु प्रशासकीय अनुग्रह और समुचित आर्थिक सहायता पाने के लिए दीर्घ प्रतीक्षा करनी पड़ी और कंपनी का अंत हो जाने के बाद ही यह संभव हो पाया। अतः यह आश्चर्य का विषय नहीं था कि कंपनी के 'राजसी' संरक्षण के लिए उदारतापूर्ण संरक्षण और सार्वजनिक शुल्क चुकाए जाने के बावजूद विज्ञान से जुड़े अनेक लोग एकांत में 'पनीर विक्रेता सम्राट' कोर्ट ऑफ़ डायरेक्टर्स के 'दुष्टता' एवं 'प्रवंचना' पूर्ण व्यवहार पर ताने कसते थे।[6]

कुछ इतिहासकारों ने यह दर्शाने का प्रयास किया है कि विज्ञान में कंपनी की अभिरुचियाँ मात्र भौतिक लाभों की दृष्टि से निर्देशित नहीं होती थीं, बल्कि विज्ञान के प्रति उसका दृष्टिकोण बौद्धिक और निष्पक्ष था। रे डेसमंड ने यह तो स्वीकार किया है कि कंपनी की नीतियाँ अनिवार्य रूप से 'मुनाफे की मंशा' से निर्धारित होती थीं, किंतु उसने इस तर्क को मानने से इनकार किया है कि कोर्ट ऑफ़ डायरेक्टर्स के सारे निर्णय और कार्य एकमात्र व्यापारिक उद्देश्यों की पूर्ति से संचालित होते थे। उसके अनुसार निदेशकों (डायरेक्टर्स) ने लंदन के लीडेन

हॉल स्ट्रीट में अलाभकर पुस्तकालय और संग्रहालय की स्थापना की और उन पर होने वाले व्यय का भार स्वयं वहन किया, वे विद्वत्तापूर्ण रचनाओं के प्रकाशन में उदारतापूर्वक सहायता करते थे और अपने सेवाकर्मियों द्वारा प्राच्यविद्या के अध्ययन में शायद ही किसी प्रकार की बाधा खड़ी करते थे।[7] लेकिन, क्योंकि कंपनी भारतीय मामलों के कुव्यवस्थापन के लिए प्रायः प्रताड़ित होती रहती थी और क्योंकि विज्ञान ब्रिटेन के शासक वर्ग के लिए एक प्रतिष्ठामूलक उद्यम था, इसलिए यह कंपनी के राजनीतिक हित में था कि उसे 'विश्व में विज्ञान का सर्वाधिक उदारमना संरक्षक' के रूप में स्वीकार किया जाए। संभव है कि सुविधानुसार 'स्वार्थ और विद्यानुरागिता' दोनों प्रायः साथ-साथ चलते रहे हों,[8] फिर भी स्वार्थ भाव तो स्पष्ट रूप से जाहिर हो जाता था, जब कि विद्यानुराग को यदा-कदा ही प्रश्रय मिलता था।

यह स्वीकार करते हुए कि विज्ञान को प्रश्रय एवं प्रोत्साहन देना सभ्य सरकार का दायित्व था, कोर्ट ऑफ़ डायरेक्टर्स अथवा उसके प्रमुख प्रतिनिधि समय-समय पर विज्ञान में अपनी गहरी आस्था की उद्घोषणा करते रहते थे। 1804 में, जबकि ब्रिटिश प्रभुत्व परवान चढ़ रहा था, गवर्नर जनरल लॉर्ड वेलेस्ली ने घोषणा की कि 'भारत में अपनी उदात्त स्थिति के कारण ब्रिटिश सरकार' का कर्तव्य है कि वह सामान्य विज्ञान के दायरे को विस्तृत करने के उद्देश्य से की जाने वाली छानबीन को सुविधा और प्रोत्साहन प्रदान करे। फिर भी, जैसा कि मारिका विक्ज़ियानी ने प्रकृति-वैज्ञानिक फ्रांसिस ब्यूकानन की जीवन-वृत्ति की चर्चा करते हुए कहा है, वेलेस्ली इस तथ्य को भलीभाँति समझता था कि उसकी ख्याति में चार चाँद लगाने और उसकी विस्तारवादी नीतियों की आलोचना से लोगों का ध्यान मोड़ने के लिए वैज्ञानिक सर्वेक्षण अहम भूमिका अदा कर सकता था।[9] विज्ञान के जरिए अधिक संकीर्ण उपयोगितावादी लक्ष्यों को भी पूरा किया जा सकता था। 1787 में पौलैंड के वनस्पतिशास्त्री एंटन होव लंदन स्थित बोर्ड ऑफ़ ट्रेड (व्यापार परिषद) द्वारा कंपनी के अनुमोदन के बग़ैर भारत इसलिए भेजा गया कि वह गुजरात में, जो अभी भी मराठों के नियंत्रण में था, कपास और वस्त्र उत्पादन के संबंध में प्रतिवेदन प्रस्तुत करे। होव ने दीन-हीन वैद्य के छद्म वेश में संबद्ध क्षेत्र का व्यापक दौरा कर कृषि, आयुर्विज्ञान और अन्य वैज्ञानिक तथा प्रौद्योगिक महत्त्वों पर विस्तृत प्रतिवेदन तैयार किया और लौटते समय किव के वानस्पतिक उद्यानों के लिए पौधों के अनेक टोकरे जहाज से ले गया, लेकिन उसके मिशन (लक्ष्य) के पीछे निहित व्यापारिक और राजनीतिक उद्देश्य छिपाए नहीं जा सके।[10]

दक्षिण एशिया में ब्रिटिश सत्ता की स्थिति जैसे-जैसे सुदृढ़ होती गई इसके मानवीय और भौतिक संसाधनों की ओर राजस्व-लोलुप प्रशासन का ध्यान उतना ही आकृष्ट होता गया और कंपनी को उसके नए-नए अधिगृहीत क्षेत्रों की जानकारी देने के लिए अनेक वैज्ञानिक सर्वेक्षण चलाए जाते रहे। इन सर्वेक्षणों में कुछ तो

अत्यंत महत्त्वपूर्ण थे, यथा—कर्नल कॉलिन मैकेंज़ी के अधीन 1799 और 1810 के बीच मैसूर का सर्वेक्षण, 1800-1 में फ्रांसिस ब्यूकानन की मद्रास (अब चेन्नई) से मैसूर होते हुए केनरा की यात्रा, और ब्यूकानन द्वारा 1807-14 में बंगाल और बिहार का सर्वेक्षण। कंपनी के सामान्य वैज्ञानिक क्रिया-कलाप की भाँति ये सर्वेक्षण भी विवाद के विषय रहे हैं। क्या ये सर्वेक्षण शुद्ध भौतिक लाभों की दृष्टि से कराए गए (अर्थात् इसलिए कराए गए ताकि भारत के संबंध में आवश्यक 'जानकारी' प्राप्त कर इसके शासन एवं शोषण को अधिक सुगम बनाया जा सके)? अथवा ये वैज्ञानिक आकांक्षाओं और अवसरों के संबंध में अधिक विस्तृत परिकल्पना के अभिव्यंजक थे? क्या ये भारत के साम्राज्यिक व्यवस्थापन के उपकरण मात्र थे, अथवा स्वयं कंपनी के सेवाकर्मियों के सुनिश्चित वैज्ञानिक उद्देश्यों के संकेतक थे ? आसान नहीं है इन प्रश्नों के उत्तर देना, क्योंकि ये सर्वेक्षण भिन्न-भिन्न उद्देश्यों की पूर्ति करते थे और मैकेंज़ी तथा ब्यूकानन के एतद् विषयक प्रयोजन वही नहीं थे जो उनके वेतनदाताओं के थे। मैसूर सर्वेक्षण के संबंध में अपने उद्देश्यों का वर्णन करते हुए मैकेंज़ी ने 1800 में घोषणा की कि उसका अभिप्राय था...हाल में मैसूर के पराजित राज्य से छीने गए भूभाग के 'संसाधनों, शक्ति, संपत्तियों और सीमाओं की बेहतर जानकारी प्राप्त करना।' इससे कंपनी को वाणिज्य-संबंधी आवश्यक जानकारी तो मिलेगी ही, 'प्राकृतिक इतिहास के ऐसे अनेक पहलू' भी उजागर होंगे जिनसे वैज्ञानिक ज्ञान के विकास में भी मदद मिलेगी।[11]

पूर्वी भारत के सर्वेक्षण के लिए 1807 में कोर्ट ऑफ़ डायरेक्टर्स द्वारा ब्यूकानन को जो निर्देश दिए गए थे उनमें कंपनी के वित्तीय स्वार्थों के साथ-साथ शुद्ध वैज्ञानिक अथवा जिज्ञासात्मक महत्त्व की बातें भी शामिल थीं। उसे निर्देश दिया गया कि वह प्रत्येक जिला के प्राकृतिक संसाधनों, स्थल-आकृति, उसकी सीमा, मिट्टी, समतल मैदानों, पहाड़ों, नदियों, बंदरगाहों, शहरों और अनुमंडलों के साथ-साथ 'पवन और मौसम' तथा उन सारी बातों पर प्रतिवेदन प्रस्तुत करे जो उसकी समझ में 'देश के इतिहास और पुरावशेषों के संबंध में टिप्पणी के लायक' हों। 'देश के प्राकृतिक उत्पादनों' के संबंध में उसे पशुओं, उद्भिज, खनिज पदार्थों, ख़ासकर वैसी वस्तुओं जिनका उपयोग भोजन और दवा के रूप में अथवा व्यापार और निर्माण में होता हो, के स्वरूप के बारे में छानबीन करनी थी। इसमें मत्स्य-पालन, जंगल, खदान और सुरंग जैसे विषय भी शामिल थे। कृषि, जिसमें फसलों, औजारों और पशुधन से लेकर फ़ॉर्मों (कृषि के चकले) तथा भू-संपदा तक शामिल थे, को भी इस सर्वेक्षण से अलग नहीं रखा गया था। इनके अतिरिक्त ब्यूकानन को क्षेत्र के निवासियों, उनके रीति-रिवाजों, वाणिज्य और विभिन्न वस्तुओं के निर्माण के संबंध में भी प्रतिवेदन प्रस्तुत करने को कहा गया था। उसको दिए गए निर्देश के अंत में यह जोड़ दिया

गया था कि सर्वेक्षण में 'जो भी उपयोगी अथवा दुर्लभ अथवा विलक्षण पौधे और बीज' उसके हाथ लगें उन्हें उनकी खेती के लिए आवश्यक जान पड़ने वाली 'टिप्पणियों' के साथ कंपनी के (कलकत्ता, अब कोलकाता, स्थित) वनस्पति-उद्यान को सौंप दे। यहाँ पर प्रयुक्त 'उपयोगी अथवा दुर्लभ अथवा विलक्षण' जैसी शब्दावली कंपनी शासन के आरंभिक वर्षों के विज्ञान में क्रियात्मक और आलंकारिक दोनों तत्त्वों के घाल-मेल को बड़े सटीक ढंग से तय करती है, यद्यपि उक्त निर्देश में इस बात पर विशेष बल दिया गया था कि वह मुख्य रूप से उन्हीं विषयों की छानबीन करे जो भौतिक महत्त्व के होने की प्रबल संभावना रखते हों।[12] तथापि, कंपनी के कई अन्य सेवाकर्मियों की भाँति प्राकृतिक इतिहास ब्यूकानन की निजी पसंद था और उसमें भी 'वनस्पतिशास्त्र तो उसका डार्लिंग' (सर्वाधिक प्रिय विषय) था। जैसा कि विक्ज़ियानी का कथन है, ब्यूकानन अपने सर्वेक्षण में सबसे ज्यादा प्रभावित सर जॉन सिंक्लेयर की रचना 'स्टैटिस्टिकल एकाउंट ऑफ़ स्कॉटलैंड' (स्कॉटलैंड का सांख्यिकीय विवरण) और उसके आधारभूत सिद्धांत 'उन्नति' (इम्प्रूवमेंट) से था। यह पद अर्थात् 'उन्नति' ब्यूकानन के द्वारा युद्ध से तबाह मद्रास (अब चेन्नई) और मैसूर के विवरण में बार-बार आया है।[13] धन, संसाधनों, जीविका के साधनों, जनसंख्या, जलवायु, सिंचाई और रीति-रिवाजों से संबद्ध ये आरंभिक सर्वेक्षण माइकेल फ़ूकोल्ट के शब्दों में 'गवर्नमेंटैलिटि'* (शासकीयता) पर प्रस्तुत किए गए आरंभिक आलेख माने जा सकते हैं, यद्यपि ब्यूकानन के मामले में यह 'शासकीयता' भूदृश्य के प्रति, खासकर जल-प्रपातों और जंगलों के वर्णन में एक रूमानी (रोमांटिक, भावुक) संवेदनशीलता के आवरण में लिपटी दीख पड़ती है।[14]

निश्चय ही मैकेंजी और ब्यूकानन ने अनेक इतिहासकारों का ध्यान आकृष्ट किया है और दर्शाया है कि कंपनी और उसके सेवाकर्मी किस सीमा तक समय-समय पर क्रमबद्ध और सचेत वैज्ञानिक विधि से नये अधिगृहीत क्षेत्रों की सूचियाँ व्यवस्थित और संकलित करने का प्रयास करते रहे, किंतु उस काल में उनके ये प्रयास एक हद तक अपवादस्वरूप ही माने जाएँगे। वास्तव में, कंपनी ने वैज्ञानिक परियोजनाओं की कोई पहल नहीं की, उसने अपने कर्मचारियों की निजी वैज्ञानिक गतिविधियों को बर्दाश्त भर कर लिया। सैनिक पदाधिकारी, सरकारी सेवक, अभियन्ता और चिकित्सक मौसम-विज्ञान का अभिलेख रखकर, जीवाश्मों की तलाश कर अथवा स्थानीय पेड़-पौधों और जीव-जंतुओं पर आवश्यक टिप्पणियाँ संकलित कर या तो अपनी (सु) संस्कृत (परिष्कृत) जिज्ञासा को संतुष्ट करते थे अथवा उनमें अपने

* 'गवर्नमेंटैलिटि' दो शब्दों के मेल से बना प्रतीत होता है—'गवर्नमेंट' (M) और 'मेंटैलिटि'। इस दृष्टि से इसका हिंदी अनुवाद 'शासकीय (अथवा सरकारी) मानसिकता' हो सकता है।

अवकाश के घंटे बिताते थे, लेकिन कलकत्ता (अब कोलकाता) और लंदन में बैठे उनके वरीय पदाधिकारी इन कार्यों में न तो कोई दिलचस्पी लेते थे, न इनसे कोई मतलब रखते थे। दरअसल, कंपनी शासन का स्वरूप और सरकारी कामों का बोझ ऐसे 'मनोरंजनात्मक विज्ञान' की खोजों को सुविधाजनक बनाने के बदले उनमें बाधा ही डाल सकता था। भारत स्थित शायद ही कोई यूरोपवासी ऐसा था जिसके पास विज्ञान के प्रति मनोयोगपूर्वक समर्पण के लिए समय और अवसर था। 'एक ऐसा शिक्षित व्यक्ति जो सांसारिक कार्यों से विमुख रहकर अपना सारा समय दार्शनिक और साहित्यिक क्रिया-कलाप में लगाए', 1788 में 'भारत में रह रहे, यूरोपीय लोगों के लिए एक अनजाना चरित्र' था। प्रत्येक व्यक्ति 'प्रशासन, न्याय, राजस्व, वाणिज्य अथवा उदार वृत्तियों में से किसी-न-किसी में निरंतर कार्यरत' था।[15] ब्रिटेन के विपरीत, भारत में यूरोपीय पादरियों, जमींदारों और निर्माताओं में शायद ही कोई ऐसा था जो प्राकृतिक इतिहास पर आलेख प्रस्तुत करे अथवा अनुभवहीन वैज्ञानिक समाजों को संरक्षण प्रदान करे। 'सामान्य शोध-कार्यों' के लिए समय की कमी से कंपनी के चिकित्सा-सेवा में कार्यरत लोग भी, वनस्पतिशास्त्री रॉक्सबर्ग की भाँति, परेशान रहते थे और उनकी समझ के अनुसार इससे 'ज्ञान की प्रगति में बाधा' पड़ती थी।[16] जो लोग वैज्ञानिक ख्याति अर्जित करने लगे थे उनमें से कुछ तो जवानी में ही चल बसे और कुछ अन्य ब्रिटेन लौट गए जिसके परिणामस्वरूप भारत उनसे होने वाले लाभों से वंचित रह गया। विज्ञान से जुड़े बिरले ही लोग इस मुल्क में सेवानिवृत्त होते थे। इसका एक दुर्लभ अपवाद था प्रकृति-वैज्ञानिक बी.एच. हौग्सन ने जिसने उन्नीसवीं सदी के तीसरे दशक के हिमालय क्षेत्र के जंतु विज्ञान और नृजातीय विज्ञान पर विस्तारपूर्वक लिखा, सरकारी सेवा से 1843 में त्यागपत्र देकर भारत में ही रहना पसंद किया और पन्द्रह वर्षों के बाद 1858 में ब्रिटेन लौट गया।[17]

ऐसी अपेक्षा की जाती थी कि कंपनी साम्राज्य की सेवा में विज्ञान का ठोस उपयोग करेगी, किंतु उसने इसमें जो थोड़ी-बहुत अभिरुचि ली उससे ऐसा प्रतीत होता था कि वह उसके साथ यदा-कदा रोमांस कर रही हो। जब कभी इसके आर्थिक और राजनीतिक स्वार्थ के अवसर आते थे अथवा किसी वैज्ञानिक उद्यम का मामला विश्वसनीय ढंग से प्रस्तुत किया जाता था तभी कंपनी सक्रिय रूप से विज्ञान की तरफ ध्यान देती थी। अधिकांश समय में राजस्व, राजनय, कानून और व्यवस्था के अत्यावश्यक सरोकारों की तुलना में इसका स्थान गौण ही रहता था। ब्रिटिश लोग विज्ञान की संगति का आनंद लेते थे, ऐसा नहीं था कि इसके माध्यम से शासन करते थे। 1858 के पूर्व भारत में चल रही वैज्ञानिक गतिविधियों का एक बड़ा अंश राज्य से संबद्ध न होकर उन्नीसवीं सदी के मध्य तक ब्रिटेन में विकसित होने वाले 'भद्रलोकीय' विज्ञान की परंपरा से संबद्ध था। इसके पास न तो कोई

नामलेवा विशेषज्ञ राजकीय अभिकरण था, न स्पष्ट रूप से परिभाषित कोई कार्यावली। जो लोग ब्रिटेन अथवा दक्षिण एशिया में भारतीय विज्ञान की वकालत करते थे उन्हें कंपनी के लिए भौतिक लाभ वाले विषयों के प्रति कोर्ट ऑफ़ डायरेक्टर्स और भारत सरकार की उदासीनता उलझन में डाल देती थी। 1830 के दशक में 'ब्रिटिश असोसिएशन फ़ॉर द एडवांसमेंट ऑफ़ साइंस' की भारतीय शाखा के लिए शासकीय सहयोग का अभाव इस उदासीनता का ही प्रत्यक्ष प्रमाण था।[18] जैसा कि एच.जे. सी. लार्वुड ने टिप्पणी की है, ऐसी स्थिति में 'जिस उत्साह के साथ वैज्ञानिक अभिरुचियाँ क्रियाशील रहीं और जिस परिमाण में रचनाएँ प्रस्तुत की गईं वह विलक्षण था', यद्यपि हाल के इतिहासकार उसके इस निष्कर्ष को गंभीरता से नहीं लेते कि कंपनी काल में वैज्ञानिकों द्वारा किए गए अधिकांश कार्य 'स्थायी महत्त्व के नहीं थे'।[19]

1840 और 1850 के दशकों तक सैनिक अभियंताओं (जैसे, मैकेंजी) और शल्य-चिकित्सकों (जैसे, ब्यूकानन) को कहा गया कि वे विदेशी विशेषज्ञों की भरती पर व्यय और विलंब किए बग़ैर प्रशासन को बहुप्रयोजनीय सुविज्ञता उपलब्ध कराएँ। यह तो कंपनी युग की समाप्ति के आसपास की बात है कि भारतीय सेवा में विदेशी लोग भरती किए जाने लगे, क्योंकि उस समय तक वैज्ञानिक ज्ञान में विशिष्टीकरण होने लगा था और वैज्ञानिक प्रशासन की आवश्यकताएँ प्रबल हो गई थीं। 1851 में एक अभिनव परिवर्तन की चेष्टा में जिऑलॉजिकल सर्वे ऑफ़ आयरलैंड (आयरलैंड का भूगर्भशास्त्रीय सर्वेक्षण) का पूर्व निदेशक टॉमस ओल्डम उस निकाय का भार ग्रहण करने भारत आया जो पाँच साल बाद 'जिऑलॉजिक सर्वे ऑफ़ इंडिया' के नाम से जाना जाने लगा। लेकिन तब भी उसके अधिकार में दिए गए संसाधन—एक कार्यालय, एक लिपिक और एक चपरासी—आवश्यकता से बहुत कम थे। इससे जाहिर होता है कि कंपनी की व्यावहारिक प्रतिबद्धता अभी भी कितनी सीमित थी। इसका एक आंशिक अपवाद था 1818 में स्थापित ग्रेट ट्रिगॅनॅमेट्रिकल सर्वे ऑफ़ इंडिया (भारत का महान त्रिकोणमितीय सर्वेक्षण)। यह अपने कार्मिक, समर्पित वैज्ञानिक और तकनीकी अभिकरणों के लिए सेना पर निर्भर था और 1850 के दशक के पूर्व अपने सैनिक और चिकित्सीय सेवाओं के मूल घेरे से उबरने लगा था। इसलिए यह आवश्यक है कि हम कंपनीकालीन विज्ञान के सामान्य चरित्र और महत्त्व को रेखांकित करने के लिए राज्य के सरकारी घेरे से बाहर नजर डालें।

औपनिवेशिक विज्ञान का संघटन

कंपनी काल के अधिकांश वैज्ञानिक प्रयास राजकीय संस्थाओं से बाहर अथवा उनके हाशिए पर किए गए। उदाहरणस्वरूप, भारतीय भूगर्भशास्त्र के अनेक आरंभिक वृत्तांत सैनिक पदाधिकारियों और चिकित्सकों द्वारा उनके पदापेक्षित कर्तव्यों के हिस्से के

रूप में नहीं, बल्कि व्यक्तिगत अभिरुचियों से प्रेरित और देश के विभिन्न भागों में प्रयाण (मार्च) के क्रम में लिखे गए। बंगाल आर्मी के कैप्टन फ्रैंकलिन ने मध्य भारत के भूगर्भशास्त्र पर पुरोगामी (पायनिअर) टिप्पणियों का संकलन उस समय किया जब वह 1826-7 में बुंदेल खंड से होकर सैनिक प्रयाण पर जा रहा था। इसी प्रकार असिस्टेंट सर्जन (सहायक शल्य-चिकित्सक) हार्डी बड़ौदा से उदयपुर के लिए प्रयाण के दौरान अपने रेजिमेंट (सैन्यदल) से इसलिए चुपके से खिसक गया कि वह रास्ते के किनारे की चट्टानों की जाँच कर सके। बाद में उसने अपने पाठकों से इस बात के लिए क्षमा भी माँगी कि वह अधिक सुव्यवस्थित अनुसंधान नहीं कर पाया था। सैन्य अभियान के उप-परिणामस्वरूप ये वृत्तांत सतही तो अवश्य थे, परंतु इन्हें भारतीय स्ट्रेटिग्राफि (स्तरित शैली-विज्ञान) की प्रथम रूपेरखा की लकीरें तो मानी ही जा सकती हैं।[20]

कंपनी काल की महत्त्वपूर्ण खोजों के पीछे न तो कोई सरकारी प्रायोजकता थी और न किसी विशेष ज्ञान के संबंध में पहले से कोई विशेष जानकारी ही। इसका एक समीक्षात्मक उदाहरण था। 1837 के नवंबर में शिवालिक जीवाश्मों को खोदकर निकाला जाना। यह भारतीय जीवाश्मिकी (पैलिअँटोलॉजि), जलवायु-परिवर्तन और विलुप्त स्तनपायी प्राणियों से संबंधित विचार-विमर्श की दृष्टि से एक महत्त्वपूर्ण घटना थी। ह्यू फॉकनर नामक युवा कंपनी शल्य-चिकित्सक और सहारनपुर बोटेनिक गार्डन (वनस्पति-उद्यान) के पूर्व अधीक्षक ने बंगाल इंजिनियर्स के लेफ्टिनेंट प्रोबी टी. कॉटली और उसके सहायकों, डब्ल्यू. ई. बेकर तथा एच. एम. ड्यूरैंड के द्वारा 1834 के अक्तूबर में यमुना नहर की खुदाई के दौरान की गई खोजों को आगे बढ़ाया। इस प्रकार के अभियंत्रणा संबंधी कार्यों ने ब्रिटेन की भाँति भारत में भी भूगर्भशास्त्रीय खोजों के लिए अपूर्व अवसर प्रदान किए, लेकिन फॉकनर ने देशी ज्ञान से भी फायदा उठाया। स्थानीय राजा, जिसके पास ('देव का दाँत' नाम से ख्यात) विशालकाय शंकुदंत चर्वणक (मैस्टॅडॉनमोलर) था, ने फॉकनर को यह बतलाया कि और अधिक नमूनों के लिए कहाँ पर खुदाई की जाए और उसकी सलाह का अनुसरण करते हुए छः घंटों में तीन सौ जीवाश्म अस्थियाँ खोद ली गईं।[21]

शिवालिक जीवाश्मों की खोज और शिनाख्त से फॉकनर और कॉटली ने यूरोप में भारी ख्याति अर्जित की और उन्हें 1837 में संयुक्त रूप से जिऑलॉजिकल सोसायटी के सम्मानजनक वोलेस्टन मेडल (पदक) से नवाजा गया। कॉटली अपने नहर विभाग में लौट गया, बेकर और ड्यूरैंड को सरकारी काम-काज से शौकिया भूगर्भशास्त्र के लिए फुर्सत ही नहीं थी, मगर फॉकनर, जो अभी तीस का भी नहीं हुआ था, ब्रिटिश भूगर्भशास्त्र का एक स्थापित नाम बन गया। भारत लौटने के लिए उसे बाध्य तो किया गया, लेकिन 1845 में उसे रॉयल सोसायटी का फ़ेलो (सदस्य) चुन लिया गया और 1865 में मृत्युपर्यंत वह इस सोसायटी की परिषद् का सदस्य

और जिऑलॉजिकल सोसायटी का उपाध्यक्ष बना रहा। अपने समकालीन सर्वेक्षक जॉर्ज एवरेस्ट की भाँति फॉकनर की जीवन-वृत्ति ने प्रमाणित कर दिया कि किस प्रकार भारत मेट्रोपोलिटन ख्याति और उससे जुड़े सम्मानों के लिए स्प्रिंगबोर्ड (गोताखोरों का तख्ता) का काम कर सकता था।[22] एंड्रू ग्राउट का कहना है कि वोलेस्टन मेडल प्रदान किया जाना न सिर्फ फॉकनर और कॉटली के लिए, अपितु भारत में क्रियाशील सारे भूगर्भशास्त्रियों के लिए 'भारी प्रतीकात्मक महत्त्व' का था। स्पष्ट है कि यह क्षेत्र अभी भी उत्साही अध्यवसायियों के लिए खुला था। यह इस बात का भी प्रमाण था कि भारत का भूगर्भशास्त्र और इससे जुड़े लोग मेट्रोपोलिटन विद्वान की नजर में बड़े महत्त्वपूर्ण थे।[23] इतना होने पर भी औपनिवेशिक विज्ञान पिछड़ेपन का दाग धो नहीं पाया था, क्योंकि 1837 में पदक प्रदान करते समय लायल ने खुलेआम टिप्पणी की थी कि फॉकनर और कॉटली ने जब अपने अनुसंधान किए तो वे 'जीवाश्मीय अस्थि विज्ञान में निष्णात' नहीं थे और 'हमारे भारतीय कब्जे के सुदूर सीमा प्रांतों में तैनात होने के कारण' जीवाश्मिकी की स्तरीय रचना अथवा 'जीवित विशेषज्ञों' के संपर्क से बहुत दूर थे। 'वैज्ञानिक जगत से दूर रहकर जिस तरह उन्होंने इन प्रतिकूलताओं पर विजय पाई और जिस उत्साह के साथ वे वर्षों तक अनुसंधान कार्य करते रहे' उसकी लायल ने सराहना करते हुए उसे 'सच्चे अर्थ में प्रशंसनीय' कहा, किंतु औपनिवेशिक विज्ञान इस लांछन से मुक्त नहीं हो सका कि वह मेट्रोपोलिटन विज्ञान की तुलना में अधकचरा है।[24] फॉकनर स्वयं भी फिर से औपनिवेशिक 'अलगाव' के लिए लंदन छोड़ने का अनिच्छुक था और डार्विन तथा हूकर भी उसकी भारत वापसी को मेट्रोपोलिटन विज्ञान के लिए अहितकर मानते थे। जब वह बड़े बेमन से कलकत्ता (अब कोलकाता) वापस आया तो नाराजगी में उसी एशियाटिक सोसायटी के प्रति चिड़चिड़ेपन और दंभपूर्ण व्यवहार करता रहा जिसने शिवालिक जीवाश्मों की तरफ अंतर्राष्ट्रीय ध्यान आकृष्ट किया था।[25]

यह न्यायसंगत हो या नहीं लेकिन सच्चाई है कि कंपनीकालीन भूगर्भ-विज्ञान अलगाव के तीव्र बोध से पीड़ित रहा। जब यह ब्रिटिश अनुभववाद के साथ संपृक्त हुआ तो इसने एक ऐसे विज्ञान को जन्म दिया जो जितना पराश्रित था उतना ही शंकाशील भी। जिन शल्य-चिकित्सकों, अभियंताओं और सैन्य पदाधिकारियों ने पहली बार भूगर्भशास्त्र के बारे में लिखा वे अपनी सुविज्ञता के अभाव पर अफसोस जाहिर करते थे। वे अपने को अनाड़ी मानते थे और तथ्यों को ठीक-ठाक ढंग से संग्रह और लिपिबद्ध करने तक ही अपने को सीमित रखते थे। वैसे यह काम भी उनकी दृष्टि में कम महत्त्वपूर्ण नहीं था क्योंकि उनके द्वारा संगृहीत तथ्य यूरोप के विशेषज्ञों के लिए वैज्ञानिक ज्ञान की अधिक विस्तृत पद्धतियों के निर्माण में कच्चे माल का काम करते थे। जब ब्रिटिश भूगर्भशास्त्र में हट्टोनियन-वर्नेरियन

विवाद बड़े जोरों पर था, उस समय फ्रैंकलिन ने उसके बारे में टिप्पणी की थी, 'मैं उतना निपुण नहीं हूँ कि किसी एक के पक्ष में दलील दूँ, अपने इंग्लैंड-प्रवास के दौरान पढ़े गए कुछ पाठ और प्रकृति का विशाल ग्रंथ ही मेरे मार्गदर्शक हैं।' उसकी सिर्फ इतनी ही कामना थी कि वह 'तथ्यों को लिपिबद्ध करे, स्तरों (स्ट्रेटा) को मानचित्र पर सही-सही उतारे (और) वैसी बातों को प्रकाश में लाए जो विज्ञान के लिए उपयोगी अथवा लाभकर हों।'[26] यह भावना मन में बैठ गई थी कि भारत की सर्वोत्तम प्रतिभाएँ भी न तो अपनी क्षमता का उत्कर्ष प्राप्त कर सकती हैं और न उन्हें वह स्वीकृति मिल सकती है जिसकी वे हकदार हैं। और यह सिर्फ भूगर्भशास्त्र पर ही लागू नहीं होता था। 'कलकत्ता रिव्यू' की नजर में जेम्स प्रिंसेप, जिसने 1825 और 1839 के बीच एशियाटिक सोसायटी के लिए भूगर्भशास्त्र, मौसम-विज्ञान और मुद्राशास्त्र जैसे भिन्न विषयों पर साठ निबंध लिखे, 'पूरब का हम्बोल्त' बन जाता, बशर्ते कि वह सिर्फ 'हमारे पास ही छोड़ दिया जाता', लेकिन वह 1840 में मात्र इकतालीस वर्ष की आयु में ही चल बसा। कंपनी के वैज्ञानिकों द्वारा प्रदर्शित उत्साह और ऊर्जा के बावजूद उनकी प्रतिमा उनेक क्षेत्रों में बिखरी हुई प्रतीत होती थी अथवा उनके सरकारी काम-काज एकनिष्ठ वैज्ञानिक अनुसंधान में बाधा डालते थे। फॉकनर, एवरेस्ट और शल्य चिकित्सक-सह-वनस्पतिशास्त्री जे. फ़ॉबिस रायली जैसे भारत से बाहर प्रतिष्ठा प्राप्त लोग भी ब्रिटेन के वैज्ञानिक समुदाय के बीच पहली बार जाते थे तो अपने अधकचरेपन के अहसास से ग्रस्त रहते थे।[27] लाएल ने जिस अलगाव की चर्चा की थी वह कंपनी काल की समाप्ति तक कमोबेश बना रहा। 1856 में टॉमस ओल्डम ने टिप्पणी की, 'इस देश में हम संदर्भ-ग्रंथों और तुलनात्मक अध्ययन के लिए तथ्यों की कमी के कारण भारी असुविधाओं के बीच परिश्रम करते हैं। हमारी कठिनाइयाँ ठीक वैसी ही हैं जो बिना औजार वाले व्यापारियों और बिना दवा वाले चिकित्सकों की होती हैं।' निश्चय ही इन परिस्थितियों में 'यूरोप में होने वाली प्रगति को प्राप्त करना पूर्णतः असंभव था।'[28]

कंपनी के अधीन सारा विज्ञान न तो ब्यूकानन के सर्वेक्षण की भाँति सैलानी था, न शिवालिक जीवाश्मों की खोज की भाँति आकस्मिक। देहाती इलाकों के सर्वेक्षण, वैज्ञानिक टोह के मिशन और सैन्यदल के प्रयाणों तथा नहर खुदाई के दौरान किए गए निरीक्षणों में रही-सही कमी को विद्वत् समाजों, पत्रिकाओं और संग्रहालयों द्वारा पूरा किया जाता था और इनके साथ-साथ सरकारी नीति और संरक्षण मिलकर औपनिवेशिक विज्ञान का चरित्र गढ़ते थे। भारत के विद्वत् समाजों में प्राचीनतम और सर्वाधिक यशस्वी समाज 'एशियाटिक सोसायटी ऑफ बंगाल' न्यायाधीश-सह-प्राच्यशास्त्री सर विलियम जोंस की पहल पर जनवरी 1784 में कलकत्ता (अब कोलकाता) में स्थापित किया गया। यद्यपि यह लंदन के रॉयल सोसायटी से उत्प्रेरित था (औपनिवेशिक काल के पूरे दौर में भारत में विज्ञान के

प्रतिमान और परामर्शदाता के रूप में इस सोसायटी की जो भूमिका रही उसका यह आरंभिक संकेत था), मूलतः यह वैज्ञानिक निकाय नहीं था।[29] तथापि, 1807 में जिऑलॉजिकल सोसायटी की स्थापना के बाद जिस प्रकार के विशेषीकृत वैज्ञानिक समाजों का लंदन में विकास हुआ, उनका भारत में अभाव था और ऐसी स्थिति में एशियाटिक सोसायटी 1914 में इंडियन साइंस कांग्रेस द्वारा प्रतिस्थापित होने तक भारत में पाश्चात्य विज्ञान का मुख्य मंच बना रहा। सोसायटी के 'एशियाटिक रिसर्चेज़' नामक पत्रिका में 1788 और 1839 के बीच समय-समय पर वैज्ञानिक विषयों पर निबंध प्रकाशित होते रहे, परंतु स्वयं कंपनी की ही भाँति, इसने साहित्यिक और भाषा-विषयक अध्ययनों में अधिक अभिरुचि ली। वैज्ञानिक योगदान को विशेष प्रोत्साहन देने के लिए 1808 में एक समिति गठित की गई जिसका लक्ष्य प्राकृतिक इतिहास, दर्शन,शास्त्र, आयुर्विज्ञान के ज्ञान को बढ़ावा देना, कलाओं तथा विज्ञानों और 'भौतिकी' में जो कुछ शामिल होता है उसको विकसित करना था।[30] 1828 में फ़िज़िकल क्लास को भी पुनर्जीवित किया गया, लेकिन इसकी बैठकें अनियमित और उपस्थिति क्षीण होती थीं। 'एशियाटिक सोसायटी ऑफ़ बंगाल' 1830 के दशक तक वैज्ञानिक चेतना से अनुप्राणित कलकत्ता (अब कोलकाता) के अन्य समाजों, जिनमें 1820 में स्थापित ऐग्रिकल्चर सोसायटी और 1823 में स्थापित मेडिकल एंड फ़िज़िकल सोसायटी भी शामिल थे, के साथ होड़ लेने लगी थी। इस तरह के समाज बंगाल से बाहर भी कायम हुए जिनमें बंबई और मद्रास (अब मुंबई और चेन्नई) के साहित्यिक वैज्ञानिक और चिकित्सीय समाजों ने अधिक प्रसिद्धि पाई।[31] 1823 में लंदन में स्थापित रॉयल एशियाटिक सोसायटी भारतीय सामग्री के प्रस्तुतीकरण और विचार-विमर्श के लिए एक और मंच के रूप में उभरा और अपनी अवस्थिति के बल पर मेट्रोपोलिटन वैज्ञानिक समाजों से घनिष्ठ रूप से जुड़ गया।

इसी प्रकार संग्रहालयों की भी विशेष भूमिका रही। वे न सिर्फ वैज्ञानिक अन्वेषणों के केंद्र के रूप में अपितु औपनिवेशिक विज्ञान की ख्याति और स्वाभिमान की दृष्टि से भी महत्त्वपूर्ण थे। यद्यपि वनपस्तिशास्त्र, जंतु विज्ञान और भूगर्भशास्त्र से संबद्ध ढेर सारे नमूने इसलिए लंदन भेजे गए कि वे कंपनी के इंडिया म्यूज़ियम के अंग बन सकें अथवा कंटिनेंटल (यूरोपीय) संग्रहालयों में वितरित किए जा सकें, लेकिन अनेक नमूने भारत में ही रखे गए। क्षेत्र के सर्वप्रमुख वैज्ञानिक निकाय की हैसियत से एशियाटिक सोसायटी की तमन्ना थी कि इसके संग्रह (जिनमें शैल और खनिजों के हज़ारों नमूने थे) ठीक ढंग से रखे और प्रदर्शित किए जाएँ तथा कलकत्ता (अब कोलकाता) में एक ऐसा संग्रहालय हो जो यूरोप की संस्थाओं से तो टक्कर ले ही, भारत के वैज्ञानिक झरोखे का भी काम कर सके। प्रकृतिवादी वैज्ञानिक नेथेनियल वालिच द्वारा 1814 में प्रथम बार प्रस्तावित इस संग्रहालय में

वैसे सारे निबंध रखे जाने थे जो प्राच्य रीति-रिवाजों और इतिहास पर प्रकाश डालते हों या पूरबी जगत की कलात्मक और प्राकृतिक विलक्षणताएँ उजागर करते हों।[32] 1804 में स्थापित बंबई लिटररी सोसायटी ने इसका अनुसरण करते हुए 1815 में प्राकृतिक इतिहास और पुरावशेषों का निजी संग्रहालय कायम किया। इसके संग्रह व्यावहारिक उपयोग के थे। 1835 में भारत सरकार ने कोयला और दूसरे खनिजों से (अनुचित) लाभ उठाने के आसार से लुब्ध होकर अपने आर्थिक भूगर्भशास्त्रीय संग्रहालय के निर्माण का निर्णय लिया और आरंभ में इसका भार एशियाटिक सोसायटी को सौंप दिया। आगे चलकर 1856 में सारा संग्रह जिऑलॉजिकल सर्वे को हस्तांतरित कर दिया गया।

संग्रहालय आगे चलकर एक ऐसे सांस्थानिक स्थल भी बन गए जहाँ अधिक व्यावसायिक विज्ञान संबंधी छानबीन होने लगी। इसके प्रबंधन के लिए जंतुशास्त्री एडवर्ड ब्लाइथ को 1841 में पूर्णकालीन संग्रहपाल के रूप में इंग्लैंड से यहाँ भेजा गया। इस पद पर वह 1862 तक रहा। उसका वेतन भुगतान कंपनी करती थी। उसकी नियुक्ति भारत में औपनिवेशिक विज्ञान के इतिहास में एक नए दौर की शुरुआत मानी जाती है, लेकिन उसकी जो दशा थी वह उस काल में वैज्ञानिक उद्यम पर लादी गई पाबंदियों का भी संकेतक थी। कंपनी कर्मचारी के रूप में ब्लाइथ को उसके कर्तव्यों के बंधन में इस कदर जकड़ दिया गया कि कलकत्ता (अब कोलकाता) से बाहर जाने के लिए भी उसे अनुमति लेनी पड़ती थी। चौदह साल बाद 1855 में ब्लाइथ ने डार्विन से अपनी व्यथा सुनाई कि वह नगर से 'शायद ही कभी बाहर' जा पाया था और अन्य स्थानों के पर्यटन तथा निरीक्षण के महत्त्वपूर्ण लाभों से वंचित रह गया था। अल्प वेतन और पुस्तकों, स्थान तथा सक्षम सहायकों की कमी से निराश ब्लाइथ अंततः इंग्लैंड लौट गया।[33]

ऐसे काल में जब वैज्ञानिक विचारों के प्रसार में छापाखाने की भूमिका अपरिहार्य हो गई तो[34] पत्रिकाओं का भी भारत में पाश्चात्य विज्ञान के परिपोषण में महत्त्वपूर्ण स्थान हो गया। उन्होंने न सिर्फ़ यूरोप के विद्वत् समाज के तौर-तरीकों से स्पर्धा की, अपितु भारत और समीपवर्ती क्षेत्रों में फैले-बिखरे यूरोपवासियों के बीच संपर्क साधने में भी मदद की और ऐसे माध्यम बन गए जिसके द्वारा वैज्ञानिक निरीक्षणों और अटकलों का भारत और बाहरी देशों के बीच आदान-प्रदान होने लगा। डिप्टी सर्वेयर-जेनरल (प्रधान उपसर्वेक्षक) जे.डी. हर्बर्ट ने 1829 में 'ग्लिनिंग्स इन साइंस' नामक पत्रिका निकाली। आरंभ में यह पत्रिका यूरोप के वैज्ञानिक निबंधों का सार-संग्रह करने के साथ-साथ स्थानीय खबरें भी प्रकाशित करती थी, किंतु शीघ्र ही इसमें स्थानीय संप्रेषण का दायरा इतना विस्तृत हो गया कि हुगली नदी पर स्टीमर का चलन शुरू होने से लेकर भारत में शराब को ठंडा बनाए रखने की विधि तक प्रकाशित होने लगी। एक समीक्षक ने शिकायत की कि भारत में वैज्ञानिक

अध्ययन के अवसरों की बहुलता के बावजूद एशियाटिक सोसायटी ने भौतिक विज्ञान और प्राकृतिक इतिहास की उपेक्षा की है; विलियम जोंस की मुख्य अभिरुचि साहित्य में थी और विदेशी सरकार इस बात के लिए विवश थी कि वह विज्ञान की अपेक्षा भाषा को अधिक महत्त्व दे।[35] फिर आम लोगों की भावशून्यता भी शासकीय उदासनीता से कम उत्साहभंजक नहीं थी। ऐसे समय में जबकि लंदन का जिऑलॉजिक सोसायटी अपने 700 सदस्यों की संख्या पर गर्व कर सकता था, एशियाटिक सोसायटी की सदस्य-संख्या 250 से शायद ही कभी आगे बढ़ी। 1845 में तो यह घटकर 119 पर आ गई। जिस सोसायटी के सत्र आरंभ में साप्ताहिक होते थे, वह 1799 तक मासिक बैठकों पर उतर आई। भारत के अन्य विद्वत् समाजों के समर्थकों और ग्राहकों की संख्या तो और भी निराशाजनक थी। कलकत्ता (अब कोलकाता) के मेडिकल एंड फ़िज़िकल सोसायटी के दो सौ से कुछ ही अधिक सदस्य थे। 1829 में 'ग्लिनिंग्स' के संपादक के आकलन के अनुसार बंगाल में उसके पाठकों की संख्या दो हज़ार से अधिक नहीं थी। तीन साल बाद 'ग्लिनिंग्स' का जिम्मा एशियाटिक सोसायटी ने ले लिया और उसे जर्नल ऑफ़ द एशियाटिक सोसायटी में शामिल कर लिया। इसने अगले पचास वर्षों में वैज्ञानिक विषयों पर कई सौ लेख प्रकाशित किए।[36]

ग्लिनिंग्स की नियति से विचलित हुए बिना 1820 और 1850 के दशकों के बीच कई वैज्ञानिक और चिकित्सीय पत्रिकाओं ने अपने को स्थापित करने का प्रयास किया। इनमें एक था शल्य-चिकित्सक जॉन मैक्लीलैंड द्वारा 1840 में प्रकाशित 'कलकत्ता जर्नल ऑफ़ नेचुरल हिस्ट्री'। मैक्लीलैंड ने आरंभ के कई लेख स्वयं लिखे। उसका पहला संपादकीय शुभ संकेत देने वाला नहीं था : 'ब्रिटिश भारत के महानगर (कोलकाता) में एक ऐसी पत्रिका जो पूरी तरह विज्ञान से संबद्ध हो, के अभाव के लिए सामान्य खेद-प्रकाश यही है कि यह लाभकर नहीं होगी।' इसके बावजूद वह 'महानगर की रुचि को जाँचने के लिए' कटिबद्ध था।[37] उसे यह भी उम्मीद थी कि 'कलकत्ता जर्नल' ब्रिटिश एसोसिएशन फ़ॉर द एडवांसमेंट ऑफ़ साइंस (विज्ञान की प्रगति के लिए ब्रिटिश संगठन) की भारतीय शाखा का केंद्र-बिंदु बन जाएगा। उसके अनुसार इस उद्देश्य की पूर्ति के लिए भारत में 'जहाँ विज्ञान को बढ़ावा देनेवालों की संख्या नगण्य है और उनके नानाविध कर्तव्यों का स्वरूप उन्हें, एक स्थान पर एकत्र होने में बाधा डालता है,'[38] ऐसी पत्रिका का प्रकाशन विशेष रूप से आवश्यक है। लेकिन उसकी यह परिकल्पना आवश्यक समर्थन जुटा पाने में निफल रही और 1847 में पत्रिका का प्रकाशन बंद हो गया।

इस काल की अनेक पत्रिकाओं ने जिस रूप में अपने पाठक-वर्ग को शिक्षित और अनुप्राणित करना शुरू किया उससे ज़ाहिर होता है कि विज्ञान शासन का उपकरण कम और यूरोप के विशिष्ट वर्ग की सामाजिक पहचान तथा सामाजिक

संबद्धता को विकसित करने का साधन अधिक था। तर्क दिया गया है कि वर्ग-विभेद की बढ़ती खाई वाले ब्रिटेन में वैज्ञानिक समाजों ने नवजात शहरी मध्यवर्ग में एकजुटता और सामूहिक उद्देश्य के भाव पैदा किए; विज्ञान द्रुत सामाजिक परिवर्तन और श्रमिक-वर्ग के जुझारूपन से संकटापन्न विश्व में व्यवस्था का प्रतीक था।[39] ऐसी ही दलील मैथ्यू एडनी ने दी है कि भारत में विज्ञान के अनुसरण ने यूरोप के विशिष्ट वर्ग को भारतीयों और ब्रिटिश सैनिकों, सौदागरों और बाग़ान-मालिकों से भिन्न पहचान देने में सहायता की।[40] निश्चय ही विज्ञान ने भारत के शिक्षित यूरोपवासियों में सांस्कृतिक सामान्यता का भाव भरा और उन्हें यूरोप के (सु) संस्कृत समाज के साथ संपर्क कायम करने में भी मदद की। इसने औपनिवेशिक विशिष्ट वर्ग को आश्वस्ति प्रदान की कि वे मेट्रोपोलिटन अभिरुचि वाली दुनिया के लोग हैं, अथवा वे उसमें आसानी से प्रवेश पा सकते हैं। 'एशियाटिक रिसर्चेज़' के एक खण्ड के संपादक जो भूगर्भशास्त्र में गहरी दिलचस्पी रखता था, ने दावा किया कि 'भारत में स्थित प्रत्येक यूरोपीवासी विज्ञान में योगदान करने में समर्थ है। क्योंकि हमारे देशवासी पूरब में पृथ्वी की सतह पर वैसे भूभाग पर बिखरे-फैले हैं जो वैज्ञानिक अन्वेषणों से अछूता है, अतः एक सामान्य पर्यवेक्षक भी वैसी दृश्य घटनाओं (फ़िनोमिना) को देखने से शायद ही चूके जो भौतिक शोधों के लिए महत्त्वपूर्ण हैं।' 'अवैज्ञानिक जाँचकर्ता' संग्रह और निरीक्षण से अधिक कुछ नहीं कर सकता, किंतु वह प्राप्त तथ्यों को वैसे लोगों के हवाले कर सकता है (मान्यता निरपवाद रूप से पुरुष-वर्ग की संकेतक है) जो उसका बेहतर उपयोग कर सकते हैं, अथवा आत्म-प्रशिक्षण के जरिए वह स्वयं 'अधिक सही ज्ञान' प्राप्त कर सकता है।[41] 1844 में प्रकाशित 'कलकत्ता रिव्यू' ने भी अपने शिक्षात्मक दायित्वों को गंभीरता के साथ लिया। इसका घोषित लक्ष्य था भारतीय मामलों की 'उपयोगी जानकारी' और 'ठोस अभिमतों' को एक साथ करना और 'प्रत्यक्ष अथवा अप्रत्यक्ष रूप से जनता की दशा में सुधार लाना'। संपादक ने खुली घोषणा की, 'अज्ञान इस देश का अभिशाप है,' वह अज्ञान नहीं जो 'मूलवासियों के अँधेरे कोटरों' में व्याप्त है, बल्कि वह अज्ञान जो वैसे 'उच्च लोगों में--शासक वर्ग में--व्याप्त है जिन्हें रहस्यमय विधाता ने भारत की नियति सौंपी है।[42]

ऐसी सोच के पीछे इस काल के अधिकांश वैज्ञानिक साहित्य की भाँति कंपनी की विज्ञान-संबंधी कम जानकारी अथवा उदासीनता के प्रति आलोचना का भाव काम कर रहा था। लेकिन 'रिव्यू' का 'मूलवासियों के अँधेरे कोटरों' का सरसरी जिक्र कंपनी के अधीन विज्ञान के एक अन्य पक्ष को उजागर करता है। वह है, उसकी बहिरंगता। ऐसी घोषणाएँ तो अवश्य होती थीं (गवर्नर जनरल लॉर्ड बेंटिक ने भी 1835 में ऐसी उद्घोषणा की थी) कि भारत में ब्रिटिश सरकार का 'महान लक्ष्य भारत के मूलवासियों के बीच साहित्य और विज्ञान को प्रोत्साहन देना है'[43],

लेकिन वैज्ञानिक समाजों, संग्रहालयों और पत्रिकाओं के मामलों में स्पष्ट हो जाता था कि पाश्चात्य विज्ञान मुख्य रूप से भारत और भारतीयों के बारे में था और गौण रूप से उनके लिए तथा उनके द्वारा। एशियाटिक सोसायटी के सारे सदस्य यूरोपीय थे और जोंस ने अपने उद्घाटन-भाषण में यह स्पष्ट कर दिया था कि भारतीय उसमें शामिल किए जाएँ या नहीं, इस पर बाद में विचार होगा। यूरोपवासी समय-समय पर उनकी ओर से लेख अवश्य प्रस्तुत करते थे, किंतु 1829 तक एक भी भारतीय को सोसायटी की सदस्यता नहीं दी गई। बाद में उनको सक्रिय भागीदारी मिली। इनमें एक उल्लेखनीय उदाहरण है राम कमलसेन का, जो 1848 से एशियाटिक सोसायटी का 'देशज सचिव' रहा। उसने सोसायटी के संग्रहालय को अनेक वस्तुएँ प्रदान कीं। बंबई लिटररि सोसायटी के पास उसके आरंभिक वर्षों में भी एक बौद्धिक कार्यसूची और कुछ सामाजिक कार्य थे। इसके सदस्य चुनिंदा उच्च पदस्थ यूरोपीय थे जो पारस्परिक मैत्री के लिए भी एकत्र होते थे और बौद्धिक आहार और भावनात्मक प्रवाह के लिए भी। 1840 के बाद 'देश में शिक्षा के विकास के स्वाभाविक परिणाम स्वरूप' इसमें भारतीयों को शामिल किया जाना निश्चय ही एक नया उपक्रम था।[44]

इसके बावजूद ऐसा मानना गलत होगा कि भारतीय उस काल के वैज्ञानिक अनुशीलन से बिल्कुल अलग-थलग थे। एक विलक्षण उदाहरण बाल शास्त्री जांबेदकर का है। रत्नगिरि जिले का यह ब्राह्मण 1827 में मात्र 17 वर्ष की आयु में बंबई एजुकेशनल सोसायटी का सचिव बना और लॉर्ड ब्रूएम के 'ट्रिटाइज़ ऑन द ऑब्जेक्ट्स, एडवांटेजेज एंड प्लेज़र्स ऑफ़ साइंस' का मराठी में अनुवाद किया। वह रॉयल एशियाटिक सोसायटी की बंबई (अब मुंबई) शाखा ओरिएंटल ट्रांसलेशन कमिटि का देशज सचिव था, और ब्रिटिश प्राच्यशास्त्रियों के समानांतर कार्य करता रहा। 1834 में एलफिंस्टन कॉलेज की स्थापना होने पर वह गणित का प्राध्यापक बन गया और खगोलशास्त्र तथा गणित का अध्यापन करने के साथ-साथ वैज्ञानिक रचनाओं का भी मराठी में अनुवाद किया। उसने अपनी आंग्ल-मराठी पत्रिका 'दर्पण' के माध्यम से रसायनशास्त्र, प्राकृतिक इतिहास और पश्चिम के 'उपयोगी ज्ञान' के अन्य पक्षों में भारतीयों की अभिरुचि को भी प्रोत्साहित किया। 'दर्पण' और उसका अनुवर्त्ती 'दिग्दर्पण' बंबई (अब मुंबई) के पश्चिम में शिक्षा प्राप्त वैसे लोगों की पहली पीढ़ी की अभिवृत्तियों और रुचियों को प्रतिबिंबित करते थे 'जो भारत के बौद्धिक क्षितिज के विस्तार और उसके पारम्परिक सामाजिक-धार्मिक विश्वासों के पुनर्मूल्यांकन के कायल थे।'[45] इसके कार्यक्रम एशियाटिक सोसायटी की अपेक्षा अधिक व्यावहारिक थे, इसलिए कलकत्ता (अब कोलकाता) एग्रिकल्चर एंड होर्टिकल्चर सोसायटी (कृषि और बागवानी समाज) आरंभ से ही भारतीयों को पदाधिकारी और सदस्य बहाल करता था। इनमें द्वारकानाथ टैगोर और राधाकान्तदेव जैसे अग्रणी

भद्रलोक शामिल थे। कृषि-संबंधी 'उपयोगी' ज्ञान के 'प्रसार' और 'विकास' के अपने बृहत्तर उद्देश्य के अनुरूप सोसायटी ने कुछ अनुवाद बंगाली में भी करवाए। इसलिए ऐसा नहीं माना जा सकता कि भारतीय कंपनी कालीन पाश्चात्य विज्ञान के निष्क्रिय दर्शक मात्र अथवा सिर्फ सूचना देने वाले थे। इसमें संदेह नहीं कि कलकत्ता और बंबई (अब क्रमशः कोलकाता और मुंबई) में मध्यवर्गीय भारतीय पाश्चात्य विज्ञान और प्रौद्योगिकी की ओर आकृष्ट तो हुए ही उनके मन में यह जिज्ञासा भी पैदा हुई कि ब्रिटिश शासक किस प्रकार इनकी मदद से बौद्धिक जगत के शासन और शोषण में सफल हुए।[46]

विज्ञान और प्राच्यविद्या

कंपनीकालीन वैज्ञानिक क्रिया-कलाप में भारतीयों की संलग्नता से एक बार फिर हम इस सवाल से रू-ब-रू होते हैं कि पाश्चात्य विज्ञान और देशज ज्ञान में क्या संबंध थे। पूर्व में अधिकांश विद्वान मानते थे कि ब्रिटिश शासन के आगमन से दोनों के बीच दूरियाँ बढ़ी हैं, किंतु सी.ए. बेली की मान्यता है कि 'औपनिवेशिक सूचना-व्यवस्था' इसकी 'भारतीय पुरोगामिता की नींव पर खड़ी की गई'। 1780 और 1870 के दशकों के बीच 'ब्रिटिश संस्थाओं की परिधि से बाहर' ज्ञान की अपेक्षाकृत पुरानी प्रणालियों के अभिकर्त्ता और प्रतिनिधि 'आहत तो हुए, किंतु उनकी पहचान खत्म नहीं हो पाई'[47] जिस प्रकार भारतीयों ने पाश्चात्य सिद्धांतों और प्रौद्योगिकियों को आत्मसात और अनुकूलित किया वैसे ही पाश्चात्य विद्वानों और प्रशासकों ने भारतीय प्रमाणशास्त्रों में दीर्घकालिक बौद्धिक संलग्नता बनाए रखी और यह उन्नीसवीं सदी में भी जारी रही। ब्रिटिश शासन के बावजूद भारतीय सूचना और ज्ञान की प्रणालियों ने काफी हद तक अपनी स्वायत्तता कायम रखी और इसीलिए राजनीतिक नियंत्रण के साथ सांस्कृतिक नेतृत्व के मेल बैठाने के औपनिवेशिक प्रयत्नों के फलस्वरूप उनमें कोई हलचल पैदा नहीं हुई।

बेली ने जिन आसूचन-संग्रह (इंटेलिजेंस-गेदरिंग) और सामाजिक संसूचन की प्रक्रियाओं की चर्चा की है, वे प्रस्तुत रचना के प्रमुख विषय नहीं हैं, किंतु उसकी पुस्तक सांस्कृतिक संलग्नता (इंगेजमेंट) के अन्य कार्यक्षेत्र जैसे, खगोल-विज्ञान, वनस्पतिशास्त्र और आयुर्विज्ञान, की भी विवेचना करती है और बड़े जोरदार ढंग से यह सवाल उठाती है कि भारत में पाश्चात्य विज्ञान किस हद तक भारतीय विचारों और सूचनाओं से प्रभावित हुआ अथवा उन पर निर्भर रहा। बेली का तर्क है कि 'औपनिवेशिक संभाषण' (डिस्कोर्स) की हमारी समझ ऐसी होनी चाहिए जो भारतीय अभिकरण, भारतीय बौद्धिक चुनौती और भारतीय सांस्कृतिक जीवंतता की व्याप्तक्षमता को प्रतिबिंबित करे।[48] यद्यपि बेली का ध्यान मुख्य रूप से अन्यत्र केंद्रित है, कंपनीकालीन विज्ञान, प्रौद्योगिकी और आयुर्विज्ञान में भारतीय सहयोग

की भूमिका और सीमा पर विचार करने के लिए आवश्यक है कि स्वयं औपनिवेशिक विज्ञान के असंबद्ध आचरणों और सांस्थानिक स्थलों पर नजर डाली जाए।

यद्यपि भारत कुछ मामलों में मेट्रोपोलिटन विज्ञान के केंद्र से दूर जान पड़ता था, यहाँ के यूरोपीय विद्वान और वैज्ञानिक इसे अपने लिए प्रायः अनूठे अवसर और दायित्व मानते थे। 1784 में सर विलियम जोंस ने एशियाटिक सोसायटी के उद्घाटन-भाषण में इसके सदस्यों के लिए ऐसी चुनौती भरी कार्यसूची प्रस्तुत की जिसमें एशिया के समाज, इतिहास और पर्यावरण के वैज्ञानिक अन्वेषण में सोसायटी को निर्णायक भूमिका प्रदान की गई थी। उसने उन्हें निर्देश दिया कि वे 'प्रकृति के महाकाय ढाँचे में जो कुछ दुर्लभ है' उसकी जाँच करें, 'नए निरीक्षण और अनुसंधान के द्वारा एशिया के भूगोल में संशोधन लाएँ और काल-वृत्तांत...तथा उन राष्ट्रों की परंपराओं का पता लगाएँ जिन्होंने समय-समय पर इसे आबाद किया है अथवा निर्जन कर दिया है।' उन्हें सरकार के रूपों, एशियाइयों की नागरिक और धार्मिक संस्थाओं पर प्रकाश डालना था, उनके खगोल-विज्ञान, गणित और ज्यामिति, उनकी नैतिक संहिता, व्याकरण और अलंकारशास्त्र, चिकित्सीय और शल्य क्रिया संबंधी कौशल, रसायनशास्त्र और शरीर रचना-विज्ञान की छानबीन करनी थी। सोसायटी को कृषि, वस्तु-निर्माण, एशियाई व्यापार, संगीत, शिल्प-कला और चित्रकारी, यहाँ तक कि मिट्टी के बर्तनों की भी जाँच-पड़ताल करनी थी। संक्षेप में, इसे एशिया में 'मानव और प्रकृति' के हर पक्ष, 'जो भी एक के द्वारा निर्मित और दूसरे के द्वारा प्रदत्त है', सबके पर्दे खोलने थे।[49]

हाल में जोंस के भाषा-विषयक सिद्धांतों की पृष्ठभूमि की खोज करते हुए टॉमस ट्राउटमैन ने तर्क दिया है[50] कि इतने व्यापक विस्तार वाली कार्यसूची का उद्देश्य था भारत और उसके नव-अन्वेषित कलाएँ, विज्ञान और इतिहास को पाश्चात्य ज्ञान के साथ निकटतर और अधिक बोधगम्य रूप में जोड़ना। उल्लेखनीय है कि पाश्चात्य ज्ञान अपनी बौद्धिक जागरण की पहचान के बावजूद प्रजाति, भाषा और पृथ्वी की उत्पत्ति के संबंध में अभी भी बाइबिल की अवधारणाओं में जकड़ा था। उपर्युक्त कार्यसूची को व्यावहारिक रूप देने के लिए भारतीय लोगों और भाषाओं के यूरोपीय लोगों और भाषाओं से संबंध कायम किए जाने थे (इसका एक उदाहरण जोंस की यह खोज थी कि संस्कृत, ग्रीक और लैटिन एक ही स्रोत से व्युत्पन्न भाषाएँ हैं); बाइबिल की परंपराओं का मिलान हिंदू मिथकों से किया जाना था ताकि दोनों के लिए स्वीकार्य कालानुक्रम (क्रॉनॉलोजि) निर्धारित किया जा सके, और एशियाई पेड़-पौधे तथा जीव-जंतुओं और उनके यूरोपीय किस्मों के बीच वैसे ही 'पारिवारिक' संबंध खोजे जाएँ जैसे दोनों के निवासियों के बीच।[51] इससे स्पष्ट है कि 1770 और 1840 के दशकों के बीच प्राच्यशास्त्र संबंधी अध्ययन भारत की वस्तुनिष्ठ खोज अथवा पूरबी ज्ञान के निष्पक्ष मूल्यांकन की अपेक्षा कुछ अधिक

ही था। इस एकल, सामान्य कार्यसूची के मद्देनजर प्राच्यशास्त्रियों ने भौतिक और सांस्कृतिक दृष्टि से भारत को यूरोप की समानुपातिक स्थिति में रखने और पूरब से उन सारी बातों को सीखने के प्रयास किए जो उनकी अपनी सभ्यता के विकास अथवा समृद्धि में सहायक हो सकते थे। यूरोप में आए बौद्धिक जागरण ने गैर-यूरोपीय समाजों के प्रति जो मानसिकता पैदा की थी उसका तकाजा था कि पूरब और पश्चिम के बीच न सिर्फ सादृश्यों और संबंधों को तलाशा जाए, अपितु उनके बीच के विभेदों तथा अत्यंत पिछड़े और अति सभ्य राष्ट्रों के शृंखलाक्रम को भी रेखांकित किया जाए। भारत का अपने बारे में जो बोध था उसे अपर्याप्त और अधूरा माना जाता था और उसकी कमी को पाश्चात्य ज्ञान से पूरा करने तथा उसे प्रासंगिक बनाने की जरूरत थी। विज्ञान के संदर्भ में जोंस ने अपनी एक अमर्यादित टिप्पणी में घोषणा की कि 'एशियाई इसमें शिशु जैसे हैं।'[52] इसके अतिरिक्त प्राच्यशास्त्र ने व्यापक बौद्धिक जागरण की परियोजना के तहत 'प्रकृति' और 'मानव' दोनों को अंगीकार किया और प्राकृतिक जगत-संबंधी यूरोपीय ज्ञान के आलोक में भारत की भौतिक और सांस्कृतिक सत्ता का मूल्यांकन किया। इसमें भाषा-विज्ञान, मुद्राशास्त्र, मानव-जाति विज्ञान, जंतु विज्ञान, भूगर्भशास्त्र और मौसम-विज्ञान जैसे परस्पर भिन्न विषय साथ-साथ चले (जैसे प्रिंसेप की रचनाओं में), भले ही आरंभ में भारत में भाषा-साहित्य और धर्म प्राकृतिक विज्ञानों की अपेक्षा अधिक उर्वर भूमि प्रस्तुत करते थे (जैसा कि एशियाटिक सोसायटी की अभिरुचियों से जाहिर होता है)।

देशज ज्ञान की श्रेष्ठता के प्रति अंतर्निहित मनोभाव को भारतीय खगोल-विज्ञान के संदर्भ में सारांशबद्ध किया जा सकता है। इसने आरंभिक प्राच्यशास्त्रियों का पर्याप्त ध्यान आकृष्ट किया। बेली इसे उन संपर्कों और निरंतरता के उदाहरण के रूप में प्रस्तुत करता है जो देशी और प्राच्यशास्त्रीय ज्ञान के बीच विद्यमान थे। खगोल-विज्ञान अठारहवीं सदी के यूरोप में तकनीकी दृष्टि से पूर्णतः विकसित विज्ञानों में एक था और इस कारण कंपनीकालीन विज्ञानों में इसका महत्त्वपूर्ण स्थान था। यह बड़े व्यावहारिक महत्त्व का भी था क्योंकि विश्वसनीय घड़ियों और सही सर्वेक्षण की प्रविधियों के विकसित होने के पूर्व नौ-संचालन (जहाजरानी) और मानचित्र बनाने के लिए देशांतर रेखाशों का निर्धारण चाँद और वृहस्पति के उपग्रहों के ग्रहण पर आधारित था। भारत की प्राचीन खगोलशास्त्रीय परंपरा अभी भी विद्यमान थी। स्वभावतः इसका प्रमाण जिज्ञासाजनक था और एक ऐसे क्षेत्र का संकेतक था जिसमें पश्चिम पूरब से उपयोगी जानकारी ले सकता था। यह विज्ञान भारतीय सभ्यता की प्राचीनता तथा इसकी प्राविधिक और वैज्ञानिक उपलब्धियों के विस्तार पर कुतूहल पैदा करता था। अठारहवीं सदी के आरंभ में राजा जयसिंह द्वारा बनवाई गई वेधशालाओं पर अनेक यूरोपीय पर्यटकों ने प्रशंसाभरी टिप्पणी की। 1777 में बनारस की वेधशाला, जो अकबरकालीन मानी जाती थी, का विवरण सुचिंतित टिप्पणियों के साथ रॉयल

सोसायटी को प्रस्तुत किया गया। इसके लेखक ने पत्थर से बने औजारों के 'गणितीय यथातथ्यता', की प्रशंसा की, किंतु समकालीन ब्राह्मणों के ज्ञान पर शंका जतलाई।[53] 1760 के दशक में भारत में पुच्छलतारों, ग्रहणों और शुक्र ग्रह के परिभ्रमण के संबंध में किए गए निरीक्षणों के आधार पर कंपनी अथवा उसके भारतीय सहायकों ने मद्रास (चेन्नई), कलकत्ता (कोलकाता), लखनऊ, त्रिवेंद्रम (तिरुवनंतपुरम) और पुणे में वेधशालाएँ बनवाईं। इनसे खगोल-विज्ञान में पारस्परिक अभिरुचि परिलक्षित होती थी, लेकिन कंपनी के लिए उसकी व्यावहारिक आवश्यकताएँ ज्यादा महत्त्वपूर्ण थीं। इसी कारण मद्रास स्थित वेधशाला के अधीक्षक माइकेल टॉपिंग ने खगोल-विज्ञान को 'जहाजरानी का जनक और धात्री' कहा है। उसे उम्मीद थी कि पूरबी सागरों के मानचित्र यूरोप के मानचित्रों से भी ज्यादा सही होंगे, अथवा, कम-से-कम भारतीय भूगोल की पूर्णता के लिए एक नियमित प्रणाली स्थापित हो जाएगी। उसके उत्तराधिकारी जॉन गोल्डिंघम ने इस व्यावहारिक लक्ष्य को पूरा करने के लिए वृहस्पति के उपग्रहों पर दो खण्डों में आधार-सामग्री तैयार की। बाद में खगोलशास्त्रियों ने अपनी वेधशालाओं के लिए अधिक व्यापक भूमिका विकसित करने के प्रयास किए, किंतु भारत के अन्य कई वैज्ञानिकों की भाँति उन्हें भी जल्द ही यह एहसास हो गया कि उनसे इतने निर्दिष्ट प्राविधिक और प्रशासनिक कर्तव्यों के निष्पादन की अपेक्षा की जाती थी कि उनके पास वैज्ञानिक अनुशीलन के लिए शायद ही समय बच पाता था।[54]

आरंभ में खगोल-विज्ञान पाश्चात्य और भारतीय ज्ञान के बीच एक संभावित सेतु प्रतीत होता था। प्राच्यशास्त्रियों ने न सिर्फ भारतीय वेधशालाओं की रूपरेखा और कार्यशैली पर ध्यान दिया, बल्कि एच.टी. कोलब्रुक की भाँति हिंदू खगोल-विज्ञान पर सहानुभूतिपूर्ण आलेख भी प्रस्तुत किए। भारतीय दरबारों में यूरोपवासी खगोलशास्त्रियों के रूप में नियोजित किए गए। इनमें अवध के नवाब का भी दरबार था। नवाब ने 1831 में जे.डी. हर्बर्ट को अपनी लखनऊ स्थित वेधशाला का अधीक्षक नियुक्त किया। 1789 में स्कॉटलैंड के गणितज्ञ जॉन प्लेफेयर द्वारा 'एस्ट्रॉनॉमि ऑफ़ द ब्राह्मिंस' (ब्राह्मणों का खगोलशास्त्र) पर लिखे गए निबंध से भारतीय खगोल-विज्ञान में ब्रिटिश अभिरुचि को और भी उत्प्रेरणा मिली। उसने अपने निबंध में फ्रांसीसी खगोलशास्त्रियों ल'जेंटिल और बैली द्वारा पूर्व में प्रतिपादित इस धारणा को अपनाया कि भारतीय खगोलशास्त्र पाश्चात्य खगोलशास्त्रीय परंपरा का अंग नहीं है और न उसका उद्‌भव प्राचीन मध्य एशिया में हुआ, बल्कि गह पूर्णतः भिन्न पद्धति है; इसका उद्‌भव-काल ईसा के तीन हजार वर्ष पूर्व है और इसने विस्मयकारी परिशुद्धता के साथ खगोलीय निरीक्षण और भविष्यवाणियाँ की हैं। प्लेफ़ेयर के इस दावे ने एशियाटिक सोसायटी का ध्यान आकृष्ट किया, किंतु ट्राउटमैन का दावा है कि 'यह प्रश्न ही नहीं था कि भारतीय खगोलशास्त्र के पास यूरोप के लिए कोई नई

बात थी या नहीं, असल उदेश्य तो था भारतीय खगोलशास्त्र की प्राचीनता का आकलन करना और इसके लिए 'यूरोप के आधुनिक खगोलशास्त्र का अनुसंधान हेतु मानक और माध्यम के रूप में उपयोग करना' आवश्यक था।[55]

हिंदू खगोलशास्त्र में यूरोपीय अभिरुचि यदा-कदा तो प्रकट हो जाती थी, लेकिन इसकी व्यावहारिक उपयोगिता और वैज्ञानिक महत्त्व के प्रति शंका में लगातार वृद्धि होती रही। 1844 में 'कलकत्ता रिव्यू' में एक लेखक ने स्वीकार किया कि हिंदू बहुत पहले सूर्यग्रहण और चंद्रग्रहण के संबंध में 'पर्याप्त परिशुद्धता के साथ' भविष्यवाणी करने में सक्षम रहे थे, लेकिन उसके बाद (प्राच्यशास्त्रियों की मानक विधि का अनुसरण करते हुए) उसने मान लिया कि भारतीय न सिर्फ आगे बढ़ने में चूक गए थे, बल्कि यथार्थ में 'विज्ञान के सिद्धान्तों' से संबंधित अपने ज्ञान में और पीछे चले गए थे। इतना ही नहीं, हिंदुओं के एक प्रधान मूलग्रंथ 'सूर्य सिद्धांत' के बारे में कहा गया कि वह ग्यारहवीं से तेरहवीं सदी के बीच की रचना है और वास्तविक निरीक्षण के बदले कुछ अनुभव-शून्य (और अधिकांशतः गलत) सिद्धांतों पर आधारित है। लेखक ने खगोलशास्त्र, भूगोल और काल-निर्धारण विज्ञान (क्रॅनॅलॉजि) की 'पौराणिक पद्धति' का उपहास करते हुए उसे 'बेतुकापन और विकट मूर्खता का ऐसा पुलिंदा' कहा जिसे लोगों के दिमाग से बाहर निकालने का वादा करने वाले किसी भी प्रस्ताव को हमें अनुग्रहपूर्वक सुनना चाहिए। यह सत्याभासी होने की सारी संभावनाओं का तिरस्कार करने के उद्देश्य से लिखा गया है और दर्शाता है कि विकरालता की अवधारणा गढ़ने में भ्रष्ट कल्पना-शक्ति किस सीमा तक जा सकती है। वास्तविक माप और निरीक्षण, थियोडोलाइट (एक विशेष प्रकार का कोणमापक यंत्र) और दूरबीन के द्वारा ही इस पौराणिक मूर्ति को ध्वस्त किया जा सकता है।[56] इसके ठीक नौ साल पहले मैकाले ने ऐसी ही कटूक्ति की थी कि भारतीय खगोलशास्त्र विश्वसनीयता की ऐसी खुली अवहेलना करता है कि 'किसी इंगलिश बोर्डिंग स्कूल की लड़कियों को भी हँसी आ जाएगी।'[57]

पाश्चात्य विज्ञान और भारतीय ज्ञान के बीच बढ़ती खाई का एक अन्य प्रमाण वनस्पति-विज्ञान में मिलता है। लिनियस का अनुसरण करते हुए यह विज्ञान 'बुद्धिसंगत व्याख्या की परियोजना' बन गया। इसमें 'ऐसे संप्रत्ययों और कार्यविधियों को सृजित करने के प्रयास किए गए जो प्राकृतिक पदार्थों के स्पष्ट रूप से परिभाषित क्षेत्र के निरूपण में एकरूपता, संगति और सामंजस्य ला सके।'[58]

समुद्रपारीय अ[illegible]न से यूरोप में '(पौधों) की नवीनताओं की बाढ़-सी आ गई।' पौधों की विभिन्‍न किस्मों से परिचित होने और उनकी पहचान के लिए सामान्य पद्धति स्थापित करने के प्रयास में वर्गीकरण-प्रणाली को काफी बढ़ावा मिला। लिनियस का द्विपद समीकरण (बाइनोमिअल क्लासफ़िकेशन) और उसकी वर्गीकरण

प्रणाली की यौन-पद्धति (अब इसका स्थान प्राकृतिक पद्धति ने ले लिया है) ऐसे सरल माध्यम थे जिनके द्वारा पौधों की पहचान और उनके पारस्परिक सादृश्य को सुनिश्चित किया जा सकता था।[59] जोंस रोमनीकृत संस्कृत का उपयोग करते हुए भारतीय पौधों को 'सही भारतीय नाम' देने के पक्ष में था। उसका मानना था कि यदि लिनियस इस देश की पांडित्यपूर्ण और प्राचीन भाषा को जानता तो ऐसा ही करता। उसने वनस्पतिशास्त्रियों को सुझाव दिया कि वे संस्कृत का अध्ययन करें ताकि उन्हें भारत के औषधीय गुणों से युक्त पौधों की बेहतर जानकारी हो सके और भारत के वानस्पतिक सुविज्ञता का फायदा उठाया जा सके।[60] लेकिन उसके सुझाव को अनुसना कर दिया गया। रॉक्स बर्ग ने अपने 'फ्लोराइंडिका' में संस्कृत, बांग्ला, अरबी, फारसी, हिंदुस्तानी और हिब्रू भाषाओं की विचित्र खिचड़ी पकाई। उसके एक पीढ़ी बाद ब्यूकानन ने स्थानों और पौधों के नाम के लिए संस्कृत के उपयोग की वकालत की क्योंकि उसके अनुसार वह 'सभी शिक्षित हिंदुओं को ज्ञात' थी, लेकिन वह स्वयं भी संस्कृत के उपयोग में समरूपता नहीं बरत सका।[61]

उन्नीसवीं सदी के आरंभिक वर्षों तक भारतीय पौधा वर्गीकरण-विज्ञान (टेक्सॅनॅमि) विवादग्रस्त विषय था। वह इस समस्या का मुकाबिला था कि यूरोपीय विज्ञान की विशिष्ट पहचान से समझौता किए बगैर देशज ज्ञान और इसके ज्ञापकों से किस प्रकार लाभ उठाया जाए। ब्यूकानन जैसे भ्रमणशील प्रकृतिवादी बहुत हद तक मार्गदर्शकों और अनुवादकों पर भरोसा तो करते थे, किंतु वे देशज ज्ञान पर अत्यधिक निर्भर दिखना नहीं चाहते थे, क्योंकि यह उन्हें घोर असंबद्ध जान पड़ता था। 1800 में मैसूर से होकर की गई अपनी यात्रा के दौरान ब्यूकानन ने खीज के साथ लक्ष्य किया कि ग्रामीण हर पौधा का नाम जानने का दावा तो करते थे, लेकिन उनका वर्णन 'विशिष्ट नामों' के बदले 'विशाल', 'छोटा' 'कृष्ट' (कल्टिवेटेड) और 'जंगली' जैसे सीमित शब्दों के द्वारा ही कर पाते थे। 'एक ही प्रजाति के लिए अनेक नाम और कभी-कभी विभिन्न प्रजातियों के लिए एक ही नाम' का प्रयोग इस रूप में करते थे कि उन पर निर्भर रहने वाला व्यक्ति भारी उलझन में पड़ जाता था।[62] दक्षिण भारत के एक अन्य वनस्पतिशास्त्री रॉबर्ट वाइट को ऐसे ही अनुभव हुए जब उसे कुछ ही मील की दूरी के अंदर एक ही पौधा के लिए आधा दर्जन नाम सुनने को मिले। इससे उसने यही निष्कर्ष निकाला कि भारतीयों के पास 'नाम की एकरूपता कायम करने का कोई साधन नहीं था और वे प्रायः एक नाम को दूसरे नाम के साथ उलझा देते थे। ऐसे में हमारे द्वारा उनका प्रयोग सिर्फ भ्रांति ही पैदा करेगा।' इससे औषधीय और विषैले पौधों के बीच अंतर कर पाना वस्तुतः बड़ा ही जोखिम भरा काम था।[63]

यद्यपि 'गूलवारियों' के साक्ष्य की अपेक्षा प्रकृति का साक्ष्य अधिकाधिक तरजीह पाता रहा, स्थानीय नामावली पूरी तरह अस्वीकृत नहीं कर दी गई। 1874 में आकर

डीट्रिक ब्रांडिस ने वन-विज्ञान के पदाधिकारियों को सुझाव दिया कि वे पौधों के संस्कृत और देशी बोली वाले नाम सीखें, 'क्योंकि अनेक उदाहरणों में उनमें जो स्थिरता है वह शृंखलाबद्ध नामों में नहीं है।'[64] लेकिन सामान्य तौर पर वनस्पतिशास्त्री भारतीय वर्गीकरण-पद्धति को यूरोप की तर्ज पर ढालना चाहते थे। यह खासकर तब हुआ जब प्रकृतिवादियों ने भारतीय भाषाओं के सम्यक् ज्ञान के बगैर भारत के पेड़-पौधों का अध्ययन शुरू किया। हूकर ने, जो स्थानीय सहायक दल के बगैर हिमालयी पौधों का विशाल संग्रह नहीं बना पाता, परिचित पौधों को देशी नाम देकर (तथाकथित) नई प्रजातियों के बहुलीकरण के विरुद्ध चेतावनी दी। मौजूदा 'पिछड़ी स्थिति' में भारतीय वनस्पतिशास्त्र में 'सुविदित पौधों के नये नामकरण और नये पौधों के अधूरे अथवा गलत विवरण' से भरा घोर अराजकता का माहौल था।[65] इससे स्पष्ट है कि भारतीय वनस्पति नामावली संस्कृत के साथ अपने आरंभिक रोमांस को त्यागने और यूरोपीय वर्गीकरण-पद्धति से जुड़ने के प्रयास में भारत के औपनिवेशिक विज्ञान के साँचे में ढल रही थी।

त्रिकोणमितीय सर्वेक्षण

कंपनीकालीन विज्ञान के इतिहास में द ग्रेट ट्रिग्नॉमेट्रिकल सर्वे ऑफ़ इंडिया का उदाहरणीय महत्त्व रहा है। सूसान फ़ेई केनन के अनुसार यह सर्वेक्षण भारत में ब्रिटिश शासन के पीछे 'वैचारिक आदेशों की स्थापना के प्रयास में ब्रिटिशनीति की कार्यप्रणालियों को मैकाले के शिक्षा संबंधी मेमो से भी बेहतर ढंग से प्रकट करता था', और 'वैज्ञानिक उद्यम के रूप में इसने यूरोप के सारे भूगणितीय व्यापारों को पीछे धकेल दिया।'[66] इस सर्वेक्षण से विशाल (वास्तव में उपमहाद्वीपीय) पैमाने पर विज्ञान में सतत संलग्नता के प्रति औपनिवेशिक सत्ता की प्रतिबद्धता और भौतिक अभिप्रेरणा के संकेत मिलते हैं। यह दर्शाता है कि भारत में पाश्चात्य विज्ञान किस तरह मेट्रोपोलिटन विज्ञान के आदेश पर कम और स्थानीय आवश्यकताओं और दशाओं के अनुरूप अधिक काम कर सका। पूर्व में माइकेल फॉकोल्ट की दी गई टिप्पणी को ध्यान में रखते हुए कहा जा सकता है कि भारतीय सर्वेक्षण विभिन्न विषयक ज्ञान के 'ग्रीड्स' का काम करते थे, ये ऐसे साधन थे जिनके द्वारा ब्रिटिश शासन ने भारत में ग्रामीण क्षेत्रों पर निगरानी और नियंत्रण का विशाल नेटवर्क कायम किया। मैथ्यू एडनी ने हाल में (मुख्य रूप से इस सर्वसमावेशी परियोजना की कार्यसिद्धता को चुनौती देते हुए) सुझाया है कि सर्वेक्षण एक ऐसा वैज्ञानिक 'पैनॅप्टिकॅन'* था जो औपनिवेशिक सत्ता को पूरे भारत को सुव्यवस्थित

* 'पैनॅप्टिकॅन' एक ऐसा कारागार होता है जिसमें किसी एक स्थान से सारे क़ैदी देखे जा सकते हैं।

और वैज्ञानिक रूप में 'देखने' और 'जानने' की क्षमता प्रदान करता था। यद्यपि उसका निष्कर्ष है कि सर्वेक्षण 'त्रुटिपूर्ण भौगोलिक पैनेप्टिकॅन' था, फिर भी त्रिकोणमितीय सर्वेक्षण ब्रिटिश शासन द्वारा विज्ञान और प्रौद्योगिकी के माध्यम से भारत को उपनिवेश बनाने तथा 'विद्वानों' द्वारा औपनिवेशिक वैज्ञानिक और प्रौद्योगिक क्रियाओं का व्यापक महत्त्व स्थापित करने के प्रयासों में अग्रणी स्थान रखता था।[67]

आरंभ में सर्वेक्षण-कार्य भरोसेमंद मानचित्रों की खोज से गहरे रूप से जुड़ा था। अठारहवीं सदी के आरंभ और मध्य में फ्रांसीसियों ने दक्षिण एशिया का यूरोपीय मानचित्रीकरण पूरी संजीदगी से प्रारंभ किया लेकिन इसमें तेजी ईस्ट इंडिया कंपनी द्वारा बंगाल और दक्षिण भारत के कुछ हिस्सों के अधिग्रहण के बाद ही आई। आरंभिक मानचित्रीकरण मुख्य रूप से या तो (जैसा कि मैकेंज़ी द्वारा मैसूर के सर्वेक्षण से जाहिर होता है) खास-खास इलाकों के नाक-नक्शों और स्थलाकृतियों के विस्तृत, वर्णनात्मक विवरण के द्वारा किया जाता था, अथवा सैन्य प्रयाण के मार्गों के सैनिक सर्वेक्षण के द्वारा। इन सर्वेक्षणों ने ही वैसे क्षेत्रीय मानचित्रों के लिए आधार प्रस्तुत किया जिनके कारण जेम्स रेनेल को मानचित्र-कला में ख्याति मिली। रेनेल 1767 में भारत का प्रथम महासर्वेक्षक नियुक्त किया गया। उसने बंगाल और बिहार के स्थालाकृतिक सर्वेक्षण कराए जो 1780 में उसके 'बंगाल एटलस' में प्रकाशित हुए और 1783 में उसने 'मैप ऑफ़ हिंदोस्तान' प्रस्तुत किया। मानचित्र-निर्माण की ये विधियाँ बिल्कुल बेतरतीब थीं, क्योंकि इनमें मुख्य मार्गों और शहरों, यहाँ तक कि दो ज्ञात स्थलों के बीच की दूरियाँ जानने के लिए भी अटकलें लगानी पड़ती थीं। खगोलशास्त्रीय निरीक्षणों से इसमें आंशिक सुधार हुआ और टॉपिंग तथा गोल्डिंघम ने कोरोमंडल तट के किनारे की दूरियाँ नापने के लिए इनका इस्तेमाल भी किया, किंतु इस विधि में भूलों की अधिक संभावनाएँ थीं और विशाल इलाकों के व्यवस्थित मानचित्रण के आधार के रूप में इनका उपयोग करना कठिन था। इस समय यूरोप में सर्वेक्षण और मानचित्रण की अनेक कारगर विधियाँ विकसित हो रही थीं। इनमें त्रिभुजन (ट्राइऐन्यूलेशन) विधि सर्वाधिक महत्त्वपूर्ण थी। 1784 में स्थापित ब्रिटिश ट्रिगॅनॉमेट्रिकल सर्वे और आयरिश आर्डनैंस (आयुध) सर्वे ने भारत में त्रिकोणमितीय सर्वेक्षण और मानचित्रण के लिए महत्त्वपूर्ण प्राविधिक और सांगठनिक नज़ीर प्रस्तुत किए। इस रूप में मेट्रोपोलिटन पूर्व-दृष्टांत निश्चय ही बड़े महत्त्वपूर्ण थे।[68]

1799 में पैदल सेना के एक ब्रिटिश पदाधिकारी विलियम लैंबटन ने नई त्रिभुजन विधि का इस्तेमाल करते हुए मद्रास और पश्चिमी तट के बीच की दूरी निर्धारित करने के लिए इस्पात की सौ फीट लंबी ज़रीब वाली आधार रेखा का उपयोग किया। खगोलशास्त्रीय अध्ययनों से जाँचे जाते रहने के कारण यह सर्वेक्षण 1817 में जाकर पूरा हुआ और तब दक्षिण भारत के मापन और मानचित्रण के लिए विश्वसनीय आधार के रूप में इसका उपयोग किया जा सका। इस विधि

की प्रत्यक्ष सफलता से प्रेरित होकर 1818 में 'द ग्रेट ट्रिगॅनॉमेट्रिकल सर्वे' की स्थापना की गई और लैंबटन इसके अखिल भारतीय कारोबार का प्रभारी बनाया गया। उसे पश्चिमी प्रायद्वीप से मध्य और उत्तरी भारत (हाल में ही मराठों से छीने गए इलाकों) तक त्रिभुजन विधि के विस्तार का भार सौंपा गया। इस तरह यह विधि पूरे भारत के मानचित्रण का आधार बन गई। 1823 में लैंबटन की मृत्यु तक सर्वेक्षण मध्य भारत में बरार तक किया जा चुका था। इसकी व्यावहारिक उपयोगिता के प्रति आकर्षण के अतिरिक्त लैंबटन जैसे लोगों ने इसके वैज्ञानिक महत्त्व पर विशेष बल दिया। इसके माध्यम से भारत में ब्रिटिश शासन ने विश्व के स्तर पर धरती के बृहत्तर खण्ड को मापने का एक अनूठा अवसर प्रदान किया।

लैंबटन के बाद उसके स्थान पर एवरेस्ट आया। उसके कार्यकाल में आधार रेखाएँ (बेसलाइंस) ब्रिटेन के नये उपकरण के द्वारा प्रयत्नपूर्वक फिर से मापी गईं (मापक औजारों की लंबाई में होनेवाली भिन्नताओं को न्यूनतम करने के लिए पुरानी ज़रीब के स्थान पर कॉल्बी के कंपेंसेशन बार्स प्रयोग में लाए गए) और त्रिभुजन की दिशा बढ़ाकर उत्तर में हिमालय तक की गई। 1843 में एवरेस्ट के सेवानिवृत्त होने तक त्रिभुजन के द्वारा दक्षिण में कन्याकुमारी से लेकर हिमालय की तराई में देहरादून तक 1500 मील लंबे क्षेत्र में 'वृहद् दक्षिणी वृत्तांश' (ग्रेट मेरिडिअॅनल आर्क) की माप हो चुकी थी। (कोलकाता, मुंबई और कराची) देशांतरीय श्रृंखला के पूरक़ सर्वेक्षणों द्वारा पूरबी और पश्चिमी भारत को जोड़ा गया और उसका विस्तार उत्तर-पश्चिम और बर्मा (अब म्यामार) तक किया गया। इससे प्रतीत होता है कि सर्वेक्षण ने, सिद्धांत रूप में, 1860 के दशक तक संपूर्ण उपमहाद्वीप की माप के लिए सही आधार प्रस्तुत किया होगा। तकनीक और पैमाना दोनों दृष्टियों से भारतीय सर्वेक्षण तत्कालीन यूरोप में अथवा समुद्रपारीय यूरोपीय सत्ताओं द्वारा किए जा रहे भूगणितीय सर्वेक्षण (जिअॅडेटिक सर्वे) से अधिक उन्नत था। यह सर्वेक्षण अपने ब्रिटिश और आयरिश पूर्ववर्तियों तथा आयातित उपकरण पर भारी निर्भरता के बावजूद कंपनी के सैनिक और वैज्ञानिक सेवाकर्मियों की पहल और दृढ़ इच्छा-शक्ति का सूचक था। इससे ज़ाहिर था कि औपनिवेशिक भारत मेट्रोपोलिटन विज्ञान का महज पिछलग्गू न होकर अपनी प्रविधियों और संस्थाओं का निर्माण खुद कर सकता था। इससे यह भी जाहिर था के लैंबटन को मद्रास (अब चेन्नई) सरकार से आरंभिक समर्थन न मिलने के बावजूद कंपनी (कम-से-कम इस उदाहरण में) सर्वेक्षण को वास्तव में भारत की प्रथम समर्पित वैज्ञानिक सेवा बनाने की सीमा तक विज्ञान के प्रति लगातार प्रतिबद्ध बने रहने में सक्षम थी।

विज्ञान में ख्याति प्राप्त यह सर्वेक्षण उपयोगितावादी उद्देश्यों को भी अधिक शीघ्रता के साथ पूरा करता था। भारतीय पत्तनों और तटीय आकृतियों के सही निर्धारण के लिए स्थल द्वारा सर्वेक्षण आवश्यक रूप से पैमानों से जुड़ा हुआ था। जैसा कि

तत्कालीन ब्रिटेन और फ्रांस के उदाहरणों से स्पष्ट था, सर्वेक्षण कार्य सेना और मानचित्रण के बीच घनिष्ठ सहयोग का द्योतक था, क्योंकि सेना को ऐसे मानचित्रों की सख्त जरूरत पड़ती थी जो युद्धकाल में उसकी आवश्यकताएँ विश्वसनीय रूप से पूरी कर सकें। यह महत्त्वपूर्ण है कि भारतीय सर्वेक्षण एक विस्तारवादी औपनिवेशिक सत्ता के तत्त्वावधान में दक्षिण और मध्य भारत में बड़े पैमाने पर युद्ध और राजनीतिक अनिश्चयता के माहौल में आरंभ किए गए और उन्होंने ब्रिटेन के विलियम रॉय जैसे सैन्य अभियंताओं के पूर्वदृष्टांतों से काफी कुछ ग्रहण किया।[69] मैकेंजी द्वारा मैसूर का स्थलाकृतिक सर्वेक्षण और लैंबटन द्वारा प्रायद्वीप का त्रिकोणमितीय सर्वेक्षण दोनों 1799 में टीपू सुलतान की पराजय के प्रत्यक्ष परिणाम थे। 1818 में मराठों की पराजय के बाद भी पंजाब में लगातार जारी प्रतिरोध और रूसी विस्तारवाद के संभावित खतरे ने सर्वेक्षण कार्य को स्थायी महत्त्व प्रदान किया। जैसा कि गवर्नर जनरल की परिषद के एक सदस्य ने कहा था, सर्वेक्षण अधिक व्यापक अर्थ में 'ब्रिटिश प्रभुत्व एवं प्रभाव...के अधीन विशाल क्षेत्र' की समस्या से मुखातिब होने का एक साधन था, अर्थात् इस समस्या से रू-ब-रू होने का साधन था कि राजनीतिक और स्थलाकृतिक विभिन्नताओं से भरे भारत को एक संबद्ध, व्यवस्थित, मानचित्रित और युक्तिसंगत इकाई में किस प्रकार बदला जाए।[70]

तथापि, एडनी मानता है कि भारत को 'गढ़ने' और 'अनुशासित करने' की दृष्टि से सैन्य और राजनीतिक महत्त्व के बावजूद सर्वेक्षण अपने महत्त्वाकांक्षी उद्देश्यों को कभी पूरा नहीं कर पाया। अठारहवीं सदी के अंतिम और उन्नीसवीं सदी के आरंभिक चरणों की 'मानचैत्रिक अराजकता' त्रिभुजन विधि द्वारा आंशिक रूप में ही दूर की जा सकी। मानचित्रण कार्य पर भारी श्रम व्यय करने के बाद ही सर्वेक्षण आरंभ किया गया और इसका ढीला-ढाला मेकानो-सदृश* अस्थिपंजर कभी भी संपूर्ण भारत के मानचित्रण का व्यापक आधार नहीं बन पाया। कंपनी की नीतियों की असंगतियाँ, अंतःप्रांतीय प्रतिद्वंद्विता, सर्वेक्षण प्रतिष्ठानों की लघुता, सर्वेक्षका दल को बीमारियों और दुर्घटनाओं के खतरे, भारत की नदियों, पहाड़ों, मरुभूमियों, जंगलों से होकर किए जाने वाले सर्वेक्षणों में विपुल व्यय और भौतिक कठिनाइयाँ—सबने मिलकर पूर्णतः वैज्ञानिक सर्वेक्षण को असाध्य लक्ष्य बना दिया। एडनी सर्वेक्षण की पूरी अवधारणा को सर्व-विज्ञ, फॉकोल्ट की साम्राज्य-संबंधी सपने पर प्रश्न-चिह्न के रूप में देखता है। उसका निष्कर्ष है कि 'महात्रिकोणमितीय सर्वेक्षण द्वारा प्रतिज्ञात भौगोलिक पैनॅप्टिकॅन की प्रतीयमानपूर्णता' अंततः 'एक अनुभवादी विभ्रम' थी।[71] ऐसी स्थिति में यदि त्रिभुजन विधि व्यापक सर्वेक्षण में निफल भी हुई तो भी यह कम विस्मयकारी नहीं है कि प्रायः उत्साहहीन, लाभ-उन्मुख कंपनी के अधीन किस

---

* मेकानो—धातु के छोटे-छोटे पत्तर, नट और बोल्ट जिनसे नमूने बनाए जा सकते हैं।

प्रकार एक विशाल वैज्ञानिक परियोजना कई दशकों तक इस विश्वास के साथ क्रियाशील रही कि इससे सैद्धांतिक और व्यावहारिक दोनों उद्देश्यों की पूर्ति होगी। कंपनी अथवा ब्रिटिश ताज के अधीन अन्य वैज्ञानिक उद्यम शायद ही इतनी निरंतरता के साथ सहायता और समर्थन प्राप्त कर सके।

सर्वेक्षण के संबंध में एक और बिंदु भी ध्यान देने लायक है। अब यह माना जाने लगा है, जो सही भी है, कि आरंभिक औपनिवेशिक विज्ञान की भाँति मानचित्रण और सर्वेक्षण अपने उपयोग के लिए बहुत हद तक भारतीय कौशल और अभिकरण पर निर्भर थे। राधानाथ सिकदार, जिसने 1831 से सर्वेक्षण के लिए कार्य किया और उन 'पंडितों', जिन्होंने 1860 के बाद गुप्तरूप में ब्रिटिश पर्यवेक्षकों की पहुँच के बाहर तिब्बत के भीतरी भागों में सर्वेक्षण किया, की जीवन-वृत्ति को विशेष महत्त्व दिया गया है।[72] लेकिन, जैसा कि एडनी दर्शाता है, सर्वेक्षण के प्राविधिक और सांगठनिक पूर्व-दृष्टांत भारत में नहीं, अपितु मध्ययुग से यूरोप में विकसित भू-लगान और स्थलाकृति संबंधी सर्वेक्षणों में विद्यमान थे। इसके अतिरिक्त, सिकदार और उसके जैसे अन्य भारतीय सर्वेक्षण कार्यकर्त्ताओं के संबंध में सच्चे मन से दी गई प्रशंसात्मक अभ्युक्तियों के बावजूद संपूर्ण सर्वेक्षण कार्यक्षेत्र में भारतीयों को सख़्ती से अधीनस्थ पदों पर ही रखा जाता था। इससे ज़ाहिर होता है कि किस प्रकार ऐसे वैज्ञानिक उद्यम और प्रौद्योगिक उपलब्धियाँ यूरोप की श्रेष्ठता-ग्रंथि प्रतिबिंबित करती थी। एडनी के शब्दों में, 'भूमि को मापकर, यरोपीय विज्ञान और बौद्धिकता को भारतीय भू-दृश्य पर थोपकर ब्रिटिश अपने को भारतीयों से भिन्न और विशिष्ट दिखलाते थे : वे विज्ञान जानते–करते थे, जबकि भारतीय नहीं।' 'भारत के रहस्यात्मक, धार्मिक, हिंदू दिक् को बौद्धिक, वैज्ञानिक, साम्राज्यशाही संरचना वाले दिक्' के स्तर पर लाकर सर्वेक्षण रूप और कार्य दोनों में भारतीय भू-दृश्य पर ब्रिटिश प्रभुत्व की स्पष्ट घोषणा करता था।[73]

भूगर्भशास्त्र

यद्यपि प्राकृतिक इतिहास और पर्यावरण संबंधी विज्ञान कंपनीकाल के मुख्य अध्ययन-विषय थे, कुछ विज्ञानों को अन्य की अपेक्षा अधिक समर्थन मिला। साँपों, मछलियों और पक्षियों के महत्त्वपूर्ण विवरणात्मक वृत्तांत, ब्यूकानन, हॉगसन और ब्लीथ की मार्गदर्शक रचनाओं और आवश्यक सामग्रियों की उपलब्धता के बावजूद जंतु-विज्ञान का विकास मंथर गति से हुआ। इसका एक कारण तो था सरकारी अभिरुचि और सांस्थानिक आधार का अभाव। त्रिकोणमिति अथवा वनस्पतिशास्त्र की अपेक्षा कम 'उपयोगी' दीख पड़ने वाला यह विज्ञान शौकीन उत्साहियों, संग्राहकों और शिकारियों तक ही सीमित रहा। जब 1874 में टी.सी. जेर्डन की पुस्तिका 'मैमल्स ऑफ़ इंडिया' (भारत के स्तनपायी जीव) प्रकाशित हुई तो इस क्षेत्र में क्रमबद्ध

अध्ययन का सूत्रपात हुआ, लेकिन राज्य और समाज की भौतिक अभिरुचियाँ जगाने के बदले यह पुस्तिका मुख्य रूप से पर्यवेक्षकों और आखेटकों के लिए ही अभिप्रेत थी।[74] शिकार लंबे समय तक भारतीय जंतु-विज्ञान की प्रेरणा और जानकारी का स्रोत बना रहा।

इसके विपरीत भूगर्भशास्त्र अधिक तेजी से शौक से पेशागत बन गया और सरकारी समर्थन पाने लगा। आरंभ में, जैसा कि एंड्रू गाउट ने कहा है, भारत में भूगर्भशास्त्रीय अन्वेषण बड़े मंथर रहे। इस 'प्रतिकूल मनोवृत्ति' के पीछे लंदन में दबाव समूहों और कंपनी की यह मंशा थी कि भारत ब्रिटेन के अपने ताँबे और अन्य खनिजों के उत्पादन में प्रतिस्पर्द्धा न करे। एक अन्य कारण था यह परिकल्पना कि भारत मुख्य रूप से कृषि उत्पादन का देश है और इसे ऐसा ही रहना चाहिए, लेकिन भारत के संसाधनों के संबंध में सामान्य अज्ञान, प्राविधिक सुविज्ञता का प्रत्यक्ष अभाव और प्रौद्योगिक कठिनाइयों का अतिरंजनापूर्ण बोध इत्यादि ऐसे कारण थे जिनके चलते 1830 के दशक के पूर्व तक इस क्षेत्र में क्रमबद्ध अन्वेषण नहीं प्रारंभ किए जा सके।[75] फलस्वरूप खनिज-विज्ञान और स्तरित शैल-विज्ञान छिट-पुट और वर्णनात्मक बने रहे। 1833 में इस पर विचार करते हुए जेम्स काल्डर ने आशा की कि जिस प्रकार भारतीय वनस्पतिशास्त्र ने रॉक्सबर्ग के रूप में अपना लिनियस पा लिया था उसी प्रकार 'हम खनिज और प्राणिजगत के खजाने किसी हम्बोल्ट और कवियर द्वारा खोले जाते देख सकते हैं।'[76] एक निरोधी भाव यह भी था कि भारतीय भूगर्भशास्त्र के पास वनस्पतिशास्त्र और जंतु-विज्ञान की तुलना में वैज्ञानिक अभिरुचि के लायक देने को बहुत कम था। 1846 में आकर कैप्टन न्यूबोल्ड ने भारत के संबंध में वही टिप्पणी की जो पूर्व में हम्बोल्ट ने अमेरिका के बारे में की थी कि एक ओर तो अमेरिका में नई प्रजातियों के पौधे और प्राणी आगंतुकों का स्वागत करते हैं तो दूसरी ओर वहाँ 'शैलखण्डों में हम अभी भी अपने चिर-परिचितों—वही ग्रेनाइट, वही पट्टिताश्म (नाइसयाग्नाइस), वही अभ्रकी चट्टान, वही स्फटिल शैल इत्यादि—को पहचान लेते हैं।'[77] उत्तर भारत और बंगाल के विस्तृत समतल मैदान और गहरे कछार आरंभ में न तो कोई खास भूगर्भशास्त्रीय उत्तेजना पैदा कर सके और न विशेष मात्रा में जीवाश्म ही दे सके। दूरवर्त्ती, विरल आबादी वाले क्षेत्रों में 'बीहड़ और दुर्गम जंगलों' के कारण भीतरी स्तरों की 'अल्प और अस्पष्ट जानकारी' ही हो पाती थी। जंगली जानवर और मलेरिया भूगर्भशास्त्रीय टोह के लिए वैसे ही खतरे थे जैसे सर्वेक्षण-कार्य के लिए। बाघों के मन में 'विज्ञान के प्रति कोई सम्मान-भाव' नहीं था और वे किसी भूगर्भशास्त्री को उसी भाँति चट कर जाते थे जैसे किसी अन्य जानवर को। नहरों और रेल-मार्गों द्वारा धरती की छाती विदीर्ण किए जाने के बाद ही शैल-स्तरों की परतें खोलने और जीवाश्मों को बाहर निकालने के लिए गहरी खुदाइयाँ संभव हो पाईं। यूरोप की तुलना में भारत

का भूगर्भशास्त्र 'सरल ही नहीं, उबाऊ' भी था।[78] इसे विशिष्ट रूप देने, वैज्ञानिक उद्यम के रूप में विकसित करने और व्यावहारिक दृष्टि से लाभकर बनाने की प्रक्रिया मंद थी। जिन तत्त्वों ने सदी के मध्य तक भारतीय भूगर्भशास्त्र के प्रति अंतर्राष्ट्रीय अभिरुचि पैदा की वे थे : कंकड़ (उत्तरी भारत की मिट्टी में पाए जाने वाले चूनेदार पिंड) और लैटेराइट (जिसका वर्णन पहली बार ब्यूकानन ने 1800 में मालाबार में किया था), कोलकाता के नीचे कछारी निक्षेपों (एल्यूविएल डिपोजिट्स) की असाधारण गहराइयाँ (जिनका पता पानी के लिए 500 फीट तक बोरिंग के दौरान लगा), दक्कन के लावा स्रावों का फैलाव और मोटाई (न्यूबोल्ड के अनुसार 'पृथ्वी के किसी अन्य हिस्से में इसका कोई जोड़ नहीं था।'), शिवालिक जीवाश्मों की महत्त्वपूर्ण खोज और (एक ऐसे युग में जो पर्वतीय परिदृश्य की 'उदात्त' गुणवत्ता के प्रति जागरूक हो चुका था।) 'महान' हिमालय के प्रति सम्मोहन।[79] यही वह विज्ञान था जिसके बारे में लार्वुड ने अनिच्छापूर्वक स्वीकार किया कि 'भारतीय क्षेत्र कर्मियों ने इसमें बहुत महत्त्वपूर्ण योगदान् किया।'[80]

आरंभ में भूगर्भशास्त्र का अनुशीलन कुछ उत्साही सैनिकों और शल्य-चिकित्सकों तक ही सीमित था, किंतु 1830 के दशक तक कंपनी भूगर्भशास्त्र की आर्थिक उपयोगिता और वैज्ञानिक हैसियत से परिचित हो चली थी। स्टीमर का आगमन हो चुका था और रेलवे आने ही वाली थी। इसके लिए कोयले की खोज आवश्यक हो गई और 1836 में कॅमिटी फ़ॉर इनवेस्टिगेटिंग कोल एंड मिनरल रिसोर्सेज़ (कोयला और खनिज संसाधनों की अनुसंधान समिति) की स्थापना हुई। औद्योगिक क्रांति ने ब्रिटेनवासियों के दिमाग़ में कोयले और लोहे की युगांतरकारी क्षमता का एहसास कूट-कूट कर भर दिया था। इसी प्रकार भारत में भी कोयले द्वारा 'यूरोपीय कलाओं और सुधारों' के फैलाव की उम्मीद बढ़ गई। कोल कमिटी के सचिव मैक्लीलैंड ने घोषणा की कि 'कोयले का इतिहास यह प्रमाणित करने के लिए काफी था कि किस प्रकार इसके विवेकपूर्ण उपयोग से किसी देश का माल-उत्पादन विकसित किया जा सकता है और कोई कारण नहीं कि इसके लाभप्रद परिणाम भारत के लिए अन्य देशों की अपेक्षा कम हितकर हों।'[81] समिति भारतीय कोयला-क्षेत्रों की अवस्थिति, मात्रा और सुलभता तलाशना चाहती थी, परंतु इसकी धीमी प्रगति और व्यावहारिक परिणामों की कमी से स्पष्ट होता था कि ऐसे महत्त्वपूर्ण दीख पड़ने वाले अनुसंधान भी कंपनी के अधीन किस प्रकार कच्छपगति से आगे बढ़ते थे। मैक्लीलैंड ने 1844 में लायल को लिखे पत्र में अपनी निराशा इन शब्दों में प्रकट की—'न्यायिक, राजस्व और राजनीतिक विभागों के सामान्य सरकारी कामकाज से असंबद्ध सुधार-कार्यों में सरकार की गति मंथर है। वैज्ञानिक मामलों से जुड़े सवाल, यथा—भारत में कोयला उत्पादन की जाँच—...तब तक खटाई में पड़े रहते हैं जब तक सरकार का ध्यान उनकी ओर बार-बार खींचा नहीं जाता।'[82] 1846 में ब्रिटिश

जिऑलॉजिकल सर्वे का डी.एच. विलियम्स भारत के कोयला संसाधनों का पता लगाने यहाँ आया, लेकिन 1848 में उसकी मृत्यु हो जाने से यह कार्य और भी विलंबित हो गया। उसके बाद कोर्ट ऑफ़ डायरेक्टर्स ने जिऑलॉजिकल सर्वे ऑफ़ आयरलैंड के पूर्व निदेशक टॉमस ओल्डम को भेजा। 1851 में उसके आगमन से अधिक पेशेवर भूगर्भशास्त्रीय अभिकरण का सूत्रपात हुआ और कोयले के क्रम में भारत के स्तरित शैल-विज्ञान (स्ट्रॅटिग्रॅफ़ि) और खनिज-विज्ञान के अधिक क्रमबद्ध अनुसंधान प्रारंभ हुए। अगले सत्ताइस वर्षों में, भारत के रेलवे युग में प्रवेश करने के बाद, सत्ताइस कोयला-क्षेत्रों के अनुसंधान हुए। आर्थिक और प्रौद्योगिक परिवर्तन की प्रेरणा के फलस्वरूप भूगर्भशास्त्र शौकिया अभिरुचि का विषय न रहकर औपनिवेशिक प्रशासन का एक आवश्यक अंग बन गया। इस मामले में ट्रिगॅनॉमेट्रिकल सर्वे की भाँति जिऑलॉजिकल सर्वे ऑफ़ इंडिया औपनिवेशिक शासन के निर्माण और भारतीय प्रतिवेश में आधुनिक राज्य के बढ़ते दायित्वों और भूमिकाओं को परिभाषित करने में वैज्ञानिक और प्रौद्योगिक अभिकरणों की भूमिका का निदर्शक बन गया।

वनस्पतिशास्त्र

उपयोगिता भूगर्भशास्त्र की तरह वनस्पतिशास्त्र का भी प्रमाण-चिह्न थी। लेकिन (ट्रिगॅनॉमेट्रिकल सर्वे की भाँति) इसका महत्त्व साधनता से कुछ अधिक ही था। भूगर्भशास्त्र की तरह, लेकिन उसके बहुत पहले से, भारतीय वनस्पतिशास्त्र व्यावहारिक उपयोगिता के साथ-साथ अंतर्राष्ट्रीय वैज्ञानिक समुदाय के लिए अभिरुचि का विषय समझा जाता था। भारतीय पौधों और उनकी विशेषताओं का सही ज्ञान कंपनी के लिए एक अतिरिक्त संबल था, क्योंकि वह मसालों, नील और अन्य प्राकृतिक उत्पादों का व्यापार करती थी और उसके सेवाकर्मी बीमारियों से प्रायः आक्रांत होते रहते थे। डेनमार्क का शल्य-चिकित्सक वनस्पतिशास्त्री जे.जी. कोएनिग, जो पूर्व में ट्रांक्वेबार मिशन से जुड़ा रहा था, पहला प्रकृतिवादी था जिसे ईस्ट इंडिया कंपनी ने 1878 में नियोजित किया। यद्यपि उसके पहले पुर्तगाल के चिकित्सक ग्रेसिया द' ओर्ता सत्रहवीं सदी में गोआ में और हॉलैंड के हेनरिक वान रीड अठारहवीं सदी में मालाबार में इस क्षेत्र में कार्य कर चुके थे, लेकिन कोएनिग पहला व्यक्ति था जिसने लिनिअस के वर्गीकरण-विज्ञान का उपयोग भारत में शुरू किया और भारतीय पेड़-पौधों के अध्ययन को उभरते वैश्विक वनस्पति-विज्ञान के नेटवर्क से जोड़ा। उसके कार्य ने लंदन में व्यापारिक उद्यमों के नियंत्रक सर जोसेफ बैंक्स को प्रभावित किया और दक्षिण भारत में रॉक्सबर्ग के अनुसंधानों के रास्ते खोल दिए।[83] कंपनी के भारत में सारे विज्ञानों में वनस्पतिशास्त्र निश्चय ही सबसे कम 'प्रांतीय' था और मेट्रोपोलिटन विज्ञान के साथ सबसे ज्यादा उलझा हुआ था।

यह यूरोप में 'विकास का युग' था। कृषि और व्यापार से राजस्व में वृद्धि लाने तथा बीमारी और दुर्भिक्ष से लोगों को बचाने के लिए नये पौधों से परिचित होना आवश्यक था और वनस्पतिशास्त्र इसमें भरपूर सहायता कर सकता था। भारत में ये लक्ष्य अपने सारे अंतर्निहित वाणिज्यिक स्वार्थों के बावजूद विदेशी शासन के मानवीय शक्ल में प्रकट होते थे और आरंभिक वानस्पतिक उद्यानों में मुनाफा और लोकोपकार का अद्भुत मिश्रण दिखलाई पड़ता था। पहला उद्यान कर्नल रॉबर्ट किड द्वारा 1786 में लाए गए प्रस्ताव के अनुरूप कलकत्ता (अब कोलकाता) में कायम किया गया। किड वानस्पतिक विज्ञान की अपेक्षा लाभाकांक्षी बागवानी की ओर अधिक प्रवृत्त था। उसने प्रस्ताव रखा कि मात्र जिज्ञासाजनक वस्तुओं के रूप में अथवा विलासिता की संतुष्टि के लिए सामान जुटाने के उद्देश्य से पौधों का संग्रह करने के बदले व्यावहारिक उद्देश्यों की पूर्ति के लिए उद्यान कायम किया जाना चाहिए। उसका मानना था कि साबूदाना और खजूर जैसे अन्य स्थानिक पौधों के आने से भारत में आहारप्रद पौधों की अल्पता दूर की जा सकेगी और वैसे दुर्भिक्षों से बचाव होगा जो हाल के दशकों में बंगाल को तबाह करते रहे हैं। (लगभग उसी समय दक्षिण भारत के दुर्भिक्ष ने रॉक्सबर्ग को सामलकोट में ऐसी ही सोच के लिए प्रेरित किया : इस प्रकार मध्य-उन्नीसवीं सदी के भारत में विज्ञान, प्रौद्योगिकी और आयुर्विज्ञान के पूर्ण विकास में दुर्भिक्ष का जो महत्त्व हो गया था, उससे आरंभ में वनस्पतिशास्त्र ने ही आगाह किया।) किड ने यह भी सुझाव दिया कि ऐसे समय में जब हॉलैंड और फ्रांस के साथ संघर्ष चल रहे हों, यदि ब्रिटेन डच सिलोन के एकाधिकार वाली दालचीनी समेत नील, कपास, तंबाकू, कॉफी और चाय की आपूर्ति स्वयं करे तो इससे उसे व्यापारिक लाभ होंगे। बंगाल में ऐसे पौधों के सफल प्रवेश और प्रसार से कंपनी को लाभ होगा और ब्रिटिश 'हमारे सारे प्रतिद्वंद्वियों को वैसे हर मूल्यवान उत्पादन में पछाड़ देगा जिसे प्रकृति ने धरती के इस भाग तक ही सीमित रखा है।' किड के इन आर्थिक तर्कों तथा वनस्पतिशास्त्र द्वारा व्यापार और 'सुधार' में योगदान की मुखर वकालत करने वाले सर जोसेफ बैंक्स के उत्साहपूर्ण समर्थन से प्रभावित होकर कोर्ट ऑफ़ डायरेक्टर्स ने 1787 में उसके प्रस्ताव को स्वीकृति दे दी।[84]

उसके बाद कलकत्ता (अब कोलकाता) में हुगली नदी के पार शिबपुर में किड के सपने के अनुसार उसी के अवैतनिक अधीक्षक में एक वनस्पतिक उद्यान बनना शुरू हुआ, लेकिन 1793 में उसकी मृत्यु होने तक यह योजना लड़खड़ाने लगी। उद्यान में दक्षिण-पूर्व एशिया तथा अन्य स्थानों से बड़ी संख्या में पौधे लाए गए, लेकिन इनमें से अधिकांश जिनमें चीन से लाए गए चाय के पौधे भी थे, कलकत्ता (अब कोलकाता) की गर्म और आर्द्र जलवायु में पनप नहीं सके। किड के बाद रॉक्सबर्ग के समय में आर्थिक वनस्पतिशास्त्र में लाभाकांक्षी संलग्नता बनी

रही और उसे विस्तार भी मिला (जैसा कि रॉक्सबर्ग के द्वारा उद्‌भिज तंतुओं के अनुसंधान से जाहिर होता है), किंतु उद्यान किड की अवधारणा से हटकर पौधों के संग्रह और वर्गीकरण के केंद्र बन गए और कंपनी के विज्ञान की कार्यसूची में भारतीय कृषि के व्यावहारिक विकास का मुद्दा दब-सा गया। रॉक्सबर्ग ने 'कोलकाता के उद्यान में शांत जीवन' बिताने तक अपने को सीमित कर लिया और नेपाल, असम और बर्मा में पौधा-संग्रह के 'अशांत जीवन' को ब्यूकानन और वालिच के लिए छोड़ दिया जिन्होंने 1813 में रॉक्सबर्ग की विदाई के बाद उद्यानों का प्रभार ग्रहण किया।[85]

वनस्पति-उद्यान के लिए कलकत्ता निश्चय ही सर्वाधिक ख्यात स्थान था, किंतु वह एकमात्र स्थल नहीं था। 1850 के दशक तक संपूर्ण भारत में ऐसे अनेक उद्यान फैल गए। इनमें अनेक प्रसिद्ध उद्यानों में एक था हिमालय के दक्षिणी छोर पर अवस्थित सहारनपुर का उद्यान। शल्य चिकित्सक जार्ज गोवन ने 1817 में सहारनपुर का नाम वैसे पौधों को उगाने के लिए उपयुक्त स्थान के रूप में प्रस्तावित किया जो कलकत्ता में नहीं उगाए जा सकते थे।[86] गोवन 1821 में चला गया किंतु पश्चवर्त्ती दशकों में चालीस एकड़ में फैला वह उद्यान चोटी के उद्यानों में एक हो गया। सहारनपुर के पौधों, जिनमें उत्तर भारत की नहरों के किनारे लगाए गए पेड़ भी शामिल थे, की बिक्री से खासी आमदनी हुई। 1823 से 1831 तक उद्यान के अधीक्षक के रूप में फ़ॉर्बिस रायली ने कपास, तंबाकू तथा दूसरे 'उपयोगी पौधों' के विशेष गुणों और वाणिज्यिक संभावनाओं पर अनुसंधान किए; चाय के पौधे सफलतापूर्वक लगाए गए, लेकिन सिंकोना (एक पेड़ जिसकी छाल से कुनैन बनती है) को सफलता नहीं मिली। रायली ने 'जनता के सुख-साधन के लिए' और 'एक विशाल साम्राज्य की अपेक्षाओं' को पूरा करने के लिए उद्‌भिज-उत्पादों और उनके महत्त्व की बात कंपनी के ज़ेहन में बैठाने की कोशिश की।[87] लंदन लौटने के बाद भी वह भारत की वनस्पतियों के आर्थिक पक्ष पर बल देता रहा। (अनेक अन्य शल्यचिकित्सक प्रकृतिवादियों की भाँति) वह इस बात से पूरी तरह वाक़िफ़ था कि विज्ञान किस प्रकार कंपनी की कृपा पर निर्भर था, लेकिन यह भी जानता था कि कृषि के विकास के मामलों में भी कंपनी किस कदर सुस्त थी।

बनस्पतिशास्त्र औपनिवेशिक विज्ञान की कुछ अन्य भूमिकाएँ भी उजागर करता है। 1790 के दशक में बैपटिस्ट मिशनरी (ईसाई धर्मप्रचारक) विलियम कैरी ने कलकत्ता के उत्तर सिरामपुर में 5 एकड़ भूमि पर उद्यान और वनस्पति संग्रहालय बनाए जिसमें उसने अन्य पौधों के अतिरिक्त हैजरो (घेरने के लिए झाड़ियों की पंक्ति) उगाने का प्रयास किया। यह उसे अपने मूल निवासस्थान नौर्थम्पटनशायर की याद दिलाता था। यह उसकी गृहस्मारी भावुकता से कुछ अधिक का ही संकेतक

था। कैरी के लिए वनस्पतिशास्त्र उसके अन्य समकालीन प्रकृतिवादियों की भाँति ईश्वर के हस्तशिल्प के अनुष्ठान जैसा था और जब उसने अपने मित्र रॉक्सबर्ग के 'फ़्लोरा इंडिका' का प्रकाशनार्थ संपादन किया तो उसके मुखपृष्ठ पर लिखा, 'हे प्रभु, तुम्हारे सारे कार्य तुम्हारा स्तुतिगान करते हैं।' किड की भाँति कैरी भी वनस्पतिशास्त्र के व्यावहारिक, 'विकासमान' पक्ष को महत्त्व देता था और 1820 में एग्रिकल्चरल सोसायटी ऑफ़ कलकत्ता की स्थापना में उसने महत्त्वपूर्ण भूमिका निभाई।[88] इसमें भी संदेह नहीं कि कंपनी के सेवाकर्मी भारतीय पेड़-पौधों के अध्ययन में और उनके घरों की शोभा बढ़ाने वाले रंगीन पट्टियों तथा चित्रांकनों में सौंदर्य बोधक रस लेते थे। स्पष्ट है कि वनस्पतिशास्त्र विज्ञान होने के साथ-साथ कला का भी एक रूप था। यह बात विष्णुप्रसाद और लक्ष्मण सिंह द्वारा निर्मित चित्रों से विशेष रूप से परिलक्षित होती है। उनके द्वारा होगसन, वालिच और रॉयली के लिए किए गए चित्रांकन पौधों की आधार-सामग्री को सुरक्षित रखने और प्रचारित करने के आवश्यक साधन होने के साथ-साथ भारतीय कलाकारों के आलंकारिक कौशल को उपयोग में लाने के साधन भी थे।

वनस्पतिशास्त्र का एक अन्य पक्ष था आयुर्विज्ञान के साथ इसका गहरा संबंध। औषधीय गुणों से संपन्न पौधों की पहचान और उनके विशेष गुणों की जानकारी लंबे समय तक चिकित्सीय शिक्षा का आवश्यक अंग बनी रही। यद्यपि यूरोप में वनस्पतिशास्त्र अठारहवीं सदी के मध्य तक बौद्धिक रूप से आयुर्विज्ञान से बहुत अंशों में स्वतंत्र हो चुका था, यह अभी भी कंपनी के शल्य-चिकित्सकों की शिक्षा का, विशेषकर एडिनबरा विश्वविद्यालय में शिक्षाप्राप्त लोगों के लिए, आवश्यक अंग था। रॉक्सबर्ग, ब्यूकानन और फॉकनर जैसे लोग इसी विश्वविद्यालय से निकले थे। आई.एच. बर्कहिल ने 1840 की अवधि तक कार्यरत बयालीस वनस्पतिशास्त्रियों में अट्ठाइस और सदी के उत्तरार्द्ध में कार्यरत वनस्पतिशास्त्रियों में लगभग एक चौथाई को शल्य-चिकित्सक के रूप में चिह्नित किया।[89] शल्य-चिकित्सकों का जंतु-विज्ञान में तो बोलबाला था ही, आरंभिक भारतीय भूगर्भशास्त्र और वन-विज्ञान में भी उनकी खासी पैठ थी। इससे कंपनी की चिकित्सा-सेवा वास्तव में सर्व उद्देश्यीय वैज्ञानिक अभिकरण बन गई और इसने लंबे अरसे तक अन्य, अधिक सुविज्ञ, निकायों की आवश्यकता महसूस नहीं होने दी। एक लंबे अंतराल के बाद 1890 में भारत में बॉटनिकल सर्वे तथा 1916 में उसके समकक्ष जंतु विज्ञान में संघटन स्थापित हुए।

भारत में वनस्पतिशास्त्र और आयुर्विज्ञान में निकट के संबंध तब और गहरे हुए जब भारतीय चिकित्सकों ने पौधों से प्राप्त औषधियों के नाम और विशेष गुण जानने की आवश्यकता महसूस की और आयातित दवाओं के स्थानीय अनुकल्प की खोज उन पर होने वाले व्यय को ध्यान में रखकर शुरू की।[90] इससे खगोलविज्ञान की भाँति वनस्पतिशास्त्र देशी ज्ञान से जुड़ गया, किंतु इसके प्रति संलग्नता

समालोचनात्मक और प्रशंसात्मक ही हो सकती थी। सहारनपुर में रॉयली पर एक बड़ी सैनिक चौकी की चिकित्सीय आवश्यकताओं और वनस्पति-उद्यान की जिम्मेदारी थी। उसने स्थानीय बाज़ारों में बिकने वाले औषधशास्त्र संबंधी वस्तुओं की व्यापक जाँच की और भारतीय आयुर्विज्ञान का मध्य पूर्व और यूरोप के आयुर्विज्ञान के साथ संबंध पर गहन विचार किया। आखिरकार उसने भारतीय औषध-विज्ञान के ग्रीक-अरबी उद्‌गम स्रोतों की आरंभिक मान्यता को ठुकरा कर यह निष्कर्ष निकाला कि भारतीय चिकित्सा-पद्धति अधिक पुरानी है।[91] उसका यह निष्कर्ष प्राच्यविद्या के अध्येताओं के लिए मूलसूत्र बन गया। अपने वानस्पतिक और चिकित्सीय उद्देश्यों की पूर्ति के लिए उसने कश्मीर का पर्यटन करने वाले सौदागरों से सहायता माँगी कि वे वापसी में उसके लिए बीज और पौधे लेते आएँ। सहारनपुर में उसने इन बीजों और पौधों में से कुछ की सफलतापूर्वक वंशवृद्धि की। अनुसंधानित पौधों में अनेक औषधीय महत्त्व के थे। रॉयली ने यह सुनिश्चित करने का प्रयास किया कि भारतीय चिकित्सक किन पौधों का उपयोग करते थे। उसने प्रत्येक प्रजाति के स्वरूप और विशेष गुणों का वर्णन वैज्ञानिक ढंग से किया। उसके इन प्रयासों के परिणाम 1839 में हिमालय की वनस्पतियों के अध्ययन के दौरान प्रकाशित हुए। चूँकि हिंदू औषध-विज्ञान अनेक शक्तिशाली दवाओं--एकोनाइट (मोहरी, वत्सनाभ), नक्स वोमिका (कुचला), क्रॉटन (जमालगोटा), इत्यादि--के लिए प्रसिद्ध था, अतः यह जानना आवश्यक था कि कौन पौधा क्या था, किसी पौधे के कौन-से अंग किस रोग में उपयोगी थे। दूसरे शब्दों में, संपूर्ण भारत में औषधीय गुणों से संपन्न पौधों का मानकित वर्गीकरण आवश्यक था।[92] भारत छोड़कर जब रॉयली लंदन लौटा तो वहाँ किंग्स कॉलेज में 1837 से 1856 तक मैटेरिया मेडिका (औषधशास्त्र) का प्रोफेसर रहा। फॉकनर की भाँति रॉयली कंपनी के उन अनेक शल्य-चिकित्सकों में एक था जिन्होंने बाद में ब्रिटेन में वैज्ञानिक अथवा शैक्षिक पेशा अपनाए और भारत में दिलचस्पी लेते रहने के साथ-साथ मेट्रोपोलिटन विज्ञान में महत्त्वपूर्ण योगदान किए।

उष्णकटिबंधी प्रदेशों में विज्ञान

ऐसे समय में जबकि प्राच्यशास्त्र के अध्येता भारत और यूरोप की भाषाओं, साहित्यों और धर्मों के बीच संबंधों की जाँच-परख कर रहे थे तो उस काल के विज्ञान शेष प्राकृतिक जगत की तुलना में भारत की सापेक्ष स्थिति निर्धारित करने के समानांतर प्रयत्न में लगे थे। एक तरह से यह सार्वभौमिकता की खोज-यात्रा थी। इसके तहत भारतीय स्तरित शैल-विज्ञान (स्ट्रैटिग्राफ़ि) अथवा पक्षी-विज्ञान के संबंध में प्राप्त जानकारी को जीवाश्म-संबंधी अभिलेख और भूगर्भीय निर्माण-कालों अथवा पक्षियों की प्रजातियों और उनके वर्गीकरण के उभरते वैश्विक ढाँचे में ढाला जा रहा था।

किंतु दूसरी ओर कंपनीकालीन वैज्ञानिक देशी ज्ञान से मुँह मोड़कर बड़े जोर-शोर से भारत के प्राकृतिक इतिहास और भौतिक पर्यावरण के रूपों और आसारों से सीधे तौर पर रू-ब-रू हो रहे थे। ऐसा करने में वे प्रकृति के सिर्फ उन्हीं पक्षों के अनुसंधान नहीं कर रहे थे जो भारत को यूरोप के अधिक परिचित वैज्ञानिक प्रभाव-क्षेत्र से जोड़ते थे, बल्कि उन मक्षों की भी छानबीन कर रहे थे जो मूलतः उष्णकटिबंधी भारत को अधिक शीतोष्ण कटिबंध वाले प्रदेशों से अलग करते प्रतीत होते थे। इस अनुसंधोन ने भारत में औपनिवेशिक विज्ञान के केंद्रीय प्रतिमानों में उष्ण कटिबंधता को एक प्रतिमान के रूप में (और उष्णकटिबंधी पौधों, पशुओं और बीमारियों के अनुसंधान के लिए भारत को प्रधान स्थलों में से एक मुख्य स्थल के रूप में) स्थापित कर दिया। इसके साथ ही इसने औपनिवेशिक विज्ञान के बाह्य, निर्णयात्मक स्वरूप के साथ-साथ भारतीय समाज और संस्कृति के प्रति औपनिवेशिक अभिवृत्ति को विज्ञान द्वारा अनुप्राणित किए जाने के तरीके पर भी विशेष जोर दिया।

पश्चिम द्वारा पृथ्वी के उष्ण बनाम शीतोष्ण कटिबंधों के निर्धारण का इतिहास नया नहीं है। इसका उद्भव यूरोप द्वारा जल-मार्ग से की गई आरंभिक खोज-यात्राओं में ढूँढ़ा जा सकता है। सत्रहवीं और अठारहवीं सदियों में वेस्टइंडीज़ और अमेरिकी महाद्वीप की निम्न भूमि वाले क्षेत्रों में गोरों के उपनिवेश स्थापित करने में मिली प्रत्यक्ष असफलता ने इसे और भी दृढ़ किया। विश्वास किया जाने लगा कि जलवायु और बीमारी के मद्देनजर ऐसे क्षेत्र अफ्रीकी गुलामों और बाग़ानों के लिए तो उपयुक्त हैं, किंतु यूरोपीय लोगों के बसने लायक बिल्कुल नहीं है। अठारहवीं सदी के मध्य तक जब यूरोपीय राष्ट्रों की आपसी प्रतिद्वंद्विता बहुत बढ़ गई तो प्राकृतिक इतिहास, स्थलाकृति-विज्ञान और विशेषकर आयुर्विज्ञान में विपुल साहित्य की रचना हुई जिसमें वेस्टइंडीज को यूरोप के शीतोष्ण देशों के लोगों के लिए संकटप्रद पर्यावरण वाले प्रदेश के रूप में चित्रित किया गया। यहीं से उष्णकटिबंधी 'परायापन' की अवधारणा धीरे-धीरे पूरे विश्व में फैल गई। आरंभ में भारत इस कटिबंधीय प्रतिमान से बाहर जान पड़ता था। जब 1770 में बंगाल के भीषण अकाल में लगभग एक करोड़ लोग मौत के शिकार हो गए तो माना गया कि भारत एक ऐसा देश है जहाँ मौत और बीमारी का तांडव होता रहता है। उन्नीसवीं सदी में, विशेषकर 1860 के बाद व्यापक दुर्भिक्ष और महामारियों से होने वाली मृत्यु-दर से भारत की ऐसी छवि और भी दृढ़ हुई।[93] भारत में बार-बार के सुखाड़ और अकाल से उष्णकटिबंधी उर्वरता और प्राकृतिक प्रचुरता की अवधारणा खंडित होती थी और मालाबार तथा आसाम को छोड़कर भारत के बदले श्रीलंका और मलाया द्वीप-समूह पर अधिक सटीक बैठती थी। तथापि, उन्नीसवीं सदी के तीसरे-चौथे दशक तक भारत के वानस्पतिक, चिकित्सीय और भूगर्भशास्त्रीय ग्रंथों में भी 'उष्णकटिबंधी' पद का अधिकाधिक होने

लगा क्योंकि तब तक भारतीय सभ्यता का मूल्यांकन निषेधात्मक हो चला था और इस देश को निष्ठुर और उच्छृंखल प्रकृति का क्रीड़ास्थल माना जाने लगा था।[94] भारत के वानस्पतिक-उद्यानों का सर्जन और अकाल के साथ उनका संयोजन इस बात का संकेत था कि भारत की आबादी बाहरी मदद के अभाव में जीविका-निर्वाह का समुचित स्तर बनाए रखने में असमर्थ थी और उसे त्राण दिलाने के लिए यूरोपीय वैज्ञानिक ज्ञान और प्रौद्योगिक दक्षता का उपयोग आवश्यक था।

यह भारत का निषेधात्मक चित्रण था और यह किंचित विरोधाभासी जान पड़ता था कि यह चित्रण भारत की उष्णकटिबंधी कृषि का यूरोप के लिए जो महत्त्व था उसमें बढ़ती वाणिज्यिक और वानस्पतिक अभिरुचियों के साथ घुल-मिल गया था।

जिन दिनों किड कलकत्ते में उद्यान का प्रस्ताव रख रहा था, लगभग उसी समय रॉयल सोसायटी के अध्यक्ष और ईस्ट इंडिया कंपनी के लंदन स्थित वैज्ञानिक सलाहकार बैंक्स ने कोर्ट ऑफ़ डायरेक्टर्स को सुझाव दिया कि वह भारत के नए अधिगृहीत भूभागों को उष्णकटिबंधी अधीन-क्षेत्र के रूप में विकसित करे। बैंक्स ने ऐसी फसलों के प्रचलन और विस्तारण का सुझाव दिया जो यूरोप में उगाए नहीं जा सकते थे, किंतु जो ब्रिटिश व्यापार और वस्तु-निर्माण की दृष्टि से बड़े भारी महत्त्व के थे। इनमें चीनी, कपास, किरमिज (कोचिनील), नील जैसी फसलें प्रमुख थीं। भारत का आकार, इसके उत्पादों की विविधता, इसकी मिट्टी और जलवायु की भिन्नताएँ, इसके श्रम का प्राचुर्य—ये सारे कारक भारत को एक आदर्श किंतु अंशतः प्रयुक्त भूसंपदा का रूप देते थे और यह भूसंपदा ब्रिटिश कृषि और उद्योग में भारी सहायता कर सकती थी। इस भूमिका में भारत कम समय में ही वेस्टइंडीज़ से आगे निकल सकता था।[95] 1788 में बैंक्स ने पूर्वानुमान किया कि बंगाल और भूटान के बीच का क्षेत्र चाय के उत्पादन के लिए अत्यंत उपयुक्त हो सकता है। भारत की उष्णकटिबंधता संबंधी चर्चाओं में उसने इंगित किया कि यह ऐसा क्षेत्र है जहाँ 'आप कुछ ही दिनों में उष्णकटिबंधी गरमी और उसके फलस्वरूप उष्ण-कटिबंधीय उत्पादनों से यूरोप सदृश जलवायु पा सकते हैं।'[96]

उष्णकटिबंधीय भारत की अवधारणा को औपनिवेशिक संभाषणों में मान्यता दिलाने में आयुर्विज्ञान के साथ-साथ वनस्पतिशास्त्र भी एक मुख्य माध्यम था। 1829 में ही एग्रिकल्चर सोसायटी ऑफ कलकत्ता ने अपना मुख्य लक्ष्य रखा था 'अन्य उष्णकटिबंधीय मुल्कों, ख़ास कर अमेरिका और वेस्टइंडीज़ से' पौधे लाना।[97] सहारनपुर उद्यान में रॉयली ने वैसा ही काम करने का निश्चय किया। अपने अनेक समकालीनों की भाँति उसने जर्मन प्रकृतिवादी अलैक्जेंडर वॉन हम्बोल्त की रचना की भूरि-भूरि प्रशंसा की और अपने हिमालयी वनस्पतियों के विवरण में 'यशस्वी हम्बोल्त' का बार-बार उल्लेख किया। वास्तव में रॉयली अनेक मामलों में 'हम्बोल्तियन विज्ञान'

का लघु संस्करण था।[98] न तो हम्बोल्त की भाँति उसके पास उपकरणों, मापन और मानचित्रण के मार्गदर्शक प्रयोग उपलब्ध थे और न वह भूदृश्य तथा वनस्पति जगत की आध्यात्मिक अनुभूति और सौंदर्यबोधक आनंद के प्रति हम्बोल्त के रूमानी उत्साह की बराबरी कर सकता था। वह उतना बड़ा पर्यटक भी नहीं था। हिमालयी क्षेत्र के संबंध में उसकी अधिकांश जानकारी विलक्षण रूप से सुनी-सुनाई बातों पर आधारित थी लेकिन हम्बोल्त द्वारा दक्षिण अमेरिका के वर्णन से उत्साहित होकर रॉयली ने एंडीज के जलवायु और पेड़;पौधों पर उत्थापन (एलिवेशन) और अवस्थिति (ऐस्पेक्ट) के प्रभाव का सादृश्य हिमालयी जलवायु और पेड़-पौधों के साथ दिखलाने का प्रयास किया और उष्ण, शीतोष्ण तथा पर्वतीय क्षेत्रों से संपन्न भारत की अवधारणा को विकसित करते हुए इसे महान व्यावहारिक महत्त्व का माना। एक ओर अगर कलकत्ता का वनस्पति-उद्यान उष्णकटिबंधीय प्रदेशों में भारत को सांस्थानिक रूप देता था और ऐसे पौधों के उदाहरण प्रस्तुत करता था जो उष्णकटिबंधी अमेरिका, अफ्रीका और दक्षिण-पूर्व एशिया से आयातित और देशानुकूलित किए जाते थे, तो दूसरी ओर समुद्रतल से एक हजार फीट की ऊँचाई पर हिमालय की तराई में अवस्थित सहारनपुर शीतोष्ण जलवायु को प्रतिबिंबित करता था। कुछ उष्णकटिबंधी पौधे वहाँ उगाए जा सकते थे, लेकिन कोई व्यक्ति हिमालय की तराइयों और घाटियों में जितना ही ऊपर जाता था उतना ही वह एंडिज की भाँति उष्ण से समशीतोष्ण की ओर बढ़ता था और अंत में पर्वतीय वनस्पतियों तक पहुँच जाता था। इस दृष्टि से शायद ही कोई ऐसा उष्णकटिबंधी या शीतोष्ण कटिबंधी 'उपयोगी' पौधा था जो भारत में कहीं-न-कहीं नहीं उपजाया जा सकता था।

उष्ण और शीतोष्ण दक्षिण एशिया के बीच प्रत्यक्ष रूप से बढ़ते विभाजन को इस बात से और बल मिला कि आरंभिक उन्नीसवीं सदी के वनस्पतिशास्त्री या तो उष्णकटिबंधी पौधों की बहुलता और विविधता में रुचि रखते थे--जैसा कि उत्तर-पूर्व भारत और मालाबार के उदाहरण से जाहिर होता है—अथवा हिमालय और नीलगिरि के शीतोष्ण जलवायु में पाए जाने वाले पौधों में। इन दोनों भूभागों के बीच कृषि वाले समतल मैदानों में उन्हें कोई अभिरुचि नहीं थी। रॉयली तथा उसके अनेक समकालीनों को हिमालय विशेष रूप से आकृष्ट करता था और यहाँ विज्ञान और भावना एक हो जाते थे। पर्वतश्रेणी दक्षिण एशिया और यूरोप की भाषाओं और प्रजातियों की बीच सेतु का काम तो करती ही थी, वह यूरोप और पश्चिम एशिया के पड़े-पौधों और जीव-जंतुओं तथा दक्षिण-पूर्व एशिया और चीन के पेड़-पौधों और जीव-जंतुओं की मिलन-स्थली भी थी। हिमालय-प्रदेश प्रकृतिवादियों को अनेक यूरोपवासियों की भाँति पराए, गरम समतल मैदानों की तुलना में आध्यात्मिक घर-वापसी जैसा जान पड़ता था। रॉयली ने स्थिति को स्पष्ट करते हुए कहा है कि भारत जैसे 'उष्णकटिबंधी देश' में आकर कोई यूरोपवासी 'इसकी, वनस्पति

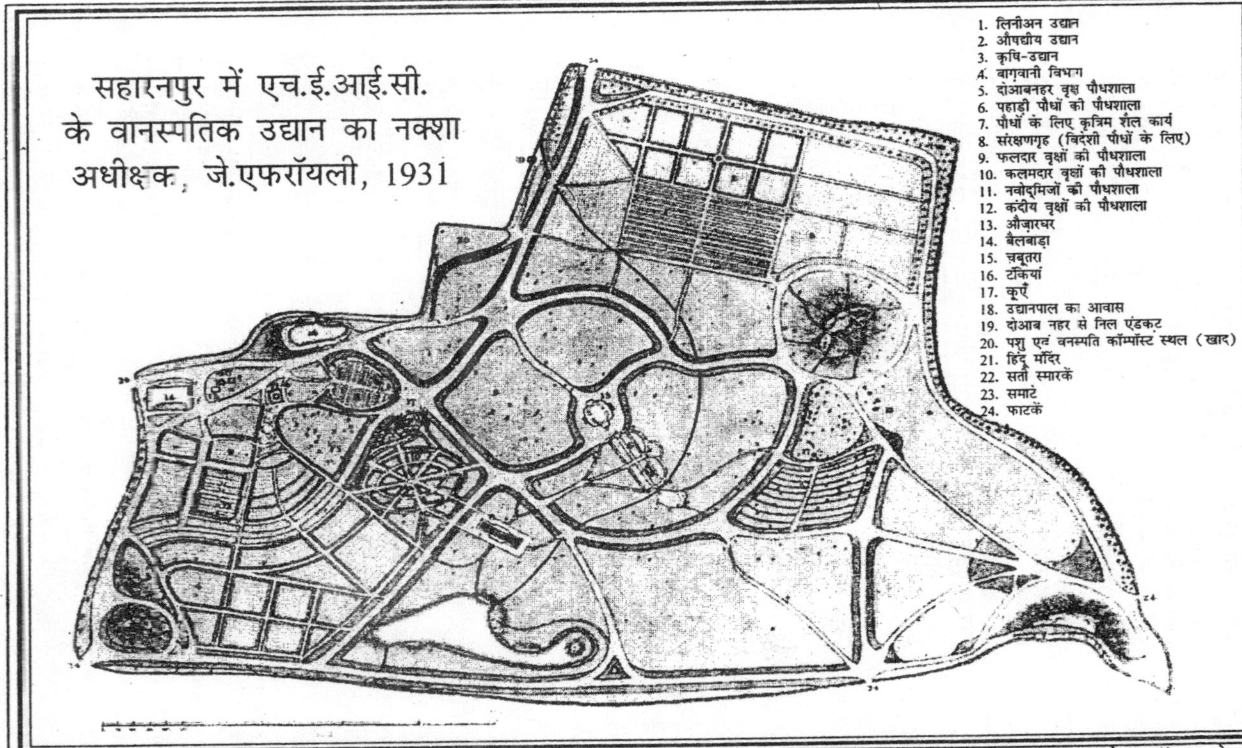

सहारनपुर में एच.ई.आई.सी. के वानस्पतिक उद्यान का खाका, 1831। जे. फॉर्बिस रायलीकृत 'इलसट्रेशंस ऑफ द बॉटनि एंड अदर ब्रांजेज़ ऑफ द नेशनल हिस्ट्री ऑफ द हिमालयन-माउंटेंस एंड ऑफ द फ्लोरा ऑफ कश्मीर' (हिमालय पर्वतमाला और कश्मीर के पेड़-पौधों के राष्ट्रीय इतिहास के वनस्पति विज्ञान और अन्य शाखाओं के निर्देशन) से। 11, लंदन, 1839, 10 और 11, पहियों के बीच का मानचित्र। वेलकॉम इंस्टिट्यूट ट्रस्ट, लंदन के सौजन्य से।

की असाधारण विलक्षणताओं पर मुग्ध हो जाता था। परंतु कुछ दिनों तक यहाँ रहने के बाद उसकी आनंदानुभूति मंद पड़ जाती थी और उसका ध्यान सिर्फ उसी आकृति वाले पौधे तुरत आकृष्ट करते थे जिनसे वह युवावस्था में परिचित रहा था और जो शीतोष्ण जलवायु में पाए जाने वाले अपेक्षाकृत अधिक सामान्य और हरे-भरे किंतु सुंदर किस्म के पेड़-पौधे होते हैं।' हिमालय की तराइयों में ऊर्ध्वगमन के बाद 'भारत के पौधे अदृश्य हो जाते हैं और यूरोपीय जाति के पेड़-पौधों की बढ़ती संख्या और विविधता से मन आह्लादित हो उठता है।' आरंभ में समतल मैदान के छोर पर कुछेक ऐसे पौधे उगने की प्रक्रिया में दीख पड़े जो अधिक शीतोष्ण जलवायु में पूर्णरूप से विकसित हो सकते थे किंतु जब हम काफी ऊँचाई पर चले जाते हैं तो उष्णकटिबंधी वनस्पति के नामोनिशान मिट जाते हैं और हम चीड़ों, बलूतों और ऊँचे-ऊँचे रोडॅड्रेंड्रन (बड़े-बड़े फूलों वाले सदाबहार गुल्म) से भरे ऐसे जंगल में प्रवेश करते हैं जहाँ सिर्फ यूरोपीय शक्ल वाले पेड़-पौधे ही पहचान में आते हैं।[99]

अधिक गर्म भीतरी भाग और शीतोष्ण किनारों वाले देश के रूप में भारत के वैज्ञानिक निरूपण को 1840 के दशक में हूकर द्वारा आधिकारिक स्वीकृति मिली। वह इसके पूर्व दक्षिणी ध्रुव-प्रदेश और न्यूज़ीलैंड की यात्राएँ कर चुका था। इससे उसके मन में उष्णकटिबंध वाले प्रदेशों के बारे में तदनुकूल जानकारी पाने की लालसा पैदा हुई। आरंभ में भारत ने उसे निराश किया। बंगाल की वनस्पति उसके हम्बोल्तियन जोश को संतुष्ट करने लायक पर्याप्त उष्णकटिबंधी नहीं थी। उसे प्रत्याशित 'उष्णकटिबंधी अत्युर्वरता' तभी मिली जब उसने हिमालय की तराइयों में यात्रा की। किंतु वह अधिक उत्साहित ऊँचे स्थानों पर पाए जाने वाली वनस्पतियों से हुआ। बनफ़शा, स्ट्राबेरी, चीड़ और भूर्ज देखकर हूकर को [illegible] इंग्लैंड की याद ताजा हो उठी : कुछ फूल 'इस कदर यूरोपीय वसंत के अग्रदूत के रूप में ख्यात हैं कि उनकी उपस्थिति घर की याद दिलाती है'। हूकर ने दार्जिलिंग को आरोग्याश्रम के लिए आदर्श स्थल घोषित किया, एक ऐसा स्थान जहाँ मैदानों में 'रुग्ण, पांडुवर्ण और विषण्ण' बने यूरोपीय बच्चे तेज़ी से तगड़े स्वास्थ्य और सक्रियता के प्रतिमान बन सकें।[100] वह हिमालय के ऊँचे नीड़ से भारत के प्राकृतिक इतिहास का अध्ययन करने के लिए दार्जिलिंग में, जिसे भारत के पहाड़ी सैरगाहों में वैज्ञानिक संस्थानों की स्थापना का पूर्व उदाहरण माना जा सकता है, अपने मेजबान हॉगसन के साथ रहने लगा।

प्राच्यशास्त्रीय पांडित्य और पर्यावरण तथा प्राकृतिक इतिहास का उष्ण शीतोष्ण प्रतिमान आवश्यक रूप से परस्पर असंगत अन्वेषण नहीं थे; अनेक रूपों में वे एक ही गवेषणात्मक, लाभाकांक्षी, समाकलनवादी कार्यावली के अंग थे। प्राच्यशास्त्री जोंस और आर्थिक वनस्पतिशास्त्री बैंक्स साम्राज्य और 'विकास' के प्रति बहुत अंशों

में एक जैसी मनोवृत्ति के भागीदार थे। संस्कृत के सम्यक् ज्ञान के बगैर रॉयली ने 'हिंदू आयुर्विज्ञान' की प्राचीनता प्रमाणित करते हुए एक बीजगर्भित ग्रंथ की रचना की; उसने शल्य-चिकित्सक वनस्पतिशास्त्री के रूप में भारत की शीतोष्ण और उष्णकटिबंधी कृषि की भी प्रशंसा की। सहारनपुर का वह स्थल जहाँ कभी रोहिल्ला सरदारों की आनंद-वाटिका थी, सती स्मारकों, चीनी चाय झाड़ों और लिनीयस के उद्यान जैसी विविधता के कारण कंपनी के विज्ञान की बहुग्रहणशीलता (इक्लेक्टिसिज़्म) संकेतित होती थी। लेकिन भूगर्भशास्त्र और जंतु-विज्ञान की भाँति वनस्पतिशास्त्र के अन्वेषणों के फलस्वरूप विज्ञान संस्कृत के मूलग्रंथों से दूर होता गया और उसके बदले भारत के सुदूरतर भागों के निवासियों, भूमि सुधारों और प्राकृतिक इतिहास से जुड़ता गया। जैसा कि अवध के मामले में उसके समामेलन के पूर्व उजागर हुआ था, भारत जहाँ अपने विपुल प्राकृतिक संसाधनों के कारण भारी आकर्षण पैदा करता था वहीं इसके दुर्बल और पतोन्मुख शासकों की ख़ामियाँ बिल्कुल साफ ज़ाहिर होती थीं। अतः विज्ञान के साथ कंपनी के अपने संबंध में अस्पष्टता के बावजूद औपनिवेशिक विशिष्टवर्ग की वैश्विक सांस्कृतिक दृष्टि के एक अंग के रूप में पाश्चात्य विज्ञान इन दोनों पक्षों को एक साथ ध्यान में रखते हुए भारत के संबंध में ब्रिटिश समझ का निर्माण करता रहा।[101] जोंस और आरंभिक प्राच्यशास्त्री भारत को एक प्राचीन, यद्यपि क्षयग्रस्त, सभ्यता वाले देश के रूप में ग्रीस और रोम के तुल्य देखते थे, किंतु बाद की पीढ़ी के वैज्ञानिक या तो प्राकृतिक जगत के स्वतंत्र निरीक्षण की ओर मुड़ गए अथवा प्रकृति ने जिस निष्ठुरता के साथ आधुनिक विज्ञान और प्रौद्योगिकी से रहित प्रजातियों पर शासन किया था उस पर विचार करने लगे। ऐसी स्थिति में प्रमाणित करने की जरूरत नहीं रही कि उनके बिना उष्णकटिबंध वाले प्रदेशों में टिकाऊ सभ्यता, स्थायी 'विकास' संभव नहीं था।

संदर्भ

1. पुस्तक के अंत में दी गई ग्रंथ-सूची की टिप्पणी देखें।
2. जीन थिऑडॉराइडिज, 'हम्बोल्त एंड इंग्लैंड', ब्रिटिश जॅर्नल फ़ॉर द हिस्ट्री ऑफ साइंस, 3 (1966), पृ. 43-4।
3. हूकर के अतिरिक्त डार्विन को भारत के संबंध में सूचना देने वालों में कंपनी के तीन शल्य-चिकित्सक (जे.जी. माल्कॉम्सन, जे. फार्बीस रॉयली और ह्यू फ़ाकनर), मद्रास का एक नागरिक सेवक बालटर इलिअट और एशियाटिक सोसायटी के संग्रहालय के अधीक्षक एडवर्ड ब्लीथ शामिल थे : फ्रेटरिक बर्खार्त एंड सिडनी स्मिथ (संस्करण, 'द कॉरिस्पॉन्डेंस ऑफ़ चार्ल्स डार्विन', खण्ड II-VII (कैंब्रिज, 1986-91)।
4. रेडेसमॉन्ड 'द यूरोपियन डिस्कॅवरी ऑफ़ द इंडियन फ़्लोरा' (ऑक्सफोर्ड, 1992), पृ. 47-50; साइमन स्कैफ़र, 'विज़न ऑफ़ एंपायर : आफ्टरवर्ड', डैविड फिलिप मिलर

एंड पीटर हैंसरील (संस्करण), 'विज़ंस ऑफ़ एंपायर, वाइजेज़, बॉटनी एंड रिप्रेजेंटेशंस ऑफ़ नेचर' (कैंब्रिज, 1996), पृ. 343।

5. जैक मॉरील एंड आर्नोल्ड ठाकरे, 'जेंट्लमेन ऑफ़ साइंस : अर्लि इयर्स ऑफ़ द ब्रिटिश एसोसिएशन फ़ॉर द एडवांसमेंट ऑफ़ साइंस' (ऑक्सफॉर्ड, 1981), पृ. 352।
6. लिऑनर्ड हक्सले, 'लाइफ़ एंड लेटर्ज ऑफ़ सर जोसेफ डालटन हूकर', I (लंदन, 1918), पृ. 358, मारिका विक्ज़िअनी, 'एंपीरियलिज़्म, बॉटनी एंड स्टैटिस्टिक्स इन अर्लि नाइटींथ-सेंचुरी इंडिया : द सर्वेज़ ऑफ़ फ्रांसिस ब्यूकानन (1762-1829)', मॉडर्न एशियन स्टडीज़, 20 (1986), पृ. 626, नोट 5।
7. डेसमॅन्ड, 'डिस्कॅवरी', पृ. V।
8. टी.जे. न्यूबॉल्ड, 'समरी ऑफ़ द जिअलॉजि ऑफ़ साउदर्न इंडिया', जॅर्नल ऑफ़ द रॉयल एशियाटिक सोसायटी, 12 (1850), पृ. 95; मिल्ड्रेड आर्चर, इंडिया एंड नेचुरल हिस्ट्री, द रोल ऑफ़ द ईस्ट इंडिया कंपनी, 1785-1858, 'हिस्ट्री टुडे' (नवंबर 1959), पृ. 736।
9. दीपक कुमार, 'साइंस एंड द राज, 1857-1905 (देल्ही, 1995), पृ. 70; विक्ज़िअनी, एंपीरियलिज्म', पृ. 627-38।
10. ए.पी. होव, 'टूर्स फ़ॉर साइंटिफ़िक एंड इकॅनॅमिकल रिसर्च मेड इन गुज़रात, काठियावाड़, एंड द कोंकणस, इन 1787-88' (बंबई, 1855)।
11. कुमार, 'साइंस', पृ. 33; पीटर रॉब्ब, 'कॅम्प्लीटिंग 'ऑवर स्टॉक ऑफ़ जिऑग्रेफ़ि' अथवा एन ऑब्जेक्ट 'स्टिलमोर सब्लाइम' : कॉलिन मैकेंजीस सर्वे ऑफ़ मैसूर, 1799-1810,' जॅर्नल ऑफ़ द रॉयल एशियाटिक सोसायटी, 8 (1998), पृ. 181-206।
12. फ्रांसिस ब्यूकानन, 'एन एकाउंट ऑफ़ द डिस्ट्रिक्ट्स ऑफ़ बिहार एंड पटना इन 1811-12' (पटना, 1934), पृ. i-iv।
13. विक्ज़िअनी 'एंपीरियलिज़्म' पृ. 643-4, 648-9।
14. माइकेल फ़ॉकोल्ट 'गवर्न्मेंटलिटि', ग्राहम बर्चेल, कॉलिनगॅरडॅन एंड पीटर मिलर (संस्करण), 'द फॉकोल्ट इफ़ेक्ट' (शिकागो, 1991), पृ. 93; फ्रसिस ब्यूकानन, 'जॅर्नी फ्रॉम मद्रास थ्रू द कंट्रीज़ ऑफ़ मैसूर, केनरा एंड मालाबार' (लंदन, 1807) I, पृ. 126, 170; II, पृ. 24, 166-7। ब्यूकानन के स्वदेश में इन अवधारणाओं के बीच तनाव के लिए देखें, पीटर वुमैक, 'इंप्रूवमेंट एंड रोमांस : कॅन्स्ट्रक्टिंग द मिथ ऑफ द हाईलैंड्स' (वाशिंगस्टॉक, 1989)।
15. राजेंद्रलाल मित्रा, 'हिस्ट्री ऑफ़ द सोसायटी', 'सेंटेनरी रिव्यू ऑफ़ द एशियाटिक सोसायटी ऑफ़ बंगाल फ्रॉम 1784 टु 1883' (कलकत्ता, 1885), पृ. 18।
16. कुमार 'साइंस', पृ. 66।
17. विलियम विल्सन हंटर, 'लाइफ़ ऑफ़ ब्रियान ह्यूगटन हॉगसन' (लंदन, 1896)।
18. मॉरील एंड ठाकरे, 'जेंट्लमेन', पृ. 502-3।
19. एच.जे.सी. लार्वूड, 'वेस्टर्न साइंस इन इंडिया बिफ़ोर 1850' जॅनरल ऑफ़ द रॉयल एशियाटिक सोसायटी, भाग 2 (1962), पृ. 76; तुलना करें, सतपाल संगवाँ 'फ्रॉम जेंटलमेन

ऐमूचुअर्स टु प्रोफेसनल्स : रिअसेसिंग द नेचुरल साइंस ट्रैडिशन इन कॉलॉनियल इंडिया, 1780-1840', रिचर्ड एच. ग्रोव, विनीता दामोदरन एंड सतपाल संगवाँ संस्करण, 'नेचर एंड द ओरिएंट : द इनूवाइरॅन्मेंटल हिस्ट्री ऑफ़ साउथ एंड साउथ ईस्ट एशिया' (देलही, 1998), पृ. 210-36।

20. जेम्स फ्रैंक्लिन, 'ऑन द जिअॅलॅजि ऑफ़ ए पोर्शन ऑफ़ बुंदेलखंड, बोघेलखंड एंड द डिस्ट्रिक्ट्स ऑफ़ सागर एंड जबलपुर, एशियाटिक रिसर्चेज', 18 (1833), पृ. 23-46; जेम्स हार्डी, 'रिमार्क्स ऑन द जिअॅलॅजि ऑफ़ द कंट्री', वही, पृ. 82-99।
21. ई.डब्ल्यू.सी. सैंडिज, 'द मिलिटरि एंजिनिअर इन इंडिया', II (चैथम, 1935), पृ. 275-7।
22. होरेस बी. वूडवर्ड, 'द हिस्ट्री ऑफ़ द जिअॅलॅजिकल सोसायटी ऑफ़ लंदन' (लंदन, 1907), पृ. 128-9,199; मैथ्यू एच. एडनी, 'मैपिंग एन एंपायर : द जिऑग्रैफ़िकल कॅन्स्ट्रक्शन ऑफ़ ब्रिटिश इंडिया, 1765-1843' (शिकागो, 1997), पृ. 147।
23. एंड्रू ग्राउट, 'जिअॅलॅजि एंड इंडिया, 1770-1851 : ए स्टडी इन द मेथॅड्स एंड मॅटिवेशंस ऑफ़ ए कॉलॉनियल साइंस', पी-एच.डी., यूनिवर्सिटी ऑफ़ लंदन, 1995, पृ. 83।
24. पी.एन. बोस, 'नेचुरल साइंस' 'संटेनरी रिव्यू' में पृ. 61।
25. हूकर टु डार्विन, 25 मार्च, 1846, बर्खार्त एंड स्मिथ (संस्करण), 'कॅरेसॉन्डेंस' III, पृ. 305; हूकर टु डार्विन, 13 ॲक्टोबर 1848, 'कॅरेसॅपन्डेंस', IV, पृ. 172।
26. फ्रैंक्लिन, 'जिअॅलॅजि', पृ. 37।
27. 'वर्क्स ऑन द हिमालयाज़', कलकत्ता रिव्यू, 4 (1845), पृ. 163-5।
28. सतपाल संगवाँ, 'रिऑर्डरिंग द अर्थ : द इमरजेंस ऑफ़ जिअॅलॅजि ऐज़ ए साइंटिफ़िक, डिसिपिलन इन कॉलॉनियल इंडिया', इंडियन इकॉनॉमिक एंड सोशल हिस्ट्री रिव्यू, 31 (1994), पृ. 305।
29. ओ.पी. केजरीवाल, 'द एशियाटिक सोसायटी ऑफ़ बंगाल एंड द डिस्कॅवरी ऑफ़ इंडियास पास्ट, 1784-1838' (दिल्ली, 1988)।
30. 'इंट्रोडक्शन' एशियाटिक रिसर्चेज़, 18 (1833), पृ. I
31. ए. नीलमेधन, 'डेवलपमेंट ऑफ़ मेडिकल सोसायटीज़ एंड मेडिकल पीरियॅडिकल्स इन इंडिया, 1780-1920' (कलकत्ता, 1963)।
32. बी.वी. सुब्बारायप्पा, 'वेस्टर्न साइंस इन इंडिया अप टु द एंड ऑफ़ द नाइंटींथ सेंचुरी ए.डी.,' डी.एम. बोस, एस.एन. सेन, एंड बी.वी. सुब्बारायप्पा (संस्करण) 'ए कॅन्साइज़ हिस्ट्री ऑफ साइंस इन इंडिया' (नई दिल्ली, 1971), पृ. 128-9।
33. बर्खार्त एंड स्मिथ (एडिशंस) 'कॅरेसॅपन्डेंस', V, पृ. 392, 401।
34. तुलना करें, जॉन ज़िमॅन, 'द फोर्स ऑफ़ नॉलिज : द साइंटिफ़िक डायमेंशन ऑफ़ सोसायटी' (लंदन, 1976), पृ. 97-99।
35. 'एनेलाइज़ेज़ ऑफ बुक्स', 'ग्लीनिंग्स' I (1829), पृ. 211।
36. सुब्बारायप्पा, 'साइंस', पृ. 500 इस काल में वैज्ञानिक प्रकाशनों के स्वरूप और महत्त्व के विशेष विवेचन के लिए ग्राउट की 'जिअॅलॅजि एंड इंडिया', पृ. 87-104 देखें।
37. कलकत्ता जॅर्नल ऑफ़ नेचुरल हिस्ट्री, I (1840), पृ. 1।

38. वही, पृ. 8।
39. मोरेल एंड ठाकरे, 'जेंट्लमेन', पृ. 22-31।
40. एडनी, 'मैपिंग', पृ. 33।
41. एशियाटिक रिसर्चेज़, 18 (1833), पृ. ii
42. कलकत्ता रिव्यू, I (1844), पृ. ii
43. जॉन रोसेल्ली, 'लॉर्ड विलियम बेंटिंक : द मेकिंग ऑफ़ ए लिबरल एंपेरियलिस्ट, 1774-1839' (लंदन, 1974), पृ. 220।
44. आर. स्कॉट, 'हिस्ट्री ऑफ़ द सोसायटी', जॅर्नल ऑफ़ द बंबई ब्रांच ऑफ द रॉयल एशियाटिक सोसायटी सेंटेनरी मेमोरियल वॉल्यूम (बंबई, 1905), पृं. 17, 23।
45. रोज़ालिंड ओ'हेन्लॉन, 'कास्ट, कॅनूफ्लिक्ट एंड आइडिअॅलॉजि : महात्मा ज्योतिराव फुले एंड लो कास्ट प्रोटेस्ट इन नाइंटींथ सेंचुरी वेस्टर्न इंडिया' (कैम्ब्रिज, 1985), पृ. 90-92।
46. जिम मैसिलॅस, 'द डिस्कोर्स फ्रॉम द अदर साइड : परसेप्शंस ऑफ़ साइंस एंड टेक्नॅलॅजि इन वेस्टर्न इंडिया इन द नाइंटींथ सेंचुरी', अमेरिकन एशियन स्टडीज़ असोसिएशन के 1987 के वार्षिक सम्मेलन में प्रस्तुत निबंध।
47. सी.ए. बेली, 'एंपायर एंड इनूफॅर्मेशन : इंटेलिजेंस गेदरिंग एंड सोशल, कॅम्युनिकेशंस इन इंडिया, 1780-1870,' (कैंब्रिज, 1996), पृ. 179।
48. वही, पृ. 314।
49. मित्रा, 'हिस्ट्री', पृ. 4-5।
50. टॉमस आर. ट्राउटमैन, 'आर्यन्स एंड ब्रिटिश इंडिया' (बर्कले, सी.ए, 1997)।
51. जॉन गैसकॉने, 'जोसेफ बैंक्स एंड द इंग्लिश इनूलाइटेनमेंट : यूज़फुल नॉलिज एंड पोलाइट कल्चर' (कैंब्रिज, 1994), पृ. 119-83।
52. ट्राउटमैन, 'आर्यंस', पृ. 60।
53. सर रोबर्ट बार्कर, 'एन एकाउंट ऑफ द ब्रामिंस ऑब्जर्वेटरी एट बनारस' (लंदन, 1777)।
54. एस.एम. रज़ाउल्ला अंसारी, 'द इस्टेब्लिशमेंट ऑफ़ ऑब्जर्वेटरीज़ एंड द सोसियो-इकॉनॉमिक कंडिशंस ऑफ़ साइंटिफ़िक वर्क्स इन नाइंटींथ सेंचुरी इंडिया', इंडियन जॅर्नल ऑफ़ हिस्ट्री ऑफ़ साइंस, 13 (1978), पृ. 62-71; सुब्बारायप्पा, 'साइंस', पृ. 494।
55. ट्राउटमैन, 'आर्यंस', पृ. 79-80।
56. 'द एस्ट्रॉनॉमि ऑफ़ द हिंदूज', कलकत्ता रिव्यू I (1844), पृ. 258, 287-8।
57. मैकालेस 'मिनट ऑन एडुकेशन' (1835), डब्ल्यू.टी. दे बेरी एडिशन, 'सोर्सेज़ ऑफ़ इंडियन ट्रेडिशन, II (न्यूयॉर्क, 1968), पृ. 44-6।
58. जॉन ई. लेस्क, 'सिस्टेमैटिक्स एंड द जिऑमेट्रिकल स्पिरिट', टोर फ्रैंग्सुमिर, जे.एल. हैलब्रोन एंड रॉबिन ई. राइडर (एडिशंस), 'द क्वांटिफाईंग स्पिरिट इन द एटींथ सुंचरी', (बर्कले, सी.ए., 1990), पृ. 75।
59. डैविड फिलिप मीलर, 'इंट्रोडक्शन' इन मीलर एंड रेईल, 'विजंस', पृ. 8।
60. डेस्मॅण्ड, 'डिस्कॅवरी', पृ. 53-54।
61. डी. प्रेन, 'ए स्केच ऑफ़ द लाइफ़ ऑफ़ फ्रांसिस हैमिल्टन (वंस ब्यूकानन)', 'ऐनल्स

ऑफ़ द रॉयल बॅटैनिक गार्डन कलकत्ता X' (1905), पृ. IX ।

62. ब्यूकानन 'जर्नी' I, पृ. 181-2।
63. रॉबर्ट वाइट एंड जी.ए. वाकर-आर्नोट, 'प्रोड्रोमस फ्लोरे, पेनिंसुलेइ इंडियाइ ओरिएटैलिस,' I (लंदन, 1834), पृ. xxiv।
64. डाइट्रिक ब्रांडिस, 'द फ़ॉरेस्ट फ़्लोरा ऑफ़ नॉर्थ-वेस्ट एंड सेंट्रल इंडिया' (लंदन, 1874), पृ. xi।
65. जे.डी. हूकर एंड टॉमस टॉमसन, 'फ़्लोरा इंडिका', I (लंदन, 1855), पृ. 36, 38।
66. सूसान फायीकैनॅन, 'साइंस इन कल्चर : द अर्ली विक्टोरियन पीरियड' (न्यूयार्क, 1978), पृ. 251।
67. एडनी, 'मैपिंग', पृ. 24-5, 53-4, 325।
68. वही, पृ. 244-8, 288।
69. स्वेन विडमाम, 'ऐक्यूरेसि, रेटॅरिक एंड टेकनॅलॅजि; द पेरिस-ग्रीनविच ट्राइऐंग्यूलेशन, 1784-88,' फ्रैंग्समिर एट एल, (एडिशंस), 'क्वांटिफाईंग स्पिरिट', पृ. 201-3।
70. मैथ्यू हेनरी एडनी, 'मैपिंग एंड एंपायर : ब्रिटिश ट्रिगॅनॅमेट्रिकल सर्वेज इन इंडिया एंड द यूरोपियन कॅन्सेप्ट ऑफ़ सिस्टेमैटिक सर्वे, 1799-1843', पी-एच.डी. थीसिस, यूनिवर्सिटी ऑफ़ विस्कॅन्सिन, मैडिसॅन, 1990, पृ. 240।
71. एडनी, 'मैपिंग', पृ. 30।
72. कुमार, 'साइंस', पृ. 59; 'कपिलराज, ल' होमीस--इंस्ट्रुमेंट्स द सा मैजेस्टी', रेकबर्क, सं. 298 (1997), पृ. 74-80।
73. एडनी, 'मैपिंग', पृ. 19; 'मैपिंग', पृ. 32।
74. टी.सी. जेर्डन, 'द मैमल्स ऑफ़ इंडिया' (लंदन, 1874), पृ. V।
75. एंड्रू ग्राउट 'जिऑलॅजि एंड इंडिया, 1775-1805; एन एपिसोड इन कॅलॅनियल साइंस', साउथ एशिया रिसर्च, 10 (1990), पृ. 1-18; ग्राउट, 'जिऑलॅजि एंड इंडिया, 1770-1851'।
76. जेम्स काल्डर, 'जेनरल ऑब्ज़र्वेशंस ऑन द जिऑलॅजि ऑफ इंडिया', एशियाटिक रिसर्चेज़, 18 (1833), पृ. 1।
77. टी.जे. न्यूबोल्ड, 'समरी ऑफ़ द जिऑलॅजि ऑफ़ साउदर्न इंडिया', जॅर्नल ऑफ़ द रॉयल एशियाटिक सोसायटी, 8 (1846), पृ. 156।
78. काल्डर, 'ऑब्ज़र्वेशंस', पृ. 6, 20, 'जिऑलॅजि ऑफ़ इंडिया', कलकत्ता रिव्यू, 9 (1848), पृ. 327, आर. बेयर्ड स्मिथ, 'नोट्स इलस्ट्रेटिव ऑफ़ द जिऑलॅजि ऑफ़ साउदर्न इंडिया,' कलकत्ता जॅर्नल ऑफ़ नेचुरल हिस्ट्री, I (1840), पृ. 188।
79. ब्यूकानन, 'जर्नी' II, पृ. 440-41; काल्डर, ऑब्ज़र्वेशंस, पृ. 2-4, 17; आर. बेयर्ड स्मिथ, 'ऑन द स्ट्रक्चर ऑफ़ द डेल्टा ऑफ़ द गंगेज़, ऐज, एक्ज़िबिटेड बाइ बोरिंग ऑपरेशंस इन फोर्ट विलियम, ए.डी. 1836-40', सी जे एन एच, I (1840), पृ. 324-431, न्यूबोल्ड, 'समरी' (1846), पृ. 144।
80. लार्वुड, 'साइंस', पृ. 71।
81. 'रिपोर्ट्स ऑफ़ ए कमिटि फ़ॉर इन्वेस्टिगेटिंग द कोल एंड मिनरल रिसोर्सेज़ ऑफ इंडिया'

(कलकत्ता, 1838), पृ. 16-17।

82. संगवाँ, 'रिऑर्डरिंग,' पृ. 296।
83. आई.एच. बर्कहिल, 'चैप्टर्स ऑन द हिस्ट्री ऑफ़ बॉटेनी इन इंडिया' (दिल्ली, 1965), पृ. 4-20।
84. कालिपद विश्वास, 'द ऑरिजिनल कॅरेस्पॉडेंस ऑफ़ सर जोसेफ बैंक्स रिलेटिंग टु फाउंडेशन ऑफ़ द रॉयल बॅटैनिक गार्डेंस' (कलकत्ता, 1950), पृ. 3-12, गैसकोने, 'बैंक्स', पृ. 185-236।
85. बर्कहिल, 'चैप्टर्स', पृ. 28।
86. एच. मॉन्टगोमरी हाइड, 'डॉ. जॉर्जगोवन एंड द सहारनपुर बॅटैनिकल गार्डेंस', जे.आर. ए.एस., 49 (1962), पृ. 47-57।
87. जे. फॉर्बीस रॉयली, 'इलस्ट्रेशंस ऑफ़ द बॅटैनि एंड अदर ब्रांचेज़ ऑफ़ द नेचुरल हिस्ट्री ऑफ़ द हिमालयन माउटेंस एंड ऑफ़ द फ़्लोरा ऑफ काश्मीर, I, (लंदन, 1839) पृ.442।
88. एफ.डीविले वाकर, 'विलियम कार्वे, मिशनरी पायनिअर एंड स्टेट्स मैन' (लंदन, 1926), पृ. 302-5; ओ.पी. जग्गी, 'साइंस इन मॉडर्न इंडिया' (दिल्ली, 1984), पृ. 38-9।
89. बर्कहिल, 'चैप्टर्स', पृ. 27, 272।
90. जॉन फ़्लेमिंग, 'ए कैटलॅग ऑफ़ इंडियन मेडिसिनल प्लांट्स एंड ड्रग्स', ए.आर. II (1810), पृ. 153-96
91. जे.एफ. रॉयली, 'एन एसे ऑन द एंटिक्विटि ऑफ़ हिंदू मेडिसिन' (लंदन, 1837)।
92. रॉयली, 'इलस्ट्रेशंस', I, पृ. 47-8।
93. उस काल के भीषण दुर्भिक्षों के लिए देखें, लीला विसारिया एंड प्रवीण विसारिया (धर्मकुमार एडिशन), 'द कैंब्रिज इकॉनॉमिक हिस्ट्री ऑफ़ इंडिया, II, 1757-1970' (कैम्ब्रिज, 1983), पृ. 528-31।
94. डैविड ऑर्नोल्ड, 'इंडियास प्लेस इन द ट्रॉपिकल वर्ल्ड, 1770-1930', 'जॅर्नल ऑफ इंपीरियल एंड कॉमन वेल्थ हिस्ट्री,' 26 (1998), पृ. 1-21।
95. डेविड मैंके, 'इन द वेक ऑफ़ कूक : एक्सप्लोरेशन, साइंस एंड एंपायर, 1780-1801' (लंदन, 1985), पृ. 174-76।
96. हैरॉल्ड बी. कार्टर, 'सर जोसेफ बैंक्स, 1743-1820' (लंदन, 1988), पृ. 272।
97. 'ग्लिनिंग्स', I (1829), पृ. 208।
98. कैनन, 'साइंस', पृ. 73-110; मालकॅम निकोल्सन, 'अलेक्ज़ैंडर वॉन हम्बोल्त एंड द जिऑग्रैफि ऑफ़ वेजिटेशन,' एंड्रू कनिघम एंड निकोलास जार्डिन (एडिशंस); 'रोमैनण्टिसिज़्म एंड द साइंस' (कैंब्रिज, 1990), पृ. 169-85।
99. रॉयली, 'इलस्ट्रेशंस', I, पृ. 15।
100. जोसेफ डाल्टन हूकर, 'हिमालयन जॅर्नल्स, I' (लंदन, 1854), पृ. 109, 120।
101. 'द फ़िज़िकल कैपेब्लिटिज़ ऑफ़ अवध', सी.आर. 24 (1856), पृ. 415-44।

अध्याय तीन

पाश्चात्य आयुर्विज्ञान : भारतीय परिवेश में

उन्नीसवीं सदी के भारत में पाश्चात्य वैज्ञानिक विचार और क्रिया-कलाप में आयुर्विज्ञान का केंद्रीय स्थान था। इसके कई कारण थे। प्रथमतः, कंपनी काल में और उसके बाद के कई दशकों तक औपनिवेशिक चिकित्सा-सेवा भारत के मुख्य वैज्ञानिक अभिकरणों में एक थी। ब्रिटिश ताज के अधीन कंपनी के शल्य-चिकित्सकों और उनके उत्तराधिकारियों में अधिकांश वनस्पतिशास्त्री, भूगर्भशास्त्री, मौसम विज्ञानी, वनरक्षक और अन्य विशेषज्ञ थे। द्वितीयतः, भारतीय पर्यावरण (जिसमें भारत की स्थलाकृति, जलवायु और बीमारियाँ शामिल थीं) के यूरोपीय अनुसंधान और उसके फलस्वरूप भारत में प्रकृति द्वारा मानवीय स्थितियों के निर्धारण की विधि समझने में चिकित्सा सेवाकर्मियों की महत्त्वपूर्ण भूमिका थी जिसका आंशिक कारण था उनको प्रदत्त विविध क्षेत्रों का वैज्ञानिक अनुबोधक (ब्रीफ़)। तृतीयतः, आयुर्विज्ञान जिस गहराई के साथ भारतीय जन-जीवन के सामाजिक, सांस्कृतिक और भौतिक पहलुओं से जुड़ा हुआ था और जिस प्रकार दोनों एक-दूसरे को प्रभावित करते थे उसकी मिसाल किसी अन्य वैज्ञानिक क्षेत्र और प्रौद्योगिक परिवर्तन में नहीं थी। पर्यावरण और संस्कृति के प्रति इस दोहरी संलग्नता ने भारत के औपनिवेशिक विज्ञान के विशिष्ट चरित्र और चिंताओं को ही ढालने में मदद नहीं की, भारत द्वारा उसकी स्वीकृति और उसके आत्मसातीकरण के तरीके को भी रूपायित किया। यद्यपि चिकित्सा और स्वास्थ्य में दखलंदाजी आरंभ में औपनिवेशिक राज्य की वैज्ञानिक अभिरुचियों से अभिप्रेरित थी, उन्नीसवीं सदी के दौरान आयुर्विज्ञान की कार्यसूची में और भी विषय जुड़ गए और यह अधिक व्यापक सांस्कृतिक और राजनीतिक संवाद को अनुप्राणित करने लगा।

आयुर्विज्ञान के इतिहास के परिप्रेक्ष्य में 1858 में कंपनी का अवसान कोई ख़ास महत्त्व नहीं रखता था। उन्नीसवीं सदी को उसकी समग्रता में देखना अधिक समीचीन होगा। कुछ ऐसी घटनाओं की खोज करना उपयोगी हो सकता है जो 1910 और 1920 के दशकों में घटी थीं, किंतु प्रस्तुत अध्याय का संबंध मुख्य रूप से 1890 के दशक के मध्य तक की घटनाओं से है जब रोबर्ट कोच द्वारा हैज़े के दंडाणुओं की पहचान, रोनाल्ड रास द्वारा मलेरिया की सरंचण-विधि की खोज

और भारत में ब्यूबॉनिक (गिलटीदार) प्लेग के विस्फोट के क्रम में उन्नीसवीं सदी के चिकित्सा-संबंधी विचारों पर हावी पर्यावरणीय प्रतिमान से ध्यान हटकर वैज्ञानिक विचारों, संस्थाओं और व्यवहारों पर जा टिका।

भारतीय चिकित्सा-सेवा

सांस्थानिक रूप में भारतीय चिकित्सा-सेवा (आई एम एस) का उद्‌भव न तो मेट्रोपोलिटन प्रतिमानों और न देशी पूर्व-दृष्टांतों के कारण हुआ, बल्कि यह आरंभिक औपनिवेशिक शासन के चिकित्सीय और सैनिक आवश्यकताओं का परिणाम था। ईस्ट इंडिया कंपनी के आरंभ से ही भारत आने वाले जहाजों में शल्य-चिकित्सक नियुक्त किए जाते थे। सत्रहवीं सदी के उत्तरार्द्ध में वे भारत के बड़े कारखानों में भी काम करने लगे। उन्नीसवीं सदी के मध्य में बंगाल और दक्षिण-पूर्व भारत में कंपनी के क्षेत्रीय विस्तार के साथ एक ऐसे प्रतिष्ठान की जरूरत आ पड़ी जो कंपनी सेवाकर्मियों विशेषकर सैनिक अधिकारियों और जवानों की आवश्यकताएँ पूरी कर सके। प्लासी की लड़ाई के छह वर्ष बाद 1763 में स्थापित बंगाल मेडिकल सर्विस के पास चालीस शल्य-चिकित्सकों का जत्था था। आगे चलकर ऐसी चिकित्सा-सेवाएँ मद्रास और बंबई में शुरू की गईं और 1785 में कोर्ट ऑफ़ डायरेक्टर्स ने तीन प्रेजिडेंसियों (महाप्रांतों) के लिए 23 शल्य-चिकित्सक और सहायक शल्य-चिकित्सक बहाल किए। कई दशकों के युद्ध और विस्तारवाद के बाद। 1824 तक इनकी कुल संख्या 630 हो गई। उसके बाद शेष औपनिवेशिक काल में यह संख्या न्यूनतम 650 और अधिकतम 830 रही।[1]

1780 के दशक में प्रांतीय चिकित्सा-परिषदों के गठन ने सेवा की नौकरशाही संरचना को और भी सुदृढ़ किया। प्रत्येक प्रेजिडेंसी में दो या तीन वरीय शल्य-चिकित्सक होते थे जिनके जिम्मे नियुक्तियों को विनियमित करने, अनुशासन बनाए रखने और सामान्य नीति निर्धारित करने का कार्य था। लेकिन इस प्रणाली की कार्य-दक्षता लगातार घटती गई और 1857 में चिकित्सा-परिषदों का स्थान महानिदेशक (डायरेक्टर जेनरल) ने ले लिया जो आगे चलकर इंस्पेक्टर जेनरल (महानिरीक्षक) अथवा सर्जन-जेनरल कहा जाने लगा।[2] सार्वजनिक स्वास्थ्य के प्रति राज्य के बढ़ते दायित्व को पूरा करने में इनकी मदद के लिए 1860 के दशक में प्रांतीय स्वास्थ्य आयुक्तों की नियुक्ति की गई किंतु उन्हें कोई कार्यकारी अधिकार नहीं दिए गए। ऐसी ही सांस्थानिक संरचना केंद्र में बनाई गई। उन्नीसवीं सदी के अंत में भारत सरकार अपने स्वास्थ्य आयुक्त से सलाह लेती थी और 1895 से भारतीय चिकित्सा-सेवा के प्रतिनिधि के रूप में नियुक्त महानिदेशक से भी सलाह लेने लगी। औपनिवेशिक राज्य की सामरिक और प्रशासनिक अपेक्षाओं के प्रति समर्पित भारतीय चिकित्सा-सेवा (आई एम एस) 1860 के दशक तक एक प्रतिमान बन चुकी थी और लगभग

इसका संपूर्ण कर्मचारीवृंद यूरोपीय था। उन्नीसवीं सदी के अंत में इंडियन सिविल सर्विस (भारतीय लोक सेवा—आई. सी. एस.) समेत अन्य वैज्ञानिक और प्रौद्योगिक सेवाओं की संरचना इसी के तर्ज पर खड़ी की गई और इसने इनके साथ सुविधापूर्वक संपर्क बनाए रखा। यद्यपि नीतियों और व्यक्तित्वों की टकराहट कभी-कभी गृह-युद्ध का रूप धारण कर लेती थी, लेकिन सेवा-संरचना ने संघ-भावना और सांस्थानिक समरूपता के विकास को प्रोत्साहित किया। चिकित्सा-सेवा के श्रेणीबद्ध संगठन में निहित अधिकार का उपयोग असहमति दबाने और आदेश का अनुपालन कराने में प्रभावी ढंग से किया जा सकता था जैसा कि 1866 से 1884 तक भारत सरकार के स्वास्थ्य आयुक्त रहे जे.एम. कनिंघम के प्रति-संक्रामकतावादी विचारों के विरोध को दबा दिए जाने से जाहिर होता है।[3]

भारतीय चिकित्सा-सेवा की सामरिक जवाबदेहियाँ आरंभ से ही स्पष्ट थीं। इसके सदस्य एक ही साथ चिकित्सीय और सामरिक दोनों कार्याधिकारी थे, लेकिन संकट का समय आने पर उनके नागरिक कर्तव्यों पर सामरिक आवश्यकताओं को तरजीह दी जाती थी। 1788 में गवर्नर जेनरल लॉर्ड कार्नवालिस द्वारा निर्गत निर्देशों के तहत शल्य-चिकित्सकों को नागरिक सेवाओं में प्रवेश की अनुमति तब तक नहीं मिलती थी जब तक वे सामरिक सेवा में निर्धारित अवधि को पूरा नहीं कर लेते थे। यह अवधि सामान्य तौर पर दो वर्षों की होती थी जिसे किसी रेजिमेंट (सैन्यदल) अथवा सैनिक अस्पताल में बिताना आवश्यक था। आवश्यक होने पर पदाधिकारियों को सेना में बुलाया जा सकता था, जैसा कि प्रथम विश्व-युद्ध में हुआ था। यद्यपि भारतीय चिकित्सा-सेवा (आई एम एस) को घिसा-पिटा माना जाता था और 1918 में भारतीय विधायिका में पृथक नागरिक चिकित्सा-सेवा का प्रस्ताव भी आ चुका था, फिर भी भारत सरकार ऐसी एकल सेवा बनाए रखने के पक्ष में थी जो एक ही साथ सैनिक और नागरिक दोनों जवाबदेहियाँ सँभाल सके। इसके पीछे मंशा यह थी कि चिकित्सा-पदाधिकारियों की संख्या इतनी हो कि युद्ध की स्थिति में आवश्यकता पड़ने पर सामरिक सेवाओं के लिए वे शीघ्र उपलब्ध हो सकें। एक अन्य कारण भी था; इससे राज्य की अन्य सेवाओं, खासकर आई सी एस और भारतीय पुलिस में यूरोपीय लोगों को बहाल करने और वहाँ बनाए रखने में मदद मिलती थी। मुख्य नगरों के बाहर यूरोपीय चिकित्सकों का अभाव था और ऐसा माना जाता था कि गोरे नागरिक सेवकों, उनकी पत्नियों और बाल-बच्चों के स्वास्थ्य (और मानसिक शांति) की गारंटी तभी हो सकती है जबकि उनकी सहायता के लिए कोई यूरोपीय चिकित्सा पदाधिकारी उपलब्ध हो। यह दीगर बात है कि 1858 के बाद आई एम एस के सरकारी कर्तव्य भारतीय सेना तक ही सीमित हो गए जबकि ब्रिटिश सैनिकों की चिकित्सा आवश्यकताएँ आर्मी मेडिकल डिपार्टमेंट (बाद में रॉयल आर्मी मेडिकल कॉप्स के नाम से ज्ञात) द्वारा पूरी की जाती थीं।

इस विभाग में सेवाकर्मियों की संख्या 1913 में तीन सौ से भी कम थी। यद्यपि 1920 के दशक तक यह संदेह पूर्ण हो चला था कि यूरोपीय लोग पूरी तरह गोरे चिकित्सकों की सेवा पर निर्भर थे, लेकिन भारत सरकार भारतीय चिकित्सा-सेवा (आई एम एस) को पूरी तरह यूरोपीय बनाए रखना गोरों की जातिगत पहचान के लिए आवश्यक मानती थी। 1922 में वायसराय की परिषद के एक सदस्य ने जोर देकर कहा कि आई एम एस के लिए यूरोपीय रंगरूटों के 'समुचित' प्रतिशत को आकृष्ट करने में विफलता 'संपूर्ण देश के चिकित्सा-प्रशासन को गंभीर संकट में डाल देगी' और 'कोई भी व्यक्ति जो आई एम एस द्वारा अतीत में इस देश को अर्पित अति महत्त्वपूर्ण सेवाओं से अवगत है, ऐसी स्थिति से त्रस्त हो उठेगा'।[4]

यद्यपि आई एम एस 'मूलतः सामरिक सेवा' थी, उन्नीसवीं सदी के उत्तरार्द्ध में भारत ज्यों-ज्यों सार्वजनिक स्वास्थ्य के एक क्षीण ढाँचे की ओर उन्मुख होता गया, आई एम एस के पदाधिकारी ही ऊँचे पदों पर बहाल किए जाते रहे जिनमें प्रांतीय और केंद्रीय स्वास्थ्य आयुक्त भी शामिल थे, हालाँकि 1890 के पूर्व इनमें शायद ही किसी को इसका कोई विशेष प्रशिक्षण प्राप्त था।[5] आई एम एस पदाधिकारी अनेक प्रकार के अन्य प्रशासकीय और प्राविधिक कर्तव्य भी निभाते थे, जैसे जेलों और पागलखानों की व्यवस्था करना, वनस्पतिशास्त्र, रसायनशास्त्र, शरीर-विज्ञान और आयुर्विज्ञान में सरकारी पदों को भरना, वगैरह। धीरे-धीरे उनका कारोबार बढ़ता गया और 1830 के दशक तक कंपनी के शल्य-चिकित्सक साहूकारी, वाणिज्य और काश्तकारी के जरिए अपनी आय बढ़ाने लगे। कुछ वैसे पद, जिन पर ऐसा करना स्पष्ट रूप से प्रतिबंधित था, छोड़कर वे निजी प्रैक्टिस से भी अच्छी-खासी कमाई कर लेते थे, हालाँकि 1914 तक स्वतंत्र (अधिकांशतः भारतीय) चिकित्सकों के साथ बढ़ती प्रतियोगिता के कारण उनकी इस अतिरिक्त आय में कमी होने लगी।[6]

उल्लेखनीय है कि कंपनी काल में और ब्रिटिश ताज के शासन के आरंभिक वर्षों में आई एम एस के अधिकारियों का एक बड़ा तबका वैसे लोगों का था जो स्कॉटलैंड के चिकित्सा विद्यालयों और विश्वविद्यालयों से आए थे। इससे यह तो जाहिर होता ही है कि हेनरी डुंडास, जो 1784 से 15 वर्षों तक बोर्ड ऑफ़ कंट्रोल (नियंत्रण परिषद्) का प्रथम अध्यक्ष रहा, के समय में स्कॉटलैंड भारत में सैनिक और नागरिक पदों पर नियुक्ति में किस हद तक संरक्षण का अधिकार रखता था यह भी पता चलता है कि एडिनबरा, ग्लासगो और एबर्डीन में चिकित्सा-प्रशिक्षण का स्तर कितना ऊँचा था। 1839-60 की अवधि में आई एम एस के आधे से अधिक रंगरूट स्कॉटलैंड के चिकित्सा-विद्यालयों और एक तिहाई से भी कम इंग्लैंड के चिकित्सा-विद्यालयों से आए। लेकिन आगे चलकर इस स्थिति में तेजी सें बदलाव आया। 1897 से 1914 के बीच 43.9 प्रतिशत इंग्लैण्ड, 27.0 प्रतिशत स्कॉटलैण्ड

और 5.7 प्रतिशत चिकित्सा पदाधिकारी आयरलैण्ड से आए। आई एम एस को पुनर्गठित करने के लिए 1855 में मनोनयन के बदले प्रतियोगिता परीक्षाएँ शुरू की गईं। सदी के उत्तरार्द्ध में इस सेवा में प्रवेश पाने वाले ब्रिटेन में प्रांतीय चिकित्सा-सेवा अथवा ब्रिटिश नौ सेना और सैन्य चिकित्सा-सेवाओं में प्रवेश पाने वालों की तुलना में अधिक अर्हता प्राप्त होते थे।[7] लेकिन कुछ समय बाद प्रोन्नति और प्रतिष्ठा की दृष्टि से ब्रिटिश स्नातकों की नजर में भारतीय चिकित्सा-सेवा का आकर्षण घट गया। भारत सरकार का मानना था कि यह प्रवृत्ति 1905 के बाद भारतीयों के नियोजन में वृद्धि और भारत के राजनीतिक वातावरण में आते बदलाव के कारण पनपी थी। भारतीयकरण के दबाव और प्रथम विश्वयुद्ध के दौरान यूरोपीय लोगों के नियोजन में व्यवधान से आई एम एस के ढाँचे में व्यापक फेर-बदल हुए। 1913 और 1922 के बीच भारतीय और यूरोपीय रंगरूटों का अनुपात 122 : 111 हो गया और युद्धोत्तर काल में इस सेवा के भविष्य को लेकर सरकार चिंतित हो उठी।[8] हो सकता है आई एम एस धीरे-धीरे 'अंतिम क्षय'[9] की ओर बढ़ रहा हो, किंतु, जैसाकि अगले अध्यायों से स्पष्ट होगा, उष्णकटिबंधीय आयुर्विज्ञान को प्रोत्साहन और चिकित्सा-संबंधी शोध उन साधनों में थे जिनके द्वारा सरकार और उसके वरीय चिकित्सा-पदाधिकारियों ने आई एम एस की प्रतिष्ठा को पुनःस्थापित करने और यूरोपीय रंगरूटों में इसके प्रति आकर्षण पैदा करने के प्रयास किए। आई एम एस का पश्चवर्ती इतिहास वास्तव में प्रमाणित करता है कि औपनिवेशिक राज्य किस प्रकार ब्रिटिश शासन के अंतिम दशकों में भी मेडिकल सर्विस (चिकित्सा-सेवा) के प्रति दृढ़ता से चिपका रहा।

सामान्यतः भारत में चिकित्सा-पदाधिकारियों की सामाजिक और पेशागत स्थिति बहुत प्रतिष्ठामूलक नहीं जान पड़ती थी। 1857 के पहले तो निश्चय ही यूरोप के नागरिक और सैनिक विशिष्ट-वर्ग उन्हें हेय दृष्टि से देखते थे। उनकी 'जेबें खाली' और 'चेहरे रुग्ण' होते थे (भारत में कंपनी के सेवारत शल्य-चिकित्सकों में एक तिहाई 1764 और 1838 के बीच काल-कवलित हो गए)। देहाती क्षेत्र के शल्य-चिकित्सक को 'उसके देश के पेशेवर बंधु, देहात के सामान्य चिकित्सक' जैसा ही माना जाता था, लेकिन नई जगह में आने पर वह पाता था कि 'उसके परामर्श और उसके व्यवसाय' को अधिकांश रोगी प्रच्छन्न रूप में घोर शंका की दृष्टि से देखते हैं।[10] सामाजिक दृष्टि से उसे हीन माना जाता था और 'उसके पद का निम्न आकलन सरकारी क्षेत्र में उसके प्रभाव को क्षीण करता था।'[11] इसके बावजूद पूरी उन्नीसवीं सदी में ऐसे भी चिकित्सा-पदाधिकारी थे जिन्होंने अच्छी राजनीतिक और पेशेवर ख्याति अर्जित की अथवा जिन्होंने आयुर्विज्ञान और अन्य वैज्ञानिक क्षेत्रों में महत्त्वपूर्ण योगदान किया। शायद सामाजिक प्रतिष्ठा की इस कमी ने ही कंपनी के शल्य-चिकित्सकों और ब्रिटिश ताज के अधीन उनके

उत्तराधिकारियों के मन में वनस्पतिशास्त्र, भूगर्भशास्त्र और अन्य विज्ञानों में अभिरुचि पैदा की क्योंकि इससे वे भारत के यूरोपीय समाज में अपनी हैसियत बढ़ा सकते थे और अपनी जीवन-वृत्ति को बेहतर बना सकते थे।

पाश्चात्य आयुर्विज्ञान के भारतीय चिकित्सक

उन्नीसवीं सदी के लगभग अंत तक आई एम एस मूलतः यूरोपीय लोगों को ही नियोजित करता था। वरीय पदों की बात तो दूर, भारतीयों को इसमें प्रवेश के अवसर भी उपलब्ध नहीं थे। फिर भी पाश्चात्य आयुर्विज्ञान का संगठन और प्रसार भारतीयों के बगैर संभव नहीं था। भारत में सेवा के लिए यूरोपीय लोगों को प्रशिक्षित करना काफी व्ययसाध्य था। उनके उच्चतर वेतनमान, व्यापक प्रशासकीय दायित्वों और बीमारी तथा मृत्यु की ऊँची दरों के कारण कंपनी के दृष्टिकोण से आवश्यक था कि औपनिवेशिक प्रशासन की अन्य शाखाओं की भाँति आयुर्विज्ञान में भी नैत्य (रुटीन) कर्मों के निष्पादन के लिए भारतीय अधीनस्थ पदों पर रखे जाएँ। फिर कंपनी सेवकों की जिंदगी ऐसे देशी चिकित्सकों के हाथों सुरक्षित नहीं समझी जाती थी जिन्हें पाश्चात्य आयुर्विज्ञान का क, ख, ग न मालूम हो। अतः राज्य के लिए आवश्यक था कि वह भारतीयों को उचित चिकित्सा-शिक्षा उपलब्ध कराए।

1824 में कलकत्ता और उसके दो साल बाद बंबई में इस उद्देश्य की पूर्ति के लिए प्रशिक्षण संस्थाएँ स्थापित की गईं। इनका मुख्य काम था सेना को उप-सहायक शल्य-चिकित्सक, पट्टीसाज (ड्रेसर्स) और अत्तार (औषधकार, अपॉथिकॅरिज़) उपलब्ध कराना। कलकत्ता का नेटिव मेडिकल इंस्टिट्यूशन (देशी चिकित्सा संस्था) की स्थापना बीस छात्रों के साथ हुई और 1826 में उनकी संख्या पचास हो गई। यह संस्था ऐसे 'देशी चिकित्सक' उपलब्ध कराती थी जो बोलचाल की भाषा और अंग्रेजी के मूल ग्रंथों के अनुवाद के जरिए आयुर्विज्ञान में दीक्षित होने के साथ-साथ समानांतर देशी चिकित्सा-प्रणाली में भी प्रशिक्षित हों। संस्कृत कॉलिज में आयुर्वेद के वर्ग में चरक और सुश्रुत की रचनाएँ काम में लाई जाती थीं जबकि मुस्लिम छात्र कलकत्ता के मदरसों में उर्दू में यूनानी चिकित्सा-पद्धति सीखते थे। बंबई में भी अनुवाद और बोलचाल की भाषा के माध्यम से ऐसी ही शिक्षा प्रारंभ की गई।

भारतीय चिकित्सा-पद्धतियों के दिए गए प्रत्यक्ष समर्थन से कुछ भ्रांतियाँ भी पैदा हुई हैं। ऐसा मान लिया गया है कि 1835 में कलकत्ता इंस्टिट्यूशन के बंद हो जाने से पाश्चात्य और भारतीय पद्धतियों के बीच 'शांतिमय' सहयोग और 'मैत्रीपूर्ण' सह-अस्तित्व का युग समाप्त हो गया और देशी आयुर्विज्ञान के संरक्षण और शिक्षण की सौम्य प्राच्यवादी नीति का स्थान एक असहिष्णु आंग्लवादी नीति ने ले लिया जो देशी आयुर्विज्ञान के पश्चवर्ती इतिहास के लिए घातक सिद्ध हुआ।[12] लेकिन दोनों खेमों के बीच के विभेद को बढ़ा-चढ़ा कर आँकना उचित नहीं है।

डैविड कॉफ़ ने दोनों के अंतर को स्पष्ट करते हुए कहा है कि 'प्राच्यवादी निजी मूल्य-तंत्र में स्वावलंबन के लिए समन्वयवादी योजनाओं के पक्षधर थे, जबकि आंग्लवादी परंपरागत मूल्यों के प्रति सहानुभूतिपूर्ण रुख रखने की अपेक्षा इस बात के अधिक कायल थे कि ब्रिटिश जीवन-शैली को मूल रूप में अंगीकार किए बिना वास्तविक परिवर्तन संभव नहीं है।[13] ऐसा प्रतीत होता है कि आयुर्विज्ञान के मामले में सरकारी नीति कंपनी सेवकों के लिए सस्ती किंतु भरोसेमंद चिकित्सा-सहायता उपलब्ध कराने के व्यावहारिक लक्ष्य के प्रति लगातार उन्मुख रही। कलकत्ता नेटिव मेडिकल इंस्टिट्यूशन का कार्य कभी भी देशी आयुर्विज्ञान को पाश्चात्य पद्धति के समकक्ष अथवा विकल्प के रूप में प्रोत्साहित करना नहीं था (यह उसके पाठ्यक्रम का गौण अंग था); यह ऐसे 'देशी चिकित्सकों का वर्ग तैयार करता था जो देशी दवाओं के प्रयोग में कुशल हों'। आयुर्वेद और यूनानी चिकित्सा-पद्धतियों में अनुदेशन भी वैद्यों और चिकित्सा-व्यवसाय की परंपरा वाले अन्य समुदायों से रंगरूटों को आकृष्ट करने की छल-योजना थी। ऐसा माना जाता था कि एक बार भरती हो जाने पर वे पाश्चात्य आयुर्विज्ञान की श्रेष्ठता को स्वीकार कर लेंगे, भले ही वे अपने पेशे में आयातित महँगी दवाओं के बदले सस्ते देशी उपचारों का उपयोग करते रहें।[14]

हकीकत यह है कि विभिन्न चिकित्सीय परंपराओं के तत्त्वों को संयुक्त करने का प्रयोग जल्द ही असंतोषजनक सिद्ध हो गया। स्थापना के कुछ ही वर्षों के अंदर कलकत्ता की देशी चिकित्सा संस्था (नेटिव मेडिकल इंस्टिटयूशन) निम्न गुणवत्ता और यथेष्ट अनुदेशन उपलब्ध कराने में विफलता के कारण आलोचना का पात्र बन गया। बंबई इंस्टिट्यूशन तो अपनी स्थापना के छह साल बाद ही बंद हो गया। 1833 में गवर्नर जेनरल लॉर्ड विलियम बेंटिंक ने नेटिव मेडिकल इंस्टिट्यूशन के 'गठन में सुधार लाने, उसके लाभों को व्यापक बनाने' और सरकारी अपेक्षाओं के अनुरूप उपयुक्त प्रबंधन और शिक्षण-तंत्र का निर्माण करने के उद्देश्य से बंगाल में एक समिति बहाल की। तीखी बहस के बाद समिति ने सुझाव दिया कि इंस्टिट्यूशन तथा मदरसों और संस्कृत महाविद्यालय में चलने वाले वर्ग बंद कर दिए जाएँ और उनके बदले सिर्फ अंग्रेजी के माध्यम से शुद्ध पाश्चात्य आयुर्विज्ञान की शिक्षा देने वाला नया महाविद्यालय खोला जाए। बेंटिंक ने इन संस्तुतियों का अनुमोदन कर दिया और 1835 में नेटिव मेडिकल इंस्टिट्यूशन के स्थान पर नया चिकित्सा महाविद्यालय खोला गया।[15] मद्रास में भी उसी साल ऐसे महाविद्यालय की स्थापना हुई किंतु बंबई में तेरह साल बाद 1845 में ग्रांट मेडिकल कॉलिज ने मृत नेटिव मेडिकल इंस्टिट्यूशन का स्थान लिया। कलकत्ते में नेटिव मेडिकल इंस्टिट्यूशन के विघटन और नये चिकित्सा महाविद्यालय की स्थापना का महत्त्व निश्चय ही प्रतीकात्मक भी था और व्यावहारिक भी। 1835 के बाद यह धारणा और बलवती

हुई कि देशी चिकित्सा-व्यवसाय पिछड़ेपन और बर्बरता की निशानी है जबकि पाश्चात्य आयुर्विज्ञान एक अधिक उन्नत सभ्यता का प्रमाण-चिह्न। इसे भारत में औपनिवेशिक शासन के प्रगतिशील इरादों और नैतिक वैधता का संकेतक माना जाने लगा। जेम्स रॅनाल्ड मार्टिन ने चिकित्सा महाविद्यालय के निर्माण की तुलना बेंटिंक के एक अन्य बहुप्रशंसित कार्य—1829 में सती प्रथा के उन्मूलन—से की। यथार्थ में उसने इस महाविद्यालय की स्थापना को अधिक महत्त्वपूर्ण माना 'क्योंकि अपनी आनुषंगिक शाखाओं के साथ पाश्चात्य आयुर्विज्ञान का प्रसार भारत के मूलवासियों के सामने यूरोपीय ज्ञान की उत्कृष्टता को पूर्णतः स्पष्ट और प्रभावी रूप में प्रमाणित करने की विधियों में से एक होगा।'[16]

कलकत्ता चिकित्सा महाविद्यालय ने अपनी पूर्वगामी संस्था से भारतीय नागरिक और सैनिक उप-सहायक शल्य-चिकित्सकों, टीका लगाने वालों और औषधालय-परिचरों को पैदा करने का जिम्मा अपने ऊपर ले लिया। 1835 और 1858 के बीच महाविद्यालय ने 456 'देशी चिकित्सक' पैदा किए। इनमें सारे-के-सारे कंपनी सेवा में नहीं गए, कुछ लोगों ने भारतीय राजाओं और जमींदारों के अधीन नौकरी पाई; दूसरों ने शहर के 'धनी बाबुओं' के बीच निजी चिकित्सालय खोले। कलकत्ता में प्रशिक्षित भारतीयों ने औषध और शल्य-चिकित्सा में लाइसेंशिएट (किसी पेशे के लिए लाइसेंस या सनद प्राप्त व्यक्ति) की अर्हता प्राप्त की। एम.डी. (मेडिसिनेइ डॉक्टर, डॉक्टर ऑफ मेडिसिन) की डिग्री 1857 में कलकत्ता विश्वविद्यालय की स्थापना के बाद ही दी जाने लगी और आरंभ में उसकी संख्या बहुत क्षीण रही।[17] उस समय के महान पारसी उद्यमी जमशेद जी जीजीभाई की वित्तीय सहायता से स्थापित बंबई का ग्रांट मेडिकल कॉलेज भी इसी उद्देश्य की पूर्ति करता था। इस महाविद्यालय के आरंभिक प्रवेशकों में सबसे बड़ा जत्था पारसियों का ही था; 1846 और 1866 के बीच महाविद्यालय में प्रवेश पानेवालों में 40 प्रतिशत वे ही थे। ईसाइयों और हिंदुओं की संख्या भी अच्छी-खासी थी। माना जाता था कि पारसी और ईसाई चिकित्सा के पेशे में इसलिए जाना चाहते थे क्योंकि हिंदुओं को मानवीय शरीरों के चीर-फाड़ से अरुचि थी, लेकिन यदि वास्तव में ऐसी अरुचि थी भी तो जल्द ही उस पर काबू पा लिया गया। 1880 के दशक के मध्य तक ग्रांट मेडिकल कॉलिज के एक तिहाई छात्र सवर्ण हिंदू, विशेषतः ब्राह्मण-परिवार के थे। अधिकांश छात्र मध्यमवर्गीय पृष्ठभूमि से आते थे और इनमें व्यापारियों, सरकारी सेवकों और पेंशनयाफ़्ता लोगों के पुत्र थे।[18] 1880 के दशक तक तीन सौ से अधिक चिकित्सक महाविद्यालय से अर्हता प्राप्त कर निकले। या तो सरकारी सेवा अथवा निजी प्रैक्टिस के जरिए बंबई के चिकित्सा स्नातकों ने प्रान्त में अथवा पड़ोस की रियासतों में पाश्चात्य आयुर्विज्ञान के क्रमिक प्रसार में योगदान किया, हालाँकि 1882 की गणना

के अनुसार बंबई नगर की आबादी का मात्र दसवाँ हिस्सा ही पाश्चात्य आयुर्विज्ञान के अर्हता प्राप्त चिकित्सकों से उपचार करवाता था।[19]

बीसवीं सदी के तीसरे दशक तक संपूर्ण ब्रिटिश भारत में प्रांतीय (और 'अधीनस्थ') चिकित्सा विभागों में एक हजार भारतीय बतौर सहायक शल्य-चिकित्सक नियोजित किए गए और उनकी सहायता के लिए चार हजार उप-सहायक शल्य-चिकित्सकों की बहाली हुई। इसके विपरीत, 1855 में प्रतियोगिता परीक्षाओं के प्रारंभ होने के साथ आई एम एस में भारतीयों के लिए प्रवेश-द्वार खुल जाने के बावजूद सफल अभ्यर्थियों में बहुत कम इस सेवा में गए। इनमें एक था जी. एस. चक्रवर्ती जिसे चिकित्सा-प्रशिक्षण हेतु 1845 में लंदन भेजा गया था। वहाँ 1855 की परीक्षाओं में द्वितीय स्थान पाकर उसने आई एम एस में पदभार ग्रहण किया। उसके बाद वह कलकत्ता मेडिकल कॉलिज के क्लिनिकल (रोगी और रोग संबंधी) औषध और मैटेरिआ मेडिका (औषधशास्त्र) के अध्यक्ष पद पर रहा।[20] लेकिन भारतीयकरण के तीव्र यूरोपीय विरोध के कारण सिर्फ पचपन भारतीयों ने प्रथम विश्व-युद्ध के पहले सेवा में पदभार ग्रहण किया था और उनमें अधिकांश 1905 के बाद आए थे।[21] कुछ ही समय बाद सेवा के यूरोपीय सदस्यों द्वारा अपने को अवांछित और लांछित महसूस कर अनेक भारतीयों ने इस्तीफा दे दिया। मात्र सोलह वर्षों की सेवा के बाद बामनदास बसु ने 1907 में अस्वस्थता के आधार पर इस्तीफा दे दिया जबकि असली कारण यह था कि 'सैनिक साम्राज्यवादियों के साथ काम करने में उसके निजी और राष्ट्रीय स्वाभिमान को ठेस पहुँचती थी।'[22]

पूरी शताब्दी के अधिक भाग में आई एम एस के बाहर यूरोपीय चिकित्सकों की कमी के कारण भारत के चिकित्सा-व्यवसाय पर इस सेवा का आधिपत्य बना रहा। इसी प्रकार चूँकि आरंभ में यूरोप के भारतीय निवासियों (साथ ही अधिक संपन्न और पाश्चात्य जीवन-शैली अपनाए हुए भारतीय परिवारों) के बीच निजी चिकित्सा का बड़ा अंश आई एम एस के हाथ में था, इसलिए स्वतंत्र चिकित्सा-व्यवसाय के अभ्युदय की संभावना क्षीण बनी रही। सवर्ण हिंदुओं की वर्जनाओं अथवा भारत के अनेक हिस्सों में देशी आयुर्विज्ञान के लगातार प्रभाव के कारण भारतीय चिकित्सा-व्यवसाय का विकास धीमी गति से हुआ। इसका एक कारण यह भी था कि पाश्चात्य आयुर्विज्ञान चिकित्सा-व्यवसाय से जुड़े लोगों को अपनी जीवन-वृत्ति बेहतर बनाने और आर्थिक लाभ उठाने के बहुत सीमित अवसर मद्रास करता था। कानून और सरकारी सेवा के क्षेत्र अधिक लाभप्रद और प्रतिष्ठामूलक होने के कारण इसकी अपेक्षा अधिक तेजी से विकसित हुए। 1881 की जनगणना में मद्रास प्रेजिडेंसी में मद्रास शहर के बाहर 'शायद ही कोई' अर्हताप्राप्त निजी चिकित्सक (प्राइवेट प्रैक्टिशनर) था; 1900 ई. तक कलकत्ता, बंबई और मद्रास को मिलाकर उनकी

संख्या लगभग दो सौ थी और इनमें एक तिहाई भारतीय थे।[23] 1908 में सेक्रेटरी ऑफ स्टेट फॉर इंडिया (भारत राज्य के सचिव) लॉर्ड मार्ले ने स्वतंत्र चिकित्सा-व्यवसाय के मंद विकास पर अफसोस जाहिर किया क्योंकि इसके कारण आई एम एस के संपोषण के लिए राज्य पर भारी वित्तीय बोझ पड़ता था। इसके निदान के रूप में उसने आई एम एस में भारतीयों को अधिक संख्या में भरती करना और उसके अनेक वरीय पदों को समाप्त करना आवश्यक समझा ताकि निजी चिकित्सा-व्यवसाय को बढ़ावा मिल सके।[24] प्रथम विश्व-युद्ध प्रारंभ होने तक भारतीय चिकित्सा विद्यालयों और महाविद्यालयों में नामांकन में जैसे-जैसे तेजी आने लगी[25], भारतीय पुरुष और नारी अधिकाधिक संख्या में चिकित्सा-व्यवसाय अपनाने लगे और नगर पालिकाओं, स्थानीय परिषदों, व्यापारिक और राजकीय उद्यमों (जैसे, रेलवे, कारखानों और चाय बागानों) में नियोजन पाने और प्राइवेट प्रैक्टिस करने लगे। लेकिन यह अभी भी मुख्यतः मुख्य नगरों तक ही सीमित था; छोटे-छोटे शहर और जिले लोक-चिकित्सा, पुनः अनुप्राणित देशी आयुर्विज्ञान के चिकित्सकों और यत्र-तत्र बिखरे कुछ सार्वजनिक स्वास्थ्य-संस्थाओं के ही भरोसे थे।

भारतीय आयुर्विज्ञान से सामना

पाश्चात्य आयुर्विज्ञान के स्वतंत्र चिकित्सा-व्यवसाय के रूप में उभरने में देर का एक कारण था देशी आयुर्विज्ञान की सतत उपलब्धता और प्रत्यक्ष उपादेयता। देशी आयुर्विज्ञान (प्रौद्योगिकी के कुछ क्षेत्रों को छोड़कर) किसी भी अन्य विज्ञान की अपेक्षा अधिक पुराना और सांस्कृतिक दृष्टि से बद्धमूल रोग-निवारक विश्वासों और प्रचलनों का विज्ञान था और ब्रिटिश लोग इसकी अनदेखी नहीं कर सकते थे। हाल के वर्षों में इस पर खासी बहस हुई है कि पाश्चात्य और देशी आयुर्विज्ञानों के पारस्परिक प्रभाव का स्वरूप क्या था और किस हद तक दोनों एक-दूसरे के प्रतिद्वंद्वी अथवा पूरक रहे।

आरंभ में ब्रिटेनवासी आयुर्वेदिक, यूनानी, यहाँ तक कि लोकचिकित्सा-पद्धति के प्रति भी, कुछ सीमाओं के साथ, सहिष्णुता ही नहीं, प्रशंसा के भी भाव रखते थे। इसका एक कारण यह भी था कि रोगों की पहचान और उनके निदान के उपायों के मामले में अठारहवीं और आरंभिक उन्नीसवीं शताब्दियों के भारतीय और यूरोपीय आयुर्विज्ञान बहुत अंशों में मेल खाते थे। यह बात उनके त्रिदोष-विषयक रोग-विज्ञान (ह्यूमॅरल पॅथॉलॅजि) पर भी लागू होती थी। भले ही यूरोपीय चिकित्सक मानने से इनकार करते रहे हों, लेकिन यह सच्चाई थी कि पाश्चात्य आयुर्विज्ञान अभी भी अधूरा, अनुभव-आधारित विज्ञान था और इसके चिकित्सक व्यक्तिगत रूप से अपनी कुशलता और रामवाण दवाओं की चाहे जितनी तारीफ करते रहे

हों, जब हैजा और पेचिश जैसी बीमारियों के उपचार की बारी आती थी तो वे अपने को बिल्कुल असहाय महसूस करते थे। रोग प्रतिरक्षण विज्ञान (इम्यूनॅलॅजि) के सम्यक् बोध के अभाव में टीका जैसी उपयोगी चिकित्सा-विधि को भी वैज्ञानिक ढंग से व्याख्यायित नहीं किया जा सकता था। ब्रिटेनवासी अच्छी तरह समझते थे कि शताब्दियों के अनुभव, परीक्षण और अवलोकन से निर्मित देशी आयुर्विज्ञान, विशेषकर उसके समृद्ध औषधशास्त्र से बहुत कुछ उपयोग में लाने लायक बातें सीखी जा सकती हैं, लेकिन उनके पीछे निहित धार्मिक अनुसमर्थन और सांस्कृतिक जगत को जानने-समझने के लिए उनके पास समय नहीं था। आयातित दवाओं, जैसे मलेरिया के उपचार के लिए उपयोग किया जाने वाला 'पेरूवियन छाल' (सिंकोना), के महँगी और दुर्लभ होने के कारण उनके स्थानीय विकल्पों की खोज के लिए जबर्दस्त वित्तीय और रोग-निवारक प्रेरणाएँ क्रियाशील थीं। रॉक्सबर्ग तथा अन्य आरंभिक शल्य-चिकित्सक वनस्पतिशास्त्रियों के लिए इसने प्रमुख उद्दीपक का काम किया। ब्रिटिश चिकित्सक किसी हद तक प्राच्यग्रंथों और 'देशी ज्ञापकों' के बारे में पूछताछ कर पाश्चात्य ज्ञान की सीमाओं को विस्तार देने में लगे थे जो ठेठ प्राच्य प्रयोग था। 1814 में कोर्ट ऑफ़ डायरेक्टर्स भी इस खोज के साथ जुड़ गया और (भारत से प्राप्त प्रतिवेदन के आधार पर) इस तथ्य को रेखांकित किया कि संस्कृत में 'पौधों और दवाओं के गुणों और चिकित्सा में उनके उपयोग...की अच्छाइयों के अनेक लक्षण उपलब्ध हैं और उनका ज्ञान यूरोपीय चिकित्सकों के लिए वांछनीय है'।[26]

लेकिन उनका लहजा सतर्क, किंचित संशयपूर्ण भी था। सर विलियम जोंस ने इसमें संदेह प्रकट किया कि किसी भी एशियाई भाषा में 'आयुर्विज्ञान पर एक भी ऐसी मौलिक रचना है जिसे विज्ञान कहा जा सके', जो भी पुस्तकें उपलब्ध हैं उन्हें 'रोगों और उपचारों का मात्र अनुभव जन्य इतिहास' माना जा सकता है।[27] 1825 में 'ट्रैन् जैक्शंस ऑफ द मेडिकल एंड फिज़िकल सोसायटी ऑफ़ कलकत्ता' के संपादक ने टिप्पणी की कि पूरब के मैटेरिआ मेडिका (औषधशास्त्र) ने 'यूरोप के फ़ार्मेसी (औषध निर्माणशास्त्र) को दीर्घ योगदान किया है' (इसमें प्रयुक्त शब्दों से यूरोपीय आयुर्विज्ञान की श्रेष्ठता ध्वनित होती है) और यह मानने का कोई कारण नहीं कि पूरब का भंडार खत्म हो गया है तथापि, उसने इस बात पर विशेष बल दिया कि भारत के आयुर्विज्ञान का इतिहास 'उपयोगिता की अपेक्षा अभिरुचि' के अधिक उपयुक्त था। ऐसे में यह उम्मीद नहीं की जा सकती थी कि 'भारत के वैद्यों और हकीमों का अधूरा विज्ञान' यूरोप के बेहतर शिक्षित चिकित्सकों को किसी प्रकार की शिक्षा प्रदान कर सकेगा। इसके बावजूद 'उदार और संस्कृत मस्तिष्क के लिए विज्ञान की उन्नति और स्थिति सभी युगों और सारे परिवेशों में अभिरुचि के विषय होने ही चाहिए', और तदनुसार, सोसायटी ऑफ़ कलकत्ता ने भारत में

आयुर्विज्ञान के विगत और वर्तमान अस्तित्व पर प्रामाणिक स्रोतों से प्राप्त अथवा यथार्थ अवलोकन से व्युत्पन्न जानकारी पर किसी भी प्रकार की डाली जाने वाली रोशनी का स्वागत किया।[28]

जोंस की एक पीढ़ी के बाद लगभग 1810 और 1830 के बीच बेंजामिन हाइने और ह्वाइट ला ऐंस्लाई ने मद्रास में और एच.एच. विल्सन ने बंगाल में मूल आयुर्वेदिक ग्रंथों का अध्ययन शुरू किया। 1838 में जे. फॉर्बिस रॉयली ने 'ऐंटिक्विटि ऑफ़ हिंदू मेडिसिन' (हिंदू आयुर्विज्ञान की प्राचीनता) नामक पुस्तक लिखी। फिर 1845 में टी.ए. वाइज़ की पुस्तक 'कॉमेन्टरि ऑन द हिंदू सिस्टम ऑफ़ मेडिसिन' (आयुर्विज्ञान की हिंदू पद्धति पर टीका) प्रकाशित हुई। रॉयली के आंशिक अपवाद को छोड़कर इन लेखकों ने अपने विषय के प्रति आलोचनात्मक रवैया अपनाया, विशेषकर तब जबकि उन्होंने पाया कि ऐसा आयुर्विज्ञान जो प्राचीन काल में काफी विकसित था, बहुत पहले पतनगामी हो चुका था और अब उसके विकृत अवशेष ही रह गए थे। ऐंस्लाई मद्रास में भारत में औषधशास्त्र के व्यापक क्षेत्र और उपयोगिता से और उसके चिकित्सकों का कौशल देखकर प्रभावित तो हुआ, लेकिन उसने दो बिंदुओं पर हिंदू आयुर्विज्ञान की कड़ी निंदा की। एक तो यह कि यहाँ आयुर्विज्ञान धर्म से इस कदर गड्ड-मड्ड हो गया है कि आयुर्वेद को देवताओं का उपहार मानकर श्रद्धा की दृष्टि से देखा जाता है; 'यह एक ऐसा तथ्य है जो विकास के मार्ग में अलंघ्य बाधा बनकर खड़ा रहा है' और इसी कारण यह 'अभी भी अनुभव के अँधेरे गह्वर में पड़ा हुआ है।' द्वितीयतः, ऐंस्लाई ने इस पर अफसोस जाहिर किया कि प्राचीन आयुर्वेदिक ग्रंथों में वर्णित चीर-फाड़ की क्रिया (शल्य क्रिया) को लोग बिलकुल भूल बैठे हैं और उसके कारण आयुर्वेदिक चिकित्सक शरीर की आंतरिक क्रियाओं और विकारों से पूर्णतः अनभिज्ञ हैं।[29] वाइज़ ने भी प्राचीन भारत में ज्ञान की 'उन्नत स्थिति' की प्रशंसा की और (चिकित्सा-प्रणालियों के बहुलवाद की ओर संकेत करते हुए) आयुर्वेद को अपने ढंग की वैज्ञानिक 'पद्धति' मानी। परंतु, उसका यह भी मानना था कि अपनी प्राचीन उपलब्धियों से पूर्णतः अनभिज्ञ आधुनिक चिकित्सक आत्म-तुष्टि के शिकार हैं और वे शताब्दियों पूर्व प्राप्त...ज्ञान और सामर्थ्य से संतुष्ट रहकर प्राचीन ग्रंथों में जैसी 'अंधश्रद्धा' रखते हैं। उससे उसके विकास में 'घातक रूप में' बाधा पड़ रही है।[30]

इसके बावजूद, ऐसे समय में जबकि भारत के अन्य विज्ञान यूरोपवासियों के द्वारा लगातार उपेक्षा के शिकार हो रहे थे, भारतीय आयुर्विज्ञान में अनुसंधान जारी रखना पर्याप्त व्यावहारिक महत्त्व का प्रतीत होता था, वह अनुसंधान चाहे प्राचीन ग्रंथों के संपादन और अनुवाद के जरिए हो अथवा वैद्यों और हकीमों के साथ संपर्क के माध्यम से। जोर निरपवाद रूप से 'उपयोगी' ज्ञान पर था। 1826 में प्रकाशित ऐंस्लाई की रचना 'मैटीरिआ मेडिका' ने पहली बार यूरोप और एशिया

के औषधशास्त्रों के बीच ताल-मेल बैठाने का प्रयास किया।[31] बाद में 'ट्रांजैक्शंस ऑफ़ द मेडिकल एंड फ़िज़िकल सोसायटी ऑफ़ कलकत्ता' जैसी प्रबुद्ध पत्रिका में लिखे गए निबंधों, मूल ग्रंथों के अनुवाद (उदाहरणार्थ अठारहवीं सदी के हकीम शरीफ़ ख़ाँ द्वारा रचित 'तालीफ शरीफ' का जॉज प्लेफ़ेयर द्वारा 1833 में किया गया अनुवाद : 'तालीफ शरीफ' में भारतीय दवाओं का विवरण था) और 1844 में 'डब्ल्यू.बी.ओ.' शौगनेसी द्वारा संकलित 'बंगाल फ़र्माकॅपीआ' (औषध-कोश) का उद्देश्य भारत में, जहाँ सतर्क प्रयोगवादियों के लिए विशाल और समृद्ध क्षेत्र खुले पड़े हैं,[32] आयातित दवाओं के स्थानीय विकल्पों के लिए मार्ग-दर्शन करना और नये उपचारों की खोज को सुविधाजनक बनाना था। साथ ही उनके मन में भारतीय चिकित्सकों से सीधे तौर पर सीखने की चाहत भी थी। उदाहरणस्वरूप, ट्विनिंग ने बंगाल में मलेरिया-संबंधी 'प्लीहा के रोगों' का विशद अध्ययन किया। उसने उनके द्वारा उपयोग की जाने वाली दवाओं और रोगोपचारों पर गौर किया और स्थानीय प्रचलन का अनुसरण करते हुए सूजे हुए प्लीहों में छेद करने के लिए लोहे की सूइयों का प्रयोग किया। लेकिन अपने अधिकांश यूरोपीय समकालीनों की भाँति उसने मान लिया के पाश्चात्य आयुर्विज्ञान पहले से ही अधिक सुरक्षित वैज्ञानिक विधि का उपयोग कर रहा है और भारतीय चिकित्सक अपने उपचारों के प्रभाव के 'व्यावहारिक ज्ञान' तक सीमित हैं और इसके लिए आवश्यक समझ अथवा विवेचन-बुद्धि का उनमें अभाव है।[33]

ट्विनिंग का लेखन-काल 1820 और 1830 के दशक थे। उस समय तक अनेक यूरोपीय चिकित्सकों का विश्वास था कि वे भारतीय चिकित्सकों से खासकर यूरोप में अज्ञात किंतु भारत में व्याप्त रोगों के लिए देशी दवाओं और उपचार-विधियों के संबंध में बहुत कुछ सीख सकते थे। उन्नीसवीं सदी के आरंभ के भारत में पाश्चात्य रोग-निवारक व्यवसाय पर जिन कारकों का प्रभाव था उनमें देशी दवाएँ और प्रविधियाँ भी थीं। खासकर मलेरिया और हैजे के उपचार में चिकित्सक अनेक प्रकार के 'वीरोचित' उपाय काम में लाते थे। इन उपायों का देशी उपचारों से कुछ लेना-देना नहीं था, लेकिन वे इस विश्वास के साथ काम में लाए जाते थे कि उष्णकटिबंध में बीमारियों का प्रकोप जैसा भयावह होता था और वे जिस शीघ्रता के साथ प्राणांतक रूप धारण कर लेती थीं उसमें ऐसा 'साहस' दिखलाना आवश्यक था जो अधिक शीतोष्ण जलवायु में चिकित्सकों को 'आश्चर्यचकित कर दे'।[34] जाहिर है कि यूरोपीय चिकित्सक एक ओर तो भारतीय चिकित्सकों द्वारा संखिया और वत्सनाभ (एकॅनाइट) जैसी खतरनाक दवाओं के उपयोग की निंदा करते थे, दूसरी ओर वे स्वयं ऐसे आरोग्यकर हिंसा के कार्यों में संलग्न रहते थे जो स्थायी निदान की अपेक्षा मृत्यु-दर में वृद्धि करने वाले थे। उन्नीसवीं सदी के मध्य तक पाश्चात्य आयुर्विज्ञान ऐसे हताश उपचारों को त्यागने लगा था, लेकिन इसका अर्थ यह नहीं

था कि भारतीय आयुर्विज्ञान के साथ उसका मेल-मिलाप शुरू हो गया था। 1866 में 'इंडियन मेडिकल गजट' के प्रकाशन के समय से ही भारतीय निबंध-लेखकों की रचनाएँ उसमें छपने लगी थीं जिनमें मलेरिया, पेचिश और सूज़ाक जैसे एक-दूसरे से भिन्न रोगों में वैद्यों और हकीमों द्वारा प्रयोग की जाने वाली दवाओं के अंगीकरण पर जोर दिया जाता था,[35] इसके बावजूद विभिन्न संस्कृतियों वाले आरोग्यकर उपचारों के बीच आदान-प्रदान के प्रति ब्रिटिश उत्साह में भारी कमी आ गई थी। पाश्चात्य आयुर्विज्ञान अब अपने ज्ञान की श्रेष्ठता के प्रति अधिक आश्वस्त हो चला था। उसका मानना था कि देशी मूल ग्रंथों और ज्ञापकों से उसे जो कुछ लेना था, वह ले चुका है। भारत में सिंकोना बागान के संस्थापन के बाद सर्वाधिक महत्त्वपूर्ण दवाओं में से एक के स्थानीय विकल्प की खोज शिथिल पड़ गई और यूरोपीय आयुर्विज्ञान का ध्यान विदेशी मैटीरिआ मेडिका (भेषजशास्त्र) से हटकर वैज्ञानिक फर्माकॅलॅजि (औषधविज्ञान) और सक्रिय रासायनिक संघटकों के वियोजन पर केंद्रित हो गया।

इसके पूर्व भी लोक-चिकित्सा के विभिन्न रूपों और मूल ग्रंथों पर आधारित आयुर्वेदिक और यूनानी चिकित्सा की परंपराओं में अंतर दिखलाने के प्रयास नहीं किए जा रहे थे। 1837 में जे. आर. मार्टिन ने, जिसके चिकित्सीय आधार पर किए गए स्थलाकृति-निर्धारण ने पाश्चात्य आयुर्विज्ञान का ध्यान भारतीय आयुर्विज्ञान के साथ मिलन से हटाकर जलवायु और भू-दृश्य के प्रभाव के विवेचन पर केंद्रित किया, बिना किसी भेद-भाव के सारे भारतीय चिकित्सकों की उनकी 'निर्लज्जतापूर्ण वंचना' के लिए भर्त्सना की।[36] कुछ साल बाद चार्ल्स मोरहेड ने देशी आयुर्विज्ञान को उसके अनुयायियों का 'विवेकहीन, अंधविश्वासपूर्ण और प्रायः अपराधिक अनुभववाद की संज्ञा दी और उनके भ्रष्टकारी प्रभावों का प्रतिकार' नव-स्थापित ग्रांट मेडिकल कॉलिज के सर्वप्रमुख कर्तव्यों में एक माना। उसने घोषणा की कि उनका व्यवसाय पूर्णतः अवैज्ञानिक है और उसमें मुख्य रूप से 'तंत्र-मंत्र, ताबीजों और जादू-टोनों' का ही बोलबाला है।[37] इस खुली भर्त्सनात्मक प्रवृत्ति के यत्र-तत्र कुछ अपवाद भी थे। उदाहरणस्वरूप, 1860 और 1880 के दशकों के बीच पंजाब में हकीमों और उनके बेटों को पाश्चात्य आयुर्विज्ञान की सामान्य जानकारी देने का अभियान चलाया गया था। लेकिन उस समय ऐसी योजनाएँ विवादास्पद थीं और इन्हें कामचलाऊ तौर पर तभी तक के लिए अपनाया गया था जब तक पाश्चात्य आयुर्विज्ञान पर्याप्त संख्या में प्रशिक्षित कार्मिक और सांस्थानिक संसाधन न जुटा ले।[38]

इन सबके बावजूद दोनों आयुर्विज्ञानों के बीच आंशिक आदान-प्रदान और आत्मसातीकरण की प्रक्रिया जारी रही। महाराष्ट्र के भाऊ दाजी की जीवन-वृत्ति इसका ज्वलंत उदाहरण है। 1845 में ग्रांट मेडिकल कॉलिज में नियोजित दाजी सहायक शल्य-चिकित्सक बना, लेकिन कुछ ही समय बाद इस्तीफा देकर बंबई

में निजी प्रैक्टिस करने लगा। 1860 में उसने अपने भाई नारायण, जो स्वयं पाश्चात्य आयुर्विज्ञान का चिकित्सक था, के साथ मिलकर दातव्य औषधालय की स्थापना की जिसमें एक पारसी समाजसेवी से उसे भरपूर आर्थिक सहायता मिली। उसने ग्रांट मेडिकल कॉलिज और उसके प्रिंसिपल चार्ल्स मोरहेड के साथ घनिष्ठ संपर्क बनाए रखा और कॉलिज मेडिकल सोसायटी के लिए देशी दवाओं और अन्य चिकित्सा-संबंधी विषयों पर निबंध लिखता रहा। मोरहेड द्वारा देशी आयुर्विज्ञान की भर्त्सना के बावजूद 1852 में स्थापित कॉलिज मेडिकल सोसायटी चिकित्सा-संबंधी विशेषकर भारतीय दवाओं के विशेष गुणों और पाश्चात्य आयुर्विज्ञान में उनके उपयोग के बारे में जानकारियों के आदान-प्रदान का एक महत्त्वपूर्ण मंच था।[39] रॉयल एशियाटिक सोसायटी की बंबई शाखा के आरंभिक भारतीय सदस्यों में एक (और एक समय उसका उपाध्यक्ष) दाजी संस्कृत का भी प्रखर विद्वान था और उसने आयुर्वेदिक ग्रंथों के ज्ञान का उपयोग ऐसी देशी दवाओं के अनुसंधान में किया जो कुष्ठ रोग का उपचार कर सकें। अपनी खोजबीन के क्रम में उसने प्राचीन औषधि खस्टा का पता लगाया और अपने रोगियों पर इसका प्रयोग करने में विलक्षण सफलता पाई। लेकिन, 1874 में अपनी मृत्यु के पहले तक उसने इसका रहस्योद्घाटन नहीं किया और इसकी 'वैज्ञानिक' परख कभी नहीं हो पाई।[40] दाजी बिना किसी प्रत्यक्ष असंगति के पाश्चात्य आयुर्विज्ञान की जानकारी और प्रविधियों का भारतीय चिकित्सा-परंपरा से फिर से ससम्मान ग्रहण किए जाने लायक तत्त्वों के साथ ताल-मेल बैठाने का प्रयास करता रहा। कुष्ठ रोग से मुक्ति दिलाने में उसकी अभिरुचि भारतीय चिकित्सकों के इस विश्वास का संकेत देती थी कि भारत के औषधशास्त्र और आयुर्वेदिक ग्रंथ अभी भी ऐसे उपचारों की जानकारी दे सकते हैं जिनसे पाश्चात्य जगत बिल्कुल अपरिचित रहा है। 1860 के दशक में दाजी ने कुष्ठ रोग के उपचार पर जो प्रयोग किए थे उनके आधार पर पाश्चात्य चिकित्सकों द्वारा चार मोगरा तैल का अपनाया जाना और बीसवीं सदी के आरंभिक वर्षों तक बड़े पैमाने पर इसका उपयोग जारी रहना इस बात का स्पष्ट प्रमाण था कि आधुनिक औषधशास्त्र को देने के लिए भारत के पास अभी भी पारंपरिक ज्ञान का विपुल भंडार था।[41]

उन्नीसवीं सदी में पाश्चात्य और भारतीय आयुर्विज्ञान के बीच सर्वग्रहणशील और समन्वयात्मक आदान-प्रदान का एक अन्य उदाहरण कुनैन है। एंडिअन दक्षिण अमेरिका के सिंकोना वृक्ष के छाल से प्राप्त कुनैन की भारतीय आयुर्विज्ञान में कोई परंपरा नहीं थी और जब ब्रिटेनवासियों ने रोग-निरोधक और मलेरिया के उपचार के रूप में इसे लागू किया तो भारत में इसका व्यापक प्रतिरोध हुआ। माना गया है कि इसके लक्षण 'तापोत्तेजक' और पार्श्विक प्रभाव अप्रीतिकर हैं (इस कारण भारतीय ही नहीं, अनेक यूरोपीय भी इसके विरोधी थे)। तथापि, मलेरिया के उपचार में इसकी प्रभावकारिता ने देशी चिकित्सा-व्यवसाय में इसे अनौपचारिक स्वीकृति

दिलाई। 1960 के दशक में बंगाल में जिस 'बर्दवान ज्वर' का प्रकोप हुआ (मध्य बंगाल को अपनी चपेट में महामारी के रूप में लेने वाला मलेरिया 'बर्दवान जवर' कहलाता था), उसके उपचार के लिए बंगाली कविराजों द्वारा तैयार किया जाने वाला मिश्रण के एक आधारभूत संघटक के रूप में कुनैन का उपयोग किया जा रहा था। पंजाब में हकीम भी इसका व्यापक उपयोग कर रहे थे।[42] 1920 के दशक तक सब्सिडि (आर्थिक सहायता) देकर कुनैन को डाकखाने के माध्यम से बेचा जाने लगा ताकि देहात के गरीब लोग अधिक-से-अधिक इसका उपयोग कर सकें। भारी मात्रा में इसकी खरीद होने लगी और इसे देशी ज्वरनाशक औषधियों के घटक के रूप में शामिल कर मुनाफे पर बेचा जाने लगा।[43] लेकिन उल्लेखनीय है कि दूर देश में अपने उद्‌भव के बावजूद कुनैन पूर्ण रूप से अपवादात्मक नहीं था। विदेशी दवाओं में इसके उपयोग और समावेशन के पूर्व से ही भारतीय औषधशास्त्र में सर्वग्रहणशीलता की लंबी परंपरा रही थी। अतीत में आयुर्वेद ने यूनानी आयुर्विज्ञान से काफी कुछ ग्रहण किया था, उपदंश के उपचार के लिए अमेरिका से चिरायता (सार्‌सॅपॅरिला) और 1890 के दशक में आयुर्वेदिक दवाओं में काम में लाए जाने वाले मुख्य संघटकों में अनेक भारत की देशी उपज नहीं थं बल्कि वे मध्यपूर्व, पूर्वी अफ्रीका तथा मध्य और दक्षिण-पूर्व एशिया से आयातित किए गए थे।[44]

चेचक : वेरिॲलेशन से वैक्सिनेशन तक*

देशी चिकित्सा-संबंधी विचारों और प्रचलनों पर ब्रिटिश रवैए का क्या प्रभाव पड़ा, यह सर्वाधिक स्पष्ट रूप से चेचक के मामले में परिलक्षित होता है। यहाँ आलोचना का मुख्य निशाना वेरिॲलेशन की व्यापक लोक-चिकित्सा पद्धति थी, न कि आयुर्वेद अथवा यूनानी पद्धति। ब्रिटेनवासियों द्वारा भारत में लागू किए गए वैक्सिनेशन (जिसमें मूलतः काउपॉक्स से निकाले गए वैक्सीन का प्रयोग होता था) के विपरीत इसमें जिंदा चेचक द्रव्य द्वारा टीका दिया जाता था। उन्नीसवीं सदी के भारत में वैक्सिनेशन ऐसा भैषजिक हस्तक्षेप था जो कारगर होने का दावा करने के कारण व्यावहारिक महत्त्व का तो था ही, देशी चिकित्सा-व्यवसाय पर पाश्चात्य आयुर्विज्ञान की श्रेष्ठता के बढ़ते बोध को भी प्रमाणित करता था।

उन्नीसवीं सदी के मध्य से पाश्चात्य निरीक्षकों द्वारा वेरिॲलेशन के अनेक विवरण मिलते हैं। 1800 ई. के पूर्व लिखे गए अधिकांश विवरण इसका समर्थन करते हैं, लेकिन जेनर की वैक्सिनेशन विधि के चलन के बाद के विवरणों में इसकी

* वेरिॲलेशन और वैक्सिनेशन टीकाकरण की दो भिन्न पद्धतियाँ हैं। वेरिॲलेशन लोक-चिकित्सा पद्धति के रूप में भारत में ब्रिटिश आगमन के समय प्रचलित था। बाद में ब्रिटेनवासियों ने इसके स्थान पर वैक्सिनेशन पद्धति को यहाँ लागू किया।

तीखी आलोचना की गई है। 1767 में जे.एच. हॉलवेल ने लंदन में कॉलिज ऑफ़ फ़िज़िशंस को एक काफी विस्तृत और बहुचर्चित विवरण प्रदान किया। यह विवरण हॉलवेल के बंगाल प्रवास के दौरान किए गए निरीक्षण पर आधृत था। इसका उद्देश्य इनॉक्यूलेशन की सुरक्षा और प्रभावकता के बारे में ब्रिटेनवासियों को आश्वस्त करना था, क्योंकि कुछ ही समय पहले यह मध्यपूर्व से आया था और ब्रिटेन के लोग इसे संदेह की नजर से देखते थे। हॉलवेल के अनुसार वेरिॲलेटर्स 'ब्राह्मणों का एक विशेष कबीला' था जो हर साल उत्तर भारत से बंगाल में जनवरी या फरवरी में आता था क्योंकि यह चेचक फैलने का मौसम था। ये लोग प्रायः रोगियों की बाँह पर टीका देते थे। पहले वे चुने हुए हिस्से को कपड़ा से कुछ मिनट तक रगड़ते थे, फिर धातु के छोटे औजार से उस हिस्से में छेद करते थे और वेरिॲलस द्रव्य में रुई के गद्दे को सराबोर कर बाँह पर पट्टी बाँध देते थे। यह वेरिॲलस द्रव्य पिछले साल के इनॉक्यूलेशंस से उत्पन्न पस्ट्यूलूस (फुंसी या छाले) से लिया जाता था। हॉलवेल के अनुसार, 'वे कभी भी ताजे द्रव्य से टीका नहीं करते और न सहज रूप में हुई बीमारी से लिए गए द्रव्य से करते हैं, चाहे चेचक का प्रकोप सामान्य ही क्यों न हो।' पुराना पड़ जाने के कारण दुर्बल हो गया विषाणुज द्रव्य का उपयोग रोग के दुबारे आक्रमण को भयावह होने से बचाता था और रोग-निरोधक क्षमता भी पैदा करता था। टीका देने वाले (वेरिॲलेटर्स) जिस सावधानी के साथ गर्भवती महिलाओं, अरक्षित वयस्कों और चेचक से आक्रांत होने की संभावना वाले अन्य व्यक्तियों को टीकाकरण से अलग रखते थे उस पर हॉलवेल ने अपने विवरण में विशेष बल दिया और टीका (इनॉक्यूलेशन) से उत्पन्न ज्वर की रोक के लिए ठंडे जल के डूश (स्नानार्थ या चिकित्सार्थ शरीर के ऊपर या अंदर जलधारा का प्रक्षेप) के 'शीतल पथ्य' और 'शीतलता प्रदान करने वाले' खाद्य एवं पेय पदार्थों के उपयोग की प्रशंसा की। हॉलवेल ने अपने पाठकों को आश्वस्त किया कि वेरिॲलेशन से उत्पन्न चेचक मंद होता है, फुंसियों की संख्या कम होती है और रोग के महामारी का रूप लेने अथवा टीका लेने वाले व्यक्तियों के मौत की संभावना क्षीण होती है। बंगाल में प्रतिवर्ष 'बड़ी संख्या में' टीके (इनॉक्यूलेशन) लगाए जाते थे, लेकिन 'यह प्रचलन न तो स्वाभाविक रूप में होने वाली बीमारी की सांघातिकता बढ़ाता है, न संक्रमण फैलाता है, जैसा कि यूरोप में आमतौर पर मान लिया जाता है'।[45]

यद्यपि हॉलवेल और उसके समकालीन सही-सही बतलाने में असमर्थ थे कि भारत में उस समय वेरिॲलेशन किस पैमाने पर प्रचलित था, बाद में उपलब्ध प्रमाण से जाहिर होता है कि बंगाल और आसपास के क्षेत्रों में आबादी के कम-से-कम साठ प्रतिशत लोग इस विधि से बचाए जाते थे। वेरिऑलेशन ऐसा हुनर था जिसे सिर्फ हॉलवेल द्वारा चिह्नित ब्राह्मण ही नहीं, दूसरी जातियों के लोग भी उपयोग

में लाते थे और इसका चलन बंगाल के अतिरिक्त उत्तर भारत के कुछ अन्य भागों में भी था। स्वयं ब्रिटिश लोगों ने अठारहवीं सदी के अंतिम चरण में कलकत्ता और अन्यत्र इसका चलन शुरू किया क्योंकि उन्हें विश्वास था कि भारत के सर्वाधिक भयावह और सांघातिक रोगों में से एक चेचक से वे इसके द्वारा अपना बचाव कर सकेंगे। ऐसा भी नहीं था कि ब्रिटेनवासियों द्वारा 1802 में वैक्सिनेशन का चलन भारत में शुरू किए जाने के बाद वेरिॲलेशन की विधि जल्द ही समाप्त हो गई। 1850 में भी सिर्फ कलकत्ता में 42 टीकादारों (इनॉक्यूलेटर्स) के होने की सूचना थी और इसे गैरकानूनी घोषित करने तथा इसके बदले वैक्सिनेशन लागू करने के आरंभिक प्रयासों को आंशिक सफलता ही मिली।[46] फिर भी वेरिॲलेशन पर ब्रिटिश चिकित्सकों का प्रहार लगातार बढ़ता रहा। 1831 में डॉक्टर डब्ल्यू. कैमरॅन ने टीकादारों को इस बात के लिए दोषी ठहराया कि कलकत्ता और उसके पार्श्ववर्ती क्षेत्रों में चेचक महामारी के रूप में फैलता रहा है और वे वैक्सिनेशन के बारे में 'झूठी बातों और हास्यास्पद कहानियों' का प्रचार कर रहे हैं। 1850 के स्मॉलपॉक्स कमीशन (चेचक आयोग) ने वेरिॲलेशन की तुलना सती प्रथा और शिशु-हत्या से करते हुए घोषणा की कि 'इस खूनी व्यापार' पर रोक लगाने का समय आ गया है।[47]

1870 और 1880 के दशकों में वैक्सिनेशन के अधिनियमों में वेरिॲलेशन को अवैध घोषित करने और वैक्सिनेशन को नगरपालिका और छावनियों जैसे नामित क्षेत्रों में अनिवार्य बनाने के लिए और भी ठोस कार्रवाई की गई। लेकिन 1860 के दशक में भी बंगाल के सुपरिंटेंडेंट-जेनरल ऑफ़ वैक्सिनेशन (वैक्सिन के महा-अधीक्षक) टी.ई. चार्ल्स जैसे लोगों का मानना था कि वेरिॲलेशन की बुराइयों को बढ़ा-चढ़ाकर आँका गया है। उसका विश्वास था कि यह कदाचित ही टीकाकृत लोगों में महामारी फैलने अथवा मृत्यु-दर बढ़ने का कारण है और जब तक वैक्सिनेशन का व्यापक प्रचलन नहीं हो जाता तब तक बड़ी आबादी के बचाव का यह महत्त्वपूर्ण साधन है। उसने यह भी सुझाव दिया कि टीकादारों (वेरिॲलेटर्स) को अनुज्ञप्ति प्रदान कर उन्हें राज्य के नियंत्रण में रखा जाए। सरकार को यह प्रस्ताव मंजूर नहीं था, लेकिन राज्य के वैक्सिनेशन कार्यक्रम को आगे बढ़ाने के लिए 1870 के दशक में बंगाल में पूर्व के अनेक टीकादार भरती किए गए। फिर भी, यह शंका बनी रही कि ये टीकादार प्रच्छन्न रूप से वेरिॲलेशन विधि को ही काम में लाते हैं।[48] अंततोगत्वा टीकादारों को सहयोजित कर, उनके व्यवसाय को अवैध घोषित कर, वैक्सिनेशन को अधिक सुलभ बनाकर और उसके प्रति आरंभिक प्रतिरोध पर काबू पाकर ब्रिटिश लोग उन्नीसवीं सदी के अंत तक व्यापक प्रचलन वाले वेरिॲलेशन को समूल नष्ट करने में सफल हो ही गए।

वेरिॲलेशन, वैक्सिनेशन के प्रतिरोध का एकमात्र कारण नहीं था। चेचक को हिंदू देवी शीतला के साथ जोड़कर देखा जाता था। लोग मानते थे कि यह

देवी चेचक के ज्वर और फोड़े-फुंसियों के माध्यम से अपनी विस्मयकारी उपस्थिति का एहसास कराती है और इसीलिए गीतों, भजनों, प्रार्थनाओं, मनौतियों, चढ़ावों और शीतल औषधियों के द्वारा इसकी 'बाधा' से मुक्ति के प्रयास किए जाते थे।[49] शीतला की पूजा टीकादारों के हुनर का अभिन्न अंग तो नहीं थी, किंतु वेरिअॅलेटर्स अपना काम शुरू करने से पहले सहायता के लिए कायदे से उसका आह्वान करते थे। इसके विपरीत, वैक्सिनेशन के बारे में आम धारणा थी कि वह अधार्मिक है और शरीर के तरल पदार्थ का एक व्यक्ति से दूसरे व्यक्ति में अशोधित संक्रमण घिनौने रूप से अपवित्रकर है। इस अपवित्रीकरण की भावना से वैक्सिनेशन के प्रति उपजी आशंका और गहरी हुई और इस अफवाह को हवा मिली कि ब्रिटिश टीकेदार और उनके सहायक निजी स्वार्थ और कटुता के कारण भारतीयों पर अपनी 'छाप' (टीका) लगाना चाहते हैं। इस प्रकार, बाद में हैजा और प्लेग के नियंत्रण के लिए अपनाए गए उपायों की भाँति वैक्सिनेशन भी चिकित्सा के मामले में औपनिवेशिक हस्तक्षेप के सांस्कृतिक प्रतिरोध का महत्त्वपूर्ण मुद्दा था।[50]

इसके बावजूद, ब्रिटिश परिप्रेक्ष्य में चेचक एक ऐसा भयानक रोग था जिसकी उपेक्षा नहीं की जा सकती थी। यूरोपीय सैन्य और नागरिक अधिकारों को उससे बचाने के लिए उसको नियंत्रित करने के कारगर उपायों को अपनाना आवश्यक था। आरंभ में यह भी (यद्यपि भ्रांतिपूर्ण) उम्मीद की गई कि हिंदू गाय को पवित्र मानते हैं इसलिए वे उसके उत्पाद के रूप में वैक्सिनेशन का स्वागत करेंगे और इसे ब्रिटिश शासन की सदाशयता का एक विलक्षण प्रमाण मानेंगे। 1798 में जेनर ने रोग-निरोधी प्रभाव वाले काउपॉक्स वाले टीका (इनॉक्यूलेशन) की खोज की और जब 1802 में उसे भारत में लाया गया तो यहाँ यूरोपवासियों ने तेजी से इनॉक्यूलेशन के बदले वैक्सिनेशन को अपनाया। अनेक भारतीयों द्वारा वैक्सिनेशन के अस्वीकरण को औपनिवेशिक चिकित्सकों ने उनकी भ्रष्टता, दुराग्रहपूर्ण कृतघ्नता, प्राचीन प्रचलनों के प्रति अंधभक्ति और हिंदू धर्म के अपमानजनक प्रभावों का प्रमाण माना।[51] फिर भी, जैसा कि कई अन्य आयातित प्रौद्योगिकियों के संबंध में हुआ था, ब्रिटेनवासी वैक्सिनेशन को स्थानीय संस्कृति और पर्यावरण के अनुरूप ढालने के लिए बाध्य हो गए। भारतीयों द्वारा इसे स्वेच्छापूर्वक अंगीकार कर लेने की प्रतीक्षा करने के बदले राज्य को स्वीकार करना पड़ा कि उसे इसके प्रसार पर होने वाला व्यय स्वयं वहन करना होगा और इसके टीकादारों का एक उपयुक्त अभिकरण बनाना पड़ेगा। इस अभिकरण का स्वरूप ब्रिटिश भारत के एक भाग से दूसरे भाग में भिन्न था। बंगाल में सार्वजनिक औषधालयों का सहारा लिया गया और पूर्व के वेरिअॅलेटर्स को वैक्सिनेशन के पक्ष में करने के प्रयास किए गए जबकि बंबई में वैक्सिनेशन को सीधे आम लोगों तक ले जाने के प्रयत्न हुए। 1827 में पूरे प्रांत को चार वैक्सिनेशन अंचलों में बाँटा गया और प्रत्येक में यूरोपीय पर्यवेक्षण के अधीन भारतीय

टीकादारों की अपनी टीम रखी गई। टीकादार अपने अंचल के प्रत्येक गाँव में साल में कम-से-कम एक बार अवश्य जाते थे और अधिक-से-अधिक बच्चों को मुफ्त में टीका देते थे। बाद में पंजाब, मद्रास और अन्यत्र यह योजना शुरू की गई। कार्यक्रम के दौरान पाया गया कि साल के कुछ महीनों में गर्मी और नमी बढ़ जाने के कारण टीका के निशान 'दुर्गंधपूर्ण पपड़ीदार फोड़े' का रूप धारण कर लेते थे। ऐसे मौसमों में भारत में वैक्सिनेशन अव्यावहारिक हो जाता था। कई दशकों के प्रयोग के बाद ही आरंभ में ब्रिटेन से आयातित होने वाले वैक्सिन (टीका द्रव्य) की गुणवत्ता भारतीय स्थितियों के अनुकूल हो पाई और इसका उत्पादन पर्याप्त मात्रा में स्थानीय स्तर पर किया जाने लगा। टीकाकरण की विधि बदल गई। एक बाँह से दूसरी बाँह में टीका लगाने के बदले पिंडलियों से लिए गए तरल द्रव्य अथवा लैनोसिन (मलहम आदि के काम में आने वाली भेड़ के ऊन की वसा) या ग्लिसरिन में परिरक्षित लसीका (लिंफ) के द्वारा टीकाकरण अधिक कारगर तो था ही, कम कष्टदायक भी था और शरीर के तरल द्रव्य का सीधा संचारण न होने के कारण सांस्कृतिक दृष्टि से भी अधिक स्वीकार्य था। उन्नीसवीं सदी के उत्तरार्द्ध तक वैक्सिनेशन पाश्चात्य आयुर्विज्ञान के भारतीय चिकित्सकों और भारत के मध्यवर्ग के विशिष्ट सदस्यों द्वारा बंबई जैसे नगरों में प्रभावी समर्थन पाने लगा था।[52]

इन तकनीकी संशोधनों और भारत द्वारा वैक्सिन (टीका द्रव्य) के पर्याप्त मात्रा में उत्पादन के फलस्वरूप वैक्सिनेशन बड़े पैमाने पर होने वाले चेचक की आवश्यकताओं को पूरा करने में सक्षम हो गया। 1850 में ब्रिटिश भारत में जहाँ मात्र 3,50,000 टीके दिए गए वहीं 1877 में यह संख्या बढ़कर पैंतालीस लाख हो गई और तब तक पूर्णकालिक टीकादार 2500 की संख्या पार कर चुके थे। 1890 के दशक तक टीकाकरण की संख्या 80 लाख और बीसवीं सदी के आरंभिक वर्षों तक 90 लाख तक पहुँच गई।[53] अनेक प्रांतों में कुल बच्चों की संख्या के एक तिहाई से आधे हिस्से तक को टीका दिया जाने लगा था; बंबई में तो यह संख्या 80 प्रतिशत थी। फिर भी, कुल बच्चों की संख्या का पाँचवाँ हिस्सा अभी भी अरक्षित रह जाता था और 1877 में बंबई में तथा भारत सरकार द्वारा 1880 में नामित क्षेत्रा में कानून द्वारा वैक्सिनेशन को अनिवार्य बना दिए जाने के बावजूद एक अच्छे-खासे हिस्से में चेचक के ताजे प्रकोप का खतरा बना रहता था। तथापि, औपनिवेशिक काल में भारत के व्याधिमूलक पर्यावरण के अति महत्त्वपूर्ण संशोधनों और भैषज हस्तक्षेप के अनूठे उपायों में से एक के रूप में वैक्सिनेशन ने 1914 तक चेचक से होने वाली मृत्यु-दर को काफी कम कर दिया। महामारियों की प्रायिकता और तीव्रता घट गई और यद्यपि चेचक पर 'विजय' प्राप्त नहीं हुई थी और यह 1970 के दशक तक अपराजित रहा, प्रथम विश्व युद्ध के आरंभ होते-होते यह पचास साल पहले जैसा भारत में मृत्यु का महत्त्वपूर्ण कारण नहीं रह गया था।

वेरिॲलेशन के प्रति ब्रिटेनवासियों के रुख से जाहिर होता है कि पाश्चात्य आयुर्विज्ञान किस हद तक भारतीय चिकित्सा व्यवसायों और विश्वासों से ग्रहण करने की प्रवृत्ति से आगे जाकर उसके साथ मुकाबला करने में सक्षम था। तथापि, उन्नीसवीं सदी के औपनिवेशिक आयुर्विज्ञान का ध्यान मुख्य रूप से सांस्कृतिक संलग्नता से हटकर भारतीय पर्यावरण का सामना करने पर केंद्रित रहा। शीतला वाले इस देश की सांस्कृतिक स्थिति भले ही विलक्षण रूप से भिन्न रही हो, बीमारी के रूप में चेचक के प्रति नजरिया यहाँ भी लगभग वही था जैसा कि यूरोप में। इसके विपरीत, भारत में प्रचलित अनेक व्याधियों के बारे में माना जाता था कि वे अपना विशिष्ट चरित्र और असाधारण मारक क्षमता भारतीय जलवायु और भूदृश्य के निरालेपन से ग्रहण करते हैं। हिंदुओं की तीर्थयात्रा और स्नान पर्व सरीखे धार्मिक अनुष्ठानों और प्रथाओं को कुछ व्याधियों, जैसे हैज़ा, में पर्यावरणीय विलक्षणताओं—जैसे मानसून—के प्रभाव को और गहरा करने वाला माना जाता था। 'गर्म जलवायुओं' के शारीरिक और व्याधिमूलक प्रभावों के भौगोलिक सर्वेक्षणों और विवरणों के आधार पर भारत को ऐसे खतरनाक, अनजान और पराए मुल्क के रूप में चित्रित किया जाता था जहाँ के 'शीतोष्ण जलवायु' वाले पर्वतीय विश्राम-स्थल भी गोरों के स्थायी निवास के लायक नहीं थे।[54] यद्यपि व्याधियाँ देश और काल की सीमाओं से परे होती हैं, भारत में उनका स्वरूप अज्ञात और उग्र प्रतीत होता था। इसलिए आयुर्विज्ञान के सिद्धांत और आचरण स्थानीय स्थितियों के अनुरूप 'संशोधित' कर लिए जाते थे और इसके फलस्वरूप औपनिवेशिक और मेट्रोपोलिटन आयुर्विज्ञानों के बीच कभी-कभी गहरी खाई पैदा हो जाती थी।

यह धारणा प्राचीन काल से चली आ रही थी कि भौतिक पर्यावरण मानवीय स्वास्थ्य और व्याधियों पर गहरा प्रभाव डालते हैं। यूरोप में ईसा के छठी शताब्दी पूर्व हिप्पोक्रैटिज की रचनाओं में इसके संकेत मिलते हैं और भारत में आयुर्वेदिक चिकित्सा-विज्ञान में पर्यावरणीय नियतिवाद एक स्थापित अवधारणा रहा है।[55] यद्यपि इस बात का प्रमाण नहीं मिलता कि उन्नीसवीं सदी के ब्रिटिश चिकित्सा-लेखक इस देशी परंपरा से भलीभाँति अवगत थे, स्वास्थ्य की दृष्टि से किसी स्थान-विशेष के जलवायु की अनुकूलता या प्रतिकूलता के संबंध में अपने विचारों के समर्थन में उनके द्वारा दिए गए भारतीय मत के उदाहरण यत्र-तत्र अवश्य मिलते हैं। 1748 में मांटेस्क्यू की रचना 'द ला'एस्प्रित दे लुई' प्रकाशित हुई। इसी के आसपास मौसम, उद्भिज, नदियों, दलदलों और अन्य भौतिक अथवा पर्यावरणीय कारकों के साथ व्याधियों, विशेषकर महामारियों के प्रकोप के संबंध-निर्धारण के लिए मेडिकल टपॉग्राफ़ी (चिकित्सा की दृष्टि से स्थलों का भौगोलिक निर्धारण पद्धति) का विकास

हुआ। इनके फलस्वरूप अठारहवीं और उन्नीसवीं सदी के आरंभिक वर्षों के यूरोप में नव-हिप्पोक्रैटिज वादियों और पर्यावरणवादियों की भूमिका अधिक प्रभावकारी सिद्ध हुई।[56]

भारत के आरंभिक, यहाँ तक कि 1790 के दशक तक के चिकित्सा वृत्तांतों में नाविकों की बीमारियों, भ्रमणशील बेड़ों और समुद्रतटीय चौकियों का जो विवरण मिलता है उससे जाहिर है कि भारत के साथ ब्रिटेन का संबंध बाह्य, मूलतः सामुद्रिक था।[57] लेकिन 1800 के बाद ब्रिटिश शासन जैसे-जैसे सुदृढ़ होता गया, चिकित्सक भारतीय व्याधियों के अधिक क्रमबद्ध विवरण संकलित करने और उन्हें वेस्टइंडीज तथा दूसरे 'गर्म' अथवा 'उष्णकटिबंधी' जलवायुओं के अनुभव से जोड़ने लगे। इस संबंध में 1813 में जेम्स जॉन्सन की पहली बार प्रकाशित रचना 'द इन्फ्लुअंस ऑफ़ ट्रॉपिकल क्लाइमेट्स, मोर इस्पेशलि द क्लाइमेट ऑफ़ इंडिया, ऑन यूरोपीअन कॉन्स्टिट्यूशन' का विशेष महत्त्व रहा। इसमें लेखक ने व्याधियों की जलवायु-जन्यता और उष्णकटिबंधों में यूरोपवासियों की उनके प्रति अतिसंवेदनशीलता दोनों पर जोर दिया। यह रचना लंबे अरसे तक स्तरीय मानी जाती रही और 1856 में इसका संशोधित संस्करण प्रकाशित हुआ।[58] उस समय तक भारत के संबंध में जॉन्सन से अधिक अनुभव रखने वाले चिकित्सक यूरोप और वेस्टइंडीज से गृहीत मेडिकल टॅपॉग्रफ़ि की धारणाओं का उपयोग भारतीय व्याधियों की जानकारी बढ़ाने और उनसे भारतीयों और यूरोपवासियों दोनों के आक्रांत होने की विधि जानने में करने लगे। 1820 के दशक के अंत तक कलकत्ता मेडिकल एंड फिजिकल सोसायटी की पत्रिका 'ट्रैनज़ैक्शंस' (और बाद में बंबई में इसका समनाम) में मेडिकल टॅपॉग्रफ़ि पर धारावाहिक निबंध प्रकाशित हुए जिनमें अधिकांश का संकलन तत्कालीन भूगर्भशास्त्रीय सर्वेक्षणों की भाँति सरकारी कर्तव्यों के निष्पादन में की गई यात्राओं के दौरान अथवा सैन्य प्रयाणों के क्रम में किया गया। इनमें मद्रास और बंगाल की व्याधियों के अधिक विशद विवरण के साथ-साथ भारत के व्याधिजन्य, पर्यावरण, विशेषकर विभिन्न प्रकार के 'ज्वरों' (जिनमें अधिकांश संभवतः मलेरिया से संबद्ध होते थे) का आरंभिक मानचित्रण भी शामिल होता था।

1820 के दशक में मद्रास के जेम्स एनीस्ली ने दावा किया कि भारत में आयुर्विज्ञान को 'विवेकसम्मत आधार' तभी मिल सकता है जबकि जलवायु, मौसम और व्याधियों के भौगोलिक वर्गीकरण पर समुचित ध्यान दिया जाए। मद्रास प्रेज़िडेंसी पर उसके अपने 'स्थलाकृतिक और सांख्यिकीय प्रतिवेदन' इस विचार को व्यवहार में उतारने के प्राथमिक प्रयास थे।[59] 1835 में जेम्स रेनाल्ड मार्टिन ने कलकत्ता में स्थानीय चिकित्सा-स्थलाकृतिक प्रतिवेदनों (मेडिको-टॅपॉग्रफ़िकल रिपोर्ट्स) की शृंखला के लिए सरकारी अनुमोदन हासिल किया। इन प्रतिवेदनों में फ्रांसिस ब्यूकानन जैसे लोगों द्वारा पूर्व में किए गए सर्वेक्षणों को सुव्यवस्थित और विस्तारित किया

गया। मार्टिन की 1837 में प्रकाशित 'नोट्स ऑन द मेडिकल टॅपॉग्रफ़ि ऑफ़ कलकत्ता' ने इस विधा को परिभाषित करने में सहायता की और उसके तुरत बाद जॉन मैकोश की 'टॅपॉग्रफ़ि ऑफ़ असम' (1837), रॉबर्टरैंकिन की 'नोट्स ऑन द मेडिकल टॅपॉग्रफ़ि ऑफ़ द डिस्ट्रिक्ट ऑफ़ सारण' (1839) जैसी रचनाएँ प्रकाशित हुईं। ऐसी रचनाएँ शताब्दी के उत्तरार्द्ध में भी प्रकाशित होती रहीं और बाद में उनका स्थान जिला गैज़िटिअर्स (भौगोलिक शब्दकोश, स्थान-विवरणिका) ने ले लिया। उन्होंने विशाल फलक अपनाया जिसमें भूगर्भशास्त्र, जलवायु, उद्‌भिज, आहार, व्याधि और देशी चिकित्सा जैसी अनेक चीजें शामिल थीं। यह शल्य-चिकित्सकों की व्यापक वैज्ञानिक अभिरुचियों का संकेतक तो था ही, भारतीय पर्यावरण के निदर्शन और अनुसंधान के लिए आयुर्विज्ञान की केंद्रीय भूमिका का भी बोधक था। चिकित्सा-अभिकरण सैनिक आवश्यकताओं से गहरे रूप से जुड़ा था और इस दृष्टि से सेना (और बंदीगृहों) में बीमारी संबंधी आँकड़े एनिस्ली जैसे चिकित्सा-सांख्यिकीविदों को आवश्यक जानकारी प्रदान करने के प्रमुख स्रोतों में एक थे। मेडिकल टॅपॉग्रफ़ि से एक लाभ यह भी था कि सैनिक बैरक अपेक्षाकृत स्वास्थ्यकर स्थान पर ले जाए जा सकते थे अथवा सेना के प्रयाण-मार्ग अस्वास्थ्यकर दलदलों और जंगलों से दूर रखा जा सकता था। इससे यूरोपीय सैन्यदल की मृत्यु और रुग्णता की ऊँची दर को नियंत्रित करने में मदद मिलती थी। इसके अतिरिक्त, यह रोगियों और अपंग सैनिकों तथा समतल मैदानों की गर्मी और बीमारियों से बचाव के लिए चिंतित यूरोपीय नागरिक सेवाकर्मियों के लिए आरोग्यशालाओं की खोज करने हेतु नीलगिरि से हिमालय तक भारतीय अधित्यका के सैनिक सर्वेक्षण में भी सहायक था।[60] यद्यपि ऐसी बीमारियों पर अधिक ध्यान दिया जाता था जो यूरोपीय स्वास्थ्य के लिए खतरनाक थीं, मेडिकल टॅपॉग्रफ़ि से वैसे रोगों के बारे में भी जानकारी मिलती थी जो यूरोपवासियों को कदाचित ही प्रभावित करते थे और पर्यावरणीय कारकों से जिनके संबंध स्पष्ट नहीं थे। हिमालय की तराई में गलगण्ड और शल्य-चिकित्सक भूगर्भशास्त्री जॉन मैक्लीलैंड द्वारा बंगाल और उत्तर-पश्चिम प्रांतों के 'मेडिकल टॅपॉग्रफ़ि' में उसकी रचना पर विचार-विमर्श इसका जवलंत उदाहरण था।[61]

जलवायु और भौगोलिक स्थान-विवरण (टॅपॉग्रफ़ि) से भारत के प्रति एक नए, अधिक निंदात्मक रुख को बढ़ावा मिला। बंगाल के प्रति यह रुख अधिक उजागर हुआ, वही बंगाल जो कुछ दशक पूर्व ही विलक्षण प्राचुर्य का प्रदेश, भारत का ईडेन (अदन, सुखमय स्थल) माना गया था। 1770 का अकाल, उसके बाद हैजे और मलेरिया की महामारियाँ और देशी वस्त्रोद्योग का ह्रास जैसे कारक तो बंगाल की छवि लगातार धूमिल कर ही रहे थे, मेडिकल टॅपॉग्रफ़ि ने भी इसका जैसा चित्रण किया वह कम निराशाजनक नहीं था। उस समय आम समझ यह थी कि मलेरिया विषाक्त वाष्प के कारण पैदा होता है। इस धारणा का हवाला देते हुए पी.एफ़.

स्ट्रांग ने 1830 के दशक में स्वीकार किया कि वह 'मलेरिया' होने के सही कारणों की व्याख्या तो नहीं कर सकता, लेकिन इसमें संदेह नहीं है कि 'इसका व्यापक प्रकोप बंगाल के उन सारे भागों में होता है जिनमें जंगल साफ नहीं किए गए हैं, जहाँ से जल निकासी नहीं की गई है और जो साफ-सुथरे नहीं रखे गए हैं'। कलकत्ता के चारों ओर भी 'मलेरिया पैदा करने वाले सारे आवश्यक तत्त्व—झीलें, दलदल भरे स्थल, पेड़ों से लकदक जंगल...अवरुद्ध जल, गंदे पोखरे और हर तरह के छोटी घासों के जंगल'—मौजूद थे। ये यारे तत्त्व जलवायु की स्वाभाविक गर्मी और नमी 'मलेरिया के विष' की लगातार आपूर्ति करते थे। इनके अतिरिक्त, जब जलवायु में 'अप्राकृतिक अथवा आकस्मिक परिवर्तन' होते थे अथवा जब 'समुद्र या नदियों में सैलाब' उमड़ता था तो व्याधि और मौत पूरे प्रांत को अपने आगोश में ले लेती थी।[62] जेम्स टेलर ने 1840 में ढाका के अपने विवरण में ऐसे ही पर्यावरणीय प्रभावों को चिह्नित किया जो देहातों में 'बड़े पैमाने पर मलेरिया पैदा करते थे'। हर साल जब सितंबर में बाढ़ का पानी घट जाता था उस समय से लेकर देर नवंबर तक मलेरिया का भीषण प्रकोप रहता था और कुछ इलाके तो इससे इस कदर ग्रस्त हो जाते थे कि वहाँ के बाशिंदे 'निरंतर ज्वर की स्थिति में' रहते थे। वहाँ के निवासियों पर 'इस अंधकार मय क्षेत्र' और 'इसके अनिष्टकर वातावरण' के पड़ने वाले प्रभाव उनके फीके, पीले चेहरे, सूजे हुए शरीर और पिचके, झुर्रीदार अंगों से साफ-साफ झलकते थे।[63] ट्विनिंग ने भी बंगालियों का चित्रण ऐसे ही अस्वास्थ्यकर प्रदेश के निवासियों के रूप में किया और उनकी तुलना में उत्तर भारत के निवासियों को शारीरिक गठन की दृष्टि से 'अधिक ताकतवर और हृष्ट-पुष्ट प्रजाति वाला माना'। उसके अनुसार इस अंतर का एक कारण तो यह था कि बंगालियों का मुख्य आहार चावल है, लेकिन अन्य कारणों की चर्चा करते हुए उसने कहा कि 'जलवायु नम और स्वास्थ्य के प्रतिकूल है, बरसात का मौसम लंबा होता है, वातावरण दलदलों से निकलने वाले वाष्प से दूषित रहता है और जिले नदियों और सँकरी खाड़ियों से कटे-बँटे हैं।'[64]

चिकित्सा की दृष्टि से बंगाल और बंगालियों का यह निषेधात्मक निरूपण 1850 के दशक के मध्य से 'बर्दवान ज्वर' के विस्फोट से और भी तीव्र हुआ। 'बर्दवान ज्वर' लंबी अवधि वाली महामारी था (इसके मलेरिया होने की अधिक संभावना थी) जिससे बड़ी संख्या में लोग मरते थे! इससे बंगाल के संबंध में निराशावाद को और बल मिलता था।[65] प्रांतीय स्वास्थ्य-आयुक्त और 1871-2 से शुरू होने वाली दशवार्षिक जनगणना के प्रतिवदेन मलेरिया द्वारा संहार के विस्तृत और निराशाजनक प्रमाण प्रस्तुत करते थे। मलेरिया से होने वाली मौतों की भारी संख्या ही नहीं, इससे अपंग हो जाने वालों की उससे बृहत्तर संख्या भी आम चर्चा का विषय थी। मलेरिया को एक ऐसी 'नपुंसक बनाने वाली' बीमारी के रूप में निरूपित

किया जाता था जो प्रजनन-शक्ति को क्षीण करती थी, लोगों को दुर्बल और रुग्ण बनाती थी और औपनिवेशिक सिद्धांत और व्यवहार में पहले से बद्धमूल उत्तर और उत्तर-पश्चिम की 'साहसी' और 'शूर' प्रजातियों तथा 'स्त्रैण' बंगालियों के बीच के विभाजन को और तीव्र करती थी। आयुर्विज्ञान ने प्रजाति के औपनिवेशिक निरूपण को जो अधिकारिता प्रदान की और स्वयं बंगालियों ने अपनी शारीरिक और राजनीतिक दुर्बलता को व्याख्यायित करने के प्रयास में इन निरूपणों को जिस प्रकार आत्मसात किया उसे समझने के लिए इस चिकित्सीय-मानवजातीय (मेडिको-एथ्नॉगरॅफिकल) संभाषण का नमूना प्रस्तुत करना आवश्यक नहीं है। 1890 में बंगाल के स्वास्थ्य आयुक्त ने हिसाब लगाया कि 'मलेरिया ज्वर' प्रांत में होने वाली कुल मौतों की तीन चौथाई के लिए जिम्मेदार था और साल में इससे होने वाली मौतों की कुल संख्या लगभग दस लाख थी। आयुक्त ने स्थानीय अधिकारियों को सुझाव दिया कि वे इस बला से निबटने के विशेष प्रयास करें ताकि समय रहते फीके और डरावने चेहरे वाले, दुर्बल शरीर, झुर्रीदार अंगों वाले क्षीण और शक्तिहीन मांसपेशियों वाले बदनसीब लोगों का स्थान सुगठित, स्वस्थ मांसपेशियों वाले और सुदृढ़ तथा जीवंत अंगों वाले—शक्तिशाली, ओजस्वी, स्वस्थ और सुखी लोग ले सकें।[66] चार साल बाद जनगणना आयुक्त सी.जे.ओडोनेल ने मलेरिया द्वारा किए गए आबादी के विध्वंसीकरण की जो तस्वीर पेश की वह तत्कालीन स्थिति का खुलासा करती है। उत्तरी कलकत्ता से लेकर दार्जिलिंग तक एक बड़ा इलाका था 'जहाँ आबादी या तो घट रही थी या स्थिर थी'। एक जिले में 'सारे गाँवों की चिंतनीय मृत्यु-दर द्वारा सृजित निर्जनीकरण का दृश्य' 'प्रायः सार्वत्रिक' था। एक अन्य ज़िले में 'खंडहर और परित्यक्त स्थल सर्वत्र दृष्टिगोचर थे।' ज्वर के प्रभाव इतने व्यापक थे कि 'रुग्ण शारीरिक ढाँचा' ही 'सामान्य शारीरिक ढाँचा' बन गया था।[67] 1911 में एल. एस.एस. ओ' मैली ने टिप्पणी की कि मलेरिया साल-दर-साल खामोशी के साथ लगातार क्रियाशील था। इसने न सिर्फ भारी मृत्यु-दर के कारण आबादी को घटा दिया था, अपितु जीवित बच गए लोगों की 'ओजस्विता और प्रजनन-क्षमता' को सोखकर 'उनकी जीवन-शक्ति' भी क्षीण कर दी थी।[68]

ऐसे आग्रहपूर्ण निषेधात्मक निरूपणों और उनके समर्थन में प्रस्तुत सारे आँकड़ों और चिकित्सीय साक्ष्यों की मौजूदगी में यदि मध्यवर्गीय बंगालियों ने पर्यावरण और उसके मानवीय परिणामों के संबंध में निराशाजनक दृष्टि अपनाई तो इसमें आश्चर्य क्या है ! अंग्रेज इतिहासकार एच.टी. बक्ल के पर्यावरणीय नियतिवाद को दुहराते हुए बंगाल के लोक सेवाकर्मी और इतिहासकार आर.सी. दत्त ने 1873 में टिप्पणी की : 'वे सारे कारण जो मनुष्य को दुर्बल और निस्तेज बनाते हैं और प्रकृति को नियंत्रित करने में उसे असमर्थ कर देते हैं, इस देश में विद्यमान हैं और भयावह सीमा तक क्रियाशील हैं।'[69] 1876 में बंगाली चिकित्सक गोपालचंद्र राय ने 'बर्दवान

ज्वर' का शोकपूर्ण वृत्तांत प्रकाशित किया और उसमें उसने जो आंत्येष्टिक बिंब प्रस्तुत किए वे बंगला लेखन में अगले पचास साल तक बार-बार दुहराए जाते रहे।[70] 1891 और 1901 के जगणना प्रतिवेदनों के क्रम में मध्यवर्गीय बंगाली हिंदुओं में यह मत व्यापक पैमाने पर पाया गया कि मलेरिया द्वारा आबादी के दशमांश (बड़े हिस्से) की मृत्यु होने के कारण उनकी 'प्रजाति मरणोन्मुख' हो चुकी है, जबकि पूर्वी बंगाल में, जहाँ मलेरिया का प्रकोप कम होता था, मुस्लिम आबादी लगातार बढ़ रही है। प्रजाति और धर्म के साथ बीमारी के इस गहन साहचर्य को एक भारतीय आई.एम.एस. पदाधिकारी यू.एन. मुखर्जी ने 1909 में बड़े प्रभावी ढंग से अभिव्यंजित किया और यह बंगाल में हिंदुओं और मुसलमानों के बीच बढ़ते तनाव का एक मुद्दा बन गया, हालाँकि इससे पैदा होने वाले विवाद में मलेरिया के अतिरिक्त अन्य कारक (जैसे, आहार और विवाह संबंधी रिवाजें) भी इस बात की व्याख्या के लिए प्रस्तुत किए गए कि मुसलमान क्यों अधिक 'सशक्त' प्रजाति वाले लोग थे और हिंदुओं पर क्यों जनसांख्यिकी और राजनीतिक उत्कर्ष प्राप्त कर रहे थे।[71]

निश्चय ही मलेरिया प्रजातीय निरूपण से कुछ अधिक ही था। यद्यपि इसका कारण तब तक ज्ञात नहीं हो सका था (1890 के दशक में रॉस के अपने अनुसंधानों के द्वारा मलेरिया परजीवी, मच्छरों और मानवीय संक्रमण के बीच संबंध उजागर किए जाने के बाद ही इसका सही कारण ज्ञात हो पाया), पूरी शताब्दी के दौरान बड़े प्रयत्नपूर्वक बीमारी के निदान, उपचार, निरोध और विस्तार के संबंध में भारी मात्रा में सामग्री एकत्र की गई और व्यावहारिक परिणाम के लिए यदा-कदा उपयोग में लाई गई। अपने सारे त्रुटिपूर्ण पूर्वानुमानों के बावजूद विषाक्त वाष्प के सिद्धांतों ने भी मानवीय वास स्थानों को मलेरिया-जन्य स्थलों से दूर ले जाने अथवा स्वास्थ्य की दृष्टि से औपनिवेशिक सिंचाई और रेल-निर्माण की परियोजनाओं के संबंध में सवाल उठाने में अपनी भूमिका अदा की। 1850 के दशक में ही टी.ई. डेंप्स्टर को मलेरिया और नहरी सिंचाई के विस्तार के बीच संबंध जोड़ने में सफलता मिली थी। उसने 'स्प्लीन इंडेक्स' (प्लीहा निर्देशिका) की युक्ति निकाली जो बीमारी की तीव्रता और फैलाव के लिए एक भरोसेमंद मार्गदर्शिका थी।[72] लेकिन, पर्यावरण, स्वास्थ्य और प्रजाति के संबंध में ब्रिटिश और भारतीय अभिमतों को अनुप्राणित करने तथा अपने और दूसरे के निरूपण में आयुर्विज्ञान की अधिकारिता स्थापित करने में मेडिकल टॅपॉग्रफ़ि की भूमिका भी कम महत्त्वपूर्ण नहीं थी।

हैज़ा : पर्यावरण, सेना और सार्वजनिक स्वास्थ्य

उन्नीसवीं सदी के भारत में मलेरिया की भाँति हैजा अत्यंत भयानक रोगों में एक था। 1817 और 1865 के बीच इससे करीब डेढ़ करोड़ लोग काल-कवलित हुए, फिर भी सदी के अंत तक इस बीमारी के कारण अज्ञात रहे। जब 1817 में बंगाल

के जैसोर जिले में (अब बांगलादेश में) इसका विस्फोट महामारी के रूप में हुआ और यह संपूर्ण दक्षिण एशिया में फैल गया और, एक दशक बाद, पश्चिमी जगत इससे आक्रांत हुआ तो अनेक यूरोपीय पर्यवेक्षकों ने इसे एक नई बीमारी के रूप में देखा। फिर भी, इस बीमारी अथवा इससे मिलती-जुलती बीमारी के विस्फोट भारत में इसके चालीस साल पहले से होते रहे थे। सदियों पूर्व पोर्तुगीजों और डचों ने जिन महामारियों का उल्लेख किया था वे हैज़ा ही रही होंगी। लेकिन, क्योंकि हैज़े की पहचान एक भारतीय बीमारी के रूप में की गई थी, अतः भारतीय चिकित्सकों के लिए यह विशेष चिंता का विषय था। जिस पैमाने पर यह बीमारी होती थी, जिस तेजी से फैलती थी और जिस अनिश्चितता तथा अनियमितता के साथ लोग इसके शिकार होते थे, उसके कारण यह उन्नीसवीं सदी की अत्यंत भयप्रद बीमारियों में एक, किंतु सबसे कम बोधगम्य थी।

भारत में चिकित्सा-लेखकों के बीच इस बीमारी के कारणों और संक्रमण के बारे में सहमति नहीं थी। आरंभ में इसे 'वातावरण में उलट-फेर', जैसे भारी वृष्टि अथवा तापमान में अचानक गिरावट, अथवा मलेरिया की भाँति, विषाक्त वाष्पीय कारकों, जैसे सड़ते हुए उद्भिज, भीड़-भरे वास स्थानों और मानवीय 'गंदगी' के 'विषैले उत्सर्जन' और 'हानिकर उच्छ्वसन' से जोड़ा जाता था। जेम्स जेमसन पहला व्यक्ति था जिसने 1817 के विस्फोट के विवरण में वातावरणीय विक्षोभों की ओर इशारा किया, किंतु उसने इन्हें खास कारण न मानकर 'सहायक' कारक माना।[73] जेमसन भारत के विशूचिका साहित्य का जनक था और उसकी रचना ने भारत में पश्चवर्ती लेखकों पर स्थायी छाप छोड़ी। शायद यही कारण है कि उनमें अधिकांश यूरोप द्वारा जलवायु-विषयक अथवा पर्यावरणीय व्याख्याओं के त्याग दिए जाने के बहुत बाद तक इनसे चिपके रहे। लेकिन, जैसा कि मलेरिया के मामले में लागू होता था, हैज़ा निदान-विज्ञान और संचारण के सिद्धांतों से जाहिर होता था कि भारत का चिकित्सा-प्रतिष्ठान बीमारी का स्रोत भारतीय जलवायु की स्वभावगत विशेषताओं और टॅपॉग्रफ़ि (और संस्कृति) में निहित मानने के लिए कटिबद्ध था, जबकि अपने कस्बों और नगरों में हैज़े की महामारी से जूझ रहे यूरोप के चिकित्सक इसे बेतुका बता चुके थे। 'भारत में बीमारी इंग्लैण्ड में बीमारी नहीं है'[74] ऐसा दावा मोरहेड ने 1838 में किया था और उसके चालीस साल बाद सर जोसेफ फ़ेरर ने उसे अपने अनुमोदन के साथ दुहराया। हैज़ा स्थानीयता के आधार पर किए गए इस दावे का एक उदाहरण था। इस भारतीय पर्यावरण में होने वाली बीमारी के प्रति पाश्चात्य चिकित्सकों की संलग्नता उन्हें भारत और यूरोप के बीच फासला बनाए रखने और अपनी विशिष्ट क्षमता को प्रदर्शित करने का एक अवसर प्रदान करती थी। इसने उन चिकित्सकों के बीच एक अवज्ञामूलक सख्य-भाव भी कायम किया जो यूरोप के पेशेवर निर्वासितों के रूप में अपनी अधिकारिता स्थापित करना

चाहते थे और इसके लिए दावा करते थे कि जो भारत को अपने वर्षों के व्यावहारिक अनुभव से जानते हैं सिर्फ वे ही इस बीमारी के स्वरूप पर कोई निर्णय दे सकते हैं। अथवा उसकी रोकथाम के समुचित उपाय ढूँढ़ सकते हैं।

उन्नीसवीं सदी के उत्तरार्द्ध में एक व्याख्या यह प्रस्तुत की गई कि भारत में हैज़ा महामारियाँ मानसून के पारगमन से जुड़ी हैं। इस मत की वकालत मुख्य रूप से भारत सरकार के सांख्यिकी पदाधिकारी जेम्स एल. ब्राइडेन ने 1869 में की। ब्राइडेन ने लंदन में जॉन स्नो द्वारा प्रस्तावित इस मत के प्रति शंका प्रकट की कि हैज़ा दूषित जल से संचारित होता है और दावा किया कि इसमें मानवीय अभिकरण कम और मौसम-विज्ञान अधिक क्रियाशील होता है। विस्तृत सांख्यिकी आँकड़ों के द्वारा उसने अपनी इस स्थापना का समर्थन किया कि तेज बहने वाली हवाएँ हैज़ा महामारी की दिशा और सीमा निर्धारित करती हैं। भारत में जिन राजमार्गों से हैज़ा सफर करता है वे हैं वायु (आकाशीय) मार्ग, न कि मानवीय संचार-साधन। इस प्रकार हैज़े के विस्फोट का पैटर्न भारत में निश्चित रूप से यहाँ के विशेष भौतिक भूगोल और 'साल-दर-साल ऋतुचक्र की पूर्ण नियमितता से' तय होता है।[75]

ऐसा नहीं है कि वैकल्पिक—अथवा पूरक—व्याख्याओं का बिल्कुल अभाव था। ऐसी मान्यता विकसित हुई कि मानवीय तत्त्व किसी अंश में बीमारी के प्रसार में योगदान करते हैं, हालाँकि यह सुनिश्चित नहीं था कि वे क्या योगदान करते हैं। भारतीय धार्मिक संस्कृति की विचित्रताओं और इसके भौतिक पर्यावरण पर समान रूप से ध्यान केंद्रित करते हुए हिंदू पर्व-स्थल और तीर्थयात्रा के मार्ग ऐसे स्थान के रूप में चिह्नित किए गए जहाँ महामारियाँ जन्म न भी लेती हों, फैलती अवश्य थीं। हर बारह साल पर लगने वाला कुंभ मेला अथवा 1867 और 1879 में हरिद्वार में स्नान-पर्व के समय महामारियों के हुए विस्फोट इस संहारक संबंध के उदाहरण माने गए। उड़ीसा में पुरी, महाराष्ट्र में पंढरपुर और दक्षिण भारत के अनेक तीर्थस्थल समान रूप से महामारी के लिए जिम्मेदार माने गए।[76] बीमारी फैलने के जो सामाजिक और पर्यावरणीय कारक थे उनमें अकाल को भी मुख्य कारक के रूप में चिह्नित किया गया। 1866 और 1876-8 में पड़े अकालों के उदाहरण से उसने प्रमाणित किया कि देहात के कुपोषणग्रस्त, प्रवासी गरीब 'असामान्य दशाओं' में जीते थे, न स्वच्छ जल उपलब्ध था, न समुचित आहार; शहरों और राहत खेमों में भारी जमघट रहता था। ऐसी स्थितियों में वे आसानी से हैज़े के शिकार तो होते ही थे, उसके फैलने के माध्यम भी बन जाते थे।[77]

लेकिन महामारी के फैलने के संबंध में जो मौसमशास्त्रीय और स्थानीय कारण ब्राइडेन ने बतलाए थे उन्हें भारत सरकार के स्वास्थ्य आयुक्त जे.एम. कनिंघम का भारी समर्थन मिला। 1879 में हरिद्वार में हुए महामारी के प्रकोप का हवाला

देते हुए उसने दलील दी कि तीर्थयात्री थकान और तंगी के कारण हैज़े के शिकार होते हैं, न कि संसर्ग एक स्थान से दूसरे तक ले जाने के कारण। उसका विश्वास था कि हैज़े का संभावित कारण विषाक्त वायवीय वाष्प है, अथवा यह हवा और मिट्टी की किसी अज्ञात स्थिति से होता है, अथवा शायद दोनों मिलकर इसे पैदा करते हैं।[78] कनिंघम ने स्थानीय स्वास्थ्य और सफ़ाई के उपायों का तो समर्थन किया, लेकिन मेले और तीर्थस्थानों पर नियंत्रण के लिए बड़ी कार्रवाइयों से असहमति जताई। भारत सरकार 1857 में भारतीय धार्मिक आचारों में हस्तक्षेप के क्रम में भड़के उपद्रवों के कारण ऐसे उपाय अपनाने के पक्ष में नहीं थी। सरकार के लिए यह भी अनुकूल पड़ता था कि कनिंघम ने सफाई के लिए की जाने वाली घेराबंदियों और संगरोधन (क्वॉरेन्टीन) का विरोध किया। ये वैसे उपाय थे जिन्हें यूरोप के अन्य राज्यों ने अपनाना चाहा था लेकिन ब्रिटेनवासियों ने व्यापार की स्वतंत्रता में अनावश्यक हस्तक्षेप कहकर जिनका विरोध किया था। कनिंघम जब तक अपने पद पर रहा (वह 1884 में सेवानिवृत्त हुआ), अपने अधिकार का उपयोग आलोचना को कुचलने और संक्रामकता के सिद्धांत को दबाने में करता रहा।[79]

1868 में आर्मी मेडिकल डिपार्टमेंट (सैन्य चिकित्सा विभाग) के टी.आर. लेविस और आई एम एस के डी.डी. कनिंघम भारत में रोग हेतु-विज्ञान (ईटिऑलॅजि) और हैज़े के फैलाव की जाँच के लिए प्रतिनियुक्त किए गए। यह भारत में अपने ढंग के आरंभिक अनुसंधानों में एक था। उन्होंने सूक्ष्मदर्शिकी समेत नवीनतम प्रयोगशाला प्रविधियों का उपयोग किया, किंतु स्थानीय कारणों में प्रबल विश्वास से पिंड छुड़ाने में असमर्थ रहे। उनका निष्कर्ष था कि सिर्फ मानवीय अभिकरण से इस बीमारी के अजीबोगरीब फैलाव और आवर्तिता की व्याख्या नहीं हो सकती। हैज़े का 'विष' जल या मानव-शरीर में नहीं, मिट्टी में पनपता है और मिट्टी पर जलवायु तथा वृष्टि और नमी में मौसमी परिवर्तनों का असर पड़ता है। वे इस निष्कर्ष पर पहुँचे कि हैज़ा 'मलेरिया की भाँति स्थलमंडलीय कारणों से फैलता है।'[80] एक अन्य चिकित्सा-पदाधिकारी एच.डब्ल्यू. बेल्यू ने 1880 के दशक में हैज़े में अपने सांख्यिकी अनुसंधान संचालित किए। उसने भी संक्रामकतावादी सिद्धांत को ठुकरा दिया और उसके बदले हैज़ा और विशेष जलवायु-संबंधी स्थितियों के बीच नियत संबंध का पता लगाया।[81] फिर, जर्मन जीवाणु-विज्ञानी रॉबर्ट कोच ने 1884 में सामान्य रोगाणु को हैज़े का कारण घोषित किया और इंडियन मेडिकल इस्टेब्लिशमेंट के ठीक नाक के नीचे पानी की एक टंकी में इसका पता लगागा। इन सबके बावजूद पर्यावरणीय कारणों और प्रभावों में विश्वास इतना बद्धमूल था कि उसकी व्याख्या को आम स्वीकृति मिलने में कई साल लग गए।[82]

यद्यपि हैज़ा आम जनता के लिए भारी मौत और मुसीबत का कारण था, भारत में सेवारत यूरोपीय सैन्य-दल के लिए यह अधिक संकटकारी माना गया।

यही सामरिक सोच इसके व्यापक अनुसंधान और प्रभावी निरोध की खोज के लिए विशेष उत्प्रेरक सिद्ध हुई। 1818 और 1854 के बीच आठ हजार से अधिक ब्रिटिश सैनिक हैज़ा से मारे गए और इसके आवर्ती विस्फोटों के कारण उस अवधि में गोरों के सैन्यदल में औसत वार्षिक मृत्यु-दर प्रति हजार में 69 थी। सेना पर आई इस मुसीबत ने 1861 में बीमारी के ताजा विस्फोट से आपदा का रूप धारण कर लिया, लगभग, दो हजार ब्रिटिश सैनिक और उनके परिवार के लोग आक्रांत हो गए और उनमें लगभग दो तिहाई चल बसे। इस भयानक मौत के सदमे और भारत में भविष्य में ब्रिटिश सेना के स्वास्थ्य और सुरक्षा (जिसका महत्त्व 1857 के विद्रोह* के बाद भारत में ब्रिटिश सैन्य बल में वृद्धि के कारण बढ़ गया) की आशंकाओं ने अधिकारियों को इस बीमारी पर नियंत्रण के प्रश्न को गंभीरता से लेने के लिए विवश कर दिया।[83] उसके पूर्व भी भारत में सेवारत ब्रिटिश सैन्यदल में ऊँची मृत्यु-दर बढ़ती चिंता का कारण बन रही थी। ब्रिटेन में स्वास्थ्य सुधार के क्रम में और फ्लोरेंस नाइटिंगेल द्वारा समर्थन जुटाने की पुरजोर कोशिशों के परिणामस्वरूप भारत में सेना के स्वास्थ्य की दशा की छानबीन करने के लिए 1859 में रॉयल कमीशन (राजकीय आयोग) बहाल किया गया। इस आयोग की बहाली अगले अस्सी वर्षों के दौरान प्लेग-संबंधी शोध, सिंचाई, औद्योगिक प्रगति और कृषि जैसे मामलों में अनुसंधान करने और प्रतिवेदन देने के लिए नियुक्त अनेक निकायों के लिए एक महत्त्वपूर्ण दृष्टांत बना रहा। कंपनी के अवसान से भारत सीधे ब्रिटिश वैज्ञानिक संवीक्षा के अधीन हो गया और ब्रिटेन के अग्रणी चिकित्सा-सांख्यिकी-विद और 1859 के आयोग के सदस्य विलियम फ़ार्र जैसे मेट्रोपोलिटन विशेषज्ञ भारतीय नीति-निर्धारण में अधिक प्रभावकारी भूमिका निभाने लगे। फिर भी, स्वास्थ्य आयोग उपमहादेश कभी नहीं आया, हालाँकि इसने मार्टिन जैसे अनुभवी भारतीयों से साक्ष्य अवश्य लिए।

यह मान लेना गलत होगा कि सुधार के सारे कार्यक्रम लंदन से आए थे अथवा यूरोपीय स्वास्थ्य के परिरक्षण के लिए निर्दिष्ट थे। राजकीय चिकित्सा और स्वास्थ्य सुधार के विचार भारत में दशकों से प्रचलित थे। कुछ चिकित्सक बेहतर सार्वजनिक स्वास्थ्य को आधुनिक, सभ्य राज्य का मौलिक कर्तव्य मानते थे; कुछ अन्य अधिक व्यावहारिक रुख अपनाते हुए और सरकारी समर्थन पाने के उद्देश्य से अधिक स्वस्थ, अधिक स्थायी और उत्पादक आबादी पर नियंत्रण रखकर औपनिवेशिक सत्ता को अधिक लाभ पहुँचाने पर जोर देते थे। मार्टिन ने 1856 में प्रकाशित अपनी पुस्तक में एक ऐसी राजकीय चिकित्सा-व्यवस्था की वकालत

---

* ब्रिटिश लेखकों ने 1857 की क्रांति को 'विद्रोह' की संज्ञा दी है, जबकि आधुनिक भारतीय इतिहासकारों ने इसे 'भारत की आजादी का प्रथम संघर्ष' माना है।

की जिसमें सक्षम अधिकारी सार्वजनिक स्वास्थ्य को नुकसान पहुँचाने वाले सारे नैतिक और भौतिक अभिकरणों तथा परिस्थितियों के दीर्घ और संगठित अनुसंधान के जरिए 'जीवन और संपत्ति को बेहतर सुरक्षा प्रदान कर सकें'।[84]

जब आयोग ने 1862 में अपना प्रतिवेदन प्रस्तुत किया तो उसमें गोरे लोगों के स्वास्थ्य बेहतर बनाने के उपायों को समुचित प्रधानता दी लेकिन साथ ही यह भी स्वीकार किया कि यूरोपीय और भारतीय समान रूप से महामारियों के शिकार होते हैं। उसने इस बात पर विशेष बल दिया कि ब्रिटेन का नैतिक दायित्व है कि वह अपने भारतीय प्रजाजन को पाश्चात्य सभ्यता से लाभ उठाने में मदद करे और इनमें उसकी स्वास्थ्य-सुरक्षा का महत्त्वपूर्ण स्थान है। नाइटिंगेल की राय में 'दूसरा महान कार्य...भारत में स्वास्थ्य-सुधार है' और चूँकि 'भारत में सरकार ही सर्वेसर्वा है', औपिनेविशक राज्य के लिए अधिक दृढ़निश्चयी कार्यवाही आवश्यक है।[85] लंदन के अतिरिक्त दबाव के फलस्वरूप 1864 में प्रत्येक प्रांत में स्वास्थ्य आयोग की स्थापना की गई। इसके स्थान पर 1866 में प्रांतीय स्वास्थ्य आयुक्त बहाल किए गए। सिद्धांततः यह भारत में सार्वजनिक स्वास्थ्य के प्रति राजकीय दायित्वों के सूत्रपात का महत्त्वपूर्ण चरण था और ब्रिटेन की भाँति यहाँ भी स्वास्थ्य-संबंधी सुधारों के लिए हैज़ा प्रभावी प्रेरक सिद्ध हुआ। लेकिन इसके तात्कालिक प्रभाव सबसे अधिक सेना में परिलक्षित हुए। इसका कारण यह नहीं था कि सेना में उपचार के साधन ज्यादा विकसित थे, बल्कि वहाँ स्वास्थ्य और सफाई की स्थितियाँ बेहतर थीं जिनके फलस्वरूप सैनिकों की मृत्यु-दर अगले तीस वर्षों के दौरान लगातार घटती गई और 1899 तक यह एक हजार में पंद्रह पर आ गई।[86] फिर भी, भारतीय आबादी में मृत्यु-दर विनाशकारी ही बनी रही। 1900 के अकाल-वर्ष में हैज़े से आठ लाख लोग काल-कवलित हो गए। नाइटिंगेल और मार्टिन के प्रयासों के बावजूद औपनिवेशिक राज्य सार्वजनिक स्वास्थ्य के व्यापक उपायों का वित्तीय और राजनीतिक दायित्व लेने के प्रति उदासीन बना रहा। स्वास्थ्य आयोग मात्र 'अनुसंधान करने और परामर्श देने वाला' निकाय था। बाद में उसका स्थान लेने वाले आयुक्त भी मात्र परामर्शदाता थे और उन्हें कोई कार्यकारी अधिकार नहीं था।[87] जैसाकि स्वास्थ्य आयुक्तों द्वारा प्रस्तुत वार्षिक प्रतिवेदनों से जाहिर होता है, सेना के स्वास्थ्य को सर्वोच्च प्राथमिकता दी जाती थी और आयुक्तों के पास ऐसे वित्तीय संसाधनों और तकनीकी कर्मचारियों का अभाव था जिनके द्वारा वे सार्वजनिक स्वास्थ्य-कार्यक्रमों को प्रभावी रूप से बेहतर बना सकें। इसके विपरीत, सार्वजनिक स्वास्थ्य के दायित्व बहुत अंशों में भारत में 1880 के दशक में उभरते नगर-निगमों और स्थानीय परिषदों को सौंप दिए गए। इन निकायों के पास भी खर्चीली और तकनीक अपेक्षाओं वाली स्वास्थ्य योजनाओं को कार्यान्वित करने के लिए कोष, प्रशिक्षित चिकित्सा-सेवाकर्मी और सफाई कर्मचारी नहीं थे।

भारत में कारगर स्वास्थ्य प्रणाली प्रदान करने में विफलता के कारण औपनिवेशिक सत्ता 1890 के दशक तक तीखी आलोचना का विषय बन गई। ब्रिटिश (और बाद में भारतीय) सैनिकों के स्वास्थ्य में तो उल्लेखनीय प्रगति हुई थी, किंतु शेष सारा भारत महामारियों के कारण त्राहिमाम कर रहा था, हैजा, प्लेग और मलेरिया लगातार तबाही मचा रहे थे और 'मृत्यु पंचम स्वर में शोकपूर्ण गीत' गाती जान पड़ती थी। भारत में मृत्यु-दर एक हजार में चालीस और शीघ्र ही पचास पर पहुँच गई। इरा क्लीन ने माना है कि सार्वजनिक स्वास्थ्य की नीतियाँ यदि कारगर ढंग से अपनाई गई होतीं तो जनता को बीमारियों से बचाया जा सकता था। लेकिन उनके बदले 'बीमारी की अधूरी समझ, वित्तीय दबावों, देहातों में फैली गरीबी और सफाई-संबंधी दुर्बल म्युनिसिपल नियमों के कारण सारे समाज की काया जीर्ण-शीर्ण जान पड़ती थी।'[88] भारत में चिकित्सा और सार्वजनिक स्वास्थ्य यूरोप और अमेरिका की तुलना में बहुत पीछे पड़ गया था और देहातों में फैली गरीबी और अकाल से, बढ़ते शहर और फैलती गंदी बस्तियों से, और रेल तथा नहरों के रोगजनक प्रभावों से उत्पन्न स्वास्थ्य-संबंधी समस्याओं से निबटने में विफल हो गया था। क्लीन के अनुसार सार्वजनिक स्वास्थ्य और सफाई ऐसी नागरिक सेवा के बदसूरत चूजे थे जो राजनीतिक और सामरिक क्षमता को बहुत अधिक सम्मान देती थी।'[89]

महिलाएँ, मिशन* और आयुर्विज्ञान

यद्यपि उन्नीसवीं सदी के भारत में राज्य ने पाश्चात्य आयुर्विज्ञान में पर्याप्त अभिरुचि ली, लेकिन यह इसका एकमात्र संरक्षक अथवा अभिकरण नहीं था। ईसाई मिशन भी चिकित्सा की प्रबल शक्यता से परिचित थे और आयुर्विज्ञान, विशेषकर महिलाओं के आयुर्विज्ञान में उन्होंने जैसी संलिप्तता प्रदर्शित की उससे जाहिर है कि यह धर्म और लिंग की बृहत्तर कार्यसूची में महत्त्वपूर्ण भागीदार बन सकता था। जब कंपनी ने 1813 में ईसाई मिशनरियों (धर्म-प्रचारकों) पर लगे प्रतिबंध को हटा लिया तो वे चिकित्सा के क्षेत्र में क्रियाशील हो गए। 1830 के दशक से लंदन मिशनरी सोसायटी दक्षिण भारत में चिकित्सा-कार्य को अपने धर्म-प्रचार संबंधी गतिविधियों के आवश्यक अंग के रूप में लेने लगा। उसका विश्वास था कि आयुर्विज्ञान 'भारतीयों के दिलोदिमाग में प्रवेश के लिए अभीष्ट फलदायक मार्ग प्रशस्त करेगा', क्योंकि 'हिंदू बिना किसी आपत्ति के चिकित्सा-सहायता स्वीकार कर लेंगे।'[90] लेकिन उनके आयुर्विज्ञान से धर्मांतरित होने वाले पुरुषों की संख्या निराशाजनक रही और उन्होंने

* 'मिशन' का सामान्य अर्थ है, लक्ष्य या संदेश; किंतु इसका एक अन्य अर्थ है (भारत में) ईसाइयत का प्रचार और इसी अर्थ में यहाँ इसका प्रयोग हुआ है। भारत में मिशनरी संस्थाओं का कार्य लोक-सेवा के साथ-साथ ईसाइयत का प्रचार भी रहा है।

महसूस किया कि यदि वे आरंभ में अपनी पत्नियों और पुत्रियों को चिकित्सा-कार्य में सलंग्न कर दें तो महिला उपचारिकाओं और चिकित्सकों के उपयोग की संभावना बढ़ जाएगी। उन्नीसवीं सदी में पश्चिम की भाँति भारत में जिन कुछेक वैज्ञानिक और प्राविधिक क्षेत्रों में महिलाओं के लिए द्वार खुले थे उनमें आयुर्विज्ञान भी था। इसके दो कारण थे; एक तो यह मान्यता थी कि महिलाओं में रोगियों की देख-भाल और सेवा-शुश्रूषा की सहज प्रवृत्ति होती है और दूसरा कारण यह था कि भारत में औपनिवेशिक सत्ता की पहुँच जनानखानों के 'अँधेरे' कोटरों तक नहीं हो पाई थी और महिला चिकित्सकों और उपचारिकाओं का आसानी से वहाँ प्रवेश हो सकता था और वे परिवार की महिलाओं और उनके माध्यम से उनके पतियों और बच्चों को प्रभावित कर सकती थीं।[91]

1850 के दशक में जनाना बाइबिल और मेडिकल मिशन हिंदू और मुस्लिम परिवारों में महिलाओं के आवास में पहले महिला मिशनरियों और बाद में महिला चिकित्सकों को भेजने लगे। सोसायटी फ़ॉर प्रोपेगेशन ऑफ़ द गॉस्पेल की भारतीय शाखा देलही फ़ि्मेल मेडिकल मिशन ने 1867 में अपना काम शुरू किया। दो साल बाद, 1869 में, अमेरिकन मेथॅडिस्ट इपिसुकॅपल मिशन ने क्लारा स्वाइन को बरेली भेजा। यह भारत में नियोजित होने वाली प्रथम महिला चिकित्सा मिशनरी थी। अमेरिकी मिशन ने भारत में महिलाओं और बच्चों के लिए प्रथम महिला चिकित्सालय की स्थापना की। लंदन स्कूल ऑफ़ मेडिसिन फ़ॉर विमेन के पहले जत्थे की एक छात्रा, फ़ैनी बटलर, नवगठित चर्च ऑफ़ इंग्लैण्ड जनाना मिशनरी सोसायटी की ओर से 1880 में भारत आई।[92] पाश्चात्य जगत में महिलाओं के लिए चिकित्सा-संस्थानों की स्थापना (और उनमें महिलाओं के लिए पदों की अपेक्षाकृत कमी) के फलस्वरूप शताब्दी के उत्तरार्द्ध में भारत में महिला सेवाकर्मियों की भरती के द्वार खुल गए। चूँकि पुरुष (खासकर गोरे पुरुष) चिकित्सकों के लिए महिलाओं, विशेषकर उच्च वर्गों और जातियों की महिलाओं का उपचार करना निषिद्ध था, इसलिए भारत में महिला चिकित्सकों के नियोजन के पर्याप्त अवसर थे। यद्यपि भारत में महिलाओं के चिकित्सा-शिक्षा का मार्ग धीरे-धीरे प्रशस्त होता गया (और इसकी शुरुआत 1875 में मद्रास मेडिकल कॉलिज की स्थापना से हुई), आरंभ में इस क्षेत्र में यूरोपवासियों, यूरेशियाइयों, पारसियों और भारतीय ईसाइयों का नियोजन समानुपातिक नहीं था। 1914 के पूर्व उच्चवर्ग की हिंदू और मुस्लिम महिलाएँ छिट पुट रूप में ही चिकित्सा के क्षेत्र में आईं।[93] इस दिशा में व्यक्तिगत स्तर पर भी कुछ प्रयास किए गए, उदाहरणार्थ, 1883 में जॉर्ज ए. किट्रेज और उसके पारसी सहयोगी भारत में कुछ स्वतंत्र महिला चिकित्सक ले आए। इनमें एक थी एडिथ पेकी जो बंबई में महिलाओं के लिए निर्मित कामा चिकित्सालय की प्रमुख चिकित्सक थी। लेकिन इस दिशा में ठोस पहल मिशनरी समाजों ने की। उनकी महिला चिकित्सकों

ने अपने सामने 'दोहरी रोग मुक्ति'–शारीरिक के साथ-साथ आध्यात्मिक 'रोग' के उपचार–का लक्ष्य रखा।[54] वे पर्दे के भीतर रहने वाली महिलाओं के पास जाने के अतिरिक्त महिलाओं और बच्चों के लिए अधिकाधिक संख्या में बनने वाले औषधालयों और चिकित्सालयों में भी अपनी सेवाएँ अर्पित करती थीं। 1890 के दशक तक विभिन्न श्रेणियों की महिला मिशनरी चिकित्सकों की संख्या पचास तक पहुँच गई जो तत्कालीन भारत की कुल महिला चिकित्सकों की संख्या की दो-तिहाई थी। 1920 के दशक के अंत तक उनकी संख्या लगभग 150 हो गई और महिलाओं के लिए मिशन चिकित्सालयों की संख्या उस किस्म के कुल चिकित्सालयों के आधी से अधिक हो गई। 1894 में पंजाब प्रांत के लुधियाना में महिलाओं के लिए विमेंस क्रिश्चियन मेडिकल कॉलिज के रूप में जो प्रथम चिकित्सा विद्यालय खुला उसका उद्देश्य भी भारतीय महिलाओं को चिकित्सा मिशनरियों के रूप में प्रशिक्षित करना था।

लेकिन महिलाओं को चिकित्सा के क्षेत्र में प्रवेश दिलाने में राज्य भी पूर्णतः उदासीन नहीं रहा। 1885 में महारानी विक्टोरिया के प्रोत्साहन से तत्कालीन वायसराय की पत्नी लेडी डफ़रिन ने नेशनल असोसिएशन फ़ॉर सप्लाइंग मेडिकल एड टु द विमेन ऑफ़ इंडिया (भारतीय महिलाओं को चिकित्सा सहायता प्रदान करने के लिए राष्ट्रीय संघ) का प्रवर्तन किया। इस संघ ने अर्हताप्राप्त गोरी महिला चिकित्सकों, उपचारिकाओं और प्रसाविकाओं को भारत में बहाल करने, महिलाओं और बच्चों को उनके अस्पतालों, रोगीकक्षों और औषधालयों के माध्यम से चिकित्सा सहायता प्रदान करने और चिकित्सा-व्यवसाय हेतु भारतीय महिलाओं को शिक्षित एवं प्रशिक्षित करने के प्रयास किए। डफ़रिन फंड (कोष) की स्थापना को लंबे अरसे तक भारत में पाश्चात्य आयुर्विज्ञान के इतिहास में संक्रमण-काल के रूप में माना गया है। इसने एक ओर जहाँ महिलाओं को चिकित्सा सुविधाएँ और राहतें प्रदान कीं वहीं दूसरी ओर अपने अब तक के संकीर्ण सामाजिक दायरे का भी विस्तार किया और उन्नीसवीं सदी के अंतिम दशकों में अस्पतालों और औषधालयों में चिकित्सा कराने वाले रोगियों की संख्या में भारी बढ़ोतरी की। डफ़रिन फंड ने महिलाओं के स्वास्थ्य और चिकित्सा-शिक्षा के क्षेत्र में अन्य पहलक़दमियों को भी उत्प्रेरित किया। इनमें एक अन्य भारतीय वायसराय की पत्नी लेडी हार्डिंग के नाम पर दिल्ली में 1916 में अखिल भारतीय महिला की स्थापना भी एक थी। यद्यपि उस समय राष्ट्रवादियों ने गोरी महिला चिकित्सकों के प्रति पक्षपातपूर्ण रवैए के लिए डफ़रिन फंड की आलोचना की, लेकिन इसमें संदेह नहीं कि इसने यूरोपीय महिलाओं के साथ-साथ भारतीय महिलाओं को भी चिकित्सा-व्यवसाय में प्रवेश पाने और अपनी जीवन-वृत्ति को आगे बढ़ाने के लिए अनूठे अवसर प्रदान किए। फिर भी, डफ़रिन फंड की आलोचनाएँ भी कम नहीं हुई हैं। कहा गया है कि (चिकित्साकर्मियों की संख्या

सीमित होने और चिकित्सीय सुविधाओं के छिटपुट होने के कारण) महिलाओं के स्वास्थ्य पर इसका प्रभाव तो 'सीमित' रहा ही यह 'भारत में ब्रिटिश पितृसत्तावाद का भी एक ज्वलंत उदाहरण था'। भारतीय महिलाओं को पारंपरिक रूप में मूलतः अज्ञानी, पिछड़ी, अपने ही पुरुष-वर्ग से प्रताड़ित रूप में चित्रित कर और उन्हें अपने नैतिक तथा भौतिक कल्याण के लिए यूरोपीय पहलक़दमी पर निर्भर दर्शाकर डफ़रिन फंड (जैसा कि मनीषा लाल ने माना है) भारत में औपनिवेशिक आयुर्विज्ञान के इतिहास में 'लिंग के संस्थानीकरण' का सबसे महत्त्वपूर्ण एकल कारक बन गया।[95]

डफ़रिन फंड की एक अन्य त्रुटि यह भी थी कि अपनी स्वतंत्र, लोकोपकारी हैसियत के बावजूद यह अपने वजूद के लिए राज्य की कृपा पर निर्भर था। वायसराय की पत्नी द्वारा स्थापित, महारानी सम्राज्ञी द्वारा अनुगृहीत, सरकारी पदाधिकारियों और उनकी पत्नियों द्वारा संचालित यह सांस्थानिक और राजनीतिक तौर पर औपनिवेशिक सत्ता से बँधा हुआ था। चूँकि राज्य महिलाओं के स्वास्थ्य का दायित्व सीधे तौर पर लेने को तैयारनहीं था, इसलिए डफ़रिन फंड की स्थिति सरकारी अनुदान, निजी लोकोपकार और मिशनरी चिकित्सा के बीच त्रिशंकु जैसी थी। 1910 तक इसकी 13 प्रांतीय शाखाएँ, 140 स्थानीय समितियाँ और 160 अस्पताल, रोगीकक्ष और निदानशालाएँ (क्लिनिक) इसके अधीन कार्यरत थीं, लेकिन यह गहरे वित्तीय और प्रशासनिक संकट में भी था और राज्य की परम उदारता के बगैर जिंदा नहीं रह सकता था। सिर्फ महिलाओं की सेवा के आह्वान को आरंभ में ठुकराने के बाद भारत सरकार ने 1914 में अपने रुख में नरमी बरतते हुए विमेंस मेडिकल सर्विस की स्थापना के लिए अनुज्ञप्ति प्रदान की और डफ़रिन फंड को सालाना 3,70,000 रुपये का राजकीय अनुदान स्वीकृत किया। यह नई मेडिकल सर्विस आई एम एस की तुलना में बहुत छोटी थी। इसका गठन 1914 में पचीस काडरों (कर्मचारियों) के साथ किया गया और 1927 में उनकी संख्या चौवालीस हो पाई (इनके अतिरिक्त आठ संरक्षित कर्मचारी थे), जबकि आई एम एस के सेवाकर्मियों की कुल संख्या आठ सौ थी। इसके अतिरिक्त, चूँकि इसके कर्तव्य महिलाओं और बच्चों की देखभाल तक सीमित थे, इसलिए आई एम एस की अपेक्षा इसकी चिकित्सीय और प्रशासनिक जिम्मेदारियाँ बहुत सीमित थीं।

चिकित्सा-प्रजा के रूप में महिलाओं का 'औपनिवेशीकरण' ईसाई मिशनों और डफ़रिन फंड तक ही सीमित नहीं था। हाल में सुविज्ञों ने अन्य दो ऐसे क्षेत्रों को रेखांकित किया है जिनमें चिकित्सा व्यवसाय ने महिलाओं के शरीर पर एकाधिकार का दावा किया। इनमें एक था सैन्यचिकित्सा के सहायक के रूप में सारे भारत की फौजी छावनियों में 'लॉक हॉस्पिटल्स' (अवरोध चिकित्सालय) की स्थापना। इनमें उन वेश्याओं को रखा और उपचार किया जाता था जिन पर यौन-रोग से पीड़ित

होने का संदेह होता था। 1805 के आसपास बने ऐसे चिकित्सालय 1833 में औपचारिक रूप में बंद कर दिए गए, लेकिन 1868 में कॅन्टेजस डिजीज ऐक्ट (संक्रामक रोग अधिनियम) के तहत फिर से चालू किए गए। 1880 के दशक में उन्हें तकनीकी आधार पर निरस्त कर दिया गया, लेकिन नये छावनी अधिनियमों के तहत वे चोरी-चुपके चलते रहे। यह कम विस्मयकारी नहीं है कि ऐसे समय में जबकि महिलाओं, बल्कि आम भारतीय जनता के लिए भी चिकित्सा-सुविधाएँ बहुत कम थीं, सेना की अनुभूति चिकित्सीय और अनुशासनिक आवश्यकताओं—ब्रिटिश सैन्य दल को भारतीय वेश्याओं द्वारा फैलाए गए संदूषण (इन्फेक्शन) से बचाने और यौन रोगों के कारण गोरे सैनिकों की अस्पतालों में उपचार हेतु बड़ी संख्या में भरती होने की दर को कम करने की आवश्यकताओं—ने भारतीय महिलाओं को चिकित्सा की दृष्टि से अनुशासित करने के कार्य में इतने व्यापक चिकित्सीय अधिकार प्रदान किए।[96] विद्वानों का मानना है कि भारत में कॅन्टेजस डिज़ीज़ लेजिस्लेशन (संक्रामक रोग विधायन) का प्रभाव फौजी छावनियों तक ही सीमित नहीं रहा, इसने 'शारीरिक विनियमन का एक नया रूप' ले लिया जिसमें 'भारत में प्रतिष्ठित और अप्रतिष्ठित महिलाओं के बीच नैतिक विभाजन पवित्र सामाजिक शृंखलाबद्धता (हाइअॅराकि) से दूर होता गया और उसके बदले स्वास्थ्य और रोग-संबंधी पाश्चात्य आयुर्विज्ञानी रूपकों के द्वारा अभिव्यंजित होने लगा'।[97]

चिकित्सीय हस्तक्षेप का दूसरा क्षेत्र भारतीय दाइयों (प्रसाविकाओं) में सुधार लाने अथवा उनके स्थान पर यूरोप में प्रशिक्षित प्रसाविकाओं का नियुक्त करने से संबंधित था। उन्नीसवीं सदी के उत्तरार्द्ध में प्रसाविकाओं को 'बूढ़ी डायनों' के रूप में चित्रित किया जाने लगा जिनके 'बर्बर' और 'आदिमयुगीन' तरीकों के कारण महिलाएँ पीड़ा और मृत्यु की शिकार हो जाती थीं और शिशु मृत्यु-दर भयावह हो जाती थी। प्रसूति-विज्ञान के मुद्दे ने डफ़रिन फंड (और उन्नीसवीं सदी के भारत में पाश्चात्य आयुर्विज्ञान) की भाँति निष्ठुर और पिछड़े पूरबी जगत के विरुद्ध प्रगतिशील और मानवीय पश्चिमी जगत को प्रतिद्वंद्विता में खड़ा कर दिया और प्रसाविका '(भारतीय) अंधविश्वास और परिवर्तन के विरुद्ध कट्टर प्रतिरोध की प्रतीक बन गई।'[98] इसके बावजूद प्रसाविकाओं पर प्रहार और भारतीय प्रसूति-विज्ञान में सुधार लाने के प्रयासों को सांस्कृतिक साम्राज्यवाद के आक्रामक, एकपक्षीय कृत्य के रूप में भी लिया जा सकता है। इसका एक प्रमुख कारण यह भी था कि अनेक भारतीय इसके समर्थक थे। पंजाब की भाँति कलकत्ता और भारत के अनेक अन्य नगरों और प्रांतों में प्रसव की भौतिक (शारीरिक) व्यवस्था पाश्चात्य 'चिकित्सीयकरण' के कारण बदल रही थी और इसी के साथ महिलाओं और प्रजनन संबंधी समझ का भी विस्तार हो रहा था।[99] पूर्वोल्लिखित प्रजाति और मलेरिया के विवेचन अथवा 1891 के एज ऑफ कॉन्सेंट बिल[100] पर उठे विवाद की भाँति पाश्चात्य आयुर्विज्ञान

की अवधारणाएँ और अधिकारिता अनेक सामाजिक और धार्मिक आंदोलनों के माध्यम से उन्नीसवीं सदी के अंतिम चरण में लिंग, वर्ग, समुदाय और राष्ट्र संबंधी वाद-विवादों का अभिन्न और प्रभावी अंग बन गई। पाश्चात्य आयुर्विज्ञान भारत में एक औपनिवेशिक परियोजना मात्र नहीं रहा।

संदर्भ

1. डी.जी. ग्राफ़ॉर्ड, 'ए हिस्ट्री ऑफ़ द इंडियन मेडिकल सर्विस, 1660-1913' I (लंदन, 1914), पृ. 197-221।
2. रोगर जेफ़री, 'द पॉलिटिक्स ऑफ़ हैल्थ इन इंडिया' (बर्कले, सी.ए. 1988), पृ. 61।
3. जे.सी. ह्यूम, 'कॉलॉनिएलिज़्म एंड सैनिटॅरि मेडिसिन : द डेवलपमेंट ऑफ़ प्रिवेंटिव हैल्थ पॉलिसि इन द पंजाब, 1860-1900', एम ए एस, 20 (1986), पृ. 703-24।
4. सर विलियम विंसेंट, मिनट, 25 अगस्त 1922, हैल्थ एंड एडुकेशन (मेडिकल), 3-41, मार्च 1923, एन ए आई। इस मत के पश्चवर्ती सार्वजनिक प्रकथन के लिए देखें, 'इंडियन स्टैट्यूटरि कमीशन रिपोर्ट' (लंदन, 1930), पृ. 278।
5. मार्क हैरिसन, 'टुवॅर्ड्स ए सैनिटॅरि प्रोफ़ेशनल विजंस एंड पब्लिक हैल्थ इन इंडिया, 1880-1914', एस ए आर, 10 (1990), पृ. 19-40।
6. जेफ़री, 'पॉलिटिक्स', पृ. 64; सी.पी. ल्युकिस, मिनट, 21 सितंबर, 1912, होम (मेडिकल), 9-13, एन ए आई।
7. डी.जी. ग्राफ़ॉर्ड, 'रॉल ऑफ़ द इंडियन मेडिकल सर्विस' 1675-1930 (लंदन, 1930), पृ. 635-49; मार्क हैरिसन, 'पब्लिक हैल्थ इन ब्रिटिश इंडिया एंग्लो-इंडियन प्रिवेंटिव मेडिसिन, 1859-1914' (कैंब्रिज, 1994), पृ. 22-7।
8. विंसेंटस मिनट, 25 अगस्त 1922।
9. रोगर जेफ़री, 'रिकॉग्नाइजिंग इंडियाज डॉक्टर्स : द इस्टैब्लिशमेंट ऑफ़ मेडिकल डिपेंडेंसि, 1918-39', एम ए एस, 13 (1979), पृ. 310।
10. सर्जन्स इन इंडिया–'पास्ट एंड प्रेजेंट', सी आर, 23 (1854), पृ. 246।
11. आर.टी. लायोंस, एट्रीटिस ऑन रिलैप्सिंग ऑर फ़ेमिन फ़ीवर (लंदन, 1872), पृ. 253।
12. ब्रह्मानंद गुप्ता, 'इंडिजेनस, मेडिसिन इन नाइंटींथ एंड ट्वेंटींथ सेंचुरी बंगाल', चार्ल्स लेस्ली (संस्करण), 'एशियन मेडिकल सिस्टम्स, ए कंपरेटिव स्टडी' (बर्कले, सी ए, 1976), पृ. 369-70; पूनम बाला, इम्पॅरिआलिज़्म एंड मेडिसिन इन बंगाल : ए सोशिओ-हिस्टॉरिकल पर्सपेक्टिव (दिल्ली, 1991), पृ. 41-5।
13. डैविड कॉफ, 'ब्रिटिश ओरिअंटॅलिज़्म एंड द बंगाल रिनासाँ : द डायनैमिक्स ऑफ़ इंडियन मॉडर्नाइजेशन, 1773-1835' (बर्कले, सी ए, 1969), पृ. 278।
14. जालेह खलीली, 'द व्हाइट मैंस बर्डेन : द राइज एंड फॉल ऑफ़ द नैटिव मेडिकल इंस्टिट्यूट, कलकत्ता', बी.एस.सी. डिस्सर्टेशन, यूनिवर्सिटी कॉलिज, लंदन, 1996,

पृ. 19-27; 'इंग्लिश आइडियाज़, इंडियन ऐडप्टेशन', सी.आर. (1858), पृ. 30; मृदुला रामन्ना, 'इंडियन प्रैक्टिशनर्स ऑफ़ वेस्टर्न मेडिसिन; ग्रांट मेडिकल कॉलिज, 1845-1885', 'रैडिकल जॅर्नल ऑफ़ हैल्थ,' I (1995), पृ. 116-17।

15. 'सेंटेनरि ऑफ़ मेडिकल कॉलिज, बंगाल, 1835-1934' (कलकत्ता, 1935), पृ. 3-7।
16. जेम्स रेनाल्ड मार्टिन, 'नोट्स ऑन द मेडिकल टॅपॉग्रॅफ़ि ऑफ़ कलकत्ता' (कलकत्ता, 1837), पृ. 60।
17. जेम्स हैरिसन, 'द ऑरिजिन एंड प्रोग्रेस ऑफ़ द बंगाल मेडिकल कॉलिज', 'इंडियन ऐनल्स ऑफ़ मेडिकल साइंस,' 5 (1858), पृ. 51; अनिल कुमार, 'मेडिसिन एंड दराज : ब्रिटिश मेडिकल पॉलिसिस इन इंडिया, 1835-1911' (दिल्ली, 1998), पृ. 25-34।
18. रामन्ना, 'प्रैक्टिशनर्स', पृ. 118-20।
19. वही, पृ. 132।
20. पी.सी. सेन गुप्ता, 'सूर्जो कुमार गूदेव चक्रवर्ती : द फर्स्ट इंडियन कॅनूट्रिब्यूटर टु मॉडर्न मेडिकल साइंस' एम एच, 14 (1970), पृ. 183-91।
21. क्राफोर्ड, 'हिस्ट्री', I, पृ. 104-5; जेफरी, 'पॉलिटिक्स', पृ. 64।
22. रामानंद चटर्जी, 'बामनदास बसु', एम आर (दिसंबर, 1930), पृ. 668।
23. अनिल सील, 'द इमर्जेंस ऑफ़ इंडियन नेशनॅलिज़्म कॅमूपिटिशन एंड कॅनूट्रिब्यूशन इन द लेटर नाइंटींथ सेंचुरी' (कैंब्रिज, 1968), पृ. 120-1; 'थैकर्स इंडियन डायरेक्टरी 1900' (कलकत्ता, 1900), पृ. 376, 1202, 1327।
24. होम (मेडिकल), 37-55, दिसंबर, 1910, एन ए आई।
25. जेफ़री, 'पॉलिटिक्स', पृ. 80-1।
26. कॉफ़, 'ब्रिटिश ओरिएंटलिज़्म', पृ. 152।
27. गिरींद्रनाथ मुखोपाध्याय, 'हिस्ट्री ऑफ़ इंडियन मेडिसिन फ्रॉम द अर्लिएस्ट एजेज़ टु द प्रेजेंट टाइम, I' (कलकत्ता, 1923); पृ. 4-5
28. 'ट्रैनूजैक्शंस ऑफ़ द मेडिकल एंड फ़िज़िकल सोसायटी ऑफ़ कलकत्ता, I' (1825), पृ. iii-iv।
29. ह्वाइटला ऐंस्लाई, 'मैटेरिआमेडिका', II (लंदन, 1826), पृ. v, vii।
30. टी.ए. वाइज़ 'कॅमेंटॅरि ऑन द हिंदू सिस्टम ऑफ़ मेडिसिन' (सेकेंड एडिशन, लंदन, 1860), पृ. i-v, xix।
31. ऐंसलाई, 'मैटेरिआ' I पृ. X।
32. डब्ल्यू.बी.ओ' शौगनेसी, 'द बंगाल फ़ार्म कॅपीॲ' (कलकत्ता, 1844), पृ. iv-v; डैविड ऑर्नोल्ड, 'कॉलॉनाइज़िंग द बॉडि : स्टेट मेडिसिन एंड एपिडेमिक डिज़ीज इन नाइंटींथ-सेंचुरी इंडिया' (बर्कले, सी ए, 1993), पृ. 48-50।
33. विलियम ट्विनिंग, 'क्लिनिकल इलस्ट्रेशंस ऑफ़ द मोर इम्पॉर्टेंट डिज़ीज़ेज ऑफ बंगाल, I' (कलकत्ता, 1832), पृ. 332-4।

34. जेम्स एनेस्ली, 'रिसर्चेज इन टु द कॉज़ेज़, नेचर एंड ट्रीटमेंट ऑफ़ द मोस्ट प्रेवॅलेंट डिज़ीज़ेज़ ऑफ़ इंडिया एंड ऑफ़ वॉर्म क्लामेंसज जेनॅरॅलि, I' (लंदन, 1828), पृ. xi।

35. उदाहरणार्थ, मीर अशरफ़ अली, 'ट्रीटमेंट ऑफ़ डिसॅन्ट्रि बाइ नेटिव मेडिसिंस्', आई एम जी (एप्रॅल, 1868), पृ. 83; चेतनशाह, 'गॉनॅरी अॅ ऐज़ ट्रीटेड इन वर्नाक्यूलर मेडिकल लिटरेचर', आई एम जी (सेप्टेंबर, 1880), पृ. 241-5।

36. मार्टिन, 'टॅपॉग्रॅफि', पृ. 60।

37. हरमैन हैनिस, 'मेमॉरिअॅल ऑफ़ द लाइफ़ एंड वॅर्क ऑफ़ चार्ल्स मोरहेड (लंदन, तिथि का उल्लेख नहीं), पृ. 15-16।

38. जॉन सी. ह्यूम, 'राइवल मेडिसिन एंड यूनानी तिब्ब इन द पंजाब, 1849-1889', बी एच एम, 51 (1977), पृ. 214-31।

39. रामन्ना, 'प्रैक्टिशनर्स', पृ. 126-8।

40. टी.जी. मैंकार (एडि.) 'राइटिंग्स एंड स्पीचेज़ ऑफ़ डॉ. भाउ दाजी' (बंबई, 1974), ओबिचुअॅरि, 'जॉनॅल ऑफ द नेशनल इंडियन अॅसोसिएशन' (अगस्त, 1874), पृ. 206-7।

41. जेन एम. बकिंघम, 'मेडिसिन एंड कॉन्फ़ाइनमेंट : लेप्रॅसि इन कॉलॉनिअल साउथ इंडिया', पी-एच.डी. थीसिस, यूनिवर्सिटी ऑफ़ सिडनी, 1996, पृ. 107-81, 227-9; जे.सी. घोष, 'ए मोनोग्राफ़ ऑन चालमोगरा ऑइल एंड इट्स यूस इन द ट्रीटमेंट ऑफ़ लेप्रॅसि ऐज एक्सप्लेंड इन आयुर्वेद' (मद्रास, 1917)।

42. गोपाल चंद्र रॉय, 'द कॉज़ेज, सिम्प्टॅम्स एंड ट्रीटमेंट ऑफ़ बर्दवान फ़ीवर ऑर द एपिडेमिक फ़ीवर ऑफ़ लोवर बंगाल' (लंदन, 1876), पृ. 106 : सी.ए. गिल, 'मलेरिया : ए साइंटिफ़िक रोमांस, प्रोसीडिंग्स ऑफ़ द लाहौर फ़िलॅसॅफ़िकल सोसायटी, I : (1914), पृ. 28।

43. सी.ए. बेंटली, 'मलेरिया एंड ऐग्रिकल्चर इन बंगाल : हाउ टु रिड्यूस मलेरिया इन बंगाल बाइ इरिगेशन' (कलकत्ता, 1925), पृ. 92।

44. रिपोर्ट ऑफ़ द सेंट्रल इंडिजेनस ड्रग्स कॅमिटी ऑफ़ इंडिया, I (कलकत्ता, 1899), अपेन्डिक्स 3, पृ. 10-19।

45. जे.ज़ेड, हॉलवेल, 'एन एकाउंट ऑफ़ द मैनर ऑफ़ इनॉक्यूलेटिंग फ़ॉर द स्मॉलपॉक्स इन द ईस्ट इंडिया' (लंदन, 1767)।

46. आर्नोल्ड, 'बॉडि', पृ. 129-33।

47. डब्ल्यू. कॅमरॉन, 'ऑन वैक्सिनेशन इन बंगाल', 'ट्रैन्ज़ैक्शंस ऑफ़ द मेडिकल एंड फ़िज़िकल सोसायटी ऑफ़ कलकत्ता, V' (1831), पृ. 387; रिपोर्ट ऑफ़ द स्मॉल-पॉक्स कमिश्नर्स (कलकत्ता, 1850), पृ. 54।

48. 'बंगाल वैक्सिनेशन रिपोर्ट', 1869, पृ. 1-11; आर्नोल्ड, 'बॉडि', पृ. 146-7।

49. राल्फ डब्ल्यू. निकोलस, 'द गॉडेस शीतला एंड एपिडेमिक स्मॉलपॉक्स इन बंगाल',

जे ए एस, 41 (1981), पृ. 21-44।

50. आर्नोल्ड, 'बॉडि', पृ. 143-4, 'फ्रेडरिक ऐपफेल मार्गलिन', स्मॉलपॉक्स इन टू सिस्टम्स ऑफ़ नॉलिज इन एफ़.ए. मार्गलिन एंड एस.ए. मार्गलिन (संस्करण), 'डॉमिनेटिंग नॉलिज : डेवलपमेंट, कल्चर एंड रेज़िस्टैंस' (ऑक्सफ़ोर्ड, 1990), पृ. 112-18।
51. आर्नोल्ड, 'बॉडि', पृ. 134-7।
52. मृदुला रासन्ना, 'इंडियन रिसपॉन्स टु वेस्टर्न मेडिसिन : वैक्सिनेशन इन द सिटि ऑफ़ बंबई इन द नाइटींथ सेंचुरी', ए.जे. कैसर एंड एस.पी. वर्मा (सं. में), 'आर्ट एंड कल्चर : एनडेवर्स इन इंटरप्रिटेशन' (दिल्ली, 1996), पृ. 67-78।
53. एस.पी. जेम्स, 'स्मॉलपॉक्स एंड वैक्सिनेशन इन ब्रिटिश इंडिया' (कलकत्ता, 1909), पृ. 30, 76-8।
54. आर्थर एस. थॉमसन, 'कुड द नेटिव्ज़ ऑफ़ ए टेम्परेट क्लाइमेट कॉलॉनाइज़ एंड इन्क्रीस इन ए ट्रॉपिकल कॅन्ट्रि एंड वाइस वॅर्सा?' ट्रैन्जैक्शंस ऑफ़ द मेडिकल एंड फ़िजिकल सोसायटी ऑफ़ बंबई, IV (1843), पृ. 112-38; जेम्स मुर्रे, 'प्रैक्टिकल ऑब्जर्वेशंस ऑन द नेचर एंड इफ़ेक्ट्स ऑफ़ द हिल-क्लाइमेट्स ऑफ़ इंडिया', वही, VII (1844), पृ. 3-30।
55. फ्रांसिस ज़िमरमॅन, 'द जंगल एंड द ॲरोमॅ ऑफ़ मीट्स : एन इकॅलॅजिकॅल थीम इन हिंदू मेडिसिन' (बर्कले, सी.ए. 1987)।
56. जेम्स सी. रायली, 'द एटींथ-सेंचुरी कॅम्पेन टु अवाइड डिज़ीज़' (बाशिंगस्टोक, 1987)।
57. जॉन पीटर वेड, 'ए पेपर ऑन द प्रिवेंशन ऑफ़ द डिसऑर्डर ऑफ़ सीमेन एंड सोल्जर्स इन बंगाल' (लंदन, 1793)।
58. जॉन्सन के प्रभाव के संबंध में देखें, मार्क हैरिसन, 'ट्रॉपिकल मेडिसिन इन नाइटींथ सेंचुरी इंडिया' बी जे एच एस, 25 (1992), पृ. 299-318।
59. जेम्स एनेस्ली, 'स्केचेज़ ऑफ द मोस्ट प्रेवॅलेंट डिज़ीज़ ऑफ़ इंडिया' (लंदन, 1825) पृ. 251-5।
60. 'रिपोर्ट ऑन द मेडिकल टॅपॉग्रॅफ़ि एंड स्टैटिसटिक्स ऑफ़ द सीडिड डिस्ट्रिक्ट्स' (मद्रास, 1844), 'रिपोर्ट ऑन द मेडिकल टॅपॉग्रॅफ़ि एंड स्टैटिसटिक्स ऑफ़ नीलगिरि हिल्स' (मद्रास, 1844)। हिल-स्टेशनों के संबंध में देखें, 'द मैजिक माउंटेंस : हिल-स्टेशंस एंड द ब्रिटिश राज' (बर्कले, सी ए, 1996), लेखक, डेन केन्नेडी।
61. एम. माइल्स, 'गॉइट्र, क्रेटिनिज़्म एंड आइऑडिन इन साउथ एशिया : हिस्टोरिकल पॅर्सपेक्टिव ऑन ए कॅन्टिन्यूइंग स्कॅर्ज', एम एच, 44 (1998), पृ. 50-6।
62. एफ़.पी. स्ट्रांग, 'एक्सट्रैक्ट्स फ्रॉम द टॅपॉग्रॅफ़ि एंड वाइटल स्टैटिसटिक्स ऑफ़ कलकत्ता' (कलकत्ता, 1837), पृ. 9-10।
63. जेम्स टायलर, 'ए स्केच ऑफ़ द टॅपॉग्रॅफ़ि एंड स्टैटिसटिक्स ऑफ़ ढाका' (कलकत्ता, 1840), पृ. 322, 329-31।

64. ट्विनिंग, 'इलस्ट्रेशंस', II (द्वितीय संस्करण, कलकत्ता, 1835), पृ. 418।
65. जे. इलियट, 'रिपोर्ट ऑन द एपिडेमिक रिमिटॅन्ट एंड इंटरमिटॅन्ट फ़ीवर ॲकरिंग इन पार्ट्स ऑफ़ बर्दवान एंड नाडिया डिविजंस' (कलकत्ता, 1863)।
66. डब्ल्यू.एच. ग्रेग, 'मलेरिॲल फ़ीवर इन बंगाल', सी आर 88 (1889), पृ. 384।
67. 'सेंसस ऑफ़ इंडिया, 1891, III : द लॉवर प्रोविंसेज़ ऑफ़ बंगाल' (कलकत्ता, 1893), पृ. 2, 64, 88, 92।
68. सेंसस ऑफ़ इंडिया, 1911, V, बंगाल, बिहार, एंड उड़ीसा एंड सिक्किम (कलकत्ता, 1913), पृ. 519।
69. आर्किडी, 'द पास्ट एंड फ़्यूचर ऑफ़ बंगाल', बंगाल मैगॅज़ीन (जनवरी, 1873), पृ. 251।
70. रॉय, 'फ़ीवर', उपेंद्रनाथ ब्रह्मचारी, 'ग्लीनिंग्स फ़्रॉम माइ रिसर्चेज़' I' (कलकत्ता, 1941), पृ. 473-83।
71. डैविड आर्नोल्ड, 'एन ऐंशिएंट रेस आउटवॅर्न' : मलेरिया एंड रेस इन कॅलॉन्यल इंडिया, 1860-1930', देखें वाल्ट्रॉड अर्नस्ट एंड बर्नार्डहैरिस (सं.), 'रेस, सोसायटी, एंड मेडिसिन, 1700-1960' (लंदन, 1999), पृ. 123-43।
72. टी.ई. डेम्पूस्टर, 'द प्रेवॅलेंस ऑफ़ ऑर्गेनिक डिज़ीज़ ऑफ द स्प्लीन ऐज़ ए टेस्ट फ़ॉर डिटेक्टिंग मैलेरिॲस लोकेलिटिज़ इन हॉट क्लाइमेट्स' (कलकत्ता, 1868)।
73. जेम्स जेमसन, 'रिपोर्ट ऑन द एपिडेमिक कॉलरा मॉरबस' (कलकत्ता, 1820), पृ. 27, 87।
74. 'ट्रैन्ज़ैक्शंस ऑफ़ द मेडिकल एंड फ़िज़िकल सोसायटी ऑफ़ बंबई, I' (1838), पृ. iv-x : जोसेफ़ फेरर, 'ऑन द क्लाइमेट एंड फ़ीवर्स ऑफ़ इंडिया' (लंदन, 1882), पृ. 154।
75. जेम्स एस. ब्राइडेन, 'एपिडेमिक कॉलरा इन द बंगाल प्रेज़िडेंसी' (कलकत्ता, 1869), पृ. 91-2, 243।
76. 'रिपोर्ट ऑन द कॉलरा एपिडेमिक ऑफ़ 1867 इन नॉर्दन इंडिया' (कलकत्ता, 1868); 'रिपोर्ट रिगार्डिंग द कंट्रोल ऑफ़ पिलग्रिमिजेज़ इन द मद्रास प्रेज़िडेंसि' (मद्रास, 1868)।
77. डब्ल्यू.आर. कॉर्निश, 'कॉलरा इन साउदॅर्न इंडिया' (मद्रास, 1871), पृ. 1-4; 'रिव्यू ऑफ़ द मद्रास फ़ेमिन, 1876-1878' (मद्रास, 1881)।
78. जे.एम. कनिंघम, 'रिपोर्ट ऑन द कॉलरा एपिडेमिक ऑफ़ 1879 इन नार्थ इंडिया' (तिथि अलिखित)।
79. मार्क हैरिसन, 'ए क्वेश्चॅन ऑफ़ लोकैलिटि : द आइडेन्टिटि ऑफ़ कॉलरा इन ब्रिटिश इंडिया, 1860-1890' (डैविड ऑर्नोल्ड एडिशन में), 'वार्म क्लाइमेट्स एंड वेस्टर्न मेडिसिन : द इमर्जेंस ऑफ़ ट्रॉपिकल मेडिसिन, 1500-1900' (एम्स्टर्डम, 1996), पृ. 195-40।

80. टी.आर. लेविस एंड डी.डी. कनिंघम, 'कॉलरा इन रिलेशन टु सॅःटॅन फ़िज़िकल फ़िनोमिना' (कलकत्ता, 1878), पृ. 115; जेरेमी डी. आइज़ाक्स, 'डी.डी. कनिंघम एंड ईटिऑलॅजि ऑफ़ कॉलरा इन ब्रिटिश इंडिया', एम एच 42 (1998), पृ. 283-88।

81. एच.डब्ल्यू. वेलू, 'द हिस्ट्री ऑफ़ कॉलरा फ्रॉम 1862 टु 1881' (लंदन, 1885), पृ. V।

82. आइज़ैक्स, 'कनिंघम', पृ. 291-8।

83. 'रिपोर्ट ऑफ़ द कमिश्नर्स अपॉइंटेड टु इनक्वाइर इन टु द कॉलरा एपिडेमिक ऑफ़ 1861 इन नॉःदॅन इंडिया' (कलकत्ता, 1863)।

84. जेम्स रेनाल्ड मार्टिन, 'द इन्फ्लुएंस ऑफ़ ट्रॉपिकल क्लाइमेट्स ऑन यूरोपियन कॉन्स्टिट्यूशंस' (लंदन, 1856), पृ. 103-4।

85. एडमंड, ए. पार्किज़, 'ए मैनुअॅल ऑफ़ प्रैक्टिकल हाइजीन' (लंदन, 1864), पृ. 563।

86. फ़िलिप डी. कर्टिन, 'डेथ बाइ माइग्रेशन : यूरोप्स एनकाउंटर विद द ट्रॉपिकल वर्ल्ड इन द नाइन्टींथ सेंचुरी' (कैंब्रिज, 1989), पृ. 104-29।

87. राधिका रामासुब्बन, 'इंपीरिअॅल हैल्थ इन ब्रिटिश इंडिया, 1857-1900', रॉय मैक्लीऑड एंड मिल्टन लेविस (एडि.), 'डिज़ीज़, मेडिसिन एंड एंपायर : पर्सपेक्टिव्स ऑन वेस्टर्न मेडिसिन एंड द एक्सपिअरिअंस ऑफ़ यूरोपियन एक्सपैन्शन' (लंदन, 1988), पृ. 43।

88. इराक्लीन, 'डेथ इन इंडिया, 1871-1921,' जे ए एस, 32 (1973), पृ. 639-41।

89. वही, पृ. 656।

90. आर. लॉवेट, 'द हिस्ट्री ऑफ़ द लंदन मिशनरी सोसायटी, 1795-1895, II' (लंदन, 1899), पृ. 223।

91. जानकी नायर, 'अनकॉवरिंग दज़नाना : विजंस ऑफ़ इंडियन वुमैनहुड इन इंग्लिशवुमेंस, राइटिंग्स, 1813-1940', 'जर्नल ऑफ़ विमेंस हिस्ट्री', 2 (1990), पृ. 13, 22।

92. मार्ग्रेट बेलफ़ोर एंड रुथ यंग, 'द वर्क ऑफ़ मेडिकल विमेन इन इंडिया' (लंदन, 1929), पृ. 16-18।

93. कुमार, 'मेडिसिन', पृ. 39, 43, 54-62।

94. रोज़मेरी फ़िट्ज़िराल्ड, 'ए 'पिक्यूलिअॅ एंड एक्सेप्शनल मेज़र' : द कॉल फ़ॉर विमेन मेडिकल मिशनरीज़ फ़ॉर इंडिया इन द लेट्अॅ नाइन्टींथ सेंचुरी', रॉबर्ट ए. बिकर्स एंड रोज़मेरी सेटॅन (संस्करण), 'मिशनरी एनकाउंटर्स : सोर्सेज़ एंड इश्यूज़' (लंदन, 1996), पृ. 185।

95. मेरेडिथ बॉर्थविक, 'द चेंजिंग रोल ऑफ़ विमेन इन बंगाल, 1849-1905' (प्रिंसटन, एन जे, 1984), पृ. 324-6, डगमार ऐंगेल्स, 'द पॉलिटिक्स ऑफ़ चाइल्डबर्बॅःथ : ब्रिटिश एंड बंगाली विमेन इन कॉन्टेस्ट, 1890-1930', पीटर रॉब (एडि.), 'सोसायटी एंड आइडिऑलॅजि : एसेज़ इन साउथ एशियन हिस्ट्री' (दिल्ली, 1993), पृ. 233; मनीषालाल,

'द पॉलिटिक्स ऑफ़ जेंडर एंड मेडिसिन इन कॅलॉनूयल इंडिया : द काउंटेस ऑफ़ डफ़रिंस फ़ंड, 1885-1888', बी एच एम, 68 (1994), पृ. 30।

96. फ़िलिपालेविन, 'विनिरिॲल डिज़ीज़, प्रॉस्टिट्यूशन एंड द पॉलिटिक्स ऑफ़ एंपायर : द केस ऑफ़ ब्रिटिश इंडिया', 'जॅःनॅल ऑफ़ द हिस्ट्री ऑफ़ सेक्सुॲलिटी', 4 (1994), पृ. 579-602; डग्लस एम. पीअर्स, 'सोल्जर्स, सर्जंस एंड द कैम्पेंस टु कॅम्बॅट सेक्स्यूअलि ट्रैंज़मिटिड डिजीज़ेज़ इन कॅलॉनूयल इंडिया, 1805-1860,' एम एच, 42 (1998), पृ. 137-60।

97. जूडी ह्वाइटेड, 'बॉडिज़ क्लीन एंड अनूक्लीन : प्रॉस्टिट्यूशन, सैनिटरि लेजिस्लेशन, एंड रिस्पेक्टॅबॅल फ़ेमिनिनिटि इन कॅलॉनूयल नॉःथ इंडिया', जेन्डर एंड हिस्ट्री, 7 (1995), पृ. 41।

98. गेराल्डिन फ़ॉर्बिस, 'मैनेजिंग मिडवाइफ़रि इन इंडिया', देखें, डगमार ऐंगेल्स एंड शुला मार्क्स (एडि.) 'कॅनूटेस्टिंग कॅलॉनूयल हिजेमॅनि : स्टेट एंड सोसायटी इन अफ्रिका एंड इंडिया' (लंदन, 1994), पृ. 171।

99. सुप्रिया गुहा, 'ए हिस्ट्री ऑफ़ द मेडिकॅलाइज़ेशन ऑफ़ चाइल्डबःथ इन बंगाल इन द लेट नाइनटींथ एंड ॲःलि ट्वेनूटीथ सेंचुरीज', पी.-एच.डी. थीसिस, यूनिवर्सिटी ऑफ़ कलकत्ता, 1996; अंशु मलहोत्रा, 'पतिव्रताज़ एंड कुपतिस; जेंडर, कास्ट एंड आइडेंटिटि इन पंजाब, 1870 के दशक से 1920 के दशक तक', पी-एच.डी. थीसिस, एस ओ ए एस, लंदन, 1998, अध्याय 6।

100. हिमानी बनर्जी, 'एज ऑफ़ कॉनूसेंट एंड हिजेमॉनिक सोशल रिफॉर्म' देखें, क्लेअर मिगली (एडि.), 'जेन्डर एंड इमूपिरिॲलिज़्म' (मैनचेस्टर, 1998), पृ. 21-44।

अध्याय चार

भाप-युग की प्रौद्योगिकियाँ

उन्नीसवीं सदी को इस अर्थ में अभिनव परिवर्तन का युग माना जाता रहा है कि इसमें यूरोप में भाप प्रौद्योगिकियाँ विकसित हुईं और वहाँ से पृथ्वी के अन्य भागों में फैल गईं। इस सदी में प्रौद्योगिकी 'पश्चिम से अफ्रीका और एशिया में बड़े पैमाने पर स्थानांतरित हुईं' ार उपनिवेशवाद ने इसमें महत्त्वपूर्ण भूमिका अदा की। स्थानांतरण की यह प्रक्रिया जिस व्यापक पैमाने पर और जितने गहरे प्रभाव के साथ घटित हुई, उसका ज्वलंत उदाहरण भारत के मामले में परिलक्षित होता है।[1] लेकिन, प्रौद्योगिकी के स्थानांतरण का तर्क बहिर्जात (एक्सॉजेनस) अभिनव परिवर्तन का महत्त्व और 'साम्राज्य के एक उपकरण' के[2] रूप में प्रौद्योगिकी की भूमिका को तो उजागर करता है, लेकिन यह सहज ही अत्यधिक एकपक्षीय भी हो उठता है, क्योंकि यह पश्चिम की गत्यात्मकता पर तो बल देता है किंतु उस संदर्भ की अनदेखी कर देता है जिसमें नई प्रौद्योगिकियाँ उपयोग में लाई गईं। प्रौद्योगिकियाँ कदाचित ही ज्ञान की पृथक निकाय, बिना किसी संशोधन अथवा सुधार के ज्यों-की-त्यों स्थानांतरणीय होती हैं। प्रौद्योगिक स्थानांतरण विकीर्णन अथवा आरोपण की कोई सरल प्रक्रिया नहीं है, इसका स्वरूप 'संवादात्मक' होता है[3] और भारत के परिप्रेक्ष्य में यह बात विशेष रूप से लागू होती है, क्योंकि यहाँ निजी प्रौद्योगिकियों के व्यापक क्षेत्र थे और इसका सामाजिक और भौतिक पर्यावरण यूरोप से बहुत भिन्न था। इसके अतिरिक्त यह भी रेखांकित करने योग्य तथ्य है कि उपनिवेशवाद के अधीन नई प्रौद्योगिकियों का प्रसार राजनीतिक और आर्थिक नियंत्रण के पक्षपातपूर्ण स्वरूप से बाधित और अनुकूलित हुआ। पूर्व में भारत एशियाई और हिंद महासागरीय पड़ोसी देशों के साथ 'मौलिक विनिमय' करता था, लेकिन औपनिवेशिक शासन ने इसमें व्यवधान खड़े किए और उसके स्थान पर पश्चिम और मुख्य रूप से ब्रिटेन के साथ प्रौद्योगिक संवाद पर लगभग एकाधिकार स्थापित कर लिया। औपनिवेशिक भारत की प्रौद्योगिकी को रूपायित करने में अस्वीकरण और विकीर्णन प्रायः समान महत्त्व के थे।

पश्चिम से प्रौद्योगिक स्थानांतरण के प्रभाव में एक अन्य कठिनाई थी पूर्व-भाप युगीन प्रौद्योगिकियों की विद्यमानता और उनका अनुकूलन। ऐसे अनेक उदाहरण

थे जिनमें परस्पर प्रतिस्पर्धी प्रतीत होने वाली प्रौद्योगिकियाँ—कृषि, वस्त्र, परिवहन और श्रम की पुरानी और नई प्रौद्योगिकियाँ—साथ-साथ चलती रहीं और दोनों के बीच का संबंध विरोधात्मक कम, सहक्रियाशीलता का अधिक रहा। कुछ विद्वानों ने उस युग की प्रौद्योगिकी का सरलीकरण करते हुए भाप की शक्ति को प्रगति के साथ और इंजिन को साम्राज्य के साथ जोड़कर देखा है। इसके बावजूद, भारत में नई प्रौद्योगिकी मिले-जुले संदेश की वाहिका थी। ऐसा नहीं है कि भाप प्रौद्योगिकी को पाश्चात्य मनस् ने जो अर्थ प्रदान किया उसे भारतीय प्रेक्षकों और सहभागियों ने ज्यों-का-त्यों ग्रहण कर लिया। वास्तव में, यूरोपवासी और भारतीय आधुनिक प्रौद्योगिकी की वांछनीयता और भारत के लिए उसके औचित्य के संबंध में समान रूप से संदेहशील थे। प्रौद्योगिक परिवर्तन का सामाजिक और राजनीतिक परिव्यय लगातार वाद-विवाद का स्रोत बना रहा और इसने भारत की आधुनिकता के अर्थ और महत्त्व के संबंध में अनेक नाजुक सवाल खड़े किए।

वस्त्र, प्रौद्योगिकी और परंपरा

भारत में सूती वस्त्रोद्योग का इतिहास इस बात का सर्वश्रेष्ठ उदाहरण प्रस्तुत करता है कि भाप ने किस प्रकार दस्तकारी उत्पादन को पदच्युत कर दिया। राष्ट्रवादी लेखकों ने उन्नीसवीं सदी के आरंभिक दशकों में वस्त्रोत्पादन के पारंपरिक तरीकों में तेजी से ह्रास का कारण ब्रिटिश सूती कपड़े के कारखानों के साथ उसकी प्रतियोगिता को माना है। इन कारखानों ने पहले तो भारत के निर्यात को ठप कर दिया और फिर भारतीय बाजारों में ब्रिटिश कारखानों में निर्मित सस्ते सूती वस्त्रों की बाढ़-सी ला दी। उनके सामने करघों का टिक पाना मुश्किल हो गया। परिणाम यह हुआ कि कंगाल बन गए बुनकर (और अन्य विस्थापित दस्तकर्मी) पहले से ही भारी तादाद में मौजूद खेतिहर मजदूरों की पंक्ति में शामिल होने को बाध्य हो गए। गरीबी और कृषि पर बढ़ते दबाव के फलस्वरूप उन्नीसवीं सदी में पड़े अकाल के नतीजे और भी भयंकर हो गए। स्थिति इतनी बदतर हो गई कि 1850 के बाद भारत में अपने मिल उद्योग का विकास भी रोजगार का वैकल्पिक स्रोत बनने में विफल रहा। 1914 तक सूती वस्त्र पूँजी निवेश और मिलों तथा नियोजित श्रमिकों की संख्या की दृष्टि से भारत के अग्रणी उद्योगों में एक था, लेकिन वह प्रौद्योगिक पिछड़ेपन का शिकार था और विदेशी प्रतियोगिताएँ इसकी राह में रोड़े अटका रही थीं।[4]

हाल के वर्षों में विद्वानों ने उपर्युक्त व्याख्या को अनेक रूपों में संशोधित किया है। इसमें संदेह नहीं कि प्रौद्योगिक परिवर्तन बड़े पैमाने पर हुए अथवा इसका रूप बाहरी प्रभावों ने निर्धारित किया। भारत में अधिकांश कपड़ा मिलों ने ब्रिटिश

अभिकल्पों (डिजाइंस) का अनुसरण किया और ब्रिटिश कल-पुर्जे काम में लाए। 1850 से 1860 के दशक के बीच सूती और जूट मिलों के लिए भारत में आयातित कपड़ा बुनाई के मशीनों का 90 प्रतिशत ब्रिटेन, विशेषकर लंकाशायर से आया और 1905 और 1939 के बीच यह व्यापार 750 मिलियन रुपये का हो गया। भारत को अपनी औद्योगिक प्रौद्योगिकी में बहुत कम फायदे हुए और औद्योगिक क्षेत्र के भारी विकास के बावजूद मशीन और औजार बनाने के उद्योग का अभ्युदय 1939 के पूर्व नहीं हो पाया।[5] फिर भी, आयातित कल-पुर्जों की प्रधानता और यूरोपीय अधिकर्मियों और प्रविधिज्ञों की उपस्थिति के बावजूद भारत के कपड़ा मिल किसी हद तक स्थानीय स्थितियों और पूर्व से चले आ रहे काम के तौर-तरीकों को प्रतिबिंबित करते थे। उदाहरणस्वरूप, एक ऐसी स्थिति में जबकि मिल कर्मियों और प्रबंधकों के बीच व्यापक सामाजिक और सांस्कृतिक खाई थी, कारखानों के श्रम-प्रबंधन और नियोजन में बिचौलियों ने निर्णायक भूमिका अदा की। इसी प्रकार, कारखानों के निर्माण से पूर्व का कौशल और श्रम-विभाजन ने मिलकर्मियों की संरचना और संगठन में अपना योगदान किया जैसा कि बंबई के सूती कपड़ा मिलों में काम करने के लिए उत्तर भारत के मुस्लिम बुनकर, जुलाहों के नियोजन से जाहिर होता है।[6]

प्रति-उद्योगीकरण की पारंपरिक व्याख्या को सर्वाधिक ठोस रूप में संशोधित करने का काम भारत में हथकरघा के दीर्घकालीन अनुकूलन और उत्तरजीविता (सर्वाइवॅल) के द्वारा हुआ है। औपनिवेशिक शासन की स्थापना के सदियों पूर्व से भारत अपने वस्त्रोत्पादन, विशेषकर अपने सूती सामानों की गुणवत्ता और रंगीन किस्मों के लिए ख्यात रहा था। अठारहवीं सदी के अधिक भाग तक यह 'सूती कपड़ों का संभवतः संसार का सबसे बड़ा उत्पादक देश था।'[7] घरेलू रुचियों और बाहर में इसकी माँग के कारण इसके उत्पादन को बढ़ावा, इसमें विशेषज्ञता को प्रोत्साहन और नई प्रौद्योगिकियों, जैसे, चरखा (जो चौदहवीं सदी में संभवतः इरान से प्रचलन में आया था), के प्रसार को किसी हद तक बल मिला। इसके फलस्वरूप श्रम की बचत होने के कारण कताई में तेजी आई और बुनाई के लिए पूर्वापेक्षा अधिक मात्रा में सूत उपलब्ध होने लगा। साथ ही, हाथ से काते गए सूत की तुलना में इससे एक जैसे सूत का उत्पादन सरल हो गया।[8] वस्त्र-उत्पादन में वृद्धि से अनेक आनुषंगिक प्रौद्योगिकियों को भी बढ़ावा मिला। इनमें काष्ठ के प्रिंटिंग ब्लॉक्स (मुद्रण के ठप्पे) का निर्माण और रंगों तथा रंग स्थापकों (मॉःडॅन्ट्स), जैसे ताँबे की खान के अपशिष्ट पदार्थ से निकाली गई फिटकरी के उत्पादन जैसी चीजें शामिल थीं। उन्नीसवीं सदी के उत्तरार्द्ध में भारतीय (सादे) सूती वस्त्रों और अन्य रंजित, चित्रित और बेलबूटेदार कपड़ों के प्रति पश्चिम की 'ललक' और यूरोपीय

यद्यपि ईस्ट इंडिया कंपनी ने 1760 के दशक से देहाती रेशम की गुणवत्ता बढ़ाने और यूरोप में उसके इटालियन उत्पादन के साथ प्रतियोगिता में लाने के लिए[13] बंगाल में रेशम के कुंडलन (लपेटन) की मशीनों (फिलेचर्स) को प्रयोग में लाने के प्रयास तो किए, परंतु उसने सूत की कताई और बुनाई में अभिनव परिवर्तनों में, जो ब्रिटेन में वस्त्र-उत्पादन में क्रांति ला रहे थे, वैसी अभिरुचि नहीं ली। परिणामतः, भारत के हथकरघा उद्योग को संरक्षण प्रदान करने वाली शुल्क-पद्धति के अभाव में ब्रिटिश मिलों से भारी मात्रा में होने वाले वस्त्र-उत्पादन ने 1820 के दशक तक द्रुत गति से भारतीय वस्त्र को उसके निर्यात बाजार से प्रतिस्थापित कर दिया और भारत के घरेलू बाजारों के बड़े हिस्से पर कब्जा जमा लिया। सूती सामानों का निर्यात 1816-17 में जहाँ 165 लाख रुपये का था वह 1830-31 में लुढ़ककर मात्र आठ लाख रुपये का रह गया, जबकि उसी अवधि में आयात तीन लाख से बढ़कर साठ लाख पर पहुँच गया। परिवहन के क्षेत्र में अभिनव परिवर्तनों—भाप से चलने वाले जहाज, 1869 में स्वेज नहर का उद्‌घाटन और भारत में रेल-प्रणाली का विकास—ने अगले चार-पाँच दशकों में आयातित वस्त्रों के प्रभाव में और भी बढ़ोतरी की, बंगाल के वस्त्रोद्योग को चौपट कर दिया और भारत के अन्य भागों में इसे पंगु बना दिया।[14] इससे पश्चिम पर प्रौद्योगिक निर्भरता के नए युग का सूत्रपात हुआ जो आरंभ में वस्त्र-उत्पादन में और आगे चलकर उसकी मशीनों के निर्माण में परिलक्षित हुआ। इसके बावजूद, यह प्रति-उद्योगीकरण की पूरी कहानी नहीं है, क्योंकि हथकरघा उद्योग पूरी तरह नष्ट नहीं हुआ, बल्कि अनुकूलन और विशिष्टीकरण की प्रक्रिया के द्वारा जीवित रहा और यद्यपि इसका आकार तो छोटा हो गया किंतु प्रौद्योगिक दृष्टि से यह पूर्वापेक्षा अधिक आधुनिक बन गया।

उन्नीसवीं और आरंभिक बीसवीं सदियों में भारत के अधिकांश क्षेत्रों में बुनकरों और करघों की संख्या में दीर्घकालीन ह्रास हुआ। ग्रामीण बुनकर धीरे-धीरे, विशेषकर रेलवे द्वारा आयातित सामानों की बाढ़ ला देने पर, अदृश्य होते गए और जो बचे-खुचे रहे वे विशिष्टता प्राप्त शहरी केंद्रों में एकत्र हो गए। कुछ दक्षिण भारतीय बुनकर विदेशी प्रतियोगिताओं में टिके रहने के लिए कम कीमत वाले मोटे किस्म के कपड़े बनाने में लग गए और बाजार के उतार-चढ़ाव तथा दुर्भिक्षों के बावजूद 1870 के दशक तक अपना कारोबार चलाते रहे। यद्यपि सादे कपड़े का बाजार ब्रिटिश और बाद में भारतीय मिलों के सामने नहीं टिक पाया, हथकरघा बुनकरों ने सालेम और शोलापुर जैसी जगहों में विशेष किस्म खासकर आनुष्ठानिक अवसरों के लिए आवश्यक कपड़े अथवा धोतियों, साड़ियों और चोलियों के निर्माण के द्वारा अपनी पकड़ मजबूत बनाए रखी। भारतीय श्रमिकों के समुद्र पार के देशों में प्रव्रजन ने हैंडलूम लुंगियों के लिए नये निर्यात बाजार खोल दिए। विदेशी और 1850 के दशक के बाद भारतीय मिलों से उपलब्ध सूत के फलस्वरूप हथकरघा बुनकरों की पहुँच भारी और

हाथों में बढ़ते निर्यात व्यापार के कारण कपड़ा बंगाल, गुजरात और कोरोमंडल के समुद्री तट से यूरोपीय ईस्ट इंडिया कंपनियों के लिए काफी लाभकर कच्चा माल बन गया।

इस प्रौद्योगिकी की सीमाएँ ब्रिटिश उद्योगीकरण के द्वारा इसमें तेज़ी से ह्रास लाने के बहुत पहले उजागर हो चुकी थीं। चूँकि यह प्रौद्योगिकी जलवायु और मौसम पर आश्रित थी और इसके सीमित प्राविधिक संसाधन बढ़ती माँग को पूरा करने में सक्षम नहीं थे, इसलिए बुनकरों और रंगरेजों के लिए यह संभव नहीं था कि वे वस्त्रों की मात्रा, गुणवत्ता और विविधता को यूरोपीय सौदागरों की अपेक्षाओं के अनुरूप बनाए रखते। वस्त्रोत्पादन में (चीन और यूरोप की तुलना में) मशीनों की कमी और दस्तकारी पर निर्भरता से साफ जाहिर है कि सत्रहवीं और अठारहवीं सदियों में भारत औद्योगिक क्रांति से बहुत दूर था।[9]

अठारहवीं सदी का बंगाल अपने सारे वाणिज्यिक उत्कर्षों के बावजूद भारत के अन्य वस्त्रोत्पादक राज्यों की तुलना में 'प्रौद्योगिक दृष्टि से पुरातन' प्रतीत हो है। यहाँ पुराने नमूने के काठ के करघे बनते थे, ऐसा नहीं लगता कि हाल सदियों में उनमें कोई परिवर्तन हुआ हो, यहाँ तक कि फुट-लीवर (पादोत्तोल अथवा ट्रेड्ल (पैडल) का भी इस्तेमाल नहीं किया जाता था।[10] रूई को परिष्कृ वस्त्र का रूप देने में बीस प्रक्रियाओं से गुजरना पड़ता था। और प्रत्येक प्रक्रि सिर्फ प्रारंभिक उपकरणों को प्रयोग में लाने वाले जातिगत विशेषज्ञों पर निर्भर क थी। उदाहरणस्वरूप, सूत मुख्यतः महिलाएँ तैयार करती थीं और इसके लिए हाथ से आड़े-तिरछे घुमाई जाने वाली ओटनी, मत्स्य-अस्थि से निर्मित धुनाई क रेशम या ताँत की डोरी से युक्त बाँस से बना धुनाई का सरकफंदा और त अथवा चरखे का इस्तेमाल करती थीं। वस्त्र-प्रसाधन का कार्य मुख्यतः पुरुष क थे। यह भी अनेक श्रम-साधित प्रक्रियाओं—प्रक्षालन, विरंजन, मरम्मत, प्र (बीटलिंग)—से गुजरता था। रँगाई, छपाई और नक्काशी, जिनसे वस्त्र के निर्यात-व्य में वृद्धि होती थी, में भी अनेक कुशल किंतु समय-साध्य, प्रक्रियाएँ निहित तदनुसार, सूती कपड़े की गुणवत्ता उसके उत्पादन में प्रयुक्त प्राविधिक सुवि के प्रतिलोमी अनुपात में होती थी। वस्त्र जितना ही नफीस होता था, उतन अधिक उसमें श्रम-निवेश की आवश्यकता पड़ती थी।[11] बुनकर पूरी तरह भा बिचौलियों पर निर्भर और उनके ऋण के बोझ तले दबे थे। उत्पादन में अ सुधार हेतु निवेश के लिए उनके पास पूँजी नहीं थी और न अठारहवीं स ब्रिटेन की भाँति प्रौद्योगिक प्रवृत्ति वाले मशीनों के साथ प्रयोग, आविष्कार और करने वाले श्रेष्ठ शिल्पकारों और उद्यमियों का कोई समूह ही था। बुनकरों का उनके निम्न आय के कारण प्रतियोगी लाभ तो पाता था, किंतु उनके जीवन-निर्वाह की विकट समस्या भी बनी रहती थी।[12]

विश्वसनीय मात्रा में आधारभूत सामग्री तक हो गई, जबकि अभिनव प्रौद्योगिक परिवर्तनों, जैसे फ़्लाइंगिशट्ल और जैकॅर्डलूम (यह यूरोप में बनने के एक शताब्दी बाद भारत में आया), ने हैंडलूम उत्पादन को गुणवत्ता और अभिकल्प (डिजाइन) में गति और संगति प्रदान की। 1920 के बाद विद्युत-शक्ति से अतिरिक्त लाभ हुए और हैंडलूम उद्योग में 'सातत्य की गतिकी' बनाए रखने में मदद मिली। उस समय यह निष्क्रिय जीवन-क्षमता मात्र नहीं था; वास्तव में 1930 के दशक तक भारत के कुल वस्त्र-उत्पादन का एक तिहाई भाग हैंडलूम से निर्मित था।[15]

यद्यपि इतिहासकारों ने भारत के प्रति-उद्योगीकरण के इतिहास को बड़े अंशों में संशोधित किया है, यह रेखांकित करना आवश्यक है कि करघा बदलती वास्तविकता के साथ कदम-ब-क़दम नहीं चल सका। वस्त्र-उत्पादन भारतीय प्रौद्योगिकी के वैसे पक्षों में था जिनमें अठारहवीं सदी के अंतिम और उन्नीसवीं सदी के प्रारंभिक चरणों में यूरोपवासियों ने खासी दिलचस्पी ली; इस समय तक भारतीय प्रविधियों से सीखने की संभावना समाप्त नहीं हुई थी। 1784 में विलियम जोंस ने एशियाटिक सोसायटी का जो उद्घाटन भाषण दिया था उसमें भारतीय विज्ञान के साथ-साथ भारतीय कलाओं (अर्थात् इसके शिल्प और कौशल) का अनुसंधान विशद चर्चा का विषय था। तीन साल बाद एंटन होव ने गुजरात के कपास-उत्पादक जिलों की अनुसंधान परक यात्रा की। 1791 में जोसेफ़ बैंक्स ने टिप्पणी की कि 'यूरोप में कलाओं के विकास के लिए भारतीय शिल्पकारों के छोटे-मोटे प्रयोगों के संबंध में जानकारी रखने वाले लोगों से प्राप्त संवाद से बढ़कर अन्य कुछ नहीं है'।[16] परंतु, भारतीय शिल्पों और उत्पादन-प्रविधियों के समकालीन विवरण ब्रिटेन की अपनी औद्योगिक प्रौद्योगिकी के त्वरित रूपांतरण के बोध से अधिकाधिक अनुप्राणित होते रहे। 1800 ई. के आसपास बुनाई अथवा धातु-कर्म के उपकरण और प्रविधियाँ ब्यूकानन को अनगढ़, श्रमसाध्य और अटकलपच्चू प्रतीत हुईं और देशी वस्त्र-उत्पादन उपयोगी ज्ञान का स्थायी स्रोत बनने के बदले शीघ्र ही भारतीय प्रौद्योगिकी के पिछड़ेपन का उदाहरण बन गया।[17] करघा उद्योग और उससे जुड़ी शिल्प-आधारित प्रौद्योगिकियों को अधिक सहानुभूतिपूर्ण और रचनात्मक अवधान प्राप्त करने में कई दशक लग गए। उन्नीसवीं सदी के अंत तक अनेक ग्रामीण शिल्प—मृत्तिका-पात्रों का निर्माण, बुनाई, टोकरियों का निर्माण, धातु-कर्म—या तो नष्टप्राय हो चुके थे अथवा औपनिवेशिक अधिकारियों द्वारा 'अपराधी कबीलों और जातियों' के पापपूर्ण कर्मों के आवरण के रूप में देखे जाते थे। उनके व्यापार और प्रविधियाँ 'अतीत के अन्य स्मृतिचह्नों' की भाँति तेजी से नृजातीय संग्रहालय की वस्तुएँ बनती जा रही थीं।[18]

खान और धातु-विज्ञान

कपड़े की भाँति खान और धातु-कर्म ने सदियों से भारत के आर्थिक और सांस्कृतिक

जीवन को मजबूत आधार प्रदान किया था। औपनिवेशिक सत्ता ने आरंभ में जिन भारतीय 'कलाओं' की जाँच-पड़ताल की और आगे चलकर पुरानी प्रतीत होने वाली प्रौद्योगिकी का समीक्षात्मक विवेचन किया उनमें खान और धातु-कर्म भी शामिल थे। भारतीय शिल्पियों के कौशल और आविष्कारशीलता को आसानी से खारिज करना संभव नहीं था। दिल्ली का लौह-स्तंभ अकेले प्राचीन लौहकारों की विलक्षण उपलब्धियों का साक्ष्य था। यहाँ तलवारों और दूसरे हथियारों के निर्माण में वूट्ज इस्पात का इस्तेमाल किया जाता था। जिसकी गुणवत्ता न सिर्फ पूरबी जगत में सदियों से ख्यात थी अपितु पाश्चात्य जगत भी उसका प्रशंसक था और उसके अनुकरण का प्रयास करता था।[19] तथापि, अन्य दस्तकारियों की भाँति यह भी—खनिज द्रव्यों और धातुओं की खदान से लेकर परिष्कृत उत्पाद तक—भारतीय प्रविधियों के प्रति तिरस्कार-भाव का विषय बन रहा था। भूगर्भशास्त्री वैलेंटाइन बॉल ने 1881 में टिप्पणी की कि भारतीय लौहकर्मी इस आधार पर आलोचना के पात्र बन गए थे कि 'यद्यपि वे (लौह-निर्माण) की कला जानते हैं, लेकिन विज्ञान से पूर्णतः अनभिज्ञ हैं'। पंरतु, उसने यह भी माना कि यह बात 'अधिक सभ्य देशों' के कारीगरों पर भी लागू होती थी। यूरोपीय ढलाईखानों में भी 'वैज्ञानिक मार्गदर्शन' 'निश्चय ही सर्वत्र उपलब्ध नहीं था'। बॉल के अनुसार अतीत में भारत की जो भी उण्लब्धियाँ रही हों, आधुनिक युग में लोहा गलाने के लिए ईंधन के बढ़ते अभाव के कारण लोहे और इस्पात का उत्पादन बुरी तरह प्रभावित था। जितनी मात्रा में लोहे का उत्पादन होता था वह 'उसमें लगने वाले श्रम, समय और खर्च की गई सामग्री के अनुपात में बहुत कम था'; मात्र एक टन लोहे के उत्पादन के लिए 14 टन काठ कोयले की जरूरत पड़ती थी।[20]

पूरी उन्नीसवीं शताब्दी में अकुशल और अलाभकर उत्पादन के दावे सामान्य थे। आधुनिक प्रौद्योगिकी को नवजीवन प्रदान करने वाले प्रभावों को महसूस करने में खदान और धातु-विज्ञान को कई दशक अधिक लग गए। यद्यपि भारत के पास दीर्घकाल से लोहा, ताँबा, सोना, शीशा और अन्य धातुएँ थीं, उन्हें निकालने के तरीके अतीत में भारत के लिए जितने भी कारगर रहे हों, उन्नीसवीं सदी में समकालीन यूरोपीय मानकों की दृष्टि से अपरिष्कृत और व्ययसाध्य माने जाते थे। खानों के संचालन के लिए बारूद की जरूरत थी जबकि खनिक हस्त-संचालित औजारों से काम लेते थे और उनसे छोटी-मोटी वीथियाँ ही बना पाते थे। गड्ढों में न तो आधार-स्तंभ थे, न जल निकासी के पंप। परिणामतः खदानों के भीतर अधिक दूर तक जाना संभव नहीं था, क्योंकि उनके ढह जाने अथवा जलमग्न हो जाने अथवा वायु के अत्यधिक शुष्क हो जाने के कारण साँस लेने में कठिनाई का खतरा बना रहता था। इसके विपरीत, ब्रिटेन में भाप की क्रांति के फलस्वरूप कोयला और ताँबा की खानों में इन समस्याओं से मुक्ति मिल गई थी। जब 1838 में एक

कॉर्निश खनक ने हिमालय की तराई में ताँबे के खानों की जाँच की तो उसने उनमें अनेक सुधारों के सुझाव दिए जिनमें बेहतर उपकरण, इमारती लकड़ी से बने स्तंभ और भाप-संचालित पंप भी थे। लेकिन ये सुझाव लागू नहीं किए गए और फलस्वरूप 1841 में उन खानों को अन्य खानों की भाँति अलाभकर मानकर बंद कर दिया गया। अंग्रेज़ी ताँबा भारत के भीतरी प्रदेशों में भी अपेक्षाकृत सस्ता था।[21]

मैसूर (अब कर्नाटक) के कोलार में शताब्दियों पुराने सोने की खानों को ब्रिटनेवासियों ने 1802 में पुनरान्वेषित किया, लेकिन उन्हें और आगे प्रचालन के उपयुक्त नहीं माना गया। 1871 के बाद ही नई अभिषदों ने पुराने कूपकों को फिर से चालू किया और खानों के परिचालन में अभूतपूर्व प्रगति 1900 में विद्युत शक्ति के उपयोग से हुई।[22] किसी समय राजस्थान में शीशा की खान से भारी मात्रा में उत्पादन होता था, लेकिन वह आदिम, श्रमसाध्य प्रविधियों पर आधृत था और उसके अयस्क को गलाने के लिए गोबर के साथ मिलाने से पूर्व काष्ठ-निर्मित गदे से चूरा जाता था। इस प्रक्रिया से प्राप्त धातु ब्रिटेन में उपलब्ध धातु से अधिक स्वच्छ माना जाता था, लेकिन यह आयातित उत्पाद का आगरा में भी मुक़ाबला नहीं कर सकता था, क्योंकि यह 'इंग्लैंड के शीशे का आठवाँ हिस्सा अधिक महँगा था'।[23] राजस्थान में जस्ता की खानें 1812-13 में पड़े अकाल के दौरान संभवतः श्रमिकों की कमी के कारण बंद हो गईं और फिर कभी नहीं चालू हो पाईं। इसी प्रकार हीरों की खान, जिसने पहली बार पश्चिमी जगत में भारतीय समृद्धि को प्रतिष्ठित किया, उन्नीसवीं सदी में लापरवाही के साथ अक्षम और प्रायः अलाभकर रूप में परिचालित की जाती थी। न तो इसका सर्वेक्षण होता था और न आधुनिक प्रौद्योगिकी काम में लाई जाती थी। बुंदेलखंड के पन्ना में शुष्क मौसम वाली हीरे की खदानों की स्थिति 1860 के दशक में गड्ढे जैसी थी। इन्हें पचास फीट से अधिक गहरा शायद ही खोदा जाता था जिसके फलस्वरूप जल स्तर काफी ऊँचा हो जाता था अथवा किनारे धँस जाते थे। मिट्टी सतह पर टोकरियों में लाई जाती थी और बैलों द्वारा परिचालित रहटों की उत्खननों से जल निकालने में भारी परिश्रम करना पड़ता था। लेकिन हीरे के बड़े और बेशकीमती टुकड़े बहुत कम संख्या में उपलब्ध होते थे और मुनाफा इतना कम होता था कि वे यूरोपीय निवेश और नई प्रौद्योगिकी का ध्यान आकृष्ट नहीं कर पाते थे।[24]

लौह उत्पादन की स्थिति भी भिन्न नहीं थी। किसी समय इसका उत्पादन इतने व्यापक पैमाने पर होता था कि धरमपाल के आकलन के अनुसार अठारहवीं सदी के भारत में 10,000 लोहे और इस्पात की भट्ठियाँ क्रियाशील थीं और प्रत्येक वर्ष उनसे औसतन बीस टन लोहा बनता था, लेकिन 1880 तक ब्रिटेन की प्रतिगोगिता के फलस्वरूप वे 'पूरी तरह विलीन हो गईं'। भारत की हैसियत लोहे के बड़े उत्पादक से गिरकर ब्रिटेन के (कपड़े की भाँति) लोहे के मुख्य बाजारों की हो गई और इसका

सालाना आयात डेढ़ करोड़ पौंड की कीमत का हो गया।[25] इस मामले में भारतीय संसाधनों से लाभ उठाने के प्रयास भी हुए। इसका ज्वलंत उदाहरण था दक्षिण भारत जहाँ 1933 में यूरोपीय स्वामित्व वाली इंडियन स्टील, आयरन एंड क्रॉम कंपनी कोरोमंडल तट पर पोर्टोनोवो में स्थापित की गई। कुछ वर्षों तक इसने (सालेम से अयस्क लेकर) उच्च गुणवत्ता वाले इस्पात का उत्पादन किया। ब्रिटेन में इसकी अच्छी खपत थी, लेकिन काठ कोयला की चिरकालिक कमी के कारण एक समय का फलता-फूलता यह उद्यम बंद हो गया।[26]

कोयले की खनन ने भी ब्रिटिश और भारतीय उद्यमियों का ध्यान आकृष्ट किया। 1774 में ही कलकत्ता से 120 मील उत्तर रानीगंज क्षेत्र का अनुसंधान किया गया और 1777 में खुदाइयाँ शुरू की गईं। 1836 में एक बंगाली उद्यमी द्वारकानाथ टैगोर ने इस कोयला-क्षेत्र को खरीद लिया और रेलवे के आगमन की प्रत्याशा में अगले दस वर्षों में इसका उत्पादन दुगुना हो गया। 1880 के दशक तक 500 वर्ग मील के क्षेत्र में चालीस से अधिक खानें यहाँ-वहाँ फैल गईं। उस समय भारत में खपत होने वाले कुल कोयले का दो-तिहाई हिस्सा देश में ही उत्पादित होता था और मात्र एक तिहाई का आयात किया जाता था, लेकिन प्रौद्योगिकी अभी भी पुरानी ही थी। अन्य प्रकार की खदानों की भाँति तथा बाद में रेलवे और नहरों के निर्माण की तरह कोयले का निष्कर्षण भारी श्रमसाध्य तरीकों पर निर्भर था। आदिवासी संथाल और निम्न जातीय बौरी श्रमिक पुरुषों, महिलाओं और बच्चों के समूह में काम करते थे और छिछले गड्ढों और कूपकों से कोयला निकालने के लिए गैंतियों और रंभों का इस्तेमाल करते थे। 1886 तक भारतीय स्वामित्व वाली रानीगंज की छोटी-छोटी खानें 'किसी अन्य चीज की अपेक्षा टंकियों जैसी' जान पड़ती थीं। इस उद्योग में भी जब बीसवीं सदी के आरंभ में बिजली आई तो खानों की उत्पादकता बढ़ गई और अधिक गहराई वाली खदानों से कोयला मिलने लगा।[27]

कोयले के आंशिक अपवाद को छोड़कर विदेशी प्रतियोगिता ने शुल्क-पद्धति की बाधाओं की अनुपस्थिति और अभिनव प्रौद्योगिक परिवर्तनों के अभाव के कारण धातु-कर्म संबंधी प्रौद्योगिकी के विकास को बीसवीं सदी के आरंभ तक रोके रखा। ऐसे में जो अनगढ़ और श्रमसाध्य खनन प्रविधियाँ जिंदा रहीं उन्होंने इस मिथ्या धारणा को जन्म दिया कि भारत के पास खनिज संसाधनों की कमी है, अथवा वे पहुँच से परे हैं, अथवा उन पर परिश्रम करना कठिन और अलाभकर है। लेकिन खनन और धातु-विज्ञान को राजनीतिक सोच ने भी उतना ही प्रभावित किया जितना आर्थिक और प्रौद्योगिक सोचों ने। ब्रिटेनवासी इस बात से पूरी तरह अवगत थे कि किस प्रकार अतीत में धातुकर्म ने अस्त्र-शस्त्रों और गोला-बारूद के उत्पादन का साधन बनकर देशी ताकतों को सहायता पहुँचाई थी। इसीलिए जिस तरह उन्होंने

आग्नेयास्त्रों तक भारत की पहुँच को प्रतिबंधित करने के लिए 1878 में आर्म्स ऐक्ट लागू किया वैसे ही खनन और धातुकर्म के क्षेत्र में भी भारतीय सामर्थ्य को सीमित करना चाहा क्योंकि इनसे भविष्य में युद्धों और विद्रोहों में मदद मिल सकती थी। यह बात राजस्थान पर विशेष रूप से लागू हुई क्योंकि वह खनिज द्रव्यों के मामले में काफी संपन्न था। 1820 के दशक में जेम्स टॉड ने 'मेवाड़ की खानों' की शिनाख़्त उन साधनों में से एक के रूप में की जिन्होंने इसके मालिकों को लंबे समय तक उच्चतर सत्ता के विरुद्ध संघर्ष जारी रखने में सक्षम बनाया था और उन भव्य संरचनाओं को खड़ा करने में मदद की थी जो पश्चिम के अतिशक्तिशाली राज्यों के लिए गौरव के प्रतीक हो सकते थे। पीतल की तोप गढ़ने की दुःसाध्य कला में भारतीय कौशल ने भारतीय तोपखाने को अकबर के शासन से लेकर उसके तीन सौ साल बाद के मराठा और सिख युद्धों तक दुर्जेय शत्रु बना दिया। परंतु उन्नीसवीं सदी के आरंभिक वर्षों तक राजस्थान की अनेक खानों का परित्याग कर दिया गया था; खनिकों की जाति 'विलुप्त' हो चुकी थी, यद्यपि टॉड यह बतलाने में असमर्थ अथवा मौन रहा कि ऐसा क्यों हुआ।[28] जिस प्रकार कंपनी के शासन काल में सामरिक विरोधी पराभूत और रियासती राज्य नष्ट कर दिए गए वैसे ही खनन और धातुकर्म की स्थानीय क्षमता लगातार क्षरित की जाती रही, यहाँ तक कि 1857 के विद्रोह (अब भारत का प्रथम स्वाधीनता संग्राम) के समय में अजमेर में गोला-बारूद निर्माण में प्रयुक्त शीशा के खनन को एक ऐसा खतरा माना गया जिसे ब्रिटिश सरकार अनुमोदित नहीं कर सकती थी और खानें बंद कर दी गईं।[29]

पोतनिर्माण और वाष्पीय पोत

जिस प्रकार धातुओं के खनन और सिक्का तथा तोप में उनके रूपांतरण ने भारत के पूर्व-औपनिवेशिक शासकों की सामरिक और आर्थिक शक्ति को आधार प्रदान किया था ठीक उसी प्रकार समुद्री यात्रा योग्य पोतों के निर्माण और रख-रखाव की क्षमता समुद्रपारीय व्यापार के विकास का आधार-स्तंभ रही थी। यूरोपवासियों के आगमन के बहुत पहले से ही पोत निर्माण भारतीय तट-रेखाओं के अनेक बिंदुओं पर एक संस्थापित शिल्प था और हिंद महासागर के क्षेत्र में समुद्रवर्ती गतिविधि के उच्च स्तर का महत्त्वपूर्ण कारक था। भारतीय पोतों के निर्माण में स्थानीय स्तर की लकड़ियों, विशेषकर पश्चिम भारत में मालाबार से लेकर गुजरात के डांग्स तक स्थित जंगलों से प्राप्त सागवान का इस्तेमाल किया जाता था जिसके फलस्वरूप भारतीय पोत वाणिज्यिक दृष्टि से काफी मजबूत और टिकाऊ होते थे, यद्यपि उनके अभिकला और बिन्यारा आरंभ में उन सशस्त्र यूरोपीय व्यापारिक जलयानों की चुनौतियों का सामना नहीं कर सकते थे जो 1498 से भारतीय समुद्री पोतों पर हमला करने लगे। यह विवादास्पद है कि भारतीय पोतों में लोहे का उपयोग पुर्तगालियों

के आगमन से पूर्व में भी होता था अथवा लोहे से बनी कीलें और लंगर बाद में अटलांटिक पोत-परिवर्तन से अभिगृहीत किए गए थे।[30] सूती कपड़ों की भाँति यूरोपीय व्यापार आरंभ में भारतीय पोत निर्माण का प्रेरक तत्त्व था। मसुलीपटम और सूरत के पत्तनों में स्थानीय कारीगरों द्वारा सख्त लकड़ियों से निर्मित जलयान यूरोपीय कारीगरों द्वारा निर्मित जलयानों की अपेक्षा सस्ते और अधिक मजबूत होते थे। यद्यपि स्थानीय उपयोग के लिए पोतों का निर्माण मुख्यतः पारंपरिक तरीकों से जारी रहा, यूरोपीय और कुछ भारतीय ग्राहकों के लिए लंबी दूरी के व्यापार हेतु बनाए जाने वाले पोतों में भारतीय काष्ठ कला और यूरोपीय अभिकल्प दोनों का एक साथ उपयोग होता था। यूरोपवासियों के लिए निर्मित पोतों में सागवान के उपयोग के साथ-साथ रैबेट (खाँचा) से जोड़ने की तकनीक अपनाई जाती थी। तख्तों के किनारों को इसके द्वारा जोड़ देने से बिना सिलाई वाले जलरोधी ढाँचे का निर्माण होता था। इससे यूरोपीय कलापट्टी (कॉक) की आवश्यकता नहीं रह जाती थी। इसके अतिरिक्त नारियल की रस्सियों का उपयोग और लकड़ियों में छेद करने वाले कीटों से बचाव के लिए तख्तों में चूने का अवलेपन भी भारतीय योगदानों में शामिल थे।

सत्रहवीं और उन्नीसवीं सदी के आरंभिक वर्षों के बीच भारतीय पोत-कारखानों ने ऐसे अनेकों जलयान बनाए जिनमें भारतीय और यूरोपीय दोनों प्रविधियाँ संयुक्त रूप में उपयोग में लाई गई थीं। उनमें अधिकांश बंबई में निर्मित हुए जहाँ कंपनी ने एक छोटा-सा कारखाना खोला था। 1736 में पारसी काष्ठकार सूरत से बंबई लाए गए और वहाँ जब एक यूरोपीय पर्यवेक्षक की मौत हो गई तो उसके स्थान पर काष्ठकारों में से एक लॉवजी नूशेरवानजी वाडिया मास्टर बिल्डर (प्रधान निर्माता) नियुक्त किया गया। आरंभ में बंबई पोत कारखाना सामान्य मरम्मती का काम करता था, लेकिन अठारहवीं सदी के उत्तरार्द्ध में वहाँ 500-800 टन भार वाले पोत बनाए जा रहे थे। मास्टर बिल्डर के रूप में वाडिया की देख-रेख में पैंतीस पोतों का निर्माण किया गया जिनमें इक्कीस कंपनी के लिए थे। 1774 में वाडिया की मृत्यु हो गई और कारखाने का प्रभार उसके पुत्रों ने ले लिया और उनके अधीन अगले सोलह वर्षों में तीस और पोत बनाए गए। 1778 में 'ब्रिटैनिया' नामक 749 टन वाले जहाज का जलावतरण किया गया। जब वह ब्रिटेन पहुँचा तो कोर्ट ऑफ़ डायरेक्टर्स इतने प्रभावित हुए कि उन्होंने बंबई को अनेक पोतों का कार्यभार सौंपा। बाद में इनमें से कुछ रॉयल नेवि (शाही नौसेना) के अधिकार में चले गए। 1736 और 1821 के बीच कुल मिलाकर 100 टन भार वाले 159 पोत बंबई में बनाए गए जिनमें पंद्रह एक हजार टन से भी अधिक के थे। बंबई में उसके उत्कर्ष-काल में निर्मित पोतों के बारे में कहा जाता था कि वे 'विश्व में अन्यत्र कहीं भी किसी भी बनाई जाने वाली चीज से काफी उच्चतर कोटि के थे।'[31]

परंतु, नेपोलियन के युद्ध-काल में उत्पादन के शिखर पर पहुँचकर बंबई का पोत-कारखाना 1820 के बाद तेजी से ह्रासोन्मुख हो गया। रॉयल नेवि के लिए कमीशंड अंतिम बड़ा जलयान 1831 में जलावतरित हुआ किंतु उसके दस साल पहले ही इस क्षेत्र में भाप युग के आगमन से बंबई का पोत निर्माण उद्योग प्रभावित हो चला था। पोत कारखाना ह्रासमान था और आयातित भाप-संचालित इंजिनों को आश्रय देने वाले लकड़ी का ढाँचा (हॅल) बनाने लगा था। इन्हीं इंजिनों में 'ह्यूग लिंड्से' भी था। चार सौ टन वाले सागवान का बना यह भापचालित स्टीमर 1829 में जलावतरित किया गया। इसने बंबई और लालसागर के बीच भापचालित पोत के लिए मार्ग प्रशस्त कर दिया।[32]

देश के भीतरी जलाशयों में भी भापचालित जलयानों का परिचालन होने लगा। 1823 में कलकत्ता के उपांत में स्थित खिदरपुर में 132 टन वाला जलावतरित 'डायना' बंदरगाह के टग (कर्षनाव, बड़े जहाजों को खींच लाने वाली छोटी नौका) का काम करने लगा। एक साल बाद 'प्लूटो' नामक दूसरा पैड्ल-स्टीमर जलयान परिचालित किया गया। दो दशक बाद आने वाले रेलवे इंजन की भाँति ये भापचालित जलयान और कर्षनाव (टग्स) भी भारत में नाम के ही बन पाते थे। अधिकांश का निर्माण ब्रिटेन से भेजे गए पूर्वविरचित पुरजों को जोड़कर किया जाता था और प्रौद्योगिक तथा आर्थिक दृष्टि से इसका लाभ मुख्य रूप से ब्रिटिश अभियांत्रिकी कंपनियाँ ही उठाती थीं। इसके अतिरिक्त एक प्रौद्योगिकी दूसरी का हित-साधन करती थी। उदाहरणस्वरूप, 1850 और 1860 के दशकों में रेलवे के निर्माण के लिए आवश्यक अनेकों टन लोहे की शहतीरें और पटरियाँ ब्रिटिश भापचालित पोतों के फलकों (पोत पृष्ठ के निम्नभाग) में लदकर भारतीय पत्तनों में पहुँचने लगीं।

कहा जा सकता है कि लोहे के जहाजी ढाँचों और भापचालित इंजनों के द्वारा पाल से चलने वाले जलयानों का स्थान ग्रहण कर लेने के कारण भारतीय पोत निर्माण का ह्रास अनिवार्य हो गया था। दूसरे शब्दों में, 'ब्रिटिश लोहे ने भारतीय पोत निर्माण को चौपट कर दिया'।[33] परंतु, सतपाल संगवाँ ने भिन्न मत व्यक्त किया है। उसके अनुसार भारतीय पोत-निर्माण का निधन प्रौद्योगिक परिवर्तन के कारण कम और राजनीतिक प्रभाव और आर्थिक स्वार्थ के कारण अधिक हुआ। जैसाकि पूर्व में भारतीय वस्त्रोद्योग के साथ हुआ था, भारतीय पोतनिर्माण की सफलता ने ब्रिटिश पोत निर्माताओं और पोत-परिवहन वाली कंपनियों को चौकन्ना कर दिया था : भारतीय जलयानों के ब्रिटिश पत्तनों में प्रवेश को रोकने और जहाजी मालों को (आर्थिक) दंड देने के लिए ब्रिटिश संसद पर दबाव बनाया गया। भारत में भापचालित पोतों के कल-पुर्जों को मात्र जोड़ने के बदले उनके निर्माण की संभावना से भी ऐसी ही आशंकाएँ पैदा हुईं। परिणामस्वरूप, ब्रिटिशनीति से प्रेरणा पाकर भारतीय पोतनिर्माण उद्योग के विकास को अवरुद्ध किया गया, हालाँकि बदलती

प्रौद्योगिक अपेक्षाओं के अनुरूप अपने को ढालने की उसकी क्षमता असंदिग्ध थी।[34] इसके पीछे राजनीतिक कारण तो थे, किंतु उद्योगीकरण ने ब्रिटिश बाड़े में जो नई क्षमताएँ और कुशलताएँ पैदा की थीं उनकी बराबरी करने में भारतीय बाड़ों को होनेवाली कठिनाई और तत्कालीन ब्रिटेन और भारत के बीच गहरी प्रौद्योगिक खाई को भी कमकर नहीं आँका जाना चाहिए। यह भी उल्लेखनीय है कि यद्यपि भाप के आगमन से बंबई के जहाजी घाटों का कार्यक्षेत्र तेजी से घटा, किंतु कुछ अन्य क्षेत्रों में निरंतरता बनी रही। पोत-निर्माण उन कारकों में एक था जिनके कारण पारसी लोग काष्ठकारी और अन्य शिल्प व्यापारों से आधुनिक विज्ञान और प्रौद्योगिकी के अभ्यास और संरक्षण की ओर मुड़ गए। बंबई के मास्टर बिल्डर्स (प्रधान निर्माताओं) का विवरण देते हुए आर.ए. वाडिया ने अंतिम पारसी पोतनिर्माताओं में से एक का पुत्र अर्दाशीर कुर्सेतजी के बारे में कहा है कि वह बंबई में गैस जलाने और छाया चित्रण में अभियंता और पुरोगामी बन गया और 1857 में सेवानिवृत्त होने तक बंबई गोदी बाड़े में कल-पुर्जों का अभियंता और निरीक्षक बना रहा। वह उन्नीसवीं सदी का एकमात्र भारतीय था जिसे फ़ेलो ऑफ़ द रॉयल सोसायटी ऑफ़ लंदन भी चुना गया।[35] उसका जीवन-वृत्त और उसकी व्यापक वैज्ञानिक और प्रौद्योगिक अभिरुचियाँ ऐसे अनेक पारसियों के साथ व्यावहारिक और प्रतीकात्मक कड़ी का काम करती है जो पहले सौदागर और रेलवे ठीकेदार बने और आगे चलकर उद्योगपति और वैज्ञानिक के रूप में उभरकर आए (इनमें भारतीय आयरन एंड स्टील उद्योग के सुप्रसिद्ध उद्यमी और पुरोगामी जे.डी. टाटा और नाभिकीय भौतिकशास्त्री होमी भाभा जैसे लोग शामिल थे)। उनकी व्यावसायिक उत्प्रेरणा एवं व्यक्तिगत लोकोपकारिता ने चिकित्सालयों, तकनीकी महाविद्यालयों, शोधसंस्थानों और भारत की वैज्ञानिक आधुनिकता के अनेक लाभकारी पक्षों के विकास में महत्त्वपूर्ण योगदान किए।

ब्रिटेन की भापक्रांति ने भारत के बड़े नगरों में और ईस्ट इंडिया कंपनी के कारोबार के द्वारा शीघ्र ही अपनी उपस्थिति दर्ज कराई। 1786 में ही भापक्रांति के पुरोधाओं में एक, मैथ्यू बॉल्टन, ने लंदन में ईस्ट इंडिया कंपनी के लिए भापशक्ति से सौ टन ताँबे के सिक्कों की खनन का काम शुरू किया। अगले चालीस सालों में कलकत्ता में नई टकसाल ने, जो 1831 में बनकर तैयार हुई, प्रमाणित कर दिया कि भापशक्ति किस रूप में औपनिवेशिक सत्ता की मददगार हो सकती थी। इसकी क्षमता 300,000 से भी अधिक सिक्के ढालने की थी।[36] कलकत्ता को भापशक्ति के अन्य आरंभिक लाभ भी मिल रहे थे। इनमें भारत की प्रथम भापचालित जहाजों को खींच लाने वाली छोटी शक्तिशाली नौकाएँ (टग्स) भी शामिल थीं। 1825 में भाप से सहायता-प्राप्त चप्पूदार स्टीमर (पैड्ल-स्टीमर) 'एन्टॅप्राइज़' फॉलमाउथ से चलकर 113 दिनों में कलकत्ता पहुँचा और तीन साल बाद उस पर सवार होकर बेंटिंक भारत के गवर्नर-जेनरल का पद सँभालने यहाँ आया। अपना पदभार सँभालने

के बाद बेंटिंक ने गंगा में भापचालित जहाज़रानी का काम अपने हाथ में लिया। 1828 में अनेक परीक्षणों के बाद लौह आवरण वाले स्टीमर नियमित रूप से चलने लगे। इससे कलकत्ता से इलाहाबाद की 780 मील की दूरी तीन सप्ताहों में तय होने लगी जिसमें देशी नौकाओं से पहले तीन माह लग जाते थे।[37]

भापचालित जहाज़रानी की गति और विश्वसनीयता उत्तर भारत में ब्रिटिश हुकूमत के लिए ऐसे समय में बहुत महत्त्वपूर्ण थी जब स्थल मार्ग से यात्रा अनिश्चित और धीमी थी और गंगा नदी के जरिए एक भरोसेमंद डाक-सेवा ऐसी सरकार के लिए उच्च प्राथमिकता थी जिसका मुख्यालय सुदूर कलकत्ता में था। फिर भी, भारत में भापचालित जहाज़रानी के सामने अनेक मुश्किलें थीं। गंगा इलाहाबाद से आगे भाप के द्वारा नौगम्य (नेविगेब्ल) नहीं थी और मिर्जापुर से आगे नौ संचालन मुश्किल था। भारत की नदियों का जलस्तर और वेग मौसम के अनुसार बदलता रहता था; उनके तट जहाँ-तहाँ रेतीले और अनेक स्थल छिछले जल वाले थे। ये सारी स्थितियाँ ऐसे परिवहन के व्यापक विकास में बाधक थीं। प्रायद्वीपीय भारत में शायद ही ऐसी नदियाँ थीं जिन्हें नौगम्य माना जा सकता था। उत्तर भारत और बंगाल के अनेक भागों में स्टीमर ने नहीं, बल्कि रेलवे ने पुरानी नौकाओं और डोंगियों को विस्थापित कर अपना स्थान सुरक्षित कर लिया। भापचालित जलयानों के लिए ब्रह्मपुत्र एकमात्र उपयुक्त नदी थी जहाँ इस परिवहन के फलस्वरूप आसाम में चाय बागानों का अभ्युदय हुआ, क्योंकि मध्यभारत से इसके लिए 'कूली' (श्रमिक) का आयात और नदी के कलकत्ता की ओर अनुप्रवाह के कारण वहाँ चाय का निर्यात करने की सुविधा थी। 1837 में सिंधुनदी में भी स्टीमर चालू हुए, लेकिन उनका प्रभाव सीमित था। स्टीमर की खरीद काफी महँगी और परिचालन व्ययसाध्य था और सिंधुनदी में ईंधन का कोई सुविधाजनक स्रोत नहीं था। सबसे बड़ी कठिनाई यह थी कि सिंधुनदी में भापचालित नौकाएँ 'प्रौद्योगिक जाल' में फँस जाती थीं। उफनती नदी के प्रबल वेग का सामना करने के लिए भापचालित जलयानों का भारी-भरकम होना आवश्य कथा, लेकिन ऐसे जलयान अधिक वजन के कारण छिछले पानी में अटक जाते थे और यदि उनमें छोटे हलके इंजन लगते थे तो वेगवती धारा में चल ही नहीं पाते थे। फलस्वरूप 'स्टीमर स्वाभाविक मौत के शिकार हो गए' और उनके बदले सड़कों और रेलमार्गों पर निर्भरता बढ़ती गई।[38]

स्टीमरों का महत्त्व प्रतीकात्मक भी था और व्यावहारिक भी। अनेक विचारक उन्हें 'पाश्चात्य विज्ञान और प्रौद्योगिकी के उद्भव के विशेष अग्रदूत' मानते थे और अभी भी मानते हैं।[39] विलियम आर्नोल्ड के उपन्यास 'ऑकफ़ील्ड' (1854) का एक पात्र अपने सहयात्री से कहता है कि 'हम मुट्ठी-भर अंग्रेजों ने अपने भाप-इंजन और चप्पूदार नौकाओं (पैड्ल-बोट्रा) के द्वारा जिस गंगा को अपनी दासी बना लिया है उसी नदी की एशियावासी चिल्ला-चिल्लाकर पूजा कर रहे हैं...यह हमारे और

उनके बीच अकल्पनीय पार्थक्य का सूचक है।'[40] यह ठीक-ठीक कह पाना मुश्किल है कि भारतीय दर्शक स्टीमरों और भाप युग के अन्य अभिनव परिवर्तनों के बारे में वास्तव में क्या सोचते थे, किंतु जिस तादाद में भारतीय स्टीमरों और रेलों से यात्रा करने लगे अथवा भाप को उन्होंने जिस रूप में आधुनिकता का संवाहक माना उससे भारत और पश्चिम के बीच सांस्कृतिक खाई उतनी चौड़ी नहीं जान पड़ती जितनी आर्नोल्ड ने मान ली थी।

सड़कें, रेलमार्ग और भाप-शक्ति

जल की अपेक्षा स्थल के द्वारा संचार और परिवहन उस युग की सबसे बड़ी चुनौती थी। भारत में सड़कों की कमी और इसकी निकृष्ट गुणवत्ता को इसके प्रौद्योगिक पिछड़ेपन का कारण और परिणाम दोनों माना गया है और इसीलिए दावा किया गया है कि परिवहन में क्रांति रेलवे के आगमन के साथ हुई। कहा गया है कि (भारत में) 'परिवर्तन की रफ्तार में, अति प्राचीनकाल से ही कोई बदलाव नहीं आया था' और भापचालित वाहनों ने इसमें 'कल्पनातीत गति से' क्रांति ला दी।[41] लेकिन ऐसे दावे आकर्षक भले ही जान पड़ें, अशियोक्तिपूर्ण हैं। ऐतिहासिक दृष्टि से भूपरिवहन वैसा जड़ नहीं था जैसाकि पूर्व और उत्तर भाप युग के इस अतिवादी विभाजन के द्वारा दिखलाया जाता है। राजमार्ग और सड़क परिवहन रेलवे के विकास का मंगलाचरण भी था और सहचर भी। मुग़लों ने अपने सत्ता-केंद्रों के आसपास अथवा सामरिक अभियानों के क्रम में सड़क और पुल बनवाए थे और उन्नीसवीं सदी से कुछ नए पहिएदार वाहन चलन में आने लगे थे, हालाँकि बैलगाड़ियों, खच्चरों और ऊँटों अथवा यायावर बंजारा व्यापारियों के लद्दू बैलों पर निर्भरता कम नहीं हुई थी।

1780 और 1840 के बीच ब्रिटिश सरकार ने सामरिक आवश्यकताओं को ध्यान में रखते हुए भारतीय सड़कों के जीर्णोद्धार, विकास और विस्तार के कार्य शुरू किए। कंपनी अभी भी मराठों और सिखों के साथ युद्ध में उलझी हुई थी, अतः उसके लिए गंगा में स्टीमरों के परिचालन की भाँति कलकत्ता और उत्तर भारत के बीच सामरिक ठिकानों की सुरक्षा और विकास प्राथमिकता के विषय थे। 1781 में कलकत्ता से बनारस तक सड़क बनना शुरू हुआ और 1833 में ग्रैंड ट्रंक रोड का पुनर्निर्माण किया गया। सड़कों की सतह को कड़ा और सभी मौसमों के अनुकूल रखने के लिए उस पर गिट्टियों का चूरा बिछाया गया। 1855 तक सड़क का फैलाव दिल्ली से 75 मील उत्तर करनाल तक और शीघ्र ही पेशावर के मार्ग में हाल ही में जीते गए पंजाब तक हो गया। 1820 से 1850 के दशक के बीच सामरिक महत्त्व की अन्य सड़कें निर्मित हुईं। इनकी शुरुआत लॉर्ड वेलेस्ली के समय में सैन्य आपूर्ति मार्ग के रूप में हुई और बाद में उन्हें पक्की सड़क में बदल दिया

गया। बंबई को उसके देक्कन स्थित भीतरी प्रदेश से जोड़ने के लिए भोर घाट को बंद कर दिया गया। इसी प्रकार टीपू सुलतान की पराजय के बाद दक्षिण भारत में ब्रिटिश पकड़ को मजबूत करने के लिए दक्षिण-पूर्व में सड़कें बनाई गईं।[42] इससे जाहिर होता है कि समय-निर्धारण और प्रकार्य के साथ-साथ सैन्य अभिकरण में सड़क निर्माण ट्रिगॅनॅमेट्रिकल सर्वे (त्रिकोणमितीय सर्वेक्षण) के समकक्ष था और उसकी कमी को पूरा करता था। यह भौतिक और राजनीतिक रूप में भारत में औपनिवेशिक उपस्थिति का एहसास कराता था। ग्रैंड ट्रंक रोड ने सामरिक शक्ति बढ़ाई ही, कलकत्ता और उत्तर-पश्चिम के बीच परिवहन में आंशिक क्रांति भी ला दी। 1850 के दशक तक घोड़ागाड़ियाँ मंदगति वाले वाहनों का स्थान लेने लगीं। लाला तंतिमल नामक ठीकेदार, जिसने नावों के लिए इलाहाबाद और कानपुर में पुल बनाए थे, ने 1849 में अश्व डाक सेवा शुरू की; शीघ्र ही इसमें यूरोपीय प्रतियोगिता प्रारंभ हो गई। कलकत्ता स्थित नॉर्थ-वेस्ट-डाक कंपनी ने 1200 मील लंबी सड़क वाली डाकसेवा शुरू की। गाड़ियाँ मेरठ तक 156 पड़ावों में प्रतिदिन सौ मील तक की दूरी तय करती थीं। पूर्व में नाव से बनारस पहुँचने में जहाँ ढाई माह लग जाते थे, अब चिट्ठियाँ कलकत्ते से 52 घंटों में आने लगीं।[43] 1849 में कंपनी के द्वारा पंजाब को अधिगृहीत कर लेने के पहले वहाँ पहिएदार वाहनों के लिए बहुत कम सड़कें थीं और सड़कें के निर्माण से वहाँ प्रत्यक्षतः सामरिक आवश्यकताएँ पूरी होती थीं, लेकिन वहाँ भी इससे गाड़ियों के आवागमन को काफी बढ़ावा मिला।[44]

जब भी ब्रिटेनवासियों का ध्यान औपनिवेशीकरण की ओर जाता था और उसके लिए प्रौद्योगिक कार्य की आवश्यकता पड़ती थी, तो उन्हें शाही रोम की याद आ जाती थी। रोम साम्राज्य में सड़कें 'उसके द्वारा वशीभूत प्रत्येक राज्य के भौतिक चेहरे पर वैसी ही खुदी हुई थीं जैसाकि उसके कानून और संस्थाएँ नैतिक उपदेश में अंकित थी'।[45] इसके बावजूद, 1840 के दशक में भी, जब छिट-पुट रूप में सड़क-निर्माण कार्य के साठ वर्ष बीत चुके थे, रोम के साथ तुलना ब्रिटिश उपलब्धि को संतुष्ट नहीं कर पाती थी। ग्रैंड ट्रंक रोड की सफलता को अन्य जगहों में शायद ही दुहराया गया और मुख्य मार्गों के संभरण के लिए सहायक सड़कों की संख्या भी बहुत कम थी। विलियम थॉर्नटन ने 1870 के दशक में टिप्पणी की कि ब्रिटेन ने 'भारत को उतना ही पथहीन पाया था जितना रोमन आक्रमण के पूर्व वह स्वयं था, लेकिन उसनें इसे अधिकांश दिशाओं में वैसा ही प्रवेश योग्य बना दिया, जैसा कि ब्रिटेन जॉर्जियन युग के आरंभिक वर्षों में था।' अपनी इस उक्ति के द्वारा थॉर्नटन ने अनजाने ही भारत में सड़क-निर्माण में हुए विलंब को संकेतित कर दिया है।[46] शताब्दी के उत्तरार्द्ध में अकाल के राहतकर्मियों द्वारा दोषी ठहराए गए लोगों का स्थान लेना इस तथ्य का सूचक है कि सड़क-निर्माण की प्रौद्योगिकी कितने निम्नस्तर की और श्रमसाध्य थी तथा भारत की आधुनिक परिवहन

की अंत:संरचना के सर्जन में अकालनीति की क्या भूमिका थी। संपूर्ण उन्नीसवीं सदी में सड़क-निर्माण का कार्य चलता रहा और मध्य प्रांतों जैसे क्षेत्रों में, जहाँ अधिकांश भूभागों में रेलवे का प्रवेश मंथर गति से हुआ, आर्थिक संघटन और राजनीतिक प्राधिकार को सुदृढ़ करने में उनकी भूमिका महत्त्वपूर्ण थी।[47] ऐसा नहीं था कि भाप के चलन ने पुरानी और अधिक विस्तार वाली परिवहन प्रौद्योगिकी की आवश्यकता को आप-से-आप दूर कर दिया।

इसके बावजूद, नई प्रौद्योगिकी की जरूरतों को पूरा करने में परिवहन के पुराने तरीकों की अक्षमता का एक अच्छा-खासा उदाहरण उन कठिनाइयों में मिलता है जिनका सामना कंपनी के अधिकारी भारत के अपेक्षाकृत कम उपगम्य कोयला क्षेत्रों से लाभ उठाने की चेष्टा में करते थे। पश्चिम भारत में ऊपरी नर्मदा घाटी में दरारों को काम में लाने के लिए 1838 में प्रयोग के तौर पर बीस टन कोयला होशंगाबाद से स्थल मार्ग से बंबई भेजने का निर्णय लिया गया। इसके लिए लद्दू बैल वाले बंजारे भाड़ा पर लिए गए। इस कार्य के लिए बंजारों ने बहुत ऊँची कीमत माँगी और कोयले के बोरों को 'अनाज के बोरों की तरह' जमीन पर पटक दिया। लगभग यही प्रयोग दस साल बाद किया गया। इस बार भी बंजारों ने असहयोगात्मक रुख अपनाते हुए बोरों को जमीन पर पटक दिया और शिकायत की कि उनके बैल कोयले के 'बड़े टुकड़ों के तीक्ष्ण धारों से बेकार हो जाएँगे'। फिर भी, इस बार बैलों ने कोयले को घसीटकर नर्मदा की घाटी तक पहुँचाया जहाँ से देहाती नावों पर उसे भड़ोच तक ले जाया गया। नाविक भी अपरिचित और अनगढ़ माल को ले जाना नहीं चाहते थे और इस क्रम में अनेक नावें ध्वस्त हो गईं अथवा उन्होंने अपना बोझ चट्टानों और क्षिप्तिकाओं पर गिरा दिया। निष्कर्ष निकला कि वाणिज्यिक उद्देश्यों के लिए नर्मदा नौगम्य नदी नही है। आठ महीनों के बाद मुश्किल से आधा माल बंबई पहुँचा और उस पर आयातित कोयले से अधिक लागत आई। बंबई बंदरगाह में स्टीमर पर किए गए परीक्षणों से सहज ही प्रमाणित हो गया कि नर्मदा का कोयला 'बहुत घटिया किस्म का' है। इससे भी अधिक महत्त्वपूर्ण निष्कर्ष यह था कि भारत के भीतरी प्रदेशों के कोयला क्षेत्र तभी कारगर और लाभकर ढंग से काम में लाए जा सकते हैं जबकि रेलमार्ग से उन तक पहुँचा जाए।[48]

ब्रिटेन की भाँति भारत में भी कोयले की ढुलाई रेलमार्ग के निर्माण के आरंभिक अभियान के पीछे मुख्य प्रेरक तत्त्वों में एक थी। इसलिए यह उचित ही था कि 1855 में जो प्रथम रेलमार्ग बनकर तैयार हुए उनमें एक हुगली से रानीगंज कोयला-क्षेत्र तक 120 मील की दूरी का था। लेकिन रेलपथ के निर्माण के लिए अन्य दबाव भी काम कर रहे थे। इनमें अन्य बातों के अतिरिक्त देक्कन और उत्तरी भारत से कच्चे सूत की बढ़ती माँग और भारत की निर्यातोन्मुखी आर्थिक व्यवस्था भी थी। रेलवे का मुख्य उद्देश्य ब्रिटिश अर्थ-व्यवस्था को भारतीय अर्थव्यवस्था से जोड़ना

था। इसके द्वारा ब्रिटिश व्यापार और उद्योग आसानी से भारतीय बाजारों और कपास, तेलहन, अनाज और अन्य बुनियादी मालों के स्रोत तक पहुँच सकते थे।[49] लेकिन, सिंचाई की नहरों की भाँति भारत में रेलवे ने भी अकाल के मामले में विशिष्ट भूमिका निभाई। 1830 के दशक में पश्चिमोत्तर प्रांतों और मद्रास में तथा 1860 से 1900 के बीच सारे भारत में जो भीषण अकाल पड़ते रहे उनमें रेलवे प्रौद्योगिकी ने काफी राहत पहुँचाई। 1880 में फ़ैमिन कमीशन (अकाल आयोग) ने रेलपथ निर्माण का एक नया दौर शुरू किया। इसके तहत 'सुरक्षात्मक' अथवा अकाल-विरोधी कार्यों के लिए 20,000 मील लंबे रेलपथ का निर्माण किया जाना था। ऐसे समय में जबकि राजकीय हस्तक्षेपवाद (जिसमें मूल्य-निर्धारण और अनाज के बाजार का प्रत्यक्ष विनियमन शामिल था) के अन्य तरीके अहस्तक्षेपवाद के सिद्धांत के विपरीत मानकर ठुकरा दिए गए, बाजार-आधारित अर्थ-व्यवस्था के इच्छित विकास को आसान बनाने के क्रम में रेलवे को वैध राजकीय अनुक्रिया (रिस्पॉन्स), अकाल से लड़ने का कारगर साधन माना गया। इस प्रकार भारत में विज्ञान और प्रौद्योगिकी के क्रमिक विकास में और उन्हें सांस्थानिक रूप प्रदान करने में रेलवे ने प्रभावकारी भूमिका निभाई और रेलवे और नहरों का अधिक उपयोग औद्योगिक आधार को विकसित करने की अपेक्षा कृषि संबंधी आवश्यकताओं को पूरा करने में किया गया।[50]

लेकिन रेलवे प्रौद्योगिकी की औपनिवेशिक खोज को भारत के आकार और उसकी गरीबी से भी प्रेरणा मिली। भारत में जैसे-जैसे ब्रिटिश साम्राज्य का विस्तार होता गया (1843 में सिंध, 1849 में पंजाब और 1856 में अवध इसके अधीन हो गए) और विद्रोह अथवा हमले की आशंकाएँ बढ़ती गईं। उसी अनुपात में कलकत्ता और शेष भारत के बीच तथा भारी संख्या में नवोदित प्रांतीय केंद्रों के बीच अविलंब और भरोसेमंद संचार की आवश्यकता बढ़ती गई। अप्रैल 1853 में गवर्नर जेनरल लॉर्ड डलहौजी ने रेलवे नीति के अपने मेमों में 'अपरिमित' राजनीतिक लाभ देने वाले एक ऐसे सूचना-तंत्र पर बल दिया जिसके द्वारा किसी अन्य उपलब्ध साधन की अपेक्षा अधिक शीघ्रता के साथ सरकार को 'प्रत्येक घटना की पूरी जानकारी मिल सके'। रेलवे सरकार को अपनी सामरिक सेना को पहले की अपेक्षा अधिक द्रुतगति से लामबंद करने की सुविधा प्रदान करती थी। लेकिन रफ़्तार ही एकमात्र लाभ नहीं थी, सैनिकों को उन लंबे और थकान पैदा करने वाले क्षेत्रपारीय अभियानों से भी मुक्ति मिलती थी जिनके कारण सैन्यदल की पहले से ही चिंताजनक मृत्यु-दर में अब तक और वृद्धि होती रही थी।[51] इसी के मद्देनजर 1890 के दशक में अभियंता जी.डब्ल्यू. मॅकजॉर्ज ने टिप्पणी की कि रेलवे ने भारत के आकार को घटाकर पहले की अपेक्षा बीसवाँ भाग कर दिया है। यह भाप की ताकत का कमाल था कि सुदूर स्थानों की यात्रा में लगने वाले समय की दृष्टि से 400 मील की दूरी घटकर मात्र बीस मील रह गई थी,[52] हालाँकि कोई छिद्रान्वेषी कह सकता है कि तीन गेजों

(ब्रॉड, मीटर और नॅरो अर्थात् बड़ी लाइन, छोटी लाइन और मीटर लाइन)* में विभक्त रेलवे शायद ही यात्रा का समय घटाने अथवा समेकित नेटवर्क बनाने का सर्वोत्तम साधन हो सकती थी।

स्टीमरों की तुलना में रेलवे के साथ एक और अधिक शक्तिशाली सैद्धांतिक संदेश जुड़ा हुआ था। इंजनों और रेलवे नेटवर्क को ब्रिटिश अपनी भौतिक श्रेष्ठता और भारत को 'सभ्य एवं विकसित देश बनाने' की अपनी प्रतिबद्धता का अकाट्य प्रमाण मानते थे। 1848 में, भारत में रेलवे के आगमन के पूर्व, तत्कालीन गवर्नर जेनरल लॉर्ड हार्डिंग ने सर रॉबर्ट पील से कहा था, 'यदि हम देश के हृदय स्थल से अपनी रेलवे के साथ आगे बढ़ें तो शीघ्र ही संपत्ति और स्थायित्व की ओर लंबे डग मारने लगेंगे—क्योंकि यहाँ भाप जनता के लिए सभ्यता और सरकार के लिए सामर्थ्य का सर्वाधिक शक्तिशाली उपकरण होगा।' आठ साल बाद भारत से विदाई के समय डलहोजी ने सटीक यांत्रिक रूपक का सहारा लेते हुए रेलवे को उन 'सामाजिक प्रगति के शक्तिशाली इंजनों' में एक बतलाया जिसे उसकी सरकार ने भारत में प्रचलित किया था।[53] इसी प्रकार 1847 में एक लेखक ने टिप्पणी की थी कि 'भारत और एशिया पर उन्नीसवीं सदी की सभ्यता के सर्वाधिक विशिष्ट प्रतीक की छाप लगाना ब्रिटिश ताज के लिए बड़ा ही गौरवपूर्ण और ब्रिटिश जनता के लिए सम्मानजनक होगा।'[54] 1890 के दशक में मॅकजॉर्ज ने भाप का स्तुतिगान करते हुए दावा किया कि 'भाप इंजन की यह अपूर्व सफलता है कि उसने पूरबी जगत को जाग्रत और सचेत कर दिया', 'शताब्दियों से चले आ रहे अनेक ऐसे पूर्वाग्रहों—इनमें वर्ण-व्यवस्था भी शामिल थी—को ध्वस्त कर दिया जो भारत में पूर्व के सभी आक्षेपों का लंबे समय तक हठपूर्वक प्रतिरोध करते रहे हैं।'[55]

रेलवे के सामाजिक-आर्थिक प्रभाव के मूल्यांकन में बीसवीं सदी के इतिहासकारों में मतैक्य नहीं रहा है। प्रौद्योगिक परिवर्तन के हिमायती इतिहासकारों के लिए रेलवे भारी आकर्षण का विषय रही है। जिस पैमाने पर उसका विस्तार हुआ वही उनके महत्त्व की उद्घोषण करता है। इस संबंध में कुछ आँकड़े प्रस्तुत करना समीचीन होगा। 1947 तक भारत में 40,000 मील से भी अधिक रेलपथ का निर्माण हुआ। इसमें लगभग 24,000 मील लंबा रेलपथ 1853 और 1900 के बीच में ही बन चुका था। प्रथम विश्वयुद्ध के छिड़ते-छिड़ते भारत में विश्व की पाँचवीं सबसे बड़ी रेल-प्रणाली विकसित हो चुकी थी जो यूरोप और उत्तर अमेरिका के बाहर सर्वाधिक विस्तृत थी। 1939 तक भारतीय रेलवे सालाना 600 मिलियन (एक मिलियन = दस लाख) यात्री और 90 मिलियन टन माल ढोने लगी थी। रेलवे भारत के लगभग सभी भागों से होकर पूरे उपमहाद्वीप का चक्कर लगाती थी। 1900 तक शायद

बड़ी लाइन : रेलमार्ग की चौड़ाई, 1.67 मीटर

छोटी लाइन : रेलमार्ग की चौड़ाई, 0.76 मीटर

मीटर लाइन : रेलमार्ग की चौड़ाई, 1.00 मीटर

ही कोई ऐसा महत्त्वपूर्ण क़सबा था जहाँ रेलवे स्टेशन नहीं हो, शायद ही कोई नगर था जहाँ क़िला अथवा मुख्य गिरजाघर जैसा निर्मित टर्मिनस (रेलवे लाइन का अंतिम स्टेशन) नहीं था और पूरे यात्रा-पथ में बने पुल, सुरंग, साइडिंग्स (शंटिंग के लिए बगलवाली रेल की पटरियाँ) और कार्यशालाएँ ब्रिटिश राज के रेलवे-निर्माण में भारी आभियांत्रिक प्रयासों की प्रत्यक्ष प्रमाण थीं।[56] उत्साही इतिहासकारों के परिप्रेक्ष्य में यह नजरअंदाज़ कर पाना मुश्किल है कि ब्रिटिश शासन के अधीन रेलवे अभिनव प्रौद्योगिक क्रांति और सामाजिक-आर्थिक परिवर्तन के प्रधान अभिकरणों में सर्वश्रेष्ठ थी।

इसके बावजूद 1928 में प्रस्तुत रॉयल कमीशन ऑन एग्रिकल्चर के उस प्रतिवेदन पर भी ध्यान देना आवश्यक है जिसमें कहा गया था कि भारतीय रेलवे 'पिछड़ी' दशा में है क्योंकि इसके द्वारा जितनी आबादी और क्षेत्रफल की सेवा की जाती है वह यूरोप और उत्तर अमेरिका की तुलना में बहुत कम है और देहाती क्षेत्रों में परिवहन और संचार के लिए और अधिक सड़कों का मिर्नाण आवश्यक है।[57]

1870 के दशक तक रेलवे ने नमक और अनाज की लंबी दूरी की ढुलाई में बंजारों के बैलों की टीम को अनावश्यक बना दिया, लेकिन बैलगाड़ियों की जरूरत बनी रही। दरअसल कपास और अन्य नकदी फसलों को अथवा अकाल के दिनों में जरूरतमंदों के लिए अनाज को देहाती गाड़ियाँ ही रेलवे स्टेशनों तक ढो सकती थीं। फिर रेलवे 'एक ब्रिटिश ठाट'[58] थी और कार्ल मार्क्स की इस आत्मविश्वास भरी भविष्यवाणी कि रेलवे भारत में 'आधुनिक उद्योग का अग्रदूत होगी' के बावजूद रेलवे-तंत्र के निर्माण और संचालन के अधिकांश प्रौद्योगिक और आर्थिक फायदे विश्व के प्रथम औद्योगिक राष्ट्र (ब्रिटेन) को ही मिल रहे थे। शताब्दी के आरंभिक दशकों में रेलपटरियाँ, शायिकाएँ और पूर्वनिर्मित पुलों के साथ-साथ इंजन (और उनके चालक भी) ब्रिटेन से ही आते थे और यद्यपि 1880 और 1890 के दशकों में भारतीय कारखानों के कुछ इंजन अवश्य बने, किंतु ब्रिटिश दबाव के कारण भारतीय प्रतियोगिता निष्फल हो गई। 1850 और 1940 के दशकों के बीच 14,000 से अधिक इंजन भारत के हाथों बेचे गए, जबकि यहाँ मुश्किल से सात सौ इंजन ही बन पाए। वस्त्रोद्योग के कल-पुर्जों की भाँति इसमें भी ब्रिटिश अभियांत्रिक कंपनियों ने भारत की उत्पादक क्षमता की कीमत पर फायदे उठाए।[59] 1914 तक लाहौर और अन्य स्थानों पर विशाल रेलवे कार्यशालाएँ खड़ी की गईं जहाँ 10,000 श्रमिक काम करते थे, लेकिन उनका मुख्य काम कल-पुर्जों को जोड़ना और मरम्मत करना था।[60] इसके बावजूद, इस संबध में अधिक सकारात्मक रुख अपनाते हुए दावा किया गया है कि रेलवे कार्यशालाएँ (रावलपिंडी की कार्यशाला की भाँति, जहाँ 3,500 श्रमिक नियोजित किए गए) 'अत्याधुनिक उद्योगशालाएँ' थीं जो 'प्रबंधकों और दस्तकारों के लिए शिल्प की पाठशालाएँ' बन गईं और ऐसे 'विशेषज्ञ श्रमिकों का निकाय बनकर उभरीं जिनसे अन्य उद्यम भी लाभान्वित हुए।'[61]

यह सही है कि भारत में रेलपथ और भाप-इंजन का कोई देशी पूर्व-दृष्टांत नहीं था, लेकिन रेलवे-तंत्र को प्रौद्योगिकी का ब्रिटेन से भारत में सीधा और सरल स्थानांतरण मानना गलत होगा; विषेषकर भारतीय रेलपथ के निर्माण में निवेशों से भारत की स्थितियों और कार्याभ्यासों की झलक मिलती है। इनमें कुछ तो भारतीय पर्यावरण की प्रकृति की देन थे। 1840 के दशक में, जब कि रेलपथ का निर्माण शुरू नहीं हुआ था, भारत की गर्म जलवायु और उससे जुड़ी आपदाओं—मानसूनी बारिश, बाढ़, ग्रीष्म ऋतु की झुलसा देने वाली लू, कुकुरमुत्ते की भाँति उगने वाले पेड़-पौधे और जंगली अथवा बेरोक-टोक घूमनेवाले जानवर—के कारण यहाँ रेलवे की व्यावहारिकता को संदेह की दृष्टि से देखा जाता था। लेकिन अभियंता ई.डब्ल्यू. सिम्स ने 1846 में संसद को प्रस्तुत अपने प्रतिवेदन में ऐसी दलीलों को खारिज कर दिया और लॉर्ड डलहौजी ने भी 1853 में दावा किया कि ऐसी कोई 'शंका या कठिनाई' नहीं है जिन्हें रेलवे अभियंता और ठीकेदार दूर नहीं कर सकते।[62] यह उस युग की प्रौद्योगिकी में उग्र विश्वास का सूचक था, लेकिन कहना आसान था, करना कठिन। यह सही है कि रेलपथों का निर्माण ब्रिटिश अभियंताओं ने किया और आरंभ में उन्होंने इसके लिए ब्रिटिश ठीकेदार रखे, लेकिन ब्रिटिश सुविज्ञता को भारत में निर्यात करना संभव नहीं था। भारत की नदियाँ अभियंताओं के सामने, विशेषकर पूर्वी और उत्तरी भारत की विस्तृत घाटियों में पुल बनाने के प्रयास में, भारी मुश्किलें पैदा करती थीं। ये नदियाँ सूखे मौसम में तो लगभग निर्जल, बालू के ढूह बनी रहती थीं किंतु बरसात में उफनने और बाढ़ के कहर ढाने लगती थीं। उन्हें पार करने के लिए लोहे और इस्पात की शहतीरों से निर्मित और नदी के गहरे गड़े हुए चिनाई के पायों पर अवलंबित लंबे पुलों की जरूरत थी। इस काम के लिए यूरोप में पुल-निर्माण में उपयोग की जाने वाली पाइल्स (स्थूण) और केसंस (पानी के नीचे नींव डालने की संदूक) अपर्याप्त सिद्ध हुईं और अभियंताओं ने भारतीय कुओं की खुदाई में अपनाई जाने वाली प्रविधि का लाभ उठाया जिसमें भारी ईंटें अथवा चिनाई के पाए सतह के नीचे काफी गहराई तक गाड़े जाते थे।[63] 1866 में ईस्ट इंडिया रेलवे हावड़ा से दिल्ली तक रेलपथ बना चुकी थी जिसमें सोन और गंगा पर चार लंबे पुलों का निर्माण भी शामिल था। सिर्फ सोन नदी पर 1540 गज लंबा पुल था जिसमें पिटवाँ लोहे के जालक वाली शहतीरों के अट्ठाईस मेहराब थे। इनमें प्रत्येक 150 फीट लंबा और 330,000 पौंड मूल्य का था।[64] भारतीय पर्यावरण द्वारा प्रस्तुत चुनौतियों में सिर्फ नदियाँ ही नहीं थीं। दार्जिलिंग और ऊटकमंड के खड़ी ढाल वाले पर्वतीय सैरगाहों अथवा भोर घाट से होकर बंबई से पूना मार्ग के लिए भी भारी श्रम और अभियांत्रिक कौशल की आवश्यकता पड़ी। अनेक पुलों, बाँधों और सुरंगों वाले 16 मील लंबे भोर घाट के निर्माण में सात वर्ष लग गए और 1861 में, जब निर्माण-कार्य चरम पर था तो इसमें 42,000 श्रमिक कार्यरत थे।[65]

भारतीय श्रम की सांस्कृतिक विशेषताएँ भी उतनी ही प्रभावकारी थीं जितना कि भौतिक पर्यावरण। रेलवे अभियंता एक हद तक कुआँ और तालाब खोदने वाले पेशेवर कर्मियों और अन्य कारगीरों के हुनर का उपयोग करते थे। लेकिन नई रेललाइनों के निर्माण के लिए अकुशल श्रमिकों को संघटित करने में उनके अजूबे कार्याभ्यास के कारण ब्रिटिश अभियंताओं और ठीकेदारों को आरंभ में निराशा होती थी। फिर भी, धीरे-धीरे ऐसे श्रमिक उनके लिए स्वीकार्य होते गए, क्योंकि जैसा कि इयान केर्र ने कहा है, उनकी मुख्य चिंता यह थी कि रेलपथों का निर्माण यथासंभव शीघ्र और कम खर्च में कैसे हो, चाहे यह काम जो भी करें। भारतीय श्रम की आपेक्षिक सुलभता और प्रचुरता अनेक मशीनों के मूल्य के बराबर थी। भारत की जो स्थितियाँ थीं उनमें पारंपरिक औजार और प्रविधियाँ कुआँ खोदने, मिट्टी काटने, लकड़ी और धातु को गढ़ने में अधिक परिष्कृत प्रतीत होने वाले उपकरणों और आयातित उपस्करों की तुलना में अधिक उपयोगी थीं। फावड़ा, रंभा और टोकरी जैसे मिट्टी खोदने और हटाने के काम में आने वाले भारतीय 'अनगढ़ औजारों' के स्थान पर एक पहिया ठेलों और भापचालित मिट्टी खोदने वाले उपस्करों को काम में लाने के प्रयोग अधिकांशतः असफल सिद्ध हुए, क्योंकि वे भारतीय कार्यविधि के उपयुक्त नहीं थे। लेकिन इसका अर्थ यह नहीं था कि अभिनव परिवर्तनों से भारतीय श्रमिक बिल्कुल अछूते रह गए। केर्र ने धातु पत्रों को जोड़ने वाले कीलकों (रिवेट्स) के प्रयोग जैसे नए हुनरों को भारतीय श्रमिकों द्वारा शीघ्रता और दक्षता के साथ विकसित कर लेने के कई उदाहरण दिए हैं। लेकिन काष्ठकारों, राजमिस्त्रियों और कूप-उत्खनकों के साथ-साथ अकुशल श्रमिकों की भरमार थी। इनमें अनेक का तो पूरा परिवार ही श्रमिक-इकाई था। जितनी बड़ी संख्या में महिला और बाल श्रमिक उपलब्ध थे उससे न सिर्फ श्रमिक बल का पता चलता है बल्कि यह भी ज़ाहिर होता है कि निर्माण-कार्य के तरीके कितने श्रमसाध्य थे।[66] भारत ने जो चुनौतियाँ प्रस्तुत कीं उन्हें निपटाने में रेलवे अभियंताओं को कई दशक लग गए। रेलवे का निर्माण-कार्य शुरू होने के चालीस साल बाद, 1890 के दशक में जाकर रेलवे अभियंताओं ने भारत में सांगठनिक, प्राविधिक और पर्यावरणीय कठिनाइयों को दूर करने में सफलता पाई और निर्माण-कार्य को 'सामान्य बनाने में' समर्थ हुए। एक बार जब रेलवे अभियंताओं ने बड़े परिश्रम से भारत में अनुभव और परीक्षण के द्वारा सफलता हासिल कर ली तो पेशेवर समाचार-पत्र और संगठन उसका प्रचार-प्रसार करने में जुट गए।[67]

टेलीग्राफ (तार-प्रेषण)

अपनी सारी त्रुटियों और अपूर्णताओं के बावजूद बृहद् पैमाने पर निर्माण और

अभियांत्रिक कार्यों की प्रौद्योगिकी उन कारकों में एक थी जिनके द्वारा औपनिवेशिक सत्ता ने भारत में अपनी अधिकारिता की मुहर लगाई और भारत के विशाल क्षेत्र और नाना रूप भूभागों को नियंत्रण योग्य बनाया। उन्नीसवीं सदी के भारत में जो प्रौद्योगिक परिवर्तन हुए उनमें तारयंत्र के त्वरित प्रसार ने रेलवे की अपेक्षा अधिक महत्त्वपूर्ण भूमिका निभाई। यद्यपि यह भाप-शक्ति का सीधा परिणाम नहीं था, भारत में तार-प्रेषण का विकास विश्व के अनेक भागों की भाँति रेलवे के साथ-साथ (और कभी-कभी उसके पूर्व) हुआ। चूँकि दोनों एक ही प्रौद्योगिकी समूह के अंग थे, वे देश के विभिन्न भागों में प्रायः एक ही मार्ग पर खड़े किए गए। तार-यंत्रीय संचार के बगैर रेलवे के सूचना-संकेत (सिग्नल्स) न तो प्रभावी हो सकते थे, न सुरक्षित।

1851 तक भारत में टेलीग्राफ की लाइनें बहुत कम थीं, लेकिन 1856 तक उनका विस्तार 4,250 मील से अधिक हो गया और वे छियालीस अभिग्राही 'केंद्रों' (स्टेशनों) से जुड़ गईं। उनका जाल कलकत्ता से बंबई और उत्तर-पूर्व तक बिछ गया और उनके द्वारा बंबई, मद्रास और ऊटकमंड परस्पर जुड़ गए। 1865 तक टेलीग्राफ़ की लाइनें 17,500 मील में बिछ गईं और शताब्दी के अंत तक उनका विस्तार 52,900 मील तक जा पहुँचा। 1939 तक तार-प्रेषण की 100,000 मील की लाइनें सालाना 17 मिलियन तार-संदेश भेजने लगीं। रेलवे की भाँति इसमें भी राज्य की केंद्रीय भूमिका थी, लेकिन 1870-9 की अवधि को छोड़कर, जब रेलमार्गों का निर्माण सीधे सरकार के नियंत्रण में था, राज्य का निवेश मुख्य रूप से रेलवे कंपनियों को प्रतिभूति लाभांश प्रदान करने और सामरिक उद्देश्यों के लिए आवश्यक रेलपथों के निर्माण को प्रोत्साहन देने अथवा अकाल के दौरान राहत कार्यों के लिए होता था। फिर भी, टेलीग्राफ राजनीतिक अनिवार्यताओं का प्रत्यक्ष परिणाम होने के कारण राज्य का कारोबार था।[68] यह फैलते भारतीय साम्राज्य के दूरवर्ती भूभागों के संबंध में शीघ्र और विश्वसनीय सूचनाएँ देता था। ऐंग्लो-बर्मी युद्ध के दौरान अप्रैल 1852 में कलकत्ता में डलहौजी को रंगून के पतन की सूचना देना इसके आरंभिक उपयोगों में एक था। बहुधा किया जाने वाला यह दावा भले ही अतिरंजित जान पड़ता हो कि 'भारत में 1857 के विद्रोह से विद्युत-टेलीग्राफ ने ही रक्षा की', लेकिन यह सही है कि मई 1857 में देहातों में भड़के विद्रोह की आरंभिक खबर अधिकारियों को टेलीग्राफ लाइनों से ही मिली और विद्रोह के बाद के चरणों में जब सर कॉलिन कैंपबेल ने युद्धार्थ सज्जित लखनऊ में प्रवेश किया तो ब्रिटिश सैनिक अभियंताओं के अधीन टेलीग्राफ लाइनों से ही इसकी सूचना प्राप्त हुई।[69] लेकिन इस प्रौद्योगिकी के उपयोग का एकाधिकार सेना के पास नहीं था। शीघ्र ही भारतीय और यूरोपीय व्यापारियों ने टेलीग्राफ का उपयोग शुरू किया और बीसवीं सदी के आरंभिक वर्षों तक स्थिति ऐसी हो गई कि सरकारी नेता

और राष्ट्रवादी राजनेता दोनों के लिए टेलीग्राफ का उपयोग उनकी दिनचर्या में शामिल हो गया। एक बार जब 1870 में भारत और ब्रिटेन के बीच अंतःसामुद्रिक तार जोड़ दिए गए (कुछ ही दिन पहले स्वेज नहर में स्टीमरों का भी परिचालन शुरू किया गया था), तो टेलीग्राफ ने ब्रिटिश साम्राज्य को पहले की अपेक्षा अधिक पूर्ण रूप में प्रशासनिक, सैनिक और व्यापारिक नेटवर्क में संघटित कर दिया।[70]

1850 के दशक में भारत में टेलीग्राफ प्रणाली के द्रुत गति से निर्माण से जाहिर होता है कि गवर्नर जेनरलों (और 1858 से वायसरायों) ने विज्ञान और प्रौद्योगिकी को बढ़ावा देने में व्यक्तिगत अभिरुचि ली। 1820 के दशक के अंत में बेंटिंक ने त्रिकोणमितीय सर्वेक्षण की प्रगति और भारत के भीतरी प्रदेशों के जलमार्ग में स्टीमरों के परिचालन को काफी प्रोत्साहन दिया। शताब्दी के प्रारंभ में लॉर्ड कर्ज़न ने कृषि और चिकित्सा-अनुसंधान जैसे क्षेत्रों में 'शाही विज्ञान' को बढ़ावा देने के लिए निजी अधिकार का उपयोग किया। एक अन्य औद्योगिकी-प्रेमी (टेक्नॉफाइल) ने रेलवे और टेलीग्राफ की युग्म प्रौद्योगिकियों को बड़े उत्साह से आगे बढ़ाया (उसने अपेक्षाकृत कम प्रौद्योगिक, डाक-सेवा को भी लागू किया)। यदि उनके 'ऐतिहासिक महत्त्व' में डलहौजी का विश्वास नहीं होता (और विद्रोह और बलवे की आशंका नहीं होती), तो भारत में टेलीग्राफ को 'उड़ान भरने' में बहुत समय लग जाता।[71] डलहौजी के प्रौद्योगिक उत्साह का स्वागत विलियम ओ' शौगनेसी ने बड़े गर्मजोशी के साथ किया। बहुमुखी प्रतिभा-संपन्न शौगनेसी कलकत्ता मेडिकल कॉलिज में रसायनशास्त्र का प्रोफेसर और कंपनी का शल्य-चिकित्सक था। उसने 1839 में विद्युत टेलीग्राफ पर कई व्यक्तिगत प्रयोग किए थे। उसने पूर्व में किसी टेलीग्राफ प्रणाली को काम करते नहीं देखा था, फिर भी प्रयोगात्मक तौर पर उसने कलकत्ता के निकट 31 मील लंबी लाइन बनाई और उष्णकटिबंधीय गर्मी और आर्द्रता से उसके बचाव के लिए यूरोप और उत्तर अमेरिका में काम में लाए जाने वाले तारों की अपेक्षा अधिक मोटे तार का उपयोग किया और उन्हें कपड़ा और अलकतरे के अभेद्य स्तर से ढँक दिया। वह पहला व्यक्ति था जिसने सिद्ध कर दिया कि भारतीय स्थितियों में विद्युत् द्वारा लंबी दूरी तक संदेश भेजे जा सकते हैं। उसकी खोजों को तुरत तो कोई अहमियत नहीं मिली, लेकिन एक दशक के बाद डलहौजी ने उसे भारत का प्रथम डायरेक्टर जेनरल ऑफ़ टेलीग्राफ नियुक्त किया। इसके पूर्व ऐसे पद पूरी तरह यूरोपवासियों के लिए थे, लेकिन ओ' शौगनेसी का प्रधान सहायक शिवचंद्र नंदी नामक एक भारतीय था। नंदी ने कलकत्ता से डायमंड हार्बर तक पहली विद्युत् लाइन बनाई और इलाहाबाद, बनारस तथा ढाका तक की लाइनों का निरीक्षण किया।[72] यद्यपि टेलीग्राफ मुख्य रूप से एक आयातित प्रौद्योगिकी था, स्थानीय सुविज्ञता और राजनीतिक संरक्षण पाकर इसने तेजी से अपनी को स्वीकार्य और स्थानीय स्थितियों के अनुकूल बना लिया।

सिंचाई

कृषक समाज और राज्य के लिए जल-प्रबंधन से जुड़ी प्रौद्योगिकी से अधिक महत्त्वपूर्ण अथवा अधिक विस्तृत नियोजन वाली शायद ही कोई अन्य प्रौद्योगिकी थी। भारत की सिंचाई-प्रणाली के विविध रूप और कार्य थे। एक ओर जहाँ मिट्टी के कामचलाऊ बाँध बनते थे वहाँ दूसरी ओर राजस्थान और गुजरात में पत्थर से बने भूमिगत जलाशय और कुएँ थे और उत्तर-पश्चिम भारत में जलाप्लावित नहरें खुदी हुई थीं। दक्षिण-पूर्व भारत में जल-संग्रह और सिंचाई का कृषि उत्पादन बढ़ाने में लंबे समय से योगदान रहा था। तिन्नेवेल्ली की ताम्रपाणि और चित्तार नदियों के किनारे ऐसे अनेक बाँध थे जो नदियों का पानी समीपवर्ती धान के खेतों में ले जाते थे। आसपास के देहाती इलाकों में तालाबों और कुओं की भरमार थी।[73] तमिलनाडु के अन्य इलाके, सालेम और कोयंबटूर के 'सूखे क्षेत्र' में नदियाँ और नहरें कम थीं, किंतु प्रत्येक जिले में 40,000 तक की संख्या में कुएँ खुदे हुए थे। उनमें अनेक इतने गहरे थे कि उनसे पानी बाहर निकालने के लिए विशेष नस्ल के कोंगू बैलों की जरूरत पड़ती थी। यद्यपि उपलब्ध प्रमाणों से संकेत मिलता है कि जल संग्रह और वितरण की पुरानी प्रणलियों में से अनेक उन्नीसवीं सदी के आरंभ तक पतनोन्मुखी हो चली थीं, क्योंकि युद्ध-स्थिति और राजनीतिक अशांति के चलते भारत आने वाले पदाधिकारी उनके नियमित रख-रखाव की आवश्यकता नहीं महसूस करते थे, अथवा अधिक-से-अधिक राजस्व प्राप्ति के फेर में रहने के कारण इसके लिए कोष आबंटित करने अथवा श्रमिकों को संघटित करने के प्रति उदासीन थे।[74] फिर भी, यह सही है कि उन्नीसवीं सदी में ब्रिटिश शासन बृहद् पैमाने के सिंचाई कार्यों पर अपना ध्यान केंद्रित करने लगा, लेकिन इसका अर्थ यह नहीं था कि सिंचाई के पुराने तरीके प्रचलन में नहीं रहे अथवा उनका महत्त्व समाप्त हो गया। इसके विपरीत, कपास और अन्य नकदी फसलों के उत्पादन से प्रेरणा पाकर अथवा नहरों की तुलना में कम खर्चीले और अधिक भरोसेमंद होने के कारण कुएँ और तालाब व्यापक पैमाने पर उपयोग में लाए जाते रहे। प्रांतीय सरकारें कमोबेश इन 'छोटी योजनाओं' का महत्त्व स्वीकार करती रहीं और उनके रख-रखाव तथा मरम्मत के लिए थोड़ी-बहुत वित्तीय सहायता भी प्रदान करती रहीं। 1901 में ये निजी योजनाएँ (अधिकांशतः तालाब और कुएँ) ब्रिटिश भारत के सिंचित भूभाग के लगभग 60 प्रतिशत को जलापूर्ति करती रहीं। सार्वजनिक सिंचाई-प्रणालियों के सत्तर वर्ष बीत जाने के बावजूद राजकीय योजनाएँ (अधिकांशतः नहरों के रूप में) मात्र चालीस प्रतिशत भूमि को ही सींच पाती थीं।[75]

यद्यपि उन्नीसवीं सदी में ब्रिटिश सैनिक अभियंताओं ने अभूतपूर्व पैमाने पर सिंचाई-प्रणाली के अभिकल्प बनाए, उनके आरंभिक अभियान का मुख्य उद्देश्य प्रौद्योगिक निरंतरता बनाए रखना था। उनका यह अभियान सबसे ज्यादा दक्षिणपूर्व

भारत में उजागर हुआ जहाँ ब्रिटिश अभियंताओं ने पुनरुद्धार की योजनाएँ चलाईं। 1804 में कावेरी पर ग्रैंड ऐनिकट (नदी का बाँध, तमिल अनैकट्ट) का सर्वेक्षण किया गया जो 'भारत में ब्रिटिश शासन की स्थापना के पूर्व किया गया महानतम अभियांत्रिक कार्य था'।[76] इस सर्वेक्षण से स्पष्ट हो गया कि कावेरी नदी की उत्तरी शाखा को, जो कौलिरून के नाम से प्रसिद्ध थी, अधिक मात्रा में पानी मिल रहा था जबकि नदी की दक्षिणी शाखा, जो तंजोर डेल्टा (नदियों के मुहाने पर लाई हुई मिट्टी की बनी तिकोनी भूमि, नदी मुख-भूमि) के धान के इलाकों को सिंचित करती थी, सूखती जा रही थी। 1835 और 1838 के बीच रॉयल इंजिनियरिंग के सदस्य कैप्टन आर्थर कॉटन ने कॉलिरून के निकास पर एक ऐनिकट का निर्माण किया ताकि पानी दक्षिणी जलमार्ग में वापस जा सके। यद्यपि इसमें आंशिक सफलता ही मिली, लेकिन ब्रिटिश शासन ने अगले पचास वर्षों में बाँधों, पुलों और जलमार्गों की जो शृंखला बनाई उसकी शुरुआत यहीं से हुई। इन उपायों के द्वारा डेल्टा को तो आसन्न विनाश से बचा ही लिया गया, कावेरी द्वारा पहले से सिंचित 750,000 एकड़ भूमि के अतिरिक्त 250,000 एकड़ भूमि को भी सिंचाई की सुविधा सुलभ हो गई और वह भी सस्ते में ही।[77]

कॉटन ने जब एक दूसरी योजना में हाथ लगाया तो उसके दिमाग में पूर्व की प्रौद्योगिकी काम कर रही थी। उसकी नई योजना गोदावरी के आर-पार एक ऐसा ऐनिकट बनाने की थी जिससे तटीय आंध्रप्रदेश के सूखे और अकिंचन भूभाग की सिंचाई हो सके। यह भूभाग 1833 के अकाल से बुरी तरह प्रभावित हुआ था। इस योजना पर 1847 में कार्यारंभ हुआ। इसका पहला चरण, जिसमें बारह फीट ऊँचा और सात हजार फीट लंबा बाँध शामिल था, 1852 में पूरा हुआ, लेकिन इस योजना को कई बार विस्तारित किया गया। अंततोगत्वा 1890 के दशक तक इससे गोदावरी डेल्टा का बड़ा भाग सिंचित होने लगा और उसके फलस्वरूप चीनी, चावल और तेलहन का उत्पादन अधिक व्यापक स्तर पर संभव हो गया।[78] अपनी इस उपलब्धि से कॉटन नहरों की उपयोगिता के प्रति आश्वस्त हो गया। उसे दृढ़ विश्वास हो गया कि नहरें सिंचाई के लिए पानी देने और अकाल रोकने के लिए भारत में सड़क और रेलवे परिवहन की तुलना में सस्ता विकल्प थीं। लेकिन कावेरी सिंचाई योजना के पुनरुद्धार पर काम कर कॉटन ने पाया कि ग्रैंड ऐनिकट, जो एक हजार फीट लंबा और चालीस फीट तक चौड़ा था, ठोस चिनाई (मैसनरि) से नहीं, बल्कि मिट्टी और रोड़ी को पत्थर और सीमेंट का आवरण देकर बनाया गया था। यह सस्ती और कारगर प्रविधि थी। इससे उसे विश्वास हो गया कि गोदावरी और भारत की अन्य नदियों पर भी ऐसी ही प्रविधि काम में लाई जा सकती है। 'निर्माण कार्य की इस अनगढ़ विधि' की कम लागत ने कोर्ट ऑफ़ डायरेक्टर्स का ध्यान आकृष्ट किया और उसने गोदावरी योजना को मंजूरी दे दी। यद्यपि ब्रिटिश

अभियंताओं द्वारा चिनाई से निर्मित बाँध अंततः अधिक टिकाऊ सिद्ध हुआ और उसमें जल के रिसाव की संभावना भी कम थी, मिट्टी और रोड़ी वाली अल्पकालीन प्रविधि के द्वारा—जैसा कि बाद में रेलपथों के निर्माण में हुआ—कॉटन ने आधुनिक अभियांत्रिकी के जो कार्य किए उनमें बड़ी संख्या में नियोजित अकुशल श्रमिकों ने अपने बुनियादी औजारों का उपयोग किया और कुशल कारीगरों तथा आयातित प्रौद्योगिकी की मदद बहुत कम ली गई। संभव है कॉटन की यह आधुनिक कल्पना-दृष्टि रही होगी कि किस प्रकार 'अंग्रेज़ी ऊर्जा और समझ' के द्वारा भारत को विकसित किया जा सकता है (इसके पीछे यह विश्वास भी काम कर रहा था कि सिंचाई के लाभों से भारत में ईसाइयत के प्रचार में मदद मिलेगी), लेकिन उसने 'पुराने देशी अभियंताओं' के प्रति अपने ऋण को मुक्त कंठ से स्वीकार किया।[79]

सिंचाई योजनाओं की दृष्टि से उत्तर और उत्तर-पूर्व भारत में हिमालय द्वारा पोषित नदियों की स्थिति दक्षिण-पूर्व भारत के डेल्टा से बहुत भिन्न थी और उनके सामने देशी पूर्व-दृष्टांत कम थे। उनके लिए अधिक प्रौद्योगिक निपुणता भी अपेक्षित थी, लेकिन अभिनव परिवर्तन की दृष्टि से स्थानीय स्थितियों के प्रति अनुक्रिया और स्थानीय आवश्यकताओं का दबाव यूरोपीय प्रविधियों के अनुकरण मात्र से अधिक महत्त्वपूर्ण था। ब्रिटेनवासियों ने पश्चिमोत्तर भारत में बाढ़ के जल से निकाली गई ऐसी अनेक छोटी नहरें पाईं जो जल-उत्सर्जन के लिए हिमालय की बर्फ के पिघलने पर निर्भर थीं, लेकिन जिनके प्रवाह को नियंत्रित करने के लिए न तो निकास पर कोई काम किया गया था और न जिनका समुचित रख-रखाव हुआ था। परिणामस्वरूप वे गाद से भर गई थीं। मुग़ल बादशाह शाहजहाँ के अधीन निर्मित दिल्ली की नहरी शाखा के जीर्णोद्धार के लिए 1817 में कैप्टन ब्लेन को नियुक्त किया गया। यह कार्य 1820 में संपन्न हुआ और उसके बाद दिल्ली के निकट पुरानी यमुनानहर के पुनरुद्धार का काम शुरू हुआ। 1837-8 में उत्तर भारत में जो अकाल पड़े उनसे उत्प्रेरित होकर इन आरंभिक निर्माण-कार्यों ने गंगानहर के अधिक महत्त्वाकांक्षी योजना के लिए आधार प्रदान किया। इस नहर का निर्माण-कार्य 1842 में सैनिक अभियंता (और जीवाश्म खोजी) प्रॉबी कोटली के अधीन प्रारंभ किया गया।

गंगानहर 1854 में बनकर तैयार हुई। 1903 में इरिगेशन कमीशन (सिंचाई आयोग) ने यह कहकर इसका स्वागत किया कि 'यह एक ऐसा कार्य है जिसके आकार और अभिकल्पीय साहस में भारत या कहीं और की सिंचाई-व्यवस्था अभी तक इससे आगे नहीं जा सकी है।'[80] यह इस अर्थ में पूर्णतः यूरोपीय उद्यम था कि इसके पूर्व सिर्फ एक छोटी सी नहर मेरठ के उद्यानों को सींचने के लिए बनाई गई थी, लेकिन तकनीकी कठिनाइयों की दृष्टि से बहुत दुस्साध्य थी, खासकर कॉटली जैसे लोगों के लिए जिन्हें जलीय अभियांत्रिकी का कोई पूर्व अनुभव नहीं था। इसके

लिए हरिद्वार में, जहाँ गंगा समतल मैदानों में प्रवेश करती थी, ऐसे निकास बनाने की जरूरत थी जो नदी की धारा को नहर में मोड़ सके। यह भी जरूरी था कि नहर को हिमालय से निकली धाराओं के पार या नीचे ले जाने के लिए एक विशाल जलसेतु बनाया जाए, क्योंकि गर्मी में बर्फ पिघलने के कारण प्रवाह चौड़ा और तेज हो जाता था। इस क्रम में जितने कार्य किए गए उनमें सोलानी जलसेतु का निर्माण बहुत भव्य और विशालकाय था। यह हरिद्वार से सोलह मील नीचे था और इसके 750 फीट लंबे जलमार्ग में पंद्रह मेहराब थे। प्रत्येक मेहराब पचास फीट चौड़ा था और जमीन के भीतर बीस फीट गड़े हुए पायों पर टिका हुआ था। मुख्य खुदाई का काम 'टोकरी वाले श्रमिकों' ने किया, लेकिन शीघ्र ही एक पहिया ठेले लाए गए, एक हलका ट्रामवे बनाया गया और 1851 में गिट्टी ढोने के लिए एक भापचालित इंजन लाया गया, लेकिन शीघ्र ही इसमें कुछ गड़बड़ी आ गई और पूर्णतः अनुपयोगी हो जाने तक यह निकटस्थ रुड़की इंजिनियरिंग कॉलिज में कल-पुर्जों को ढोने का काम करता रहा।[81]

अंततः गंगानहर अपने 5,000 मील से अधिक जलनालियों के माध्यम से गंगा-जमुना के दोआब में एक मिलियन एकड़ भूमि सींचने लगी। इस उद्यम को इसके प्रशंसक विश्व में बेमिसाल मानते थे। 1890 के दशक में अल्फ्रेड डिकिन ने घोषणा की 'गंगा की नहरों से जुड़ी हर चीज--उद्गम के निकास, जो मीलों तक नदी का सामना करते हैं, से लेकर चिनाई के अस्तर वाली जलनालियों तक जिनमें बड़े-बड़े ड्रॉप्स और पुल हैं और जिनसे अतिरिक्त जल पुनः उद्गम तक लौट आता है--वैभव का परिचायक है।'[82] यद्यपि भारतीय अभियंताओं ने मिस्र और इटली के निर्माण-कार्यों का निरीक्षण किया लेकिन उन्हें वहाँ ऐसा कुछ नहीं मिला जिसे वे ग्रहण कर सकें। एक समकालीन ने दावा किया कि 'इटली की सिंचाई-प्रणाली निश्चय ही उत्कृष्ट कोटि की है लेकिन एंग्लो-इंडियन प्रणाली की तुलना में तुच्छ प्रतीत होती है'।[83] गंगा नहर की अभियांत्रिकी से बहुत-कुछ सीखा जा सकता था और संयुक्त राज्य (अमेरिका) तथा आस्ट्रेलिया के अर्द्ध-शुष्क क्षेत्रों से आने वाले जलीय विशेषज्ञ उसे आदर्श-स्वरूप मानते थे। निर्माण-कार्य पूरा हो जाने के बाद गंगा नहर के निर्माण और अभिकल्प में अनेक त्रुटियाँ उजागर हुईं। जल-प्रवाह के वेग को कम करने, पुल की नींवों को कमजोर करने वाले निघर्षण को नियंत्रित करने के लिए 1866 और 1870 के बीच उसमें ढेर-सारे परिवर्तन किए गए। 1900 के दशक तक उसमें रुक-रुक कर कई और सुधार किए गए। इनके फलस्वरूप गंगा नहर पहले की अपेक्षा कहीं अधिक उपयोगी हो गई और जल-संसाधनों की बर्बादी भी काफी कम हो गई।[84] अब यह वह नहर नहीं रही जिसका अभिकल्प कॉटली ने किया था। इसके आरंभिक नियमों में 'भारी परिवर्तन किए गए थे और उन्हें देश की परिस्थितियों के अनुरूप ढाल दिया गया था, समय-समय

पर उनमें किए गए संसोधनों के फलस्वरूप भारत के इस भाग में सिंचाई के संबंध में पर्याप्त जानकारी हो गई।'[85] स्पष्टतः, गंगा नहर निर्माण का मामला ऐसा था जिसमें न तो पाश्चात्य प्रौद्योगिकी को पूरा-का-पूरा ग्रहण किया गया था और न जिसमें देशी पूर्व-दृष्टांत विशेष काम आए थे। इसके विपरीत यह स्थानीय स्थितियों के मद्देनजर ब्रिटिश अभियंताओं द्वारा विकसित 'स्वस्थाने पहल' का एक उदाहरण था।[86]

कॉटन की भाँति कॉटली एक सैनिक अभियंता था। 1854 में भारतीय पब्लिक वर्क्स डिपार्टमेंट (लोक निर्माण विभाग) की स्थापना हो चुकी थी, लेकिन भारतीय नहरों, सड़कों, पुलों, त्रिकोणमितीय सर्वेक्षण और रेलवे में कार्यरत अभियंताओं में अधिकांश शताब्दी के अंत तक सैनिक पदाधिकारी बने रहे। इनमें अधिकांश रॉयल अथवा बंगाल इंजिनियर्स के थे। इसका एकमात्र कारण यह नहीं था कि नागरिक अभियंताओं की कमी थी। औपनिवेशिक शासन इंडियन मेडिकल सर्विस की भाँति अभियंताओं के एक ऐसे प्रतिष्ठान का महत्त्व समझता था जो मुख्य रूप से नागरिक सेवाओं में नियोजित हों, लेकिन आवश्यकता पड़ने पर युद्ध-कार्य में योगदान के लिए तैयार रहें। 1888 में एक सरकारी समिति ने टिप्पणी की कि रॉयल इंजीनियर के लिए सर्वाधिक आवश्यक यह है कि 'वह देश के संसाधनों से परिचित हो, यहाँ के मूल निवासियों से निपटने की आदत डाले और अपने अनुभव से यह समझ सके कि उससे कर्तव्याकर्तव्य की क्या अपेक्षाएँ रखी जाती हैं।'[87] भूमि और श्रम के प्रबंधन दोनों एक साथ जुड़े हुए थे। चूँकि भारतीय अभियंता सेना से आते थे, अतः उनके लिए एक प्रकार के शिल्पतंत्रीय पैतृकवाद में विश्वास सहज था। इसके फलस्वरूप भारत को रेलमार्गों, पुलों और नहरों के 'बढ़ते' लाभ भारतीय समाज की व्यापक संलिप्तता के बगैर ही सुलभ हो गए। नहरों के निर्माण के संबंध में डेकिन की 'मीलों तक नदी के साथ संघर्ष' वाली उक्ति से जाहिर होता है कि सैनिक अभियंता किस प्रकार अपने रोमन पूर्वजों, जिनके वे भारी प्रशंसक थे, की भाँति अपने को प्रतिकूल भूभागों के विजेता और अधिष्ठाता के रूप में देखते थे।

1849 में पंजाब के, जो भारत के मुख्य प्रांतों में सर्वाधिक सैन्यीकृत था और जहाँ सिंचाई के सबसे ज्यादा आर्थिक, सामाजिक और पर्यावरणीय प्रभाव पड़े थे, समामेलन से वहाँ नहर-प्रणाली के विस्तार का मार्ग प्रशस्त हो गया। शताब्दी के अंत तक अकाल और सिंचित भूमि से वर्द्धित राजकीय राजस्व के प्रलोभन के कारण रेलमार्गों की भाँति नहरों का निर्माण जोरों पर था। 1892 तक ब्रिटिश भारत में लगभग 43,800 मील लंबी मुख्य नहरें और उनकी जल-वितरिकाएँ थीं और इनसे 13.4 मिलियन एकड़ भूमि की सिंचाई होती थी। 1901 तक, जब बृहद् पैमाने वाली सिंचाई योजनाओं का पुनरीक्षण करने के लिए कर्जन द्वारा स्थापित इंडियन इरिगेशन कमीशन (भारतीय सिंचाई आयोग) की बैठक हुई, ब्रिटिश भारत

में फसल देने वाले कुल क्षेत्र के लगभग पाँचवें हिस्से में सिंचाई की सुविधाएँ उपलब्ध थीं, हालाँकि उसका मात्र एक तिहाई भाग राजकीय योजनाओं के तहत निर्मित हुआ था।[88]

फिर भी, नहर प्रणाली के लगातार विकास और उससे उत्पन्न शाही उपलब्धि-बोध के बावजूद नहर सिंचाई विवाद का विषय बनी रही।[89] कॉटन अपनी मृत्यु (1899) तक भारत सरकार की इस बात के लिए आलोचना करता रहा कि उसने और अधिक नहरों का निर्माण नहीं किया और न उनकी नौगम्यता ही बढ़ाई। कुछ दूसरों ने उत्तर भारत में नहर-निर्माण से जुड़े पर्यावरणीय और स्वास्थ्य-संबंधी दुष्प्रभावों—जल-जमाव, उर्वर भूमि का रेह में रूपांतरण और सूराखदार नहरों से रिसाव के कारण दलदल बनी जमीन से मलेरिया का प्रसार—को विशेष रूप से उजगार किया। 1845 में ही टी.ई. डेम्पूस्टर ने पश्चिमी यमुना नहर की अग्रगति और मलेरिया के बीच गहरा संबंध बतलाया था। उसकी चिंताओं पर विशेष बल डालते हुए बंगाल आर्मी के ए.ई. कॉर्बेट ने घोषणा की कि सिंचाई-व्यवस्था न सिर्फ बढ़ा-चढ़ाकर किए गए दावों को पूरा करने में असफल रही है, अपितु उसने नए संकट पैदा कर दिए हैं, जैसे मलेरिया का फैलाव और उसके फलस्वरूप नहर के अगल-बगल की आबादी का 'पुंस्त्वहरण'। उसने दावा किया कि नहर-निर्माण-कार्य प्रारंभ होने के समय से ही बार-बार भीषण अकाल पड़ रहे हैं, सूखे की समस्या अधिक गंभीर हो गई है, और बड़े-बड़े भू-खंड 'रेह से भर जाने' के कारण कृषि योग्य नहीं रह गए हैं। उसका निष्कर्ष था कि 'ऐसी आंशका का पर्याप्त आधार है कि एक भी एकड़ भूमि ऐसी नहीं है जो दस वर्षों से नहरों द्वारा सींची जा रही हो और जिसकी उर्वरता घट नहीं गई हो।'[90]

अगर पंजाब में एक ओर नहरी सिंचाई के कारण वहाँ की भूमि गेहूँ का अंबार लगा रही थी तो दूसरी ओर उसी अनुपात में वहाँ मलेरिया का तांडव भी हो रहा था। 1908 में मलेरिया की महामारी ने अमृतसर के अधिक निर्धन भागों को अपनी चपेट में ले लिया जिसके फलस्वरूप वहाँ 'मौत और बीमारी का तांडव' मच गया; लेकिन चिकित्सा प्रतिष्ठान ने गरीबी, भूख और सफाई की कमी को मलेरिया के प्रकोप के लिए उतना ही जिम्मेदार ठहराया जितना सिंचाई वाली निकटवर्ती नहरों को।[91] 1901-3 के इरिगेशन कमीशन (सिंचाई आयोग) ने नहरों के पर्यावरणीय प्रभावों को बिल्कुल नजरअंदाज़ कर दिया। सिर्फ संयुक्त प्रांतों के सबध में सरसरी तौर पर नोट किया गया कि नहरों के 'हानिकर प्रभाव' हो सकते हैं, लेकिन आयोग ने आश्वस्त किया कि नहरों और उनसे संबद्ध युक्तियों ने 'उन बुराइयों का पूरी तरह नहीं तो बहुत अंशों में निराकरण कर दिया है जिनके बारे में अतीत में गंभीर शिकायतें मिलती थीं।'[92]

इयान स्टोन ने संयुक्त प्रांतों के अपने अनुशीलन में इस दावे का प्रबल

समर्थन किया है कि सिंचाई कार्यों ने कृषि के विकास और प्रौद्योगिक परिवर्तन में सकारात्मक भूमिका अदा की। कॉर्बेट ने जिस पर्यावरणीय आपदा की बात की थी, स्टोन ने उसका कोई साक्ष्य नहीं पाया और दावा किया कि नहरों द्वारा सिंचाई के नकारात्मक प्रभावों को अतिरंजित कर प्रस्तुत किया गया है, जबकि सच्चाई यह है कि इसने सूखा और अकाल को नियंत्रित करने के अपने प्रधान लक्ष्य को पूरा करने में भारी सफलता प्राप्त की है। साथ ही, इससे उत्पादन और अन्य कई कृषि विषयक सुधारों को भी बढ़ावा मिला है : 'समझदार' किसानों ने उत्साहपूर्वक ऐसी प्रौद्योगिकी अपनाई है जो उन्हें आसानी से उपलब्ध और उनकी आवश्यकताओं के अनुरूप है। स्टोन ने यह भी स्वीकार किया है कि यद्यपि नहर और कुएँ कुछ मामलों में एक-दूसरे के प्रतिद्वंद्वी थे, वास्तव में वे एक-दूसरे की 'पूरक' अथवा 'परस्परव्यापी' प्रणाली थे; किसान दोनों को उपयोगी मानते रहे : कुओं की विशेष उपयोगिता वैसे क्षेत्रों में थी जहाँ नहरें नहीं थीं अथवा उन पर भरोसा नहीं किया जा सकता था।[93] लेकिन, स्टोन के इन आशावादी निष्कर्षों को एलिज़ाबेथ व्हिटकांब ने तिरस्कृत करते हुए उन्नीसवीं सदी के अन्य आलोचकों की भाँति माना है कि उत्तर भारत की सिंचाई नहरें 'महँगे प्रयोग' थीं।[94] तथापि, 1900 के दशक तक जैसे-जैसे ध्यान जल-प्रबंधन से हटकर भारतीय कृषि की वैज्ञानिक उन्नति पर केंद्रित होता गया और विद्युत् शक्ति तथा नल-कूप सिंचाई के लिए जलापूर्ति के अधिक लचीले और भौगोलिक दृष्टि से कम संकुचित साधन बनते गए, नहरों से सिंचाई का महत्त्व बदलता गया।[95]

प्रौद्योगिकी, विचारधारा और प्रतिरोध

बृहद् पैमाने पर रेलमार्ग और सिंचाई के लिए नहरों जैसी निर्माण-योजनाएँ और अभियांत्रिक कार्य ब्रिटेन की ताकत और उदारता के कीर्ति-स्तंभ थे। पत्थर, इस्पात और भाप ब्रिटिश राज्य के प्रौद्योगिक साम्राज्य को मूर्त्तरूप प्रदान करते थे, क्योंकि इसके शानदार कार्यों और अभियांत्रिक कारनामों ने प्रकृति की उन शक्तियों को नियंत्रित करने में मदद की थी जिन्होंने भारतवासियों को सदियों तक लाचार और गुलाम बनाए रखा था। (ऐसा माना जाता था कि) बृहद् पैमाने पर अपनाई गई प्रौद्योगिकी ने अधसूखे बंजर भूभागों को गेहूँ और चावल की लहलहाती फसलों में बदल कर अकाल को निर्मूल और कामचोर खेतिहरों को आदर्श कृषकों में परिणत कर दिया है। 1857 के विद्रोह के बाद सामाजिक-आर्थिक परिवर्तनों के साधक के रूप में प्रौद्योगिकी में विश्वास को बल मिला। 1857 की घटना से ऐसा महसूस किया गया कि खतरनाक रूप से विवेकहीन भारतीय समाज में अनेक रूपों में सीधे हस्तक्षेप की आवश्यकता है। नवंबर 1858 में महारानी विक्टोरिया ने अपनी उद्घोषणा में 'भारत के शांतिपूर्ण उद्योग को उत्प्रेरित करने' और 'लोकहित के कार्यों

को प्रोत्साहित करने' का दावा इस उम्मीद में किया कि भारतीयों का 'संतोष' ब्रिटेन की 'सुरक्षा' की सबसे बड़ी गारंटी होगा। इस पर अवध के विद्रोही बेगम ने विधिवत् प्रतिक्रिया व्यक्त की कि 'लगता है महारानी हिंदुस्तानियों के लिए सड़क बनाने और नहर खोदने से बेहतर रोजगार की कल्पना नहीं करतीं।'[96] 1862 में डब्ल्यू. डब्ल्यू. हंटर के इस दावे में भी सुरक्षा की चिंता प्रतिध्वनित हुई कि रेलवे प्रणाली का कार्य संपन्न हो जाने पर भारत में ब्रिटिश सैन्यदल की कार्य-क्षमता बीस गुनी बढ़ जाएगी। इसके अतिरिक्त, रेलवे द्वारा समुत्पन्न 'वाणिज्य और आंतरिक संपत्ति का विकास इंग्लैण्ड की सारी सेनाओं और लंकास्टर के सारे तोपखानों की अपेक्षा हमारे भारतीय साम्राज्य को बेहतर सुरक्षा प्रदान करेंगे।'[97]

ब्रिटेन की दृष्टि में प्रौद्योगिकी ब्रिटेनवासियों और भारतीयों के बीच बढ़ती बौद्धिक और भौतिक खाई को बड़े स्पष्ट रूप में उजागर करती थी और भारत अभी भी अपनी सभ्यता पर जो कुछ दावे कर सकता था उन्हें कमजोर बनाती थी। भाप-युगीन प्रौद्योगिकी पर पश्चिमी एकाधिकार भारत के अभिभावकत्व की अवधि को अनिश्चित रूप में लंबा खींचता जान पड़ता था और ब्रिटिश जनता में उनके शासन के स्थायी प्रभाव में अभूतपूर्व विश्वास पैदा करता था। 1893 में डेकिन ने टिप्पणी की 'यदि ब्रिटेन ने भारत में अन्य कुछ हासिल न भी किया हो तो भी पिछले पच्चीस वर्षों के लोक हितकारी कार्य उसकी श्रेष्ठता को सिद्ध कर देते हैं।' उसकी दृष्टि में अकेली नहरें ही 'ब्रिटिश दूरदर्शिता, सामर्थ्य और सदाशयता' का कीर्ति-स्तंभ थीं।[98] एक साल बाद मैक जॉर्ज ने घोषणा की कि भारत से परिचित कोई भी व्यक्ति 'निस्संदेह यह दावा करेगा कि प्राचीन रोम समेत शासकों के पूरे इतिहास में एक भी विदेशी शासक राष्ट्र ऐसा नहीं हुआ जिसने अपने क्रिया-कलाप के भौतिक स्मारकों के चिह्न किसी देश पर उस रूप में अंकित किए हों जिस रूप में इंग्लैंड ने अपने अधीन राष्ट्र भारत पर अंकित किया है और अभी भी कर रहा है।' ऐसे कार्य संख्या और पैमाना की दृष्टि से ही विस्मयकारी नहीं थे, वे पूर्व की शताब्दियों के 'शानदार मुस्लिम और हिंदू सर्जनाओं' से भी उत्कृष्ट थे, 'क्योंकि उनके सामान्य उपयोग वाले अभियांत्रिक कार्य जनता की भौतिक प्रगति के सहायक हैं।'[99]

इसके बावजूद, यह धारणा सर्वमान्य अथवा संपूर्ण नहीं थी और खासकर 1857 के विद्रोह के बाद यह प्रश्न उठने लगा कि क्या आधुनिक पाश्चात्य विज्ञान और प्रौद्योगिकी भारत के लिए उपयुक्त अथवा इसके शासकों के सर्वोत्तम हित-साधक हैं। विद्रोह के कारणों की व्याख्या करने के सिलसिले में इतिहासकार और कंपनी के पूर्व सेवाकर्मी सर जॉन काई ने विस्तारपूर्वक वर्णन किया, कि किस प्रकार रेलवे और टेलीग्राफ ने हिंदू मानस को 'बेचैन' कर दिया है और उस षड्यंत्रकारी ब्राह्मण पुरोहित-वर्ग को, 'जो विशेषाधिकार-संपन्न नस्ल के लोग हैं, और जिन्हें सारे मानवीय ज्ञान का आगार मानकर सम्मान की दृष्टि से देखा जाता रहा है' उत्तेजित कर

दिया है। चूँकि ये लोग 'लोहे की सड़क पर भापचालित गाड़ी' अथवा टेलीग्राफ द्वारा विद्युत गति से भेजे गए संदेशों की कार्यविधि की व्याख्या करने में असमर्थ थे, अतः ये शिशुओं और दुधमुँहों की तरह अबोध और अशक्त है'।[100] भारत के आदिमवाद और पाश्चात्य अभिनव प्रौद्योगिकी के प्रति विरोध-भाव में अन्य यूरोपीय विद्वानों ने भी विश्वास किया और विद्रोह के दौरान टेलीग्राफ लाइनों को काट देने तथा रेलवे पुलों और नहरों को क्षतिग्रस्त करने के कारण इस धारणा को बल मिला कि एनफील्ड राइफ़लों से लेकर रेलवे इंजनों तक की आधुनिक प्रौद्योगिकी के प्रति गहरी विरुचि ने विद्रोह को भड़काया था अथवा यह विरुचि उनकी पूर्वजानुरूप प्रकृति की मुख्य अभिव्यक्तियों में एक थी।

आधुनिक प्रौद्योगिकी के प्रति भारतीय प्रतिक्रिया की ऐसी निषेधात्मक व्याख्याओं को सावधानीपूर्वक और भारतीय राजनीतिक दशा तथा इसकी सांस्कृतिक और सामाजिक विविधताओं के परिप्रेक्ष्य में देखा जाना चाहिए। निश्चय ही ऐसे उदाहरण मिलते हैं जिनसे पता चलता है कि अभिनव औद्योगिक परिवर्तनों के संबंध में आम धारणा और अफवाह थी कि ये अकाल और महामारी जैसी आपदाएँ पैदा करते हैं अथवा औपनिवेशिक सत्ता उत्पीड़क थी और अनुचित हस्तक्षेप करती थी। किसी हद तक यह मान्यता उचित थी कि रेलवे के कारण अकाल और बीमारियाँ फैल रही थीं और भारतीय दस्तकर्म नष्ट हो रहे थे, लेकिन यह भी उतना ही सही है कि रेलवे के द्वारा हजारों की संख्या में तीर्थयात्री अपने दूरस्थ मंदिरों और मेलों की यात्रा करते थे। रेलवे अज्ञात, किंतु मोहक, बाहरी दुनिया की हलचल भरी जिदंगी का प्रतीक थी। उपन्यासों, संस्मरणों और चलचित्रों में रेलवे की बार-बार चर्चा होती थी और इससे उत्प्रेरित होकर सभी वर्ग के भारतीय शिक्षा, रोजगार और अपनी पहचान की खोज में इससे यात्रा करने लगे।

चेचक के टीकाकरण और धार्मिक त्योहारों को विनियमित करने के प्रयासों अथवा हैज़ा और प्लेग जैसी महामारियों के दौरान यात्रियों की जाँच-पड़ताल जैसी चिकित्सा और स्वास्थ्य-सफाई संबंधी कार्यवाहियों में प्रतिरोध की अधिक संभावना रहती थी, क्योंकि उन्हें प्रायः शारीरिक रूप में हानिकर और सांस्कृतिक दृष्टि से अनुचित हस्तक्षेप माना जाता था।[101] सर्वेक्षण दलों पर, खासकर जब वे स्थानीय अधिकार को चुनौती अथवा वर्द्धित कराधान की पूर्व-सूचना देते जान पड़ते थे, हमले भी हुए। बदले में ब्रिटिश टिप्पणीकार प्रतिरोध को भारतीय अज्ञान और रूढ़िग्रस्तता के नजीर के रूप में पेश करते थे और उसके विरुद्ध यूरोपवासियों को विवेकशील और प्रबुद्ध जन के रूप में चित्रित करते थे।[102] निश्चय ही 1857 में टेलीग्राफ के तार काटने और गंगानहर और सोन नदी के पुल को क्षतिग्रस्त करने जैसे विध्वंसक कार्य हुए, लेकिन ऐसे कार्यों को बलवाइयों के सामरिक हितों और औपनिवेशिक सत्ता के प्रति तीव्र विरोध तथा उससे जुड़ी बृहत्तर आर्थिक और

प्रशासनिक प्रक्रियाओं के रूप में ही देखा जा सकता है। स्मरणीय है कि 1857 में बलवाइयों ने अंग्रेजों के विरुद्ध एनफील्ड राइफलों का ही उपयोग किया और दिल्ली के बादशाह बहादुरशाह ने बगावत की उद्घोषणा में वादा किया कि यदि वह सत्ता पर फिर से पूरी तरह काबिज हो जाता है तो भारतीय सौदागरों को 'सरकारी भापचालित जलयानों और गाड़ियों का मुफ्त उपयोग करने की अनुमति दे देगा।'[103]

उत्तर भारत में गदर और बलवे के दौरान विध्वंस के संबंध में यह तथ्य भी उल्लेखनीय है कि कलकत्ता और बंबई में भारतीयों ने कुछ ही साल पहले रेलवे के परिचालन की शुरुआत का बड़े उत्साह से स्वागत किया था और क्षिप्रता के साथ स्टीमरों, रेलवे और टेलीग्राफ का उपयोग करने लगे थे। 1858 में, विद्रोह के पूरी तरह शांत होने के पहले, कलकत्ता-स्थित एक टिप्पणीकार ने दावा किया कि 'रेलवे देशी मानस में पहले ही अपना घर बना चुकी है।'[104] शहरी मध्यम वर्ग तो पश्चिम-पोषित प्रौद्योगिकी को आधुनिक युग की आम विरासत मानता था। 1860 के दशक के दौरान अपने व्याख्यानों में ब्रह्मसमाज के नेता केशवचंद्र सेन ने 'आधुनिक युग में' पश्चिमी राष्ट्रों द्वारा हासिल 'चमत्कारों' पर गंभीरता से विचार किया और टिप्पणी की कि किस प्रकार भारत 'एक ईसाई शासन के अधीन' नई प्रौद्योगिकी के लाभों से 'सुशोभित और धन्य' हो उठा था। 1866 में उन्होंने कलकत्ता में श्रोताओं को संबोधित करते हुए कहा कि 'सभ्यता और प्रबोधन, उद्योग और उद्यम, व्यापार और निर्माण, भाप और बिजली, वैज्ञानिक अनुसंधानों और आविष्कारों के इस युग में सर्वत्र भौतिक सुधार और समृद्धि के उत्साहवर्द्धक लक्षण दृष्टिगोचर होते हैं।' लेकिन नैतिक और धार्मिक सुधारक के रूप में सेन इन भौतिक प्रगतियों से बहुत प्रभावित नहीं थे। उन्होंने चेतावनी दी कि 'आधुनिक सभ्यता प्रधानतः और सारतः भौतिकवादी है और इन सारे ठाट-बाट और वैभव के बीच आत्मा के लिए अशुभ संकेत देती है।'[105]

भाप, स्वदेशी और स्वराज

उन्नीसवीं सदी के अंत में भारत में चक्कियों, कार्यशालाओं और कारखानों की संख्या में वृद्धि होने से यह सवाल फिर उठ खड़ा हुआ कि क्या आधुनिक उद्योग और प्रौद्योगिकी भारत के लिए उपयुक्त हैं। जॉन रस्किन, विलियम मौरिस और अन्य विचारकों ने इस दलील का समर्थन किया कि भारत की पूर्व औद्योगिक कारीगरी और शिल्प-कला भारत (और पूरी मानवता) की जरूरतें बेहतर ढंग से पूरी करती थीं। ये विचारक पश्चिमी समाज पर उद्योगीकरण के प्रभावों के आलोचक थे और भारत तथा पूरब के 'प्रायः अप्रतिम' कृत्यों को प्रशंसा की दृष्टि से देखते थे।[106] ऐसे खयाल किसी अंश में रूमानी होते हुए भी पर्याप्त व्यावहारिक महत्त्व के थे और 1870 के दशक से भारत में अन्य विचारकों समेत जॉर्ज बर्डवुड और ई.बी.

हैवेल ने भी इनका समर्थन किया। भारतीय औषधियों की भाँति भारत और विदेशों में इन कृत्यों की प्रदर्शनियाँ आयोजित की गईं जिनसे भारतीय कलाओं और शिल्पों की पुनःप्रतिष्ठा में मदद मिली। 1878 में 'भारत के प्रधान हस्तशिल्पों' की आयोजित पेरिस प्रदर्शनी के लिए बंबई मेडिकल सर्विस के जॉर्ज बर्डवुड को सूचीपत्र तैयार करने का भार सौंपा गया। उसने भारत की शिल्पी परंपरा की मुक्त कंठ से प्रशंसा की और दावा किया कि भारत में प्रत्येक चीज, यहाँ तक कि मिट्टी के बरतन और खिलौने भी, हाथ से बनते हैं, अतः सभी 'कमोबेश कलाकृति के नमूने' हैं। पश्चिम में मशीन युग ने असंख्य सामाजिक और नैतिक बुराइयाँ पैदा की हैं, लेकिन भारत के परंपरागत कारीगर अभी भी फल-फूल रहे हैं, और उनका कला कौशल 'अनगिनत पीढ़ियों के प्रशिक्षण' के कारण 'सर्वोच्च पूर्णता' प्राप्त कर चुका है। पश्चिम के अपने औद्योगिक प्रतिरूपों से भिन्न भारतीय कारीगरों ने 'न तो नदियों को प्रदूषित किया था, न किसी सुखद संभावना को विकृत किया था और न वायु को विषाक्त बनाया था।' लेकिन बर्डवुड ने खेद के साथ इस तथ्य को रेखांकित किया कि हाल के वर्षों में गाँव के कारीगर हजारों की संख्या में बंबई की 'विशालकाय' मिलों में चले गए हैं और 'वहाँ समूहों में कोल्हू के बैल की भाँति खट रहे हैं, उनका काम है मैंचेस्टर की प्रतियोगिता में ऐसे छोटे-मोटे सामान गढ़ने में लगे रहना जिनसे वे न तो बौद्धिक रूप से जुड़े हैं, न नैतिक रूप से।'[107]

बर्डवुड की उद्योग-विरोधी समीक्षा में कृषि भी शामिल थी। चार्ल्स ग्रांट द्वारा 1790 के दशक में 'ऑब्जर्वेशंस ऑन द स्टेट ऑफ़ सोसायटी ॲमंग द एशियाटिक सब्जेक्ट्स ऑफ़ ग्रेट ब्रिटेन' की रचना के समय से ही ब्रिटिश सिद्धांतवादियों और सुधारकों का विश्वास रहा था कि भारतीय कृषि में, खासकर यांत्रिक उपायों द्वारा 'उन्नयन' के 'अनूठे' अवसर हैं।[108] लेकिन भारतीय ग्रामीण इलाकों में पाश्चात्य प्रौद्योगिकी के लब्धफल बहुत उत्साहवर्द्धक नहीं थे। कुछेक यांत्रिक जुगत—कपास की ओटनी, चीनी की मिलें, मेज-शेलर्स (मक्का के छिलके उतारनेवाले यंत्र) और हलके वजन के स्वीडन में बने लांगल—तो ग्रहण कर लिए गए थे, किंतु बीज-वपित्र और थ्रैसिंग मशीन (अनाज पीटने का यंत्र) जैसे भारी वजन वाले भापचालित लांगल भारतीय मिट्टी और कृषि-कार्य के उपयुक्त नहीं थे और जिन फार्म्स (खेती के चकलों) ने उन्हें अपनाया वे शीघ्र ही पुराने और जंग लगे उपकरणों के 'संग्रहालय में परिवर्तित हो गए'।[109] तथापि, 1880 के दशक में बर्डवुड ने पंडित श्रीलाल (सिरेंसेस्टर के रॉयल एग्रिकल्चरल कॉलिज का एक लब्धप्रतिष्ठ छात्र) की इस बात के लिए भर्त्सना की कि उसने 'भारतीय कृषि के देशी उपकरणों और परिचालनों' की जमकर आलोचना की थी। बर्डवुड ने 'मराठा लांगल' और महाराष्ट्र के ग्राम्य जीवन की उन्मुक्त कंठ से प्रशंसा करते हुए 'भारत के परिष्कृत देशी लांगल', 'तीन हजार वर्षों के अनुभव की देन' की तुलना धीमी गतिवाले भाराक्रांत भापचालित

लांगल से की जो देक्कन की 'मुलायम, सुनम्य मिट्टी' में तुरत धँस जाता था और फिर आगे नहीं बढ़ सकता था। बिना सोचे-समझे इस लांगल को ऐसी परम पावन आर्थिक प्रणाली में शामिल कर लिया गया था जहाँ इसके लिए कोई स्थान नहीं था। धरती में धँसा, लाल रंग में पुता और शिवलिंग के रूप में पूजित यह लांगल इस बात का अनुस्मारक बन गया कि भारत के ग्रामीण क्षेत्रों में भाप प्रौद्योगिकी को प्रचलन में लाने का कोई भी प्रयास 'अपराधपूर्ण और हास्यास्पद विफलता' के लिए अभिशप्त था।[110]

बीस साल बाद 1901 में कलकत्ता के गवर्नमेंट स्कूल ऑफ़ आर्ट के प्रिंसिपल ई.बी. हैवेल ने भी भारत के औद्योगिक भविष्य के प्रति आलोचनात्मक विचार प्रकट किए। उसके अनुसार ऐसा मान लेना गलत है कि भारत उद्योगीकरण के पश्चिमी मार्ग का अनुसरण कर सकता है अथवा उसे ऐसा करना चाहिए। उसने जोर देकर कहा कि भारत का कोई भी दोस्त अति जनसंकुल और निर्जनीकृत जिलों, काम करने की अस्वास्थ्यकर दशाओं, पूँजी और श्रम के बीच संघर्षों, संपत्ति के असमान वितरण, सामाजिक अशांति और यूरोप तथा अमेरिका में महान औद्योगिक विकास से ज़ुड़ी सारी बुराइयों की संभावनाओं के प्रति उदासीन नहीं रह सकता। हैवेल ने इसमें भी शंका प्रकट की कि भारतीय कारीगर अपनी 'मनोवृत्तियों और आदतों' के कारण ऐसी प्रतियोगिता में समर्थ है : 'न सिर्फ तकनीकी ज्ञान, बल्कि यूरोपीय बाजारों में सफलता के लिए आवश्यक व्यापारिक तरीकों और व्यापारिक क्षमता को हासिल करने में उसे सदियों लग जाएँगे।' उसका विश्वास था कि भारत का भविष्य हथकरघे के पुनरुद्धार में ही निहित है, आवश्यकता सिर्फ यह है कि अर्थ-संकट के दौर से गुजर रहे बुनकरों की कार्यक्षमता और उत्पादकता बढ़ाने के लिए उन्हें विकसित करघे उपलब्ध कराए जाएँ। भारतीयों ने सिलाई मशीन को अपना लिया था, क्या उसी प्रकार वे फ्लाई-शट्ल (गतिपालक पहिए की भरनी वाला) करघे अपनाकर ऐसे वस्त्रों का उत्पादन नहीं कर सकते जिसमें सर्वोत्तम पारंपरिक कौशल और अभिकल्प समाविष्ट हों?[111]

हैवेल के विचारों के व्यापक प्रभाव परिलक्षित हुए। मद्रास के बैसिल मिशन और दूसरे कई मिशनरी संगठन पहले ही बुनकरों के बीच फ्लाई-शट्ल को लोकप्रिय बनाने में जुट गए थे और हैवेल के प्रस्ताव अनेक प्रांतीय सरकारों और प्रगतिशील देशी रियासतों ने अपना लिए। बंगाल में पी.सी. घोष ने हैवेल के अभिकल्प के अनुसार परिष्कृत हथकरघे का निर्माण शुरू किया। इनमें से कुछ दिसंबर, 1901 में कलकत्ते में आयोजित फर्स्ट इंडस्ट्रियल इगज़िबिशन (प्रथम औद्योगिक प्रदर्शनी) में प्रदर्शित किए गए। यह प्रदर्शनी इंडियन नेशनल कांग्रेस की कलकत्ते में वार्षिक बैठक के साथ-साथ चली थी (और स्मरणीय है कि इसमें दक्षिणी अफ्रीका से भ्रमण के क्रम में गांधीजी शरीक हुए थे)। उस समय भारत के बुद्धिजीवी वर्ग में इस

बात पर बहस छिड़ी हुई थी कि देश को पश्चिम का अनुसरण करते हुए नए उद्योग विकसित करना चाहिए अथवा अपने पुराने कलाकौशल को पुनर्जीवित कर पारंपरिक हुनरों से लाभ उठाने का प्रयास करना चाहिए। 1905 में स्वदेशी आंदोलन के जन्म से इस बहस को नई ऊर्जा मिली। इस आंदोलन ने कर्जन द्वारा बंगाल के विभाजन का विरोध और भारतीय उद्योगों को विकसित करने और आर्थिक स्वावलंबन को प्रोत्साहन देने के प्रयासों का समर्थन किया।[112] 1907 में हैवेल ने इस संबंध में अपना विचार व्यक्त करते हुए कहा कि स्वदेशी आंदोलन अनिवार्य रूप से पुराने कलाकौशल के पुनरुद्धार का हिमायती नहीं है।[113] वास्तव में, अनेक भारतीयों ने बर्डवुड और हैवेल के उद्योगवाद के विरोध को यह कहकर ठुकरा दिया कि यह दोयम दरजे की पुरानी प्रौद्योगिकी के जरिए भारत को आर्थिक परावलंबन को कायम रखने और उसे नई प्रौद्योगिकी द्वारा प्रदत्त लाभों और अवसरों से वंचित रखने की एक चाल है। उनका विश्वास था कि भारत को औद्योगिक वृत्ति अपनाकर ब्रिटेन और अन्य औद्योगिक ताकतों के साथ सीधी प्रतियोगिता में खड़ा होना चाहिए। वस्त्र-उत्पादन के कारखाने, दियासलाई के कारखाने, स्टीमरों का परिचालन—सभी स्वदेशी आंदोलन के दौरान प्रवर्तित हुए, हालाँकि इन साहसिक उद्यमों का अच्छा-खासा हिस्सा पूँजी की कमी और तकनीकी क्षमता के अभाव में शीघ्र ही विफल हो गया।

अंततः इन वर्षों के उद्योगवाद के विरोध का चरम रूप 1909 में प्रकाशित गांधी की पुस्तिका 'हिंद स्वराज' में प्रतिबिंबित हुआ। गांधी का मानना था कि भारत को पश्चिम में जन्मे 'आधुनिक सभ्यता' के नगरवाद और उद्योगवाद को ठुकरा देना चाहिए क्योंकि ये तेजी से भारत में घुसपैठ कर रहे हैं और इसकी आर्थिक तथा सांस्कृतिक पराधीनता को बढ़ावा दे रहे हैं। अकाल-जर्जर भारत की गरीबी और औपनिवेशिक शासन द्वारा राजनीतिक अपमान के विरुद्ध प्रतिक्रिया व्यक्त करते हुए गांधी ने अंग्रेजी शिक्षा, कानूनी पेशा, चिकित्सा और कारखानों को 'हमारी गुलामी को बढ़ावा देने वाले' षड्यंत्र मानकर उनकी निंदा की। जिस रेलवे प्रौद्योगिकी पर ब्रिटेन को बहुत नाज था उसका उपहास करते हुए गांधीजी ने टिप्पणी की कि भारत को लाभ पहुँचाने के बदले रेलवे ने प्लेग फैलाया है, अकाल में वृद्धि की है और भारत पर औपनिवेशिक गुलामी के शिकंजे को और मजबूत किया है। उन्होंने टिप्पणी की कि 'वे निर्विवाद रूप से बुराई का प्रसार करती हैं'।[114] रस्किन और टालस्टाय जैसे पाश्चात्य लेखकों द्वारा औद्योगिक समाज की समीक्षा पर विस्तार से चर्चा करते हुए गांधी ने 'आधुनिक सभ्यता के प्रधान प्रतीक' मशीनरी की तीव्र भर्त्सना की और उसे 'महान पाप' कहा। मशीनें यूरोप को 'उजाड़ रही हैं' और भारत को तो पहले ही कंगाल बना चुकी हैं। मैंचेस्टर के कारण भारत के हस्तशिल्प 'नष्ट हो गए हैं' और कंगाल बन गई आबादी में अकाल का तांडव हो रहा है। न तो नैतिक और न आर्थिक स्तर पर उद्योगवाद भारत को मुक्ति दिला सकता

है। बंबई की मिलों में श्रमिक 'गुलाम' बन गए हैं, महिलाएँ 'बीभत्स' दशाओं में काम कर रही हैं और यदि 'मशीनरी का उन्माद' बना रहा तो भारत एक 'अभागा देश' बन जाएगा।[115] इसके बदले गांधी ने गाँवों की ओर लौटने और हाथ से कताई-बुनाई करने का नारा दिया। चरखा और खादी उनके लिए भारत के स्वराज की खोज के मुख्य अभिकरण और प्रतीक बन गए। गांधी का संदेश–'मशीनरी दुष्टा है'–1909 में अप्रभावी था, लेकिन 1918-20 में उनके राष्ट्रीय नेता के रूप में उभरने के बाद उनके उद्योगवाद के विरोध और आधुनिकता की समीक्षा ने भारत में विज्ञान और प्रौद्योगिकी के पश्चवर्ती विकास पर गहरा प्रभाव डाला।

संदर्भ

1. डैनियल आर. हेड्रिक, 'द टेनूटॅकल्स ऑफ़ प्रोग्रेस : टेक्नॉलॅजि ट्रांसफर इन द इंपिरिअलिज़्म', 1850-1940 (न्यूयार्क, 1988), पृ. 6।
2. डैनियल आर. हेड्रिक, 'द टूल्स ऑफ एंपायर : टेक्नॉलॅजि एंड यूरोपियन इंपिरिअलिज़्म इन द नाइंटींथ सेंचुरी (न्यूयार्क, 1981)।
3. आर्नोल्ड पैसी, 'टेक्नॉलॅजि इन वर्ल्ड सिविलाइज़ेशन, ए थाउज़ेंड ईयर हिस्ट्री' (ऑक्सफोर्ड, 1990)।
4. डी.आर. गाडगिल, 'द इंडस्ट्रियल इवोल्युशन ऑफ़ इंडिया इन रीसेंट टाइम्स', 1860-1939 (पाँचवाँ संस्करण, दिल्ली, 1971); ए.आर. देसाई, 'सोशल बैकग्राउंड ऑफ़ इंडियन नेशनेलिज़्म' (चौथा संस्करण, बंबई, 1966), अध्याय 4-6; हाल के पुनर्मूल्यांकन के लिए देखें, कॉलिन सिम्मांस 'डी-इंडस्ट्रिअलाइज़ेशन एंड द इंडियन इकॉनॅमि, 1850-1947', एम.ए.एस., 19 (1985), पृ. 193-622, और राजनारायण चंदावरकर, 'इंडस्ट्रिअलाइज़ेशन इन इंडिया बिफ़ोर 1947; कॉन्वेंशनल एंड अल्टरनेटिव पर्सपेक्टिव्स', वही, पृ. 623-68।
5. रॉबर्ट किर्क एंड कॉलिन सिम्मांस, 'लंकाशायर एंड द इक्विपिंग ऑफ़ द इंडियन कॉटन मिल्स : ए स्टडी ऑफ़ टेक्सटाइल मशीनरि सप्लाई, 1854-1939', केन्नेथ बॉल हैचेट एंड डैविड टायलर (सं.) में 'चेंजिंग साउथ एशिया; इकॉनॅमि एंड सोयायटी' (लंदन, 1984), पृ. 169-81।
6. रिचर्डन्यूमन, 'वर्कर्स एंड यूनियंस इन बंबई, 1918-1929 : ए स्टडी ऑफ ऑर्गेनाइज़ेशन इन द कॉटन मिल्स' (कैनबेरा, 1981), पृ. 35-57, राजनारायण चंदावरकर, 'द ऑरिजिंस ऑफ़ इंडस्ट्रियल कैपिटॅलिज़्म इन इंडिया : बिजनेस स्ट्रैटिजिज़ एंड द वर्किंग क्लासेज़ इन बंबई, 1900-1940' (कैंब्रिज, 1994), अध्याय 6-7।
7. के. एन. चौधरी, 'द स्ट्रक्चर ऑफ़ इंडियन टेक्सटाइल इंडस्ट्री इन द सेवंटींथ एंड एटींथ सेंचुरीज़', तीर्थंकर राय (एडिशन) में, 'कलॉथ एंड कॉमर्स टेक्सटाइल्स इन कॉलॅनियल इंडिया।' (नई दिल्ली, 1996), पृ. 33।
8. इरफ़ान हबीब, 'टेक्नॉलॅजिकल चेंजेज एंड सोसायटी, 13वीं और 14वीं शताब्दियाँ',

देवीप्रसाद चटोपाध्याय (एडि.) में, 'स्टडीज इन द हिस्ट्री ऑफ़ साइंस इन इंडिया, II' (नई दिल्ली, 1982), पृ. 818-22।

9. चौधरी, 'इंडस्ट्री', पृ. 75-6।

10. तीर्थंकर राय, 'इंट्रोडक्शन' (राय एडिशन में), 'क्लॉथ एंड कॉमर्स,' पृ. 23; हबीब इरफ़ान, 'चेंजेज', 844ए; हमीदा हुसैन, 'द कंपनी वीवर्स ऑफ़ बंगाल : द ईस्ट इंडिया कंपनी एंड द ऑर्गेनाइज़ेशन ऑफ़ टेक्सटाइल प्रोडक्शन इन बंगाल, 1750-1813' (दिल्ली), प्लेट्स 8 और 9।

11. हुसैन, 'वीवर्स', पृ. 21, 38।

12. चौधरी, 'इंडस्ट्री', पृ. 69-72।

13. सव्यसाची भट्टाचार्य, 'कल्चरल एंड सोशल कान्स्ट्रैंट्स ऑन टेक्नॉलॅजिकल इनूनोवेशन एंड डेवलपमेंट : समकेस स्टडीज,' सुरजीत सिंहा (सं.), 'साइंस, टेक्नॉलॅजि एंड कल्चर : ए स्टडी ऑफ़ द कल्चरल ट्रॅडिशंस एंड इंस्टिट्यूशंस ऑफ़ इंडिया एंड सीलोन इन रिलेशन टु साइंस एंड टेक्नॉलॅजि' (नई दिल्ली, 1970), पृ. 44-72।

14. 'रिपोर्ट ऑफ़ द फ़ैक्ट-फ़ाइंडिंग कमिटि (हैंडलूम एंड मिल्स)' (दिल्ली, 1942), पृ.5।

15. रॉय (एडि), 'क्लॉथ एंड कॉमर्स', पीटर हार्नेटी, 'डी-इंडस्ट्रिअलाइज़ेशन' रीविज़िटेड : द हैंडलूम वीवर्स, ऑफ़ द सेंट्रल प्रोविंसेज़ ऑफ़ इंडिया, 1800-1947, एम ए एस, 25 (1991), पृ. 455-510।

16. जॉन गैसकॉने, 'जोसफ बैंक्स एंड द इंग्लिश एनूलाइटेनमेंट : यूसफुल नॉलिज एंड पब्लिक कल्चर' (कैंब्रिज, 1994), पृ. 181।

17. धर्मपाल, 'इंडियन साइंस एंड टेक्नॉलॅजि इन द एटींथ सेंचुरी : सम कॉन्टेंपॅररि यूरोपियन अकाउंट्स' (दिल्ली, 1971), पृ. xxx।

18. आर.वी. रसेल एंड हीरालाल, 'द ट्राइब्स एंड कास्ट्स ऑफ़ द सेंट्रल प्रोविंसेज़, IV' (लंदन, 1916); देसाई 'बैकग्राउंड', पृ. 87।

19. धर्मपाल, 'इंडियन साइंस', पृ. I-LIV।

20. वी बॉल, 'ए मैन्युअल ऑफ़ द जिऑलॅजि ऑफ़ इंडिया, पार्ट III : इकॉनॉमिक जिऑलॅजि' (कलकत्ता, 1881), पृ. 338, 341।

21. वही, पृ. 267-8।

22. आर.डी. सिंह, 'डेवलपमेंट ऑफ़ माइनिंग टेक्नॉलॅजि ड्यूरिंग द नाइंटींथ सेंचरी', आई जे एच एस, 17 (1982), पृ. 208, 216।

23. बॉल, 'मैन्युअल', पृ. 300।

24. वही, पृ. 40-9; एस. बागची एंड ए.के. घोष, 'हिस्ट्री ऑफ़ माइनिंग इन इंडिया', लगभग 1400-1800 एंड टेक्नॉलॅजि स्टेट्स, आई जे एच एस, 15 (1980), पृ. 25-9।

25. धर्मपाल, 'इंडियन साइंस', पृ. LIV; बॉल,'मैन्युअल', पृ. 338, 344-5।

26. बॉल, 'मैन्युअल', पृ. 349-50।

27. वही, पृ. 69-82; सी.पी. सिम्मांस, 'इंडिजेनस एंटरप्राइज इन द इंडियन कोलमाइनिंग इंडस्ट्री, 1835-1939', आई ई एस एच आर, 13 (1976), पृ. 191; सिंह, 'डेवलपमेंट' पृ. 212-15।

28. जेम्स टॉड, 'ऐनल्स एंड ऐंटिक्विटिज़ ऑफ़ राजस्थान, I' (लंदन, 1914), पृ. 10, 399।

29. बॉल, 'मैन्युअल', पृ. 299।

30. के.एन. चौधरी, 'ट्रेड एंड सिविलाइज़ेशन इन द इंडियन ओशन : एन इकॉनॉमिक हिस्ट्री फ्रॉम द राइज़ ऑफ़ इस्लाम टु 1750' (कैंब्रिज, 1985), पृ. 138-59।

31. रत्तनजी आर्देशिर वाडिया, 'द बंबई डॉकयार्ड एंड द वाडिया मास्टर-बिल्डर्स' (बंबई, 1955), पृ. 178।

32. हेड्रिक, 'टूल्स', पृ. 135-7।

33. हेड्रिक्, 'टेनटॅकल्स', पृ. 367।

34. सतपाल संगवाँ, 'द सिंकिंग शिप्स : कॅलॅनियल पॉलिसी एंड द डिक्लाइन ऑफ़ इंडियन शिपिंग, 1735-1835', रॉय मैक्लिअड एंड दीपक कुमार एडि. में, 'टेक्नॉलॅजि एंड द राज : वेस्टर्न टेक्नॉलॅजि एंड टेक्निकल ट्रांसफर्स टु इंडिया, 1700-1947' (नई दिल्ली, 1995), पृ. 137-52।

35. वाडिया, 'डॉकयार्ड', पृ. 309-23।

36. गैसकोने, 'बैंक्स', पृ. 229; हेनरी टी. बर्नस्टीन, 'स्टीमबोट्स ऑन द गंगेज : ऐन एक्स्प्लोरेशन इन द हिस्ट्री ऑफ़ इंडियाज मॉडर्नाइज़ेशने थ्रू साइंस एंड टेक्नॉलजि' (बंबई, 1960), पृ. 41-2।

37. जॉन रोसेली, 'लॉर्ड विलियम बेंटिंक : द मेकिंग ऑफ़ ए लिबरल इंपीरियलिस्ट, 1774-1839' (लंदन, 1974), पृ. 285-92।

38. क्लाइ व डी वी, 'सम कांसिक्वेंसेज़ ऑफ़ मिलिटरि एक्सपेंडिचर इन ब्रिटिश इंडिया : द केस ऑफ़ द अपर सिंध सागर दोआब, 1849-1947,' (क्लाइव डी वी एडिशन), 'अरेस्टेड डेवलपमेंट इन इंडिया : द हिस्टोरिकल डाइमेंसन' (रीवरडेल, एम डी, 1988), पृ. 138।

39. बर्नस्टीन 'स्टीमबोट्स', पृ. 27-8।

40. फ्रांसिस जी. हचिंस, 'द इल्यूजन ऑफ़ परमानेंस' (प्रिंसटन, एन जे, 1967), पृ. 122; तुलना करें, बर्नस्टीन, 'स्टीम बोट्स', पृ. 50, 174-5; माइकेल अडास, 'मशींस ऐज द मेज़र ऑफ़ मेन : साइंस, टेक्नॉलॅणि एंड आइडिऑलॅजिज़ ऑफ वेस्टर्न डोमिनैंस' (इथाका, न्यूयार्क), पृ. 172-3।

41. जीन डेलोशे, 'ट्रांसपोर्ट एंड कॅम्युनिकेशन इन इंडिया प्रायर टु स्टीम लॉकॉमोशन, I : लैंड ट्रांसपोर्ट' (दिल्ली, 1993), पृ. 1।

42. वही, पृ. 42-4, 71-2।

43. 'द ग्रैंड ट्रंक रोड : इट्स लोकॅलिटिज', सी आर, 21 (1853), पृ. 176-8।

44. डी वी, 'कॉन्सिक्वेंसेज़', पृ. 122।

45. 'द प्लैंस ऑफ़ द लोवर गंगेज़', सी आर, 9 (1848), पृ. 15।

46. विलियम टॉमस थॉर्नटन, 'इंडियन पब्लिक वर्क्स' (लंदन, 1875), पृ. 24।

47. जी.डब्ल्यू. मैकजॉर्ज, 'वेज़ एंड वर्क्स इन इंडिया' (वेस्ट मिंस्टर, 1894), पृ. 55, 65-104; महेश रंगराजन, 'फेंसिंग द फॉरेस्ट : कॉन्ज़र्वेशन एंड इकॉलजिकल चेंज इन इंडियाज सेंट्रल प्रोविंसेज, 1860-1914' (दिल्ली, 1996), पृ. 46, 51।

48. ई. इम्पी, 'मेमायर ऑन द फिज़िकल कैरेक्टर ऑफ़ द नर्मदा रिवर एंड वैलि' (बंबई, 1855)।

49. डैनियल थॉर्नर, 'द पैटर्न ऑफ़ रेलवे डेवलपमेंट इन इंडिया', फ़ार ईस्टर्न क्वार्ट्रलि, 14 (1955), पृ. 201।

50. इस तर्क के लिए कि रेलवे के कारण अकाल में कमी आई, माइकेल बर्ग, मैक अल्पिन की पुस्तक देखें, 'सबजेक्ट टु फेमिन : फूड क्राइसेज़ एंड इकॉनॉमिक चेंज इन वेस्टर्न इंडिया, 1860-1920' (प्रिंस्टन, एन जे, 1983), पृ. 149-56, 174-6।

51. एम.एन. दास, 'स्टडीज़ इन द इकॉनॉमिक एंड सोशल डेवलपमेंट ऑफ़ मॉडर्न इंडिया, 1848-56' (कलकत्ता, 1959), पृ. 71-2।

52. मैकजॉर्ज 'वेज़', पृ. 221।

53. वही, पृ. 2, 103।

54. 'आवर इंडियन रेलवेज़', सी आर, 7 (1847), पृ. 369।

55. मैकजॉर्ज, 'वेज़', पृ. 221।

56. हेड्रिक, 'टेंटॅकल्स', पृ. 53-7, एलएस.एस. ओ' मैली (एडि.), 'मॉडर्न इंडिया एंड द वेस्ट' (लंदन, 1941), पृ. 238-42।

57. रॉयल कमीशन ऑन एग्रिकल्चर इन इंडिया : रिपोर्ट (लंदन, 1928), पृ. 369।

58. थॉर्नर, 'डेवलपमेंट', पृ. 208।

59. फ्रिट्ज लेहमैन, 'ग्रेट ब्रिटेन एंड द सप्लाई ऑफ़ रेलवे लोकोमोटिव्ज टु इंडिया : ए केस स्टडी ऑफ़ 'इकॉनॉमिक इंपिरिअलिज़्म,' आई ई एस एच आर 2 (1965), पृ. 297-306; 'रेलवे वर्कशॉप्स, टेक्नॉलॅजि, ट्रांसफर एंड स्किल्ड लेबर रिक्रूटमेंट इन कॉलॉनिअल इंडिया', जोर्नल ऑफ़ हिस्टोरिकल रिसर्च, 20 (1977), पृ. 49-61।

60. इयान जे.केर्र, 'द रेलवे वर्कशॉप्स ऑफ़ लाहौर एंड देअर इम्प्लाइज़, 1863-1930', सुरजीत एस. दुलाई एंड आर्थर हेलवेग (एडि.), 'पंजाब इन पर्सपेक्टिव' (ईस्ट लांसिंग एम आई 1991), पृ. 67-77।

61. डीवी, 'कॉन्सिक्वेंसेज़', पृ. 143।

62. दास, 'डेवलपमेंट', पृ. 34-5, 73।

63. पी.टी. कॉटली, 'ऑन द यूस ऑफ़ वेल्स, इटी सी, इन फाउंडेशंस ऐज़ प्रैक्टिस्ड बाइ द नैटिव्स ऑफ़ द नॉर्दर्न दोआब' जे ए एस बी, 8 (1839), पृ. 327-40; मैकजॉर्ज,

'वेज़', पृ. 328-9।

64. ई.डब्ल्यू. सी सैंडिज, 'द मिलिटरि इंजीनियर इन इंडिया, II' (चैथम, 1935), पृ. 119।
65. मैक्जॉर्ज, 'वेज़', पृ. 353-7।
66. इयानजे. केर्र, 'बिल्डिंग द रेलवेज़ ऑफ़ द राज, 1850-1900' (दिल्ली, 1995), अध्याय 4।
67. वही, पृ. 12; इयान डर्बिशायर, 'द बिल्डिंग ऑफ़ इंडियाज़ रेलवेज़ : द एप्लिकेशन ऑफ़ वेस्टर्न टेक्नॉलॅजि इन द कॅलॅनिअल पेरि फ़रि, 1850-1920' मैकलॉर्ड एंड कुमार कृत 'टेक्नॉलॅजि' में, पृ. 170-83।
68. कृष्णलाल श्रीधरणी, 'स्टोरी ऑफ़ द इंडियन टेलिग्राफ़ : ए सेंचुरी ऑफ़ पोग्रेस' (नई दिल्ली, 1956), पृ. 5।
69. सैंडिज़, 'इंजिनियर', II, पृ. 279-83; दीपक कुमार (सं.), 'साइंस एंड द राज, 1857-1905' (दिल्ली, 1995), पृ. 47।
70. सैंडिज, 'इंजिनियर' II, पृ. 294; सरोज घोष, 'कॅमर्शियल नीड्स एंड मिलिटरि नेसेसिटीज़ : द टेलिग्राफ़ इन इंडिया' देखें, मैक्लिअॅड एंड कुमार, 'टेक्नॉलॅजि', पृ. 155-6।
71. दास, 'डेवलपमेंट', पृ. 140।
72. श्रीधरणी, 'टेलिग्राफ़्स', पृ. 12-13; मेल गॉरमॅन, 'सर विलियम ओ' शौगनेसी, लॉर्ड डलहौजी, एंड द इसटेब्लिशमेंट ऑफ़ द टेलिग्राफ़ सिस्टम इन इंडिया', 'टेक्नॉलॅजि एंड कल्चर', 12 (1971), पृ. 581-601।
73. डैविड लुडेन, 'पैट्रॅनेज एंड इरिगेशन इन तमिलनाडु ए लांग टर्म व्यू', आई ई एस एच आर, 16 (1979), पृ. 347-65; तुलना करें, निर्मल सेन गुप्ता 'द इंडिजेनस इरिगेशन ऑर्गेनाइजेशन ऑफ़ साउथ बिहार', आई ई एस एच आर, 17 (1980), पृ. 157-89।
74. डैविड हार्डिमॅन, 'वेल इरिगेशन इन गुजरात : सिटम्स ऑफ़ यूस, हाइरार्किज़ ऑफ़ कंट्रोल', 'इकॉनॉमिक एंड पॉलिटिकल वीकली', 20 जून, 1998; पृ. 1533-44; अरुण वंद्योपाध्याय, 'द टेक्नॉलॅजि ऑफ़ इरिगेशन इन ए कॉलॅनिअल अग्रेरिअन कॅन्टेक्स्ट : द तमिल एक्स्पीरिअंस इन द अर्लि नाइंटींथ सेंचुरी', देखें, कुमार (सं.) 'साइंस', पृ. 87-100।
75. 'रिपोर्ट ऑफ़ द इंडियन इरिगेशन कमीशन, 1901-3' (लंदन, 1903), पृ. 11।
76. वही, पृ. 9।
77. अल्फ्रेड डिकिन, 'इरिगेटेड इंडिया : ए आस्ट्रेलियन व्यू ऑफ़ इंडिया एंड सीलोन' (लंदन, 1893), पृ. 11।
78. जी.एन. राव, 'कॅनैल इरिगेशन एंड अग्रेरिअन चेंज इन कॅलॅनिअल आंध्र : ए स्टडी ऑफ़ गोदावरी डिस्ट्रिक्ट, 1850-1890', आई ई एस एच आर, 25 (1088), पृ. 35 60।
79. लेडिहोप, 'जेनरल सर आर्थर कॉटन : हिज़ लाइफ़ एंड वर्क' (लंदन, 1900), पृ. 67-130; ए. कॉटन, 'पब्लिक वर्क्स इन इंडिया' (द्वितीय संस्करण, लंदन, 1854), पृ. 55; आर.

पी. कुलकर्णी, 'इरिगेशन इंजिनिअरिंग इन इंडिया', आई जे एच एस, 17 (1982), पृ. 28-45।

80. 'इरिगेशन कमीशन', पृ. 10।
81. मैक्जॉर्ज, 'वेज़' पृ. 155।
82. डिकिन, 'इंडिया', पृ. 179।
83. इटैलिअन इरिगेशन एंड कॅनैल लेजिस्लेशन फ़ॉर सी आर, 21 (1853), पृ. 417।
84. 'रिपोर्ट ऑफ़ द गंगेज कॅनैल कमिटि' (रुड़की, 1866), इयान स्टोन, 'कॅनैल मैनेजमेंट एंड एग्रिकल्चरल प्रोडक्शन इन द यूनाइटेड, प्रोविंसेज', देखें, डी वी (सं.), 'डेवलपमेंट', पृ. 313-16।
85. डिकिन, 'इंडिया', पृ. 180।
86. जे.एम. पॉवेल, 'एंटरप्राइज़ एंड डिपेंडेंसि : वाटर मैनेजमेंट इन आस्ट्रेलिया', देखें, टॉम ग्रिफ़िथ्स एंड लिबी रॉबिन (सं., 'ईकॉलॅजि एंड एंपायर : इन्वाइरेनमॅन्टल हिस्ट्री ऑफ़ सेटलर सोसायटीज़' (एडिनबरा, 1997), पृ. 118।
87. सैंडिज, 'इंजीनियर', II, पृ. 3।
88. 'इरिगेशन कमीशन', पृ. 11-12।
89. अकाल नियंत्रण के लिए नहरी सिंचाई के सीमित उपयोग के लिए देखें, बी.एम. भाटिया, 'फेमिंस इन इंडिया' (तीसरा संस्करण, दिल्ली, 1991), पृ. 123-7, 196-200।
90. ए.एफ. कॉर्बेट, 'द क्लाइमेट एंड रिसॉर्सेज़ ऑफ़ अपर इंडिया' (लंदन, 1874), पृ. 65-66।
91. क्लिफॉर्ड ए. गिल, 'रिपोर्ट ऑन मलेरिया इन अमृतसर' (लाहौर, 1917), पृ. 2।
92. 'इरिगेशन कमीशन' भाग II, पृ. 185।
93. इयान स्टोन, 'कॅनैल इरिगेशन इन ब्रिटिश इंडिया : पर्सपेक्टिव्स ऑन टेक्नॉलॅजिकल चेंज इन ए पेज़ॅन्ट इकानॉमि' (कैंब्रिज, 1984)।
94. एलिज़ाबेथ व्हिटकॉम्ब, 'द इन्वाइरॅनमॅन्टल कॉस्ट्स ऑफ़ इरिगेशन इन ब्रिटिश इंडिया : वाटर लॉगिंग, सॅलिनिटि, मलेरिया', देखें, डैविड आर्नोल्ड एंड रामचंद्र गुहा (सं.), 'नेचर, कल्चर, इंपीरिअलिज़्म : एसेज़ ऑन द इनवाइरॅनमॅन्टल हिस्ट्री ऑफ़ साउथ एशिया' (दिल्ली, 1995), पृ. 237-59।
95. अल्फ्रेड चैटर्टन, 'एग्रिकल्चरल एंड इंडस्ट्रिअल प्रोब्लेम्स इन इंडिया' (मद्रास, 1903), पृ. 3-64।
96. एस.ए.ए. रिज़्वी एंड एम.एल. भार्गव (सं.) 'फ्रीडम स्ट्रगल इन उत्तर प्रदेश, खंड II, अवध, 1857-59', (लखनऊ, 1957), पृ. 527, 531।
97. फ्रांसिस हेनरी स्क्राइन, 'लाइफ़ ऑफ विलियम विल्सन हंटर' (लंदन, 1901), पृ. 70।
98. डिकिन, 'इंडिया', पृ., 10, 143; तुलना करें, हटकिंस, 'इल्यूज़न', पृ. 119-21।
99. मैक्जॉर्ज, 'वेज़', पृ. 1-3।

100. सर जॉन काई, 'ए हिस्ट्री ऑफ़ द सिपॉय वार इन इंडिया', I (लंदन, 1864), पृ. 190-1।

101. डैविड ऑर्नोल्ड, 'कॅलॅनाइजिंग द बॉडि, स्टेट मेडिसिन एंड एपिडेमिक डिज़ीज़ इन नाइंटींथ सेंचुरी इंडिया' (बर्कले, सी ए, 1993), अध्याय 3-5।

102. मैथ्यू एच. एडनी, 'मैपिंग एन एंपायर : द ज्योग्रॅफ़िकल कॉन्स्ट्रक्शन ऑफ़ ब्रिटिश इंडिया, 1765-1843' (शिकागो, 1997), पृ. 326-31।

103. 'द अजीमगढ़ प्रोक्लेमेशन', देखें, आइंस्ली टी. एम्ब्री (सं.), '1857 इन इंडिया : म्यूटिनि ऑर वार ऑफ़ इंडिपेंडेंस?' (बोस्टन, एम ए, 1963), पृ. 3।

104. 'द ईस्ट इंडिया रेलवे', सी आर, 31 (1858), पृ. 237; एम.एन.दास. 'वेस्टर्न इनॉवेशन एंड द राइज़िंग ऑफ़ 1857', 'बंगाल पास्ट एंड प्रेज़ेंट' 77 (1957), पृ. 71-6।

105. केशवचंद्र सेन, 'लेटर्स एंड ट्रेक्ट्स' (लंदन, 1870), पृ. 49; 'लेक्चर्स इन इंडिया, भाग II' (तीसरा संस्करण, कलकत्ता, 1900), पृ. 39-40।

106. टॉमस आर. मेटकाफ़, 'एन इंपीरिअल विज़न : इंडियन आर्किटेक्टचर एंड ब्रिटेनूस राज' (लंदन, 1989), अध्याय 5।

107. जॉर्ज बर्डवुड, 'द इंडस्ट्रिअल आर्ट्स ऑफ़ इंडिया, II' (लंदन, 1880), पृ. 131, 135-6।

108. बी.वी. सुब्बारायप्पा, 'वेस्टर्न साइंस इन इंडिया अप टु द एंड ऑफ़ द नाइंटींथ सेंचुरी एडी', देखें डी.एम. बोस, एस.एन. सेन एंड बी.वी. सुब्बारायप्पा (सं.), 'ए कॉन्साइज़ हिस्ट्री ऑफ साइंस इन इंडिया' (नई दिल्ली, 1971), पृ. 497।

109. अल्बर्ट हॉवर्ड एंड गैब्रिएली एल.सी. हॉवर्ड, 'व्हिट इन इंडिया : इट्स प्रोडक्शन, वेराइटिज़ एंड इंप्रूवमेंट' (कलकत्ता, 1910), पृ. 77।

110. जॉर्ज बर्डवुड, 'स्वा' (लंदन, 1991), पृ. 56, 62, 75।

111. ई.बी. हैवेल, 'द इंडस्ट्रिअल डेवलपमेंट ऑफ़ इंडिया', 'द इंग्लिशमैन', 9 अगस्त, 1901।

112. ध्रुव रैना एंड एस. इरफ़ान हबीब, 'द अनफोल्डिंग ऑफ़ एन इन्गेजमेंट : द डाउन ऑन साइंस, टेक्निकल एडुकेशन एंड इंडस्ट्रिअलाइज़ेशन : इंडिया, 1896-1912', एस एच, 9 (1993), पृ. 87-117।

113. ई.बी. हैवेल, 'एसे ऑन इंडियन आर्ट, इंडस्ट्री एंड एडुकेशन' (मद्रास, 1910), पृ. 56-65।

114. एम.के. गांधी, 'हिंद स्वराज ऑर इंडियन होम रूल' (अहमदाबाद, 1939), पृ. 41-2।

115. वही, पृ. 82-3।

अध्याय पाँच

शाही विज्ञान और भारतीय वैज्ञानिक समुदाय

यद्यपि कंपनी कालीन विज्ञान और 1858 के बाद ब्रिटिश ताज के अधीन विज्ञान में कोई स्पष्ट सैद्धांतिक अथवा व्यावसायिक अंतराल नहीं था, लेकिन गवेषणात्मक और निरीक्षण-आधारित विज्ञान की आरंभिक विधियों में कंपनी जहाँ कभी-कभार ही अभिरुचि लेती थी वहाँ ब्रिटिश ताज के अधीन विज्ञान और राज्य के बीच धीरे-धीरे अधिक विश्वासपरक गठबंधन कायम होने लगा। उन्नीसवीं सदी के अंत में औपनिवेशिक शासन ने विज्ञान का उपयोग अपनी सत्ता के वैधीकरण के साधन के रूप में भी किया और प्रभावी प्रशासन के रूप में भी। राज्य ने विक्टोरिया कालीन विज्ञान की अधिकारिता और उपयोगिता से तो लाभ उठाया लेकिन उसने विज्ञान का इस्तेमाल मुख्य रूप से एक हथियार के रूप में किया। विज्ञान का कार्य साम्राज्य की सेवा करना था, न कि सत्ता का वैकल्पिक केंद्र बनना अथवा शाही प्राथमिकताएँ निर्धारित करना। तथापि, 1890 के दशक से लेकर प्रथम विश्व युद्ध तक भारत ने पाश्चात्य विज्ञान में अभूतपूर्व अभिरुचि और संलग्नता प्रदर्शित की। एक वैज्ञानिक समुदाय के अभ्युदय के साथ भारत में अंतर्राष्ट्रीय विज्ञान ने जैसी हिस्सेदारी की उससे औपनिवेशिक विज्ञान संबंधी सारी संकीर्ण अवधारणाएँ मिथ्या सिद्ध हो गईं। दोनों तत्त्वों–शाही विज्ञान और उभरता भारतीय वैज्ञानिक समुदाय–के मेल से 1890-1900 के अति महत्त्वपूर्ण दशकों में विज्ञान ने भारत में बौद्धिक और राजनीतिक प्रधानता की स्थिति प्राप्त कर ली लेकिन इससे आंतरिक तनाव और अंतर्विरोध भी पैदा हुए।

विज्ञान और सेवाएँ

भारतीय लोकसेवा (आई सी एस) के शिक्षण-प्रशिक्षण में विज्ञान की कोई भूमिका नहीं थी। भारत में जीवन-वृत्ति के क्रम में लोग प्राकृतिक इतिहास में मनोरंजनात्मक अभिरुचि तो लेते थे, लेकिन पेशेवर वैज्ञानिक को शंका की दृष्टि से देखा जाता था और व्यावहारिक मामलों में प्रशासनिक अधिकार के प्रति सम्मान का भाव अधिक था। आई सी एस पदाधिकारी ज़िले के आँखों देखा अनुभव को विज्ञान की सार्वभौमता

और बौद्धिकता से ज्यादा महत्त्व देते थे। उनका मानना था कि भारत को जानने-समझने और इस पर शासन करने के लिए यह ज्यादा जरूरी है कि यहाँ के गाँवों और लोगों से निकट के संबंध रखे जाएँ और स्थानीय भाषाओं की अच्छी-खासी जानकारी हो। वे वैज्ञानिक और तकनीकी सेवाओं से जुड़े लोगों के ऊपर अपनी सामाजिक श्रेष्ठता और अफसरशाही नियंत्रण के प्रति बहुत सचेत थे और संगठन तथा नीतिगत मामलों में आदेश देने के अधिकार को बनाए रखना चाहते थे। जब तक वैज्ञानिक समुदाय का स्वरूप मुख्य रूप से यूरोपीय रहा, आई सी एस ने उस पर पूरा दबदबा बनाए रखा।[1] इस प्रकार 1858 के बाद राज्य-संचालित विज्ञान सामान्य तौर पर 'प्रबुद्ध' नौकरशाहों का विज्ञान था जिसे कभी-कभार किसी उत्साही वायसराय अथवा प्रांतीय गवर्नर से प्रोत्साहन मिल जाता था। यह राजनीतिक दृष्टि से पराश्रित विज्ञान था और इसीलिए वित्तीय और प्रशासनिक दबावों के कारण प्रतिरोध करने की स्थिति में नहीं था।

1858 के बाद राज्य ने कलकत्ता, बंबई और मद्रास के वैज्ञानिक समाजों अथवा उत्साही व्यक्तियों की पहल पर अनेक परियोजनाएँ शुरू कीं। इनमें सबसे महत्त्वपूर्ण थी जनगणना। यद्यपि बंगाल में जेम्स प्रिंसेप और बंबई सरकार के सांख्यिकीय अभिलेखक डब्ल्यू.एच. साइकिस ने 1830 के दशक में स्थानीय जन सांख्यिकीय सर्वेक्षण किया था, लेकिन 1871 तक कोई व्यवस्थित जनगणना प्रणाली नहीं थी। इससे दशवार्षिक जनगणनाओं की परंपरा शुरू हुई जिसमें देशी रियासतों समेत सारा भारत एकल 'साम्राज्यिक' सूत्र के अधीन हो गया।[2] भारतीय जनगणना मात्र सांख्यिकीय अभिलेख नहीं थी; बल्कि फैलते औपनिवेशिक शासन की केंद्रीय विशिष्टता थी। इसकी बुनियाद तो कंपनी काल के सर्वेक्षणों में ही पड़ गई थी, लेकिन ब्रिटिश ताज के अधीन यह सत्ता की अधिक व्यवस्थित और आत्मचेतन 'वैज्ञानिक' शासन-प्रणाली बन गई। धर्म और मानव-प्रजाति, स्वास्थ्य और जनसांख्यिकी परिवर्तन पर निबंधों और परिमाण-निर्धारण के कार्यों द्वारा जनगणना भारत के संबंध में औपनिवेशिक विचारों की स्पष्ट अभिव्यक्ति का सशक्त माध्यम बन गई और (जैसा कि हमने तीसरे अध्याय में मलेरिया के बारे में देखा है) उन्हें भारतीय पाठकों तक पहुँचाने लगी। जनगणनाओं के अनुपूरक के रूप में और विज्ञान के दृष्टिकोण से शाही और जिला गैज़िटिअर्स (भौगोलिकी, स्थान-विवरणिकाओं) की भूमिका और भी महत्त्वपूर्ण थी। 1869 में लोक-सेवक डब्ल्यू-डब्ल्यू. हंटर ने यह तर्क देते हुए कि 'अज्ञान से बढ़कर प्रशासन के लिए और कुछ भी महँगा नहीं है' ऐसी अनेक खण्डों वाली रचनाओं का सुझाव दिया जो भारतीय साम्राज्य, इसके संसाधनों, निवासियों और प्रशासन से संबंधित सूचनाओं का सुविधाजनक सार-संग्रह प्रस्तुत करे। उसने गैज़िटिअर को बेहतर प्रशासन का मददगार और ब्रिटिश शासन का स्थायी कीर्तिस्तंभ दोनों माना।[3] 1871 में भारत सरकार ने हंटर का प्रस्ताव स्वीकार कर लिया और

1881 में 'इंपीरिअल गैज़िटिअर' के प्रथम संस्करण के नौ खण्ड प्रकाशित हुए। 1881 की जनगणना से प्राप्त अतिरिक्त आँकड़ों को शामिल कर 1885-7 में इन्हें चौदह खण्डों में प्रकाशित किया गया और 1907-9 में इनके संशोधित संस्करण मुद्रित किए गए।

जिला गैज़ेटियर्स की भाँति 'इंपीरिअल गैज़िटिअर' का लक्ष्य स्थानों के नाम और भौगोलिक विवरणों के सार-संग्रह से कुछ अधिक ही था। इसके कई खण्ड जिलों, प्रांतों और संपूर्ण साम्राज्य के व्यवस्थित और वैज्ञानिक वर्गीकरण से संबद्ध थे और औपनिवेशिक नौकरशाहों, विदेशी निरीक्षकों और निवेशकों की आवश्यकताएँ पूरी करने में बाह्य जगत की ऐसी गहरी छानबीन करते थे जिससे औपनिवेशिक शासन को भारत और इसके निवासियों पर नजर रखने में सुविधा होती थी। यह ध्यातव्य है कि गैज़िटिअर्स की योजना और उसका क्रियान्वयन किसी पेशेवर वैज्ञानिक के बदले एक आई सी एस पदाधिकारी के निर्देशन में हुआ। हंटर भारत के अधिक विस्तृत 'वैज्ञानिक पक्षों' को अधिक तकनीकी रचनाओं के लिए छोड़ देने का हिमायती था। गैज़िटिअर्स का कार्य प्रशासकों के काम में आने लायक 'संक्षिप्त किंतु सतर्क मसविदे तैयार करने तक ही सीमित था'; शुद्ध 'वैज्ञानिक खोजी' अन्य स्रोतों से जानकारी ले सकते थे।[4] लेकिन इस शाही परियोजना के लिए विज्ञान का महत्त्व महज उपांतिक नहीं था; गैज़िटिअर्स शाही विज्ञान के सामर्थ्य और सीमा दोनों के परिचायक थे। उदाहरणस्वरूप, 1909 में प्रकाशित 'इंपीरिअल गैज़िटिअर' के आरंभिक खण्ड की शुरुआत भारत के जाति, भाषा और धर्म के आधार पर विभाजित निवासियों के सर्वेक्षण द्वारा भूगर्भशास्त्र, मौसम-विज्ञान, वनस्पतिशास्त्र और जंतु-विज्ञान में प्रतिबिंबित भारत के भौतिक आधारों के निरूपण से होती है और इसका समापन औपनिवेशिक प्रशासन के विभागों (सार्वजनिक स्वास्थ्य और पुलिस) के इस रूप में चित्रण के साथ होता है मानो वे इस विकासवादी आख्यान की सर्वोच्च अवस्था हों। साम्राज्य की दृष्टि से देखा जाए तो यह इतना विशाल परिदृश्य प्रस्तुत करता है जिसमें प्रकृति और संस्कृति के प्रत्येक पक्ष का स्थान निर्धारित है और जिसमें भारतीय जनता की जीवनवृत्तियों और भाषाओं को मछली के जंतु-विज्ञान और आर्यजाति के धर्म के बीच बड़े सलीके से रखा गया है।

यह रेखांकित करने योग्य तथ्य है कि 1909 के गैज़िटिअर के आरंभिक दस निबंधों में सिर्फ एक ऐसे वैज्ञानिक (वनस्पतिशास्त्र पर जे.डी. हूकर) द्वारा लिखा गया था जो सीधे भारत सरकार द्वारा नियुक्त नहीं था; शेष निबंध या तो भारत में वैज्ञानिक और तकनीकी सेवा के सदस्यों अथवा आई सी एस पदाधिकारियों द्वारा लिखे गए थे। इनकी वैज्ञानिक प्रकृति और कार्य-प्रणाली 'मानवसंबंधी' अध्यायों का गहराई से निरूपण करती हैं; मानवजाति-विज्ञान और वर्ण-व्यवस्था पर आई

सी एस पदाधिकारी एच.एच. रिस्ली द्वारा लिखित निबंध का आरंभ 'प्रजाति-परीक्षण' के रूप में कॅर्निऑमेट्रि और ऐंथ्रॉपॉमेट्रि के तकनीकी विमर्श से होता है।[5] पूरे ब्रिटिश भारत के प्रांतों और जिलों में प्रकाशित गैज़िटिअर संपूर्ण भारत के विस्तृत, समरूप और अद्यतन सर्वेक्षण प्रस्तुत करते थे। इनसे एक ऐसे भारत की तस्वीर उभरती थी जो औपनिवेशिक शासन की दृष्टि में बाह्य और वैज्ञानिक दोनों था, लेकिन जो अंततः विज्ञान को भारत के संबंध में राजनीतिक समझ के अधीन करता था और प्रशासक को आवश्यक जानकारी प्रदान करता था। ब्रिटिश शासन का जैसा नौकरशाही स्वरूप था (और जिला स्तर पर कार्मिकों में जिस तरह बार-बार उलट-फेर किया जाता था) उसके मद्देनज़र गैज़िटिअर और 1860 से 1920 के दशकों के दौरान प्रकाशित अन्य पुस्तिकाओं से इस ब्रिटिश अवधारणा को पर्याप्त बढ़ावा मिला कि संदिग्ध 'देशी' साक्ष्यों की अपेक्षा आधिकारिक मुद्रित पुस्तकों के द्वारा भारत को अधिक क्रमबद्ध और वैज्ञानिक रूप में जाना जा सकता था। यह चाहे जितना भी भ्रमक प्रतीत हो और विज्ञान के साथ सत्ता का समीकरण जितना भी अपूर्ण जान पड़े सच्चाई यही है कि यह बृहद् परियोजना 1857 के बलवे के बाद एक प्रकार का वैज्ञानिक अधिकार-पत्र बन गई और इसने भारत तथा शेष विश्व के सामने प्रमाणित कर दिया कि ब्रिटिश शासन की भारत पर प्रभुत्व की समझदारी सही थी।

अगर 'इंपीरिअल गैज़िटिअर' साम्राज्य के प्रति वैज्ञानिकों के दृष्टिकोण के बदले विज्ञान के प्रति साम्राज्य के दृष्टिकोण का निरूपण करते हैं तो इसे ब्रिटिशराज और उसके अधीन वैज्ञानिकों के बीच एक प्रकार के स्थायी तनाव के रूप में ही लिया जा सकता है। कंपनी की भाँति ब्रिटिशराज के अधीन वैज्ञानिक अपने स्तर से जो कुछ करना चाहते थे और राज्य से अपने लिए जो कुछ अपेक्षा रखते थे उन सबों के लिए न तो उन्हें मंजूरी मिलती थी और न अपेक्षित वित्तीय सहायता। 1889 में भारत सरकार के इकॉनॉमिक प्रोडक्ट्स (आर्थिक उत्पादकों) के संवाददाता जॉर्ज वाट ने आर्थिक वनस्पतिशास्त्र पर छह खण्डों वाला 'डिक्शनरी ऑफ़ द इकॉनॉमिक प्रोडक्ट्स ऑफ़ इंडिया' (भारत के आर्थिक उत्पादों का शब्दकोश) प्रकाशित किया। उसने सार्वजनिक रूप से घोषणा की कि इस शब्दकोश का उद्देश्य 'प्रशासनिक पदाधिकारी को उपयोगी जानकारी देना तो है ही, भारत के भौतिक स्वार्थों को पूरा करना और इसके संसाधनों को साम्राज्य की सेवा में पूरी तरह उपयोग में लाना भी है'।[6] फिर भी, निजी तौर पर वाट इस बात से रुष्ट था कि सरकार ने उसके व्यावसायिक कौशल का उपयोग करने में उसके साथ घरेलू नौकर जैसा व्यवहार किया था और उसकी वैज्ञानिक कृति की समीक्षा और छानबीन वैज्ञानिक प्रशिक्षण से रहित 'शुद्ध प्रशासकीय पदाधिकारियों' ने की थी। उसने विज्ञान में 'सचिवालयीय हस्तक्षेप' की कड़ी निंदा की और इसे 'भारत में हर विशेष अथवा वैज्ञानिक कृति

के लिए अभिशाप' कहा।[7] वस्तुतः भारत के तकनीक और वैज्ञानिक पदाधिकारियों की यह आम शिकायत थी, भले ही वे इसे सार्वजनिक रूप से प्रकट नहीं करते हों। वाट तो अपने पद पर बना रहा, किंतु 1899 में आई एम एस के रोनाल्ड रॉस ने कुछ अन्य लोगों की भाँति ऐसे व्यवहार से क्षुब्ध होकर और शोधकार्य के अवसरों की कमी के कारण सरकार अथवा अपने विभाग के प्रधानाधिकारियों द्वारा निराशा और अपमान झेलने की अपेक्षा त्यागपत्र देना ही बेहतर समझा। हाल के शोधों से पता चला है कि वनविभाग और सिंचाई अभियंताओं के भी अपने आई सी एस पदाधिकारियों के साथ ऐसे ही द्वंद्व चलते थे। इससे इस धारणा की पुष्टि होती है कि कुछेक अपवादों को छोड़कर विज्ञान और प्रौद्योगिकी औपनिवेशिक लोकसेवा के अधीन थे।[8]

इसके बावजूद इस बात को व्यापक स्वीकृति प्राप्त थी कि साम्राज्यवादी प्रणाली का जो स्वरूप है उसमें भारत में वैज्ञानिक और तकनीकी कर्मचारीगण व्यवहारतः आई सी एस के अधीन रहने के लिए बाध्य हैं। भारतीय कृषि पर 1893 में अपने प्रतिवेदन में रॉयल एग्रिकल्चरल सोसायटी के जे.ए. वोल्कर ने इंगित किया कि ऐसे समय में जब कृषि-विज्ञान ने उच्च कोटि की विशिष्टता हासिल कर ली है, कृषि विभाग को ऐसे प्रशासक के अधीन रखना हानिकर होगा जिसे वैज्ञानिक विशेषज्ञता प्राप्त नहीं है। लोक-सेवक का आरंभिक प्रशिक्षण ऐसा नहीं था 'जिससे उसका ध्यान प्राकृतिक विज्ञान की ओर जाए अथवा अनुसंधान के लिए उसे प्रोत्साहित करे, बल्कि इस प्रशिक्षण का स्वरूप शास्त्रीय, गणितीय अथवा साहित्यिक था।' इसके बावजूद मान लिया गया कि लोक-सेवक ऐसा सफल हरफनमौला हो जो कृषि-विभाग को चलाने में समर्थ तो हो ही, न्यायाधीश अथवा जिला समाहर्त्ता भी बन सके। इसके अतिरिक्त, जो आई सी एस पदाधिकारी कृषि निदेशक बनता था, उसे कुछ ही दिनों की सेवा के उपरांत किसी अन्य, सर्वथा भिन्न किस्म के विभाग में स्थानांतरित कर दिया जाता था जिसके फलस्वरूप उसके कमोबेश अर्जित अनुभव से कृषि-विभाग वंचित हो जाता था। आदर्श स्थिति तो यह होती कि कृषि-विभाग को लोक-सेवक के बदले जिऑलॅजिकल सर्वे की भाँति अपना तकनीकी निदेशक होता, लेकिन वोल्कर ने स्वीकार किया कि कृषि से संबंधित अनेक मुद्दे जनता और राज्य दोनों से जुड़े हैं, इसलिए सरकार की नजर में विभाग के तकनीकी कर्मचारियों पर किसी हद तक लोक-नियंत्रण आवश्यक है।[9]

विशेषज्ञ वैज्ञानिक और हरफनमौला प्रशासक के बीच तनाव के बावजूद, सचिवालयीय हस्तक्षेप, अल्पवेतन और शोधकार्यों की अपर्याप्त सुविधाओं की शिकायतों के बावजूद अनेक ब्रिटिश वैज्ञानिक (और बहुत सारे यूरोपीय सहकर्मी) व्यवहार में स्वीकार करते थे कि उनके लिए साम्राज्यवादी प्रणाली के राजनीतिक प्रतिबंधों के तहत काम करना आवश्यक है। कंपनीकालीन अपने कुछ पूर्वाधिकारियों

की भाँति वे यह भी अच्छी तरह समझते थे कि भारत में वैज्ञानिक कार्यों के लिए जैसे अनूठे अवसर हैं और जैसी लोक-स्वीकृति यहाँ मिल सकती है वह उनके अपने देश में संभव नहीं है। उन्नीसवीं सदी के भारत में अनेक वैज्ञानिक निजी और व्यावसायिक तौर पर इस बात से भी उत्साहित हुए कि जैसे-जैसे अतिरिक्त राजकीय आय के स्रोतों की खोज बढ़ती गई और प्रशासन का काम अधिक जटिल और तकनीकी होता गया, विज्ञान शासन की अधिकाधिक सहायता करने लगा था।

इसके बावजूद उनकी व्यावहारिक उपलब्धियाँ और राजकीय नीति पर उनके प्रभाव निराशाजनक ही थे। 1870 में भारत सरकार ने चिकित्सा-व्यवसाय से जुड़े फ्रांसिस डे को मत्स्य-उद्योग का महानिरीक्षक नियुक्त किया। डे ने फ्रेशवाटर (लवण रहित जल; तालाबों, झीलों, सरिताओं इत्यादि) और तटीय मत्स्य-उद्योग पर जो प्रतिवेदन प्रस्तुत किया उसमें उसने मत्स्य धन, विभिन्न किस्म की मछलियों की प्रजनन संबंधी आदतों, उनके वासस्थान और उनकी 'खर्चीली बर्बादी' को रोकने के लिए मछुवाही के तरीकों के संबंध में अधिक वैज्ञानिक समझ विकसित करने के व्यावहारिक लाभों की विस्तार से चर्चा की। साथ ही, उसने मत्स्य-संरक्षण और विपणन पर नमक कर की सरकारी नीति की भी आलोचना की, लेकिन इसका कोई असर नहीं पड़ा और उसके सेवा-निवृत्त होते ही मत्स्य-उद्योग विभाग बंद कर दिया गया।[10] लगभग यही स्थिति वनस्पति विज्ञान की थी। कंपनी काल का यह अग्रणी औपनिवेशिक विज्ञान लंबे समय तक चिकित्सा विज्ञान के साये में पलता रहा और अपनी स्वतंत्र हैसियत बनाने के लिए उसे कठिन संघर्ष करना पड़ा। अंततः 1890 में (कलकत्ता बोटॅनिकल गार्डेन के अधीक्षक और बंबई मेडिकल कॉलिज के प्रोफेसर डॉ. जॉर्ज किंग के प्रयासों के फलस्वरूप) भारत सरकार ने बोटॅनिकल सर्वे ऑफ़ इंडिया की स्थापना की। इसके उद्देश्यों में वैज्ञानिक शोध और आर्थिक उपयोगिता दोनों बातें शामिल थीं। इसके पदाधिकारियों का काम था भारत के क्षेत्रीय पेड़-पौधों की गवेषणा और अभिलेखन के साथ-साथ सिंकोना, चाय, कॉफी तथा अन्य नकदी फसलों के उत्पादन को बढ़ावा देना। यद्यपि बोटॅनिकल सर्वे आकार में छोटा था, फिर भी प्रांतीय वनस्पतियों को सूचीबद्ध करने और शाही वनस्पतिशास्त्र के अधिकेंद्र किवगार्डेन के साथ घनिष्ठ संबंध बनाए रखने में यह अति प्रभावी राजकीय वैज्ञानिक सेवा सिद्ध हुआ। 1897 में जॉर्ज किंग इसका निदेशक बन गया।[11]

1864 में कलकत्ते में भीषण तबाही मचाने वाले चक्रवात और उसके दो साल बाद उड़ीसा में पड़े अकाल के क्रम में सरकार का ध्यान मौसम-विज्ञान की ओर गया। 1867 में एच.एफ. ब्लांफोर्ड बंगाल सरकार का मीटिअरॉलॅजिकल रिपोर्टर (मौसम-विज्ञान का संवाददाता) नियुक्त किया गया और 1875 में भारत सरकार ने अपने मौसम-विज्ञान विभाग की स्थापना की। ब्लांफोर्ड चौदह वर्षों तक इस विभाग का प्रधान रहा और उसके समय में विभाग ने प्रांतीय प्रतिवदेनों में समन्वय स्थापित

करने, दैनिक मौसम के लेखाचित्र बनाने और भूकंप तथा सौर क्रियाओं के अभिलेख तैयार करने के महत्त्वपूर्ण कार्य किए। 1878 तक भारत में मौसम विज्ञान की सौ से अधिक वेधशालाएँ बन चुकी थीं।[12] इसी प्रकार खगोल-विज्ञान को भी सरकारी सहायता दी गई। 1861 से 1891 तक मद्रास वेधशाला में एन.आर. पॉगूसॅन ने पाँच हजार तारों की सूची तैयार की और छह अन्य लघुंतर ग्रह खोजे। लेकिन सरकार जिस काम से वित्तीय सहायता के लिए ज्यादा प्रतिबद्ध हुई वह था पॉगूसॅन का प्रतिवेदन। 1878 में इंडियन फ़ेमिन कमीशन को सौंपे गए इस प्रतिवेदन में पॉगूसॅन ने दावा किया कि सूर्य के धब्बे पृथ्वी की मौसमी स्थितियों को प्रभावित करते हैं, इसलिए, संभव है, भारत में पड़ने वाले सूखे और अकाल के लिए वे किसी हद तक जिम्मेवार हों। 1895 में कोदाइकनाल में स्थापित वेधशाला ने सौर भौतिकी के अध्ययन की दृष्टि से अंतर्राष्ट्रीय ख्याति अर्जित कर ली। इस वेधशाला को 1895 में मीटिअरॉलॅजिकल डिपार्टमेंट (मौसम-विज्ञान विभाग) के अधीन कर दिया गया जिसके फलस्वरूप विभाग में नौकरशाही को और भी विस्तार मिला।[13] मौसम-विज्ञान और खगोलशास्त्र के उदाहरणों से जाहिर होता है कि भारतीय पर्यावरण, खासकर 1866 के बाद पड़ने वाले अकालों ने सरकार के सामने जो चुनौतियाँ प्रस्तुत कीं, उनसे उन्नीसवीं सदी के अंत में विज्ञान के प्रति सरकार की प्रतिबद्धता को पर्याप्त प्रेरणा दी। लेकिन, इस सबके बावजूद, जैसा कि इसके पूर्व के अध्याय में कहा गया है, रेलवे, नहरें और 1880 के बाद भारतीय अकाल संहिता (इंडियन फ़ेमिन कोड) ही सरकारी प्राथमिकताओं में थीं, विज्ञान का स्थान उनके बाद ही आता था।

शाही विज्ञान

यद्यपि कृषि, वनस्पतिशास्त्र, वन-संरक्षण और संबद्ध क्षेत्रों के लिए केंद्रीय निर्देशन और साझी विशेषज्ञता की आवश्यकता के मद्देनजर भारत सरकार के अधीन एक पृथक विज्ञान विभाग का प्रस्ताव 1884 में ही आया था लेक़िन उसे स्वीकृति नहीं मिल पाई थी। लगभग बीस साल बीतने के बाद उससे मिलती-जुलती योजना शुरू की गई।[14] वायसराय लॉर्ड एल्गिन (1894-9) और लॉर्ड कर्जन (1899-1905) के समय में विज्ञान को राज्य के हित में अधिक कारगर ढंग से लाने की आवश्यकता एक राजनीतिक अनिवार्यता बन गई। 1898 में जाकर जब दो साल पूर्व में फैली हैज़े और प्लेग की महामारी के क्रम में सरकारी नीति पर जनाक्रोश बढ़ने लगा तो लॉर्ड एल्गिन को विज्ञान और राज्य के बीच अलगाव का एहसास हुआ; उसने पाया कि 'विज्ञान की अनेक शाखाओं के लिए उसके पास सक्षम सलाहकार नहीं हैं।' जब वैज्ञानिक मामलों में अनुसंधान की आवश्यकता पड़ती थी तो उसका भार ऐसे अधिकारियों पर डाल दिया जाता था 'जिन्हें वैसी स्थिति में सर्वोत्तम मार्ग अपनाने

के लिए कोई निश्चित राय देने का न तो कोई अनुभव है, न जानकारी।' एल्गिन का निष्कर्ष था कि इसके परिणामस्वरूप 'प्रायः ग़लत निर्णय लिए जाते रहे हैं, और सर्वोत्तम प्रयास भी निष्फल सिद्ध हुए हैं। क्योंकि कार्य के लिए अपेक्षित सर्वोत्तम व्यक्तियों की सहायता नहीं ली गई है।' तदनुसार, भारत सरकार ने भारत में प्रस्तावित अथवा चालू शोध-कार्य पर 'सामान्य नियंत्रण' के लिए ब्रिटेन में विज्ञान में अग्रगण्य व्यक्तियों से परामर्श की माँग की।[15]

ऐसे समय में जब भारत अपनी वैज्ञानिक विशेषज्ञता का विकास कर रहा था और भारतीय वैज्ञानिक इसमें महत्त्वपूर्ण भूमिका अदा कर रहे थे, इस तरह का प्रयास प्रतिगामी जान पड़ता है। वास्तव में, यह भारत में उभरते वैज्ञानिक समुदाय में अविश्वास का सूचक था और औपनिवेशिक विज्ञान को अधिक मजबूती से मेट्रोपोलिटन अधिकारिता में जकड़ता था। एल्गिन के अनुरोध पर इंडियन अड्वाइज़रि कमिटि ऑफ़ द रॉयल सोसायटी बनी। यह समिति विशेषज्ञ वैज्ञानिकों का एक समूह थी और इनमें से कुछ को भारत के संबंध में व्यक्तिगत अनुभव भी थे। लेकिन यह समिति भी 1903 तक, अर्थात् अपने औपचारिक गठन के तीन साल बाद तक, निष्क्रिय रही जबकि कार्यवाही अविलंब किए जाने की जरूरत थी। अकाल और प्लेग के क्रम में कर्ज़न और उसके सलाहकारों ने बोर्ड ऑफ़ साइंटिफ़िक अड्वाइस (वैज्ञानिक परामर्श परिषद) के नाम से 1903 में विशेषज्ञों का एक अपना निकाय गठित करने का निर्णय लिया। इसका काम था, भारत के वैज्ञानिक और तकनीकी सेवाओं के प्रधानों को द्विवार्षिक बैठक में एक मंच पर लाना। लेकिन, मेट्रोपोलिटन विज्ञान के निर्देशानुसार बोर्ड के लिए लंदन के रॉयल सोसायटी को वार्षिक प्रतिवेदन देना आवश्यक था। कर्ज़न मानता था कि विज्ञान और प्रौद्योगिकी के तेजी से बदलते विश्व में भारत में ठोस सलाह और व्यावहारिक शोध नितांत आवश्यक हैं, खासकर इसलिए कि भारत सरकार 'विश्व में विशालतम भूभाग पर काबिज है, देश की समृद्धि अभी मुख्य रूप से इसकी कृषि पर निर्भर है, इसके आर्थिक और औद्योगिक संसाधनों की खोज ठीक से नहीं की जा सकी है और शोध-कार्यों के लिए कोष सीमित हैं।'[16] भारतीय निकाय को इस बात से कोफ्त होती थी कि उसे लंदन की समिति को प्रतिवेदन भेजने पड़ते थे और समिति उनके उत्तर तो काफी विलंब से देती ही थी, अनुमति भी 'आधारभूत' शोध-कार्यों के बदले उन्हीं 'व्यावहारिक' शोध-कार्यों की देती थी जो उसे भारत में विज्ञानकर्मियों के लिए उपयुक्त प्रतीत होते थे। परिषद को यह बिल्कुल पसंद नहीं था कि लंदन के विशेषज्ञ, भले ही उनमें से कुछ भारत में काम कर चुके हों, भारतीय विज्ञानकर्मियों का छिद्रान्वेषण करें। दोनों के बीच का व्यावहारिक संबंध वास्तव में 1910 में भंग हो गया। लंदन की परामर्शदात्री समिति 1914 के बाद निष्क्रिय हो गई और यही हाल 1922 में भारतीय परिषद का भी हुआ।

रॉय मैक्लिऑड ने भारतीय परिषद की जीवन-वृत्ति और लंदन समिति के साथ इसके संघर्ष को इस बात का प्रमाण माना है कि भारत में 'वैज्ञानिक स्वतंत्रता का नया बोध विकसित हो रहा था।'[17] संभव है, 1900 के दशक में अधिक स्वायत्तता पाने की कामना रही हो लेकिन राजनीतिक स्वतंत्रता की भाँति 'वैज्ञानिक स्वतंत्रता' 1945 के बाद ही हासिल हो पाई। दरअसल, भारत में विज्ञान के परामर्शदाता और निरीक्षक की रॉयल सोसायटी की भूमिका और भारत की अपनी बोर्ड ऑफ़ साइंटिफ़िक अड्वाइस की नियति को भारतीय वैज्ञानिकों द्वारा औपनिवेशिक राज्य और उसके मेट्रोपोलिटन मित्रों से स्वायत्तता अथवा नीति-निर्धारण प्रक्रिया में महत्त्वपूर्ण साझेदारी प्राप्त् करने के प्रयासों की दीर्घकालीन विफलता का ही सूचक माना जा सकता है।

लॉर्ड कर्ज़न ने यह तो स्वीकार किया कि विज्ञान-विशेषज्ञों का काम सलाह देना था, प्रशासन करना नहीं, लेकिन वह उस युग की वैज्ञानिक चेतना और असंयत साम्राज्यवाद की व्यावहारिक तथा विवादात्मक आवश्यकताओं के प्रति अपने नौकरशाहों की अपेक्षा अधिक सचेत था। उसका स्पष्ट मत था कि भारत में विज्ञान को अब तक अपेक्षित महत्त्व नहीं दिया गया है। विज्ञान (न कि सिर्फ उन्नीसवीं सदी के चिंतन की प्रतिनिधि रचनाएँ) दूरगामी परिवर्तन की ताकत, अधिक प्रभावी शासन में सहायक और जोर पकड़ती राष्ट्रवादी भावना के समय में ब्रिटिश शासन के लिए विधि-निर्माण की नई शक्ति था। 1899 में एक चिकित्सा-सम्मेलन को संबोधित करते हुए कर्ज़न ने दावा किया कि ब्रिटिश भारत में सिर्फ विजेता के रूप में नहीं, हितैषी बनकर भी आए हैं और अपने साथ अपने कानून, धर्म, साहित्य और विज्ञान के उपहार लेते आए हैं। उसने यह भी स्वीकार किया कि ऐसे लोग हो सकते हैं जो ब्रिटेन के कानून और धर्म को संदेह की नजर से देखते हों, लेकिन विज्ञान, विशेषकर आयुर्विज्ञान के बारे में किसी प्रकार की शंका नहीं हो सकती। आयुर्विज्ञान 'शुद्ध, अकाट्य विज्ञान की ठोस नींव पर निर्मित' था। यह 'धनी और निर्धन, हिंदू और मुसलमान, महिला और पुरुष, सबों के लिए...वरदानस्वरूप' था। इसने 'बिना अश्रद्धा के पर्दा-प्रथा के' घूँघट उठा दिए, 'बिना धर्म नष्ट किए' वर्ण-व्यवस्था को भंग कर दिया। आयुर्विज्ञान सारे विज्ञानों में सबसे ज्यादा सार्वभौमिक था क्योंकि इसका उदार स्पर्श विश्व में प्रत्येक दुखी व्यक्ति को उपलब्ध था।

दीर्घकाल तक उपेक्षित रही कृषि अब उच्च प्राथमिकताओं में थी। 1905 में लॉर्ड कर्ज़न ने बिहार प्रांत के पूसा में इंडियन एग्रिकल्चरल रिसर्च इंस्टिट्यूट का शिलान्यास करते हुए इस बात पर विशेष बल दिया कि वैज्ञानिक शोध और शिक्षा को प्रोत्साहित करना भारत सरकार की विशेष जवाबदेही है। कर्ज़न के अनुसार सरकार का कर्तव्य था कि वह प्रांतों को नेतृत्व प्रदान करे और यह काम वह आदर्श वैज्ञानिक संस्थाओं के सर्जन और विशिष्ट प्रतिभा वाले विशेषज्ञों के नियोजन और

प्रशिक्षण द्वारा ही कर सकती थी। सिर्फ केंद्रीय सरकार ही आवश्यक कोष उपलब्ध कराने, निर्देश देने और समन्वय स्थापित करने की हैसियत रखती थी। इसके विशिष्टता प्राप्त संस्थानों की उपलब्धियाँ प्रांतों में लागू की जा सकती थीं और इसके वैज्ञानिक अनुसंधानों और शैक्षिक लाभों को स्थानीय संस्थानों और तकनीकी पदाधिकारियों के माध्यम से कृषक वर्ग की 'स्थिति और संभावनाओं' को बेहतर बनाने के काम में लाया जा सकता था।[19] सिर्फ भारत सरकार ही यूरोपीय वैज्ञानिकों को नियुक्त और समुचित रूप में पुरस्कृत कर सकती थी। कर्ज़न भारतीय कृषि में बेहतरी का हिमायती था और ऐसे प्रतिभाशाली व्यक्तियों की जरूरत महसूस करता था जो भारत को सर्वोच्च स्तर पर अंतर्राष्ट्रीय वैज्ञानिक समुदाय के साथ पंक्तिबद्ध कर सकें। उसकी दृष्टि में आंतरिक तौर पर भारत अपर्याप्त संसाधनों के साथ अपनी-अपनी स्थानीय कार्यसूची का अनुसरण करने वाले अर्द्धस्वायत्त प्रांतों का समूह न होकर एकल वैज्ञानिक साम्राज्य था। वह विज्ञान को आधुनिक, पितृसत्तात्मक राज्य के लिए अत्यावश्यक मानता था। उसने यह तो खुली घोषणा की कि वह दिल से जनसामान्य का कल्याण चाहता था, किंतु जब मध्यमवर्ग के राष्ट्रवाद की चुनौती का सामना करने की बात आई तो चिकित्सीय और वैज्ञानिक शोधकार्यों के लिए उसने आर्थिक सहायता हेतु भारतीय राजाओं और विशिष्ट वर्ग का आह्वान किया और जब भारतीयों ने अपनी वैज्ञानिक और प्रौद्योगिक परियोजनाओं का प्रस्ताव रखा तो इसमें और भी कम दिलचस्पी ली। वैज्ञानिक और प्रौद्योगिक प्रगति का पूरा श्रेय औपनिवेशिक शासन को दिया जाना चाहिए।

कर्ज़न केंद्रीय सरकार और उसके प्रति उत्तरदायी संस्थाओं और सेवाओं को विज्ञान के संबंध में प्रबुद्ध नीति-निर्धारण और वैज्ञानिक शोधों के व्यावहारिक उपयोग के लिए आवश्यक मानता था। कुछ ही समय पूर्व निर्मित अनेक संस्थानों (1898 में मुक्तेश्वर में पशु चिकित्सा, 1905 में पूसा में कृषि, 1906 में देहरादून में वन-संरक्षण) के अतिरिक्त 1914 तक लगभग एक दर्जन अखिल भारतीय ('शाही') सेवाएँ और विशेषज्ञ विभाग कायम हो गए जिनमें आयुर्विज्ञान, मौसम-विज्ञान, पशुचिकित्सा, वनस्पतिशास्त्र, कृषि, जंगल और भूगर्भशास्त्र भी शामिल थे। आकार और कार्य की दृष्टि से ये एक-दूसरे से बहुत भिन्न थे। इनमें से कुछ, जैसे भारत का भूगर्भशास्त्रीय सर्वेक्षण, मौलिक शोध और उसके व्यावहारिक उपयोग के प्रति प्रतिबद्ध थे, अन्य मुख्यतः आँकड़ा-संग्रह और सर्वेक्षण तक ही सीमित थे। आई सी एस और आई एम एस की तुलना में ये सेवाएँ बहुत छोटी थीं, लेकिन 1920 में भी, जबकि युद्ध-सेवा और हताहत होने के कारण उनकी संख्या बहुत घट गई, यूरोपवासियों की प्रधानता और उनकी बेहतर नियोजन-शर्तें कायम रहीं (आगे तालिका 5.1 देखें)।

तालिका 5.1 भारत की वैज्ञानिक सेवाओं का संघटन और वेतन[20]

	यूरोपीय	*भारतीय*	*यूरोपीय वेतन*	*भारतीय वेतन*
				(मासिक वेतन रु. में)
कृषि सेवा	38	5	1,000	460
जीवाणु-विज्ञान (बैक्टिअरिऑ-लॅजिक) सेवा	24	5	1,220	520
बॉटॅनिकल सेवा	2	—	1,000	—
एड्युकेशनल सेवा	34	3	910	490
वन सेवा	9	1	1,040	660
जिऑलॉजिकल सर्वे	16	—	1,010	—
मौसम विज्ञान विभाग	10	2	970	770
म्यूनिशंस (युद्ध-सामग्री) बोर्ड	11	1	780	300
त्रिकोणमितीय सर्वेक्षण	46अ	—	—	—
पशु-चिकित्सा विभाग	2	—	1,110	—
जूलॉजिकल सर्वे	3	1	970	700
कुल	195	18		

टिप्पणी : सिर्फ रॉयल इंजिनिअर्स को छोड़कर सभी सैनिक पदधारक और वेतनभोगी।

इन सेवाओं को सिर्फ कर्ज़न ही नहीं, अनेक वैज्ञानिक भी 'शाही विज्ञान'—ऐसा विज्ञान जो महज प्रांतीय न होकर भारतव्यापी था, भारत और साम्राज्य की सेवा में संलग्न था और जिसमें विश्व प्रसिद्ध वैज्ञानिक कार्यरत थे—की नज़र से देखते थे। ये सेवाएँ भारतीयकरण के बढ़ते दबाव के बावजूद मुख्य रूप से यूरोपीय बनी रहीं और उनकी जातीय अनन्यता ने निरंतर चलने वाले व्यक्तिगत और व्यावसायिक द्वंद्वों के बावजूद साझी वैज्ञानिक संस्कृति और साम्राज्य की वैज्ञानिक सेवा के सामान्य आदर्श को देशभक्ति पूर्ण और पितृ-सत्तात्मक कर्तव्य के रूप में गढ़ने में मदद की। राज्य के भारत में सबसे बड़ा नियोजक होने के कारण संसक्ति की भावना को ही नहीं, आदर्शवाद को भी बढ़ावा मिला। 1906 में अल्बर्ट हॉवर्ड को आर्थिक वनस्पतिशास्त्री के रूप में पूसा लाया गया। वह उष्णकटिबंधीय कृषि पर शोध (ऐसा शोध वेस्टइंडीज में आरंभ किया गया था) की संभावना और जिस रूप में वैज्ञानिक कर्ज़न के अधीन भारत की सेवा करने और इसके निवासियों को पाश्चात्य विज्ञान से लाभ पहुँचाने के लिए भरती किए गए थे उनके कारण इस पद की ओर आकृष्ट हुआ था।[21] प्रथम विश्वयुद्ध के अंत में भी जिऑलॅजिक सर्वे ऑफ़ इंडिया के पूर्व

अध्यक्ष सर टॉमस हॉलैंड के अधीन इंडियन इंडस्ट्रिअल कमीशन (भारतीय उद्योग आयोग) ने वैज्ञानिक और तकनीकी सेवाकर्मियों का संघ भावना वाली 'जात' के रूप में अनुकूल चित्रण किया और केंद्रीयकृत सेवा के नमूने को रसायन शास्त्र और दूसरे वैज्ञानिक क्षेत्रों तक विस्तार के लिए संस्तुति की।[22]

इस सेवा-आचार के प्रतिकूल प्रभाव के तौर पर जातीय भेदभाव को बढ़ावा मिला और दीपक कुमार के शब्दों में उन्नीसवीं सदी के भारत में विज्ञान में 'प्रजाति-पार्थक्य' (ऍपाट्र्हेड) की प्रणाली कायम हो गई। दीपक कुमार ने अपने पक्ष में कई उदाहरण प्रस्तुत किए ज़िनमें एक था जिऑलॅजिकल सर्वे ऑफ़ इंडिया के अधीक्षक एच.बी. मेड्लिकॉट द्वारा 1880 में प्रमथनाथ बोस की नियुक्ति का विरोध। मेड्लिकॉट ने बोस के बारे में टिप्पणी दी : 'वह बंगाली है और शारीरिक दृष्टि से इस काम के लिए उपयुक्त नहीं हो सकता है।' यद्यपि बोस को सर्वे के प्रथम भारतीय सदस्य के रूप में शामिल कर लिया गया, मेड्लिकॉट लगातार उसके विरोध में रहा और कहता रहा कि सहायक अधीक्षक के रूप में उसका काम तभी संतोषप्रद होता है जब वह बँधी-बँधाई लीक पर चलता है। 'बाद में जब वह बिना किसी खाका के धरातल पर काम करने लगा और भूगर्भीय शैल-समूह उसके लिए अनजाने सिद्ध हुए तो उसकी वैज्ञानिक विवशता तत्काल उजागर हो गई।' मेड्लिकॉट की दृढ़ धारणा थी कि 'भारतीय प्राकृतिक विज्ञान में किसी प्रकार के मौलिक कार्य करने में सर्वथा अक्षम हैं।' उन्हें तब तक भरती नहीं किया जाना चाहिए जब तक उनके भीतर 'वैज्ञानिक तार' को छूकर नहीं देख लिया जाए कि 'वह मानवजाति की इस क़िस्म में अभी भी मौजूद है या नहीं।' उसने सरकार को सुझाव दिया कि वह 'हमारे इन दुर्बल बंधुओं के साथ समझ-बूझ से काम ले और उनसे यह उम्मीद न रखे कि वे चलना सीखने से पहले ही दौड़ने लगेंगे।'[23] बोस को लगातार झिड़कियाँ मिलती रहीं और अंततः 1903 में जब उससे दस साल कनीय हॉलैंड को जिऑलॅजिकल सर्वे का निदेशक बना दिया गया तो उसने त्यागपत्र दे दिया। प्रत्युत्तर में बोस ने अनेक अन्य भारतीय वैज्ञानिकों, शिक्षाविदों और प्रशासकों की भाँति, जो ब्रिटिश भारत में अपनी प्रतिभा को अवमानित महसूस करते थे, किसी रियासत में नियोजन का प्रयास किया और मयूरभंज के महाराजा का राजकीय भूगर्भशास्त्री बन गया। इस पद पर रहकर उसने लौह-अयस्क का पता लगाया और वहीं से जमशेदपुर के टाटा आयरन एंड स्टील वर्क्स को लौह-अयस्क की आपूर्ति होने लगी। इस तरह ब्रिटिश राज द्वारा उपेक्षा और प्रताड़ना के शिकार बोस ने भारत की औद्योगिक अर्थव्यवस्था की नींव डाली।

भारतीयों के प्रति पूर्वाग्रह और उनकी कथित शारीरिक और मानसिक दुर्बलताओं के बारे में मिल रही शिकायतों का एक और परिणाम यह हुआ कि जिऑलॅजिकल सर्वे और अन्य वैज्ञानिक विभागों में उनका नियोजन अधीनस्थ

सेवाकर्मियों के रूप में होने लगा। जब, 1874 में भारत सरकार ने सर्वे को भारतीय 'नौसिखियों' को नियोजित करने का निर्देश दिया तो तत्काल यह निर्णय लिया गया कि इससे बंगालियों को बाहर रखा जाए, क्योंकि 'दमखम और मर्दानगी की कमी' के कारण वे क्षेत्र-कार्य के लिए उपयुक्त नहीं हैं। उनके बदले हाल में लंदन से स्नातकोत्तीर्ण औपनिवेशिक समाजशास्त्र की दृष्टि में अधिक 'मर्दानी' जाति वाले सिख युवकों को चुना गया, लेकिन वैलेंटाइन बॉल ने उनके कार्य में ऐसा कुछ नहीं पाया जो प्रशंसा योग्य हो। उसकी राय में भारतीय 'जितना भी बौद्धिक और विज्ञान की विभिन्न शाखाओं में सुशिक्षित हों, व्यवहार में उन्होंने, मौलिक वैज्ञानिक शोध की क्षमता नहीं दिखलाई है।'[24] सच पूछा जाए तो 'उनकी संश्लेषण-क्षमता बेहद अपूर्ण' प्रतीत होती है।[25] ऐसे में यदि 1920 तक वैज्ञानिक सेवाओं में भारतीय दस प्रतिशत पदों पर ही थे अथवा जो थोड़े से नियोजित किए जाते थे उन्हें पूर्वाग्रह और भेद-भाव का शिकार होना पड़ता था, तो इसमें आश्चर्य की कोई बात नहीं थी।

जातीय भेद-भाव का प्रवेश विश्वविद्यालयों में भी था जहाँ शिक्षक समुदाय व्यावहारिक तौर पर दो स्पष्ट जातीय खेमों में विभाजित था।[26] भारतीय, जिनमें एडिनबरा से डॉक्टर की उपाधि प्राप्त प्रफुल्लचंद्र जैसे रसायनशास्त्री भी थे, प्रांतीय शैक्षिक और वैज्ञानिक सेवाओं तक ही सीमित रखे जाते थे, यूरोपीय प्रभुत्व वाली शाही सेवाओं में उनकी भरती नहीं होती थी (प्रोन्नति भी शायद ही मिल पाती थी)। जगदीशचंद्र बोस एकमात्र ऐसे अपवाद थे जो भारतीय शिक्षा सेवा (इंडियन एडुकेशनल सर्विस) के लिए सीधे चुने गए। लेकिन भारतीय परिवीक्षक के रूप में उन्हें अपने ब्रिटिश सहकर्मियों का एक तिहाई वेतन ही दिया गया। वर्षों तक प्रतिवाद करते रहने के बाद अंततः 1903 में उन्हें पूर्ण 'यूरोपीय' वेतन मिला। कभी-कभी ऐसा जान पड़ता है कि जातीय भेद-भाव के कारण 1890 के बाद भारतीयों ने वैज्ञानिक शोध और बौद्धिक नेतृत्व में अधिक महत्त्वपूर्ण योगदान नहीं किया। अनेक क्षेत्र में (खासकर आयुर्विज्ञान में) यह एक सच्चाई है। लेकिन यह भी एक सच्चाई है कि भेदभाव के कटु अनुभव के फलस्वरूप राय जैसे कुछ वैज्ञानिक सफलता के लिए और भी दृढ़निश्चयी हो गए। फिर यह भी ध्यातव्य है कि अपने छात्र-जीवन में अनेक भारतीयों ने अपने यूरोपीय शिक्षकों से प्रोत्साहन और प्रेरणा ग्रहण की (उदाहरणस्वरूप, राय के लिए प्रेज़िडेंसी कॉलिज के प्रोफेसर अलेक्ज़ेंडर पेड्लर प्रोत्साहन और प्रेरणा के प्रमुख स्रोत थे)। ऐसा भी नहीं था कि वे हमेशा कुंठित कर देने वाले भेदभाव के शिकार हो जाते थे। बोस कुछ मामलों में भाग्यशाली सिद्ध हुए। 1897 में वायसराय की पहल पर उन्हें 2,000 रु. का वार्षिक शोध-अनुदान इस आधार पर स्वीकृत किया गया कि वह विद्युत-विज्ञान के क्षेत्र में प्रथम शोधकर्ता और आविष्कारक हैं। सच पूछा जाए तो शैक्षिक और वैज्ञानिक सेवाओं के यूरोपीय

अथवा भारतीय सदस्यों के लिए ऐसा अनुदान अभूतपूर्व था और गृह विभाग को इसमें संदेह था कि बोस ऐसे सम्मान के हक़दार थे। सचिवालय के एक सदस्य ने टिप्पणी की : 'ऐसी सेवाओं का मूल्य निर्धारित करना अथवा उन पर विचार करना भी मुश्किल है क्योंकि उनका स्वरूप परिणामदायक नहीं है।' उसने यह तो मान लिया कि 'बोस एक मौलिक चिंतक हो सकता है (किसी भारतीय के लिए यह एक दुर्लभ चीज है)' और यह भी स्वीकार किया कि 'उसके वैज्ञानिक कार्य को उन अधिकारियों से सर्वोच्च प्रशस्ति मिली है जो इस संबंध में निर्णय लेने के लिए सर्वाधिक उपयुक्त है', लेकिन उसने अपनी एक टिप्पणी में, जो सिर्फ भारतीय विज्ञानकर्मियों के प्रति ही नहीं, संपूर्ण वैज्ञानिक शोध-कार्य के प्रति विद्वेष-भाव का सूचक था, वायसराय को याद दिलाया कि वेतन 'निश्चित सेवाओं के लिए दिए जाते हैं'; उन्हें सिर्फ इसलिए नहीं बढ़ाया जा सकता 'क्योंकि कोई पदाधिकारी प्रखर प्रतिभा-संपन्न है।'[27]

चिकित्सा विज्ञान

1880 के दशक तक भारत में आयुर्विज्ञान के जैसा त्रुटिपूर्ण शायद ही कोई अन्य विज्ञान था। रॉस के अनुसार उस समय भारत में चिकित्सा सेवाएँ संगठन और संसाधन की दृष्टि से इतनी कमज़ोर थीं कि मुख्य शहरों में भी पुस्तकालयों का अभाव था। चिकित्सा पदाधिकारी व्यक्तिगत स्तर पर 'प्रायः उपचार के अच्छे कार्य करते थे', लेकिन विशेष क़िस्म के रोगों के लिए कोई व्यवस्थित अनुसंधान-कार्य नहीं होता था और इसके लिए 'प्रतिष्ठान तो नहीं के बराबर थे'। पास्चर और कोच की जीवाणु संबंधी खोजों को मान्यता नहीं थी, अथवा वे उपहास के विषय थीं, और मलेरिया, जिसको नियंत्रित करना भारत के लिए परमावश्यक था पर लॅवेरन का कार्य तो 'चर्चा में भी नहीं था'।[28]

रॉस के मन में इस बात के लिए काफी कड़वाहट थी कि 1890 के दशक में उसके द्वारा मलेरिया परजीवी पर की जा रही खोज में लगातार बाधा डालते थे। लेकिन ऐसे निषेधात्मक मूल्यांकन में रॉस अकेला नहीं था। जब 'ब्रिटिश मेडिकल जॅर्नल' के संपादक अर्नेस्ट हार्ट ने नवस्थापित इंडियन मेडिकल कांग्रेस को संबोधित करने के लिए 1894 में भारत की यात्रा की तो उसने भी ऐसी ही निषेधात्मक टिप्पणी की। पिछले पंद्रह वर्षों में चिकित्सा-शोध में उल्लेखनीय प्रगति का सिंहावलोकन कर और रोगाणु-सिद्धांत द्वारा चिकित्सा संबंधी चिंतन में लाई गई क्रांति के मद्देनजर हार्ट ने प्रश्न उठाया कि ऐसा क्यों है कि उष्णकटिबंध के रोग-विज्ञान में महत्त्वपूर्ण खोजें ब्रिटेनवासियों के बदले विदेशियों–फ्रांसीसियों, जर्मनों, यहाँ तक कि जापानियों–द्वारा की गई हैं। साम्राज्यवादी प्रतिद्वंद्विता के युग में यह खयाल बड़ा ही कष्टदायक था कि हैज़ा, मलेरिया और हाल के वर्षों से प्लेग के मामलों

में दूसरे देश अगुआई कर रहे हैं। हार्ट ने इसके लिए ब्रिटेन में उष्णकटिबंधीय आयुर्विज्ञान में समुचित अनुदेशन की कमी को आंशिक रूप से जिम्मेदार ठहराया (इस कमी को दूर करने का जिम्मा शीघ ही पैट्रिक मैंसन ने अपने हाथ में लिया)। इसका मतलब यह था कि उष्णकटिबंधीय देशों में आनेवाले चिकित्सक वहाँ के रोग-विज्ञान से अनभिज्ञ रहते थे और उसे जानने के लिए उन्हें कड़ी मेहनत करनी पड़ती थी। लेकिन हार्ट का यह भी दृढ़ विश्वास था कि भारत में शोध-कार्य प्रोत्साहन पाने के बदले प्रशासन और रोगी कक्षों में सेवा के बोझ तले दब गया था। उसने टिप्पणी की : 'लोग ऐसा समझते हैं कि अपने दिमाग़ में एक नए वैज्ञानिक तथ्य को धारण किए हुए विज्ञान की ओर उन्मुख व्यक्ति अधिकारी-वर्ग के लिए कंटक है, एक नए कीड़े के साथ महामारी फैलाने वाला व्यक्ति है।' चूँकि प्रोन्नति योग्यता के बदले वरीयता के आधार पर मिलती थी, इसलिए विवादास्पद शोध-कार्यों के बदले 'सम्मानजनक यथास्थितिवाद' बनाए रखने और 'मुख्यालयों में संकट पैदा करने से बचने' की बात सहज ही समझी जा सकती है।[29]

आई एन एस के रूढ़िवाद और चिकित्सा-शोध की कमी को अतिरंजित नहीं किया जाना चाहिए। रॉस ने कुछ अपवादों का उल्लेख स्वयं किया है : हेनरी वांडाइक कार्टर भारत में सूक्ष्मदर्शिकी का अग्रदूत था और उसने कुष्ठ और आवर्ती ज्वर पर शोध किया था, इसी प्रकार टी.आर. लेविस और डी.डी. कनिंघम ने हैज़े की हेतुकी की खोजबीन की थी। लेविस तो 1883 में भारत से चला गया, लेकिन कनिंघम कलकत्ता में शरीर-दिज्ञान के प्रोफेसर के रूप में 1897 तक कार्यरत रहा और भारत के इने-गिने प्रयोगशालाओं में से एक का संचालन करता रहा। यद्यपि कुछ पुराने भारतीय चिकित्साकर्मियों ने नए जीवाणु-विज्ञान का प्रतिरोध किया और हैज़े के रोगाणुओं (बैसिलस) पर शंकाएँ प्रकट कीं, लेकिन आसन्न परिवर्तन के उत्साहवर्द्धक लक्षण स्पष्ट रूप से दिखाई पड़ने लगे। पशु-चिकित्सा-विज्ञान की आवश्यकताओं के मद्देनज़र 1890 में पूना में इम्पीरिअल बैक्टिरिऑलॅजिकल लेबॉरेटॅरी (शाही जीवाणु-विज्ञानी प्रयोगशाला) की स्थापना की गई। 1892 में पश्चिमोत्तर प्रांतों के लिए रासायनिक परीक्षक के रूप में ई.एच. हैंकिन की नियुक्ति से भारत को 'एक ऐसा मौलिक विज्ञान कर्मी मिला जो पास्चर और कॉच के जीवाणु-विज्ञान संबंधी मतों और सीखों से ओत-प्रोत था।' हैंकिन ने, जो क़लम का बहुत धनी था, भारत में चिकित्सा व्यवसाय को इसकी जड़ता से निकालकर इसे 'शिक्षित और उत्प्रेरित करने में' महत्त्वपूर्ण भूमिका अदा की।[30] उसकी तथा कुछ अन्य लोगों की पहल पर लाहौर में 1895 में एक बैठक हुई जिसमें भारत में अलर्क रोग विरोधी (एंटि-रेबीज़) पास्चर इंस्टिट्यूट के निर्माण पर जोर दिया गया (अंततः 1900 में कसौली में इसकी स्थापना हुई)। रसिया में जनमा और पेरिस में प्रशिक्षित जीवाणु-विज्ञानी वाल्देमर हैफ़किन एंटि-रेबीज़ सीरम की जाँच करने 1893 में भारत आया। 1896 में जब

प्लेग का प्रकोप हुआ तो हैफ़किन ने, जो भारत में अकेला पूर्णकालिक जीवविज्ञानी था, बंबई में अपनी छोटी-सी प्रयोगशाला में प्लेग-प्रतिरोधी सीरम का ईजाद किया। इस प्रकार 1890 के दशक तक परिवर्तन के स्पष्ट लक्षण दिखने लगे, यद्यपि यह महत्त्वपूर्ण बात है कि हैंकिन और हैफ़किन दोनों में से कोई भी आई एम एस अथवा रॉयल आर्मी मेडिकल कौर्प्स के सदस्य नहीं थे। मलेरिया के संक्रमण में अनोफ़िलीज़ (मच्छर) की भूमिका की रॉस द्वारा की गई महत्त्वपूर्ण खोज ने सिद्ध कर दिया कि आई एम एस पदाधिकारी अंतर्राष्ट्रीय स्तर का शोध करने में सक्षम थे। इस कार्य को पूरा करने में रॉस के सामने कई अड़चनें आईं लेकिन लंदन के मैंसन से उसे इसके लिए पर्याप्त प्रोत्साहन मिला जबकि उसके भारतीय सहकर्मी पूर्णतः निष्क्रिय रहे। रॉस के एक सहकर्मी ने एक बार उसे कहा था, 'हम आई एम एस के लोग महज चिकित्सक हैं, हमें शोध-कार्य से कुछ लेना-देना नहीं है।'[31] लेकिन यह नई मनःस्थिति का संकेत था। जब भारत में चिकित्साकर्मियों ने 1894 के दिसंबर में कलकत्ता में अपना सम्मेलन किया तो वायसराय एल्गिन उसमें शरीक हुआ और उसकी सरकार ने अखिल भारतीय चिकित्सा-शोध संस्थान और टाइफाइड (आंत्रिक ज्वर) और हैज़े की जाँच के लिए केंद्रीय और प्रांतीय प्रयोगशालाओं की स्थापना-संबंधी प्रस्तावों को गंभीरता से लिया।

भारत सरकार पर अन्य, अधिक आवश्यक, दबाव भी थे। 1898 में बंबई में ब्यूबोनिक (गिल्टीदार) प्लेग के प्रकोप ने पूरे भारत में नई तबाही मचा दी। 1900 के अंत तक सारे देश में 400,000 से अधिक मौतें दर्ज की गईं और 1914 के अंत तक और अस्सी लाख लोग मौत के शिकार हो गए। पूर्व में हैज़े की भाँति प्लेग भी अंतर्राष्ट्रीय विस्तार की संभावनाओं से भरा था। दशकों तक ब्रिटेनवासी अंतर्राष्ट्रीय स्वास्थ्य सम्मेलनों में इस बात के लिए आलोचना के शिकार होते रहे कि उन्होंने हैज़े के भारत के पड़ोसी देशों और बाद में यूरोप और उत्तर अमेरिका तक फैलने से रोकने के लिए समुचित उपाय नहीं किए थे। अब 1896-97 में यह आशंका पैदा हो गई कि प्लेग भी भारतीय पत्तनों से मध्य-पूर्व और यूरोप तक फैल जाएगा और 'ब्लैक डेथ'* का तांडव शुरू हो जाएगा। फरवरी 1897 में वेनिस में आयोजित स्वास्थ्य सम्मेलन में भारतीय पत्तनों से जहाज द्वारा माल ढोए जाने पर तब तक प्रतिबंध लगाने पर गंभीरता से विचार किया गया जब तक भारत सरकार प्लेग पर प्रभावी नियंत्रण के ठोस उपाय नहीं करती। समुद्रपारीय व्यापार में क्षति के भय से सरकार ने इसके प्रत्युत्तर में एपिडेमिक डिज़ीजेज़ ऐक्ट (महामारी रोग अधिनियम) लागू कर दिया। यह औपनिवेशिक भारत में स्वास्थ्य-संबंधी निर्मित

* चौदहवीं सदी में यूरोप में फैली गिल्टीदार प्लेग की महामारी। कहा जाता है कि इसमें यूरोप की चौथाई आबादी नष्ट हो गई थी।

क्रूरतम कानूनों में एक था। इस अधिनियम के द्वारा सरकार को प्लेग के संदेहास्पद रोगियों को अनिवार्य रूप से अस्पताल में भरती करने, प्रभावित घरों और संपत्ति को नष्ट करने, रेलयात्रियों की शारीरिक जाँच करने और मेलों तथा तीर्थयात्राओं पर रोक लगाने का अधिकार मिल गया। इन उपायों से अंतर्राष्ट्रीय संत्रास तो शांत हो गया लेकिन पश्चिम और उत्तर भारत के कस्बों और नगरों में इस पर इतनी व्यापक प्रतिक्रिया हुई कि सरकार दुविधा में पड़ गई कि आखिर महामारियों और सामूहिक मृत्यु-दर की चुनौती से कैसे निपटा जाए। स्थिति और भी जटिल हो गई जब 1902 में हैफ़किन के बंबई स्थित प्रयोगशाला के प्लेग-प्रतिरोधी सीरम का टीका दूषित सूई से दिए जाने के फलस्वरूप उत्पन्न टेटनस के कारण पंजाब के मालकोवल में उन्नीस ग्रामीणों की मौत हो गई। इस 'विपदा' के लिए सीधे हैफ़किन को जिम्मेदार ठहराया गया और 1904 में उसे पदच्युत कर दिया गया। कई साल बीत जाने के बाद उसे निर्दोष घोषित किया गया लेकिन उसके बाद वह भारत में जीवाणु-विज्ञान संबंधी शोध में कोई महत्त्वपूर्ण अवदान नहीं कर सका। जनश्रुति के विपरीत प्लेग-प्रतिरोधी टीकाकरण अनिवार्य नहीं बनाया गया था, लेकिन यह प्लेग को नियंत्रित करने के अत्यंत प्रभावी उपायों में एक था।

अंततः, 1898-9 में सरकार ने अधिक व्यावहारिक नीति अपनाई। और अधिक प्रतिरोध से बचने के लिए उसने प्लेग नियंत्रण के अधिक कठोर उपायों को मृदुल कर दिया और स्वीकार किया कि महामारी के फलस्वरूप अधिकांश मौतें अपरिहार्य तो हैं, किंतु स्वैच्छिक उपायों के प्रति जन-समर्थन प्राप्त कर और स्वास्थ्य के प्रति अधिक जागरूकता पैदा कर उसे रोका जा सकता है। भारत सरकार चिकित्सा और स्वास्थ्य पदाधिकारियों द्वारा लिए जाने वाले वैसे निर्णयों के प्रति सावधान हो गई जो राज्य और उसकी प्रजा के बीच संबंधों पर दूरगामी प्रभाव डाल सकते थे। चिकित्सा-नीति पर राजनीतिक नियंत्रण में उसका विश्वास और दृढ़ हो गया।[32] इसके बावजूद, सफाई और स्वास्थ्य के अधिक कठोर नियमों का परित्याग, भारतीय प्लेग आयोग द्वारा 1901 में प्रस्तुत प्रतिवेदन और ब्रिटेन के चिकित्सा प्रतिष्ठान के दबाव के कारण सरकार चिकित्सा-अनुसंधान को गंभीरता से लेने पर राजी हो गई।[33] मलेरिया और प्लेग के कारणों और उनके संक्रमण की विधियों की लगभग एक ही साथ खोज के फलस्वरूप भारत में प्रयोगशाला-आधृत विज्ञान को तो बढ़ावा मिला ही, कीट-विज्ञान, कृमि-विज्ञान, मलेरिया सर्वेक्षणों समेत पिस्सुओं, मच्छरों और अन्य रोगवाहक कीटों के जीवन-चक्र और वासस्थानों पर भी व्यापक वैज्ञानिक अनुसंधान किए जाने लगे।

1900 और 1914 के बीच सरकार ने उन सांस्थानिक ढाँचों और अभिकरणों को व्यवस्थित किया जो आगामी दशकों में भारत में चिकित्सा-अनुसंधान संचालित करने वाले थे। इन अनुसंधानों को विश्वविद्यालयों के बदले राज्य के अधीन रखा

गया। अनेक दोहरे काम वाली विशेषज्ञ संस्थाएँ खड़ी की गईं जो एक ओर प्लेग, हैज़ा और दूसरे उष्णकटिबंधी रोगों में अनुसंधान करती थीं और दूसरी ओर उनके निवारण के लिए टीके का उत्पादन भी करती थीं। इन्हीं संस्थाओं में 1906 में पंजाब के कसौली में निर्मित सेंट्रल रिसर्च इंस्टिट्यूट थी जो मलेरिया पर अनुसंधान-कार्य करती थी। अलर्क रोग के उपचार के लिए और अलर्क-प्रतिरोधी सीरम बनाने के लिए चार राजकीय सहायता प्राप्त पास्चर इंस्टिट्यूट और दो प्रांतीय जीव-विज्ञानी प्रयोगशालाएँ बंबई (इसे 1925 में हैफ़किन इंस्टिट्यूट का नाम दिया गया) और मद्रास के गुंडी में थीं जहाँ 1904 में किंग इंस्टिट्यूट ऑफ़ प्रिवेंटिव मेडिसिन की स्थापना की गई। इन संस्थाओं के संचालन का निरीक्षण करने और शोध-कार्य चलाने के लिए 1906 में जीवाणु-विज्ञान विभाग खोला गया (जिसे बाद में मेडिकल रिसर्च डिपार्टमेंट कहा जाने लगा)। इसमें सिर्फ आई एम एस के सेवाकर्मी ही भरती नहीं होते थे। स्थापना के समय इसमें तेरह पद थे जो शीघ्र ही बढ़कर तीस हो गए। 1911 में वायसराय की परिषद के शिक्षा सदस्य सर हार्कोर्ट बटलर और महाशल्य चिकित्सक सर पार्डी ल्युकिस की पहल पर इंडियन रिसर्च फंड असोसिएशन (आई आर एफ ए) की स्थापना की गई। इसका काम था चिकित्सा शोधकर्ताओं को नियुक्त और प्रशिक्षित करना तथा लोक हितैषियों और सरकार से प्राप्त कोष को चिकित्सा-अनुसंधान के अनुमोदित कार्यक्रमों पर खर्च करना। आई आर एफ ए भारत के लिए एक नये किस्म का अभिकरण था (बाद में इसी के तर्ज पर ब्रिटेन में मेडिकल रिसर्च कौंसिल की स्थापना की गई)। यह आंशिक रूप में पुराने आई एम एस का विकसित रूप था, लेकिन इसमें कर्ज़न के शाही विज्ञान के कई पक्ष विद्यमान थे। वैज्ञानिक अनुसंधान का राजकीय नीति और व्यावसायिक प्रशिक्षण तथा प्रतिष्ठा में जो महत्त्वपूर्ण स्थान था, आई आर एफ ए उसी का प्रतीक था। यह पाँच लाख रुपये (37,500 पौंड के बराबर) के सालाना सरकारी अनुदान से शुरू किया गया था और 1927-8 के अपने उत्कर्ष-काल में भारत में चिकित्सा अनुसंधान पर ग्यारह लाख रुपये खर्च कर रहा था। 1913 से आई आर एफ ए के अधीन किए गए शोध 'इंडियन जॅर्नल ऑफ़ मेडिकल रिसर्च' में प्रकाशित होने लगे। यह पत्रिका मलेरिया, हैज़ा, कालाजार प्लेग और हुकवॅर्म (अंकुशकृमि) पर अग्रगामी रचनाएँ प्रकाशित करती थीं और शीघ्र ही इसकी ख्याति अग्रणी अंतर्राष्ट्रीय पत्रिका के रूप में हो गई।[34]

इन सारे घटनाक्रम ने सयुक्त रूप से चिकित्सा अनुसंधान के क्षेत्र में भारत की कमजोर छवि को बदलने में महत्त्वपूर्ण भूमिका निभाई और 1920 के दशक के मध्य तक इसके 'उष्णकटिबंधी बीमारियों को प्रकाश में लाने में अति विशिष्ट योगदान' के दावे को पुष्ट किया।[35] उदाहरणस्वरूप, बंबई में ग्लेन लिस्टन द्वारा प्लेग पर अथवा एस.आर. क्रिस्टोफर और कसौली के आई एम एस के मलेरिया

वैज्ञानिकों की युवा पीढ़ी द्वारा किए गए अनुसंधान ने प्रमाणित कर दिया कि भारत चिकित्सा के क्षेत्र में अगली पंक्ति का अनुसंधान कर्ता बनने की क्षमता रखता है। लेकिन नतीजा शत-प्रतिशत भावात्मक नहीं था। संस्थानों और उनकी सीमित संख्या वाले अनुसंधानकर्ताओं के काम में सीरमों के उत्पादन की भारी माँग से बाधा पड़ती थी, खासकर युद्धकाल में उनकी सारी शक्ति हथियार बंद सैनिकों के लिए टीका बनाने में खप जाती थी और अनुसंधान-कार्य लगभग ठप हो जाता था। अनुसंधान के अग्रणी संस्थानों के सारे भारत में बिखरे होने के कारण उनके बीच समन्वय स्थापित करना कठिन था और यह कर्ज़न के अखिल भारतीय उपादेयता वाले केंद्रित अनुसंधान के आदर्श के अनुकूल नहीं था। फिर पुराने सेवा-आचार की अपेक्षाएँ भी कम प्रबल नहीं थीं। लोग यह तो मानते थे कि औपनिवेशिक चिकित्सा प्रतिष्ठान से बाहर रहकर हैंकिन और हैफ़किन ने 1890 के दशक में चिकित्सा अनुसंधान को काफी आगे बढ़ाया था, लेकिन मालकोवल घटना की याद अभी भी ताजा थी। लोग मानते थे कि हैफकिन एक प्रतिभाशाली जीवाणुवैज्ञानिक, लेकिन कमजोर प्रशासक है और कतिपय अपवादों को छोड़कर किसी अनुसंधानिक संस्थान को चलाने की अपेक्षित वैज्ञानिक निपुणता और प्रशासकीय अधिकार सिर्फ आई एम एस अधिकारियों को ही हासिल है। आई एम एस को अनुसंधान के लिए नियुक्तियों का एकाधिकार तो नहीं था, लेकिन अधिकांश नियुक्तियाँ वही करता था। आरंभ में आई एम एस स्वयं तो अनुसंधान नहीं करता था, लेकिन स्थितियाँ तेजी से बदलीं और उसने चिकित्सा-क्षेत्र की प्रखर प्रतिभाओं को अपनी ओर आकृष्ट करने के लिए उष्णकटिबंधी रोगों पर अनुसंधान करने और संभव हो तो नोबेल पुरस्कार जीतने (रॉस ने मलेरिया पर शोध करने के लिए 1902 में यह पुरस्कार जीता था) की संभावना उनके समक्ष प्रस्तुत की। 1917 में आई एम एस के महानिदेशक ल्यूकिस ने घोषणा की कि भारत में चिकित्सा-अनुसंधान की अपूर्व 'सुविधाएँ और अवसर' उपलब्ध हैं : 'भारत में शायद ही कोई ऐसा संक्रामक रोग है जिसमें अनुसंधान करना लाभकर नहीं होगा।'[36]

इसका एक उलटा परिणाम यह हुआ कि चिकित्सा-अनुसंधानकर्मी अपने सामान्य स्वास्थ्य और चिकित्सा-कार्य से दूर होते गए। आई एम एस की वर्गीय श्रेष्ठता न सिर्फ उसकी व्यावसायिक और उससे भी अधिक जातीय अनन्यता से अपितु इस बात से भी जाहिर होती थी कि अनेक चिकित्सा अनुसंधान संस्थान और प्रयोगशालाएँ घनी आबादी वाले इलाकों और अनुसंधान किए जाने वाले रोगों से काफी दूर पर्वतीय प्रदेशों, 'समशीतोष्ण' जलवायु वाले स्थानों में थीं। समुद्र की सतह से 6,000 फीट ऊँचाई पर बसा कसौली इस अलगाव का स्पष्ट उदाहरण था। लेकिन इसके पक्ष में यह तर्क आश्वस्तिकारक था कि शिमला से सड़क मार्ग से मात्र तीन घंटों का सफर होने के कारण भारत सरकार के स्वास्थ्य आयुक्त इस

पर निगाह रख सकते थे। अनुसंधान प्रयोगशालाओं और टीका प्रतिष्ठानों को सुदूर पर्वतीय प्रदेशों में रखने के अन्य कारण भी थे। पशुओं पर किए जाने वाले प्रयोग और उनकी चीर-फाड़ के सार्वजनिक विरोध के कारण इंपीरिअल बैक्टिरिऑलॅजिकल लेबोरेटरी को पूना से हटा कर कुमायूँ की तराई में 7,000 फीट पर अवस्थित मुक्तेश्वर में ले जाया गया। पर्वतीयस्थलों के पक्ष में एक बात यह भी थी कि कलकत्ता और बंबई का गरम जलवायु उन्नत जीवाणु-विज्ञान संबंधी कार्य के लिए प्रतिकूल था; गंभीर, वैज्ञानिक शोध शीतल स्थानों में और 'मातदिल' जातियों के अनुसंधानकर्मियों द्वारा ही किए जा सकते थे। 1891 में वायसराय लार्ड लैंस्डोन ने राज्यसचिव को कहा था कि मौलिक वैज्ञानिक अनुसंधान के लिए जैसी 'मानसिक और शारीरिक अर्हताएँ' अपेक्षित हैं वे 'उष्णकटिबंध में जन्मे-पले लोगों में उतनी नहीं होतीं जितनी उत्तरी अक्षांश की अधिक सबल जातियों में होती हैं।'[37] दो साल बाद ग्रांट मेडिकल कॉलिज के प्रिंसिपल ने अपने प्रतिवेदन में लिखा कि स्कॉटलैंड में मेढक का हृदय शरीर से अलग किए जाने के 48 घंटे बाद तक धड़कता रहता है जबकि बंबई के गर्म और आर्द्र जलवायु में इसकी धड़कन सिर्फ पाँच मिनट बनी रहती है। मतलब यह कि संवेदनशील शारीरिक प्रयोग सिर्फ पर्वतीय प्रदेशों में ही किए जा सकते हैं।[38] ऐसे दावे गंभीरता से लिए गए और इसके परिणामस्वरूप चिकित्सा अनुसंधानकर्ताओं की एक पृथक् जाति ही कायम हो गई, चिकित्सा-अनुसंधान पर गोरों का विशेषाधिकार हो गया और संस्थान अल्प वित्त-पोषित विश्वविद्यालयीय विभागों के बदले सुदूर पर्वतीय क्षेत्रों में स्थापित किए जाने लगे।

दरअसल, अनेक शाही अनुसंधान संस्थानों के अलगाव से ऊब, कटु व्यावसायिक प्रतिद्वंद्विता और सामाजिक तथा जातीय तनाव पैदा हुए और जिस तरह विज्ञान को सार्वजनिक छानबीन और जिम्मेवारी से अलग रखा जा रहा था उसे भारतीयों ने भी पसंद नहीं किया। जब 1900 में ब्रिटेन के महाशल्य-चिकित्सक से पर्वतीय प्रदेशों में एक केंद्रीय जीवाणु-विज्ञानी संस्थान स्थापित करने के बारे में राय माँगी गई तो उसने टिप्पणी की कि मुक्तेश्वर जैसे स्थान में छोटी संख्या में यूरोपियों को रखकर उन्हें 'सभ्य जगत के, अधिकांश लाभों और सुविधाओं से वंचित कर दिया जाता था, 'जो उनके लिए बड़ा ही कष्टदायक' था। उसने देहरादून के वन-संरक्षण विद्यालय का हवाला देते हुए प्रमाणित किया कि, 'जो यूरोपीय लंबे समय तक एकाकी स्थानों में रहते हैं, उनके मानसिक संताप के शिकार होने की संभावना रहती है'।[39] इसके बावजूद अल्पकालीन लाभों के मद्देनज़र पर्वतीय प्रदेशों में निवास की खूबियों के प्रति जागरूक सरकार ने ऐसी टिप्पणियों की उपेक्षा कर दी।

वन-संरक्षण और कृषि

उन्नीसवीं सदी के अंत और बीसवीं सदी के प्रारंभ में आयुर्विज्ञान एक ऐसा क्षेत्र

था जिसमें विज्ञान और राज्य के बीच गहरा तालमेल था, लेकिन यह एकमात्र ऐसा विज्ञान नहीं था। 1860 के बाद औपनिवेशिक वन-संरक्षण विज्ञान में भी राज्य ने गहरी अभिरुचि ली। रिचर्ड ग्रोव ने अपनी एक रचना में विज्ञान के विकास में अकाल की भूमिका को रेखांकित करते हुए दावा किया है कि औपनिवेशिक वन-संरक्षण विज्ञान संबंधी नीतियों की पहल कंपनी के शल्य-चिकित्सकों के ऐसे प्रबुद्ध समुदाय ने की जो तेजी से जंगलों की कटाई को भारत में निरार्द्रीकरण, भूक्षरण और जलवायु-परिवर्तन का प्रधान कारण मानकर उसे अनावृष्टि और अकाल के लिए उत्तरदायी मानते थे। उनके अनुसार यद्यपि वन-संरक्षण कंपनी के व्यापारिक और वित्तीय स्वार्थों के प्रतिकूल पड़ता था, इसके बावजूद ये शल्य-चिकित्सक अपने वैज्ञानिक अभिमत के लिए सरकारी समर्थन पाने में सफल रहे।[40] ग्रोव मानता है कि वन-प्रबंधन और संरक्षण संबंधी नीति-निर्धारण में कंपनी कालीन भारत की महत्त्वपूर्ण भूमिका थी और कुछ इतिहासकारों की यह धारणा गलत है कि 'उपनिवेशों में विज्ञान की भूमिका गौण थी और मौलिक अनुसंधान नहीं होते थे'। उसके अनुसार 'चिकित्सा, मौसम और कई अन्य विज्ञानों में इसके विपरीत स्थिति रही थी'।[41] इसके बावजूद, राजकीय नीति-निर्धारण में वैज्ञानिकों की भूमिका सीमित ही मानी जा सकती है। वैज्ञानिक स्वयं सरकारी सेवक थे और वैज्ञानिक तथा तकनीकी पदाधिकारियों को वरीय प्रशासकीय पदाधिकारी याद दिलाते रहते थे कि उनका काम साम्राज्य की सेवा करना है, न कि उसका संचालन करना। वित्तीय और राजनीतिक सोच को सर्वोच्च प्राथमिकता दी जाती थी। इसलिए यह विवादास्पद है कि शल्य-चिकित्सक वैज्ञानिक किस सीमा तक सरकारी नीति को अपने अनुरूप ढालने में समर्थ थे। माधव गाडगिल और रामचंद्र गुहा ने दावा किया है कि उन्नीसवीं सदी के उत्तरार्द्ध में सरकार की वन-संरक्षण नीति के पीछे मुख्य प्रेरणा थी वित्तीय लाभ, न कि निरार्दीकरण और संरक्षण के संबंध में वैज्ञानिक दलील की सरल स्वीकृति। इस दृष्टि से 1864 में इंडियन फॉरेस्ट्री डिपार्टमेंट (भारतीय वन-संरक्षण विभाग) की स्थापना को अक्षुण्ण भारतीय वन-संपदा का उपयोग कर राजकीय आय को बढ़ाने के साथ-साथ रेलपथों के निर्माण, ईंधन और इमारतों के लिए आवश्यक लकड़ियों की लगातार आपूर्त्ति का प्रयास ही माना जा सकता है।[42] दीपक कुमार ने तो यहाँ तक कहा है कि इंडियन फॉरेस्ट्री सर्विस को 'शायद ही वैज्ञानिक कहा जा सकता था'; वन-संरक्षण पदाधिकारी 'मुख्य रूप से भू-संपदा प्रबंधक' थे और 'राजस्व-प्राप्ति एकमात्र धुन थी।'[43]

लेकिन यह मान्यता भी भारतीय वन-संरक्षण के वैज्ञानिक महत्त्व को बहुत कम कर आँकती है। उन्नीसवीं सदी के अंत तक वन-संरक्षण सरकार को मुनाफा देने वाले कुछेक विभागों में था। जिस रूप में यह राज्य की वित्तीय सेवा में सहायक था वह अन्य विभागों के लिए प्रतिमान बन गया ! इस विज्ञान की कुछ अन्य

विशेषताएँ भी थीं। इसका अधिकार-क्षेत्र बहुत विशाल था। 1916 तक, 2,49,000 वर्गमील का क्षेत्र सीधे सरकारी नियंत्रण में था। इसके अतिरिक्त 99,205 वर्गमील में आरक्षित जंगल थे।[44] उससे भी अधिक महत्त्वपूर्ण बात यह थी कि 'वैज्ञानिक वन-संरक्षण' आंतरिक तनावों के बावजूद विज्ञान और राज्य की अंतर्निर्भरता का साक्ष्य था। यद्यपि, (जैसाकि ग्रोव ने दावा किया है), भारतीय वन-संरक्षण विज्ञान के क्षेत्र में 1840 के दशक में अलेक्ज़ेंडर गिब्सन और ह्यू क्लीगहॉर्न जैसे शल्य-चिकित्सक वनस्पतिशास्त्रियों ने मार्गदर्शन किया था, लेकिन इसके संबंध में अधिक व्यवस्थित और साफ-साफ वैज्ञानिक समझ कंपनी के अवसान के बाद ही बन पाई और यह काम 1864 में वन-संरक्षण के प्रथम भारतीय महानिरीक्षक के रूप में नियुक्त डायट्रिक ब्रांडिस के द्वारा किया गया। जर्मनी में पैदा और वनस्पतिशास्त्र में प्रशिक्षित ब्रांडिस उन्नीस वर्षों तक इस पद पर रहा और इस अवधि में उसने जर्मनी और फ्रांस में विकसित वैज्ञानिक वन-संरक्षण के विचारों का प्रचार-प्रसार किया और उसके पदाधिकारियों को प्रोत्साहित किया कि वे जर्मनी और फ्रांस के वन-संरक्षण-विद्यालयों में उनके सिद्धांतों और आचरणों का प्रशिक्षण लें। इस अर्थ में वह (भारत में सेवारत जर्मनी में उत्पन्न अन्य वन-संरक्षकों समेत) मेट्रोपोलिटन वन-विज्ञान के प्रसार में एक महत्त्वपूर्ण अभिकर्त्ता सिद्ध हुआ।[45] लेकिन, सरकारी अनिच्छा के बावजूद, 1878 में देहरादून में इंडियन स्कूल ऑफ़ फॉरेस्ट्री की स्थापना में भी उसकी महत्त्वपूर्ण भूमिका रही। इस संस्था को वह भारतीय वनों के वैज्ञानिक प्रबंधन और भारतीय सहायकों के प्रशिक्षण के लिए आवश्यक मानता था।[46] वनस्पतिशास्त्री के रूप में उसने भारतीय जंगलों के वैज्ञानिक अध्ययन की उपयोगिता में विश्वास को बढ़ावा दिया और इसके लिए 1874 में 'फॉरेस्ट फ़्लोरा ऑफ़ नॉर्थ-वेस्ट एंड सेंट्रल इंडिया' (पश्चिमोत्तर और मध्य भारत के जंगली पेड़-पौधे) तथा 1906 में 'इंडियन ट्रीज़' (भारतीय वृक्षों) की निर्देशिका प्रकाशित की। साथ ही, अन्य क्षेत्रीय पेड़-पौधों और जंगली लकड़ियों और अन्य वन्य उत्पादों के संबंध में विशेष जानकारी देने वाली रचनाएँ भी उसने अपनी देख-रेख में प्रकाशित कराईं। ब्रांडिस ने भारतीय पौधों के, विशेषकर उन पौधों के जो अपने अंग्रेजी अथवा लैटिन प्रतिरूपों की अपेक्षा अधिक ज्ञात और जाने-पहचाने थे, प्रचलित नाम का उपयोग करने की भी वकालत की (देखिए अध्याय दो)। उसकी नजर में वनस्पतिशास्त्र का सर्वाधिक महत्त्व उसके व्यावहारिक वन-वर्द्धन विज्ञान के रूप में उपयोग करने में निहित था। 'अच्छे वन-प्रबंधन' के लिए आवश्यक था कि विशेष पौधों के संबंध में ठोस जानकारी हो (यह काम यूरोपीय वनों की अपेक्षा भारतीय वनों के संदर्भ में ज्यादा मुश्किल था क्योंकि भारतीय पेड़-पौधों की ढेरों जातियाँ उलझन पैदा करने वाली थीं), यह मालूम हो कि उनके स्वभाव, प्रजनन की विधियाँ और दरें, उनके फलने-फूलने के लिए आवश्यक जलवायु और मिट्टी की दशाएँ और उनसे प्राप्त लकड़ियों के विशेष गुण

क्या हैं। ब्रांडिस के अनुसार 'विभिन्न प्रजातियों के वन-वर्द्धन की आवश्यकताओं के अध्ययन' के द्वारा ही 'उनसे प्रति एकड़ लकड़ियों और अन्य वन्य-उत्पादों के अधिकतम सालाना उत्पादन की गारंटी की जा सकती थी।' उसकी तथा उसके उत्तराधिकारियों की दृष्टि में विज्ञान और राजकीय राजस्व के स्वार्थ एक-दूसरे से पृथक् नहीं किए जा सकते थे, हालाँकि वह इस बात पर विशेष बल देता था कि वन संसाधनों का उपयोग सिर्फ राज्य के लिए आय के स्रोत के रूप में न कर अंततः जन-कल्याण के लिए ही किया जाना चाहिए।[47]

भारतीय जंगलों पर कारगर राजकीय नियंत्रण और चराई, खेती, खाद, ईंधन और इमारती लकड़ियों के लिए उन पर लगे प्रतिबंधों के विरुद्ध वनवासियों और आस-पास के निवासियों में तीखी प्रतिक्रिया हुई क्योंकि वे चिरकाल से उन्हें अपनी संपत्ति मान रहे थे। 1870 और 1880 के दशकों में कबीलों के विद्रोह से लेकर 1920 और 1930 के दशकों तक के वन सत्याग्रहों (गांधी शैली वाले विरोध आंदोलन) तक वन विनियमन बार-बार संघर्ष पैदा करते थे जिनकी अनुगूँज मुख्य धारा के राष्ट्रीय आंदोलनों में भी सुनाई पड़ती थी।[48] ये संघर्ष वास्तव में दो भिन्न ज्ञान-पद्धतियों के बीच बुनियादी और असमाधेय संघर्ष के द्योतक थे। एक ओर वैसे पेशेवर वन-संरक्षण पदाधिकारी थे जिनका उद्देश्य सिर्फ राजस्व प्राप्त करना था और जिनके पीछे औपनिवेशिक शासन, पाश्चात्य विज्ञान और फ्रांस तथा जर्मनी में प्रचलित वन भूमि प्रबंधन संबंधी विचारों की ताकत थी और दूसरी ओर पारंपरिक और स्थानीय अनुभव वाले वैसे आखेटक, अन्न-संचायक और खेतिहर थे जो अप्रशिक्षित होने के बावजूद जंगली पेड़-पौधों और जीव-जंतुओं के संबंध में पर्याप्त व्यावहारिक जानकारी रखते थे और इस जानकारी की बदौलत दैनिक आजीविका चलाते और वन्य उत्पादों का व्यापार करते थे। इस 'वैज्ञानिक वन-संरक्षण' और व्यावहारिक अनुभव के बीच गहरी खाई थी, लेकिन किसी अंश में इनके बीच तालमेल भी था। उदाहरणस्वरूप, जंगली कबीले अग्नि-रक्षित भूखण्डों को साफ करने अथवा बाँस काटने के काम में नियोजित किए जाते थे; उनकी जानकारी का उपयोग वन-संरक्षण पदाधिकारी पेड़-पौधों की विभिन्न प्रजातियों को पहचानने और वन-पारिस्थितिकी के संबंध में अपनी समझ को निखारने में अथवा रोगनिवारक औषधियों का पता लगाने और उनका संग्रह करने में करते थे (मालाबार के जंगलों में किनो का संग्रह कुरुबारों ने किया था)।[49] दशकों के दौरान वन-संरक्षण पदाधिकारियों ने अनुभव से यह भी जाना कि पशुओं की चराई, चक्रीय कृषि और नई फसल के लिए समय-समय पर सूखी घासों को जला देने जैसे कार्य, जिसका वे कभी उपहास किया करते थे, वास्तव में सखुआ, सागवान और अन्य कीमती पेड़ों के पुनरुद्भवन के लिए आवश्यक थे।[50]

वन-संरक्षण के विपरीत जीविका-निर्वाह और निर्यात का प्रमुख स्रोत कृषि

वैज्ञानिक अभिरुचि तथा गतिविधि से 1890 के दशक तक सर्वथा असंपृक्त रही। झुकाव मुख्य रूप से भारतीय खेती की समस्याओं के समाधान के लिए बृहद् अंतःसंरचना खड़ी करना और अकाल का सामना करना था। यह राज्य का वन-संरक्षण के प्रति विशेष ध्यान का सूचक है कि उसने 1864 में फॉरेस्ट्री सर्विस और 1878 में स्कूल ऑफ़ फॉरेस्ट्री की स्थापना की। कृषि के लिए ऐसी संस्थाएँ इसके तीस साल बाद ही स्थापित की गईं। प्रांतीय स्तरों पर कुछ प्रयास अवश्य हुए और उन्नत किस्म के आयातित गेहूँ और कपास के प्रसार में आंशिक सफलता भी मिली लेकिन यह धारणा बनी रही कि कृषि में उन्नति राज्य की जिम्मेवारी नहीं है और कलकत्ता स्थिति एग्रिकल्चरल एंड होर्टिकल्चरल सोसायटी जैसे संगठनों के जिम्मे यह काम छोड़ देना चाहिए, अथवा सिंचाई के लिए नहरों और रेलमार्गों की शानदार प्रौद्योगिकी तुलना में भारतीय कृषि के उन्नयन में विज्ञान का कोई योगदान नहीं हो सकता। उन्नीसवीं सदी के दौरान भारत में यूरोपीय और उत्तर अमेरिकी कृषि मशीनरी को लागू करने के छिट-पुट प्रयास किए गए लेकिन उनका कोई खास परिणाम नहीं निकला। इसके विपरीत इंडियन इंडस्ट्रिअल कमीशन (भारतीय उद्योग आयोग) ने 1918 में भारतीय कृषि में यंत्रों के अधिकाधिक उपयोग की जबर्दस्त वकालत की क्योंकि यह कृषि और उद्योग दोनों के लिए लाभकर था।[51] 1790 के दशक में ही भारतीय कृषि के उन्नयन के लिए किड ने नए अन्न पैदा करने वाले पौधे लगाए थे लेकिन उसका प्रभाव बहुत सीमित रहा था और रायली तथा उसके उत्तराधिकारियों ने चाय, कपास, सिंकोना और अन्य वैसी फसलों के उत्पादन पर जोर दिया जो व्यापारिक दृष्टि से बहुत लाभकर थे लेकिन जिनमें किसानों को कोई अभिरुचि नहीं थी। देशी कृषि तकनीकों अथवा चावल, गेहूँ, बाजरा जैसे भारत के प्रधान खाद्यान्नों के मुख्य गुणों और आवश्यकताओं का व्यवस्थित अनुसंधान शायद ही होता था।

अकाल की जटिल समस्या ने वन-संरक्षण की भाँति कृषि विज्ञान के विकास में भी महत्त्वपूर्ण भूमिका निभाई। 1866 में उड़ीसा के अकाल के सिलसिले में लॉर्ड मेयो की सरकार ने भारतीय कृषि में अनुसंधान और उन्नयन का निश्चय किया जिसके परिणामस्वरूप डिपार्टमेंट ऑफ़ रेवेन्यू, एग्रिकल्चर एंड कॉमर्स (राजस्व, कृषि और वाणिज्य विभाग) की स्थापना की गई, लेकिन 1879 में उसे वित्तीय कारणों से बंद कर दिया गया। 1876-8 के अकाल और 1880 में अकाल आयोग की अनुशंसा से 'कृषि के उन्नयन' में अभिरुचि की नई लहर पैदा हुई और केंद्रीय तथा प्रांतीय सरकारों ने अपने-अपने कृषि विभाग स्थापित किए। लेकिन भारत सरकार का कृषि विभाग महज़ आँकड़ा-संकलन और अकालराहत के घिसे-पिटे कार्य तक ही सीमित रहा और कृषि में विज्ञान का उपयोग करने की दिशा में कुछ नहीं किया। प्रांतीय कृषि महाविद्यालयों का मुख्य कार्य था 'कृषि संबंधी थोड़ा-बहुत ज्ञान

देकर छात्रों को बाहर निकालना' जिन्हें राजस्व प्रशासन में नियोजित कर लिया जाता था।[52] 1882 में पहली बार एक कृषि रसायन विशेषज्ञ की नियुक्ति का प्रस्ताव आया लेकिन यह प्रस्ताव बार-बार ठुकराया जाता रहा और अंततः 1887 में उसे स्वीकृति मिली। वोल्कर ने 1893 के अपने विस्तृत और प्रभावशाली प्रतिवेदन में सरकार की सराहना की कि उसने सिंचाई का व्यापक प्रबंध कर भारत की बुनियादी आवश्यकताओं में एक कृषि को नई ऊर्जा प्रदान की है लेकिन उसने सरकार की इस बात के लिए आलोचना भी कि उसने वैज्ञानिक ढंग से कृषि, खासकर भारत की मिट्टी, खाद और फसलों के उत्पादन में रसायनशास्त्र के उपयोग की उपेक्षा की है। आयुर्विज्ञान की भाँति भारतीय कृषि 1890 के दशक तक वैज्ञानिक प्रगति के लाभों से खेदजनक ढंग से वंचित रही थी।[53]

अकाल कृषि के उन्नयन में भी मुख्य प्रेरक तत्त्व सिद्ध हुआ। 1896-1900 की अवधि में पड़े अकालों ने कर्ज़न के सामने भारतीय कृषि की भयावह विफलता को और भी उजागर कर दिया 1901 में इंडियन फ़ेमिन कमीशन (भारतीय अकाल आयोग) ने अपने प्रतिवेदन में टिप्पणी की कि 'कृषि संबंधी समस्याओं से निबटने के लिए विशेषज्ञों द्वारा अनुसंधान' 'समय की अनिवार्य आवश्यकता है।'[54] इसकी संस्तुतियों पर तत्काल अमल किया गया। भारतीय कृषि पर वैज्ञानिक खोजों का निरीक्षण और प्रांतों में शोधकार्यों का पर्यवेक्षण करने के लिए 1901 में कृषि महानिरीक्षक की नियुक्ति हुई। इसके तुरत बाद एक क्रिप्टोगॅमिक (बिना फूल और बीज वाले पेड़-पौधों से संबंधित) वनस्पतिशास्त्री और 1903 में एक कृषि-विज्ञानवेत्ता की बहाली हुई और 1906 में, फॉरेस्ट्री सर्विस की स्थापना के बयालीस साल बाद, इंडियन एग्रिकल्चरल सर्विस अस्तित्व में आया। लेकिन सर्वाधिक महत्त्वपूर्ण घटना थी पूसा में इंडियन एग्रिकल्चरल रिसर्च स्टेशन (बाद में इंपिरिअल एग्रिकल्चरल इंस्टीट्यूट के नाम से ज्ञात) की स्थापना। संभवतः इसकी स्थापना एक अमेरिकन लोकोपकारी व्यक्ति हेनरी फ़िप्स द्वारा 30,000 पौंड के दान से हुई थी। इस संस्थान के पास 1,300 एकड़ भूमि पर प्रायोगिक फार्म (चक) और 'यूरोपीय विशेषज्ञों का स्टाफ' (कर्मचारी वृंद) था जिसमें पिछले दस वर्षों में नियुक्त कई कृषि विशेषज्ञ और उनकी सहायता के लिए 'देशी सहायक' थे। 1906 में पूसा संस्थान के पूर्णतः क्रियाशील होने तक कृषि के शाही और प्रांतीय विभागों में कुल चालीस पद थे जिनमें आर्थिक वनस्पतिशास्त्री, कृषि जीवाणु वैज्ञानिक और कृषि रसायनवेत्ता भी थे। इनमें सिर्फ आठ पर भारतीय थे और वे भी विभागीय निरीक्षक जैसे अवर पदों पर। अपवादस्वरूप एक बंगाली, डी.एन. मुखर्जी, बंगाल में कृषि का सहायक निदेशक था।

पूसा के 'एग्रिकल्चरल जॅर्नल ऑफ इंडिया' के आरंभिक अंकों में प्रकाशित लेखों में शोध के प्रमुख विषय थे : ईख पर खाद के प्रभाव, धान की खेती में सुधार,

कपास में कीट महामारी और अरहर की बीमारियाँ। संस्थान के कुछ अत्यंत महत्त्वपूर्ण अनुसंधानपरक कार्य अल्बर्ट हॉवर्ड और उसकी पत्नी गैब्रिएल हॉवर्ड (यह अपनी योग्यता के बल पर 1913 में आर्थिक वनस्पतिशास्त्री के रूप में नियुक्त हुई थी—औपनिवेशिक भारत में वैज्ञानिक अनुसंधान का पद प्राप्त करने वाली महिला का यह एक अनूठा उदाहरण था) द्वारा किया गया। 1893 में वोल्कर ने दावा किया था कि भारत में इंग्लिश गेहूँ के किस्मों को उपजाने का प्रयास इस गलत मान्यता पर आधारित था कि भारत की कृषि दशाएँ इंग्लैंड की कृषि दशाओं जैसी हैं, 'ऐसे विदेशी अथवा आयातित बीजों को उगाने की चेष्टा आवश्यक नहीं है जो पहला साल अच्छी फसल दें किंतु दूसरा साल चुक जाएँ, आवश्यक यह है कि उन देशी किस्मों का उपयोग किया जाए जो अन्य ज़िलों के अनुभव से पूर्णतः अनुकूल पाये गए हों।'[55] इस सिद्धांत को कार्यरूप देते हुए हॉवर्ड दंपति ने देशी गेहूँ को तीन दर्जन क़िस्मों में वर्गीकृत किया और उनके विशेष गुणों की जाँच-परख की और उनसे 'पूसा' मार्का ऐसे रतुआ-प्रतिरोधी शंकर गेहूँ विकसित किए जो भारतीय स्थितियों के सर्वथा अनुकूल लेकिन गुणवत्ता और विपणन की दृष्टि से पारंपरिक किस्मों से बेहतर थे। वोल्कर की भाँति हॉवर्ड दंपति ने अपने अधिकांश पूर्ववर्ती विशेषज्ञों की तरह वैज्ञानिक अनुभवों को ठुकराया नहीं, बल्कि उनसे बहुत-कुछ सीखने-समझने पर जोर दिया। 1910 में उन्होंने घोषणा की कि भारतीय कृषि में पाश्चात्य तरीकों से सुधार लाने का प्रयास एक 'बुनियादी भूल' था। उनकी दृष्टि में भारतीय कृषि के प्रचलित तरीके पाश्चात्य जगत को जितने भी अजूबे और पुरातन जान पड़ें, 'सम्मान के योग्य' थे। आवश्यकता इस बात की थी कि 'भारतीय कृषि को बेहतर बनाने के लिए स्थानीय स्थितियों को ध्यान में रखते हुए पाश्चात्य वैज्ञानिक तरीके काम में लाए जाएँ।'[56] पूसा और क्वेटा-स्थित एक अन्य शोध केंद्र के प्रयोगों के आधार पर हॉवर्ड दंपति ने समग्र दृष्टि अपनाई और पौधों के जीवन और कल्याण से संबंधित सारे पक्षों—खाद छिटाई, मिट्टी की दशाएँ, सिंचाई, मिश्रितरोपण के प्रभाव, चक्रीय फसल, बीमारियाँ और महामारियाँ—पर विचार किया। एक अन्य महत्त्वपूर्ण अनुसंधान चावल पर किया गया जो लाखों-करोड़ों भारतीयों का मुख्य आहार था लेकिन कृषि-विज्ञान से अब तक लगभग अछूता रहा था। जिस रूप में चावल नेत्रजन को 'फिक्स' करता था और एक ही जमीन में साल-दर-साल पर्याप्त उपज देता था वह पूसा के वैज्ञानिकों, जिनमें कृषि रसायनवेत्ता जतींद्रनाथ भी थे, के द्वारा किए गए अति महत्त्वपूर्ण अनुसंधानों में एक था।

लेकिन, पर्वतीय स्थलों के चिकित्सा अनुसंधान संस्थानों की भाँति पूसा के कृषि संस्थान के सामने भी कई समस्याएँ थीं। प्रांतीय सरकारें फसलों पर स्थानीय दशाओं के प्रभाव अथवा स्थानीय शंकर फसलों के विकास पर अनुसंधान के लिए चिंतित थीं और पूसा के पंडितों के सुझाव पसंद नहीं करती थीं। अल्बर्ट हॉवर्ड

ने, जिसने सत्रह वर्षों के बाद पूसा संस्थान छोड़ा, वहाँ की जिंदगी के बनावटीपन और अलगाव से पैदा हुए व्यक्तिगत और व्यावसायिक तनावों पर खेदजनक टिप्पणी की। न तो वहाँ मुलाकाती आते थे, न कोई सामाजिक संपर्क था। उनकी दुनिया अपने सहकर्मियों तक ही सिमटी हुई थी। यूरोपीय विशेषज्ञों को आकृष्ट करने और उन्हें वहाँ बनाए रखने के लिए उन्हें मोटी तनख्वाह देनी पड़ती थी, महलनुमा बँगलों में रखना पड़ता था और भारी खर्च पर उन्हें विद्यालय, अस्पताल, क्लब (जो आरंभ में यूरोपवासियों के लिए सुरक्षित था) और भारत के ख्यात सर्वोत्तम टेनिस कोर्ट्स की सुविधा देनी पड़ती थी। अधिक विस्तृत वैज्ञानिक समुदाय के सान्निध्य से मिलने वाले प्रोत्साहन के अभाव में कार्यक्षमता और लक्ष्य-भावना में कमी आती थी। अनुसंधानकर्त्ता 'सम्यक् संतुलन बनाए रखने में कठिनाई महसूस करते थे।'[57] 1934 में बिहार में आए भूकंप में पूसा संस्थान की इमारतें क्षतिग्रस्त हो गईं। तो एग्रिकल्चर इंस्टिट्यूट को दिल्ली ले जाने का निर्णय लिया गया। पूसा का परित्याग और संस्थान का भारत की नई राजधानी में स्थानांतरण शाही विज्ञान और उसके ढेर-सारे सुदूर एकांत स्थलों में स्थित संस्थान की अधिक व्यापक नियति के प्रतीक ही माने जा सकते हैं।

भारतीय वैज्ञानिक समुदाय

1890-1914 की अवधि का वैज्ञानिक विकास सिर्फ शाही विज्ञान के संदर्भ में नहीं समझा जा सकता। इसे समझने के लिए भारतीय वैज्ञानिक समुदाय की भूमिका को भी ध्यान में रखना आवश्यक है। वैसे इस समुदाय की नींव तो पहले ही पड़ चुकी थी, लेकिन 1890 के दशक में यह बड़ी प्रखरता के साथ उभरा। इसके उद्भव में भारत में पाश्चात्य शिक्षा के विकास की मुख्य भूमिका थी और पश्चिम में उच्च शिक्षा और व्यावसायिक प्रशिक्षण प्राप्त भारतीयों का भी इसमें योगदान था।[58] कलकत्ता की आभिजात्य शिक्षण संस्थाएँ विज्ञान में अभिरुचि पैदा करने और व्यक्तिगत तरक्की के लिए अवसर प्रदान करने की दृष्टि से काफी महत्त्वपूर्ण थीं। चिकित्सक और इंडियन असोसिएशन फ़ॉर द कल्टिवेशन साइंस के संस्थापक महेंद्रलाल सरकार, भौतिकशास्त्री जगदीशचंद्र बोस और रसायनशास्त्री प्रफुल्लचंद्र राय सभी कलकत्ता के हेयर स्कूल के छात्र थे। महेंद्रलाल 1855 में कलकत्ता मेडिकल कॉलिज जाने और 1863 में एम.डी. करने से पूर्व हिंदू कॉलिज के छात्र थे। भूगर्भशास्त्री प्रमथनाथ बोस ने कलकत्ता सेंट जेवियर्स जाने से पहले कृष्णागर कॉलिज में शिक्षा पाई और लंदन में अध्ययन के लिए 1874 में गिलक्राइस्ट छात्रवृत्ति हासिल की। जगदीशचंद्र बोस भी कैंब्रिज और लंदन में अध्ययन हेतु जाने से पूर्व सेंट जेवियर के छात्र थे जहाँ अपने शिक्षक जेसुइट संप्रदाय के फादर लॅफाण्ट से उन्हें भौतिक शास्त्र के अध्ययन में भारी प्रेरणा मिली। राय ने रुग्ण स्वास्थ्य के कारण आरंभिक शिक्षा

स्वाध्याय के द्वारा संपन्न की और बाद में प्रेज़िडेंसी कॉलिज में दाखिल हुए। वहाँ उन्होंने भी गिलक्राइस्ट छात्रवृत्ति पाई और रसायनशास्त्र के अध्ययन के लिए 1882 में एडिनबर्ग चले गए।

लेकिन भारतीय वैज्ञानिक समुदाय के निर्माण का सारा श्रेय सिर्फ पाश्चात्य शिक्षा को नहीं दिया जा सकता। भारतीय वैज्ञानिकों की पहली पीढ़ी को बौद्धिक और वैज्ञानिक परंपराएँ विरासत में मिली थीं। बंगाली भद्र लोग साधन-संपन्न और सामाजिक हैसियत वाले लोग थे (वे मुख्य रूप से ब्राह्मण, कायस्थ और वैश्य जाति के थे)। उनके पास देशी ज्ञान की लंबी परंपरा थी और उन्हें अपनी संस्कृति पर गर्व था। प्रमथनाथ बोस की भाँति जगदीशचंद्र बोस कायस्थ परिवार से आते थे। उनका जन्म विक्रमपुर में खुशहाल परिवार में हुआ था। विक्रमपुर ईस्ट बंगाल (अब बांगलादेश) में था और संस्कृत तथा बौद्धधर्म का पुराना शिक्षण-केंद्र था। उनके पिता ब्रह्म समाजी थे। वह पहले दंडाधिकारी और बाद में सहायक आयुक्त नियुक्त हुए। उन्होंने बोस को आई सी एस में जाने से रोका और कोई वैकल्पिक जीवन-वृत्ति अपनाने के लिए राजी किया। राय भी ईस्ट बंगाल के शिक्षित जमींदार परिवार के थे। उनके पिता फारसी के विद्वान थे और कृष्णागर कॉलिज के विद्यार्थी रह चुके थे। राय आरंभ से ही ब्रह्म समाज की ओर आकृष्ट थे और 1882 में उसमें शामिल हो गए। कलकत्ते की बौद्धिक सरगर्मी ने उनमें विद्यार्थी जीवन में ही पाश्चात्य साहित्य और विज्ञान दोनों के प्रति अभिरुचि पैदा की जो जीवनपर्यंत कायम रही, हालाँकि उनकी देशभक्ति कभी-कभी इसमें आड़े आ जाती थी। राष्ट्रप्रेम की भावना से प्रेरित होकर उन्होंने एडिनबरा में पढ़ते समय भारतीय विद्रोह पर एक लेख लिखकर निबंध प्रतियोगिता का पुरस्कार जीता था। दूसरी ओर महेंद्रलाल सरकार निम्नवर्गीय सद्गोप समुदाय के थे और किसान परिवार में पैदा हुए थे। उनके चाचा कलकत्ता में वकालत करते थे और उन्हीं की सहायता से उन्होंने मेडिकल कॉलिज में शिक्षा प्राप्त की और अच्छी-खासी प्रैक्टिस भी की, लेकिन अंत में वह होमिॲपैथि की ओर मुड़ गए। बंगाल के बाहर भी सामाजिक पृष्ठभूमि और शैक्षणिक अवसर एक साथ उपलब्ध थे। भौतिकशास्त्री चंद्रशेखर वेंकटरमन तमिल ब्राह्मण परिवार में पैदा हुए थे। उनकी माँ संस्कृत पंडितों के कुल की थी और पिता छोटे-मोटे काश्तकार परिवार के जो विजगापट्टम कॉलिज में भौतिकशास्त्र के व्याख्याता थे। मद्रास विश्वविद्यालय से गणित में बी.एस सी. और एम.ए. करने के बावजूद रमन आरंभ में वैज्ञानिक जीवनवृत्ति नहीं अपना सके। वह 1907 में इंडियन फ़ाइनेंस डिपार्टमेंट (भारतीय वित्त विभाग) में आए; यह संयोग की बात थी कि उनका पदस्थापन भारतीय विज्ञान की राजधानी कलकत्ता में हुआ।[59]

सरकार और रमन स्वयं शिक्षित गणितज्ञ श्रीनिवास रामानुजम की भाँति तत्कालीन भारतीय विज्ञान की अग्रिम पंक्ति के लोगों में इस माने में अपवादस्वरूप

थे कि उन्होंने विदेश में शिक्षा नहीं पाई थी। 1900 के दशक तक भारतीय विश्वविद्यालयों में उच्चतर डिग्री पाने और शोधकार्य करने के अवसर बहुत कम थे। विदेशों में, खासकर इंग्लैंड में पढ़ने वाले भारतीय छात्र न सिर्फ बेहतर प्रशिक्षण पाते थे बल्कि अपने को अंतर्राष्ट्रीय वैज्ञानिक समुदाय का अंग भी मानते थे। उन्हें लगता था कि वे आधुनिकतम शोधकार्यों में शरीक हैं, अग्रिम पंक्ति के वैज्ञानिकों से बराबरी के स्तर पर मिल-जुल सकते हैं (भारत में अध्ययन करने वालों के लिए यह एहसास बहुत मुश्किल था) और सिर्फ ब्रिटेन के ही नहीं, बल्कि फ्रांस, जर्मनी और संयुक्त राज्य के वैज्ञानिक प्रभाव-क्षेत्र तक उनकी पहुँच संभव है। लंदन की एक पत्रिका में अपना एक शोध-पत्र प्रकाशित होने पर प्रमथनाथ बोस किस प्रकार खुशी से उछल पड़े थे इसको याद करते हुए उन्होंने कहा : 'आधुनिक विज्ञान-मंदिर में एक ताखा पा लेने की सुखद कल्पना मेरे मन में लहरा उठी।'[60] एडिनबरा में अपने प्रवास के दौरान राय को तत्कालीन भौतिकी और रसायनशास्त्र के दो महारथियों, पी.जी. टायट और अलेक्जेंडर क्रम ब्राउन के साथ काम करने का मौका मिला। इसके फलस्वरूप उन्हें वैज्ञानिक अनुसंधान करने की प्रेरणा तो मिली ही, इसका भी तीव्र एहसास हुआ कि भारत अपने वैज्ञानिक पैदा करने के मामले में बहुत पीछे है। बाद में इसे याद कर उन्होंने कहा था कि विद्यार्थी के रूप में 'मुझे यह खेदजनक एहसास हुआ कि सारे सभ्यदेश, जिसमें जापान भी है, विश्व का ज्ञान भंडार बढ़ा रहे थे, किंतु बदकिस्मत भारत पीछे पड़ा हुआ है।' उसने ऐसे समय की कल्पना की जब 'भारत भी अपना अंशदान करेगा।'[61] चूँकि राय अधिक खुले वैज्ञानिक समुदाय में रह चुका था, इसलिए बोस की भाँति उसे भारत में लौटकर जातीय भेद-भाव, सेवाओं में यूरोपीय प्रभुत्व और उसकी वैज्ञानिक योग्यताओं को बेमन से दी गई स्वीकृति का अनुभव अधिक सालता था। लेकिन इस (कटु) अनुभव ने राय तथा दूसरों को विज्ञान और राष्ट्र दोनों के प्रति समर्पण भाव के द्वारा औपनिवेशिक जगत के पूर्वाग्रहों और क्षुद्रताओं से ऊपर उठने के लिए अधिक दृढ़ निश्चयी भी बनाया।

जे.सी. बोस और पी.सी. राय भारत लौटकर जिस वैज्ञानिक जगत में दाखिल हुए उसकी एक झलक एशियाटिक सोसायटी ऑफ़ बंगाल पर नजर डालने से मिल सकती है। यह सोसायटी 1890 के दशक तक भारत का प्रधान वैज्ञानिक मंच थी। मार्च, 1895 में राय इस सोसायटी के लिए चुन लिए गए। उस समय उसमें छह विषयों की समितियाँ थीं : भाषा-विज्ञान, मुद्राशास्त्र, इतिहास और पुरातत्त्व शास्त्र, प्राकृतिक इतिहास, भौतिक विज्ञान और मानव-विज्ञान। इन समितियों के सदस्य तत्कालीन भारतीय विज्ञान के कई गण्यमान्य व्यक्ति थे : पी.एन. बोस, डी.डी. कनिंघम, टी.एच. हालैंड, जी. किंग, डी.प्रेन, आर.डी. ओल्डहम, इत्यादि। अवैतनिक सदस्यों (इनमें अधिकांश प्रसिद्ध यूरोपीय वैज्ञानिक थे जो भारत कभी नहीं आए

थे) के अतिरिक्त सोसायटी में 1894 के अंत तक 295 साधारण सदस्य थे। लेकिन मई 1895 में जब बोस विद्युत् तरंगों पर अपना आलेख (इस आलेख ने उन्हें अंतर्राष्ट्रीय ख्याति प्रदान की) प्रस्तुत करने के लिए खड़े हुए तो सिर्फ तेरह सदस्य और तीन दर्शक वहाँ मौजूद थे। सात महीने बाद दिसंबर की बैठक में जब राय ने मर्क्यूरस नाइट्रेट पर अपना आलेख प्रस्तुत किया तो वह कुल चार वक्ताओं में तीसरा था। इनमें ग्रिअर्सन कश्मीरी पर दूसरा और प्रेन भारतीय पोस्ता पर चौथा वक्ता था और श्रोताओं की कुल संख्या बीस थी।[62]

यह निम्न उपस्थिति आश्चर्यजनक नहीं थी। सोसायटी के 295 सदस्यों में सिर्फ एक तिहाई कलकत्ता में रहते थे; 183 गैर-भारतीय सदस्यों (कुल सदस्य संख्या का एक तिहाई) में अधिकांश यूरोप के निवासी थे अथवा छुट्टी पर रहते थे, 112 भारतीय सदस्यों में एक तिहाई कलकत्ता से बाहर रहते थे। ऐसे में बैठकों में उपस्थिति कम होना आश्चर्य की बात नहीं थी। यह भारत के विज्ञानों, भाषाओं और कलाओं में सेवा के व्यावसायिक और मनोरंजनात्मक अभिरुचि के साथ-साथ विज्ञान और राज्य के बीच एक कड़ी के रूप में सोसायटी के महत्त्व का संकेतक था। (सोसायटी यदा-कदा वैज्ञानिक दबाव समूह के रूप में भी काम करती थी; उदाहरणार्थ, 1871 में चैलेंजर के जलावतरण के क्रम में उसकी परिषद ने गहरे समुद्र में अनुसंधान के लिए भारत सरकार को अर्जी दी और उस पर सुनवाई भी हुई)। शेष यूरोपियों में बीस सदस्य सैन्य चिकित्सा सेवा (मुख्य रूप से आई एम एस) के थे और उतनी ही संख्या में सैन्य पदाधिकारी थे। इससे जाहिर होता है कि भारतीय विज्ञान और अभियंत्रण में चिकित्सा सेवाओं और सेना की कितनी महत्त्वपूर्ण भूमिका थी। अन्य यूरोपियों में उनतीस वैज्ञानिक और तकनीकी सेवाओं के थे और इससे कुछ कम संख्या में शिक्षाविद, वकील, लोक अभियंता, व्यापारी, चिकित्सक, पादरी और ईसाई धर्म-प्रचारक थे। कुछ सदस्यों के दिए गए पता-ठिकाने से जाहिर होता है कि वे बंगाल और असम के बागान मालिक रहे होंगे।

भारतीय सदस्यता बिल्कुल भिन्न किस्म की थी। आधे से अधिक सदस्य राजे, जमींदार और अन्य लब्धप्रतिष्ठ व्यक्ति थे। विजय नगर के राजा की तरह कुछ विज्ञान के महत्त्वपूर्ण समर्थक थे, लेकिन शेष का महत्त्व महज आलंकारिक था। सिर्फ तीन भारतीय सदस्य आई सी एस थे। इन्हें लेकर सोसायटी की कुल सदस्य-संख्या बयालीस अर्थात् चौदह प्रतिशत थी, लेकिन पाँच भारतीय वैज्ञानिक और तकनीकी सेवाओं में थे (अर्थात् उनकी कुल संख्या चौंतीस अथवा 11.5 प्रतिशत थी)। इनके अतिरिक्त उपदंडाधिकारी, शिक्षक, चिकित्सक और व्यापारी भी थे। छियालीस भारतीय सदस्यों में अधिकांश की कोई पेशागत पहचान नहीं थी, संभवतः वे वकील, छोटे जमींदार और सरकारी सेवक रहे होंगे।[63]

यदि इन संख्याओं को 1890 के मध्य दशक में भारतीय वैज्ञानिक समुदाय

का संकेत माना जाए तो राज्य का (सेना, आई सी एस और आई एम एस और वैज्ञानिक तथा तकनीकी सेवाओं का) प्रभुत्व स्पष्ट हो जाता है। लेकिन भारतीय सदस्यों के मामले में राज्य का प्रभुत्व उस रूप में परिलक्षित नहीं होता; राजे और ज़मींदार, जो अधिक-से-अधिक धनाढ्य मध्यवर्ग के लोग जान पड़ते थे, ही इसके सदस्य थे। तात्पर्य यह कि भारत में आधुनिक विज्ञान की राजधानी में भारतीय वैज्ञानिकों के लिए अवसर बहुत कम थे।

इसके बावजूद, कहा जा सकता है कि एशियाटिक सोसायटी संपूर्ण भारत में विज्ञान के प्रति बढ़ रही अभिरुचि का प्रतिनिधित्व नहीं करती थी। उन्नीसवीं सदी के अंत में वैज्ञानिक गतिविधियाँ निश्चय ही मुट्ठी भर विदेशी शिक्षा प्राप्त वैज्ञानिकों और सरकारी सेवाकर्मियों तक सीमित नहीं थीं, बल्कि भारत के पुराने बुद्धिजीवी वर्ग और उसके नए पाश्चात्य शिक्षाप्राप्त विशिष्ट जन भी वैज्ञानिक क्रिया-कलाप में संलग्न थे। इस अभिरुचि का संकेत किसी हद तक स्थानीय समाजों और देशी भाषाओं में प्रकाशनों से मिलता है। मुस्लिम समाज के आधुनिकींकरण के पुरोधा सर सैयद अहमद ख़ाँ और सैयद इमदाद अली द्वारा किए गए कार्य इसके आरंभिक उदाहरण हैं। सर सैयद अहमद ने 1864 में अलीगढ़ में साइंटिफिक सोसायटी और सैयद इमदाद अली ने, जो मुजफ्फरपुर में सब-जज थे, 1868 में बिहार साइंटिफिक सोसायटी की स्थापना की थी। इन संस्थानों का उद्देश्य था व्याख्यानों, प्रदर्शनियों, वैज्ञानिक और तकनीकी रचनाओं के अनुवाद, समाचारपत्रों तथा पुस्तिकाओं के प्रकाशन के माध्यम से विज्ञान का प्रसार करना।[64] अलीगढ़ सोसायटी ने वैज्ञानिक और तकनीकी रचनाओं का अनुवाद अंग्रेज़ी से देशी भाषाओं में कराया, 'दुर्लभ और महत्त्वपूर्ण' रचनाओं का पता लगाया और उन्हें प्रकाशित किया, 'देशी मस्तिष्क को परिष्कृत करने वाली' रचनाओं को प्रकाश में लाया और वैज्ञानिक तथा अन्य 'उपयोगी विषयों' पर व्याख्यान आयोजित किए। इसने इतिहास, राजनीति, त्रिकोणमिति, बीजगणित, अंकगणित और खासकर कृषि पर चालीस पुस्तकों का अनुवाद किया और पाश्चात्य कला और विज्ञान को बढ़ावा देने के लिए 1866 में 'अकबार इंस्टिट्यूट गैज़ेट' प्रकाशित किया। अहमद ख़ाँ ने कृषि के वैज्ञानिक तरीकों पर उर्दू में एक शोध प्रबंध लिखने की योजना बनाई, लेकिन वह पूरी नहीं हो सकी और सोसायटी, जिसमें 1875 में लगभग सौ सदस्य थे, कुछ साल बाद बंद हो गई।[65]

पाश्चात्य आयुर्विज्ञान और स्वास्थ्य के प्रसार करने अथवा पाश्चात्य विचारों और देशी आचरणों में ताल-मेल बैठाने के लिए अन्य समाज और पत्रिकाएँ, विशेष कर उर्दू और बंगला में प्रकाश में आईं। 1878 से 1888 तक लाहौर में प्रकाशित द्विमासिक पत्रिका 'गार्डियन ऑफ़ हेल्थ' ने रोगोपचार के अंग्रेज़ी और देशी दोनों तरीक़ों के अनुसार स्वास्थ्य के नियमों की व्याख्या करने का प्रयास किया।[66] यद्यपि

ऐसे समाज और पत्रिकाएँ प्रायः अल्पायु और स्थानीय प्रभाव पैदा करने वाली होती थीं, लेकिन उनसे यह संकेत तो मिलता ही था कि पाश्चात्य विज्ञान और प्रौद्योगिकी में अभिरुचि बढ़ रही थी और व्यावहारिक लाभ तथा विचारधारा को विस्तार मिल रहा था। यद्यपि ऐसे क्रिया-कलाप भारत के अधिकांश भागों में चल रहे थे, लेकिन बंगाल, जहाँ ब्रिटिश विचार ने सबसे पहले और सबसे अधिक छाप छोड़ी थी, इस मामले में सबसे आगे था। 1828 में ही वहाँ सोसायटी फ़ॉर ट्रांसलेटिंग यूरोपियन साइंसेज़ की स्थापना हो चुकी थी और 1851 में वर्नाक्यूलर लिटररि सोसायटी कायम की गई। कई वर्षों तक राजेंद्र लाल मित्रा ने 'विविधार्थ संग्रह' नामक पत्रिका निकाल कर भूगर्भशास्त्र, भूगोल, भौतिकी और अन्य विज्ञानों को लोकप्रिय बनाने के प्रयास किए। 1868 और 1900 के बीच बंगाल में दस वैज्ञानिक और सैंतालीस तकनीकी पत्रिकाएँ निकाली गईं। 1875 और 1896 के बीच अकेले बंगाल में 776 प्रकाशन हुए (इनमें आधे से अधिक चिकित्सा विषयों पर थे), जबकि मद्रास, बंबई, पंजाब और पश्चिमोत्तर प्रांतों में कुल मिलाकर 1348 प्रकाशन ही हो पाए।[67]

भारतीय वैज्ञानिक समुदाय के निर्माण में महेंद्रलाल सरकार द्वारा 1876 में इंडियन असोसिएशन फ़ॉर द कल्टिवेशन ऑफ़ साइंस की स्थापना को प्रायः सर्वाधिक महत्त्वपूर्ण कदम माना जाता है। 1863 में एम.डी. (डॉक्टर ऑफ़ मेडिसिन) की डिग्री हासिल कर महेंद्रलाल ने चार साल तक एलोपैथिक पद्धति से चिकित्सा की, लेकिन उसके बाद उन्होंने उसे ठुकराकर होमियोपैथिक चिकित्सा-प्रणाली अपना ली, क्योंकि होमियोपैथी को वे अधिक बुद्धिसंगत मानते थे। उन्होंने 1868 में 'कलकत्ता जॅर्नल ऑफ मेडिसिन' का प्रवर्त्तन किया और उसके द्वारा प्रचार किया कि विज्ञान 'पश्चिमी देशों की श्रेष्ठता' का अंतिम स्रोत है और भारत के लिए प्रगति और स्वाभिमान का जरिया है, अतः इसमें भारतीयों की और अधिक भागीदारी आवश्यक है।[68] 1869 में सरकार ने 'विज्ञान का संवर्धन' पर लेख प्रकाशित किया जिसमें उन्होंने भारतीयों से आग्रह किया कि वे अपनी 'अंतर्निहित निष्क्रियता और उदासीनता' का परित्याग कर दें, अधिक आत्म-निर्भर बनें और अपनी तरक्की के लिए सरकार पर भरोसा कम करें। उन्होंने भारत में विज्ञान को बढ़ावा देने के लिए एशियाटिक सोसायटी (जिसके वह सदस्य थे) की प्रशंसा तो की लेकिन यह भी महसूस किया कि इसने 'सामान्य शिक्षार्थियों' में विज्ञान के प्रति अभिरुचि पैदा करने के लिए अपेक्षित कार्यवाही नहीं की है। इसके लिए एक भिन्न प्रकार की संस्था आवश्यक है, ऐसी संस्था जो सार्वजनिक व्याख्यान और प्रदर्शन के द्वारा जनसाधारण को शिक्षा दे और जो 'पूर्णतः देशी प्रबंधन और नियंत्रण में हो'।[69]

इंडियन असोसिएशन फ़ॉर द कल्टिवेशन ऑफ़ साइंस का प्रवर्त्तन करने के लिए पर्याप्त कोष जुटाने में सरकार को सात साल लग गए। विज्ञान के लिए आम समर्थन अभी भी सीमित था और असोसिएशन का कलकत्ते से बाहर कोई

खास प्रभाव नहीं था। फिर भी, इसने यह धारणा तो पैदा की ही कि भारतीय विज्ञान और वैज्ञानिक अनुसंधान में सक्षम हैं, वे मौलिकता और उत्प्रेणा से हीन मात्र कुशल कारीगर अथवा विभागीय कोल्हू के बैल नहीं हैं। औपनिवेशिक विज्ञान में आयुर्विज्ञान और प्राकृतिक विज्ञानों की प्रधानता थी। उन्होंने भारतीय पर्यावरण के साथ-साथ स्वयं भारतीयों को भी छानबीन का विषय बनाया था, लेकिन सरकार ने भारतीय विज्ञान को भौतिकी, रसायनशास्त्र और अन्य वैसे विज्ञानों की ओर मोड़ा जिनका भारत और उसकी जनता की प्रत्यक्ष विशिष्टताओं से तो कोई सरोकार नहीं था लेकिन जो भारतीयों को उनके अतीत और सांस्कृतिक विरासत से जोड़ते थे। यद्यपि उन्होंने भारतीय राष्ट्र के निर्माण में विज्ञान की भूमिका को स्पष्ट रूप से रेखांकित किया, किंतु औपनिवेशिक विज्ञान द्वारा अब तक अपनाए गए क्रियात्मक दृष्टिकोण से वह संतुष्ट नहीं थे। 'विज्ञान को संकीर्ण, उपयोगितावादी, बेंथमीय लक्ष्य की प्राप्ति की अपेक्षा उच्चतर, अधिक उदात्त भूमिका निभानी थी...यह प्रगति, सभ्यता के उन्नयन और मानव-मस्तिष्क को उदार बनाने का सबसे शक्तिशाली उत्तोलक था।'[70] सरकार की मृत्यु 1904 में हुई और तब तक वह अपनी महान परियोजना से निर्भ्रांत हो चुके थे, वह 'विज्ञान के संवर्धन के प्रति अपनी जनता की उदासीनता से मर्माहत थे।' लेकिन विज्ञान को एशियाटिक सोसायटी की संकीर्ण सीमाओं से बाहर लाने और उसे अधिक सार्वजनिक बनाने में असोसिएशन सफल रहा। इस प्रक्रिया में उसने जगदीशचंद्र बोस, राय और रमन समेत वैज्ञानिकों की नई पीढ़ी को उत्प्रेरित किया और कलकत्ता को राष्ट्रीय विज्ञान का निर्विवाद केंद्र बना दिया।

इन वर्षों में भारतीय वैज्ञानिक समुदाय के विकास में कुछ अन्य घटनाओं से भी प्रेरणा मिली। इनमें एक थी तेजी से बदलती हुई राजनीतिक परिस्थिति। भारत की आजादी के लिए सशस्त्र संघर्ष का विचार पनप रहा था और बंगाल विभाजन के विरुद्ध स्वदेशी आंदोलन जारी था। इस आंदोलन के प्रवर्त्तकों का मानना था कि भारत को ब्रिटिश आयातों पर निर्भर न रहकर सामानों का उत्पादन स्वयं करना चाहिए। इससे औद्योगिक स्वावलंबन का अभियान तेज हुआ और महेंद्रलाल सरकार द्वारा प्रतिपादित विज्ञान के 'उदार बनाने वाले' मत के विरुद्ध भारत के लिए विज्ञान और प्रौद्योगिकी के महत्त्व पर विशेष बल दिया गया। 1705 के पूर्व भी इस दिशा में प्रयत्न किए गए थे। 1886 में पी.एन. बोस ने एक पैंफ़लेट (पुस्तिका) निकालकर सुझाव दिया था कि बंगाल में तकनीकी और वैज्ञानिक शिक्षा पर विशेष ध्यान दिया जाना चाहिए। पाँच साल बाद उन्होंने देशी कच्चे माल के उपयोग को बढ़ावा देने के लिए इंडियन इंडस्ट्रिअल असोसिएशन की स्थापना की लेकिन वह निष्प्रभावी रहा। फिर योगेन्द्रनाथ घोष द्वारा 1904 में स्थापित असोसिएशन फ़ॉर द एडवांसमेंट ऑफ साइंटिफिक एंड इंडस्ट्रिअल एडुकेशन ने विदेशों में अध्ययन

के लिए आर्थिक सहायता प्रदान कर भारतीयों के तकनीकी कौशल को निखारने के प्रयास किए। उसी साल राष्ट्रीय शिक्षा के आंदोलन को बढ़ावा देने के लिए डॉन सोसायटी की स्थापना की गई। इस सोसायटी का नामकरण 1897 में प्रकाशित समाचारपत्र 'डान' के नाम पर किया गया जो भारत में पाश्चात्य विज्ञान और प्रौद्योगिकी के महत्त्व पर वाद-विवाद का महत्त्वपूर्ण माध्यम था।[71] बंगाल-विभाजन से प्रेरणा पाकर अनेक नए राष्ट्रवादी शैक्षणिक और प्रौद्योगिक उपक्रम प्रकाश में आए। डॉन सोसायटी नेशनल कौंसिल ऑफ़ एडुकेशन (राष्ट्रीय शिक्षा परिषद) बन गई और तारकनाथ पालित तथा नील रतन सरकार ने पी.एन.बोस की पूर्व की परियोजना बंगाल टेक्निकल इंस्टिट्यूट को कार्य-रूप देने के लिए सोसायटी फ़ार द प्रोमोशन ऑफ़ टेक्निकल एडुकेशन की स्थापना की। नेशनल कौंसिल ऑफ़ एडुकेशन के भीतर एक प्रतिद्वंद्वी गुट ने उच्च वैज्ञानिक और साहित्यिक अध्ययन को बढ़ावा देने के लिए बंगाल नेशनल कॉलिज की स्थापना की। इन उपक्रमों की बदौलत ही आगे चलकर यादवपुर में कॉलिज ऑफ़ इंजिनिअरिंग एंड टेक्नॉलॅजि और कलकत्ता विश्वविद्यालय में यूनिवर्सिटी कॉलिज ऑफ़ साइंस की स्थापना हुई।

1900 के पूर्व भारतीय विश्वविद्यालयों में शोध-कार्य नहीं के बराबर होते थे। वनस्पतिशास्त्र, भूगर्भशास्त्र और रसायनशास्त्र में पेशेवर प्रोफ़ेसर (विभागाध्यक्ष) के पद आई एम एस अथवा शैक्षिक सेवाओं के लिए आरक्षित थे। इस दिशा में महत्त्वपूर्ण परिवर्तन बीसवीं सदी के आरंभ में कर्जन द्वारा विश्वविद्यालय आयोग के गठन और बाद में भारतीय विश्वविद्यालय अधिनियम के पारित होने के साथ शुरू हुए। इससे विश्वविद्यालयों के स्नातकोत्तर शिक्षा और शोध-केंद्र बनने का मार्ग खुल गया और वे अपने शैक्षिक पदाधिकारियों को बहाल करने, प्रयोगशालाओं और संग्रहालयों के रख-रखाव करने और ऐसे सारे क्रिया-किलाप करने में सक्षम हो गए, 'जिनसे अध्ययन और शोध को बढ़ावा मिलता हो।'[72] 1909 में कलकत्ता विश्वविद्यालय ने अपने ऊर्जस्वी वकील और गणितज्ञ कुलपति आशुतोष मुखर्जी के निर्देशन में स्नातकोत्तर प्रशिक्षण और शोध की शुरुआत की और आगामी दस वर्षों में भौतिकी, रसायनशास्त्र, उच्चगणित, वनस्पति शास्त्र और जंतु-विज्ञान में विभागाध्यक्ष प्रोफ़ेसर के पद सृजित किए गए।[73]

भारतीय विज्ञान को आगे बढ़ाने में लोकोपकारी व्यक्तियों ने भी कम योगदान नहीं किया। उन्होंने भारतीय विश्वविद्यालयों और संस्थानों में विज्ञान के त्वरित प्रसार के लिए आर्थिक सहायता प्रदान की और औपनिवेशिक शासन की आपेक्षिक उदासीनता की भरपाई की। जब सरकार ने आशुतोष मुखर्जी की वैज्ञानिक शिक्षा और शोध के विस्तार की महत्त्वाकांक्षी योजना को वित्तीय सहायता देने से इनकार कर दिया तो ताकरनाथ पालित और रास बिहारी घोष ने भौतिकी और रसायनशास्त्र में अध्यक्ष पद के सृजन के लिए बीस लाख चालीस हज़ार रुपये दान किए। अन्य

संपन्न भारतीयों—काश्तकारों, वकीलों, उद्योगपतियों—ने छात्रवृत्तियाँ और वृत्तिदान देकर औपनिवेशिक राज्य पर वित्तीय और मनोवैज्ञानिक निर्भरता में कमी लाई। साथ ही भूमिधारियों, वाणिज्य और उद्योग के जाने-माने लोगों, रियासतों, खासकर बड़ौदा, हैदराबाद, मैसूर और त्रावणकोर के शासकों अथवा दीवानों ने नई वैज्ञानिक परियोजनाओं को प्रोत्साहित करने और तकनीकी शिक्षा को बढ़ावा देने में बड़े उत्साह से अभिरुचि ली जैसा कि बड़ौदा के कला भवन टेक्निकल इंस्टिट्यूट जैसी निर्मितियों से स्पष्ट होता है।[74]

इस अवधि के दौरान भारतीय लोकोपकारिता का सबसे स्पष्ट उदाहरण (और यह इसकी सीमा का भी द्योतक था) पारसी उद्योगपति जमशेद जी नौशेरवान जी टाटा द्वारा 1896 में विज्ञान के भारतीय विश्वविद्यालय की स्थापना के निमित्त 30 लाख रुपए मूल्य की परिसंपत्ति का अलग रखा जाना था। उद्देश्य था प्रस्तावित विश्वविद्यालय को लंदन के इंपिरिअल इंस्टिट्यूट के समकक्ष बनाना, जहाँ अनेक विज्ञानों में शोध-कार्य किए जाते और ये सारे शोध भारतीय उद्योग की आवश्यकताओं को पूरा करने के लिए अभिप्रेत होते थे। लेकिन कर्ज़न भारत के लिए किसी विज्ञान विश्वविद्यालय को व्यावहारिक अथवा वांछनीय नहीं मानता था और उसने प्रस्तावित परियोजना के उद्देश्य सीमित कर दिए। मौजूदा उद्योगों से बहुत दूर होने के बावजूद बंगलोर को इंडियन इंस्टीट्यूट ऑफ़ साइंस के लिए उपयुक्त स्थान माना गया। इसका एक कारण तो यह था कि इस पर होने वाले व्यय में सहायता के लिए मैसूर राज्य तैयार था, लेकिन एक अन्य कारण यह भी था कि इसके संचालन के लिए यूरोपियों की नियुक्ति होनी थी और उनके लिए यहाँ का जलवायु अनुकूल था।[75] अंततः 1908 में यह संस्थान विद्युत प्रौद्योगिकी, जीवरसायन और अजैविक रसायन विभागों के साथ खोला गया। आरंभ में इसे छात्रों को अपनी ओर आकृष्ट करने और सही अर्थ में अखिल भारतीय संस्थान का रूप लेने में सफलता नहीं मिली। एक ओर राष्ट्रवादियों ने इसकी आलोचना यह कहकर की कि इसने तकनीकी शिक्षा और व्यावहारिक विज्ञान के क्षेत्र में भारतीय आवश्यकताओं के अनुरूप पर्याप्त काम नहीं किया था तो दूसरी ओर औपनिवेशिक अधिकारी भी इसे कमजोर गठन और अस्पष्ट उद्देश्यों वाला संस्थान मानते थे। कई वर्षों तक यह संस्थान यूरोपीय प्रबंधन के तहत जैसे-तैसे चलता रहा और 1933 में जब सी.वी. रमन इसके प्रथम भारतीय निदेशक बने तो उन्होंने अपने विषय भौतिकी में शोध-केंद्र बनाकर इसे नई ऊर्जा प्रदान करने का प्रयास किया।

1890 और 1920 के दशकों के बीच भारत में विज्ञान में व्याप्त अस्पष्टताओं का एक अन्य उदाहरण 1914 में इंडियन साइंस कांग्रेस की स्थापना में मिलता है। कुछ मामलों में यह कांग्रेस अग्रगमन करने के बदले पश्चगमन करती प्रतीत होती थी। इसकी उद्घाटन बैठक एशियाटिक सोसायटी के परिसर में और उसी

के तत्त्वावधान में हुई। अपने अध्यक्षीय भाषण में इस तथ्य को रेखांकित करते हुए कि कांग्रेस की स्थापना एशियाटिक सोसायटी ऑफ़ बंगाल के ठीक एक सौ तीस साल बाद हुई है आशुतोष मुखर्जी ने सर विलियम जोंस और सोसायटी की भूरि-भूरि प्रशंसा करते हुए कहा कि पूरी अवधि में वह 'देश में हर प्रकार के वैज्ञानिक अनुसंधान को आयोजित करने और आगे बढ़ाने में प्रेरणा का प्रमुख स्रोत रही है।' मुखर्जी ने इस बात पर बल दिया कि भारत के भूमि संपन्नवर्ग को यह 'महसूस करना चाहिए कि विज्ञान हमें कृषि संबंधी जटिल समस्याओं के समाधान में सक्षम बनाता है और इस प्रकार कृषि के तरीकों में क्रांतिकारी परिवर्तन ला देता है।' उन्होंने व्यापारी समुदाय से अपील की कि 'वह उद्योग के पुनरुद्धार के लिए एक अनिवार्य साधन के रूप में विज्ञान के अपरिमेय मूल्य को पहचाने'। उनके अनुसार अपने कार्यों पर विमर्श करने और विचारों के आदान-प्रदान के लिए वैज्ञानिकों को एक साथ मिलना-बैठना निश्चय ही बड़े महत्त्व का था, लेकिन यह भी कम महत्त्वपूर्ण नहीं था कि 'उनके लक्ष्य और अभिमत स्पष्ट रूप से जनसाधारण तक पहुँचाए जाएँ' और 'सरकार का ध्यान उनकी ओर लाया जाए।' बहुत प्रबुद्ध सरकारों को भी कभी-कभी याद दिलाने की जरूरत पड़ती है कि 'सार्वजनिक कोषों पर विज्ञान के महत्त्वपूर्ण दावे क्या-क्या हैं।'[76]

साइंस कांग्रेस की स्थापना की पहल अप्रत्याशित रूप से कलकत्ता के भारतीय वैज्ञानिकों के बदले दो यूरोपीय विभागाध्यक्षों, कैनिंग कॉलिज लखनऊ के प्रोफेसर मैक्मेहन और प्रेज़िडेंसी कॉलिज के प्रोफेसर जे.एल. साइमन्सेन की ओर से हुई। ये दोनों कुछ ही समय पहले अपने पद पर नियुक्त हुए थे। भारतीय विश्वविद्यालयों में शोध-कार्य की प्रत्यक्ष कमी और उन पर राजकीय सेवाओं के विशेषाधिकार से निराश होकर मैक्मेहन और साइमेन्सन ने (सत्तर वर्ष पूर्व मैक्लीलेंड की भाँति) ब्रिटिश असोसिएशन फॉर द एडवांसमेंट ऑफ़ साइंस की तरह एक अखिल भारतीय विज्ञान मंच की स्थापना का प्रयास किया। ऐसा प्रतीत होता है कि वे इस बात से अपरिचित थे कि उस समय भारत, खासकर कलकत्ता में विज्ञान में वास्तव में कितना काम हो रहा था, लेकिन उन्हें इसका श्रेय मिलना चाहिए कि साइंस कांग्रेस सरकारी सेवाओं के प्रभुत्व में पलने वाले शाही विज्ञान से मुक्त थी। रसायनशास्त्र, भौतिकी, भूगर्भशास्त्र, वनस्पतिशास्त्र, जंतु-विज्ञान और मानवजाति-विज्ञान के छह वर्गों में विभक्त विज्ञान कांग्रेस ने विज्ञान को एशियाटिक सोसायटी की अपेक्षा अधिक सुदृढ़ सांस्थानिक आधार प्रदान किया। 1914 में प्रस्तुत पैंतीस आलेखों में एक तिहाई भारतीयों के द्वारा लिखे गए थे (लेकिन भौतिकी में जहाँ सात आलेखों में चार भारतीयों के थे वहाँ जंतु विज्ञान में नौ में से मात्र एक)। कुछ आलेखों में एशियाटिक सोसायटी के प्राकृतिक इतिहास की प्रतिध्वनि थी, लेकिन अन्य आलेख भौतिकी और रसायनशास्त्र में उभरते भारतीय शोध के संकेतक थे।[77] आरंभ में

भारत के अग्रणी वैज्ञानिकों में से कुछ कांग्रेस के प्रति उत्साही नहीं थे, क्योंकि उनकी नजर में यह भारतीयों पर यूरोपियों द्वारा धौंस जमाने का एक और संगठन मात्र थी। इसके आरंभिक छह अध्यक्षों में आशुतोष मुकर्जी अकेले भारतीय थे। इसने एक नई करवट तब ली जब 1920 में पी.सी. राय इसके अध्यक्ष बने और राष्ट्रीय भावनाओं से भरा ओजस्वी व्याख्यान दिया। इसके एक साल बाद सी.वी. रमन इसके सचिव पद पर आसीन हुए। इन दोनों के समय में साइंस कांग्रेस भारतीय विश्वविद्यालयों में अनुसंधान की व्यापकता की प्रतिनिधि और भारतीय वैज्ञानिकों के लिए संवाहक बन गई। औपनिवेशिक विज्ञान के युग में एशियाटिक सोसायटी का जो महत्त्व था, कालक्रम से राष्ट्रीय विज्ञान का वही महत्त्व हो गया।

रसायनशास्त्र, भौतिकी और पौधा शरीर-संरचना

1890 और 1920 के दशकों के बीच गणित, जिसमें आशुतोष मुखर्जी और श्रीनिवास रामानुजम ने महत्त्वपूर्ण योगदान किया था[78], के अतिरिक्त रसायनशास्त्र और भौतिकी ही ऐसे विज्ञान थे जिन्होंने भारतीय वैज्ञानिक समुदाय के निर्माण में विशेष भूमिका अदा की। जब प्रमथनाथ बोस ने 1883 में एशियाटिक सोसायटी ऑफ़ बंगाल के समक्ष उसकी स्थापना से लेकर अब तक प्रस्तुत लेखों के सर्वेक्षण का संकलन किया तो उन्हें भूगर्भशास्त्र और जीव-विज्ञान में तो पर्याप्त सामग्री मिली लेकिन रसायनशास्त्र पर शायद ही कुछ मिला। उन्होंने लक्ष्य किया कि भारत में हाल तक सही मायने में काम की प्रयोगशालाएँ नहीं रही हैं और हमारे देश में बहुत कम ऐसे सक्षम व्यक्ति रहे हैं जिनके पास दीर्घीकृत रासायनिक शोध के लिए अवकाश हो।[79] कलकत्ता मेडिकल कॉलिज के रसायनशास्त्र के प्रथम अध्यक्ष डब्ल्यू.बी.ओ. शौगनेसी भारतीय तार-संचार (टेलीग्राफी) के प्रवर्त्तक के रूप में जाने जाते हैं; लेकिन रसायनशास्त्र में उनका कोई मौलिक योगदान नहीं था। उनकी जीवन-वृत्ति से साफ ज़ाहिर होता है कि भौतिक विज्ञानों में जो थोड़े से पीछे थे, उन पर विशेष प्रशिक्षण प्राप्त लोगों की अपेक्षा अधिकतर आई.एम.एस. वाले ही आसीन थे। रसायनशास्त्र तो आयुर्विज्ञान और भूगर्भशास्त्र का पिछल्ला था। उन्नीसवीं सदी के भारत में इसका व्यावहारिक महत्त्व नहीं के बराबर था और इसके सुव्यवस्थित अध्ययन के लिए कोई सुविधा नहीं थी।

शताब्दी के अंत तक परिवर्तन के लक्षण प्रकट होने लगे और इसकी पहल मुख्य रूप से भारतीय वैज्ञानिकों की ओर से हुई। रसायनशास्त्र और भौतिकी जैसे विज्ञानों में ब्रिटेन की न तो ख्याति थी, न सांस्थानिक नियंत्रण था, जबकि आयुर्विज्ञान में यूरोपियों की तूती बोलती थी। फलस्वरूप ये विज्ञान भारतीय शोधकर्त्ताओं को अधिक आकर्षक और सुगम प्रतीत हुए। जैसाकि महेंद्रलाल सरकार के उदाहरण से स्पष्ट होता है, एक कारण शायद यह भी था कि इन विज्ञानों में शोध का स्वरूप

भारत की अपनी बौद्धिक विरासतों और आकांक्षाओं के अनुरूप था, जबकि वनस्पतिशास्त्र और भूगर्भशास्त्र जैसे उपयोगितावादी बाह्यस्थलीय विज्ञान अन्वेषण और शोषण की औपनिवेशिक परंपरा के अंग के रूप में विकसित हुए थे। पी. सी. राय और जे.सी. बोस जैसे युवतर भारतीय वैज्ञानिकों ने कलकत्ता में विज्ञान के नए पाठ्यक्रम और शोध सुविधाओं के लिए ज़ोर डाला। उनके तथा भारतीय लोकोपकारी व्यक्तियों के प्रयास और सहयोग से रसायनशास्त्र और भौतिकी में (भारतीयों के लिए आरक्षित) पीठों की स्थापना की गई और 1916 में यूनिवर्सिटी कॉलिज ऑफ़ साइंस खोला गया।

इसके बावजूद 1900 तक ब्रिटिश सरकार के लिए भारतीय अर्थव्यवस्था में रसायनशास्त्र और उसके महत्त्व की उपेक्षा करना कठिन होता जा रहा था। जर्मन रसायनशास्त्रियों द्वारा कृत्रिम नील का विकास किए जाने के कारण एक मूल्यवान पण्य के निर्यात को गहरा धक्का लगा और यूरोपीय नील उत्पादक इससे बुरी तरह प्रभावित हुए। भारतीयों द्वारा आलोचना के भय से इसे छद्म रूप में चलाने का प्रयास किया गया, किंतु नील उत्पादन के केंद्र पूसा में कृषि संस्थान की स्थापना और इसके निदेशक के रूप में एक पूर्व नील विशेषज्ञ की नियुक्ति ने इस प्रयास पर पानी फेर दिया। क़र्जन ने इस संकट को कृत्रिम नील के 'नीले आतंक' की संज्ञा दी।[80] आखिरकार वोल्कर द्वारा प्रस्तुत प्रतिवेदन के क्रम में भारतीय कृषि के उन्नयन में रसायनशास्त्र के प्रत्यक्ष योगदान को स्वीकार किया गया। उद्योग के लिए भी रसायनशास्त्र का महत्त्व बढ़ रहा था। सर टॉमस होलैंड के अधीन इंडियन इंडस्ट्रिअल कमीशन (भारतीय उद्योग आयोग) ने इस बात पर क्षोभ प्रकट किया कि भारत में औद्योगिक शोध और विकास के मामले में रसायनशास्त्र की उपेक्षा की जा रही थी। जिस तरह रसायनशास्त्री 'पृथक पदों' पर नियोजित किए जा रहे थे वह बहुत खेदजनक था। 'पृथक पदों' पर उनके नियोजन का तात्पर्य यह था कि वे प्रांतीय और केंद्रीय सरकारों के अलग-अलग विभागों में थे और उनके द्वारा किए जा रहे अनुसंधानों के बीच समन्वय कायम करने के लिए कोई संस्थापित अभिकरण नहीं था। अतः आयोग ने हॉलैंड के पुराने विभाग जिऑलॉजिकल सर्वे के नमूने पर रसायनशास्त्र के लिए नई अखिल भारतीय सेवा के सृजन का प्रस्ताव रखा और रसायन शास्त्रियों तथा कृषि और उद्योग से जुड़ी वैज्ञानिक और तकनीकी सेवाओं की अन्य शाखाओं के बीच निकटतर संबंध बनाने की अनुशंसा की।[81]

लेकिन जब 1920 में इंडियन केमिकल सर्विस (भारतीय रसायन सेवा) की स्थापना के संबंध में विचार-विमर्श करने के लिए एक समिति गठित की गई तो भारतीयों की ओर से उसे तीव्र विरोध का सामना करना पड़ा। पी.सी. राय वैज्ञानिक और तकनीकी सेवाओं में यूरोपियों को विशेष सुविधा दिए जाने और उन सेवाओं के औपनिवेशिक शासन के साथ गहरे रूप से जुड़े होने के आरंभ से ही आलोचक

रहे थे। एक यूरोपीय आई एम एस पदाधिकारी जिस रूप में 'श्रेणीकृत सेवा में बिना अपेक्षित योग्यता के सिर्फ वरीयता के आधार पर' रातों-रात प्रोफेसर ऑफ़ फिज़िअलॉजि के पद पर प्रोन्नत कर दिया जाता था। उस पर पी.सी. राय ने 1899 में ही अफसोस ज़ाहिर किया था।[82] 1920 में गठित समिति के सदस्य की हैसियत से राय ने शाही विज्ञान के इस दावे का विरोध किया कि सर्वोत्तम वैज्ञानिक प्रतिभाओं को आकृष्ट करने के लिए सेवाओं में यूरोपियों की भर्ती अनिवार्य है। इसके विपरीत वह अनेक यूरोपीय रंगरूटों को भारतीय विश्वविद्यालयों की उपज से निम्नतर मानते थे। भारत में पूर्व से ही रसायनशास्त्र के ऐसे स्नातक पैदा हो रहे थे "जो यूरोप के किसी देश के स्नातक की बराबरी कर सकते थे।" राय ने इंडियन केमिकल सर्विस के गठन का प्रस्ताव यह कहकर ठुकरा दिया कि आई एम एस और आई सी एस का गठन एक शताब्दी पूर्व न्यायसंगत रहा होगा लेकिन अब वे 'असंगत, बल्कि पुरावशेष के चिह्न' बनकर रह गई हैं। एक नई अखिल भारतीय सेवा भारतीय उद्योग की आवश्यकताएँ पूरी नहीं कर सकती हैं, इसके विपरीत वह भारत में विज्ञान की प्रगति में बाधक होगी और पिछले पच्चीस वर्षों में विश्वविद्यालयों में जो उर्वर और उद्योग के लिए उपयोगी शोध हुए हैं उन्हें व्यर्थ बना देगी। अतः आवश्यकता है इन संस्थाओं को वित्तीय सहायता प्रदान करने की, न कि नई राजकीय सेवाओं के सृजन की।[83]

भारतीय रसायन सेवा तो गठित नहीं हो पाई लेकिन राय विज्ञान-जगत की स्पर्धात्मक किंतु बुरी तरह उलझी हुई स्थिति से परिचित होने के कारण दोनों के बीच बढ़ती कड़वाहट को आसानी से समझ सकते थे। एडिनबरा से डी.एससी. (डॉक्टर ऑफ़ साइंस) होने के कारण वह शिक्षा-सेवा के सर्वथा योग्य थे, किंतु उनकी नियुक्ति प्रेज़िडेंसी कॉलेज, कलकत्ता में रसायनशास्त्र के सहायक प्रोफेसर के रूप में मात्र 250 रुपये मासिक वेतन पर हुई। 1895 में मर्क्यूरस नाइट्रेट की खोज के कारण उन्होंने अंतर्राष्ट्रीय ख्याति प्राप्त की। अगले साल 'जॅर्नल ऑफ़ द एशियाटिक सोसायटी ऑफ़ बंगाल' में प्रकाशित उनका निबंध लंदन के 'नेचर' में छपा। स्वदेशी आंदोलन के औपचारिक रूप में अस्तित्व में आने से पहले 1899 में उन्होंने बंगाल केमिकल एंड फार्मास्यूटिकल वर्क्स की स्थापना कर राष्ट्रवादी सिद्धांत को अमलीजामा पहनाया। मामूली हैसियत से शुरुआत कर बंगाल केमिकल ने कुछ ही दिनों में, ख़ासकर जब प्रथम विश्वयुद्ध में आयातित दवाओं और रसायनों की आपूर्ति बंद कर दी गई, सफल व्यावसायिक उद्यम का रूप ले लिया। 1926 तक इसमें 1400 श्रमिक कार्यरत थे और सालाना बिक्री 25 लाख रुपये की थी।[84] कंपनी राय के एक अन्य उद्देश्य को भी पूरा करती थी। वह उद्देश्य था यह दिखलाना कि बंगाली बड़े-बड़े व्यापार चलाने और प्रयोगशाला की खोजों का औद्योगिक विकास में उपयोग करने में सक्षम थे। समझा जा सकता है कि राय राजकीय वैज्ञानिक

सेवाओं की आवश्यकता क्यों नहीं महसूस करते थे।

राय ने विज्ञान को देशभक्तिपूर्ण कर्तव्य मानकर और भारतीय युवा वैज्ञानिकों को राष्ट्रवादी संघ-भावना के साथ काम करने की प्रेरणा देकर औपनिवेशिक विज्ञान को चुनौती दी। उन्होंने पहले प्रेज़िडेंसी कॉलेज में और बाद में यूनिवर्सिटी कॉलेज ऑफ़ साइंस में 'भारतीय रसायनशास्त्र की निजी शाखाएँ' खोलीं। 1920 तक वह और उनके अनुयायी 100 से अधिक शोधपत्र प्रकाशित कर चुके थे। इनमें अधिकांश ब्रिटेन और अमेरिका में प्रकाशित हुए। इन आलेखों में उनके मर्क्यूरस नाइट्रेट पर किए गए कार्य के अतिरिक्त दूसरे नाइट्रेट और धातु-मिश्रणों संबंधी अध्ययन की चर्चा होती थी। अपनी सारी स्वदेशी आस्थाओं के बावजूद राय ने अपने मेधावी छात्रों को प्रोत्साहित किया कि वे उनका अनुसरण करें और विदेशों में जाकर अध्ययन करें ताकि भारत लौटने से पूर्व वे सर्वोत्तम वैसानिक प्रशिक्षण प्राप्त कर सकें। उनके अनेक आश्रित आगे चल कर। संपूर्ण भारत के विश्वविद्यालयों में रसायनशास्त्र और उससे संबद्ध विभागों में महत्त्वपूर्ण पदों पर आसीन हुए। उन्होंने एक ऐसा शैक्षणिक नेटवर्क तैयार किया जो उतना ही विस्तृत और प्रभावकारी था जितनी राजकीय सेवाएँ। राय और जगदीशचन्द्र बोस अपने जीवन के उत्तरकाल में गहन सम्मान और श्रद्धा के पात्र रहे और उनकी छवि संत आचार्यों जैसी रही; वे मात्र शिक्षक नहीं, वैज्ञानिक गुरु बन गए। उनके नेतृत्व की जो विशिष्टता थी 'वह प्राचीन भारत की आश्रम-प्रणाली की याद दिलाती थी; उनका अपने समूह के कनीय वैज्ञानिकों के साथ गुरु और शिष्य का गहरा भावनात्मक संबंध था।'[85]

राय ने रसायनशास्त्र को एक प्रकार के क्रांतिकारी विज्ञान का रूप दे दिया। यह वह 'शुद्ध' विज्ञान था जिसके लिए भारतीय अयोग्य समझे जाते थे; इसमें शोध-कार्य के लिए उनमें अनुशासन और समर्पण-भाव की कमी मानी जाती थी। यह विज्ञान ब्रिटिश एकाधिकार से भी बाहर था। राय के सामने कई उदाहरण थे : प्राचीन और मध्ययुगीन भारत का धातु विज्ञान और कीमियाशास्त्र (निकृष्ट धातुओं को सोना बनाने का हुनर) था; फ़्रांसीसी रसायन शास्त्री मार्सेलिन बर्थिलीट था; वे जर्मन वैज्ञानिक थे जिन्होंने कृत्रिम रंजक पदार्थ का निर्माण कर बिहार के गोरे नील उत्पादकों की लुटिया डुबो दी थी; जापान ने प्रमाणित कर दिया था कि किस प्रकार एक एशियन सोसायटी पाश्चात्य विज्ञान को अंगीकार कर उसे अपने ढंग से उपयोग में ला सकती है। उन्होंने इन सारे देशी-विदेशी स्रोतों से प्रेरणा ग्रहण की (देखें अगला अध्याय)। सबसे मुख्य बात यह थी कि उन्होंने विज्ञान को राष्ट्रीयता से जोड़ दिया। 1920 में इंडियन साइंस कांग्रेस को संबोधित करते हुए उन्होंने कहा, 'हमारा युग विज्ञान का युग है... अब से राष्ट्र का भाग्य इसके सेनापतियों की दक्षता अथवा इसके राजनयिकों और राजनीतिज्ञों की चतुराई की अपेक्षा इसके विज्ञान के अध्येताओं पर अधिक निर्भर करेगा।'[86]

भौतिकी रसायनशास्त्र से बहुत पीछे नहीं थी। इसमें जगदीशचन्द्र बोस ने कुछ मामलों में तो राय जैसी ही भूमिका निभाई, लेकिन अन्य मामलों में उनके तरीके काफी भिन्न रहे। 1880 के दशक के मध्य में ब्रिटेन से लौटकर वह शिक्षा-सेवा में अनिच्छापूर्वक रखे गए, क्योंकि वहाँ 'विज्ञान में कोई महत्त्वपूर्ण पद पाने के लिए किसी भारतीय की क्षमता में पूर्वाग्रह की बात तो दूर, भारी संदेह था।'[87] बोस प्रेज़िडेंसी कॉलेज में भौतिकी के अध्यक्ष के रूप में नियुक्त किए गए जहाँ उन्होंने विद्युत् पर शोध-कार्य शुरू किया। उन्होंने हर्ट्ज के द्वारा इलेक्ट्रोमैग्नेटिक (विद्युत्-चुम्बकीय) तरंगों के विशेष गुणों पर किए गए शोध को आगे बढ़ाया, अब तक अनुसंधानित तरंगों से लघुतर तरंगों पर प्रयोग किए और उन तरंगों को पैदा करनेवाले नए उपकरण बनाए। अपने अभिनव खोजों के लिए बोस आज भी याद किए जाते हैं; लेकिन उनके लिए यह दुर्भाग्यपूर्ण ही माना जाएगा कि उनके शोधों का व्यहावहारिक उपयोग मार्कोनी तथा अन्य वैज्ञानिकों के लिए शेष रह गया।[88] 1896 में विद्युत् तरंगों के ध्रुवण (पॉलेराइज़ेशन) पर अपनी रचना के प्रकाशन के बाद बोस ने 'वैज्ञानिक प्रतिनिधिमंडल' के साथ यूरोप की यात्रा की, अपनी खोजों को लंदन के रॉयल इंस्टिट्यूट में प्रस्तुत किया और खूब वाह-वाही लूटी। पैट्रिक गिडिस ने उनके बारे में टिप्पणी की है : 'वह प्रथम भारतीय था जिसने ऐसे विज्ञान में अनुसंधान के द्वारा विशिष्टता हासिल की जिस पर पश्चिम का एकाधिकार था और उस समय सर्वाधिक प्रगतिशील भी था।'[89] लंदन में बोस का अद्भुत स्वागत हुआ (पेरिस और बर्लिन में भी ऐसा ही हुआ); यह भारत के उभरते वैज्ञानिक समुदाय के लिए भारी प्रेरणादायक था। विद्युत् तरंगों पर उनके मौलिक और विलक्षण रूप से संवेदनशील कार्य से प्रमाणित हो गया कि न्यून सरकारी सहायता, अल्प प्रयोगशाला सुविधाओं और ग़ैरकीमती उपकरणों के क्या कुछ हासिल किया जा सकता था। अब तक भारत में निरीक्षण-आधारित और बाह्य स्थलीय विज्ञान में यूरोपियनों का ही प्रभुत्व रहा था। इसके विपरीत बोस (और किसी हद तक राय) ने 1890 के दशक में राष्ट्रीय विज्ञान को प्रयोगशाला-आधारित विज्ञान बना दिया। बोस में इतनी क्षमता थी कि वह पहले विद्युत् और बाद में पौधों पर किए गए प्रयोगों को भारतीयों तथा यूरोपियनों दोनों के लिए आकर्षक बना सके। ऐसा कर वह भारत में विज्ञान के अलगाव और नीरसता को बहुत अंशों में दूर करने में सफल रहे। 1896 में लंदन में बोस की सफलता से प्रभावित होकर उनके प्रायोजक लॉर्ड केल्विन और रॉयल सोसायटी के अध्यक्ष लॉर्ड लिस्टर ने माँग की कि बोस को उसकी प्रतिभा के अनुरूप कलकत्ते में प्रयोगशाला उपलब्ध कराई जाए, लेकिन बंगाल सरकार टस-से-मस नहीं हुई। बाद में बोस ने टिप्पणी की, 'बिना सुसज्जित प्रयोगशाला के इस देश में शोध-कार्य पूर्णतः असंभव है।' लेकिन वह इस पर होने वाले भारी व्यय से भी अच्छी तरह अवगत थे। उन्होंने अपनी टिप्पणी में यह भी जोड़ दिया कि 'हम

प्रायः यह भूल जाते हैं कि वास्तविक प्रयोगशाला तो अपना मन ही है, कक्ष और उपकरण तो उसके बाहरी रूप हैं।'[90]

1900 के आसपास बोस ने अपनी शोध-वृत्ति का दूसरा दौर शुरू किया। इसमें उन्होंने पाया कि उनके विद्युत् उपकरण के धातुनिर्मित संघटक जीवधारियों की तरह 'थकान और उद्दीपन' महसूस करते प्रतीत होते हैं। इस अनुभव से वह भौतिकी से 'सजीव' और 'निर्जीव' की समान अनुक्रिया के अनुसंधान की ओर मुड़ गए और असाधारण रूप से संवेदनशील अनेक प्रयोगशाला उपकरण विकसित किए, जैसे, रेजोनेंट रिकार्डर, जो एक सेकंड के हज़ारवें हिस्से के अंतराल पर अनुक्रिया को अंकित करता था। 'पौधों के संकेत' की खोज कर और उन्हें 'बोलने' में सक्षम बनाकर बोस ने सिद्ध किया कि पौधे (बल्कि धातु भी) ताप, प्रकाश, कष्ट और क्षोभ के प्रति वैसी ही अनुक्रिया करते हैं जैसे मानव प्राणी और पशु। लेकिन जब उन्होंने जैव भौतिकी पर अपनी नई रचना यूरोप में प्रस्तुत की तो ब्रिटिश शरीर विज्ञानवेत्ताओं ने उसे शंका ही नहीं, तिरस्कार की नज़र से देखा और इस संकेत का मखौल उड़ाया कि मानवीय 'अनुक्रियाओं' और पौधों की 'प्रतिक्रियाओं' में कोई सार्थक अनुरूपता हो सकती है। उन्होंने संदेह व्यक्त किया कि बोस देशी रहस्यवाद और 'प्राच्य कल्पना शक्ति' की ऊँची उड़ानें भर रहे हैं। इस प्रतिक्रिया के फलस्वरूप बोस की अन्तर्राष्ट्रीय ख्याति को गहरा धक्का लगा और वे संभावित नोबेल पुरस्कार से वंचित रह गए।[91] लेकिन यह सिर्फ पाश्चात्य प्रतिक्रिया नहीं थी, सी.वी. रमन ने भी पौधा संरचना विज्ञान पर बोस के अनुसंधान को निरर्थक कर्मकांड की संज्ञा दी।[92]

कुछ मामलों में बोस के इस प्रवर्त्तनकारी परिश्रम का लाभ मुख्य रूप से रमन ने ही उठाया। बोस ने देश और विदेश में विज्ञान में भारतीयों की पहचान क़ायम की और रमन ने इसका भरपूर फ़ायदा उठाया। बोस की भाँति रमन का भौतिकी में किया गया कार्य मुख्य रूप से आधारभूत प्रयोगशाला उपकरणों पर निर्भर था। भौतिकी में शोध के लिए अभी भी लाह और सुतली का युग था और बोस तथा रमन जैसे वैज्ञानिक महँगे संसाधनों, बड़े-बड़े अनुसंधानक दलों और समुन्नत औद्योगिक बुनियाद की सहायता के बग़ैर ही शोध कार्य चलाने में समर्थ थे।[93] 1930 में द्रवों में प्रकाश के प्रसरण की खोज पर रमन को नोबेल पुरस्कार दिया गया। उसके तीन वर्ष पूर्व अमेरिकी आविष्कारक कॉम्प्टन को भौतिकी में यह पुरस्कार मिला था और उसकी खोज को उसी के नाम पर 'कॉम्प्टन इफेक्ट' कहा गया था। ठीक उसी प्रकार रमन की खोज को 'रमन इफेक्ट' (रमन प्रभाव) के नाम से अभिहित किया गया। लेकिन बोस अंतर्राष्ट्रीय विज्ञान का सर्वश्रेष्ठ पुरस्कार नहीं पा सके। जीवन के अंतिम चरण में उन्हें विद्युत् तरंगों पर अपने आरंभिक कार्य से संकेतित अपनी असीम संभावनाओं को पूरा करने में असफल माना गया।

पौधों की अनुक्रियाओं के बारे में उनकी 'साहसिक परिकल्पना' के संबंध में भी कई प्रश्न अनुत्तरित रह गए।[94] फिर भी, बोस विशेषकर अपनी भावपूर्ण बंगला कृतियों के कारण जनसमूह के लिए और वैज्ञानिक समुदाय के बीच प्रेरणा के स्रोत बने रहे। वह 'जीवविज्ञानियों के बीच कवि' वैज्ञानिक स्वच्छंदतावादी (रोमांटिक) थे। उन्होंने अपने से कई दशक पूर्व हम्फ्री डैवी की भाँति रॉयल इंस्टिट्यूट में जाकर व्याख्यान दिया, रहस्यमयी प्रकृति की प्रच्छन्न विशेषताओं में निहित अर्थ और अन्तःसंबंध को अनावृत्त करने के लिए अंतर्दृष्टि और कल्पना शक्ति का उपयोग किया, भारत में विज्ञान को लोकप्रिय बनाने ओर उसे एक नई, सांस्कृतिक दृष्टि से समेकित भूमिका प्रदान करने की आवश्यकता समझी। भारतीय विज्ञान को सदियों के अंतराल के बाद विश्वमंच के केंद्र में लाने के लिए वह दीर्घकाल तक याद किए जाएँगे। वनस्पति वैज्ञानिक बीरबल साहनी ने 1937 में उनकी मृत्यु पर कहा था : "बहुत लंबे समय तक तुच्छीकरण हमें अपने महान और गौरवशाली अतीत से अलग किए रहा। भारतीय सिर्फ स्वप्नद्रष्टा और दार्शनिक समझे जाते रहे, उनके अपनी बात कहने के अधिकार की हँसी उड़ाई जाती रही।" बोस 'पहला व्यक्ति था जिसने इस भ्रम को तोड़ दिया।'[96]

संदर्भ

1. आइरेन ए. गिल्बर्ट, 'द इंडियन ऐकडेमिक प्रोफेशन; द ऑरिजिंस ऑफ़ ए ट्रैडिशन ऑफ़स सवॉर्डिनेशन' मिनर्वा, 9 (1972), पृ. 384-411; एल.एस.एस. ओ' मैली, 'द इंडियन सिविल सर्विस, 1601-1930' (लंदन, 1931), पृ. 114, 294-6।
2. बर्नार्ड एस. कॉन 'द सेंसस, सोशल स्ट्रक्चर एंड ऑब्जेक्टिफिकेशन इन साउथ एशिया', देखें, 'एन एंथ्रॉपॉलॅजिस्ट एमंग द हिस्टोरिअंस एंड अदर एसेज' (दिल्ली, 1990), पृ. 224-54।
3. डब्ल्यू.डब्ल्यू. हंटर, 'प्रेफिस टु द फर्स्ट एडिशन द इंपिरिअल गैज़िटिअर ऑफ़ इंडिया, I' (द्वितीय संस्करण, लंदन, 1885), पृ. xxxi - xxxii।
4. वही, पृ. xxx।
5. 'द इंपिरिअल गैज़िटिअर ऑफ़ इंडिया, दं इंडियन एंपायर I, डिस्क्रिप्टिव' (लंदन, 1909)।
6. जॉर्ज वाट, 'ए डिक्शनरी ऑफ़ द इकॉनॉमिक प्रोडक्ट्स ऑफ़ इंडिया, I,' (कलकत्ता, 1889), पृ. vi।
7. दीपक कुमार, 'साइंस एंड द राज, 1857-1905' (दिल्ली, 1995), पृ. 82।
8. रविराजन, 'इंपिरिअल एन्वायरॉन्मेंटेलिज़्म और एन्वायरॉन्मेंटल इंपिरिअलिज़्म ? यूरोपियन फॉरेस्ट्री, कॅलॅनिअल फॉरेस्टर्स एंड द एजेंडाज़ ऑफ़ फॉरेस्ट मैनेजमेंट इन ब्रिटिश इंडिया, 1800-1900,' देखें, रिचर्ड एच. ग्रोव विनीता दामोदरन एंड सतपाल संगवां (सं.), 'नेचर

एंड द ओरियंट : द एन्वायरॉन्मेंटल हिस्ट्री ऑफ़ साउथ एंड साउथ-ईस्ट एशिया' (दिल्ली, 1998), पृ. 354-5; डैविड गिल्मार्टिन, 'साइंटिफिक एंपायर एंड इंपिरिअल साइंस, कॅलॅनियलिज़्म एंड इरिगेशन टेक्नॉलॉजि इन द इंदुस बेसिन', जेए एस, 53 (1994), पृ. 1135-6।

9. जे. ए. वोल्कर, 'रिपोर्ट ऑन द इम्प्रूवमेंट ऑफ़ इंडियन एग्रिकल्चर' (लंदन, 1895), पृ. 302-5।
10. फ्रांसिस डे,'रिपोर्ट ऑन द सी फिश एंड फिशरीज़ ऑफ़ इंडिया एंड बर्मा' (कलकत्ता, 1873), पृ. 60-1।
11. बी.वी. सुब्बारायप्पा, 'वेस्टर्न साइंस इन इंडिया अप टु द एंड ऑफ़ द नाइन्टीन्थ सेंचुरी,' देखें, डी.एम. बोस, एस.एन. सेन एंड बी.वी. सुब्बारायप्पा (सं.) 'ए कॅन्साइज़ हिस्ट्री ऑफ़ साइंस इन इंडिया' (नई दिल्ली, 1971), पृ. 119-20।
12. वही, पृ. 502-3।
13. वही, पृ. 505-6।
14. कुमार, 'साइंस' पृ. 82-3।
15. रॉय एम. मैक्लिऑड, 'साइंटिफिक एडवाइस फ़ॉर ब्रिटिश इंडिया : इंपिरियल पर्सेप्शंस एंड एडमिनिस्ट्रेटिव गोल्स, 1898-1923,' एम.ए.एस, 9 (1975), पृ. 351।
16. वही, पृ. 355।
17. वही, पृ. 371; कुमार, 'साइंस' पृ. 105-9।
18. आई. एम. जी., 34 (1899), पृ. 134।
19. 'स्पीचेज़ बाइ लॉर्ड कर्ज़न ऑफ़ केडलिस्टॅन, पअ ' (कलकत्ता, 1906), पृ. 126-9।
20. प्रफुल्लचन्द्र राय, 'इंडियन साइंस कांग्रेस, प्रेज़िडेन्सल एड्रेस' (कलकत्ता, 1920), पृ. 16।
21. लुइस ई. हॉवर्ड, 'सर अल्बर्ट हॉवर्ड इन इंडिया' (लंदन, 1953), पृ. 13-15।
22. 'इंडियन इंडस्ट्रिअल कमीशन, 1910-18' (कलकत्ता, 1918), पृ. 88-9।
23. दीपक कुमार, 'रेसिअले डिस्क्रिमिनेशन एंड साइंस इन नाइंटींथ सेंचुरी इंडिया,' आई. ई.एस.एच.आर. 19 (1982), पृ. 69-70।
24. कुमार 'साइंस', पृ. 214-16।
25. वी.बॉल, 'जंगल लाइफ इन इंडिया : और द जर्नीज एंड जॉर्नल्स ऑफ़ एन इंडियन जिऑलॅजिस्ट', (लंदन, 1880), पृ. 469।
26. पैट्रिक गिडिस, 'एन इंडियन पायनिअर ऑफ़ साइंस : द लाइफ एंड वर्क ऑफ़ सर जगदीश सी. बोस' (लंदन, 1920), पृ. 35।
27. गिल्बर्ट, 'प्रोफेशन', पृ. 401।
28. रोनाल्ड रॉस, 'मेमायर्स' (लंदन, 1923), पृ. 126।
29. अर्नेस्ट हार्ट, 'द मेडिकल प्रोफेशन इन इंडिया : इट्स पोजिशन एंड इट्स वर्क'

(कलकत्ता, 1894), पृ. 73-5।

30. जे.डी. ग्राहम, 'मेडिकल एंड रिसर्च ऑर्गेनाइज़ेशन' सेवंथ कांग्रेस ऑफ़ द फार ईस्टर्न असोसिएशन ऑफ़ ट्रॉपिकल मेडिसिन सूवेनिअर : द इंडियन एंपायर' (कलकत्ता, 1927), पृ. 99।
31. रॉस, 'मेमायर्स', पृ. 243।
32. कुमार 'साइंस', पृ. 110।
33. आई. जे. कॅटॅनॅक, 'प्लेग एंड द टेंशंस ऑफ़ एंपायर : इंडिया, 1896-1918,' देखें डैविड आर्नोल्ड, (सं.) 'इंपिरिअल मेडिसिन एंड इंडिजेनस सोसायटीज़' (मैंचेस्टर, 1988), पृ. 149-71।
34. हेलेन पॉवर, 'द कलकत्ता स्कूल ऑफ़ ट्रॉपिकल मेडिसिन : इंस्टीट्यूशनॅलाइज़िंग मेडिकल रिसर्च इन द पेरिफेरी', एम एच, 40 (1996), पृ. 197-214।
35. एफ़.पी. मैकी, 'मेडिकल रिसर्च इन इंडिया' देखें, 'इंडियन एंपायर', पृ. 127।
36. पार्डील्युकिस, 'ऑपोर्चुनिटीज़ फ़ॉर मेडिकल रिसर्च इन इंडिया', इंडियन जर्नल ऑफ़ मेडिकल रिसर्च, 4 (1917), पृ. 384।
37. कुमार 'साइंस', पृ. 191।
38. जी.ए. मैकॅनेकी, महाचिकित्सक, बंबई को, 11 नवंबर 1893, देखें, 'रिपोर्ट ऑफ़ द प्रोसीडिंग्स ऑफ़ द सेंट्रल इंडिजेनस ड्रग्स कमिटि ऑफ़ इंडिया' (कलकत्ता, 1899), अपेंडिक्स II, पृ. 7।
39. डब्ल्यू.आर. हूपर, 10 मई, 1900, रेवेन्यू एंड स्टैटिस्टिक्स डिपार्टमेंट, एल/ई/7/431:1127 ओ आई ओ सी।
40. रिचर्ड एच. ग्रोव, 'ग्रीन इंपिरिअलिज़्म : कॅलॅनिअल एक्सपैंशन, ट्रॉपिकल आईलैंड ईडेंस एंड द ऑरिजिंस ऑफ़ एन्वायरॉन्मेंटेलिज़्म, 1600-1860' (कैंब्रिज, 1995), अध्याय 8।
41. रिचर्ड एच.ग्रोव, 'इकॅलॅजि, क्लाइमेट एंड एंपायर : कॅलॅनिअलिज़्म एंड ग्लोबल एन्वायरॉन्मेंटल हिस्ट्री 1400-1940' (कैंब्रिज, 1997), पृ. 2।
42. माधव गाडगिल एंड रामचंद्र गुहा, 'दिस फिशर्ड लैंड : ऐन इकॅलॅजिकल हिस्ट्री ऑफ़ इंडिया' (दिल्ली, 1992), अध्याय 4। अधिक मर्यादित दृष्टिकोण के लिए देखें, महेश रंगराजन, 'फेंसिंग द फॉरेस्ट : कॉन्ज़र्वेशन एंड इकॉलाजिकल चेंज इन इंडियाज सेंट्रल प्रोविंसेज़, 1860-1914' (दिल्ली, 1996)।
43. कुमार, 'साइस', पृ. 100।
44. 'इंडस्ट्रिअल कमीशन', पृ. 39।
45. राजन, 'एन्वायरॉन्मेंटॅलिज़्म', पृ. 343-4।
46. इंद्र मुंशी सालडान्हा, 'कॅलॉनिअलिज़्म एंड प्रोफ़ेशनलिज़्म : ए जर्मन फ़ॉरेस्टर इन इंडिया', एन्वायरॉन्मेंट एंड हिस्ट्री, 2 (1996), पृ. 195-219।

47. डायट्रिक ब्रांडिस, 'इंडियन ट्रीज' (लंदन, 1907; प्रथम बार प्रकाशित 1906), पृ. xxiv।
48. इन संघर्षों के लिए देखें, रिचर्ड एच.ग्रोव, 'कॉलॉनिअल कॉन्जर्वेशन, इकॅलजिकल हेजिमैनि एंड पोपुलर, रेजिस्टैंस : टुवर्ड्स ए ग्लोबल सिंथेसिस,' देखें एम.मैकेंजी (सं), 'इंपिरिअलिज़्म एंड द नेचुरल वर्ल्ड (मैंचेस्टर 1990), पृ. 30-6; अतलुरी मुरली, 'हूज़ ट्रीज़ ? फॉरेस्ट प्रैक्टिसेज़ एंड लोकल कम्युनिटीज़ इन आंध्र, 1600-1922' एंड जैक्विस पावची पादास, 'ब्रिटिश एटिट्यूड्स टुवर्ड्स शिफ्टिंग कल्टिवेशन इन कॅलॅनिअल साउथ इंडिया : ए केस स्टडी ऑफ़ साउथ केनरा, 1800-1920,' देखें, डैविड ऑर्नोल्ड एंड रामचंद्र गुहा (सं.), 'नेचर, कल्चर' इंपिरिअलिज़्म : ऐसेज़ ऑन द एन्वायरॉन्मेंटल हिस्ट्री ऑफ़ साउथ एशिया' (दिल्ली, 1995), पृ. 86-122, 123-51; रंगराजन, 'फॉरेस्ट', अध्याय 3।
49. 'ड्रग्स कमिटि', अपेंडिक्स xxv, पृ. 169।
50. महेश रंगराजन, 'प्रोडक्शन, डेसिकेशन एंड फ़ॉरेस्ट मैनेजमेंट इन द सेंट्रल प्रोविंसेज, 1850-1930', देखें, ग्रोव़ तथा अन्य, 'नेचर', पृ. 586-7; अजय स्कारिया, 'टिंबर कंजरवैंसि, डेसिकेशनिज़्म एंड साइंटिफिक फॉरेस्ट्री : द ड्रग्स, 1840-1920'; वही, पृ. 596-635।
51. 'इंडस्ट्रिअल कमीशन', अध्याय 5।
52. एफ. जी. स्लाई, 'द डिपार्टमेंट ऑफ़ एग्रिकल्चर इन इंडिया', एग्रिकल्चरल जॅर्नल ऑफ़ इंडिया, I (1906), पृ. 3।
53. व़ोल्कर, 'एग्रिकल्चर', पृ. 314।
54. रॉयल कमीशन ऑन एग्रिकल्चर इन इंडिया : रिपोर्ट (लंदन, 1928), पृ. 20।
55. व़ोल्कर, 'एग्रिकल्चर', पृ. 240।
56. अल्बर्ट हॉवर्ड एंड गैब्रिएल एल.सी. हॉवर्ड, 'ह्वीट इन इंडिया : इट्स प्रोडक्शन, वेरायटीज़ एंड इम्प्रूवमेंट' (कलकत्ता, 1910), पृ. 7।
57. हॉवर्ड, 'हॉवर्ड', पृ. 25।
58. इस काल में वैज्ञानिक और तकनीकी शिक्षा पर विचार-विमर्श के लिए देखें, कुमार 'साइंस', अध्याय 4।
59. गिडिस, 'पायनिअर', जोगेशचन्द्र बागल, 'प्रमथनाथ बोस' (नई दिल्ली, 1955); प्रफुल्ल चंद्र राय, 'एसेज एंड डिस्कोर्सेज़' (मद्रास, 1918); प्रफुल्लचंद राय, 'लाइफ एंड एक्सपीरिअंसेज ऑफ़ ए बंगाल केमिस्ट, I (कलकत्ता, 1932), शरत चंद्र घोष, 'लाइफ़ ऑफ़ महेंद्रलाल सरकार' (द्वितीय संस्करण, कलकत्ता, 1935); एल.एफ. रशब्रुक-विलियम्स (सं.), 'ग्रेट मैन ऑफ़ इंडिया' (लंदन, 1919)।
60. प्रमथनाथ बोस, 'नेशनल एडुकेशन एंड मॉडर्न प्रोग्रेस' (कलकत्ता, 1921), पृ. 52।
61. राय, 'लाइफ़', पृ. V।
62. 'प्रोसीडिंग्स ऑफ़ द एशियाटिक सोसाइटी ऑफ़ बंगाल, जनवरी टु दिसबर, 1895

(कलकत्ता, 1896), पृ. 50-51, 79, 91, 191, 200।

63. वही, पृ. iii-xiii।

64. कुमार, 'साइंस', पृ. 196-8।

65. हफ़ीज़ मलिक, 'सर सैयद अहमद ख़ाँ एंड मुस्लिम मॉडर्नाइज़ेशन इन इंडिया एंड पाकिस्तान' (न्यूयार्क, 1980), पृ. 85-9।

66. ए. नीलमेघन, 'डेवलपमेंट ऑफ मेडिकल सोसायटीज़ एंड मेडिकल पीरिऑडिकल्स इन इंडिया, 1780-1920,' (कलकत्ता, 1963), पृ. 75-6।

67. वी.वी. कृष्ण, 'द कॉलॅनिअल 'मोडेल' एंड द इमर्जेंस ऑफ़ नेशनल साइंस इन इंडिया, 1876-1920', देखें पी पेटिट जीन और अन्य (सं.), 'साइंस एंड एंपायर' (डोरड्रेख्त, 1992), पृ. 64।

68. 'इंडियन साइंटिस्ट्स : बायोग्रॉफिकल स्केचेज' (मद्रास, 1929), पृ. 34।

69. महेंद्रलाल सरकार, 'ऑन द डिज़ाइअरेबिलिटि ऑफ़ कल्टिवेशन ऑफ़ द साइंसेज़ बाइ द नैटिव्ज़ ऑफ़ इंडिया', कलकत्ता जॅर्नल ऑफ़ मेडिसिन, 2 (1869), पृ. 286-91।

70. 'इंडियन असोसिएशन फ़ॉर द कल्टिवेशन ऑफ़ साइंस : ए सेंचुरी' (कलकत्ता, 1976), पृ. 10।

71. ध्रुव रैना एंड एस. इरफान हबीब, 'द अनफोल्डिंग ऑफ़ एन इन्गेजमेंट : 'द डॉन' ऑन साइंस, टेक्निकल एडुकेशन एंड इंडस्ट्रिलॉइज़ेशन : इंडिया, 1896-1912', एस.एच.,9 (1993), पृ. 87-117।

72. सुब्बारायप्पा 'साइंस', पृ. 566।

73. पी.सी. बागची (सं.), 'द सेकंड सिटी ऑफ़ द एंपायर; ट्वेंटी-फ़िफ़्थ सेशन ऑफ़ द इंडियन साइंस कांग्रेस असोसिएशन, कलकत्ता, 1938' (कलकत्ता, 1938), पृ. 122।

74. ध्रुव रैना एंड एस. इरफान हबीब, 'टेक्निकल कंटेंट एंड सोशल कॉन्टेक्स्ट : लोकेटिंग टेक्निकल इंस्टिट्यूट : द फर्स्ट टू डिकेड्स इन द हिस्ट्री ऑफ़ द कला भवन, बड़ौदा (1890-1910)', देखें पेटिट जीन और अन्य, 'साइंस', पृ. 121-36।

75. होम (एडुकेशन), 5-9 फरवरी, 1902, एन.ए.आई.।

76. जे.ए.एस.बी., 10 (1914), पृ. xxxix-xci।

77. वही, पृ. xcii-xciii।

78. बी.एम. सेन, 'प्रोग्रेस ऑफ़ मैथेमैटिकल रिसर्च इन इंडिया', बी. प्रसाद (सं.), 'द प्रोग्रेस ऑफ़ साइंस इन इंडिया ड्यूरिंग द पास्ट ट्वेंटी-फ़ाइव इयर्स' (कलकत्ता, 1938), पृ. 18-20।

79. पी.एन. बोस, 'नेचुरल साइंसेज़', देखें, रिव्यू ऑफ़ द एशियाटिक सोसायटी ऑफ़ बंगाल फ्रॉम 1784 टु 1883 (कलकत्ता, 1885), भाग iii, पृ. 101।

80. कुमार 'साइंस', पृ. 156-7।

81. 'इंडस्ट्रिअल कमीशन', पृ. 86-7, 92-3।

82. राय, 'एसेज़', पृ. 15।

83. 'केमिकल सर्विसेज़ कमिटि', 1920 : रिपोर्ट (शिमला, 1920), पृ. 105-15।

84. जे. सेन गुप्ता, 'पी.सी. राय' (नई दिल्ली, 1972), पृ. 79।

85. जे. महंती, 'साइंस इन द यूनिवर्सिटीज़ सिंस 1947' देखें, बी.आर. नंदा (सं.), 'साइंस एंड टेक्निलॅजि इन इंडिया' (नई दिल्ली, 1977), पृ. 112।

86. राय, 'एड्रेस', पृ. 1, 7-8।

87. गिडिस, 'पायनिअर', पृ. 33।

88. विश्वप्रिया मुखर्जी, 'सम हिस्टॉरिकल अस्पेक्ट्स ऑफ़ जगदीशचंद्र बोसेस माइक्रोवेव़ रिसर्च ड्यूरिंग 1895-1900' आई.जे.एच.एस., 14 (1979), पृ. 87-104।

89. गिडिस, 'पायनिअर', पृ. 62।

90. 'सर जगदीशचंद्र बोस, हिज़ लाइफ़ एंड स्पीचेज़' (मद्रास, 1920), पृ. 90।

91. दीपक कुमार, 'द 'कल्चर' ऑफ़ साइंस एंड कॉलॉनिअल कल्चर, इंडिया, 1820-1920', बी.जे.एच.एस., 29 (1996), पृ. 204-5।

92. कृष्ण दत्त एंड एंड्रू रॉबिन्सन, 'रवीन्द्रनाथ टैगोर : द मिरिअड-माइंडेड मैन' (न्यूयार्क, 1996), पृ. 129।

93. जॉन ज़िमान, 'द फोर्स ऑफ़ नॉलिज : द साइंटिफिक डाइमेंशंस ऑफ़ सोसायटी' (लंदन, 1976), पृ. 272-3।

94. जे.सी.घोष, 'सर जगदीशचंद्र बोस', देखें रशब्रुक विलियम्स (सं.), 'ग्रेटमेन', पृ. 588-9।

95. घोष, 'बोस', पृ. 589; तुलना करें, डैविड नाइट, 'रोमांटिसिज़्म एंड द साइंसेज़', देखें एंड्रू कनिंघम एंड निकोलस जार्डिन (सं.), 'रोमांटिसिज़्म एंड द साइंसेज़' (कैंब्रिज, 1990), पृ. 13-24।

96. एम.एन. साहा, 'द प्रॉब्लेम ऑफ़ इंडियन रिवर्स', ऐन्युअल एड्रेस टु द नेशनल इंस्टिट्यूट ऑफ़ साइंस' (कलकत्ता, 1938), पृ. 3।

अध्याय छह

विज्ञान, राज्य और राष्ट्र

10 दिसंबर, 1930 को सी.वी. रमन को स्टॉकहोम में भौतिकी में खोज के लिए नोबेल पुरस्कार मिला। इस खोज को उन्हीं के नाम पर 'रमन प्रभाव' के नाम से जाना जाता है। इसके पूर्व मेरी क्यूरी, अल्बर्ट आइंस्टीन और नील बोर जैसे प्रख्यात भौतिकशास्त्री यह पुरस्कार पा चुके थे, लेकिन किसी ग़ैर-यूरोपीय को यह सौभाग्य प्राप्त नहीं हुआ था। 1902 में रोनाल्ड रॉस को आयुर्विज्ञान और 1913 में रवींद्रनाथ टैगोर को साहित्य के लिए नोबेल पुरस्कार मिला लेकिन इसके पूर्व 1912 में एक भारतीय समीक्षक ने टिप्पणी की थी कि यह बड़े खेद का विषय रहा है कि 'हमारे देश के वैज्ञानिक इस महान पुरस्कार से अब तक वंचित हैं।' उसने उम्मीद ज़ाहिर की कि निकट भविष्य में उसके देशवासियों में कोई एक 'विज्ञान का यह सर्वोच्च पुरस्कार' प्राप्त कर पूरे विश्व में 'सम्मान' का हक़दार बनेगा।[1] 1930 में स्टॉकहोम के एक शीतकालीन अपराह्न में भारत इस 'सम्मान' का अधिकारी बन गया।

1896 में बोस को विद्युत् तरंगों पर की गई खोज के लिए लंदन में मिली वाहवाही, 1914 में इंडियन साइंस कांग्रेस की स्थापना और 1930 में रमन को प्राप्त नोबेल पुरस्कार भारत में उभरते राष्ट्रीय विज्ञान में मील के पत्थर के प्रतीक हैं। भारतीय विज्ञान इस बिंदु तक आते-आते ब्रिटिश संरक्षण और नियंत्रण से पूरी तरह मुक्त हो गया। 1920 और 1930 के दशकों में भारतीय वैज्ञानिकों ने अंतर्राष्ट्रीय ख्याति पाने के साथ-साथ अपने देश के भीतर बौद्धिक और सांस्थानिक नेतृत्व भी क़ायम कर लिया। इसके बावजूद भारतीय विज्ञान अनेक मामलों में औपनिवेशिक शासन की मौजूदगी के कारण बाधित और प्रतिबंधित रहा और भारत राष्ट्रीयता तथा आधुनिकता की तलाश में अपनी पहचान और हैसियत बनाने में अनिश्चितताओं का शिकार बना रहा।

हिंदू विज्ञान की वापसी

इसे एक विडंबना ही माना जाएगा कि जिस दौरान पाश्चात्य विज्ञान और आयुर्विज्ञान भारत में अपने देशी प्रतिद्वंद्वियों पर अंतिम रूप से अपनी श्रेष्ठता स्थापित करते जान पड़ते थे उस समय देशी, विशेष रूप से 'हिंदू' विज्ञान के पुनरुत्थान से उन्हें

खुली चुनौती मिल रही थी। इस पुनरुत्थान को दो रूपों में लिया जा सकता है। एक तो यह कि यह पुनरुत्थान पराये, अवपीड़क और राज्य-केंद्रित स्वरूप वाले पाश्चात्य विज्ञान और आयुर्विज्ञान के विरुद्ध सीधी प्रतिक्रिया का प्रतिफल था। किसी हद तक यह मान्यता सही भी है, लेकिन पाश्चात्य विज्ञान की अधिकारिता को चुनौती देने की अपेक्षा यह सांस्कृतिक और राजनीतिक गतिविधियों का संपूरक ज़्यादा था। यह आधुनिक विज्ञान में भारत के पूर्व वृत्तों और संदर्भों को पुनःप्रतिष्ठित करने और समकालीन वैज्ञानिक जगत में भारतीयों को आत्म-गौरव और स्वशासन का एहसास कराने का एक साधन था। इसलिए यह आकस्मिक नहीं था कि हिंदू विज्ञान का पुनरुत्थान भारत में पाश्चात्य विज्ञान के इतिहास में एक नए, अधिक विश्वस्त दौर और भारतीय वैज्ञानिक समुदाय के उद्भव के साथ-साथ हुआ। ये सारी परिघटनाएँ विलक्षण रूप में अन्योन्याश्रित थीं।

उन्नीसवीं सदी के अंत में पाश्चात्य विज्ञान ने भारत में जैसी व्यापक अधिकारिता कायम की थी उसकी प्रतिक्रिया में भारत में सुधार और पुनरुत्थान के अपने कार्यक्रमों की उपेक्षा नहीं की जा सकती थी। विल्हेल्म हॅल्बफ़ास के अनुसार विशेषकर हिंदू परंपरा के लिए 'आधुनिक विज्ञान और प्रौद्योगिकी के साथ मुक़ाबला पश्चिम के साथ मुक़ाबले का सर्वाधिक महत्त्वपूर्ण हिस्सा था', हालाँकि वह यह भी मानता है कि इसके विरुद्ध कोई एक जैसी प्रतिक्रिया नहीं थी।[2] भारतीय वैज्ञानिकों ने पाश्चात्य विज्ञान को दो रूपों में ग्रहण किया। एक ओर तो उन्होंने इसे भारत की अपनी प्राचीन संभावनाओं को पूरा करने का साधन माना तो दूसरी ओर इसे ऐसे पाश्चात्य भौतिकवाद का प्रतिनिधि माना जो भारतीय धार्मिक और दार्शनिक परंपराओं की आध्यात्मिक और बौद्धिक विरासत से निम्न स्तर का था। डैविड गॉस्लिंग के मतानुसार डार्विन के विकासवादी सिद्धांत का भारत में विरोध नहीं हुआ क्योंकि ब्रह्म समाज के नेता केशवचन्द्र सेन जैसे सुधारकों ने इस सिद्धांत के मूल बिंदु जीवन के लिए संघर्ष की उपेक्षा की और उसके बदले इसे विष्णु का आदिम रूप से उच्चतर रूप में अवतार लेने के क्रमिक विकास की स्वीकृति मानी। पश्चिम को पूरब के अनुरूप ढालने का एक और उत्कट तथा प्रभावकारी प्रयास आर्य समाज (1875) के संस्थापक दयानंद सरस्वती के द्वारा किया गया। उन्होंने दावा किया कि वेद संपूर्णज्ञान और धर्म के मूलस्रोत हैं और उन्होंने आधुनिक विज्ञान की खोजों का पता बहुत पहले कर लिया था।[3] विवेकानंद ने भी 'भारतीय विचार और आधुनिक विज्ञान में काफी समानता' पाई। 1896 में अमेरिकी श्रोताओं के समक्ष घोषणा की, 'अगर आधुनिकों के पास उनका विकास-सिद्धांत है तो योगियों के पास भी है।' योगियों ने भी देख लिया था कि किस प्रकार एक जाति दूसरी जाति में विकसित हो जाती है। लेकिन योगियों का विकास-सिद्धांत उच्चतर कोटि का था, क्योंकि वह सिर्फ बाह्य रूप में परिवर्तन के बदले आध्यात्मिक विकास का हिमायती था।

सच पूछा जाए तो डार्विन द्वारा परिकल्पित 'संघर्ष की भयावह अवधारणा' तात्विक दृष्टि से विकासवाद की गतिशील व्याख्या होने के बदले उच्चतर आध्यात्मिक लक्ष्यों के संधान में बाधा पैदा करती है।[4] 1897 में 'डॉन' में ऐसा ही मत व्यक्त करते हुए एक लेखक ने यह चर्चा की कि विज्ञान ने किस प्रकार सिर्फ भौतिक इच्छाएँ-आकांक्षाएँ पूरी की हैं और यूरोपीय समाज को सैनिक छावनियों में तब्दील कर दिया है, जबकि प्राचीन भारत ने सिद्ध कर दिया था कि विज्ञान किस प्रकार प्रकृति का गुलाम नहीं, मालिक हो सकता है, लेकिन इसके लिए आवश्यक है कि भौतिक पदार्थों के 'निम्नतर विज्ञान' के बदले 'आत्मा के उच्चतर विज्ञान को प्रश्रय' दिया जाए।[5]

हिंदू लेखकों ने विज्ञान की समस्या से निबटने के लिए जो तरीके अपनाए उनमें एक था पाश्चात्य विज्ञान और प्रौद्योगिकी को प्राच्य आध्यात्मिकता का विरोधी अथवा उससे निम्नतर सिद्ध करना। उन्नीसवीं सदी के अंत और बीसवीं सदी के आरंभ में भारत, विशेषकर बंगाल, ने जो एक अन्य विधि अपनाई उसकी प्रमुख विशेषता थी इतिहास के अध्ययन पर विशेष बल देना ताकि भारत की औपनिवेशिक दुर्दशा को समझा जा सके और औपनिवेशिक अधिकारिता को नष्ट करने के उपाय ढूँढ़े जा सकें। विज्ञान भी इसका अपवाद नहीं था। फिर भी, विज्ञान को इतिहास के साथ जोड़ने के कुछ विशेष कारण भी थे। प्रथमतः, पाश्चात्य विज्ञान ऐतिहासिक दृष्टि से आविष्कार और खोज की लंबी परंपरा का वारिस था। दूसरा कारण था, पश्चिमी प्राच्यशास्त्रियों का उदाहरण और उनके द्वारा प्रस्तुत हिंदू सभ्यता की आरंभिक उपलब्धियों और पश्चवर्ती अधःपतन का तात्कालिक प्रभाव। भारतीय लेखक यह सिद्ध करना चाहते थे कि भारतीय विज्ञान उस अधःपतन का अंग क्यों हो गया था। वे अपने विज्ञान के इतिहास को पाश्चात्य परंपरा के समक्ष रखना और उससे जोड़ना चाहते थे। इसके फलस्वरूप भारतीय विज्ञान के विशिष्ट चरित्र और बृहत्तर वैज्ञानिक क्षेत्र में उसके अतीत के तथा भावी योगदानों को संस्थापित करने के प्रयास तेज़ होते गए।

विज्ञान की ऐतिहासिक व्याख्या में स्वयं वैज्ञानिकों की भी कम अभिरुचि नहीं थी। 1884 में प्रमथनाथ बोस एशियाटिक सोसायटी के 100 साल पहले स्थापना काल से लेकर अब तक उसमें प्रकाशित लेखों के सर्वेक्षण और पाश्चात्य परंपरा के संदर्भ में हिंदू विज्ञान के स्थान-निर्धारण में जुट गए। बोस अपने विवरण का आरंभ हमेशा जोंस और आरंभिक प्राच्यशास्त्रियों का हवाला देकर करते थे। उन्हें विज्ञान के अनेक क्षेत्र ऐसे प्रतीत हुए जिनपर टिप्पणी के लायक भारतीय इतिहास के पास कुछ ख़ास नहीं था। खगोलशास्त्र (इसके बावजूद कि औपनिवेशिक युग के पूर्व के विज्ञानों में यह महत्त्वपूर्ण विज्ञान था), त्रिकोणमिति और मौसम-विज्ञान के इतिहास यूरोपीय विज्ञान अथवा भारत में कार्यरत यूरोपियों के इतिहास के रूप

में प्रस्तुत किए गए। सिर्फ गणित के सर्वेक्षण के क्रम में उन्होंने टिप्पणी की कि गणित-विज्ञान 'प्राचीन काल से ही हिन्दुओं के प्रिय विषय रहे थे'। लेकिन भारत की प्रगति और सभ्यता के इतिहास का अंत बारहवीं सदी में ही हो गया था। और 'इस देश ने जिन उत्कृष्ट कोटि के गणितज्ञों को पैदा करने का गौरव प्राप्त किया था उनमें भास्कराचार्य अंतिम थे।' उसके बाद 'भ्रष्ट हिंदुओं' ने अनंत देवी-देवताओं, उपदेवताओं और अवतारों की बेतुकी कहानियाँ गढ़ने में अपना समय बर्बाद किया। उन्होंने 'अपने वैज्ञानिक सिद्धांतों को तिलांजलि दे दी' जिसके फलस्वरूप उनके विज्ञान 'अज्ञानी ज्योतिषियों और अभावग्रस्त चिकित्सकों की धूर्त्तता' बनकर रह गए।[6] बोस को तेरहवीं सदी से हिंदुओं के सार्वजनिक अधःपतन के अपवाद कम ही मिले। तथापि, हिंदुओं के अधःपतन की कहानी अंततः उनके उद्धार की कहानी सिद्ध हुई क्योंकि विज्ञानों को विस्मृति के गह्वर से बाहर निकालना उन उदात्त लक्ष्यों में शामिल था जिन्हें पूरा करने का संकल्प एशियाटिक सोसायटी ने आरंभ से ही ले रखा था।[7] इसके बावजूद हिंदू विज्ञान का पुनरुत्थान और औपनिवेशिक विज्ञान के वृत्तांत में उसका सन्निवेशन अल्पकालिक दिक्-परिवर्तन ही साबित हुआ। अपनी कृति के आरंभिक कुछ पृष्ठों के बाद जब बोस भूगर्भशास्त्र और वनस्पति-विज्ञान की ओर मुड़े तो उनकी शुरुआत उन्होंने पश्चिमी विज्ञानों के इतिहास के रूप में ही की। सबसे विलक्षण बात यह थी कि सोसायटी के रसायनशास्त्र संबंधी अल्प अभिलेख में ऐसा कुछ नहीं मिला जो प्राचीन हिंदू रसायन शास्त्र की उपलब्धियों में जोड़े जाने लायक अथवा उनके विरोध में हो।

यह काम प्रफुल्लचंद्र राय ने पूरा किया। उनकी पुस्तक 'हिस्ट्री ऑफ हिंदू केमिस्ट्री' (हिंदू रसायन शास्त्र का इतिहास) दो खंडों में क्रमशः 1902 और 1908 में प्रकाशित हुई; इसके द्वारा उन्होंने प्राचीन हिंदुओं की वैज्ञानिक पहचान को पुनःप्रतिष्ठित किया और विज्ञान के आधुनिक जगत में उन्हें न्यायोचित स्थान दिलाया। उल्लेखनीय है कि राय पेशेवर इतिहासकार नहीं थे; इतिहास लिखकर वह अपने एक प्रिय शगल को संतुष्ट कर रहे थे! लेकिन उनका 'हिस्ट्री' भारतीय वैज्ञानिक समुदाय में आत्मगौरव भरने और भारत की वैज्ञानिक परंपरा को राष्ट्रीय और अंतर्राष्ट्रीय स्वीकृति दिलाने का सचेत प्रयास ही माना जाएगा। पुस्तक के प्रथम खंड का प्रकाशन स्वदेशी आंदोलन छिड़ने से कुछ पहले और राय द्वारा बंगाल एंड फार्मस्यूटिकल वर्क्स की स्थापना के साथ हुआ। अतीत की प्रेरणाओं और उपलब्धियों को वर्त्तमान की आवश्यकताओं और आकांक्षाओं के साथ जोड़ने के लिए 'हिस्ट्री' का इससे अधिक उपयुक्त अवसर दूसरा नहीं हो सकता था और वास्तव में इसने बीस साल पहले के बोस के सर्वेक्षण की अस्पष्टता और असमंजस को खत्म करने में निर्णायक भूमिका निभाई। 'हिन्दू' रसायन शास्त्र पर ध्यान केंद्रित होना आकस्मिक नहीं था; देशी वैज्ञानिक परंपरा, जिसमें पश्चिम अथवा इस्लाम

की कोई देन नहीं थी, की मौलिकता और जीवंतता को संगत रूप में प्रस्तुत करने वाली किसी भी रचना में 'हिंदू' शब्द केंद्रीय महत्त्व का था। राय ने अप्रकाशित रचनाओं से पर्याप्त सहायता लेकर प्रमाणित कर दिया कि धर्म ने किस हद तक भारतीय रसायनशास्त्र को विशिष्ट हिंदू चरित्र प्रदान किया है; भारत में रसायनशास्त्र का उद्भव आयुर्वेद की 'दासी' के रूप में हुआ था जो बाद में मध्ययुगीन तांत्रिक संप्रदायों का कीमियाई सहायक बन गया।[8]

लेकिन, राय हिंदू विज्ञान के इतिहास को राष्ट्रीय गौरव और प्रेरणा का स्रोत तो मानते थे किंतु इसके पुनरुत्थान को उन्होंने आधुनिक विज्ञान का विकल्प नहीं माना। उनकी दृष्टि में सिर्फ़ आधुनिक विज्ञान ही भारत को आधुनिक राष्ट्र का रूप दे सकता था। 1920 में इंडियन साइंस कांग्रेस को संबोधित करते हुए उन्होंने फ़र्माया कि अपनी आरंभिक उपलब्धियों के बावजूद भारत ठहराव की स्थिति में आ गया था और मध्ययुग में 'मौन और भाव-विभोर समाधि' में डूब गया था जबकि यूरोप में विज्ञान ने गैलिलिओ, न्यूटन और बॉयली के माध्यम से उल्लेखनीय प्रगति की थी। इस ह्रास के लिए मुसलमान दोषी नहीं थे; यह तो उनके आगमन के पहले ही शुरू हो चुका था। ब्रह्म समाज की बुद्धिवादिता के हिमायती राय का विश्वास था कि 'भारतीय मस्तिष्क बौद्धिक जड़ता का शिकार हो गया था।' 'बुद्धि का स्थान' शास्त्रों के प्रति श्रद्धा ने ले लिया था और विज्ञान के, जो किसी बात को सहज विश्वास के बदले सत्यापन पर ग्रहण करता है, अध्ययन का विरोधी बन बैठा था।[9] ब्रिटिश आगमन से भारतीय विज्ञान के अंधकार युग का तो अंत हो गया था, लेकिन भारत अभी भी पश्चिम के वैज्ञानिक अनुशासन से बहुत-कुछ सीख सकता था। कुछ साल पहले राय ने टिप्पणी की थी : 'हमारे ऋषियों का आदर्श था ज्ञान के लिए ज्ञान की खोज के प्रति एकनिष्ठ और अथक अनुराग और उस आदर्श की सिद्धि के लिए अब हमें पश्चिम की ओर रुख करना होगा।'[10]

हिंदू रसायनशास्त्र पर राय के महत्त्वपूर्ण दावों का समर्थन और संवर्धन अन्य लोगों ने भी किया जिनमें कलकत्ता विश्वविद्यालय के दर्शनशास्त्र के प्रोफेसर ब्रजेंद्रनाथ सील प्रमुख थे। सील 'द पोज़िटिव् साइंसेज़ ऑफ़ द ऐंशिएंट हिंदूज' (प्राचीन हिंदुओं के विधेयात्मक विज्ञान) पर अपनी अधिक विस्तृत रचना प्रकाशित करने से पहले राय द्वारा लिखित 'हिस्ट्री' के द्वितीय खंड के लिए 'मैकेनिकल, फ़िज़िकल एंड केमिकल थिअॅरिज ऑफ़ द ऐंशिएंट हिंदूज' (प्राचीन हिंदुओं के यांत्रिक, भौतिक और रासायनिक सिद्धांत) पर एक निबंध लिख चुके थे। उन्होंने स्पष्ट किया कि हिंदुओं ने किस प्रकार 'यूनानियों की भाँति' प्राचीन जगत में वैज्ञानिक संप्रत्ययों और विधियों के निर्माण में भागीदारी की थी और अनुभवमूलक ज्ञान का ऐसा विशाल निकाय खड़ा किया था जिसका धातुकर्म, वस्त्र बुनाई और अन्य प्रकार के उत्पादनों में उपयोग कर भारत सदियों तक विश्व का महान व्यापारिक केंद्र बना रहा। सील

ने स्वीकार किया कि कुछ क्षेत्रों में हिंदुओं की वैज्ञानिक समझ त्रुटिपूर्ण थी; उदाहरणार्थ, चरक और सुश्रुत को 'रक्त के शुद्धिकरण में फेफड़ों की भूमिका की जानकारी नहीं थी।' लेकिन सामान्य तौर पर उन्होंने हिंदुओं की 'कठोर वैज्ञानिक विधियों' की सराहना की जिनके कारण वह मात्र अनुभववाद से कहीं ज़्यादा रहा। उनके मत में हिंदू-विज्ञान के सारे क्रिया-कलाप सच्चे अर्थ में और विधेयात्मक रूप में वैज्ञानिक' थे, यद्यपि उनका विकास आरंभिक दौर में ही अवरुद्ध हो गया था।[11]

सील ने आरंभिक भारतीय विचारधारा में विकास-सिद्धांत का प्रमाण पाया और भास्कराचार्य तथा वाचस्पति की इस बात के लिए प्रशंसा की कि उन्होंने सदियों पूर्व न्यूटन और देकार्त के सिद्धांतों का पूर्वानुमान कर लिया था। अपने अनेक समकालीनों की तरह उन्होंने भी संस्कृत के मूलग्रंथों में प्रयुक्त दार्शनिक पदों और पश्चिम की आधुनिक वैज्ञानिक खोजों के बीच स्पष्ट साम्य पाया। अणुओं, परमाणुओं और कणों की चर्चा करने वाला विज्ञान उन लोगों को नया अवसर प्रदान करता था जो प्राचीन हिंदू ऋषियों की प्रज्ञा और डाल्टन, आइंस्टीन तथा नील बोर के पारमाणविक सिद्धांतों के बीच सीधा संबंध स्थापित करना चाहते थे। सील अपने कुछ अन्य समकालीनों की भाँति उतावले नहीं थे। 1915 में उन्होंने चेतावनी दी कि 'ऋषियों को गहन ध्यानमग्नता और बुद्धि-सम्मत निरीक्षण द्वारा नियंत्रित आह्लादकारी अंतर्दृष्टि थी', लेकिन 'इस स्थिति और विज्ञान के लिए विधेयात्मक प्रायोगिक ज्ञान के बीच गहरी खाई है और इस खाई को सिर्फ मात्रात्मक विश्लेषण तथा उत्कृष्ट विधियों द्वारा ही पाटा जा सकता है', जैसा कि जगदीशचंद्र बोस सम्प्रति पौधा-संरचना विज्ञान के अध्ययन के द्वारा कर रहे हैं।[12] फिर भी, राय की भाँति बोस के बारे में आलोचकों ने यही माना कि वह अस्पष्ट और अनिश्चित काल वाले ग्रंथों के बारे में अनैतिहासिक और असमीक्षात्मक दृष्टिकोण रखते हैं और वैज्ञानिक निरीक्षण तथा दार्शनिक अटकलबाजी में भेद नहीं कर पाते। दोनों (बोस और राय) ने आर्यों की विदग्धता सिद्ध करने में किसी हद तक मनोग्रस्त चिंता दिखलाई है, जबकि अपने 'अतिरंजित दावों के समर्थन में कोई ठोस प्रमाण प्रस्तुत नहीं किया है।'[13]

राय, जिन्होंने मर्क्यूरस नाइट्रेट का अनुसंधान तांत्रिक कीमिया में पारद की महत्त्वपूर्ण भूमिका की खोज के पहले किया था, हिंदू विज्ञान को व्यावहारिक मार्गदर्शक के बदले प्रेरणा का स्रोत अधिक मानते थे। लेकिन अन्य भारतीयों ने प्राचीन हिंदुओं की दार्शनिक और वैज्ञानिक विरासत का आधुनिक विज्ञान पर प्रत्यक्ष प्रभाव माना। बोस तो ऐसी भारतीय आधुनिकता की तलाश में थे जो आधुनिक विज्ञान के कथित विश्वव्यापी संलापों और आचरणों में भी पश्चिम से भिन्न हो। इसके लिए उन्होंने हिंदुत्व से काफी-कुछ ग्रहण करते हुए उसे ऐसी विलक्षण अंतर्दृष्टि से संपन्न माना जिसका पश्चिम में अभाव था (यद्यपि आरंभिक उन्नीसवीं सदी के वैज्ञानिक

स्वच्छंदतावाद [रोमांटिसिज़्म] में इसका समरूप देखा जा सकता था)। यह था—अस्तित्व के सभी रूपों के बीच आधारभूत एकता। 1901 में उन्होंने लंदन की एक सभा में श्रोताओं के सामने घोषणा की कि भौतिक और दैहिक के बीच कोई निरपेक्ष अवरोध नहीं है और पौधों पर किए गए उनके कार्य ने 'तीस शताब्दी पूर्व गंगा के तटपर मेरे पूर्वजों द्वारा उद्घोषित' इस संदेश की वैधता सिद्ध कर दी है कि 'जो इस विश्व की परिवर्तनशील अनेकताओं में केवल एक ही सत्ता को व्याप्त देखते हैं, वे ही नित्य सत्य के अधिकारी हैं, अन्य कोई नहीं।'[14] बोस ने हिंदू दर्शन और आधुनिक वैज्ञानिक गवेषणा के लिए अपेक्षित कार्य-प्रणाली की यथातथ्यता के बीच कोई अन्तर्विरोध नहीं पाया। वास्तव में, भारत 'एकमात्र ऐसा देश है जहाँ विज्ञान और धर्म के बीच अन्तर्द्वन्द्व के बदले ज्ञान को ही धर्म माना गया है।'[15] सभी प्राणियों के बीच अन्तःसंबंध की प्रखर परिकल्पना, अन्तःप्रज्ञा और समझ के कारण भारत अनेक मामलों में संवेदनशील शोधों के लिए पाश्चात्य वैज्ञानिकों की अपेक्षा अधिक उपयुक्त थे, क्योंकि पाश्चात्य वैज्ञानिकों का दृष्टिकोण ज़्यादा आक्रामक और घोर भौतिकवादी था और विज्ञान को विभिन्न खंडों में विभाजित करने की प्रवृत्ति उनकी अन्तर्निहित एकता को समझने में रुकावट डालती थी। बोस के अनुसार वैज्ञानिक अवधारणाओं और अंतःसूझों पर पश्चिम के एकाधिकार से बिलकुल भिन्न भारत के पास अंशदान के लिए अपना बहुत-कुछ अतीत में भी था और आज भी है और आशा की जाती है कि अन्तर्राष्ट्रीय वैज्ञानिक समुदाय इसे समझेगा और सम्मान देगा। प्राचीन भारत के तक्षशिला और नालंदा जैसे शिक्षा-केंद्रों का हवाला देते हुए उन्होंने सिद्ध किया कि किस प्रकार प्राचीन भारत में विभिन्न समाजों और संस्कृतियों के बीच स्वतंत्र और समान स्तर पर विचार-विनियम होता था। 1913 में उन्होंने लाहौर की एक सभा में कहा कि 'यद्यपि विज्ञान न पूरब का है, न पश्चिम का, बल्कि सार्वभौमिक है, लेकिन इसके कुछ पक्षों ने अपने उद्गम स्थल के कारण विशिष्टता हासिल कर ली है।' भारत 'अपने संश्लेषणात्मक स्वभाव के कारण अपने सहज ज्ञान के द्वारा एकता की अवधारणा और दृश्यमान जगत में अनेक के बदले विश्व को एक इकाई के रूप में अनुभूत करने में समर्थ था।'[16]

पश्चिमी जगत में बोस की चाहे जितनी आलोचना हुई हो, भारत में उन्होंने अन्य वैज्ञानिकों को पाश्चात्य और हिंदू विज्ञान के बीच संबंध स्थापित करने और हिंदू विज्ञान को आधुनिक विज्ञान को अनुप्राणित और समृद्ध करने की प्रेरणा दी। आयुर्वेदिक ग्रंथों में नई अभिरुचि पनप रही थी ताकि पुराने ज़माने के लोगों के वैज्ञानिक ज्ञान और आधुनिक आयुर्विज्ञान, वनस्पतिशास्त्र और जंतु-विज्ञान में उनके संभावित योगदान का पता चल सके। इसका एक उदाहरण के.आर. कीर्त्तिकार और बी.डी. बसु की 1918 में प्रकाशित रचना 'इंडियन मेडिसिनल प्लांट्स' है जिसमें पाश्चात्य भेषजशास्त्र और आयुर्वेदिक वनस्पतिशास्त्र के बीच संयोजन का

प्रयास किया गया है। लेखक द्वय ने रॉक्सबर्ग, रॉयली और हूकर का ऋण तो स्वीकार किया, लेकिन चिकित्सीय वनस्पतिशास्त्र की ऐसी भारतीय परंपरा की खोज की जो चरक और उससे पहले भी विद्यमान थी। उनकी राय में 'यह भारत की जनता के लिए बड़े गौरव की बात थी कि वे इस धरती के किसी भी अन्य देश के निवासियों की अपेक्षा बहुत बड़ी संख्या में औषधीय पौधों से परिचित थे।'[17]

इसी प्रकार 1927 में प्रेज़िडेंसी कॉलिज के वनस्पतिशास्त्र के एक प्रोफेसर ने संदर्भ के लिए ऐसे संस्कृत ग्रंथों को छाँटकर अलग किया जिनसे पौधों के जीवन के संबंध में प्राचीन लोगों के ज्ञान के बारे में स्पष्ट रूप से जानकारी मिल सके और 1935 में एक सरकारी जंतु वैज्ञानिक ने सुश्रुत पर यह सिद्ध करने के लिए शोध किया कि 'मछलियों के रूप और कार्य के संबंध में प्राचीन हिंदुओं का ज्ञान कितना विकसित था।'[18]

इन सभी रचनाओं की स्थापना यही थी कि प्राचीन विज्ञान ने आधुनिक विज्ञान का पूर्वानुमान कर लिया था और वह आज भी उपयोगी जानकारी दे सकता है। हिंदूज्ञान और आधुनिक विज्ञान दोनों सहजीवी माने गए। हिंदुओं का योगदान भौतिक विज्ञानों तक ही सीमित नहीं था। भारतीय मनोविज्ञान के जनक गिरींद्र शेखर बोस ने 1938 में (पच्चीस साल पहले जे.सी. बोस और सील की तर्ज़ पर) दावा किया कि प्राचीन भारत के ज्ञानी पुरुष 'अन्तर्दर्शी ध्यानमग्नता की प्रतिभा वाले लोग थे'। आधुनिक भारतीय मनोवैज्ञानिक इस परंपरा का उत्तराधिकारी होने के कारण अपने पाश्चात्य सहकर्मी से ज़्यादा बेहतर स्थिति में था। अगर समुचित रूप में इस मानसिक क्षमता का विकास किया जाए तो गहरे अंतर्निरीक्षण की अपेक्षा रखने वाली विश्लेषणपरक समस्याओं (जैसे विचार प्रक्रियाओं, उच्चतर सांस्कृतिक अन्तर्बाधाओं, इत्यादि) को सफलतापूर्वक हल किया जा सकता है। बोस का मानना था कि संतों और योगियों की रहस्यात्मक अनुभूतियों पर भी मनोवैज्ञानिक अनुसंधान होना चाहिए और भारत ऐसे अनुसंधान के लिए सर्वोत्तम स्थान है।[19]

देशी आयुर्विज्ञान का पुनरुत्थान

हिंदू और पाश्चात्य विज्ञान के बीच मुक़ाबले का सबसे ज्यादा व्यावहारिक और फलस्वरूप सबसे ज्यादा विवादास्पद क्षेत्र आयुर्विज्ञान में था। जब पाश्चात्य चिकित्साशास्त्र अपने जीवाणु-विज्ञान, परजीवी विज्ञान (पैरॅसाइटॉलॅजि) और हस्तक्षेपकारी सार्वजनिक स्वास्थ्य कार्यक्रमों के माध्यम से नई अधिकारिता क़ायम करने में लगा हुआ था ठीक उसी समय भारत में देशी आयुर्विज्ञान के पुनरुत्थान और नवजीवन-स्फुरण में अभिरुचि बढ़ रही थी। आयुर्विज्ञान और चरक संहिता जैसे उससे संबंधित ग्रंथ संपूर्ण हिंदू विज्ञान की वैधता और बौद्धिकता के दावों को स्थापित करने में केंद्रीय तत्त्व थे। आयुर्वेदिक चिकित्सा-पद्धति आधुनिक युग के लिए व्यावहारिक महत्त्व

की मानी गई और दावा किया गया कि आयुर्वेद के पास जो गहरी पहुँच और औषधशास्त्र है उसे पाश्चात्य आयुर्विज्ञान को अभी भी ढूँढ़ना शेष है। एक 'पद्धति' के रूप में इसका दावा 1840 के दशक में ही टी.ए. वाइज़ ने अपनी रचना 'कॉमेंटरि' में स्वीकार कर लिया था और इस दावे का निहितार्थ यह था कि यह पाश्चात्य पद्धति के समतुल्य था और यूनानी, सिद्ध तथा चिकित्सा की अन्य पद्धतियाँ, यहाँ तक कि अपने यूरोपीय उद्‌भव के बावजूद होमियोपैथी भी, समकक्ष होने का दावा कर सकती थीं। इसके अतिरिक्त, यद्यपि आयुर्वेदिक ग्रंथ मूलतः धर्म-निरपेक्ष कृतियाँ माने जाते थे (महेंद्रलाल सरकार ने 1860 के दशक में यही अर्थ लगाया था), पुनरुत्थान आंदोलन, जो 1890 के दशक में जोर-शोर के साथ शुरू हुआ, बहुत हद तक हिंदू राष्ट्रवाद के अभ्युदय का उपपरिणाम था। यह आयुर्वेद को प्राचीन आर्यों के साथ जोड़ता था, भले ही यह व्यवहार में शुद्ध आयुर्वेद की तलाश के बदले पाश्चात्य आयुर्विज्ञान के चयनित पक्षों को संशोधित हिंदू आयुर्विज्ञान के साथ समेकित करना चाहता हो।

आरंभिक दौर में पुनरुत्थान आंदोलन को 1895 में गोंडल के महाराजा भागवत सिंह जी की शोध-रचना 'आर्यन मेडिकल साइंस' के प्रकाशन से पर्याप्त प्रोत्साहन मिला। प्राच्यशास्त्रियों और आर्य समाजियों की भाँति सिंहजी ने भी 'इतिहास की सबसे प्रबुद्ध जाति आर्यों' को अपना विवेच्य-विषय बनाया और उन्हें आयुर्विज्ञान समेत अनेक विज्ञानों का प्रवर्त्तक माना। उन्होंने दावा किया कि हिंदू आयुर्विज्ञान 'रामायण और महाभारत के युग में समृद्धि के शिखर पर पहुँच गया था', लेकिन मुसलमानों के आगमन और उनके द्वारा अपनी यूनानी पद्धति को बढ़ावा देने के कारण यह पतनोन्मुखी हो गया—संदेश स्पष्ट था : 'कोई भी कला अथवा विज्ञान अपने समय की सरकार की नैतिक और भौतिक सहायता के बग़ैर तरक्क़ी नहीं कर सकता'। चार्ल्स लेस्ली ने जिन्हें समन्वयवादी और समाकलनवादी[20] कहा है उनमें से अनेक की भाँति सिंहजी मानते थे कि आयुर्वेद पूरी तरह पाश्चात्य प्रणाली का स्थान नहीं ले सकता। यह मानते हुए कि 'हिंदू आयुर्विज्ञान-पद्धति कुल मिलाकर पाश्चात्य-पद्धति की बराबरी कर सकती है', सिंहजी ने दोनों को एक दूसरे के प्रति सम्मान-भाव रखने की सलाह दी। उन्होंने दोनों पद्धतियों से आग्रह किया कि 'वे मिलकर काम करें और जहाँ भी संभव हो, आपस में सामंजस्य स्थापित कर लें।' उन्हें 'विरोधियों अथवा प्रतिद्वंद्वियों की तरह नहीं, दोस्तों की भाँति मिलना चाहिए...पूरब को पश्चिम से बहुत कुछ सीखना है, लेकिन, यदि पश्चिम भी चाहे तो पूरब से कुछ तो ग्रहण कर ही सकता है।'[21] बीस साल बाद कविराज गणनाथ सेन ने, जो संभवतः अपने समय के समेकित चिकित्सा-पद्धति के सर्वाधिक ख्यात समर्थक थे,[22] इस आरोप का खंडन किया कि आयुर्वेद 'बहुत पुराना...अनुभवजन्य और अवैज्ञानिक उपचार-पद्धति है।' उन्होंने पाश्चात्य आलोचकों को सलाह दी कि

त्रिदोष-विषयक (ह्यूमॅरल) रोग-विज्ञान समेत आयुर्वेद के 'महान सत्यों' की गलत व्याख्या करते हुए 'उसकी भर्त्सना करने' से पूर्व वे संस्कृत सीख लें। सिंहजी की भाँति सेन ने एलोपैथी से शिक्षा ग्रहण करने की बात तो अस्वीकार नहीं की, लेकिन इसमें पूरी हिन्दू पद्धति के महत्त्वपूर्ण और विशिष्ट स्वरूप का मान घटाने जैसी कोई बात नहीं पाई। 'आयुर्वेद की भावना प्रगति की भावना है;' इसका तकाजा है कि आप प्रश्न उठाएँ, सीखें और प्राचीन काल के मनीषियों द्वारा प्रदत्त ज्ञान के भंडार में कुछ और योगदान करें। भारत का उद्धार 'पाश्चात्य पद्धति की तरक्की के साथ-साथ आयुर्वेद चिकित्सा-पद्धति के कायाकल्प' में ही निहित है।[23]

यह भी पाश्चात्य आयुर्विज्ञान की विधियों की अधिकारिता का ही द्योतक था कि आयुर्वेद के पक्षधरों ने माँग की कि इसकी औषधियों और विधियों को पूर्णतः वैज्ञानिक माना जाए। उन्होंने दावा किया कि इनकी उपयोगिता सदियों के प्रयोग और परीक्षण के द्वारा प्रमाणित हो चुकी है, फिर भी उनका वैज्ञानिक महत्त्व आधुनिक प्रायोगिक विधियों से जाँचा जाना चाहिए। यद्यपि उष्णकटिबंध संबंधी कई मामलों में हिंदू विज्ञान और पाश्चात्य मत में विरोध था, आयुर्वेद के पृष्ठ पोषकों का दावा था कि भारत जैसे गर्म जलवायु वाले देश के लिए उन्हीं की पद्धति उपयुक्त है। चूँकि आयुर्वेदिक औषधियाँ उष्णकटिबंधी देश की ही उपज हैं और 'उष्णकटिबंधी जाति' द्वारा सदियों से इस्तेमाल की जाती रही हैं, इसलिए वे शीतोष्ण जलवायु वाले यूरोप की 'परायी' सांस्कृतिक दशाओं और ठंडे जलवायु में विकसित औषधियों की अपेक्षा भारतीयों के अधिक अनुकूल हैं।[24]

आयुर्वेदिक पुनरुत्थान अनेक रूपों में प्रकट हुआ। आयुर्वेद के मूल संस्कृत ग्रंथों का संस्कृत से अंग्रेज़ी में अनुवाद ने इस आंदोलन को शास्त्रीय अधिकारिता प्रदान की और इसकी रचनाओं को पाठकों के विशाल समुदाय तक पहुँचाया।[25] पाश्चात्य आयुर्विज्ञान की अति विशिष्ट और प्रभावकारी सांस्थानिक ढाँचों में से एक का अनुसरण करते हुए आयुर्वेद ने औषधालयों की स्थापना की और अपनी स्थानीय जड़ों को सुदृढ़ आधार प्रदान किया। पहला आयुर्वेदिक औषधालय 1878 में कविराज चंद्र किशोर सेन ने कलकत्ते में खोला। उसके बीस साल बाद तेलगू वैद्य पंडित डी. गोपालाचारलू ने मद्रास में प्रथम औषधालय की स्थापना की। 1890 के दशक से यूनानी और होमियोपैथिक औषधालयों के साथ-साथ बड़ी संख्या में आयुर्वेदिक औषधालय नगर परिषदों से परिदान (सब्सिडि) पाने लगे अथवा उनकी देख-रेख में चलने लगे। नए देशी आयुर्विज्ञान को लोकप्रिय बनाने में मुद्रण-यंत्रों ने भी अहम भूमिका निभाई। समाचार-पत्रों में विज्ञापनों, निबंधों, पुस्तिकाओं और चिकित्सा पत्रिकाओं ने संस्कृत के मूलग्रंथों से उद्धरणों की झड़ी लगा दी और देशी उपचार तथा पेटेंट औषधियों से विशाल जनसमुदाय को अवगत कराते रहे। हैज़ा, मलेरिया, प्लेग और इन्फ्लुएंजा अथवा उपदंश जैसे गुप्तरोगों के तात्कालिक और

अचूक इलाज में पाश्चात्य आयुर्विज्ञान के चिकित्सकों को भारी कठिनाई होती थी और ऐसे मामलों में रोगी आयुर्वेदिक, यूनानी और होमियोपैथिक चिकित्सकों के पास ही जाना पसंद करते थे। फिर, औपनिवेशिक चिकित्सा प्रतिष्ठानों में चिकित्सकों के साथ भेद-भाव बरता जाता था। उन्नीसवीं सदी के अंत और बीसवीं सदी के प्रारंभ में आंध्र में जिन चिकित्सकों ने आयुर्वेदिक पद्धति अपनाई उनमें अनेक पाश्चात्य पद्धति में प्रशिक्षित थे, लेकिन आमदनी और हैसियत की दृष्टि से असंतुष्ट थे। राजकीय चिकित्सा सेवा में कम वेतन पाने और अधीनस्थ पदों पर रहने की अपेक्षा उन्होंने एलोपैथी की गिनी-चुनी विशिष्टताओं को देशी चिकित्सा-पद्धतियों से जोड़कर स्वतंत्र चिकित्सा व्यवसाय करना बेहतर समझा। चूँकि देशी चिकित्सा-पद्धतियाँ लोकप्रिय, सुलभ और अपेक्षाकृत सस्ती थीं, इसलिए उनकी इस मिली-जुली उपचार-पद्धति ने उन्हें राजकीय सेवा की अपेक्षा अधिक आय, प्रतिष्ठा और लोकप्रियता प्रदान की।[26]

देशी पुनरुत्थान दो मोर्चों पर लड़ा जाने वाला युद्ध था। एक ओर यह आयुर्वेद को लोकप्रिय और सांस्कृतिक दृष्टि से एलोपैथी की अपेक्षा बेहतर विकल्प के रूप में प्रस्तुत कर रहा था तो दूसरी ओर अनाड़ी और अंधविश्वासपूर्ण लोक-चिकित्सा का स्थान भी ले रहा था। इस द्वैध प्रक्रिया का एक अच्छा-खासा उदाहरण केरल में आयुर्वेदिक आंदोलन के अग्रणी व्यक्तित्व पी.एस. वैरिएर में मिलता है। 1869 में जन्मे वैरिएर ने चार साल तक केरल के एक अति प्रतिष्ठित वैद्य से प्रशिक्षण लिया था। 20 साल की आयु होते-होते उन्होंने अपने जीवन का लक्ष्य तय कर लिया था—'बदनामी के गर्त्त में गिर गए आयुर्वेद को उच्चस्तर पर ले जाना और एलोपैथी की लोकप्रिय पद्धति के समकक्ष लाना।' उन्होंने अंग्रेज़ी भाषा सीखी और अपने एक हमदर्द एलोपैथिक डाक्टर, जो मंजेरी के सरकारी अस्पताल में सहायक शल्य-चिकित्सक था, से पाश्चात्य आयुर्विज्ञान की शिक्षा ग्रहण की। वैरिएर ने मालाबार के कोटाक्कल में अपना औषधालय खोला जहाँ वह अपने रोगियों को 'आयुर्वेदिक औषधियों के मूल्यवान गुणों और उनकी प्रभाविता' बतलाते थे। 1902 में उन्होंने आयुर्वेद के पुनरुत्थान का अपना घोषणा-पत्र जारी करते हुए आर्य वैद्य समाजों का प्रवर्त्तन किया और इसे लोकप्रिय बनाने के लिए सलाह दी कि 'आयुर्वेद को चाहिए कि वह पुरानी लीक से हटकर अपने अंतर्निहित गुणों को नुकसान पहुँचाए बग़ैर आधुनिक विधियाँ अपनाए।' उन्होंने इस बात के लिए वैद्यों की आलोचना की कि वे औषधियों के निर्माण के लिए अनाड़ी अत्तारों पर भरोसा करते हैं जिसके परिणामस्वरूप रोगियों का इलाज ठीक से नहीं हो पाता और आयुर्वेदिक चिकित्सा-पद्धति पर से उनका विश्वास उठ जाता है। इसलिए उन्हें चाहिए कि वे औषधियों का स्वयं निर्माण करना सीखें और प्रयोग में लाई जाने वाली दवाओं का स्तर बनाए रखें। उन्होंने वैद्यों को सुझाव दिया कि वे पहले 'सुनिश्चित आयुर्वेदिक सिद्धांतों

के आधार पर' अपनी दवाओं का उत्पादन मिल-जुलकर करें और उसके बाद उनकी आपूर्ति अन्य चिकित्सकों को करें अथवा सीधे रोगियों को दें। इस क्षेत्र में वैद्य एलोपैथिक चिकित्सकों से सीख सकते हैं जो अपनी दवाएँ थोक दवा-विक्रेताओं और दवा-निर्मात्री कंपनियों से लेते हैं। वैरिएर के अनुसार, 'यह कहने का कोई मतलब नहीं है कि हमारे पूर्वजों ने ऐसी विधियाँ काम में नहीं लाई थीं; वक़्त का तकाज़ा है कि हम समय के साथ क़दम मिलाकर चलें और जहाँ आवश्यक और लाभप्रद जान पड़े, आधुनिक तरीक़ों को काम में लाएँ।' अपने विचारों को मूर्त्तरूप देते हुए उन्होंने आयुर्वेदिक औषधि-निर्माण कंपनी की स्थापना की जिसकी सालाना बिक्री 1944 में उनकी मृत्यु होने तक 30,000 रुपये मूल्य की थी।[27]

इन स्थानीय शुरुआतों और तृणमूल स्तर पर पाश्चात्य आयुर्विज्ञान के साथ आदान-प्रदान करते हुए आयुर्वेदिक आंदोलन क्षेत्रीय और अखिल भारतीय संगठनों में विकसित हो गया। 1902 में जब वैरिएर के नेतृत्व में कोटाक्कल में आर्य वैद्य समाजम की बैठक हुई तो त्रावणकोर और कोचीन के महाराजाओं और कालीकट के ज़मोरिन का ध्यान इसकी ओर गया। आंदोलन को महिमान्वित करने और औपनिवेशिक राज्य द्वारा एलोपैथी को दी जा रही सहायता का जवाब देने के लिए राजाओं, प्रभावशील भूमिपतियों और पेशेवर मध्यवर्ग का संरक्षण आवश्यक था। के. एन. पणिक्कर का मानना है कि हिंदू आयुर्विज्ञान को संशोधित करने और जानदार बनाने के लिए किया जा रहा प्रयास अविच्छिन्न रूप से सांस्कृतिक और बौद्धिक पुनरुद्धार की धाराओं से जुड़ा था। वैरिएर ने मलयाली भाषा और नाटक के विकास में गहरी अभिरुचि ली। उन्होंने 1902 में 'धनवंतरी' पत्रिका निकाली जो केरल में पुनरुद्धार आंदोलन का मुखपत्र बन गई। मलयालम में वैरिएर ने चिकित्सा पर कई पुस्तकें लिखीं। इन पुस्तकों और औषधियों ने आयुर्वेद को आम जनता के लिए अधिक सुलभ बना दिया। फिर आयुर्वेद में सुधारों और मिली-जुली चिकित्सा-पद्धति के फलस्वरूप 'अवैज्ञानिक' चिकित्सकों का चिकित्सा-व्यापार मंद पड़ने लगा था। आयुर्वेद के पक्षधर राजनीतिक प्रभुता वाली एलोपैथी के समानांतर अपनी स्थिति को सुदृढ़ कर ही रहे थे, अपने सांस्कृतिक आधिपत्य को भी तलाश रहे थे।[28]

आयुर्वेद की भाँति यूनानी आयुर्विज्ञान भी पुनरुत्थान और सुधार के दौर से गुजर रहा था। 1889 में हकीम अजमल ख़ाँ ने, जो एक प्रख्यात चिकित्सक का पुत्र था, दिल्ली में मदरसा तिब्बिया का प्रभार ग्रहण किया। उसने रामपुर और ढाका के नवाबों जैसे प्रतिष्ठित लोगों से आर्थिक अनुदान पाया ही, राज्य से भी स्वीकृति और सहायता पाने के प्रयास किए। 1915 में सरकार को दिए गए आवेदन में अजमल ख़ाँ ने इस बात पर बल दिया कि पाश्चात्य और यूनानी आयुर्विज्ञान दोनों एक ही चिकित्सा पद्धति हैं और दोनों यूनानी मूल के हैं। यूनानी पद्धति भारत

में मुसलमानों ने लागू की थी और मुग़लों के समय में इसने उत्कर्ष प्राप्त कर लिया था, लेकिन उनके शासन के पतनगामी होने के साथ यह पद्धति भी पतनोन्मुखी हो गई। आयुर्वेद की भाँति अजमल ख़ाँ ने यूनानी पद्धति को भी आधुनिक बनाने का प्रयास किया। परंपरागत जानकारियों को संगृहीत और व्यवस्थित करने के अतिरिक्त उसने वैसे 'अयोग्य तबीबों (चिकित्सकों) के व्यवसाय को नष्ट करना चाहा जो यहाँ के निवासियों को नुकसान पहुँचाने के लिए भारत के अनेक भागों में फैले हैं।' योग्य चिकित्सकों को समुचित रूप से प्रशिक्षित करने के लिए उसका मदरसा व्यावहारिक शरीर रचना-विज्ञान और शल्यक्रिया के साथ-साथ यूनानी निदानशास्त्र और औषध-विज्ञान की भी शिक्षा देता था। इसके अतिरिक्त अजमल ख़ाँ ने आयुर्वेद के साथ संवाद स्थापित करने और उसकी सीखों को अपनी पद्धति में शामिल कर लेने की वकालत की। 1915 तक मदरसा आयुर्वेदिक और यूनानी तिब्बी कॉलिज का रूप ले चुका था और 263 छात्रों को प्रशिक्षित कर चुका था जिनमें अधिकांश मुसलमान थे।[29] लेकिन अजमल ख़ाँ द्वारा यूनानी को आधुनिक बनाने का प्रयास लखनऊ के परंपरावादियों को नहीं भाया। वहाँ रूढ़िवादियों की अच्छी-खासी तादाद थी और उनके संप्रदाय ने 'शुद्ध' यूनानी चिकित्सा-पद्धति के समर्थन में आंदोलन छेड़ दिया। एक आलोचक ने इस बात पर खेदभरी टिप्पणी की कि अजमल ख़ाँ के कॉलिज ने 'यूरोपीय आयुर्विज्ञान की इतनी प्रक्रियाएँ अपना ली हैं कि मौलिक मुस्लिम आयुर्विज्ञान प्रगति करने के बदले तबाही की ओर बढ़ रहा है...दिल्ली में हमारे पुराने आयुर्विज्ञान का भविष्य भारी ख़तरे में पड़ गया है।'[30]

अन्य सुधारकों की भाँति अजमल ख़ाँ प्रांतीय चिकित्सा पंजीकरण अधिनियमों के पारित होने से (यह पहली बार 1912 में बंबई में हुआ था) चिंतित था क्योंकि ये अधिनियम सिर्फ पाश्चात्य आयुर्विज्ञान के चिकित्सकों को ही मान्यता देते थे। यह शंका कि इससे देशी पद्धति के सारे चिकित्सक अपने सारे आधुनिक संबंधों और प्रशिक्षण के बावजूद 'नीमहकीम' माने जाएँगे तब और गहरा गई जब 1915-16 में मद्रास में एक भारतीय एलोपैथिक चिकित्सक एक आयुर्वेदिक औषधालय की सहायता करने के कारण चिकित्सा पंजी से हटा दिया गया और बंबई में एक अन्य का नाम आयुर्वेदिक महाविद्यालय से संबंध रखने के कारण काट दिया गया। देशी चिकित्सक चाहते थे कि उन्हें राज्य की ओर से समान मान्यता और आर्थिक सहायता मिले जबकि स्थिति ऐसी हो चली थी कि 'उन्हें चिकित्सा-क्षेत्र में अछूत माना जाने लगा था। और कोई एलोपैथिक चिकित्सक अपनी जात (पहचान) गँवाए बग़ैर उनके संपर्क में नहीं रह सकता था।'[31]

राज्य और उसके वरीय चिकित्सा पदाधिकारी देशी आयुर्विज्ञान के प्रति विरोध का ही भाव रखते थे। पाश्चात्य आयुर्विज्ञान के चिकित्सकों को वैद्यों और हकीमों की औषधियों में लंबे अर्से से व्यावहारिक अभिरुचि रही थी (देखें अध्याय तीन)

और यह अभिरुचि ई.जे. वारिंग की 'फार्मकॅपीअँ ऑफ़ इंडिया' (भारत की भेषज-संहिता, 1868) और यू.सी. दत्त की 'मैटेरिआमेडिका ऑफ़ हिंदूज' (1877) जैसी रचनाओं के माध्यम से उन्नीसवीं सदी के अंत तक परिलक्षित होती रही। भारतीय दस्तकारियों में फिर से रुचि पैदा होने के साथ-साथ स्थानीय और अंतर्राष्ट्रीय प्रदर्शनियों से चिकित्सा-औषधों के लगातार अनुसंधान को पर्याप्त प्रेरणा मिली। जॉर्जवाट और टी.एन. मुखर्जी ने 1883-84 में कलकत्ता इंटरनेशनल इगुज़िबिशन (कलकत्ता अंतर्राष्ट्रीय प्रदर्शनी) के लिए बड़ी संख्या में नमूने इकट्ठा किए; प्रदर्शनी के लिए 1000 से अधिक नमूनों के संग्रह से मद्रास में मोहिदीन शेरिफ़ को 1891 में अपनी रचना 'मैटेरिआमेडिका' प्रकाशित करने की प्रेरणा मिली। इस अवधि में कानी लाल डे सर्वाधिक प्रभावशाली व्यक्ति हुए। वह उपसहायक शल्य चिकित्सक से तरक्की करते-करते कलकत्ता मेडिकल कॉलिज में रसायनशास्त्र के प्रोफेसर बन गए। जब इंडियन मेडिकल कांग्रेस ने 1894 में कलकत्ते में अपनी पहली बैठक की तो उसकी औषध विज्ञान शाखा के अनेक लेखों में 'देशी दवाओं' की महत्ता पर प्रकाश डाला गया। वाट ने अनेक औषधियों के नाम और विशेष गुणों की सूची तैयार की और उनपर विशेष अनुसंधान की आवश्यकता पर बल दिया जबकि उस शाखा के अध्यक्ष डे ने अनेक व्यावहारिक उपायों—अस्पतालों और औषधालयों में गिनी-चुनी औषधियों की जाँच, सरकारी फार्मों में औषधीय पौधों की खेती और देशी दवाओं की नियमित आपूर्ति के लिए 'दवामंडी' की स्थापना—का सुझाव दिया। डे की दृष्टि में इन उपायों के द्वारा 'भारतीय औषधशास्त्र' की तरक्की इस देश में वाणिज्य, आयुर्विज्ञान और विज्ञान के विकास के साथ 'पूरी तरह मेल खाती है' और इनसे 'रोगनाशक और प्रतिरोधक अभिकरण आश्चर्यजनक ढंग से साम्राज्य के विशाल जनसमुदाय के लिए सुलभ हो जाएँगे।'[32]

कांग्रेस ने वाट और डे के 'देशी दवाओं के विस्तारित उपयोग' के आह्वान के समर्थन में अनेक प्रस्ताव पारित किए और चिकित्सा-अनुसंधान के प्रति लापरवाही बरतने के आरोप का दंश झेलती सरकार ने इन प्रस्तावों को गंभीरता से लिया। यद्यपि शल्य महाचिकित्सक को इस बारे में शंकाएँ थीं और उसने इसका प्रतिवाद करते हुए कहा कि भारतीय लोग देशी दवाओं का उपयोग 'सिर्फ इसलिए करते हैं क्योंकि उनके पास इससे बेहतर कुछ है ही नहीं', लेकिन गृह विभाग ने उनकी उपयोगिता पर अनुसंधान के लिए इंडिजेनस ड्रग्स कमिटि (देशी दवा समिति) का गठन कर दिया।[33] आरंभ में वाट और डे भी इस समिति में थे और यह 1920 तक बनी रही, लेकिन 1909 में दूसरा प्रतिवेदन प्रकाशित करने से बहुत पहले इसकी ऊर्जा नष्ट हो चुकी थी और इसके व्यावहारिक परिणाम नगण्य ही रहे। तकनीकी दृष्टि से अनुसंधानकार्य पूर्तानुमान की अपेक्षा कहीं अधिक जटिल सिद्ध हुआ। फिर यूरोपीय चिकित्सकों ने भी इसका विरोध किगा क्योंकि उनमें से अधिकांश

की राय थी कि 'जब पहले से ज्ञात और सुनिश्चित प्रभाववाली दवाएँ उपलब्ध हैं तो अज्ञात और संदिग्ध दवाओं पर प्रयोग करने का कोई औचित्य नहीं है।'[34]

देशी दवाओं के विशेष गुणों पर अनुसंधान मुख्य रूप से राष्ट्रवादी पत्र-पत्रिकाओं और विधायी परिषदों के निवाले के रूप में रुक-रुक कर चलते रहे। प्रायः ये अनुसंधान (अलाभकर कार्य के रूप में) भारतीय चिकित्सा पदाधिकारियों के जिम्मे दे दिए जाते थे और इसके लिए संपूर्ण देशी पद्धतियों पर विचार करने के बदले कुछ गिनी-चुनी दवाओं की बेहतर प्रभाविता के संबंध में किए गए दावे 'वैज्ञानिक' आधार पर महत्त्वहीन अथवा खंडित कर दिए जाते थे। 1918 में मद्रास में शुरू किए गए अनुसंधान, जिसमें रोग विषयक जाँचें भी शामिल थीं, ने, जैसा कि पूर्वानुमान था, यह मत व्यक्त किया कि सही मायने में भारत की सभी संभावित कारगर दवाएँ पहले ही चिह्नित की जा चुकी हैं।[35] 1930 में कलकत्ता स्कूल ऑफ़ ट्रॉपिकल मेडिसिन के रामनाथ चोपड़ा, आई एम एस, एक अन्य जाँच दल के प्रधान बनाए गए। उन्होंने अपने विस्तृत प्रतिवदेन में इस मत का समर्थन किया कि अनेक भारतीय दवाएँ देशी पद्धतियों को पुनरुज्जीवित किए बगैर अथवा उन्हें औपचारिक मान्यता दिए बिना ही पाश्चात्य भेषज-संहिता में शामिल कर ली जा सकती हैं।[36] 1947 में आजादी की पूर्व संध्या पर चोपड़ा को अधिक विस्तृत क्षेत्र वाली समिति के नेतृत्व का भार सौंपा गया। इस समिति का काम था देशी आयुर्विज्ञान की पद्धतियों के साथ राज्य के संबंध पर विचार करना और आम जनता के लिए उनकी उपयोगिता बढ़ाने के तरीके सुझाना। प्रतिवेदन का लहजा तो सहानुभूतिपूर्ण था, किंतु कुल मिलाकर उसका संदेश एलोपैथिक चिकित्सा-पद्धति की, विशेषकर सार्वजनिक स्वास्थ्य के मामले में, श्रेष्ठता सिद्ध करना था।[37]

राजकीय चिकित्सा पदाधिकारियों में शायद ही कोई ऐसा था जो आयुर्वेदिक और यूनानी आयुर्विज्ञान में सहानुभूतिपूर्ण अभिरुचि लेता हो। इसका प्रत्यक्ष अपवाद था आई एम एस का महानिदेशक पार्डी ल्यूकिस। 1916 में इंपिरिअल लेजिस्लेचर (शाही विधायिका) में जब वाद-विवाद के दौरान प्रस्ताव आया कि 'पाश्चात्य और देशी चिकित्सा-पद्धतियों को वैज्ञानिक आधार देने और उनकी उपयोगिता बढ़ाने की संभावना का पता लगाने के लिए' सरकार से अपील की जाए तो उसका जवाब देते हुए ल्युकिस ने घोषणा की कि भारत में अपने छत्तीस साल के कार्यकाल में उसने इस विषय पर गहन विचार किया है और जितना ही अधिक समय तक वह इस देश में रहेगा उतना ही अधिक वह आश्वस्त होता जाएगा कि...वैद्यों और हकीमों द्वारा रोगोपचार के अपनाए गए अनुभव-आधारित तरीकों में से अनेक 'महान मूल्य' के हैं। उसने इस मत का खण्डन किया कि 'वैद्य' और 'हकीम' नीम हकीम हैं; पूरब और पश्चिम के आयुर्विज्ञानों में सिवा इसके कोई तीव्र मतभेद नहीं है कि पहले ने तरक्की की है और दूसरा स्थिर हो गया है। उसने स्वीकार किया

कि चूँकि नब्बे प्रतिशत आबादी देहातों में रहती है और पाश्चात्य आयुर्विज्ञान तक उनकी पहुँच नहीं है, इसलिए देशी आयुर्विज्ञान का यथासंभव समर्थन करना आवश्यक है ताकि आमलोगों की स्वास्थ्य-संबंधी बुनियादी आवश्यकताएँ पूरी की जा सकें।[38]

देशी आयुर्विज्ञान के पुनरुत्थान के अनुमोदन के रूप में ल्युकिस के मत का व्यापक रूप में स्वागत किया गया और बाद के वाद-विवादों में बहुधा उसके उद्धरण दिए जाते रहे, लेकिन यद्यपि उसने शब्दों के प्रयोग में सावधानी बरती थी, आई एम एस में उसके मत को व्यापक समर्थन नहीं मिला। तथापि, केंद्रीय और प्रांतीय सरकारें उदार हिंदू और मुस्लिम मत को ऐसे समय में विमुख करने के पक्ष में नहीं थीं जब राजनीतिक अशांति फैल रही थी और अनेक यूरोपीय चिकित्सकों और आई सी एस पदाधिकारों के सार्वजनिक वक्तव्यों में तिरस्कार की भावना छिपी रहती थी। प्रथम विश्वयुद्ध के दौरान अपने उदार मित्रों का समर्थन बनाए रखने के लिए ब्रिटिश सरकार ने राष्ट्रवादियों के होमरूल (स्वराज, स्वशासन) की माँग के प्रति अनुकूल प्रतिक्रिया व्यक्त करते हुए एक हद तक 'उत्तरदायी सरकार' का वादा किया। 1919 के इंडिया एक्ट के द्वारा सरकार ने होमरूल के बदले 'द्वैध शासन' प्रणाली लागू कर दी। इसके तहत प्रांतों में सत्ता को दो हिस्सों—कार्यपालक पार्षदों के अधीन 'आरक्षित' विभाग और निर्वाचित मंत्रियों के पास 'हस्तांतरित' विभाग—में बाँट दिया गया। आरक्षित विभागों में राजस्व और पुलिस जैसे अति महत्त्वपूर्ण विभाग रखे गए जबकि मंत्रियों को शिक्षा, स्वास्थ्य और कृषि जैसे अल्प वित्त-पोषित, दोयम दर्जे के विभाग दिए गए। इसका इतना असर अवश्य हुआ कि स्वास्थ्य संबंधी नीति और चिकित्सा पर होने वाले व्यय बहुत हद तक राजनीतिक छानबीन के अधीन हो गए। 1918 और 1920 में भारतीय राष्ट्रीय कांग्रेस ने आयुर्वेदिक और यूनानी पद्धतियों की 'उपयोगिता के निर्विवाद दावों' की चर्चा करते हुए 'देशी पद्धतियों के अनुसार शिक्षा और चिकित्सा के लिए विद्यालयों, महाविद्यालयों और चिकित्सालयों' की स्थापना की माँग संबंधी कई प्रस्ताव पारित किए।[39] यद्यपि कांग्रेस ने 1920 के चुनावों का बहिष्कार किया, लेकिन व्यवस्थापिका सभा ने देशी आयुर्विज्ञान का मुद्दा उठाया और मद्रास तथा बंगाल की सरकारें अपना समझौतापरक रुख कायम रखते हुए देशी चिकित्सा-पद्धतियों की जाँच के लिए समितियाँ गठित करने पर राजी हो गईं।

इन समितियों में सर्वाधिक महत्त्वपूर्ण मद्रास में अक्टूबर, 1921 में आयुर्विज्ञान की देशी पद्धतियों पर गठित समिति थी। इसके अध्यक्ष थे एक अंशकालिक हकीम मोहम्मद उस्मान लेकिन सबसे प्रभावशाली व्यक्ति थे इसके सचिव जी. श्रीनिवास मूर्ति जिन्होंने समिति का ध्यान आयुर्वेद पर केंद्रित कर दिया। श्रीनिवास मूर्ति थिऑसॅफ़िस्ट (ब्रह्मविद्यावादी) थे और पूर्व में एलोपैथिक चिकित्सा पदाधिकारी रह चुके थे। उन्होंने आयुर्वेद के पक्ष में विस्तृत और तर्कसंगत विवेचन प्रस्तुत करते

हुए इसे 'बुद्धिसम्मत और वैज्ञानिक', शल्यक्रिया को अतिरिक्त सभी मामलों में आत्म-निर्भर पद्धति सिद्ध किया। आयुर्वेद की वैज्ञानिक संपूर्णता के दावों के समर्थन में उन्होंने ब्रजेंद्रनाथ सील, गणनाथ सेन और जगदीशचंद्र बोस का हवाला दिया जिन्होंने आधुनिक विज्ञान के तरीकों और उपकरणों के द्वारा प्राचीन शिक्षा के हमारे दिमाग में एक बार फिर ताजा कर दिया था। श्रीनिवास मूर्ति ने एलोपैथी के साथ किसी प्रकार के समझौते से इनकार किया। उन्होंने 'त्रिदोष' (कफ, पित्त और वायु) के सिद्धांत को आयुर्वेदिक पद्धति का सार माना। इसकी बराबरी यूनानियों की ह्यूमरल पद्धति नहीं कर सकती; वह तो गुजरे जमाने की चीज है। आयुर्वेद को उपयोगी दवाओं के एलोपैथिक भेषज-संहिता में स्थानांतरित किए जाने का स्रोत मात्र भी नहीं माना जा सकता। इसकी दार्शनिक और शारीरिक पद्धतियों को संपूर्णता में ग्रहण किया जाना चाहिए। लेकिन जब इसे क्रियान्वित करने का प्रश्न उठा तो श्रीनिवास ने अधिक लचीला रुख अपनाया। चूँकि एलोपैथी मुश्किल से 10 प्रतिशत आबादी को ही सुलभ थी, इसलिए देशी पद्धतियों को शेष 90 प्रतिशत आबादी की स्वास्थ्य संबंधी आवश्यकताएँ पूरी करनी थीं। श्रीनिवास मूर्ति ने दलील दी कि चूँकि दो पद्धतियों को साथ-साथ चलाना भारत के बस की बात नहीं थी इसलिए पाश्चात्य आयुर्विज्ञान और देशी पद्धतियों के छात्रों को एक-दूसरे से परिचित होना आवश्यक है ताकि पारस्परिक आदान-प्रदान और संश्लेषण की प्रक्रिया के द्वारा अंततः एक 'एकीकृत और समेकित पद्धति' विकसित हो सके।[40]

उस्मान के प्रतिवेदन के प्रति पाश्चात्य चिकित्सा प्रतिष्ठान के अनेक सदस्यों ने नाराजगी और शंका प्रकट की। उनकी दृष्टि में यह प्रतिवेदन राष्ट्रवादी उग्रता का उद्रेक था और आयुर्वेद के दावों के समर्थन में विश्वसनीय प्रमाण प्रस्तुत करने में विफल रहा था। आयुर्विज्ञान की देशी पद्धतियों की 'अवैज्ञानिक' प्रकृति की आलोचना 1920 के दशक में पहले की अपेक्षा अधिक मुखर हो उठी।[41] आई एम एस के अधिकांश सदस्य मानते थे कि देशी आयुर्विज्ञान के साथ किसी प्रकार का समायोजन न सिर्फ उनके राजकीय निधीयन और पेशागत हैसियत के लिए अनिष्टकर होगा, अपितु उन्हें ब्रिटेन में अपने सहकर्मियों के बीच उपहास, बल्कि बहिष्करण, का पात्र बना देगा। उनकी नजर में समन्वयवाद न तो व्यावसायिक और न राजनीतिक दृष्टि से ग्राह्य था। इसके बावजूद अपने राजनीतिक कारणों से मद्रास सरकार ने अपने चिकित्सा सलाहकारों की अवहेलना करते हुए उस्मान के प्रतिवेदन को अंगीकार कर लिया। मुख्य मंत्री पानागल के राजा के समर्थन से इसने स्कूल ऑफ़ इंडियन मेडिसिन की स्थापना की स्वीकृति दे दी। यह विद्यालय मद्रास के गवर्नर द्वारा 1924 में खोला गया और श्रीनिवास इसके निदेशक बनाए गए।

इस संस्था का उद्देश्य छात्रों को 'ऐसा प्रशिक्षण देना था...जो उन्हें भारतीय आयुर्विज्ञान के सक्षम चिकित्सक बनाने के साथ-साथ पाश्चात्य पद्धति का अच्छा-खासा व्यावहारिक ज्ञान प्रदान करे।' 1820 के दशक के कलकत्ता नेटिव मेडिकल इंस्टिट्यूट की भाँति इसमें आयुर्वेद, यूनानी और सिद्ध पद्धतियों के साथ-साथ आधुनिक शरीर-रचना विज्ञान, दैहिकी और शल्य-चिकित्सा की भी शिक्षा दी जाती थी। बाद में इसमें स्नातकोत्तर पाठ्यक्रम शुरू किया गया और इसके सेवाकर्मियों ने देशी और एलोपैथिक पद्धतियों के बीच 'सादृश्यों' को चिह्नित करते हुए मूलग्रंथों और आलेखों का संकलन तैयार किया। 1932 में संस्था और दीर्घकाल से सेवारत इसके निदेशक के अधिकारों में बढ़ोतरी करते हुए उन्हें प्रांत के देशी चिकित्सकों के पंजीकरण का दायित्व सौंप दिया।[42] लेकिन लखनऊ के यूनानी विशुद्धतावादियों की भाँति यह संस्था 'शुद्ध आयुर्वेद' के पक्षधरों को संतुष्ट नहीं कर पाई। वे इस बात पर नाराज थे कि संस्था मूलग्रंथों के सिवा अन्य किसी चीज की शिक्षा नहीं देती और उन्होंने आयुर्विज्ञान की ऐसी 'शंकर पद्धति' के निर्माण पर अफसोस जाहिर किया जो स्वयं श्रीनिवास के पूर्व में घोषित आदर्श–त्रिदोष प्रणाली की बिलक्षणता और संपूर्णता–के प्रतिकूल थी। दूसरी ओर, एलोपैथिक चिकित्सकों ने भी इसकी तीखी आलोचना की क्योंकि संस्था उनकी दृष्टि में ऐसे अर्द्धशिक्षित चिकित्सकों को पैदा कर रही थी जिन्होंने दो परस्पर-विरोधी पद्धतियों का घालमेल कर दिया है और मद्रास मेडिकल कॉलेज की आवश्यकताओं को पूरा करने के लिए छात्रों को लगने वाले समय से कम ही अवधि में स्नातक की डिग्री हासिल कर ली है। उस्मान को फिर से जाँच करने का निर्देश दिया गया और उसने 1941 में जो प्रतिवेदन प्रस्तुत किया उसमें इस संस्था की अनेक त्रुटियाँ और असंगतियाँ उजागर की गईं। लेकिन युद्ध में फँसी सरकार कोई ऐसा कदम उठाना नहीं चाहती थी जिससे देशी आयुर्विज्ञान के प्रति भेदभाव जाहिर होता हो।[43] आस्था के बदले परिणामवाद के आधार पर 'समेकित' आयुर्विज्ञान जीवित तो रहा लेकिन उसे पाश्चात्य आयुर्विज्ञान के साथ चिर-अभिलषित बराबरी का दर्जा नहीं मिल सका।

विज्ञान घेरे में

1919 के गवर्नमेंट ऑफ़ इंडिया एक्ट के तहत जो संवैधानिक परिवर्तन हुए उन्होंने औपनिवेशिक काल के अंत के विज्ञान के संगठन, निधीयन और राजनीतिक स्वरूप पर दूरगामी प्रभाव डाले। सुधार के प्रवर्तकों सेक्रेटरी ऑफ स्टेट फॉर इंडिया एडविन मांटेगू और वायसराय लॉर्ड चेम्सफोर्ड ने हॉलैंड कमीशन के इस मत का समर्थन किया कि भारत के आर्थिक और औद्योगिक विकास में विज्ञान अधिक सक्रिय भूमिका तभी निभा सकता है जबकि राज्य उसे सहायता प्रदान करे। लेकिन,

व्यवहार्यतः पुनः राजनीतिक स्वार्थों के कारण द्वैधशासन के अंतर्गत प्रांतों को सौंपे गए अधिकार को अधिक व्यापक बनाने और एकमुश्त सुधार का आकर्षण बढ़ाने के लिए एक केंद्रीकृत उद्यम के रूप में विज्ञान का बलिदान कर दिया गया।

प्रांतीयकरण ने अखिल भारतीय वैज्ञानिक सेवाओं को कमजोर और कहीं-कहीं तो चौपट ही कर दिया। इंडियन एग्रिकल्चरल सर्विस (भारतीय कृषि सेवा) ने 1906 में अपनी स्थापना के साथ कृषि में राज्य की भागीदारी का नया सूत्रपात किया था लेकिन युद्धकाल में यूरोपीय सेवाकर्मियों के हताहत होने और इसके अनेक भवनों का अधिग्रहण कर लिए जाने के कारण यह सेवा बुरी तरह प्रभावित हुई। 1919 के गवर्नमेंट ऑफ़ इंडिया एक्ट के फलस्वरूप कृषि-संबंधी अनुसंधान, शिक्षा और विकास का भार प्रांतों को सौंप दिया गया और केंद्रीय सरकार इसके निदेशन और नियंत्रण के दायित्व से पूरी तरह मुक्त हो गई। कृषि और पशु-चिकित्सा संबंधी अनुसंधान के शीर्षकेंद्र पूसा और मुक्तेश्वर के लिए प्रांत आरंभ में जागीर जैसे थे, लेकिन अब प्रांतों से उनका संपर्क टूट गया। 1924 तक कृषि सेवा का अस्तित्व ही खतरे में पड़ गया। 1926 में गठित रॉयल कमीशन ने अपने प्रतिवेदन में भारतीय कृषि अर्थव्यवस्था के लिए कृषि और पशु चिकित्सा संबंधी अनुसंधान के महत्त्व पर जोर डाला, लेकिन कृषि सेवा के संबंध में स्पष्ट रूप से अनुशंसा की कि अब इस सेवा में और भरती नहीं होनी चाहिए बल्कि बेहतर हो इसे समाप्त ही कर दिया जाए। इसके बदले कमीशन ने इंपिरिअल कौंसिल ऑफ़ एग्रिकल्चरल रिसर्च की स्थापना का प्रस्ताव रखा जो तकनीकी और प्रशासनिक सुविज्ञता को जोड़ सके और कृषि अनुसंधान की 'सुव्यवस्थित प्रगति' सुनिश्चित कर सके।[44] इस दुर्दशा की शिकार अकेले कृषि नहीं थी। कलकत्ता स्कूल ऑफ़ ट्रॉपिकल मेडिसिन, जिसकी परिकल्पना मूलतः अखिल भारतीय अनुसंधान-केंद्र के रूप में हुई थी, भी 1927 में स्थापित होने तक प्रांतीय स्तर की हो गई थी और अनेक प्रांतीय राजनीतिक ओर वित्तीय दबावों में काम कर रही थी।

प्रांतीयकरण के विरुद्ध मिली-जुली प्रतिक्रियाएँ हुईं। अनेक भारतीय और कुछ यूरोपीय वैज्ञानिक मानते थे कि कर्जन की केंद्रीकरण की नीति राज्य की नौकरशाही को अत्यधिक नियंत्रण का अधिकार देती है और व्यक्तिगत पहल में बाधा डालती है। 1920 में 'नेचर' में प्रकाशित एक लेख में दावा किया गया कि भारत के अनेक अग्रणी वैज्ञानिक केंद्रीकरण के विरोधी हैं और उसके बदले क्षेत्रीय, गैर-सरकारी संस्थानों को तरजीह देते हैं। मौलिक वैज्ञानिक अनुसंधान के लिए 'शासकीय नियंत्रण की जरूरत बहुत कम अथवा बिल्कुल नहीं' और वैज्ञानिकों के साथ कोई ऐसी बाध्यता नहीं होनी चाहिए कि 'वे किसी सरकारी पदाधिकारी को अपना अंतरिम प्रतिवेदन अथवा कार्यक्रम की सूचना नियमित रूप से देते रहें, अथवा अनुसंधान शुरू करने से पूर्व या अपने कार्यों के प्रकाशन से पहले औपचारिक स्वीकृति लेते

रहें।' ऐसी औपचारिकताएँ 'कीमती समय नष्ट करती हैं, लगातार टकराव की स्थिति पैदा करती हैं और सर्जनात्मक वैज्ञानिक अनुसंधान की भावना के विपरीत हैं।'[45] इसके विपरीत ए. जी. क्लो (एक आई सी एस पदाधिकारी जो अखिल भारतीय सेवाओं का पक्षधर माना जाता था) ने इस बात पर अफसोस जाहिर किया कि मांटेगू और चेम्सफोर्ड ने केंद्र की अपेक्षा प्रांतों को तरजीह देकर औद्योगिक और वैज्ञानिक प्रगति में बाधा डाली है जबकि उसकी भरपाई के लिए प्रांतों में वैज्ञानिक और तकनीकी संस्थाओं का विस्तार नहीं किया है।[46]

भारत में 1930 और 1940 के दशकों में उपर्युक्त पिछला मत ही अधिक प्रचलित रहा। भारत को केंद्रीय संस्थानों और वैज्ञानिक सेवाओं के साथ-साथ प्रांतीय संस्थानों और विश्वविद्यालय विभागों की भी आवश्यकता थी जहाँ अनुसंधान कार्य चलाए जा सकें। दरअसल दोनों आपस में इस कदर गड्डमड्ड हो गए थे कि भारतीय अनुसंधान और तकनीकी प्रशिक्षण में अनेक महत्त्वपूर्ण अंतराल दिखने लगे थे। उदाहरणार्थ, कृषि, पशु-चिकित्सा विज्ञान और वन-संरक्षण के मामले में विश्वविद्यालय वैकल्पिक शोध-केंद्र बनाने में या तो असफल रह गए थे अथवा असमर्थ थे। 1945 के पूर्व भारतीय विश्वविद्यालयों में बनारस हिंदू विश्वविद्यालय अकेला विश्वविद्यालय था जहाँ कृषि विभाग था। महत्त्वपूर्ण अनुसंधान चलाते रहने के लिए यह अधिकाधिक आवश्यक होता जा रहा था कि मांटेगू-चेम्सफोर्ड सुधारों के प्रभाव अंशतः उलट दिए जाएँ और इंपिरिअल कौंसिल ऑफ़ एग्रिकल्चरल रिसर्च जैसे नए निकाय बनाए जायँ जो अनुसंधान के लिए कोष जुटाने और समन्वय स्थापित करने का भार ले सकें। भारतीय वैज्ञानिकों के लिए यह भी आवश्यक था कि वे निजी समन्वयकारी निकायों का निर्माण करें और द्वितीय विश्वयुद्ध के दौरान केंद्रीकृत संस्थाओं को नया रूप दें ताकि केंद्र पुनः अधिक निर्देशात्मक भूमिका निभा सके। राजनीतिक स्वार्थ से उत्पन्न और राज्य-संचालित विज्ञान के स्वाभाविक विद्वेष का शिकार प्रांतीयकरण एक प्रभावी अखिल भारतीय विज्ञान-नीति को अगले बीस वर्षों तक रोके रहा। प्रांतीयकरण में एक अन्य गंभीर संकट खर्च में कटौती था। 1925 में जब वैज्ञानिक संस्थाएँ युद्ध काल में हुए नुकसान से उबर रही थीं तो लॉर्ड इंचकेप के अधीन इंडियन रिट्रेंचमेंट कमिटि ने सरकारी खर्चे में व्यापक कटौती के निर्देश दिए जिसके फलस्वरूप विज्ञान और आयुर्विज्ञान के वित्तीय कोष बुरी तरह प्रभावित हुए। फिर, 1930-31 की विश्वव्यापी मंदी के दौर में और भी कटौती के आदेश जारी किए गए। विज्ञान और आयुर्विज्ञान में भारी कटौतियाँ हुईं और बड़ी संख्या में लोग छँटनी के शिकार हो गए। यह सही है कि कटौतियाँ राज्य के अन्य विभागों में भी हुईं, लेकिन 'इस हत्याकांड के लिए विज्ञान को जिस रूप में चुना गया उससे जाहिर हो गया कि भारत सरकार ऐसे काम को कितना कम महत्त्व देती थी।' नतीजा यह हुआ कि भारत द्वितीय विश्वयुद्ध का सामना 'वैज्ञानिक दृष्टि

से जिस साजो-सामान के साथ कर सकता था, उससे बहुत बदतर रूप में किया।'[47]

1919 के अधिनियम के अंतर्गत विधायिका सभा को स्वास्थ्य बजट और चिकित्सा अनुसंधान के लिए वित्तीय कोष पर बहस और मतदान का अधिकार मिल गया हालाँकि इसे पूर्ण वित्तीय नियंत्रण नहीं दिया गया। 1920 के दशक के अंत और 1930 के दशक के प्रारंभ में बढ़ते राजनीतिक संकट (1928 में साइमन कमीशन का बहिष्कार और 1930-3 में सिविल नाफर्मानी आंदोलन) और मंदी ने विधायिका सभाओं में विश्वविद्यालयों में आयुर्विज्ञान का पक्ष लेते हुए भारतीयों को सरकार से और अधिक रियायतें हासिल करने के नए अवसर प्रदान किए। 1930 के फरवरी में विधायिका सभा में बहस के दौरान बंबई के एम.आर. जयकर ने सुझाव रखा कि आयुर्विज्ञान के लिए चिर-प्रस्तावित सेंट्रल रिसर्च इंस्टिट्यूट (केंद्रीय शोध संस्थान) की स्थापना कसौली अथवा देहरादून के बदले किसी महानगर (कलकत्ता अथवा बंबई) में की जाए। उसी के शब्दों में, 'मुझे विश्वास है कि सरकार महसूस करेगी कि एकांत ऊँची पहाड़ियों पर रहने के दिन हमेशा के लिए समाप्त हो चुके हैं।' उसने इंडियन रिसर्च फंड असोसिएशन (आई आर एफ ए) के शासी निकाय के गठन तथा मेडिकल रिसर्च डिपार्टमेंट के लिए नियुक्ति परिषद में भी परिवर्तन की आवश्यकता पर जोर दिया। इन चेष्टाओं का उद्देश्य भारतीय प्रतिनिधित्व और नियंत्रण को सुदृढ़ करना था। ये माँगें भारतीय चिकित्सा व्यवसाय और बंबई तथा दूसरी जगहों में विश्वविद्यालयों में चिकित्सा संकायों को राज्य-पोषित अनुसंधान और सांस्थानिक पदों से बाहर रखने के प्रति गहरे असंतोष का द्योतक थीं।[48]

कुछ आई एम एस पदाधिकारी व्यक्तिगत रूप से इन कार्रवाइयों के विरोधी थे क्योंकि उनके ख़याल में इनसे भारत में चिकित्सा-अनुसंधान का भविष्य अंधकारमय हो जाने की आशंका थी। वे मानते थे कि ऐसा होने पर 'वैज्ञानिक' निर्देशन का स्थान 'राजनीतिक' नियंत्रण ले लेगा और राजनयिकों के आश्रित यूरोपीय अनुसंधानकर्त्ताओं को बाहर कर देंगे। फिर भी, भारत में बढ़ते राजनीतिक दबावों के कारण सरकार को समझौतापरक रुख अपनाना पड़ा। फरवरी 1930 में केंद्रीय चिकित्सा संस्थान की योजना का परित्याग कर दिया गया और आई आर एफ ए के शासी निकाय (पूर्व में सिर्फ आई एम एस और आई सी एस के पदाधिकारी ही इसके सदस्य थे) में संशोधन करते हुए भारतीय गैर-पदाधिकारियों को समानुपातिक सदस्यता प्रदान करने की योजना बनी। आर्थिक मंदी ने भी इसमें योगदान किया। सरकार द्वारा गठित लेकिन भारतीय सदस्यों की वर्द्धित संख्या वाली रिट्रेंचमेंट कमिटि ने चिकित्सा प्रतिष्ठानों में भारी कटौती करने और आई एम एस के महानिदेशक तथा भारत सरकार के स्वास्थ्य आयुक्त के पदों को निरस्त करने के प्रस्ताव रखे। सरकार ने इन प्रस्तावों को नामंज़ूर कर दिया, लेकिन उसे आई आर एफ ए के वार्षिक अनुदान में भारी कटौती कर उसे सात लाख रुपये से घटाकर 1.5 लाख करने

के लिए राजी होना पड़ा।[49] सरकार यह मानने के लिए बाध्य हो गई कि भविष्य में चिकित्सा अनुसंधान समितियों पर सरकारी अधिकारियों का एकाधिकार नहीं रहेगा बल्कि उनमें पर्याप्त संख्या में गैर-सरकारी भारतीय सदस्य रखे जाएँगे।[50] मार्च 1938 में आई आर एफ ए औपचारिक रूप से स्वतंत्र हो गई और एक बार 1936 में मलेरिया के लिए अनुदान के बावजूद 1944 तक उसे सरकारी अनुदान पूरी तरह प्रदान नहीं किए गए।[51]

इन युक्तियों ने गहरा विद्वेष पैदा किया, फिर भी इनके पीछे मात्र जातीय अथवा औपनिवेशिक/राष्ट्रीय विभाजन का भाव निहित नहीं था। 1931 में जब जंतु-विज्ञान और वनस्पति-विज्ञान संबंधी सर्वेक्षण बंद होने के कगार पर पहुँच गए तो भारत और यूरोप दोनों में विरोध के स्वर मुखरित हो उठे। रमन ने टिप्पणी की कि हाल के दशकों में बड़ी संख्या में भारतीय वैज्ञानिक अनुसंधान में, विशेषकर वैसे विषयों में जो भारत के भावी कल्याण के लिए आवश्यक हैं, गहरी अभिरुचि लेने लगे हैं। कुछ तो वैज्ञानिक पेशे के साथ-साथ राष्ट्रीय सेवाओं और संस्थाओं में शामिल होकर राष्ट्रसेवा में लग गए हैं। रमन ने घोषणा की कि इससे 'भारत की साख ही नहीं बढ़ी है', बल्कि 'ये वास्तविक राष्ट्रीय महत्त्व के भी सिद्ध हुए हैं।' उन्होंने इस बात पर सख़्त अफसोस जाहिर किया कि भारत में उच्चतर प्रशासनिक हलकों में 'वैज्ञानिक अनुसंधान और राष्ट्रीय हित के बीच गहरे संबंध को ठीक से नहीं आँका गया है।'[52]

लेकिन भारतीय विज्ञान को सिर्फ भारतीय प्रशासकों के हीन संस्कारों से ही खतरा नहीं था। राष्ट्रवादी खेमे के भीतर से भी इसे चुनौती मिल रही थी। जब तक राष्ट्रवादी आंदोलन उदार नरमपंथियों और आधुनिकीकरण के हिमायतियों के हाथ में था, विज्ञान सुरक्षित प्रतीत होता था। 1920 में भारतीय विज्ञान कांग्रेस में दिए गए अपने देश-भक्तिपूर्ण भाषण में राय ने इस बात पर विशेष बल दिया कि विज्ञान और राष्ट्रवाद परस्पर पूरक हैं, जैसा कि पचास साल पहले महेंद्र लाल सरकार ने घोषित किया था। लेकिन 1920 में ही गांधी ने एक अन्य कांग्रेस, भारतीय राष्ट्रीय कांग्रेस का नेतृत्व ग्रहण किया और इसे असहयोग आंदोलन के कार्यक्रमों का माध्यम बना दिया। गांधी आधुनिक विज्ञान के पूर्णतः विरोधी नहीं थे। समय-समय पर वह उसकी 'प्रशंसा' करते थे और उसके सफाई और आहार संबंधी विचारों से प्रेरणा ग्रहण करते थे।[53] लेकिन आधुनिक सभ्यता, रेलवे और कल-कारखानों की उनकी कटु समीक्षा भारतीय और यूरोपीय विज्ञान और प्रौद्योगिकी के लिए शायद ही कोई गुंजाइश छोड़ती थी। गांधी द्वारा सरकारी उपाधियों को त्यागने, राजकीय विद्यालयों और महाविद्यालयों का बहिष्कार करने और चरखा को अपनाने के आह्वान के कारण नाइट की पदवी से विभूषित और औपचारिक वेश-भूषा संपन्न भारत के अग्रणी वैज्ञानिक असहजता के शिकार थे। कॉस्मोपोलिटन विज्ञान के

प्रति उनकी प्रतिबद्धता गांधी के 'हिंद स्वराज' में प्रकाशित विचारों से मेल नहीं खाती थी। इसमें संदेह नहीं कि अनेक भारतीय वैज्ञानिक अपने को सच्चा राष्ट्रवादी मानते रहे और भारत के भावी कल्याण को ध्यान में रखते हुए राजकीय सेवाओं में भी काम करते रहे (जैसा कि रमन की टिप्पणी से संकेतित होता है)। राय और भौतिकशास्त्री मेघनाद साहा ने अपने छात्रों को इस बात के लिए राजी किया कि वे आई सी एस में न जाकर विज्ञान के जरिए देश-सेवा में लगे रहें। लेकिन विज्ञान और सामान्य शैक्षिक वृत्ति पर एक बार विश्वासघात का ग्रहण लग जाने पर उसे आसानी से नहीं हटाया जा सका।[54] 1920 और आरंभिक 1930 के दशकों में किसी हद तक 'बुद्धिवाद-विरोधी और विज्ञान-विरोधी प्रवृत्तियाँ पनपीं'[55] और आरंभ में विज्ञान के हिमायती कम ही रह गए।

आधुनिक विज्ञान के विरुद्ध ऐसी प्रतिक्रिया अकेले गांधी के कारण नहीं थी। प्रथम विश्वयुद्ध के क्रम में कुछ भारतीय वैज्ञानिक स्वयं आधुनिकता से परहेज करने लगे थे। प्रमथनाथ बोस कभी विज्ञान, तकनीकी शिक्षा और स्वदेशी उद्योग के प्रबल समर्थक रहे थे, किंतु 1921 तक उनका दृष्टिकोण बहुत-कुछ बदल चुका था। संभव है, इसका एक कारण उनकी बढ़ती आयु हो, लेकिन प्रथम विश्वयुद्ध की यांत्रिक बर्बरता और बंगाल में परिलक्षित सामाजिक परिवर्तनों से उत्पन्न विकर्षण ने भी उनके मन में जुगुप्सा पैदा की। बंगालियों के नूतन ह्रास के लिए उन्होंने अन्य चीजों के अतिरिक्त परंपरागत आहारों, स्वास्थ्य-संबंधी आदतों और जीव-शैली का परित्याग, एलोपैथी का अंगीकरण और आधुनिकता के प्रति युवा पीढ़ी के मोह को दोषी ठहराया। उन्होंने अपने देशवासियों को आगाह किया कि 'विश्वव्यापी भौतिक और नैतिक अधःपतन ही आधुनिक प्रगति का फल कड़वा होगा।' भारत को चाहिए कि वह पश्चिम की 'अपरिपक्व' सभ्यता से परहेज करे और 'सादा जीवन' की ओर लौट चले।[56] संन्यासी जैसा जीवन बिताने वाले राय भी जैसे-जैसे ग्रामीण गरीबी के प्रति सचेत होते गए और चरखा, बाढ़ राहत तथा बंगाल के मरणासन्न गाँवों को पुनर्जीवित करने के उपायों की ओर मुड़ते गए, वैसे-वैसे वह प्रायोगिक विज्ञान से दूर होते गए। वह भी बंगालियों के भौतिक और नैतिक पतन से व्यथित थे और वृद्धावस्था में चाय और मोटरकार जैसी आधुनिक जीवन की बुराइयों पर अफसोस जाहिर करते थे।[57]

सांस्थानिक विज्ञान

अंतर-युद्धकालीन राजनीतिक उथल-पुथल के बावजूद भारत में विज्ञान में भारी सांस्थानिक परिवर्तन हुए और विश्वविद्यालय ऐसे परिवर्तनों के मुख्य केंद्र थे। 1914 में युद्ध शुरू होने के समय भारत में पाँच विश्वविद्यालय थे—कलकत्ता, बंबई और मद्रास (तीनों 1857 में स्थापित), लाहौर का पंजाब विश्वविद्यालय (1882) और

इलाहाबाद विश्वविद्यालय (1887)। 1916 और 1930 के बीच इन संस्थापित विश्वविद्यालयों ने कलकत्ता विश्वविद्यालय की अगुवाई में रसायनशास्त्र, गणित और भौतिकी के नए विभाग तो खोले ही, अनेक ऐसे विश्वविद्यालय भी खुले जहाँ विज्ञान के अध्ययन-अध्यापन को प्रमुखता दी जाती थी (देखें, निम्नलिखित सारणी संख्या 6.1)।

सारणी 6.1 : चयनित भारतीय विश्वविद्यालयों में विज्ञान विभागों की स्थापना।[58]

	विभाग					
विश्वविद्यालय	*वनस्पतिशास्त्र*	*रसायनशास्त्र*	*भूगर्भशास्त्र*	*गणित*	*भौतिकी*	*जंतु-विज्ञान*
अलीगढ़ (1920)	1920	1920	1950	1920	1920	1932
इलाहाबाद (1887)	1922	1922	—	1922	1922	1922
आंध्र (1926)	1945	1932	1941	1932	1932	1947
अन्नामलई (1929)	1931	1929	1953	1929	1929	1931
बनारस (1916)	1919	1917	1921	1917	1917	1919
कलकत्ता (1857)	1918	1915	1928	1916	1916	1919
ढाका (1921)	अप्राप्य	1921	अप्राप्य	अप्राप्य	1921	अप्राप्य
लखनऊ (1921)	1921	1921	1951	1921	1921	1921
मद्रास (1857)	1933	1933	1952	1927	1952	1933
ओस्मानिया (1918)	1924	1918	1945	1918	1928	1924

ऊपर की तालिका से जाहिर होता है कि रसायनशास्त्र, भौतिकी और गणित ऐसे विज्ञान थे जिनमें 1890 के दशक में भारतीयों की अभिरुचि सबसे अधिक थी और उनका विस्तार सबसे ज्यादा हुआ। यह इस रुझान का संकेतक है कि 1921

में कलकत्ता के साइंस कॉलिज में विज्ञान के 174 स्नातकोत्तर छात्रों में भौतिकी के 48, व्यावहारिक गणित के 40 और रसायनशास्त्र तथा व्यावहारिक रसायनशास्त्र को मिलकार 62 छात्र थे, लेकिन दैहिकी (फ़िज़िऑलॅजि) विभाग में सिर्फ 12, भूगर्भशास्त्र में 9, जंतु-विज्ञान में 7 और वनस्पतिशास्त्र में सिर्फ 4 चार छात्र थे।[59] उन्नीसवीं सदी के औपनिवेशिक विज्ञान की प्राथमिकताओं के महत्त्वपूर्ण विपर्यय में बीसवीं सदी के राष्ट्रीय विज्ञान में वनस्पतिशास्त्र, भूगर्भशास्त्र और जंतु-विज्ञान में सांस्थानिक वित्त-पोषण और छात्र संख्या कम थी। अनेक विश्वविद्यालयों में भूगर्भशास्त्र का विभाग आजादी मिलने तक नहीं खुल पाया। कलकत्ता विश्वविद्यालय विज्ञान के विस्तार में प्रवर्त्तक और पुरोगामी था जहाँ मनोविज्ञान (1916), मानव-विज्ञान (1920), दैहिकी (1938) और सांख्यिकी विभाग (1941) खुले। लेकिन नए विश्वविद्यालयों में अनेक विभिन्न चिकित्सा और तकनीकी विषयों में शिक्षा और शोध की सुविधा प्रदान करते थे। स्थापना के एक दशक के भीतर बनारस हिंदू विश्वविद्यालय ने आयुर्वेद चिकित्सा-पद्धति, धातु-विज्ञान, खनन और विद्युत तथा यांत्रिक अभियांत्रिकी के विभाग खोले। दक्षिण भारत में यद्यपि मद्रास विश्वविद्यालय को कला और भाषा के घेरे से बाहर आने में देर लगी, आंध्र विश्वविद्यालय में शीघ्र ही रसायनशास्त्र, गणित और भौतिकी विभाग खोले गए और उसके कुछ समय बाद रासायनिक प्रौद्योगिकी और व्यावहारिक भौतिकी विभाग खुले। 1947 में देश-विभाजन के ठीक पहले तक भारत में वनस्पतिशास्त्र, रसायनशास्त्र, अभियांत्रिकी, गणित, भौतिकी और जंतु-विज्ञान के एक दर्जन से अधिक और आयुर्विज्ञान तथा संबद्ध विषयों के दो दर्जन से अधिक विभाग खुल गए।

रसायनशास्त्र और भौतिकी के नये विभागों की स्थापना से नई पीढ़ी के शिक्षावृत्ति अपनाने वाले वैज्ञानिकों को अभूतपूर्व अवसर प्राप्त हुए। यह 1890 के दशक की विपरीत स्थिति थी। बोस, राय और रमन ने अपने समय के अवसरों की कमी की एक प्रकार से भरपाई करते हुए अपने आश्रितों को न सिर्फ कलकत्ता, बल्कि ढाका, बनारस, इलाहाबाद और लखनऊ में भी मुख्य पदों पर बैठाया। उन्हीं की सलाह पर 27 वर्षीय शांति स्वरूप भटनागर—एक पंजाबी जिसने लाहौर और लंदन में शिक्षा ग्रहण की थी—को 1921 में भौतिक रसायनशास्त्र की बनारस पीठ पर नियुक्त किया गया। उसी साल सत्येंद्रनाथ बोस, जिन्होंने आगे चलकर क्वांटम स्टैटिस्टिक्स पर आइंस्टीन के साथ काम किया, कलकत्ता छोड़कर रीडर (उपाचार्य) का पद ग्रहण करने ढाका विश्वविद्यालय चले गए। एस.एन. घोष की भाँति जे. सी. घोष, जो बाद में ढाका विश्वविद्यालय में रसायनशास्त्र के अध्यक्ष हुए, प्रेज़िडेंसी कॉलिज के छात्र रहे थे जहाँ राय और जे.सी. बोस उनके शिक्षक और प्रेरणा-स्रोत थे। प्रेज़िडेंसी कॉलिज में ही राय के एक अन्य छात्र नीलरतन धर इलाहाबाद विश्वविद्यालय में रसायनशास्त्र के प्रोफेसर बने। उन्होंने बाद में युवा भौतिकशास्त्री

मेघनादा साहा, जो प्रेज़िडेंसी काल के ही छात्र रहे थे, के इलाहाबाद में भौतिकी में अपने साथ काम करने के लिए बुला लिया। ढाका की तरह इलाहाबाद विश्वविद्यालय ने कलकत्ता के वैज्ञानिक प्रतिष्ठान से तो बहुत कुछ ग्रहण किया ही, वैज्ञानिक अनुसंधान में उसकी अपनी पहल भी कम नहीं रही।[60] उल्लेखनीय है कि विज्ञान विभागों के सर्जन और विस्तार का लाभ सिर्फ भारतीयों तक ही सीमित नहीं था। उदाहरणार्थ, ढाका विश्वविद्यालय के प्रोफेसर ई.आर. वाटसन ने कृत्रिम रंजकों पर काम कर जैविक रसायनशास्त्र के विकास में अग्रणी भूमिका निभाई।

भारतीय विज्ञान की बदलती प्रकृति और बढ़ती हैसियत अन्य रूपों में भी परिलक्षित हुई। 1841 में पारसी अभियंता ए.सी. वाडिया तो लंदन के फेलो ऑफ़ द रॉयल सोसायटी (एफ आर एस) चुने ही गए (औपनिवेशिक शासन के दौरान भारतीय संपर्क वाले अनेक ब्रिटेन इस सम्मान के भागीदार हुए), 1918 और 1947 के बीच दस भारतीय एफ आर एस बने (देखें, सारणी संख्या 6.2) और भारतीय आज़ादी का समय निकट आने तक इनकी संख्या में अच्छी-खासी वृद्धि हुई। यद्यपि तालिका कुछ मामलों में औपनिवेशिक युग के अंतिम चरण में विज्ञान के बढ़ते क्षेत्र का प्रतिनिधित्व नहीं करती, लेकिन बढ़ती सामाजिक और क्षेत्रीग अनेकरूपता का संकेत तो देती ही है। 1924 और 1944 के बीच रॉयल सोसायटी में मेघनाद साहा पूर्वी बंगाल (अब बंगलादेश) के एक निम्नवर्गीय परिवार के थे, एस.एस. भटनागर (कायस्थ) और बीरबल साहनी पंजाब के, पारसी होमी भाभा बंबई के, तमिल ब्राह्मण सी.वी. रमन और उनके भानजे एस. चंद्रशेखर और के.एस. कृष्णन (यह रमन का सहयोगी और भौतिकी के पालित प्रोफेसर के रूप में उनका उत्तराधिकारी

सारणी 6.2 : रॉयल सोसायटी के भारतीय सदस्य, 1918-47[61]

चयन तिथि		अनुसंधान के मुख्य क्षेत्र
1918	श्रीनिवास रामानुजम	गणित
1920	जगदीशचंद्र बोस	भौतिकी, प्लांट फिज़िॲलॉजि
1924	सी.वी. रमन	भौतिकी
1927	मेघनाद साहा	खगोल-भौतिकी
1936	बीरबल साहनी	पैलिॲबॉटनि
1940	के.एस. कृष्णन	भौतिकी
1941	होमी भाभा	आणविक भौतिकी
1943	एस.एस. भटनागर	रसायनशास्त्र
1944	एस चंद्रशेखर	खगोल-भौतिकी
1945	पी.सी. महालनोबिस	सांख्यिकी

था) मूलतः दक्षिण भारत के ही थे। 1918 और 1945 के बीच चयनित फेलो में सिर्फ जगदीश बोस ही ऐसे व्यक्ति थे जो कभी राजकीय वैज्ञानिक सेवाओं में काम कर चुके थे। बोस के प्लांट फ़िज़िअॅलॅजि (पौधा शरीर-संरचना) और साहनी के पैलिओबॉटनि (जीवाश्मवनस्पतिशास्त्र) के आंशिक अपवादों को छोड़कर तालिका भौतिकी के ही बौद्धिक उत्कर्ष का संकेत देती हैं। राय और उनके बाद भटनागर के बावजूद भारत के रसायनशास्त्रियों ने कोई खास अंतर्राष्ट्रीय छाप नहीं छोड़ी और प्राणी जगत संबंधी विज्ञान (जिनमें राजकीय सेवाओं का प्रभुत्व था) तो काफी पीछे थे। भूगर्भशास्त्र को भी 1957 में जाकर महत्त्वपूर्ण स्थान प्राप्त हुआ जब डी.एन. वाडिया (जो पहले जिअॅलॅजिकल सर्वे में थे) एफ आर एस चुने गए।

रॉयल सोसायटी की मान्यता व्यक्तिगत सम्मान से अधिक महत्त्वपूर्ण थी। पूर्व के अध्यायों में चर्चा हो चुकी है कि रॉयल सोसायटी भारत में उन्नीसवीं सदी के अंत से ही विज्ञान की निगरानी की महत्त्वपूर्ण भूमिका निभा रही थी। बीसवीं सदी के आरंभ में भारत के एफ आर एस भारतीय वैज्ञानिकों और ब्रिटेन के वैज्ञानिक प्रतिष्ठानों के बीच सांस्थानिक और बौद्धिक संबंध बनाए हुए थे। इस संबंध का उपयोग विज्ञान के हित में ब्रिटेन और भारत की सरकारों पर दबाव बनाने में किया जाता था, लेकिन इससे यह भी संकेत मिलता है कि भारत के अग्रणी वैज्ञानिक किस हद तक अपनी कार्यसूची और संस्थाओं के लिए ब्रिटेन को अपना आदर्श मानते थे। रॉयल सोसायटी (कुछ अन्य ब्रिटिश निकायों की भाँति) अंतर-युद्ध काल में भारत में वैज्ञानिक शोधों के लिए संतुलित कोष उपलब्ध कराती थी। उदाहरणार्थ, उसने 1931 में मेघनाद साहा को 1,500 पौंड का अनुदान दिया। भारत के अग्रणी वैज्ञानिकों में कइयों ने अपने काफी होनहार छात्रों को ब्रिटेन भेजना जारी रखा और इन छात्रों ने वहाँ के अग्रणी वैज्ञानिकों से स्थायी संपर्क कायम किए। इन्हीं वैज्ञानिकों में यूनिवर्सिटी कॉलेज के पी.जी. डोनन थे जिनके भारतीय छात्रों में 'थ्री मस्किटिअर्स' ('तीन बंदूकधारी सैनिक') एस.एस. भटनागर, जे.सी. घोष और जे.एन. मुखर्जी शामिल थे। ब्रिटेन में भारतीय छात्रों के बीच कायम मैत्री भारत में भी उनके समकक्षों के बीच लाभप्रद संपर्क स्थापित करने में सहायक थी। लेकिन उल्लेखनीय है कि अंतर-युद्ध काल में भारतीय विज्ञान कुछ मामलों में लंदन और एडिनबरा तक सीमित न रहकर अंतर्राष्ट्रीय शक्ल ग्रहण कर रहा था। अब जर्मनी भौतिकी और रसायनशास्त्र के अध्ययन के लिए अधिक आकर्षक हो गया था और 1920 के दशक के आरंभ से रॉकफेलर फाउंडेशन कुछ भारतीय छात्रों को सार्वजनिक स्वास्थ्य का अध्ययन करने के लिए अमेरिका जाने के लिए वित्तीय सहायता प्रदान करने लगा। 1932 में कलकत्ता में स्थापित ऑल इंडिया इंस्टिट्यूट ऑफ़ हाइजीन एंड पब्लिक हेल्थ़ (अखिल भारतीय स्वास्थ्य-विज्ञान और सार्वजनिक स्वास्थ्य संस्थान) के लिए कोष जुटाने और मलेरिया तथा अंकुश कृमि (हुकवॅर्म) के प्रतिरोधक कार्यक्रमों में आर्थिक

सहायता प्रदान करने अथवा परामर्श देने में भी रॉकफेलर फाउंडेशन ने महत्त्वपूर्ण भूमिका अदा की। 1920 और 1930 के दशकों में लीग ऑफ़ नेशंस (राष्ट्रसंघ) में भारतीय सहभागिता से भी औपनिवेशिक काल के अंतिम वर्षों में सार्वजनिक स्वास्थ्य-नीति को नया अंतर्राष्ट्रीय आयाम मिला, लेकिन ये संगठन रॉकफेलर फाउंडेशन की भाँति प्रायः मौजूदा प्रशासनिक माध्यमों से ही काम करते थे जिसके फलस्वरूप औपनिवेशिक चिकित्सा प्रतिष्ठान की अधिकारिता कमजोर होने के बदले और सुदृढ़ हो गई।

वैज्ञानिक संगठनों का विकास भारतीय विज्ञान की बढ़ती जटिलता और हैसियत का एक अन्य संकेतक था। 1910 में भारत में मात्र दस ऐसे संगठन थे (इनमें तीन आयुर्विज्ञानों के और छह अभियांत्रिकी और प्रौद्योगिकी के थे)। 1920 तक यह संख्या 16, 1930 तक 27 और 1940 तक 38 हो गई।[62] इनमें सबसे महत्त्वपूर्ण संगठन थे मैथिमैटिकल सोसायटी (1911), इंडियन बॅटैनिकल सोसायटी (1920) और इंडियन केमिकल सोसायटी (1924)। ये तीनों विश्वविद्यालयों में वैज्ञानिक शैक्षणिक विषयों के उद्भव के सूचक थे। बॅटैनिकल सोसायटी लाहौर में शिवराम कश्यप के प्रयासों से गठित हुई थी और इस बात का महत्त्वपूर्ण संकेतक थी कि किस प्रकार कभी यूरोपीय प्रभुत्व के अधीन रहा क्षेत्र और सेवाएँ भारतीय शिक्षाविदों द्वारा अपनाई जा रही थीं। इंडियन केमिकल सोसायटी, जिसका प्रस्ताव सर्वप्रथम वाटसन और राय ने रखा था, की स्थापना एक ऐसी ही ऐतिहासिक घटना थी। राय का मानना था कि भारत में अब अपने निकाय बनाने और एक ऐसी पत्रिका निकालने की जरूरत है जिसमें भारतीय रसायनशास्त्रियों द्वारा भारी संख्या में तैयार किए जा रहे शोधप्रबंध प्रकाशित किए जा सकें। उन्होंने चालीस साल पहले एडिनबरा में कल्पना की थी कि भारत 'संसार के वैज्ञानिक ज्ञान-भंडार में' अपना अंशदान करेगा और सोसायटी के गठन और विश्वविद्यालयों में हाल में अनेक पदों पर अपने भारतीय शिष्यों के आसीन होने से उन्हें अपना वह सपना साकार होता दीख रहा था। 1930 के आरंभ में सोसायटी के 460 सदस्य थे और उसकी शाखाएँ कलकत्ता, लाहौर, बंबई और मद्रास में कार्यरत थीं। लेकिन आर्थिक मंदी छा जाने से सदस्य-संख्या और सदस्यता-शुल्क में कमी आ गई; साल के अंत तक सिर्फ 377 सदस्य और 102 ग्राहक रह गए।[63] इधर भारतीय विज्ञान कांग्रेस ने धीरे-धीरे अखिल भारतीय स्तर पर भारतीय विज्ञान के प्रमुख मंच के रूप में अपनी स्थिति सुदृढ़ कर ली। जब 1914 में कलकत्ते में कांग्रेस की पहली बैठक हुई तो इसके सिर्फ छह अनुभाग थे जो 1938 तक बढ़कर तेरह हो गए और इनमें कृषि, कृमि-विज्ञान, दैहिकी और मनोविज्ञान जुड़ गए। उस साल आठ सौ लेख प्रस्तुत किए गए जबकि 1914 में मात्र पैंतीस ही आ सके थे। कांग्रेस ने अपनी रजत जयंती मनाने के लिए ब्रिटिश असोसिएशन फ़ॉर द एडवांसमेंट ऑफ़ साइंस के साथ संयुक्त रूप

से अधिवेशन किया जो मेट्रोपोलिटन विज्ञान द्वारा भारतीय विज्ञान की मान्यता का एक और संकेत था।[64] 1930 के दशक के मध्य तक भारतीय अपने देश के अनेक अग्रणी वैज्ञानिक संस्थाओं और शोध संस्थानों का प्रभार ग्रहण करने लगे थे। इनमें 1932 में बंबई के हैफ़किन इंस्टिट्यूट और 1937 में कलकत्ता के बॅटैनिकल गार्डेंस के प्रभार भी शामिल थे। इस रुझान के विपरीत कलकत्ता के ऑल इंडिया इंस्टिट्यूट ऑफ़ हाइजीन एंड पब्लिक हेल्थ में जॉन बी. ग्रांट नामक एक अमेरिकन था जिसे रॉकफेयर फाउंडेशन ने 1939 में इसका निदेशक बनाया था और युद्ध समाप्त होने तक वह इस पद पर रहा। लेकिन सामान्य तौर पर विज्ञान और अन्य क्षेत्रों में भारतीयकरण का बोलबाला हो चला था और औपनिवेशिक शासन अपनी अंतिम घड़ियाँ गिनने लगा था।

इसके बावजूद तस्वीर उतनी उज्ज्वल नहीं थी। अंतरयुद्ध काल में भारतीय वैज्ञानिक एक ओर तो सरकार से मान्यता प्राप्त करने के लिए और दूसरी ओर वैसे संगठनों के निर्माण के लिए संघर्षरत थे जो उनके लिए एक सामान्य मंच का काम करे। इसमें उन्हें आंतरिक मतभेदों का भी सामना करना पड़ता था। जब मेघनाद साहा ने 1934 में भारतीय विज्ञान कांग्रेस के अध्यक्ष की हैसियत से राष्ट्रीय वैज्ञानिक अकादमी गठित करने का प्रस्ताव रखा तो रमन ने, जो उस समय इंडियन इंस्टिट्यूट ऑफ़ साइंस के निदेशक थे, इसके बदले बंगलोर में अपनी इंडियन अॅकैडमि ऑफ़ साइंस की स्थापना कर डाली। समझौते के रूप में 1935 में नेशनल इंस्टिट्यूट ऑफ़ साइंसेज़ ऑफ़ इंडिया का गठन किया गया। इसका मुख्यालय कलकत्ता में था, और इसका उद्देश्य लंदन के रॉयल सोसायटी अथवा वाशिंगटन के नेशनल अॅकैडमि ऑफ़ साइंसेज की भूमिका अदा करना था। इसके लक्ष्य थे, भारत में वैज्ञानिक ज्ञान और राष्ट्रीय हित में उसके व्यावहारिक उपयोग को प्रश्रय देना; वैज्ञानिक संस्थानों, समाजों और सरकारी वैज्ञानिक विभागों तथा सेवाओं के बीच समन्वय स्थापित करना, और राष्ट्रीय तथा अंतर्राष्ट्रीय स्तरों पर भारतीय वैज्ञानिकों के हितों का प्रतिनिधित्व करना।[65] यद्यपि यह एक महत्त्वपूर्ण कदम था, लेकिन राष्ट्रीय विज्ञान में समन्वय लाने अथवा इसके हितों को भारत सरकार और अंतर्राष्ट्रीय मंचों के समक्ष प्रस्तुत करने में नेशनल इंस्टिट्यूट ऑफ़ साइंस उतना प्रभावी नहीं हो सका जितना इसके संस्थापकों ने सोच रखा था।

सरकार 'गैर-सरकारी' विज्ञान की आवाज सुनने को तैयार नहीं थी, उस समय भी नहीं जब भारत विश्वयुद्ध के संकट में फँस गया। 1941 में सेक्रेटरी ऑफ़ स्टेट फ़ॉर इंडिया ने ब्रिटेन के वैज्ञानिकों की ओर से दिल्ली को आवेदन पत्र दिए लेकिन भारत सरकार ने कोई प्रतिक्रिया व्यक्त नहीं की और भारत उन बैठकों में भाग लेने से वंचित रहा जिन्होंने ब्रिटेन, डोमिनियंस (राष्ट्रमंडल के स्वशासनवाले प्रदेश) और संयुक्त राज्य अमेरिका को अपने वैज्ञानिक और प्रौद्योगिक सुविज्ञता

को साझा रूप देने के अवसर प्रदान किए। 1940 में अनमने ढंग से बोर्ड ऑफ़ साइंटिफिक एंड इंडस्ट्रिअल रिसर्च का गठन किया गया और भटनागर इसके निदेशक बनाए गए। अप्रिल 1942 में इसे काउंसिल ऑफ़ साइंटिफिक एंड इंडस्ट्रिअल रिसर्च में बदल दिया गया। दस लाख रुपया वार्षिक अनुदान के साथ पाँच वर्षों के लिए एक इंडस्ट्रिअल रिसर्च फंड (औद्योगिक शोध कोष) की स्थापना की गई। 1943 में काउंसिल ऑफ़ साइंटिफिक एंड इंडस्ट्रिअल रिसर्च ने भारत में वैज्ञानिक और औद्योगिक शोध के लिए उपलब्ध सुविधाओं का निरीक्षण करने हेतु रिसर्च प्लैनिंग कमिटी की स्थापना की जिसने छात्रों के प्रशिक्षण और राष्ट्रीय शोध प्रयोगशालाओं की आवश्यकता पर बल दिया, लेकिन युद्ध के दौरान और भारत से अंग्रेज़ों की विदाई के पूर्व कोई विशेष प्रगति नहीं हो सकी।

1944 में रॉयल सोसायटी की ओर से भारत की यात्रा करने के बाद नोबेल पुरस्कार विजेता शरीर-विज्ञानवेत्ता ए.वी. हिल ने टिप्पणी की कि अनेक भारतीय वैज्ञानिक अपनी संस्थाओं की अभावग्रस्तता, अपनी निम्न आय, प्रयोगशालाओं में कर्मचारियों की न्यूनता, उपकरणों के अभाव और 'बाह्य वैज्ञानिक जगत से संपर्क की कमी' की चर्चा 'कड़वाहट अथवा खिन्नता के साथ' करते हैं। उसने पिछले पच्चीस वर्षों में उनकी सकारात्मक उपलब्धियों और अद्भुत प्रगति की चर्चा विशेष रूप से की। लेकिन उसने स्वीकार किया कि इसका मूल्यांकन वैज्ञानिक निकायों और पत्रिकाओं, विज्ञान के स्नातकों और एफ आर एस की संख्या अथवा 'भारत द्वारा विश्व के विज्ञान में किए जा रहे अंशदानों के आधार पर' किया गया है और इनसे जाहिर होता है कि भारतीय विज्ञान की प्रगति 'एक ठोस सच्चाई' है।[66]

इसके बावजूद हिल ने 1944 में प्रकाशित अपने प्रतिवेदन में सिद्ध किया कि सब कुछ ठीक-ठाक नहीं है, युद्ध ने भारतीय वैज्ञानिकों का बौद्धिक संपर्क शेष संसार से भंग कर दिया है और इसके फलस्वरूप भारत के वैज्ञानिक और प्रौद्योगिक संसाधन 'न तो ठीक से उपयोग में लाए गए हैं और न बड़े देशों की भाँति युद्ध के उद्देश्यों की पूर्ति के लिए विकसित किए गए हैं।'[67] उसने अपनी यात्रा के दौरान पाया कि भारतीय चिकित्सा महाविद्यालयों का स्तर 'कुल मिलाकर बहुत निम्न है' और उनमें 'कोई उल्लेखनीय शोध-कार्य नहीं हुए हैं'। निश्चय ही भारत उष्णकटिबंधी आयुर्विज्ञान के लिए ख्यात है, लेकिन शोध कार्य मुख्य रूप से विशेषज्ञ संस्थानों ने ही किया है, विश्वविद्यालयों और चिकित्सा महाविद्यालयों के पास शोधकार्य के लिए न तो वित्तीय कोष है, न उत्प्रेरणा।[68] विज्ञान के अन्य क्षेत्रों में भी हिल ने ऐसा ही पाया। उदाहरणार्थ, कृषि के क्षेत्र में उत्कृष्ट शोध-कार्य चल रहे थे, लेकिन उन पर वार्षिक व्यय 70 लाख रुपए का ही था। भारत 'इतना गरीब नहीं है कि इसके सबसे बड़े उद्योग और सर्वाधिक लाभकर क्षेत्र में भारी प्रयास नहीं किए जा सकें'। जिस रूप में भारतीय उद्योग में प्रगति को राष्ट्रीय

विकास का आधार और भौतिकी, रसायनशास्त्र तथा अभियांत्रिकी को उसकी आवश्यकताओं की पूर्ति के साधन मानते थे उससे हिल बहुत प्रभावित था, लेकिन उसकी निजी राय में कृषि, मत्स्य उद्योग, वन-संरक्षण और पशुपालन में प्राणि-विज्ञान का भी उतना ही महत्त्वपूर्ण योगदान हो सकता था। लेकिन युद्ध के कारण छँटनी और कटौती से वनस्पतिशास्त्र और जंतु-विज्ञान के सर्वेक्षण पंगु हो गए थे और मत्स्य उद्योग वित्तीय संकट से बुरी तरह प्रभावित था।[69]

अंततः हिल का ध्यान भारत में वैज्ञानिक अनुसंधान के मामले में 1920 से ही चली आ रही मुख्य समस्याओं में से एक की ओर गया और वह थी केंद्रीय निदेशन और समन्वयन का अभाव। उसने एक सामान्य अखिल भारतीय नीति पर जोर डाला। केंद्रीय सरकार का अनुसंधान-कार्य 'अलग-अलग विभागों में बँटा हुआ है और इन विभागों में अधिकांश को, अपने अन्य गंभीर दायित्वों को निभाने से अवकाश नहीं है।' ऐसे में विज्ञान के लिए 'किसी सामान्य योजना' की आशा करना व्यर्थ है और यदि कोई चीज संपूर्ण भारत के लिए सामान्य होने के काबिल है तो उसका सबसे बड़ा हकदार वैज्ञानिक अनुसंधान ही हो सकता है। हिल ने छह परिषदों (आयुर्विज्ञान, कृषि, उद्योग, सर्वेक्षण और संसाधन, अभियांत्रिकी और युद्ध) वाले सेंट्रल ऑर्गेनाइज़ेशन फ़ॉर साइंटिफिक रिसर्च (वैज्ञानिक अनुसंधान का केंद्रीय संगठन) के गठन का सुझाव दिया; प्रत्येक का अपना निदेशक हो जो सीधे केंद्रीय सरकार के योजना और विकास मंत्री के प्रति उत्तरदायी हो और राष्ट्रव्यापी अनुसंधान के निदेशन, पहल और समन्वयन का काम कर सके। उसका मानना था कि इससे भारत में विज्ञान को संघटित करने में अनेक ढाँचागत समस्याओं का ही समाधान नहीं होगा बल्कि गैरसेवी वैज्ञानिकों द्वारा नेशनल इंस्टिट्यूट ऑफ़ साइंसेज के माध्यम से प्रस्तुत शिकायतों—यथा, उन्हें युद्धविषयक प्रयास और सार्वजनिक स्वास्थ्य में योगदान के अवसर नहीं मिल रहे थे, सरकार उनके प्रति उदासीन थी, उन्हें अनुसंधान के लिए आवश्यक वित्तीय कोष और अवसर उपलब्ध नहीं कराए जा रहे थे, इत्यादि—को दूर किया जा सकेगा।[70] हिल के प्रस्ताव भारत सरकार के युद्धोत्तर, स्वातंत्र्योत्तर वैज्ञानिक अनुसंधान का आधार प्रदान करते थे। गौरतलब है कि मेट्रोपोलिटन पहलकदमियाँ अभी भी कितनी महत्त्वपूर्ण थीं।

उष्णकटिबंधी आयुर्विज्ञान और सार्वजनिक स्वास्थ्य

अंतर-युद्ध का चिकित्सा अनुसंधान बहुत हद तक उष्णकटिबंधी आयुर्विज्ञान के उसी प्रतिमान का अनुसरण करता रहा जो 1890 के दशक में महामारियों को नियंत्रित करने और आई एम एस की प्रतिष्ठा को फिर से कायम करने में सार्थक भूमिका निभाता था। उष्णकटिबंधी बीमारियों में अनुसंधान की संभावना आई एम एस के नए सदस्यों को अपनी ओर आकृष्ट करती थी और यह संस्थान आई आर एफ

ए तथा 1921 से कलकत्ता स्कूल ऑफ़ ट्रॉपिकल मेडिसिन के लिए वित्तीय कोष जुटाने और अनुसंधान की योजना बनाने में महत्त्वपूर्ण भूमिका अदा करता था। उष्णकटिबंधी प्रतिमान कितना प्रभावशाली था यह भारत में 1920 और 1930 के दशकों में पशु चिकित्सा विज्ञान, शल्यचिकित्सा और प्रसूति-विद्या पर बड़ी संख्या में प्रकाशित रचनाओं और राष्ट्रसंघ तथा फ़ार ईस्टर्न असोसिएशन फ़ॉर ट्रॉपिकल मेडिसिन द्वारा प्रायोजित चिकित्सा और स्वास्थ्य संबंधी क्रिया-कलाप में आई एम एस, जिसने अपना वार्षिक अधिवेशन 1927 में कलकत्ते में किया था, की शिरकत से जाहिर होता है। भारतीय चिकित्सा अनुसंधानकों ने भी व्यापक स्तर पर उष्णकटिबंधी प्रतिमान का अनुसरण किया। उपेंद्रनाथ ब्रह्मचारी ने 1920 के दशक में कालाजार की रसायनचिकित्सा (केमोथेरॅपि) में अंजन के उपयोग का पता लगाया। उन्होंने भारत की प्रधान उष्णकटिबंधी बीमारियों में से एक से निबटने के लिए अपनी खोज को महत्त्वपूर्ण योगदान माना और इसे बीस साल पहले रॉस द्वारा मलेरिया पर किए गए अनुसंधान के समकक्ष रखा।[71] कलकत्ता स्कूल के दैहिकी (फिज़िॲलॅजि) के प्रोफेसर आर.एन. चोपड़ा ने भारतीय औषधशास्त्र का अध्ययन इस दृष्टि से किया कि उससे उष्णकटिबंधी देशों में पेशागत चिकित्सीय प्रचलनों की व्यावहारिक कठिनाइयों को कैसे दूर किया जा सकता है। 1936 में उन्होंने उष्णकटिबंधी आयुर्विज्ञान पर एक पुस्तक प्रकाशित की जिसमें उष्णकटिबंधी और शीतोष्ण जलवायु के निवासियों की चिकित्सीय आवश्यकताओं में फर्क की विस्तार से चर्चा की।[72]

चेचक, हैज़ा और प्लेग से होने वाली मृत्यु-दर घट गई थी, इसलिए स्वाभाविक था कि अब मलेरिया की ओर ध्यान केंद्रित किया जाए। यह अब भी भारत में ऊँची मृत्यु-दर का कारण बना हुआ था (प्रतिवर्ष अनुमानतः दस लाख लोग इसके शिकार होते थे) और इस पर अविलंब अनुसंधान की आवश्यकता थी। आई आर एफ़ ए और (1927 में कसौली में निर्मित) मलेरिया इंस्टिट्यूट के तत्त्वावधान में मलेरिया पर व्यापक सर्वेक्षण के साथ-साथ अनॉफिलीज मच्छरों की विभिन्न किस्मों, उनके फैलाव, प्रजनन-विधियों और नियंत्रण के तरीकों के अध्ययन किए गए। मलेरिया पर किए गए अनुसंधान से उष्णकटिबंधी आयुर्विज्ञान को नई ताजगी मिली और महामारी विज्ञान, कृमि-विज्ञान और प्रोटोज़ोॲलॅजि के समावेश ने इसे अत्याधुनिक रूप प्रदान किया। 'उच्चतम गुणवत्ता वाले' कार्य के लिए राष्ट्रीय और अंतर्राष्ट्रीय स्तर पर मलेरिया इंस्टिट्यूट की प्रशंसा की गई और 1946 तक 'मलेरिया पर अनुसंधान के लिए इसने जैसी ख्याति अर्जित की...वैसी ख्याति विश्व में संभवतः अन्य किसी संगठन को नहीं मिल पाई थी।'[73] लेकिन 1920 और 1930 के दशकों तक उष्णकटिबंधी आयुर्विज्ञान के भारत में संस्थानीकरण के क्रम में मलेरिया इंस्टिट्यूट ने उसकी सीमाएँ भी उजागर कर दीं। एक तो इसने छोटी संख्या में मुख्यतः यूरोपीय आई एम एस पदाधिकरियों के अनुसंधान पर ही अपने को केंद्रित रखा और दूसरे

यह सुदूर पर्वतीय प्रदेश में अवस्थित था। इसलिए यह आश्चर्य का विषय नहीं था कि 1930 में भारतीय राजनयिकों ने कसौली को भी अपना मुख्य निशाना बनाया।[74] यहाँ किए गए शोध-कार्यों का वैज्ञानिक महत्त्व जो भी रहा हो, भारतीय नगरों, कस्बों और गाँवों में मलेरिया नियंत्रण में रोज-ब-रोज उठने वाली कठिनाइयों से इसका कोई सीधा संबंध नहीं था, क्योंकि वहाँ वित्तीय कोष, बुनियादी निपुणताओं और सुविधाओं की माँग जितनी ज़बर्दस्त थी, आपूर्ति उस अनुपात में बहुत कम थी। एक आई एम एस पदाधिकारी के अनुसार कभी-कभार यह टिप्पणी की जाती थी, और 'इसमें सत्य का पर्याप्त अंश था', कि 'भारत में मलेरिया संबंधी वैज्ञानिक अनुसंधान और जानकारी ने उसकी व्यावहारिक उपयोगिता को बहुत पीछे छोड़ दिया था।'[75] या तो संसाधनों की कमी अथवा फिर प्रांतीयकरण के कारण अखिल भारतीय मलेरिया-विरोधी नीति विकसित नहीं हो पाती थी।[76] 1930 और 1940 के दशकों में राजधानी दिल्ली विशेष सुविधा-प्राप्त स्थिति में रही लेकिन वहाँ भी प्रभावकारी मलेरिया-विरोधी नीति नहीं अपनाई जा सकी। 1947 तक सिर्फ डी.डी.टी. का छिड़काव इसको नियंत्रित करने का जरिया माना जाता रहा और अंततः इससे भारत के इस घोर सांघातिक रोग को नियंत्रित करने की क्षमता में एक नया विश्वास पैदा हुआ।[77]

अंतर-युद्धकाल में आयुर्विज्ञान और सार्वजनिक स्वास्थ्य में विशेष प्रगति अधिकांशतः उष्णकटिबंधी आयुर्विज्ञान से भिन्न क्षेत्रों में हुई और उससे यह संकेत मिला कि भारत में खराब-स्वास्थ्य का मुख्य कारण उसका उष्णकटिबंध में होने की अपेक्षा गरीबी और सामाजिक वंचना है। महिलाओं के चिकित्सा आंदोलन के सतत विकास से उनके प्रजनन संबंधी स्वास्थ्य और रोगों की तरफ ध्यान गया। 1920 के दशक के अंत में वुमेंस मेडिकल सर्विस (महिला चिकित्सा-सेवा) के मागरिट बॅलफोर ने अस्पताल के आँकड़ों के विश्लेषण से सिद्ध किया कि भारत मातृक मृत्यु-दर अधिकांश पश्चिमी देशों से कहीं ज्यादा है। रक्ताल्पता, इक्लेम्पूसिअॅ* और अस्थिमृदुता के उदाहरण पश्चिम जगत में बहुत कम मिलते हैं, लेकिन भारत में ये मातृक मृत्यु-दर के मुख्य कारण हैं और इनके आंशिक कारण हैं कुपोषण और पर्दा-प्रथा जैसे सामाजिक और सांस्कृतिक कारक।[78] 1936-37 में आई आर एफ ए ने मातृक मृत्यु-दर का पता लगाने के लिए वित्तीय सहायता प्रदान की और अनेक महत्त्वपूर्ण खोजें कीं, लेकिन 1938 में जब ऑल इंडिया कान्फ्रेंस ऑफ़ मेडिकल वुमेन की बैठक हुई तो बताया गया कि राजकीय वित्त-पोषित अनुसंधान

---

* इक्लेम्पूसिअॅ : मिर्गी की स्थिति, विशेषकर प्रसव के कुछ समय पहले रक्त विषाक्तता, उच्चरक्तचाप और ऐंठन की स्थिति।

की दृष्टि से मातृक स्वास्थ्य घोर उपेक्षा का शिकार रहा है जबकि करोड़ों भारतीय महिलाओं के लिए उस पर ध्यान दिया जाना परमावश्यक है।[79] आश्चर्य की बात थी कि जब 1932 में कलकत्ते में ऑल इंडिया इंस्टिट्यूट ऑफ़ हाइजीन एंड पब्लिक हेल्थ (स्वास्थ्य-विज्ञान और सार्वजनिक स्वास्थ्य का अखिल भारतीय संस्थान) खुला तो उसमें प्रसूति और शिशु-कल्याण विभाग खोले जाने की आरंभिक योजना वित्तीय संकट के नाम पर टाल दी गई। एक छोटी-सी इकाई सिर्फ डफ़रिन फंड की सहायता के बल पर चार साल तक वहाँ काम करती रही। अगर मातृक और शिशु-स्वास्थ्य संबंधी अनुसंधान में थोड़ी-बहुत प्रगति हुई भी तो वह राजकीय अनुभाग से बाहर नगरपालिकाओं में कार्यरत महिला चिकित्सकों अथवा भारतीय रेडक्रॉस और रामकृष्ण मिशन जैसी स्वैच्छिक संगठनों के कारण हुई।

औद्योगिक स्वास्थ्य भी गंभीर संवीक्षा का विषय बन रहा था। 1914 के पहले यह आम धारणा थी कि कारखानों में स्वास्थ्य-संबंधी स्थितियाँ उन देहाती क्षेत्रों से बेहतर होती हैं जहाँ से श्रमिक आते हैं। कारखानों के श्रमिक किसी-न-किसी रूप में 'सुविधाजनक स्थिति में रहते हैं...जो सुविधाएँ उसी वर्ग के अन्य सामान्य श्रमिकों को उपलब्ध नहीं हैं।'[80] लेकिन 1920 के दशक तक ऐसे दावों पर प्रश्न उठने लगे। औद्योगिक श्रमिक बल में वृद्धि (1915 तक इनकी संख्या 10 लाख तक पहुँच गई) और श्रम कानून के लागू होने से यह स्वीकार किया जाने लगा कि कारखानों में होने वाली दुर्घटनाओं, कुपोषण, काम के अधिक घंटों, अस्वास्थ्य दशाओं और अपर्याप्त चिकित्सा सुविधा के कारण औद्योगिक श्रमिकों का स्वास्थ्य हमेशा खतरे में रहता है। बागानी श्रमिकों में रक्ताल्पता और कारखाने के श्रमिकों में यक्ष्मा जैसे रोग कुपोषण और अस्वास्थ्यकर दशाओं के कारण ही होते थे, लेकिन इन क्षेत्रों में होने वाले चिकित्सा-अनुसंधान बिल्कुल अटकलपच्चू थे।[81] इस संबंध में भी यह आश्चर्यजनक है कि ऑल इंडिया इंस्टिट्यूट ऑफ़ हाइजीन एंड पब्लिक हेल्थ देश के बड़े उद्योग-केंद्रों में से एक कलकत्ता में अवस्थित था, लेकिन उसमें औद्योगिक अथवा व्यावसायिक स्वास्थ्य विभाग नहीं था। द्वितीय विश्व-युद्ध के दौरान जब औद्योगिक उत्पादन में वृद्धि की माँग युद्धोत्तर निर्माण-कार्य की योजना के साथ-साथ उठने लगी तभी जाकर श्रमिकों के स्वास्थ्य में सुधार की माँग ने भी जोर पकड़ा। कारखानों और खदानों के लिए चिकित्सा निरीक्षणालय की आवश्यकता पर जोर देते हुए इंडस्ट्रिअल हेल्थ अँड्वाइजरि कमिटि (औद्योगिक स्वास्थ्य सलाहकार समिति) के अध्यक्ष ने 1945 में घोषणा की, 'यह डंके की चोट पर कहने की जरूरत नहीं है कि उद्योग की कार्यक्षमता और राष्ट्र की प्रगति औद्योगिक श्रमबल के स्वास्थ्य और कल्याण से गहरे रूप से जुड़ी हुई।'[82]

भारत में औपनिवेशिक शासन काल के अंत में मलेरिया के साथ-साथ कुपोषण चिकित्सीय छानबीन के मुख्य विषयों में एक था। 1900 के पहले बेरी-बेरी और

'अकाल के खाद्य पदार्थों' में यत्किंचित अभिरुचि को छोड़कर भारतीय आहारों पर कोई क्रमबद्ध, वैज्ञानिक अनुसंधान नहीं होता था, हालाँकि ब्रिटिश और भारतीय संलापों में चावल के आहार की अपूर्णता की चर्चा बार-बार होती थी। कलकत्ता चिकित्सा महाविद्यालय में दैहिकी के प्रोफेसर डी. मैक्के ने 1910-12 में बंगाल और संयुक्त प्रांतों की काराओं में दिए जाने वाले आहारों की जो रचना प्रकाशित की उसमें पहली बार चावल और गेहूँ की सापेक्षिक गुणवत्ता और उनके शारीरिक प्रभावों के संबंध में वैज्ञानिक रूप में विचार किया गया और इसके परिणामस्वरूप इस संबंध में अधिक आधुनिक और जटिल अध्ययन का मार्ग खुल गया।[83] प्रथम विश्वयुद्ध के बाद पश्चिमी जगत में पोषक आहार संबंधी ज्ञान में द्रुत विकास हुआ और उससे उत्प्रेरित होकर आई एम एस के रॉबर्ट मैक्कैरिसन ने आई आर एफ ए की सहायता से कूनूर में न्यूट्रिशनल रिसर्च प्रोग्राम (पोषक आहार संबंधी अनुसंधान कार्य) की स्थापना की। जावा और मलाया में पूर्व में बेरी-बेरी पर किए गए अनुसंधान का अनुसरण करते हुए मैक्कैरिसन ने प्रयोगशाला के प्राणियों पर चावल और गेहूँ के भेदमूलक प्रभावों का निरूपण किया और शरीर को दुर्बल करने तथा अल्प पोषण जनित रोगों में मिल में तैयार किए गए चावल (यह भी व्यापक प्रौद्योगिक परिवर्तन का ही एक उदाहरण था) की भूमिका दर्शाई है।[84] वित्तीय पोषण की कमी (बेरी-बेरी की जाँच वित्तीय कारणों से 1923 में स्थगित कर दी गई और दो साल बाद पुनः चालू की गई) के बावजूद मैक्कैरिसन ने अपने कार्य के लिए अच्छी-खासी ख्याति पाई। जब रॉयल कमीशन ऑन एग्रिकल्चर के सदस्यों ने 1926 में कूनूर का दौरा किया तो वे उसके कार्य से बहुत प्रभावित हुए। मैक्कैरिसन ने उन्हें यह मानने के लिए विवश कर दिया कि 'भारत का जनसमुदाय जिन अशक्तताओं का शिकार है उनमें कुपोषण शायद सर्वप्रमुख है; उसने पोषण-विज्ञान और भारतीय कृषि के उन्नयन के बीच संबंध पर भी विशेष बल दिया।'[85] एक दशक बाद कमीशन का अध्यक्ष लॉर्ड लिनलिथगो भारत का वायसराय बना तो उसने पोषण में व्यक्तिगत अभिरुचि ली और इसे अनुसंधान की कार्य तालिका में सबसे ऊपर रखा। 1936 में एक न्यूट्रिशन एडवाइज़रि कमिटि (पोषण परामर्श दात्री समिति) गठित की गई और आई आर एफ ए के वार्षिक अनुदान का लगभग दशमांश कूनूर और कलकत्ता में पोषण अनुसंधान में खर्च किया गया। विज्ञान संबंधी नीति में वायसराय का संरक्षण तो मिलता ही रहा, राष्ट्रसंघ ने भी 1930 के दशक के आरंभ से ही पोषण में गहरी अभिरुचि ली।[86]

मैक्कैरिसन का कार्य अपने सारे निहितार्थों के बावजूद प्रयोगशाला तक ही सीमित था। जब उसके बाद एक गैर-आई एम एस डब्ल्यू. आर. ऐक्रॉयड उसका उत्तराधिकारी बना तो उसके समय में पोषण पर अनुसंधान भारतीयों के जीवन और राजकीय नीति दोनों से जुड़ गया। 1935 से लेकर 1946 तक न्यूट्रिशन रिसर्च

लेबोरेटरीज़ के निदेशक के रूप में ऐक्रॉयड और उसके भारतीय सहकर्मियों ने दक्षिण में स्कूली बच्चों, आवासीय छात्रों और ग्रामीणों के आहार पर सावधानीपूर्वक सर्वेक्षणों की एक लंबी शृंखला चलाई। 1939 तक 50 से अधिक और 1947 तक 130 ग्रामीण और शहरी सर्वेक्षण किए गए। इन सर्वेक्षणों से भलीभाँति जाहिर हो गया कि आयुर्विज्ञान किस प्रकार उन्नीसवीं सदी के तात्त्विकीकरण से हटकर अब मानव दैहिकी के अधिक वैज्ञानिक अध्ययन की ओर मुड़ गया था और जनसमुदाय की जरूरतें पूरी करने और कुपोषण की व्यापक समस्या के व्यावहारिक समाधान देने लगा था।[87] पोषण विज्ञान के निष्कर्षों ने राजकीय नीति को भी प्रभावित किया। 1944 में बंगाल के अकाल की जाँच के लिए गठित आयोग के एक सदस्य के रूप में ऐक्रॉयड ने पोषण के मुद्दों को प्रधानता दी और दर्शाया कि युद्धोत्तर निर्माण में वे कितने प्रासंगिक होंगे। आहार पर दस वर्षों के सर्वेक्षण ने प्रमाणित कर दिया था कि कुपोषण और भूख सिर्फ अकाल की देन नहीं थे; 'सामान्य समय' में भी आबादी का एक बड़ा तबका पर्याप्त भोजन से वंचित रह जाता था। भारतीय आलोचकों की राय में अकाल की भाँति कुपोषण-जन्य बीमारियाँ भ्रांत औपनिवेशिक नीतियों के परिणाम थीं और भारत के स्वतंत्र हो जाने पर वे दूर हो जाएँगी; लेकिन ऐक्रॉयड की नजर में स्वतंत्रता इसका समाधान नहीं थी। राज्य का दायित्व था कि वह गुजरे जमाने की स्वच्छंदतावाद की अवधारणाओं का परित्याग कर खाद्यान्न के उत्पादन और वितरण का काम अपने हाथ में ले ले और युद्ध ने प्रमाणित कर दिया था कि यह संभव भी है और आवश्यक भी। चूँकि यह सिद्ध हो चुका है कि दोषपूर्ण पोषण भारतीय रुग्ण स्वास्थ्य का एक प्रमुख कारण है, इसलिए किसी भी आधुनिक सरकार के लिए आवश्यक है कि वह जनसमुदाय के स्वास्थ्य और भौतिक कल्याण को समुन्नत करने के लिए आहार में परिवर्तन को सुनिश्चित करे।[88]

उन्नीसवीं सदी के बड़े भाग में औपनिवेशिक विज्ञान, प्रौद्योगिकी और आयुर्विज्ञान को गढ़ने में अकाल एक महत्त्वपूर्ण कारक था। यह सही है कि 1943-44 में बंगाल में भयंकर अकाल पड़ा, लेकिन उन्नीसवीं सदी के उत्तरार्द्ध में जैसे विध्वंसक अकाल पड़ते थे, उनमें 1908 के बाद कमी आ गई थी। लेकिन अकाल में कमी आने से जनसंख्या में जो वृद्धि हुई उससे आधुनिक विज्ञान और प्रौद्योगिकी द्वारा भारत की आर्थिक और सामाजिक समस्याओं के समाधान के प्रति यूरोपियनों के मन में भारी संदेह पैदा हो गए। यह एक नए प्रकार का निराशावाद था जो ब्रिटेनवासियों के राजनीतिक आत्मविश्वास की कमी को प्रतिबिंबित करता था और उन्नीसवीं सदी के अंत में प्रौद्योगिकी की ताकत में अत्यधिक विश्वास से अनुप्राणित शाही मनोवृत्ति के बिल्कुल विपरीत था। जहाँ चालीस साल पहले मैक्जॉर्ज जैसे लेखकों ने रेलवे, सिंचाई की नहरों और अन्य बड़ी अभियांत्रिकी योजनाओं के द्वारा भारत को एक आधुनिक समाज और अर्थ-व्यवस्था में रूपांतरित करने की संभावनाओं

में गहरा विश्वास व्यक्त किया था वहाँ अब भारतीय पर्यावरण की जटिल और अतिसंवेदनशील प्रकृति और किसी प्रकार के परिवर्तन लाने के प्रयास में अंतर्निहित सांस्कृतिक और सामाजिक कठिनाइयों का बोध बढ़ रहा था। भारत स्थानिक मलेरिया, चिरकालिक कुपोषण भूक्षरण और जल की लवणता जैसी स्थायी समस्याओं से ग्रस्त था और इसका कोई सरल वैज्ञानिक अथवा प्रौद्योगिक समाधान ढूँढ़ना मुश्किल था।[89]

इधर जनसंख्या में तेजी से वृद्धि हो रही थी और संतति-निग्रह के भारतीय और यूरोपीय समर्थक भी बढ़ रहे थे। इन्हीं समर्थकों में से एक जे.डब्ल्यू.डी. मेगा ने 1928 में टिप्पणी की : 'लोग खरगोश की तरह पैदा होते हैं और मक्खियों की तरह मरते हैं, जब तक वे प्रजनन-दर घटाने के लिए उत्प्रेरित नहीं किए जाते, चिकित्सा राहत और स्वास्थ्य-सफाई से विशेष लाभ नहीं हो सकता क्योंकि जनसंख्या अधिकतम बिंदु तक पहुँच गई है'।[90] रॉयल कमीशन ऑन एग्रिकल्चर ने भारतीय कृषि की समस्याओं पर जो प्रतिवेदन प्रस्तुत किया उसमें 1931 की जनगणना (इसके अनुसार 10 वर्षों में आबादी एक करोड़ बढ़ गई थी) की भाँति इस अँधेरे पक्ष को विशेष रूप से उजागर किया गया। 1935 में 'टाइम्स ऑफ़ इंडिया' के पूर्व संपादक स्टेनले रीड ने इस बात पर आशंका जताई कि भारतीय कृषि जनसंख्या में 'विराट वृद्धि' का सामना कर सकती है। समस्या जीवन-स्तर को सुधारने की नहीं, उसे यथावत बनाए रखने की थी।[91] हिल ने, जो 1943 में बंगाल में पड़े अकाल के समय भारत आया, भारतीय संभावनाओं और विज्ञान तथा प्रौद्योगिकी की संभावित भूमिका के संबंध में अधिक आशावादी दृष्टिकोण अपनाया, लेकिन यह भी स्वीकार किया कि जब तक भारत जन्म-दर को नियंत्रित नहीं करता तब तक स्वास्थ्य, पोषण और सामाजिक कल्याण की आशा नहीं की जा सकती। उसने आकलन किया कि भारत को अगले तीस वर्षों में अपने खाद्यान्नों के उत्पादन में तिगुनी वृद्धि करनी होगी, लेकिन यह एक 'दुस्साध्य' कार्य है और इसके लिए 'महान राष्ट्रीय प्रयास' और 'आधुनिक वैज्ञानिक ज्ञान और विधियों का पूरा उपयोग आवश्यक है।'[92]

इधर स्वास्थ्य के मामले में भी बहुत कुछ किए जाने की ज़रूरत थी। भारत में स्वास्थ्य के प्रावधानों की जाँच करने और 'युद्धोत्तर विकास' के लिए संस्तुतियाँ प्रस्तुत करने के लिए भारत सरकार ने अक्टूबर 1943 में जोसेफ भोर की अध्यक्षता में एक समिति गठित की। हेल्थ सर्वे एंड डेवलपमेंट कमिटि (स्वास्थ्य सर्वेक्षण और विकास समिति) के दो-तिहाई सदस्य भारतीय थे (इनमें तीन महिलाएँ भी थीं) और उनमें अनेक तत्कालीन भारत के आयुर्विज्ञान और सार्वजनिक सदस्य के जाने-माने लोग थे। 1946 में प्रकाशित प्रतिवेदन में भोर समिति ने ब्रिटिश भारत में सार्वजनिक स्वास्थ्य पर पर्याप्त ध्यान नहीं दिए जाने की आलोचना की और भारतीय जनता की आवश्यकताओं के अनुरूप सार्वजनिक स्वास्थ्य के लिए अधिक

प्रभावी और दूरगामी पद्धति अपनाने पर बल दिया। उसने इस बात पर भी जोर दिया कि ब्रिटेन में बेवरीज प्रतिवेदन की अनुशंसाओं को ध्यान में रखते हुए भारत में भी स्वास्थ्य समाज के सारे सदस्यों को उपलब्ध कराया जाना चाहिए, 'चाहे वे इसकी कीमत अदा करने की स्थिति में हों या नहीं'। संप्रति बिटिश भारत में मृत्यु-दर इंग्लैंड और वेल्स की तुलना में लगभग दोगुनी, शिशु मृत्यु-दर लगभग तिगुनी और जन्म के समय जीवन-संभावना आधी से भी कम है। प्रतिवेदन में खासकर प्रसूता और शिशु स्वास्थ्य की उपेक्षा की कड़ी आलोचना की गई थी; उसके आकलन के अनुसार प्रसव के समय प्रतिवर्ष 200,000 महिलाएँ कालकवलित हो जाती हैं। इसलिए सार्वजनिक स्वास्थ्य सुधारने की जो भी योजना बने उसमें 'माताओं और शिशुओं के स्वास्थ्य की पर्याप्त सुरक्षा के तरीके विकसित करने पर विशेष ध्यान दिया जाना चाहिए'। प्रतिवेदन के अनुसार भारत की भयावह स्वास्थ्य-समस्याओं के लिए देश का भौतिक और सफाई-विषयक पर्यावरण तो किसी हद तक जिम्मेदार था ही, उपलब्ध स्वास्थ्य सेवाओं की अपंगता भी कम उत्तरदायी नहीं थी क्योंकि ये सेवाएँ 'जनता की आवश्यकताओं को पूरा करने के लिए बिल्कुल अपर्याप्त थीं।'[93] संपूर्ण ब्रिटिश भारत में आधुनिक आयुर्विज्ञान के मात्र 47,400 चिकित्सक थे, जब कि कुल आबादी 30 करोड़ थी (अर्थात् 6300 लोगों पर मात्र एक चिकित्सक), उपचारिकाओं (नर्सों) की संख्या 7,000 और प्रशिक्षित, प्रसाविकाओं की 5,000 थी। प्रतिवेदन का निष्कर्ष था कि सार्वजनिक स्वास्थ्य का 'मौजूदा निम्न स्तर' व्याधियों के व्यापक प्रसार और उसके फलस्वरूप संपूर्ण समुदाय. विशेषकर प्रसव और जन्म के समय महिलाओं और शिशुओं में ऊँची मृत्यु-दर में प्रतिबिम्बित होता है, कम-से-कम मृत्यु-दर का आधा निवार्य है और उसका निवारण किया जाना चाहिए।[94]

भोर समिति की सदस्यता के मद्देनज़र इसे स्वाभाविक ही माना जाएगा कि उसने पाश्चात्य आयुर्विज्ञान को न तो ठुकराया और न किसी मौलिक विकल्प की वकालत की; वास्तव में उसने आयुर्वेद और यूनानी आयुर्विज्ञान को ख़ारिज कर दिया : 'आयुर्विज्ञान की देशी पद्धतियाँ अभी जिस स्थिति में हैं उनके मद्देनज़र सार्वजनिक स्वास्थ्य को उनके क्षेत्र में नहीं रखा जा सकता।'[95] इसके विपरीत उसने पाश्चात्य स्वास्थ्य सेवाओं और सुविधाओं का विस्तार करने और राष्ट्रीय हित में उन्हें विकसित करने पर बल दिया। भारत को अधिक अस्पतालों, औषधालयों, चिकित्सकों और उपचारिकाओं की, अधिक (और ज्यादा समयोचित) चिकित्सा अनुसंधान की जरूरत है। यद्यपि भोर समिति ने मलेरिया इंस्टिट्यूट जैसे संस्थानों की प्रशंसा की, लेकिन उसका निष्कर्ष था कि 'अतीत की उपलब्धियाँ अनुसंधान के लिए उपलब्ध बेमिसाल सामग्रियों अथवा देश की अनिवार्य आवश्यकताओं के अनुपात में नहीं रही हैं।' प्रतिवेदन ने आई आर एफ ए के तहत वित्त-पोषण की प्रणाली का समर्थन

किया, किंतु वर्षों से की जा रही भारतीय आलोचना के मद्देनज़र उसने स्वीकार किया कि चिकित्सा-अनुसंधान का वर्तमान संगठन बहुत 'संकीर्ण और सीमित' है; भारतीय महाविद्यालयों और विश्वविद्यालयों में चिकित्सा संकायों में अनुसंधान का 'लगभग पूर्ण अभाव' है और इस 'स्थायी कमी' को अविलंब दूर किया जाना आवश्यक है।[96]

विज्ञान और राष्ट्र

1939 तक भारत की गिनती संसार के आठ बड़े औद्योगिक देशों में होती थी; यूरोप और अमेरिका से बाहर यह विश्व के बड़े वैज्ञानिक समुदायों में भी एक था। यद्यपि इनका राजनीतिक प्रभाव गांधीवाद के उदय और औपनिवेशिक शासन की उदासीनता के कारण मुखरित नहीं हो सका, 1900 और विशेष रूप से 1920 के बाद प्रौद्योगिकी, विज्ञान और आयुर्विज्ञान में भारतीय जनता के जीवन को प्रत्यक्ष रूप से प्रभावित करने वाले अनेक दूरगामी परिवर्तन हुए। इनमें सबसे महत्त्वपूर्ण था विद्युतशक्ति का आगमन। उन्नीसवीं सदी के भारत में जलीय अभियांत्रिकी (हाइड्रोलिक इंजिनिअरिंग) मुख्य रूप से जल संसाधन का उपयोग सिंचाई के लिए करती थी; जहाज़रानी अथवा ऊर्जा उत्पादन में इसकी कोई भूमिका नहीं थी। 1900 के आसपास सिंचाई की बड़ी-बड़ी परियोजनाएँ तो बनती रहीं, लेकिन पनबिजली परियोजनाओं का भी श्रीगणेश किया गया और इनके परिणामस्वरूप नगरों के साथ-साथ देहाती इलाकों में परिवर्तन की नई संभावनाएँ पैदा हुईं। इन आरंभिक परियोजनाओं में कावेरी पर शिव समुद्रम परियोजना थी जो 1899 में मैसूर में आरंभ हुई और 1902 में पूरी हुई। इससे बंगलोर को विद्युत्-आपूर्ति होने के साथ-साथ कोलार के सोने की खानों में गहरी खुदाई से भारतीय खनन के इतिहास में एक नए दौर का सूत्रपात हुआ। उस अवधि की अन्य महत्त्वपूर्ण योजनाओं में टाटा एच ई पी परियोजना भी थी जो 1915 में पूरी हुई। इससे भोर घाट के ऊपर संचिल जल का उपयोग बंबई के लिए बिजली के उत्पादन में किया जाने लगा। इसी प्रकार 1928 में पश्चिमी तमिलनाडु में पाइकारा परियोजना चालू की गई। इससे दक्षिण भारतीय उद्योग, विशेषकर कोयंबटूर के सूती कपड़ों की मिलों को नए सुअवसर प्राप्त हुए।[97]

यातायात और परिवहन भी दूरगामी प्रभाव वाले बुनियादी परिवर्तनों के हकदार बने। हालाँकि भारतीय रेलवे में भाप-शक्ति का ही उपयोग होता रहा, अंतर्दहन (इंटरनल कम्बस्चन) वाले इंजनों के आगमन के कारण बसें, कारें और लौरियाँ भारतीय कस्बों और नगरों में दौड़ने लगीं और धीरे-धीरे सभी मौसमों के लायक सड़कों का जाल बिछ जाने के कारण देहाती इलाकों में भी पहुँचने लगीं। 1930 के दशक तक जहाँ रेलवे नहीं पहुँच पाई थी उन देहाती इलाकों में बसें और लौरियाँ चलने लगी थीं और नकदी फसलों को बाजार पहुँचाने लगी थीं। इसके फलस्वरूप उद्यमियों

की एक पीढ़ी तैयार हो गई और आरक्षी बल, राजनयिकों तथा चलंत औषधालयों का देहातों में आवागमन होने लगा। द्वितीय विश्वयुद्ध के ठीक पहले तक भारत में 175,000 मोटरगाड़ियाँ थीं।[98] पनबिजली की भाँति अंतर्दहन इंजनों के द्रुत विकास से विज्ञान तथा उद्योग दोनों को अनेक पार्श्विक लाभ मिले। इनमें एक था भारत के अपने तैल संसाधनों की खोज से भूगर्भशास्त्र को मिला प्रोत्साहन और दूसरा था मोटर व्यापारियों और ट्रकचालकों के नए वर्ग का उद्भव। इनमें से अधिकांश ने द्वितीय विश्वयुद्ध के दौरान (कम-से-कम पंजाब में) सशस्त्र सेनाओं की सेवा में रहकर निपुणता हासिल की।[99] 1920 के दशक में पहली बार विमान की नियमित उड़ानें भारत पहुँचने लगीं और 1930 के दशक तक विमान सेवा से अंतर्राष्ट्रीय और घरेलू यात्राएँ सुगम हो गईं। शताब्दी के प्रारंभ में इलाहाबाद के अधिवक्ता और राजनेता मोतीलाल नेहरू उन चंद भारतीयों में थे जिनके पास मोटरकार थी। तीस साल बाद उनके पुत्र जवाहर लाल नेहरू ने अपनी बीमार पत्नी को देखने के लिए विमान से यूरोप की यात्रा की। वह कांग्रेसी राजनेताओं में प्रथम व्यक्ति थे जिन्होंने 1936-37 के चुनावी दौरे में विमान का उपयोग किया और कहा जाता है कि इससे चुनावी परिणाम पर 'बहुत अनुकूल असर' पड़ा।[100] इधर संचार भी डाकसेवा और 1850 के दशक में उद्घाटित टेलीग्राफ (तार-प्रेषण) से आगे निकल रहा था। दूरभाष कस्बों के अंदर और बाहर संचार के सुलभ माध्यम बन रहे थे। 1926 में रेडियो (आकाशवाणी) द्वारा छोटे पैमाने पर प्रसारण शुरू हुआ और 1930 में राज्य ने उसे अपने नियंत्रण में ले लिया। सिनेमा के आगमन से सार्वजनिक मनोरंजन के नए युग का सूत्रपात हुआ और रेलवे तथा छापेखाने की भाँति भारत में ही फ़िल्मों का निर्माण शुरू हो गया।[101]

प्रौद्योगिकी और विज्ञान के क्षेत्र में अभिनव परिवर्तनों से भारत के आभिजात्य वैज्ञानिक समुदाय में एक नया विश्वास पैदा हुआ। गांधी के प्रति भी नई समीक्षात्मक दृष्टि विकसित हुई। वैज्ञानिक आधुनिकता के पक्ष में वातावरण बनने में काफी समय लगा था, लेकिन अब पवन की गति तेज होने लगी थी। जब 1934 में बिहार में आए भूकंप के बारे में गांधी ने टिप्पणी की कि यह भारतीयों को उनकी अस्पृश्यता के पाप का ईश्वरीय दण्ड है तो पहली बार इसके विरुद्ध तीखी प्रतिक्रिया हुई। अनेक जाने-माने वैज्ञानिकों ने इस टिप्पणी पर अविश्वास और आश्चर्य व्यक्त किया। इन दोनों भीषण भूकंपों के कारण तत्काल भूकंप आयोग गठित करने और भारतीय भूकंप विज्ञान में और अधिक अनुसंधान करने की आवश्यकता तीव्रता से महसूस की गई।[102] लेकिन भारतीय वैज्ञानिकों को अपनी राष्ट्रवादी पहचान कायम करने में थोड़ा वक्त लगा; यह तभी हुआ जब भारतीय राष्ट्रीय कांग्रेस पर गांधी के नैतिक आचार का प्रभाव धीरे-धीरे कम होने लगा और सुभाषचंद्र बोस तथा जवाहरलाल नेहरू के प्रभावशाली नेतृत्व में कांग्रेस विज्ञान और प्रौद्योगिकी के संबंध

में अधिक अनुकूल रवैया अपनाने लगी।

1935 में मेघनाद साहा और उनके सहकर्मियों ने 'साइंस एंड कल्चर' (विज्ञान और संस्कृति) के नाम से एक मासिक पत्रिका निकाली। इस पत्रिका के माध्यम से उन्होंने औपनिवेशिक राज्य के विरुद्ध कम और चरखा-तकली तथा कृषि के पारंपरिक तरीकों पर आधारित निम्न-प्रौद्योगिकी वाले समाज के गांधीवादी दृष्टिकोण के प्रति अधिक आलोचनात्मक रुख अपनाया। अनेक वैज्ञानिकों की भाँति साहा को भी विश्वास नहीं था कि भारत अतीत की ओर लौटकर भविष्य की चुनौतियों का सामना कर सकता है। पत्रिका के प्रथम अंक के संपादकीय ने इस बिंदु की ओर ध्यान आकृष्ट किया कि 'बड़ी संख्या में' भारतीय नेता यह समझने में असमर्थ हैं कि भारत की नियति सँवारने और इसकी भावी सभ्यता का निर्माण करने में नया तकनीकी युग कितना स्थायी योगदान कर सकता है। अतीत के काल्पनिक स्वर्णयुग, 'जब किसी को किसी बात के लिए कोई शिकायत नहीं थी', की ओर नजर डालने अथवा समाज की मौजूदा बुराइयों के लिए विज्ञान को दोषी ठहराने से कोई लाभ होने वाला नहीं है। अतीत के पक्षधर नेता जो समाधान दे रहे थे उसका लब्बोलुआब यही था कि 'वैज्ञानिक ज्ञान के व्यावहारिक उपयोग पर आधारित जीवन की आवश्यकताओं के अनुरूप उत्पादन के लिए सारे आधुनिक तकनीक को पूरी तरह नकार देना चाहिए'। संपादकीय ने स्वीकार किया कि उद्योगीकरण के कारण बड़ी संख्या में भारतीयों को नुकसान हुआ है, लेकिन इसके लिए विज्ञान और प्रौद्योगिकी को दोषी ठहराना अनुचित है, सिर्फ उनके ग़लत उपयोग के कारण परेशानियाँ पैदा हुई हैं। गांधी की चर्चा करते हुए संपादकीय ने टिप्पणी की, 'हम एक क्षण के लिए इस मत का समर्थन नहीं कर सकते कि आधुनिक वैज्ञानिक तकनीक को ठुकराकर और चरखा, कटि-वस्त्र और बैलगाड़ी को फिर से अपनाकर बेहतर और अधिक सुखप्रद स्थितियाँ बनाई जा सकती हैं।' इसके विपरीत, यदि विज्ञान की खोजों को 'समुचित और व्यापक रूप में उपयोग में लाया जाए' तो 'आर्थिक, सामाजिक और यहाँ तक कि राजनीतिक समस्याओं का भी समाधान काफी बेहतर ढंग से किया जा सकता है।'[103]

भारतीय वैज्ञानिकों और उनके राजनयिक मित्रों ने 1930 और 1940 के दशकों में अनेक औपनिवेशिक और मेट्रोपोलिटन विशेषज्ञों द्वारा प्रस्तुत धुँधली तस्वीर को आँख मूँद कर स्वीकार नहीं कर लिया, हालाँकि वे यह मानते थे कि भारत गरीबी, भूख और बीमारी की चपेट में है। यद्यपि उनका विश्वास था कि भारत की अनेक गड़बड़ियाँ औपनिवेशिक स्वार्थ और उपेक्षा की देन हैं, लेकिन वे यह भी मानते थे कि यदि विज्ञान और प्रौद्योगिकी को ठीक ढंग से काम में लाया जाए तो भारत की तकदीर तेजी से बदल सकती है और इसकी अनेक समस्याएँ सफलतापूर्वक हल की जा सकती हैं। अक्टूबर, 1935 में यूरोप में निर्वासन का

जीवन बिता रहे सुभाष चंद्र ने अपने आलेख में 'साइंस एंड कल्चर' और भारतीय आवश्यकताओं को पूरा करने में वैज्ञानिक ज्ञान के संभावित योगदान का स्वागत किया। उन्होंने गांधी को ध्यान में रखकर टिप्पणी की, हमारे बुजुर्ग 'राष्ट्र निर्माताओं' का जो भी अभिमत रहा हो, 'हम नई पीढ़ी के लोग राष्ट्र-निर्माण के कार्य में पूरी तरह वैज्ञानिक दृष्टिकोण रखते हैं और आधुनिक विज्ञान और संस्कृति द्वारा प्रदत्त सारे ज्ञान से लैस रहना चाहते हैं।'[104] 1930 के दशक के अंत तक भारत रूज़वेल्ट के न्यूडील* की उपलब्धियों और सोवियत रूस के लाभकर राजकीय योजनाओं से आलोड़ित होने लगा था और राज्य-संचालित विज्ञान और प्रौद्योगिकी की प्रभविष्णुता में नया विश्वास पैदा हो रहा था। साहा इसके प्रमुख समर्थकों में थे। उन्होंने भारतीय राष्ट्रवादियों की नई पीढ़ी के दो शीर्ष नेताओं बोस और नेहरू को उत्प्रेरित किया कि वे भारत को एक नए राष्ट्र का रूप देने के लिए आधुनिक विज्ञान और प्रौद्योगिकी में सक्रिय अभिरुचि लें। कांग्रेस पार्टी, जिसने 1937 के चुनावों के बाद आठ प्रांतों में अपना मंत्रिमंडल गठित कर लिया था, 1935 के गवर्नमेंट ऑफ़ इंडिया एक्ट के तहत नया संविधान लागू कर चुकी थी। उसने महसूस किया कि सार्वजनिक स्वास्थ्य जैसे महत्त्वपूर्ण क्षेत्रों में अखिल भारतीय स्तर की नीति को समन्वित करने के लिए अत्यधिक प्रांतीयकरण के स्थान पर केंद्रीय निकायों का गठन आवश्यक है।[105] 1938 में उसने एक कदम और आगे बढ़कर (साहा के सुझाव पर) नेशनल प्लैनिंग कमिटि (राष्ट्रीय आयोजन समिति) की स्थापना की। यद्यपि द्वितीय विश्वयुद्ध के शुरू होने पर कांग्रेस मंत्रिमंडलों द्वारा त्यागपत्र दे दिए जाने से समिति अपनी ऊर्जा खो बैठी और 1941 में नेहरू के कारावास के बाद निष्क्रिय हो गई, लेकिन इसने राजकीय आयोजन के प्रति पार्टी की सक्रिय प्रतिबद्धता और राष्ट्र-निर्माण के उद्देश्यों को पूरा करने के लिए विज्ञान और प्रौद्योगिकी के उपयोग का सूत्रपात तो कर ही दिया।

1930 और 1940 के दशकों में साहा ने अपने भाषणों और लेखों में अनेक वैसे मुद्दों को एकसूत्र में पिरोया जो हाल के दशकों में बंगाल के वैज्ञानिकों और बुद्धिजीवियों को आलोड़ित कर रहे थे। ये मुद्दे थे : बंगाल के रुग्ण देहातों में पुनरुद्धारक योजनाओं के द्वारा सुधार लाना, बाढ़ की विभीषिका को नियंत्रित करना, मलेरिया का उन्मूलन करना और खाद्यान्न तथा औद्योगिक उत्पादन बढ़ाना। साहा ने 1938 में दावा किया कि यद्यपि भारत की आबादी 36 करोड़ है, लेकिन यदि इसके संसाधनों और इसकी सुविज्ञता का सम्यक उपयोग किया जाए तो इसे अत्यधिक आबादी वाला देश नहीं कहा जा सकता जैसा कि यूरोपीय टिप्पणीकारों ने मान लिया है।

---

* अमेरिकी राष्ट्रपति फ्रैंक्लिन डी. रूज़वेल्ट द्वारा समृद्धि और सामाजिक उन्नयन के लिए अपनाई ग[illegible] नीतियाँ, 1933-40।

भारत के पास कोयला, जल-शक्ति और अन्य प्राकृतिक संसाधनों का पर्याप्त भंडार है; यह निर्धन सिर्फ इसलिए है 'क्योंकि इन संसाधनों को विकसित नहीं किया गया है और उद्योगों को समुचित रूप से आयोजित और संगठित नहीं किया गया है।' अगर सही तरीके अपनाए जाएँ तो 'भारत एक मजबूत और संपन्न राष्ट्र बन सकता है।'[106]

सितंबर, 1943 में, जब बंगाल अकाल की चपेट में था, 'साइंस एंड कल्चर' के एक अन्य प्रमुख सदस्य जे.सी. घोष ने नेशनल इंस्टिट्यूट ऑफ़ साइंस (विज्ञान का राष्ट्रीय संस्थान) की एक बैठक में ऐसे ही विचार व्यक्त किए। उन्होंने वैसे 'प्रभावशाली नेताओं' की निंदा की जो 'आधुनिक जगत की बुराइयों से इस कदर भयभीत' प्रतीत होते हैं कि वैज्ञानिक और औद्योगिक प्रगति के लिए राजकीय सहायता प्राप्त करने के सारे प्रयत्नों का विरोध कर रहे हैं। वे 'कुटीर उद्योगों, कृषि के पुराने तरीकों और जीवन-निर्वाह के स्तर पर गुजर-बसर की संस्कृति, अकाल और महामारी जिसके अपरिहार्य परिणाम हैं,' को तरजीह दे रहे हैं, इसलिए विज्ञान से जुड़े लोगों का कर्तव्य है कि वे अपने नेताओं की 'इस रूढ़िवादी मानसिकता से मुक्त होने की शिक्षा प्रदान करने का' अतिरिक्त दायित्व सँभालें। विज्ञान का दुरुपयोग हो सकता है, लेकिन मानवता के हित में उपयोग करने पर यह 'अपरिमित लाभ' का स्रोत भी बन सकता है। अपने मत के समर्थन में घोष ने पास्चर लुई की यह टिप्पणी उद्धृत की : 'विज्ञान सारी प्रगति की आत्मा और सारी संपन्नता का स्रोत है।'[107]

अगले साल लंदन में दिए गए अपने भाषण में साहा ने ये ही बातें दुहराईं लेकिन बंगाल के अकाल और लंदन के बेवरीज प्रतिवेदन के परिप्रेक्ष्य में इनकी अनिवार्यता और समयानुकूलता पर और भी जोर डाला। उन्होंने स्वीकार किया कि भारत के 90 प्रतिशत लोग 'अभी भी मध्ययुग में जी रहे हैं' और 'आधुनिकता के पार्श्व पर' खड़े हैं। नेशनल प्लैनिंग कमिटि (राष्ट्रीय योजना समिति) ने प्रमाणित कर दिया था कि 'भारत आधुनिक वैज्ञानिक विधियों से पूरी तरह असंपृक्त है।' अगर देश सही मायने में आगे बढ़ना चाहता है तो पिछले पच्चीस वर्षों में सोवियत संघ (यू एस एस आर) की 'विलक्षण सफलताओं' को ध्यान में रखते हुए इसे अपनी क्षमताओं के विकास के लिए आधुनिक वैज्ञानिक और औद्योगिक विधियों को उपयोग में लाने के महान कार्य में जुट जाना चाहिए। बंगाल के अकाल से ज़ाहिर हो गया है कि भारत में उद्योग-धंधे नहीं हैं और यह पूरी तरह कृषि की पुरानी पद्धति पर निर्भर है। साहा ने पश्चिम बंगाल में दामोदर घाटी और भारत की अन्य बड़ी नदियों पर तेनेसी घाटी प्राधिकरण जैसी 'बहुउद्देश्यीय' परियोजनाओं की परिकल्पना की। भारत के करोड़ों लोगों की समस्याओं के समाधान के लिए 'सारी योजनाओं के पीछे एक राष्ट्रीय लक्ष्य होना आवश्यक है और मुझे तब तक

इसकी संभावना नहीं दीख पड़ती जब तक एक राष्ट्रीय सरकार न हो जाए, अथवा ऐसी सरकार नहीं बन जाती जिसे आम जनता का समर्थन प्राप्त हो और जो जनता के भरोसेमंद नेताओं द्वारा गठित हो।'[108]

तीन साल बाद देश का बँटवारा हो गया और रक्तपात तथा उपद्रव के बीच भारत और पाकिस्तान अस्तित्व में आए। भारत में प्रधानमंत्री नेहरू ने अविलंब भारतीय विज्ञान को चिर-आकांक्षित अधिकारिता और अवसर प्रदान किए। 15 अगस्त को 'आधी रात की आज़ादी' के कुछ ही घंटों के भीतर प्रधानमंत्री के अधीन वैज्ञानिक अनुसंधान संविभाग (पोर्टफ़ोलिओ) खोला गया। यह भारत को आधुनिक बनाने में विज्ञान और प्रौद्योगिकी की सर्वप्रमुख भूमिका में नेहरू के गहरे विश्वास का प्रतीक और भारतीय विज्ञान कांग्रेस के साथ उनके दीर्घ साहचर्य का प्रतिफल था।[109] जून 1948 में डिपार्टमेंट ऑफ साइंटिफिक रिसर्च (वैज्ञानिक अनुसंधान विभाग) की स्थापना की गई और जनवरी 1951 में उसका विस्तार कर उसे मिनिस्ट्रि ऑफ़ नेशनल रिसोर्सेज़ एंड साइंटिफिक रिसर्च (राष्ट्रीय संसाधन और वैज्ञानिक अनुसंधान मंत्रालय) में बदल दिया गया। आई एम एस को समाप्त कर दिया गया, आई आर एफ ए का नाम बदलकर इंडियन काउंसिल ऑफ़ मेडिकल रिसर्च (चिकित्सा अनुसंधान की भारतीय परिषद) कर दिया गया और मार्च 1950 में प्लैनिंग कमीशन (योजना आयोग) की स्थापना कर राजकीय योजना चालू की गई जिसमें 1955 तक सांख्यिकीवेत्ता पी.सी. महालनोबिस और रसायनशास्त्री जे.सी. घोष की महत्त्वपूर्ण भूमिका रही। नेहरू के काउंसिल ऑफ साइंटिफिक एंड इंडस्ट्रिअल रिसर्च के महानिदेशक एस.एस. भटनागर और ऐटॉमिक एनर्जि कमीशन (पारमाणविक ऊर्जा आयोग) के अध्यक्ष होमी भाभा से भी गहरे संबंध थे। नेहरू के अधीन ऐसा प्रतीत होने लगा कि भारत का राष्ट्रीय विज्ञान वयस्क हो चुका है। एक नई आशावादिता, जो औपनिवेशिक काल में बहुत पहले लुप्त हो चुकी थी, के साथ नेहरू ने स्वयं नए युग के आगमन का स्वागत इस उद्घोषणा के साथ किया कि सिर्फ विज्ञान ही भारत की 'भूख और गरीबी, गंदगी और निरक्षरता, अंधविश्वास और स्पंदनहीन करने वाली प्रथाओं और परंपराओं, बर्बाद होते विशाल संसाधनों और एक धनी देश की क्षुधा-पीड़ित जनता की समस्याओं को हल करने का साधन बन सकता है।' उनका प्रश्न था : 'आज विज्ञान की उपेक्षा कौन कर सकता है? हर मोड़ पर हमें इसकी सहायता लेनी है...भविष्य विज्ञान का है और उनका है जो विज्ञान से दोस्ती गाँठते हैं।'[110]

संदर्भ

1. एम. सिंगारावेलू, 'द इंपिरिअलिज़्म ऑफ़ साइंस' (मद्रास, 1914), पृ. 17।
2. विल्हेल्म हॅल्बफॉस, 'इंडिया एंड यूरोप : ऐन एसे इन अंडरस्टैंडिंग' (अल्बेनी, न्यूयार्क,

1988), पृ. 399।

3. डैविड एल. गॉस्लिग, 'साइंस एंड रिलिजन इन इंडिया' (मद्रास, 1976), पृ. 42-7।
4. 'द कंपलीट वर्क्स ऑफ़ विवेकानंद' (नौवाँ संस्करण, कलकत्ता, 1970), पृ. 277-8।
5. 'साइड-लाइट्स ऑन मॉडर्न साइंस', डॉन (जून, 1897), पृ. 99-100।
6. प्रमथनाथ बोस, 'नेचुरल साइंस', देखें, 'सेंटीनरि रिव्यू ऑफ़ द एशियाटिक सोसायटी ऑफ़ बंगाल फ्रॉम 1784 टु 1883' (कलकत्ता, 1883), पृ. 20-1।
7. वही, पृ. 21, 25।
8. प्रफुल्लचंद्र राय, 'ए हिस्ट्री ऑफ़ हिंदू केमिस्ट्री फ्रॉम द अर्लिएस्ट टाइम्स टु द मिड्ल ऑफ़ द सिक्सटींथ सेंचुरी ए.डी.' 2 खण्ड (लंदन, 1907, 1909; प्रथम बार प्रकाशित क्रमशः 1902 और 1908 में)।
9. प्रफुल्लचंद्र राय, 'इंडियन साइंस कांग्रेस प्रेजिडेंशल एड्रेस' (कलकत्ता, 1920), पृ. 1-3।
10. प्रफुल्लचंद्र राय, 'एसेज़ एंड डिस्कोर्सेज़' (मद्रास, 1918), पृ. 204।
11. ब्रजेंद्रनाथ सील, 'द पोज़िटिव साइंसेज़ ऑफ़ द एन्शेन्ट हिंदूज़' (कलकत्ता 1915), पृ. 215, 244-8।
12. एम.आर. (मार्च, 1918), पृ. 328।
13. गॉस्लिग, 'साइंस,' पृ. 25।
14. पैट्रिक गिड्डिस, 'ऐन इंडियन पायनिअर ऑफ़ साइंस, द लाइफ़ एंड वर्क ऑफ़ सर जगदीश चंद्र बोस' (लंदन, 1920), पृ. 97-8; तुलना करें, 'आवर मॉडर्निटि', देखें 'द प्रेजेंट हिस्ट्री ऑफ़ वेस्ट बंगाल : एसेज़ इन पॉलिटिकल क्रिटिसिज़्म' (दिल्ली, 1997), पृ. 208।
15. 'सर जगदीशचंद्र बोस : हिज़ लाइफ़ एंड स्पीचेज़' (मद्रास, 1920), पृ. 149।
16. वही, पृ. 118।
17. के.आर. कीर्त्तिकर एंड बी.डी. बसु, 'इंडियन मेडिसिनल प्लांट्स, I' (इलाहाबाद, 1918), पृ. xxxiii-xxxv।
18. गिरिजा प्रसन्न मजूमदार, 'वनस्पति : प्लांट्स एंड प्लांट-लाइफ़ ऐज़ इन इंडियन ट्रीटाइज़ेज़ एंड ट्रेडिशंस' (कलकत्ता, 1927); सुंदरलाल होडा, 'एन्शेन्ट हिंदू कॅन्सेप्शन ऑफ़ कॉरिलेशन, बिट्वीन फ़ॉर्म एंड लोकॅमोशन ऑफ फ़िशेज़', जे ए एस बी (साइंस), I (1935), पृ. 1-7।
19. जी. बोस, 'साइकॅलॅजि', देखें, बी. प्रसाद (सं.), 'द प्रोग्रेस ऑफ़ साइंस इन इंडिया ड्यूरिंग द पास्ट ट्वेंटिफ़ाइव ईयर्स' (कलकत्ता, 1938); पृ. 345-6।
20. चार्ल्स लेस्ली, 'इंटर्प्रिटेशंस ऑफ़ इलनेस : सिन्क्रेटिज़्म इन मॉडर्न आयुर्वेद', देखें, चार्ल्स लेस्ली एंड, एलानयंग (सं.), 'पाथ्स टु एशियन मेडिकल नॉलिज' (बर्कले, सी ए, 1992), पृ. 179।
21. भागवत सिंह जी, 'आर्यन मेडिकल साइंस : ए शॉर्ट हिस्ट्री' (दिल्ली, 1993), पृ. 22,

187, 200, 205।

22. लेस्ली, 'इंटरप्रिटेशंस', पृ. 183।
23. कविराज गणनाथ सेन, 'हिंदू मेडिसिन' (मद्रास, 1916)।
24. टी.आर. एथिराजुलू नायडू, 'द आयुर्वेदिक सिस्टम' (मद्रास, 1918), पृ. 10. जी. श्री निवास मूर्ति, 'ए मेमरैंडम ऑन द साइंस एंड आर्ट ऑफ़ इंडियन मेडिसिन', अपेंडिक्स I टु 'द रिपोर्ट ऑफ़ द कमिटि ऑन द इंडिजेनस सिस्टम्स ऑफ मेडिसिन, मद्रास' (मद्रास, 1923), पृ. 95-6।
25. गुरदीप सिंह एंड पी.डी. जोशी, 'इम्पैक्ट ऑफ़ यूरोपियन साइंस एंड टेक्नॉलॉजि ऑन डेवलपमेंट ऑफ़ मॉडर्न आयुर्वेद ड्यूरिंग नाइंटींथ सेंचुरी', आई जे एच एस, 17 (1982), पृ. 313-25।
26. पूर्णिमा सरदेसाई, 'इंडिजेनस मेडिकल प्रैक्टिशनर्स एंड कॅलोनिअल रूल इन इंडिया : ए स्टडी इन द प्रोडक्शन ऑफ़ मेडिकल नॉलिज इन आंध्र, 1880-1930', अप्रकाशित निबंध, 1996।
27. किज़्हीदथ वासुदेवन नायर, 'ए बाइओग्रेफि ऑफ़ वैद्यरत्न पी.एस. वैरिअर' (कोट्टाक्कल, 1954), पृ. 20-35।
28. के.एन. पनिक्कर, 'इंडिजेनस मेडिसिन एंड कल्चरल हिजेमनि : ए स्टडी, ऑफ़ द रिवाईटैलाइज़ेशन मूवमेंट इन केरलम', एस एच, 8 (1992), पृ. 283-308।
29. अजमल खाँ सर पार्डी ल्यूकिस को. होम (मेडिकल), 41, जुलाई, 1916, एन ए आई।
30. अब्दुल हलीम शरार, लखनऊ : 'द लास्ट फेज़ ऑफ़ ऐन ओरिएंटल कल्चर' (लंदन, 1975), पृ. 98।
31. 'द रिपोर्ट ऑफ़ द कमिटि ऑन द इंडिजेनस सिस्टम्स ऑफ़ मेडिसिन, मद्रास' (मद्रास, 1923), पृ. 25।
32. गिरींद्रनाथ मुखोपाध्याय, 'हिस्ट्री ऑफ़ इंडियन मेडिसिन फ्रॉम द अर्लिएस्ट एजेज़ टु द प्रेज़ेंट टाइम, I' (कलकत्ता, 1923), पृ. 37।
33. 'रिपोर्ट ऑफ़ प्रोसीडिंग्स ऑफ द सेंट्रल इंडिजेनस ड्रग्स कमिटि ऑफ़ इंडिया, I' (कलकत्ता, 1889), अपेंडिक्स, पृ. 1-2, होम (मेडिकल), 15-18, दिसंबर, 1895, एन ए आई।
34. 'ड्रग्स कमिटि', I, पृ. 226।
35. एम.सी. कॉमेन, 'रिपोर्ट ऑन द इन्वेस्टिगेशंस ऑफ़ इंडिजेनस ड्रग्स' (मद्रास, 1921)।
36. आर.एन. चोपड़ा, 'इंडिजेनस ड्रग्स ऑफ़ इंडिया : देअर मेडिकल एंड इकॉनॉमिक ऐसुपेक्ट्स' (कलकत्ता, 1933), पृ. 17।
37. 'रिपोर्ट ऑफ़ द कमिटि ऑन इंडिजेनस सिस्टम्स ऑफ़ मेडिसिन' (नई दिल्ली, 1948)।
38. 'प्रोसीडिंग्स ऑफ़ द इंडियन लेजिस्लेटिव काउंसिल, 1916-17', 65, पृ. 337-49।
39. रोगर जेफ्री, 'डॉक्टर्स एंड कांग्रेस : द रोल ऑफ़ मेडिकल मेन एंड मेडिकल पॉलिटिक्स

इन इंडियन नेशनेलिज़्म' देखें, माइक शेपर्डसॅन एंड कॉलिन साइमॅन्स (सं.), 'द इंडियन नेशनल कांग्रेस एंड द पॉलिटिकल इकॉनामी ऑफ़ इंडिया, 1885-1985' (अल्डरशॉट, 1988), पृ. 161।

40. श्रीनिवास मूर्त्ति, 'मेमॅरैंडम' : शिव विश्वनाथन, 'एकॅर्निवल फॉर साइंस : एसेज ऑन साइंस, टेक्नॅलॅजि एंड डेवलपमेंट' (दिल्ली, 1997), पृ. 136-43।

41. 'इंडिजेनस सिस्टम्स ऑफ़ मेडिसिन इन इंडिया' 'ब्रिटिश मेडिकल ज़र्नल', 15 सितंबर, 1923, पृ. 479; डब्ल्यू. बरीज, 'इंडिजेनस सिस्टम्स एंड मेडिकल साइंस' (इलाहाबाद, 1926); जे.डब्ल्यू.डी. मेगा, 'द एंशंट सिस्टम्स ऑफ़, मेडिसिन', एल एम जी (दिसंबर, 1925), पृ. 585-8।

42. जी. श्रीनिवास मूर्त्ति, 'द गवर्नमेंट ऑफ़ इंडियन मेडिकल स्कूल, मद्रास', 'हैंडबुक ऑफ द इंडियन साइंस कांग्रेस : ट्वेंटि-सेवंथ सेशन, 1940, मद्रास' (मद्रास, 1940) पृ. 86-92।

43. जी.ओ. 5177, एडुकेशन एंड पब्लिक हेल्थ, 10 दिसंबर, 1941, टी एन ए।

44. 'रॉयल कमीशन ऑन एग्रिकल्चर इन इंडिया : रिपोर्ट' (लंदन, 1930), पृ. 35-6, 626।

45. 'द ऑर्गेनाइज़ेशन ऑफ़ साइंटिफिक वर्क इन इंडिया', 'नेचर', 19 फरवरी, 1920, पृ. 654।

46. ए.जी. ग्लो, 'द स्टेट एंड इंडस्ट्री' (कलकत्ता, 1928), पृ. 17-25, 66-75।

47. 'साइंस एंड प्रोग्रेस इन इंडिया', 'नेचर', 5 मई, 1945, पृ. 526-7।

48. 'लेजिस्लेटिव असेंब्लि डिबेट्स, 1930', 1, 8 फरवरी, 1930, पृ. 143-8; वही, 11 फरवरी, 1930, पृ. 176-89।

49. एडुकेशन, हेल्थ एंड लैंड्स (हेल्थ), 14/32, 1932, एन ए आई।

50. जे.ई. टर्नर द्वारा निदेशक, रॉकफेलर फाउंडेशन, 14 मार्च, 1932, आर ए सी।

51. सी.जी. पंडित और के. सोमेश्वर राव, 'इंडियन रिसर्च फंड असोसिएशन एंड इंडियन काउंसिल ऑफ़ मेडिकल रिसर्च, 1911-61; फिफ्टी इयर्स ऑफ़ प्रोग्रेस' (दिल्ली, 1961), पृ. 6, 10, 13।

52. एम आर (सितंबर, 1931), पृ. 350-1।

53. गांधी द्वारा नेहरू को, 5 अक्टूबर, 1945, जवाहरलाल नेहरू (सं.), 'ए बंच ऑफ़ ओल्ड लेटर्स' (द्वितीय संस्करण, बंबई, 1960), पृ. 506।

54. एडवर्ड शिल्स, 'द ऐकडेमिक प्रोफेशन इन इंडिया', देखें, एडमंड लीच और एस.एन. मुखर्जी (सं.), 'एलीट्स इन साउथ एशिया' (कैंब्रिज, 1970), पृ. 196।

55. यू. सेन और अन्यत्र, 'साइंटिफ़िक रिसर्च इन इंडियन यूनिवर्सिटीज़' (नई दिल्ली, 1965), पृ. 2।

56. प्रमथनाथ बोस, 'सर्वाइवल ऑफ़ हिंदू सिविलाइज़ेशन, भाग II' (कलकत्ता, 1921), 'नेशनल एडुकेशन एंड मॉडर्न प्रोग्रेस' (कलकत्ता, 1921), पृ. 23-4।

57. प्रफुल्लचंद्र राय, 'लाइफ़ एंड एक्सपेरिमेंट्स ऑफ़ ए बंगाली केमिस्ट, II' (कलकत्ता, 1935)।

58. सेन और अन्य पर आधृत, 'साइंटिफिक रिसर्च', पृ. 75-85।

59. रॉबर्ट एस. एंडर्सन, 'बिल्डिंग साइंटिफिक इंस्टिट्यूशंस इन इंडिया : साहा और भाभा', (मॉन्ट्रिअल, 1975), पृ. 17।

60. वही, पृ. 7, 17।

61. ए.वी. हिल, 'द एथिकल डाइलेमा ऑफ़ साइंस एंड अदर राइटिंग्स' (न्यूयार्क, 1960), पृ. 378।

62. ए. रहमान, आर.एन. भार्गव, एम.ए. कुरैशी और सुदर्शन प्रुथी, 'साइंस एंड टेक्नॉलॅजि इन इंडिया' (नई दिल्ली, 1973), पृ. 16।

63. 'रिपोर्ट ऑफ़ द इंडियन केमिकल सोसायटी फ़ॉर 1930' (कलकत्ता, 1930), पृ. 1-3, 12, 15-16।

64. प्रसाद (सं.) 'साइंस', पृ. xxvi।

65. वही, पृ. xxiv-xxv।

66. हिल, 'डाइलेमा', पृ. 373-4।

67. ए.वी. हिल, 'साइंटिफिक रिसर्च इन इंडिया' (लंदन, 1944), पृ. 2-6।

68. वही, पृ. 7-13।

69. हिल, 'डाइलेमा', पृ. 376।

70. हिल, 'रिसर्च', पृ. 29-31।

71. उपेंद्रनाथ ब्रह्मचारी, 'ग्लीनिंग्ज फ्रॉम माइ रिसर्चेज़ I : कालाजार, इट्स केमोथेरॅपि', (कलकत्ता, 1940)।

72. आर.एन. चोपड़ा, 'हैंडबुक ऑफ़ ट्रॉपिकल थेरॅप्यूटिक्स', (कलकत्ता, 1936); बी. मुखर्जी, 'सर रामनाथ चोपड़ा', 'बायोग्रॅफिकल मेमायर्स ऑफ़ फ़ेलोज़ ऑफ द इंडियन नेशनल साइंस अकैडॅमि, IV' (नई दिल्ली, 1986), पृ. 171-85।

73. 'रिपोर्ट ऑफ़ द हेल्थ सर्वे एंड डेवलपमेंट कमिटि, I' (दिल्ली, 1946), पृ. 18।

74. 'प्रोसीडिंग्स ऑफ़ द कान्फ्रेंस हेल्ड एट शिमला ऑन द ट्वेंटी-फर्स्ट एंड ट्वेंटी-सेकंड जुलाई टु डिस्कस द लोकेशन ऑफ़ द प्रोपोज्ड मेडिकल रिसर्च इंस्टिट्यूट एंड अदर मैटर्स', (शिमला, 1931)।

75. 'ऐन्युअल रिपोर्ट ऑफ़ द ऑल-इंडिया इंस्टिट्यूट ऑफ़ हाइजीन एंड पब्लिक हेल्थ, कलकत्ता, 1934' (कलकत्ता, 1935), पृ. 13-14।

76. वी.आर. मुरलीधरन और डी.वी. राघवन, 'ऐंटि-मलेरिआ पॉलिसी इन द मद्रास प्रेज़िडेंसी : ऐन ओवर व्यू ऑफ़ द अर्लि डिकेड्स ऑफ़ द ट्वेंटीएथ सेंचुरी', एम एच, 34 (1992), पृ. 290-305।

77. एडुकेशन, हेल्थ एंड लैंड्स (हेल्थ) 23-1, 1939, एन ए आई; पौल एफ़. रसेल, 'मैंस

मास्टरि ऑफ़ मलेरिआ' (लंदन, 1955), पृ. 168-70।

78. मागरिट बेलफ़ोर, 'मॅटर्नल मॉर्टेलिटि इन चाइल्ड बर्थ इन इंडिया', जॅर्नल ऑफ़ द असोसिएशन ऑफ़ मेडिकल वुमेन इन इंडिया 16 (1928), पृ. 5-25।
79. 'एब्सट्रैक्ट्स फ्रॉम द रिपोर्ट ऑफ़ द पब्लिक हेल्थ कमिशनर फ़ॉर 1937', जॅर्नल ऑफ़ द असोसिएशन ऑफ़ मेडिकल वुमेन इन इंडिया, 27 (1939), पृ. 277-9; एम.आई. नील, 'अनीमिआ : ए चैलेंज', जॅर्नल ऑफ़ द असोसिएशन ऑफ़ मेडिकल वुमेन इन इंडिया, 26 (1938), पृ. 16।
80. ई.ए. ब्रैडबरी, सिरामपुर, द्वारा मैजिस्ट्रेट, हुगली को, 5 अप्रिल, 1879, लेजिस्लेटिव, 165, अप्रिल 1881, एन ए आई।
81. मागरिट बेलफ़ोर, 'मॅटरनिटि कंडिशंस एंड अनीमिआ इन द असम टी गार्डेंस', जॅर्नल ऑफ़ द असोसिएशन ऑफ़ मेडिकल वुमेन इन इंडिया, 21 (1933), पृ. 28-38; ए. लैंकेस्टर, 'ए रिपोर्ट ऑन ट्यूबर्क्युलोसिस इन इंडिया' (शिमला, 1915), पृ. 84-5।
82. 'इंडियन इंडस्ट्रिअल हेल्थ एडवाइज़री कमिटि, 1945-6', ओ आई ओ सी, V /26/840/16, पृ. 5।
83. डी. मैक्के, 'इनवेस्टिगेशन इंटू द जेल डाइऑटरीज़ ऑफ़ द यूनाइटिड प्रोविंसेज़', (कलकत्ता, 1912)।
84. रॉबर्ट मैक्कैरिसन और रोनाल्ड वी. नॉरिस, 'द रिलेशनशिप ऑफ़ राइस टु बेरी-बेरी इन इंडिया', इंडियन मेडिकल रिसर्च मेमायर्स, संख्या 2 (1924)।
85. 'रॉयल कमीशन ऑन एग्रिकल्चर इन इंडिया, I : एविडेंस' (लंदन, 1927), पृ. 95-8; एन. गांगुली, 'द इंडियन पीजॅन्ट एंड हिज़ एनूवाइरॅनमॅन्ट (लदंन, 1935), पृ. 118।
86. एडुकेशन, हेल्थ एंड लैंड्स (हेल्थ), 37-25, 1936; एडुकेशन, हेल्थ एंड लैंड्स, 52-27, 1938, एन ए आई।
87. डब्ल्यू.आर. आइक्रायड, 'नोट ऑन द रिज़ल्ट्स ऑफ़ डाइट सर्वेज इन इंडिया' (नई दिल्ली, 1939), एस.एल. भाटिया, 'फिजिऑलॅजि', देखें, प्रसाद (सं.), 'साइंस', पृ. 575-630।
88. डब्ल्यू.आर. आइक्रायड, 'नोट्स ऑन फूड एंड न्यूट्रिशन पॉलिसी इन इंडिया' (नई दिल्ली, 1944), पृ. I, 'फेमिन इन्क्वाअरि कमीशन : फाइनल रिपोर्ट' (मद्रास, 1945)।
89. 'रिपोर्ट ऑफ़ द पंजाब इरोश़्ज़न कमिटि, 1932' (लाहौर, 1934)।
90. मेगा द्वारा डब्ल्यू.एस. कार्टर को, 29 अक्टूबर, 1928, आर ए सी।
91. 'फोरवर्ड' टु गांगुली, 'पीज़ेंट', पृ. xxvi।
92. हिल, 'डाइलेमा', पृ. 337-46।
93. 'रिपोर्ट ऑफ़ द हेल्थ सर्वे एंड डेवलपमेंट कमिटि', I', पृ. 8-11।
94. वही, I, पृ. 11, 13।
95. वही, II, पृ. 455।

96. वही, पृ. 409-10।

97. डब्ल्यू.सी. ऐश, 'एनूजिनिऑरिंग', देखें, प्रसाद (सं.), 'साइंस', पृ. 484-8; क्रिस्टोफर जॉन बेकर, 'ऐन इंडियन रूरल इकॅनॅमि, 1880-1955 : द तमिलनाडु कंट्रीसाइड' (ऑक्सफ़ॉर्ड, 1984), पृ. 351।

98. एल.एस.एस. ओ' मैली (सं.), 'इंडिया एंड द वेस्ट' (लंदन, 1941), पृ. 247-8।

99. डी.एन. वाडिया, 'जिऑलॅजि', देखें, प्रसाद (सं.), 'साइंस', पृ. 87, 103, क्लाइव डिवी, 'सम कॅन्सिक्वेंसेज़ ऑफ़ मिलिटॅरि एक्सपेंडिचर इन ब्रिटिश इंडिया : द केस ऑफ़ द अपर सिंध सागर दोआब, 1849-1947', देखें, क्लाइव डिवी (सं.), 'अरेस्टिड डेवलपमेंट इन इंडिया : द हिस्टॉरिकल डाइमेंशन' (रिवरडेल, एम डी., 1988), पृ. 141-2।

100. ओ' मैली, 'इंडिया', पृ. 250।

101. वही, पृ. 252-3।

102. 'द ग्रेट क्वेटा अर्थक्वेक', 'साइंस एंड कल्चर, I', पृ. 63-7।

103. 'साइंस एंड कल्चर' (1935), पृ. 3-4।

104. सुभाषचंद्र बोस, 'सम प्रॉब्लेम्स ऑफ नेशन-बिल्डिंग', साइंस एंड कल्चर, I (1935), पृ. 258।

105. एडुकेशन, हेल्थ एंड लैंड्स (हेल्थ), 63-1, 1938, एन.ए. आई.।

106. मेघनाद साहा, 'ऐन्युअल एड्रेस टु द नेशनल इंस्टिट्यूट ऑफ़ साइंस ऑफ़ इंडिया', (कलकत्ता, 1938)।

107. जे.सी. घोष, नेशनल इंस्टिट्यूट ऑफ साइंस : ओपॅनिंग एड्रेस (कलकत्ता, 1943), पृ. 1-2।

108. मेघनाद साहा, 'साइंस इन सोशल एंड इंटरनेशनल प्लैनिंग, विद स्पेशल रेफ़रेंस टु इंडिया', 'नेचर', 24 फरवरी, 1945, पृ. 221-4।

109. सेलेक्टिड वर्क्स ऑफ़ जवाहरलाल नेहरू, VIII (नई दिल्ली, 1976), पृ. 806-12; वार्ड मोर हाउस, 'नेहरू एंड साइंस : द विज़न न्यू इंडिया', इंडियन जॅर्नल ऑफ़ पब्लिक एडमिनिस्ट्रेशन, 15 (1969), पृ. 489-508।

110. गवर्नमेंट ऑफ़ इंडिया, 'साइंटिफिक रिसर्च' (दिल्ली, 1957), पृ. 1।

उपसंहार

उपनिवेश-कालीन भारत में विज्ञान, प्रौद्योगिकी और आयुर्विज्ञान का इतिहास, जो अतीत में प्रायः हाशिए पर रहा, हाल की विद्वत्तापूर्ण खोजों के आलोक में न सिर्फ अधिक केंद्रीय अपितु अधिक जटिल भूमिका वाला इतिहास माना जा सकता है। इतिहासकार विज्ञान, प्रौद्योगिकी और आयुर्विज्ञान के वैचारिक आयामों पर जितना ही अधिक विचार करते हैं उतना ही अधिक स्पष्ट होता है कि वे सामाजिक, सांस्कृतिक और राजनीतिक आयामों का पता लगाने के 'साम्राज्यवादी औजार' मात्र नहीं थे, वैज्ञानिक और प्रौद्योगिक 'स्थानांतरण' की प्रक्रिया सरल और एकमुखी न होकर भिन्न संस्कृतियों के बीच आदान-प्रदान और पारस्परिक प्रभाव की लंबी प्रक्रिया थी।

बासल्ला और अन्य लेखकों ने जिसे 'औपनिवेशिक विज्ञान' की संज्ञा दी है उस पर गंभीरतापूर्वक विचार करने से स्पष्ट होता है कि ब्रिटिश भारत में सिर्फ मेट्रोपोलिटन अभिकरणों और विचारों का प्रसार नहीं हुआ बल्कि भारतीय संस्कृति और पर्यावरण ने भी औपनिवेशिक शासन पर गहरी छाप छोड़ी जिसके परिणामस्वरूप औपनिवेशिक विज्ञान मेट्रोपोलिटन विज्ञान से भिन्न हो गया। एक तो कलकत्ता और लंदन के बीच वैसे भी स्पष्ट अंतर थे और फिर यह विश्वास भी काम कर रहा था कि भारत में विज्ञान, प्रौद्योगिकी और आयुर्विज्ञान मेट्रोपोलिटन प्रतिमानों की प्रतिच्छाया नहीं हो सकते बल्कि वे स्थानीय दशाओं और परिस्थितियों के साथ-साथ स्वयं औपनिवेशिक शासन की आवश्यकताओं से भी प्रभावित होंगे। उन्नीसवीं सदी में प्राकृतिक विज्ञान के महत्त्व पर जोर और भारत की भौगोलिक स्थिति के वैज्ञानिक सर्वेक्षण से स्पष्ट हो गया था कि भारत में विज्ञान भारत के बारे में ही हो सकता था। विज्ञान और आयुर्विज्ञान के जरिए औपनिवेशिक शासन को यह अहसास हो गया था कि भारत एक पराया देश है जहाँ विदेशी मूल के लोग रहते हैं। हिमालय की पर्वत-श्रेणियाँ, भारत की उष्णकटिबंधी व्याधियाँ, 'हिंदुस्तान का अनूठा भूगोल' भारतीय तीर्थस्थल, आहार, विवाह-पद्धति और पर्दा-प्रथा, ये सारी भौतिक और सांस्कृतिक विलक्षणताएँ भारत के संबंध में साम्राज्यवादी दृष्टिकोण को लगातार प्रभावित करती थीं।

भारत में पाश्चात्य विज्ञान की अंतर्वस्तु को निर्धारित करने में भारतीय विज्ञान के साथ उसका अंतःसंबंध भी एक कारक था। वानस्पतिक नमूनों और औषध-निर्माण

में काम लाई जाने वाली सामग्रियों के संग्रह से लेकर चिकित्सालयों के सर्वेक्षण और संचालन तक में भारतीय अभिकरण की मदद आवश्यक थी। फिर भी, साम्राज्यवादी सत्ता एक अर्थ में विज्ञान पर शासक जाति का अनन्य अधिकार मानती थी। 1780 के दशक से 1920 के दशक तक भारत में सेवारत यूरोपवासियों के लिए विज्ञान 'परिधि' पर चलाए जाने वाला पेशा मात्र नहीं था। कंपनी चाहे जितनी उलटी-सीधी बातें कर, कृषि, राजस्व, व्यापार और स्वास्थ्य के लिए विज्ञान की उपयोगिता निर्विवाद थी। विज्ञानकर्मियों और लोक-सेवकों दोनों के लिए विज्ञान विचार-शक्ति और व्यवस्था का, भारत को 'जानने' और इसे अपने प्रभावी और उत्पादक नियंत्रण में रखने की औपनिवेशिक शासन की क्षमता का प्रतीक था। फिर यह बात भी कम महत्त्वपूर्ण नहीं थी कि विज्ञान यूरोप के विशिष्ट वर्ग की अपनी विशिष्ट पहचान और भारत को 'सुधारने', 'सभ्य बनाने' और इसे 'आधुनिक रूप देने' के स्वघोषित लक्ष्य का एक अंग था। लेकिन यह अजीब विरोधाभास था कि एक तरफ तो ये युक्तियाँ 'सुधारने' के बड़े-बड़े दावे करती थी तो दूसरी ओर उसी अनुपात में भारतीयों को वैज्ञानिक कार्यों के सर्वथा अनुपयुक्त समझती थीं और औपनिवेशिक विज्ञान के सांस्थानिक और बौद्धिक कार्यक्षेत्र के भीतर उनके लिए समानता और अधिकार का निषेध करती थीं। भारतीय वैज्ञानिक अपने ही देश में गोरों द्वारा संचालित वैज्ञानिक और चिकित्सा प्रतिष्ठानों की अपेक्षा लंदन, एडिनबरा, बर्लिन और स्टॉकहोम में कहीं अधिक स्वीकृति पाते थे। विज्ञान, प्रौद्योगिकी और आयुर्विज्ञान में अस्वीकृति की भाँति बिखराव भी एक महत्त्वपूर्ण तत्त्व था; आधुनिकीकरण के सारे दावों के बावजूद औपनिवेशिक शासन के मन में हमेशा यह संशय बना रहता था कि भारत परंपराओं का देश है और परंपराएँ ही उसकी प्रकृति के अनुकूल हैं। यह भी महत्त्वपूर्ण है कि उन्नीसवीं सदी के अंत और बीसवीं सदी के प्रारंभ में ब्रिटिश वैज्ञानिक जहाँ औपनिवेशिक विज्ञान, प्रौद्योगिकी और आयुर्विज्ञान की क्रांतिकारी परिवर्तन की क्षमता में गहरा विश्वास रखते थे, वहीं 1920 और 1930 के दशकों में भारतीय वैज्ञानिकों की अंतर्राष्ट्रीय ख्याति में वृद्धि और भारतीय राष्ट्रवादी आंदोलन के जोर पकड़ने के कारण वे भारत के भविष्य को सँवारने में विज्ञान के योगदान के प्रति अधिकाधिक निराशावादी होते गए।

उन्नीसवीं सदी के अंत और बीसवीं सदी के प्रारंभ में भारतीय वैज्ञानिकों के सम्मुख अनेक वैसी द्विविधाएँ तीव्रतम रूप में उपस्थित हुई जिनसे पूर्व में भारत के यूरोपीय वैज्ञानिक रू-ब-रू हुए थे। इनमें प्रमुख समस्या थी, सर्वदेशीयता के साथ स्थानीयता का तालमेल कैसे बैठाया जाए? तेजी से फैलते वैज्ञानिक प्रतिष्ठानों के सेवाकर्मी ही नहीं, अनेक मध्यवर्गीय भारतीय भी पाश्चात्य विज्ञान को एक ऐसा पारपत्र मानते थे जो उन्हें उस आधुनिक जगत में प्रवेश दिलाता था जिसके वे हकदार थे और जो उन्हें सहभागिता और लाभ के समान अवसर प्रदान करता था।

आधुनिक विज्ञान की नकल करने के बदले वे उसको अपना बनाने की संभावनाएँ तलाश रहे थे। प्राकृतिक विज्ञान के यूरोपीय अनुशीलन से हटकर और भारत की विदेशी समझ से भिन्न वे भौतिकी, रसायनशास्त्र और गणित को अपने ढंग से विकसित करना और विज्ञान, प्रौद्योगिकी तथा आयुर्विज्ञान को साम्राज्यवादी सत्ता की आवश्यकताओं के बदले भारतीय आकांक्षाओं और अपेक्षाओं के अनुरूप ढालना चाहते थे। अपने प्रयास में उन्हें महत्त्वपूर्ण अंतर्राष्ट्रीय स्वीकृति तब मिली जब रमन ने भौतिकी में नोबेल पुरस्कार प्राप्त किया।

तथापि, विज्ञान को भारतीय स्वरूप प्रदान करने और उसे भारत की अपनी परंपराओं और दार्शनिक मान्यताओं से जोड़ने के प्रयास में भारतीय वैज्ञानिकों के सामने भौतिकी और आयुर्विज्ञान में अंतर्राष्ट्रीय वैज्ञानिक समुदाय से बहिष्कृत हो जाने का खतरा था। इसके अतिरिक्त, भारतीय विज्ञान के बारे में प्रायः ऐसा माना जाता है कि वह 1890 और 1900 के दशकों में वयस्क हो चुका था लेकिन यथार्थ में इसके सामने लगातार चुनौतियाँ आती रहीं। आंतरिक दृष्टि से इसका विरोध वैसी ताकतों के द्वारा होता था जो आधुनिक विज्ञान, प्रौद्योगिकी और आयुर्विज्ञान के साथ भारतीय राष्ट्र की तादात्म्यता के विरोधी थे और फलस्वरूप भारत के वैज्ञानिक समुदाय के प्रभावशाली नेतृत्व को चुनौती देते थे अथवा आधुनिकता के प्रति उभयमुखी दृष्टिकोण रखते थे। यह भी कम महत्त्वपूर्ण नहीं है कि जब तक औपनिवेशिक व्यवस्था ठीक-ठाक रही, भारतीय वैज्ञानिकों के लिए आई एम एस जैसे संस्थानों में प्रभावशाली हैसियत प्राप्त करना अथवा विज्ञान के नीति-निर्धारण में निर्णायक भूमिका अदा करना मुश्किल रहा। ब्रिटेन के मेट्रोपोलिटन और 1918 के बाद अमेरिका के बढ़ते प्रभाव के कारण भारतीय विज्ञान सांस्थानिक दृष्टि से आत्म-निर्भर नहीं हो पाया। औपनिवेशिक अनुदारता, जातीय भेद-भाव और प्रांतीयकरण के दबावों के होते हुए भारतीय वैज्ञानिकों को अपने स्वतंत्र अभिकरण और संगठन बनाने थे और भारत के राष्ट्रवादी नेतृत्व में आधुनिकीकरण के पक्षधरों से वैकल्पिक राजनीतिक संरक्षण की तलाश करनी थी।

लेकिन विज्ञान, प्रौद्योगिकी और आयुर्विज्ञान का महत्त्व भारतीयों के लिए उपनिवेशवादियों की भाँति संस्थानों और सरकारी कार्यस्थलों तक सीमित नहीं था। भारतीय राजाओं और लोकोपकारी पारसियों के साथ-साथ भू-संपदा, व्यापार और उद्योग से जुड़े कई जानी-मानी हस्तियों ने भी विज्ञान, प्रौद्योगिकी और आयुर्विज्ञान को संरक्षण प्रदान किया। उन्होंने भारतीयों, यूरोपियनों, पुरुषों और किसी हद तक महिलाओं को भी नियोजित किया। नई जीवन-शैली अपनाने और विश्व-दृष्टि विकसित करने में उन्होंने मध्यवर्ग की सहायता की। आम जनता के स्वास्थ्य संबंधी 'अज्ञान', दाइयों की 'बर्बरता' अथवा लोक-चिकित्सकों की 'नीम-हकीमी' के विरुद्ध अभियान के क्रम में भारतीय अभिजन-वर्ग ने सुधार की अपनी कार्य-सूची तैयार

की, अपनी विशिष्ट और प्रभावशाली पहचान कायम की। रेलवे, सिंचाई की नहरों, औषधालयों और चिकित्सालयों, छापखाना, सिनेमा और मोटर बसों ने जो भौतिक और सांस्कृतिक प्रभाव पैदा किए उनके लाभ पश्चिम में शिक्षित मध्यवर्ग के दायरे से बाहर आम जनता तक पहुँचने लगे। छिटपुट प्रतिरोधों के बावजूद वैज्ञानिक, प्रौद्योगिक और चिकित्सा संबंधी अभिनव परिवर्तनों से आहार संबंधी आदतें, प्रजनन की प्रक्रियाएँ, लिंग और संप्रदाय, जाति और राष्ट्र संबंधी विचार सभी के सभी किसी-न-किसी रूप में अवश्य प्रभावित हुए। 1947 आते-आते विज्ञान ने जिस प्रकार सार्वजनिक महत्त्व, सामाजिक प्रभाव और सांस्कृतिक स्पंदन ग्रहण कर लिया, औपनिवेशिक युग के आरंभ में उसकी कल्पना भी नहीं की जा सकती थी।

संक्षिप्त जीवन-वृत्त

1. आईक्रायड, डब्ल्यू.आर., 1899-1979; जन्मस्थान डब्लिन; ट्रिनिटी कॉलेज, डब्लिन से 1928 में एम.डी.; 1931-5 में राष्ट्र संघ के स्वास्थ्य अनुभाग में; 1935-46 में न्यूट्रिशन रिसर्च लेबोरेटरीज़ (पोषण अनुसंधान प्रयोगशालाओं), कूनूर के निदेशक; 1944-5 में बंगाल अकाल आयोग के सदस्य; 1946-60 में एफ ए ओ के न्यूट्रिशन डिविज़न के निदेशक।
2. भटनागर, शांतिस्वरूप, 1895-1955; जन्मस्थान शाहपुर ज़िला, पंजाब, फारमॅन क्रिश्चियन कॉलिज लाहौर से 1916 में बी-एससी.; यूनिवर्सिटी कॉलिज, लंदन से डी-एससी.; 1921-4 में बनारस हिंदू विश्वविद्यालय में रसायनशास्त्र के प्रोफेसर; 1924-40 में यूनिवर्सिटी ऑफ़ पंजाब, लाहौर में रसायनशास्त्र के प्रोफेसर; 1940 में बोर्ड ऑफ साइंटिफिक एंड इंडस्ट्रिअल रिसर्च के निदेशक; 1941 में नाइट की पदवी; 1943 में एफ़ आर एस; 1944 में भारतीय विज्ञान कांग्रेस के अध्यक्ष।
3. बोस, जगदीशचंद्र, 1858-1937; जन्मस्थान ढाका के निकट विक्रमपुर; सेंट जेविअर्स, कलकत्ता के छात्र; फिर कैंब्रिज में; लंदन से डी-एस.सी.; 1885-1915 में भारतीय शिक्षासेवा में; 1895 में विद्युत तरंगों पर अनुसंधान शुरू किया; 1899 में पौधा शरीर-संरचना विज्ञान पर अनुसंधान; 1917 में बोस इंस्टिट्यूट की स्थापना; 1915 में नाइट की उपाधि; 1920 में एफ आर एस; 1927 में भारतीय विज्ञान कांग्रेस के अध्यक्ष।
4. बोस, प्रमथनाथ, 1855-1934; जन्मस्थान गायपुर, चौबीस परगना; अध्ययन सेंट जेवियर्स कॉलिज, कलकत्ता में; 1874 में गिलक्राइस्ट छात्रवृत्ति; लंदन से बी-एससी.; 1880 में जिऑलॅजिकल सर्वे ऑफ़ इंडिया के सहायक अधीक्षक के पद पर नियुक्ति; 1903 में उपाधीक्षक के रूप में सेवानिवृत्त; 1891 में कलकत्ते में इंडस्ट्रिअल कान्फ्रेंस की अध्यक्षता की।
5. ब्रांडिस, डाइट्रिक, 1824-1907; कोपेनहेगेन, गोटिंगेन और बोन में अध्ययन; बोन से ही वनस्पतिशास्त्र में पी-एच.डी.; 1856 में पेगू में वनविभाग के अधीक्षक; 1864-83 में भारतीय जंगलों के महानिरीक्षक; 1887 में नाइट की पदवी।

6. ब्यूकानन, फ्रांसिस, 1762-1829; जन्मस्थान ग्लास्गो में स्टर्लिंग के निकट ब्रेंजिएट; 1783 में एडिनबरा से एम. डी.; 1794 में बंगाल मेडिकल सर्विस में सहायक शल्य चिकित्सक के पद पर; 1800-1 में दक्खिन भारत और 1807-14 में बंगाल के सर्वेक्षण; 1814-15 में कलकत्ता के बॉटैनिक गार्डेन के अधीक्षक; 1815 में भारत से विदा; 1818 में अपना नाम ब्यूकानन हैमिल्टन रखा।

7. कॉटले प्रो बी टी; 1802-71; स्ट्राटफ़ोर्ड सेंट मेरी, सफोल्क; 1819 में बंगाल आर्टिलरि (तोपखाना) में, 1820-30 के दशक तक दोआब कॅनैल (नहर) पर काम किया; गंगा कॅनैल के अधीक्षक 1842-54 में; 1837 में फॉकनर के साथ संयुक्त रूप से जिऑलॅजिकल सोसायटी ऑफ़ लंदन का वोलॅस्टन पदक प्राप्त किया; 1854 में नाइट की उपाधि; लंदन में काउंसिल ऑफ़ इंडिया के सदस्य 1858 से 1866 तक।

8. चोपड़ा, रामनाथ, 1882-1973; जन्मस्थान जम्मू-कश्मीर; 1912 में एम. डी.; भारतीय चिकित्सा सेवा में शामिल; कलकत्ता स्कूल ऑफ़ ट्रॉपिकल मेडिसिन के फार्मार्कॅलॅ (भेषज-संहिता) और 1921 में कलकत्ता मेडिकल कॉलिज में फार्मार्कॅलॅजि के प्रोफेसर; 1930 में ड्रग्स इनूक्वायरी कमीशन की अध्यक्षता की; 1941 में सेवानिवृत्त।

9. एवरेस्ट, जॉर्ज, 1790-1866; जन्मस्थान ब्रेकनॉक-शायर के ग्वेनवेल में; 1806 में बंगाल आर्टिलरि में नियुक्त; 1818 में कैप्टन और 1832 में मेजर बना; 1838 में लेफ्टिनेंट कर्नल; 1818-23 में त्रिकोणमितीय सर्वेक्षण में मुख्य सहायक; 1823-43 में उसका अधीक्षक; 1830-43 में भारत का महासर्वेक्षक; 1843 में सेवानिवृत्त; 1827 में एफ आर एस; 1861 में नाइट की उपाधि; 1863-5 में काउंसिल ऑफ़ रॉयल सोसायटी का सदस्य।

10. फॉकनर, ह्यू, 1808-65; जन्मस्थान फॉरिस, मोरेशायर; 1829 में एडिनबरा से एम. डी.; 1830 में बंगाल मेडिकल सर्विस में सहायक शल्य चिकित्सक; 1832-41 में बॉटैनिक गार्डेन, सहारनपुर का अधीक्षक; 1848-54 में कलकत्ता बॉटैनिक गॉर्डेन का अधीक्षक और कलकत्ता में वनस्पतिशास्त्र के प्रोफेसर; 1855 में भारत से विदा : 1837 में कॉटले के साथ संयुक्त रूप से जिऑलॅजिकल सोसायटी ऑफ़ लंदन के वोलॅस्टन पदक से सम्मानित; 1844 में एफ एल एस; 1845 में एफ आर एस।

11. हॉग्सॅन, बी.एच., 1800-94; जन्मस्थान प्रेस्टबरी, चेशायर; अध्ययन हेली बरी कॉलिज में, भारत में सेवा, 1818; 1833-45 में नेपाल के निवासी : 1845-58 में दार्जिलिंग वास; हिमालय के जंतुविज्ञान और मानवजाति-विज्ञान पर ढेरों रचनाएँ प्रकाशित; 1858 में भारत से विदा; 1835 में एफ़ एल

एस; 1877 में एफ आर एस।

12. हॉलैंड, टॉमस हेनरी, 1868-1947; जन्मस्थान हेल्स्टॅन, कॉर्नवेल; रॉयल स्कूल ऑफ़ माइंस में शिक्षा; 1890 में जिऑलॅजिकल सर्वे ऑफ़ इंडिया में सहायक अधीक्षक के पद पर; 1903-10 में उसका निदेशक; 1910-18 में मैंचेस्टर यूनिवर्सिटी में जंतु-विज्ञान के प्रोफेसर; 1916-1918 में इंडियन इंडस्ट्रिअल कमीशन का अध्यक्ष; 1920-1 में वायसराय की कार्यकारिणी परिषद के सदस्य; 1922-29 में इंपिरिअल कॉलिज, लंदन का रेक्टर; 1929-44 में एडिनबरा यूनिवर्सिटी का प्रधानाचार्य और फिर कुलपति; 1904 में एफ आर एस; 1908 में नाइट की पदवी।

13. हूकर, जोसेफ डाल्टन, 1817-1911; जन्मस्थान हेलिस्वॅर्थ, सफोल्क; सर विलियम जैक्सॅन हूकर का पुत्र; शिक्षा ग्लास्गो यूनिवर्सिटी में; 1840-43 में दक्षिणी ध्रुव और न्यूजीलैंड की खोज-यात्रा; 1848-50 में भारत-यात्रा; अपने पिता के बाद 1841-85 में क्यू गार्डेंस का निदेशक।

14. हॉवर्ड, अल्बर्ट, 1873-1947; जन्मस्थान शॉप-शायर; 1902 में कैंब्रिज से एम.ए., 1899-1902 में हैरिसॅन कॉलिज, बर्बाडोस में कृषि-विज्ञान का व्याख्याता; 1905-24 में भारत सरकार का शाही आर्थिक वनस्पतिशास्त्री; 1924-31 में इंदौर के पौधा उद्योग संस्थान का निदेशक; 1926 में भारतीय विज्ञान कांग्रेस का अध्यक्ष; 1934 में नाइट की पदवी।

15. लैंबटॅन, विलियम, 1756-1823; जन्मस्थान क्रॉस्बी ग्रेंज, यॉर्कशायर; 1781 में सेना में भरती; 1794 में एच एम 33वीं पैदल सेना में स्थानांतरित; 1806 में कैप्टन, 1806 में मेजर, 1814 में लेफ्टिनेंट कर्नल; 1798 से भारत में सेवारत; 1800-18 में दक्खिन भारत का सर्वेक्षण; 1818-23 में त्रिकोणमितीय सर्वेक्षण का अधीक्षक, एफ आर एस।

16. मैक्कैरिसॅन, रॉबर्ट, 1878-1960; जन्मस्थान पोर्टडाउन, उत्तरी आयरलैंड; क्वींस, बेलफास्ट में अध्ययन; 1901 में आई एम एस में; 1902-11 में चित्राल और गिलगिट में सेवा की; घेंघा पर शोध; 1918 में बेरी-बेरी की जाँच; 1920-2 में असमर्थ हो जाने के बाद इंग्लैंड में वापसी; 1925-9 में डिफिशंसि डिज़ीज इन्क्वायरि (अल्प पोषण जन्य रोग की जाँच) का नेतृत्व किया; 1929-35 में कूनूर के न्यूट्रिशन रिसर्च लेबोरेटरीज़ (पोषण अनुसंधान प्रयोगशालाओं) के निदेशक; 1933 में नाइट की पदवी।

17. मैकेंजी, कॉलिन, 1754-1821; जन्मस्थान लेविस आइल (लेविस द्वीप); 1782 से मद्रास एंजिअर्स में सेवारत; 1793 में कैप्टन, 1806 में मेजर, 1810 में लेफ्टिनेंट कर्नल, 1819 में कर्नल; निज़ाम के डॅमिनिअन (अधिराज्य) का 1792 में और मैसूर का 1799-1810 में सर्वेक्षण, 1810, 1814-15

में मद्रास का महासर्वेक्षक; 1815-1821 में भारत का महासर्वेक्षक।

18. मार्टिन, जेम्स रानाल्ड, 1796-1874; जन्मस्थान स्काई द्वीप; सेंट बर्थोलोमेव अस्पताल, लंदन; 1817 में बंगाल मेडिकल सर्विस में सहायक शल्य-चिकित्सक; 1828 में शल्य चिकित्सक; 1830 में प्रेज़िडेंसी शल्य चिकित्सक; 1840 में भारत से विदा; 1859-63 में रॉयल कमीशन ऑन सैनिटरि स्टेट ऑफ़ द आर्मी इन इंडिया का सदस्य; 1860 में नाइट की पदवी।

19. ओ' शौगनेसी, डब्ल्यू.बी. 1809-89; जन्मस्थान लिमरिक, आयरलैंड; 1830 में एडिनबरा से एम डी.; 1833 में बंगाल मेडिकल सर्विस में सहायक शल्य चिकित्सक; 1848 में शल्य चिकित्सक; कलकत्ता मेडिकल कॉलिज में रसायनशास्त्र के प्रोफेसर; 1852 से टेलीग्राफ्स का महानिदेशक; 1861 में भारत से विदा; 1843 में एफ आर एस; 1856 में नाइट की पदवी।

20. रमन, चंद्रशेखर, वेंकट, 1888-1970; जन्मस्थान त्रिचिन्नापल्ली; 1907 में प्रेज़िडेंसी कॉलिज मद्रास से गणित में एम.ए.; इंडियन फाइनेंस डिपार्टमेंट (भारतीय वित्त विभाग) की सेवा में; 1917-33 में कलकत्ता विश्वविद्यालय में भौतिकी में पालित प्रोफेसर; 1928 में 'रमन प्रभाव' की खोज; 1933-7 में इंडियन इंस्टिट्यूट ऑफ़ साइंस, बंगलोर का निदेशक; 1948 में रमन रिसर्च इंस्टिट्यूट की स्थापना; 1924 में आर एफ एस; 1929 में नाइट की पदवी; 1930 में भौतिकी पर नोबेल पुरस्कार।

21. राय, प्रफुल्लचंद्र, 1861-1944; जन्मस्थान बंगाल के खुलना ज़िले का रारुल गाँव; प्रेजिडेंसी कॉलिज, कलकत्ता में अध्ययन; 1882 में गिलक्राइस्ट छात्रवृत्ति; 1885 में एडिनबरा से बी-एससी.; 1887 में डी-एस.सी.; 1889 से प्रेज़िडेंसी कॉलिज, कलकत्ता में रसायनशास्त्र के प्रोफेसर; 1917 में कलकत्ता विश्वविद्यालय में रसायनशास्त्र के पालित प्रोफेसर; 1919 में नाइट की पदवी; 1920 में भारतीय विज्ञान कांग्रेस के अध्यक्ष; 1924-6 से इंडियन केमिकल सोसायटी के अध्यक्ष।

22. रॉस रोनाल्ड, 1857-1932; जन्मस्थान अलमोड़ा, उत्तर-पश्चिम प्रांत, जेनरल सर कैंपबेल रॉस का पुत्र; एम आर सी एस; सेंट बर्थोलोमेव हॉस्पिटल, लंदन; 1881-99 में आई एम एस में; 1899 में लिवरपूल स्कूल ऑफ़ ट्रॉपिकल मेडिसिन में सेवारंभ, 1902-12 में प्रोफेसर; 1901 में एफ आर एस; 1902 में आयुर्विज्ञान में नोबेल पुरस्कार; 1911 में नाइट की पदवी।

23. रॉक्सबर्ग, विलियम, 1751-1815; जन्मस्थान कैग्री ऐरशायर; एडिनबरा से एम. डी., ईस्ट इंडिया कंपनी के जहाज पर शल्य-चिकित्सक का सहायक 1766 से 1776 में मद्रास मेडिकल सर्विस में सहायक शल्य चिकित्सा के पद पर नियुक्त, 1780 में शल्य चिकित्सक, 1781-93 में सामलकोट

बॉटैनिक गार्डेन का अधीक्षक; 1793-1813 में कलकत्ता बॉटैनिक गार्डेन का अधीक्षक; 1813 में सेवानिवृत्त; 1799 में एफ एल एस।

24. रॉयली, जॉन फॉर्बिस, 1799-1858; जन्मस्थान कानपुर; एडिनबरा, 1833 में म्यूनिख से एम. डी. 1819 में बंगाल मेडिकल सर्विस में सहायक शल्य-चिकित्सक बना; 1823-31 में सहारनपुर बॉटैनिक गार्डेन का अधीक्षक; 1831 में इंग्लैंड लौट गया; 1837-56 में किंग्स कॉलिज लंदन में भेषजशास्त्र और चिकित्सा-विज्ञान के प्रोफेसर; 1833 में एफ एल एस; 1837 में एफ आर एस; 1836-58 में जिऑलॅजिकल सोसायटी ऑफ लंदन का सचिव।

25. साहा, मेघनाद, 1893-1956; जन्मस्थान ढाका के निकट शिवरातालीं गाँव; अध्ययन प्रेज़िडेंसी कॉलेज, कलकत्ता में; 1915 में कलकत्ता से एम-एससी.; डी. फिल. बर्लिन से; 1921 में कलकत्ता में भौतिकी के प्रोफेसर; 1922 से इलाहाबाद में भौतिकी के प्रोफेसर; 1938 से नेशनल प्लैनिंग कमिटि के सदस्य; 1927 में एफ.आर.एस.; 1934 में भारतीय विज्ञान कांग्रेस के अध्यक्ष।

26. सरकार, महेंद्रलाल, 1833-1904; जन्मस्थान हावड़ा के निकट एक गाँव में; कलकत्ता मेडिकल कॉलिज में अध्ययन; 1863 में एम डी; 1867 में होमिऑपैथी आयुर्विज्ञान की ओर मुड़ गए; 1868 में 'कलकत्ता जॅर्नल ऑफ़ मेडिसिन' निकाला; 1876 में इंडियन असोसिएशन फॉर द कल्टिवेशन ऑफ साइंस (विज्ञान की उन्नति के लिए भारतीय संघ) की स्थापना की।

27. वालिच, नॅथॅनिअल, 1786-1854; जन्मस्थान कोपेनहेगेन; एम.डी. की डिग्री; डैनिश मेडिकल सर्विस में शामिल, 1807 में सीरामपुर में डैनिश सेट्लमेंट में शल्यचिकित्सक के रूप में नियुक्त, लेकिन इस पर कब्जा के बाद 1813 में ईस्ट इंडिया कंपनी में चिकित्सा-सेवा में; 1815 से कलकत्ता बॉटैनिक गार्डन का अधीक्षक; 1847 में भारत से विदा; 1818 में एफ एल एस; 1829 में एफ आर एस।

संदर्भिका-निबंध

1. सामान्य

औपनिवेशिक भारत में विज्ञान, प्रौद्योगिकी और आयुर्विज्ञान के संबंध में सर्वेक्षण और व्याख्यात्मक निबंधों का प्रायः अभाव रहा है। यूरोप और उत्तर अमेरिका के परिप्रेक्ष्य में लिखी गई स्तरीय इतिहास-पुस्तकों में भारत की चर्चा शायद ही हुई है। अधिक-से-अधिक इनमें प्राचीन भारत के गणित, आयुर्विज्ञान, रसायनशास्त्र और ज्योतिष का ही उल्लेख हुआ है, लेकिन नीधम की कृति (जो भारत के लिए विस्तार और गुणवत्ता की दृष्टि से अनुपम है) ग़ैर-यूरोपीय तुलनाओं की तलाश में प्रायः उद्धृत की जाती है। भारतीय रचनाओं में डी.एन. बोस, एस.एन. सेन और बी.वी. सुब्बारायप्पा द्वारा प्रकाशित 'भारतीय विज्ञान का संक्षिप्त इतिहास' ('ए कॅन्साइज़ हिस्ट्री ऑफ़ साइंस इन इंडिया', नई दिल्ली, 1971) अधिक लंबी अवधि का वर्णन करता है, लेकिन सुब्बारायप्पा द्वारा लिखित अध्याय 'भारत में उन्नीसवीं सदी के अंत तक का पाश्चात्य विज्ञान' (पृ. 484-567) अनेक वैज्ञानिक क्षेत्रों का उपयोगी सार-संक्षेप प्रस्तुत करता है। दुर्भाग्यवश, बीसवीं सदी अथवा आयुर्विज्ञान और प्रौद्योगिकी के बारे में यह पुस्तक चुप्पी साध लेती है।

भारत के विज्ञान, प्रौद्योगिकी और आयुर्विज्ञान के अध्ययन को अन्य कई विषयों की भाँति प्राचीन (हिंदू), मध्ययुगीन (मुस्लिम) और आधुनिक (औपनिवेशिक) कालों में बाँटने की प्रवृत्ति और परंपरा-सी रही है। जिन रचनाओं ने भारतीय वैज्ञानिक इतिहास के पूर्व-औपनिवेशिक और औपनिवेशिक कालों को जोड़ने का प्रयास किया है उनमें प्रमुख हैं, अहसन जान कैसर द्वारा लिखित 'द इंडियन रिस्पांस टु यूरोपीअन टेक्नॉलॅजि एंड कल्चर (यूरोपीय प्रौद्योगिकी और संस्कृति के प्रति भारतीय प्रतिक्रिया) (1498-1707, दिल्ली, 1982) और एस.एन. सेन द्वारा लिखित दो निबंध : एक, 'अठारहवीं और उन्नीसवीं शताब्दियों में संस्कृत की वैज्ञानिक रचनाओं का विदेशी भाषाओं और उनका प्रतिक्रमात् अनुवाद' ('साइंटिफ़िक वर्क्स इन संस्कृत, ट्रांसलेटिड इंटू फॉरेन लैंग्वेजेज़ एंड वाइसि वर्सा इन द एटींथ एंड नाइंटींथ सेंचुरी एड़ी', आई जे एच एस, 7, 1972, पृ. 44-70) और दूसरा है 'अठारहवीं और उन्नीसवीं शताब्दियों में भारत में पाश्चात्य विज्ञान के आगमन का चरित्र' (द कैरेक्टर ऑफ़ इंट्रोडक्शन

ऑफ वेस्टर्न साइंस इन इंडिया ड्यूरिंग द एटींथ एंड नाइटींथ सेंचुरीज', आई जे एच एस, I, 1966, पृ. 112-22)। पत्रिका में, विशेषकर इसके आरंभिक वर्षों में, इस पर तथा इससे संबद्ध विषयों पर अनेक उपयोगी निबंध प्रकाशित हुए। इनमें आर.एल. वर्मा का निबंध 'द ग्रोथ ऑफ़ ग्रेसो-अरेबिअन मेडिसिन इन मेडीइवल इंडिया' (मध्ययुगीन भारत में ग्रीक-अरबी आयुर्विज्ञान का विकास), आई जे एच एस 5 (1970, पृ. 347-63) विशेष रूप से उल्लेखनीय है। प्रौद्योगिकी पर इरफान हबीब के कई निबंध भी आरंभिक और उत्तरकालीन इतिहास के बीच की खाई पाटते हैं। इन निबंधों में दो बहुत महत्त्वपूर्ण हैं : एक, 'द टेक्नॉलॅजि एंड इकॉनॉमि ऑफ़ मुग़ल इंडिया' (मुग़लकालीन भारत की प्रौद्योगिकी और अर्थव्यवस्था), आई ई एस एच आर, 18, 1980, पृ. 1-34 है; और द्वितीय, 'टेक्नॉलॅजिकल चेंज एंड सोसायटी, थर्टींथ एंड फ़ोरटींथ सेंचुरीज' (13वीं और 14वीं शताब्दियों में प्रौद्योगिक परिवर्तन और समाज)। ये दोनों निबंध देवीप्रसाद चट्टोपाध्याय द्वारा संपादित पुस्तक, 'स्टडीज़ इन द हिस्ट्री ऑफ साइंस इन इंडिया, II' (भारत में विज्ञान के इतिहास का अध्ययन, II) (नई दिल्ली, 1982, पृ. 816-44) में प्रकाशित हुए। इस पुस्तक में कई अन्य उपयोगी निबंध अन्य स्रोतों से लेकर प्रकाशित किए गए जिनमें ए. रहमान का 'साइंस एंड टेक्नॉलॅजि इन मेडीइवल इंडिया' (मध्ययुगीन भारत में विज्ञान और प्रौद्योगिकी, पृ. 805-15) भी शामिल है।

अब हम सामान्य रचनाओं की ओर नजर डालें। ओ.पी. जग्गी द्वारा लिखित पंद्रह खण्डों वाली पुस्तक 'हिस्ट्री ऑफ साइंस, टेक्नॉलॅजि एंड मेडिसिन इन इंडिया' में (दिल्ली, 1969-84), विशेषकर इसके दस से चौदह खण्डों में आधुनिक विज्ञान, प्रौद्योगिकी और आयुर्विज्ञान की विशद चर्चा हुई है। इनमें भारी मात्रा में सामग्रियों का संकलन हुआ है और उपयोगी संदर्भिका प्रस्तुत की गई है, लेकिन पुस्तक में समीक्षात्मक व्याख्या का अभाव है। अनेक खण्डों वाली एक अन्य पुस्तक है जी. कुप्परम और के. कुमुदमणि द्वारा संपादित 'हिस्ट्री ऑफ़ साइंस एंड टेक्नॉलॅजि इन इंडिया' (दिल्ली, 1900)। इसमें (विविध गुण और उपयोगिता वाले) अनेक निबंध अन्य स्रोतों से लेकर प्रकाशित किए गए हैं। खण्ड एक का शीर्षक है 'हेल्थ एंड मेडिसिन, साइंस एंड रिलिजन' जिसमें विषयानुकूल सामग्री प्रस्तुत की गई है और खण्ड पाँच है 'साइंस एंड टेक्नॉलॅजि' जिसमें ए. रहमान, सतपाल संगवाँ और दूसरे लेखकों के महत्त्वपूर्ण निबंध हैं। फिर भी, अन्य कई स्तरीय 'औपनिवेशिक' रचनाएँ भी हैं जो काफी उपयोगी और दुर्लभ सामग्री का विवरण प्रस्तुत करती हैं। इनमें प्रमुख हैं, डी.जी. क्राफॉर्ड लिखित 'ए हिस्ट्री ऑफ़ द इंडियन मेडिकल सर्विस' (2 खण्ड, लंदन, 1914); जी. डब्ल्यू. मैक्जॉर्ज की 'वेज़ एंड वर्क्स इन इंडिया' (वेस्टमिंस्टर, 1894); ई.डब्ल्यू. सैंडिज़ की 'द मिलिटरि इंजिनिअर इन इंडिया' (2 खण्ड, चैटम, 1935), और आर.एच. फिलिमोर कृत 'हिस्टोरिकल रिकॉर्ड्स ऑफ़

द सर्वे ऑफ़ इंडिया' (4 खण्ड, देहरादून, 1995)। हाल की रचनाओं में दीपक कुमार की पुस्तक 'साइंस एंड द राज, 1857-1905' (दिल्ली, 1995) औपनिवेशिक विज्ञान-नीति और अनुसंधान की सर्वोत्तम एकल प्रस्तावना प्रस्तुत करती है। इसमें काफी मौलिक अनुसंधानों का विवरण है और पुस्तक शीर्षक से संकेतित कंपनी काल से कहीं ज़्यादा अवधि का वर्णन करती है। ज़हीर बाबर की कृति 'द साइंस ऑफ़ एंपायर : साइंटिफिक नॉलिज एंड कॅलोनिअल रूल इन इंडिया' (दिल्ली, 1998) अपेक्षाकृत अमूर्त्त रूप में सामान्य पर्यवलोकन का प्रयास करती है, लेकिन नए अनुसंधानों पर पर्याप्त रोशनी नहीं डालती। फिर भी, यह पूर्व-औपनिवेशिक काल का उपयोगी परिचय देती है। दीपक कुमार द्वारा हाल ही में संपादित दो निबंध-संग्रह भी काफी उपयोगी सामग्री प्रस्तुत करते हैं। ये हैं, 'साइंस एंड एंपायर : एसेज इन इंडियन कॅन्टेक्स्ट' (दिल्ली, 1991) और (राय मैक्लिऑड के सहयोग से) 'टेक्नॉलॅजि एंड द राज : वेस्टर्न टेक्नॉलॅजि एंड टेक्निकल ट्रांस्फर्स टु इंडिया, 1700-1947' (नई दिल्ली, 1995)। इन दोनों के संबंध में प्रस्तुत संदर्भिका में आगे चर्चा की जाएगी।

2. ईस्ट इंडिया कंपनी कालीन विज्ञान

विज्ञान के इतिहास के लिए कभी उपेक्षित रहे क्षेत्र में भारत में कंपनी के शासन-काल के हाल के वर्षों में ऐसे ढेर-सारे रोचक और महत्त्वपूर्ण अध्ययन परीक्षण किए गए हैं जिन्होंने पूर्व में रचित कृतियों को संशोधित और समयानुकूलित कर दिया है। उदाहरणार्थ, वनस्पतिशास्त्र और पर्यावरण-विज्ञान में आई.एच. बर्कहिल की पुस्तक 'चैप्टर्स ऑन द हिस्ट्री ऑफ बॉटनि इन इंडिया' (दिल्ली, 1965) का अध्ययन बाद की कुछेक महत्त्वपूर्ण रचनाओं के साथ किए जाने की जरूरत है, जैसे : राय डेसमंड की पुस्तक, 'द यूरोपियन डिस्कॅवरि ऑफ़ द इंडियन फ़्लोरा' (ऑक्सफोर्ड, 1992); रिचर्ड एच. ग्रोव की 'ग्रीन इंपिरिअलिज़्म : कॅलोनिअल एक्सपेंशन, ट्रॉपिकल आइलैंड इडेंस़ एंड द ओरिजिंस ऑफ इनवाइरॅनमेंटॅलिज़्म, 1600-1860' (कैंब्रिज, 1995) और उसका निबंध 'कॅन्ज़र्विंग इडेन : द (यूरोपियन) ईस्ट इंडिया कंपनीज़ एंड देअर एन्वाइरॅनमेंटल पॉलिसीज़ ऑन सेंट हेलना, मॉरिशस एंड इन वेस्टर्न इंडिया, 1660-1854', 'कंपरेटिव स्टडीज़ इन सोसायटी एंड हिस्ट्री', 35, 1993, पृ. 318-51; डेविड मैके की पुस्तक 'इन द वेक ऑफ़ कुक : एक्स्प्लोरेशन, साइंस एंड एंपायर, 1780-1801' (लंदन, 1985); और ल्यूसिल एच. ब्रोकवे की पुस्तक 'साइंस एंड कॅलोनिअल एक्सपेंशन : द राइज़ ऑफ़ द ब्रिटिश रॉयल बॉटैनिक गार्डेंस' (न्यूयार्क, 1979)। पर्यावरणीय इतिहास और वन-संरक्षण पर बड़े आकार वाली रचना, जिसमें उन्नीसवीं शताब्दी के आरंभिक के बदले अंतिम चरण पर विशेष ध्यान केंद्रित किया गया है, प्रस्तुत संदर्भिका के अनुभाग 5 में चर्चा का विषय होगी। भूगर्भशास्त्र के

क्षेत्र में महत्त्वपूर्ण नई रचनाओं में शामिल हैं : एंड्रू ग्राउट की 'जिऑलॅजि एंड इंडिया, 1775-1805; ऐन एपिसोड इन कॅलोनिअल साइंस', एस ए आर, 10, 1990, पृ. 1-18, और उसका 1995 का एस ओ ए एस पी-एच.डी. 'जिऑलॅजि एंड इंडिया, 1770-1851 : ए स्टडी इन द मेथॅड्स एंड मोटिवेशंस ऑफ़ ए कॅलोनिअल साइंस', और सतपाल संगवाँ लिखित 'रीऑर्डरिंग द अर्थ : द इमर्जेंस ऑफ़ जिऑलॅजि ऐज ए साइंटिफिक डिसिप्लन इन कॅलोनिअल इंडिया', आई ई एस एच आर, 31, 1994, पृ. 291-310। त्रिकोणमितीय सर्वेक्षण के कार्य की पुनःसमीक्षा मैथ्यू एच एडनी ने अपनी पुस्तक 'मैपिंग ऐन इंपायर : द जिऑग्राफिकल कंस्ट्रक्शन ऑफ़ ब्रिटिश इंडिया, 1765-1843' (शिकागो, 1997) में की है। ग्राउट के शोध-प्रबंध के साथ यह एक ऐसी रचना है जो भारत में कंपनी और औपनिवेशिक काल के विज्ञान की विशेष शाखाओं के गहरे अध्ययन के लिए प्रतिमान का काम कर सकती है। सी.ए. बेली की पुस्तक 'एंपायर एंड इन्फॉर्मेशन : इंटेलिजेंस गेदरिंग एंड सोशल कम्यूनिकेशन इन इंडिया, 1780-1870' (कैंब्रिज, 1996) यद्यपि विज्ञान के इतिहास के रूढ़िगत ढाँचे में नहीं ढली है, प्राच्यविज्ञान और यूरोपीय तथा भारतीय विज्ञान और आयुर्विज्ञान के बीच आरंभिक अंतःक्रिया की महत्त्वपूर्ण व्याख्या प्रस्तुत करती है।

यूरोप और उत्तर अमेरिका में विज्ञान के इतिहास पर तो बहुत-कुछ लिखा जा चुका है किंतु वैज्ञानिक संस्थाओं और वैज्ञानिकों के बारे में चर्चा बहुत कम हुई है। मारिका विक्ज़िआनी द्वारा ब्यूकानन पर लिखा गया निबंध ('इंपिरिअलिज़्म, बॉटॅनि एंड स्टैटिस्टिक्स इन अर्लि नाइंटींथ-सेंचुरी इंडिया : द सर्वेज़ ऑफ़ फ्रांसिस ब्यूकानन, 1762-1829', एम ए एस, 20, 1986, पृ. 625-60) इसका एक महत्त्वपूर्ण अपवाद है, लेकिन यह डैविड प्रेन द्वारा 'ऐनल्ज ऑफ रॉयल बॉटैनिक गार्डेंस, कलकत्ता' के लिए लिखे गए संस्मरण 'ए स्केच ऑफ़ द लाइफ़ ऑफ़ फ्रांसिस हैमिल्टन' (10, 1905, पृ. I-IXXV) का स्थान नहीं ले सकता और इसे पीटररॉब्ब की रचना 'कंप्लीटिंग 'ऑवर स्टॉक ऑफ़ जिओग्राफि', ऑर ऐन ओब्जेक्ट 'स्टिलमोर सब्लाइम' : कॉलिन मैकेंजीज़ सर्वेज़ ऑफ मैसूर, 1790-1810' (जे आर ए एस 8, 1998, पृ. 181-206) के साथ पढ़ा जाना चाहिए। कुछ पुरानी जीवनी-रचनाएँ भी कम महत्त्वपूर्ण नहीं हैं, यथा, विलियम विल्सन हंटर लिखित 'लाइफ ऑफ़ ब्रायन ह्यूगटन हौगसन' (लंदन, 1896)। रॉक्स बोरो, वालिच और रॉयली जैसे व्यक्तियों के संबंध में अधिक विस्तृत अध्ययन बहुत उपयोगी है, लेकिन कुछ संबद्ध मुद्दों और व्यक्तित्वों के लिए देखें सतपाल संगवाँ की रचना 'द स्ट्रेंथ ऑफ़ साइंटिफिक कल्चर : इंटरप्रिटिंग डिसॉर्डर इन कॅलोनिअल साइंस' (आई ई एस एच आर, 34, 1997, पृ. 217-50)। फिर कलकत्ता, बंबई और मद्रास की एशियाटिक सोसायटीज के वैज्ञानिक योगदानों का अध्ययन भी लाभदायक होगा। उन्नीसवीं सदी के वैज्ञानिक विचारों और आचारों

को समझने में इनके द्वारा प्रकाशित पत्रिकाओं से पर्याप्त सहायता मिल सकती है। ग्राउट का शोध-प्रबंध कलकत्ता सोसायटी पर थोड़ा-बहुत प्रकाश डालता है, लेकिन एक शताब्दी के बाद 'सेंटीनरि रिव्यू ऑफ़ द एशियाटिक सोसायटी ऑफ़ बंगाल फ्रॉम 1784 टु 1883' (कलकत्ता, 1885) में प्रकाशित पी.एन. बोस का 'प्राकृतिक विज्ञान' का सर्वेक्षण इस सोसायटी के क्रियाकलाप का जो विवरण प्रस्तुत करता है वह काफी उपयोगी है। उस काल के दो अग्रणी वैज्ञानिकों के पत्राचार से भी भारत में विज्ञान पर पर्याप्त रोचक सामग्री प्राप्त की जा सकती है; ये हैं : लिऑनर्ड हक्स्ले, 'लाइफ़ एंड लेटर्स ऑफ़ सर जोसेफ डाल्टन हूकर' (2 खण्ड, लंदन, 1918), और फ्रेड्रिक बर्खार्त तथा सिडनी स्मिथ द्वारा संपादित 'द कॉरेस्पॉन्डेंस ऑफ़ चार्ल्स डार्विन', खण्ड II-VII (कैंब्रिज, 1986-91) जो 1837 से 1859 तक की अवधि का समावेश करता है। इसके बाद के प्रकाशित खण्ड भी पठनीय हैं। कुछ पुरानी अप्रधान रचनाओं में दो निबंध अभी भी उपयोग में लाने लायक हैं; ये हैं : 'जॅर्नल ऑफ़ द रॉयल एशियाटिक सोसायटी ऑफ़ ग्रेट ब्रिटेन एंड आयरलैंड' में प्रकाशित एच.जे.सी. लार्वुड का निबंध 'वेस्टर्न साइंस इन इंडिया बिफोर 1830' (भाग 2, 1962, पृ. 62-76) और 'प्रोसीडिंग्ज़ ऑफ़ द अमेरिकन फिलॉसॉफिकल सोसायटी' में प्रकाशित मेल गॉर्मन का निबंध 'इंट्रोडक्शन ऑफ़ वेस्टर्न साइंस इंटु कॅलोनिअल इंडिया : रोल ऑफ़ द कलकत्ता मेडिकल कॉलिज' (132, 1988, पृ. 276-98)।

3. औपनिवेशिक आयुर्विज्ञान

डी.जी. क्राफॉर्ड की दो खण्डों वाली पुस्तक 'हिस्ट्री ऑफ़ द इंडियन मेडिकल सर्विस' (1914) औपनिवेशिक भारत में चिकित्सा व्यवसाय की और उसकी एक अन्य पुस्तक 'रोल ऑफ़ द इंडियन मेडिकल सर्विस, 1615-1930' (कलकत्ता, 1930) जीवन-चरित्र की जानकारी के महत्त्वपूर्ण स्रोत हैं। इसी प्रकार, मार्गरिट आई. बालफ़ोर और रूथ यंग की पुस्तक 'द वर्क ऑफ़ मेडिकल विमिन इन इंडिया' (लंदन, 1929) अभी भी उपयोगी बनी हुई है। लेकिन हाल में प्रकाशित ढेर सारी रचनाओं ने उन्नीसवीं सदी के रोग और आयुर्विज्ञान के संबंध में हमारे दृष्टिकोण में महत्त्वपूर्ण संशोधन किए हैं। इनमें मुख्य हैं, राय मैक्लिऑड और मिल्टन लेविस द्वारा संपादित 'डिज़ीज़, मेडिसिन, एंट एंपायर : पर्सपेक्टिव्स ऑन वेस्टर्न मेडिसिन एंड दी इक्सपीरिअंस ऑफ़ यूरोपियन एक्सपेंशन' (लंदन, 1988) में प्रकाशित राधिका रामासुभान का निबंध 'इंपेरिअल हेल्थ इन ब्रिटिश इंडिया, 1857-1900' (पृ. 38-60); रोजरजेफरी की पुस्तक, 'द पॉलिटिक्स ऑफ़ हेल्थ इन इंडिया' (बर्कले, सी ए 1988), जिसके प्रथम भाग में औपनिवेशिक काल सम्मिलित है; डैविड आर्नाल्ड की पुस्तक 'कॅलोनाइज़िंग द बॉडि : स्टेट मेडिसिन एंट एपिडेमिक डिज़ीज इन नाइंटींथ सैंचुरी

इंडिया' (बर्कले, सीए, 1996), और मार्क हैरिसन की पुस्तक 'पब्लिक हेल्थ इन ब्रिटिश इंडिया : ऐंग्लो-इंडियन प्रिवेंटिव मेडिसिन, 1859-1914' (कैंब्रिज, 1994)। हैरिसन की पुस्तक और अनिल कुमार की 'मेडिसिन एंड द राज : ब्रिटिश पॉलिसी इन इंडिया, 1835-1911' (नई दिल्ली, 1998) भी चिकित्सा-शिक्षा और प्रशिक्षण के बारे में उपयोगी जानकारी देती हैं।

उन्नीसवीं और आरंभिक बीसवीं शताब्दियों में ईराक्लीन ने महामारियों पर अनेक निबंध लिखे हैं जिनमें कुछ प्रमुख हैं : 'मलेरिया एंड मॉर्टैलिटि इन बंगाल', (आई ई एस एच आर, 9, 1997, पृ. 132-60); 'डेथ इन इंडिया, 1871-1921' (जे ए एस, 22, 1973, पृ. 639-59); और 'जॅर्नल ऑफ़ इंडियन हिस्ट्री' में प्रकाशित 'कॉलरा : थिअॅरि एंड ट्रीटमेंट इन नाइंटींथ सेंचुरी इंडिया' (58, 1980; पृ. 35-51)। मार्क हैरिसन के एक अन्य निबंध का विषय हैज़ा भी रहा है, 'ए क्वेश्चन ऑफ़ लौकैलिटि : द आइडेंटिटि ऑफ कॉलरा इन ब्रिटिश इंडिया, 1860-1890'। यह निबंध डैविड आर्नोल्ड द्वारा संपादित पुस्तक 'वार्म क्लाइमेट्स एंड वेस्टर्न मेडिसिन : द इमर्जेंस ऑफ़ ट्रॉपिकल मेडिसिन, 1500-1900' में प्रकाशित हुआ (एम्सटर्डम, 1996, पृ. 133-59)। हैरिसन ने शेल्डॅन वाट्स द्वारा संपादित पुस्तक 'एपिडेमिक्स इन हिस्ट्री : डिज़ीज़, पॉवर एंड इंपिरिअलिज़्म' के लिए भी एक अध्याय लिखा (न्यू हैवन, सी टी, 1997, पृ. 167-212)। एक अन्य महामारी गिल्टीदार प्लेग के संबंध में आगे अनुभाग 5 में देखें।

अब चिकित्सा के क्षेत्र को लें। इसमें भी उन्नीसवीं सदी में पाश्चात्य और भारतीय आयुर्विज्ञानों के बीच अंतःक्रिया का विशद विवेचन कई पुस्तकों में किया गया है, इनमें प्रमुख हैं : चार्ल्स लेस्ली द्वारा संपादित पुस्तक 'एशियन मेडिकल सिस्टम्स : ए कंपरेटिव स्टडी' में ब्रह्मानंद गुप्ता का निबंध 'इंडिजेनस मेडिसिन इन नाइंटींथ एंड ट्वेंटींथ सेंचुरी बंगाल' (बर्कले, सी ए, 1976, पृ. 368-78); जॉन सी. ह्यूम लिखित 'राइवल ट्रॅडिशंस : वेस्टर्न मेडिसिन एंड यूनानी तिब्ब इन द पंजाब, 1849-1889', (बी एच एम, 61, 1977, पृ. 214-31) और पूनम बाला की रचना, 'इंपिरिअलिज़्म एंड मेडिसिन इन बंगाल : ए सोशिओ-हिस्टोरिकल पर्सपेक्टिव' (नई दिल्ली, 1991)। ऊपर में चर्चित बालफोर और यंग के 1929 के अध्ययन के अतिरिक्त अनेक महिलाओं ने उन्नीसवीं सदी के भारत के स्वास्थ्य और आयुर्विज्ञान पर रचनाएँ प्रस्तुत कीं, जैसे डगमर ऐंगल्स और शुला मार्क्स द्वारा संपादित पुस्तक 'कॉन्टेस्टिंग कॅलोनिअल हिजेमॅनि : स्टेट एंड सोसायटी इन अफ्रिका एंड इंडिया' में गेराल्डिन फॉर्बिस का लेख 'मैनेजिंग मिड्वाइफ़रि इन इंडिया' (लंदन, 1994, पृ. 152-72), और मनीषा लाल का निबंध 'द पॉलिटिक्स ऑफ़ जेंडर एंड मेडिसिन इन कॅलोनिअल इंडिया : द काउंटेस ऑफ डफ़रिंस फ़ंड', बी एच एम, 68, 1994, पृ. 29-66। फ़ॉर्बिस 'न्यू कैंब्रिज हिस्ट्री ऑफ इंडिया : विमिन इन

मॉडर्न इंडिया' के अपने खंड में भारतीय महिला चिकित्सकों की भूमिका का भी उल्लेख करती है (कैंब्रिज, 1996)।

औपनिवेशिक काल में महिलाओं और आयुर्विज्ञान के बीच संबंध का विवेचन संक्रामक रोग अधिनियमों से भी स्पष्ट होता है। एतद्विषयक विधायन और इसके औचित्य तथा प्रभाव को लेकर अनेक लेख लिखे गए हैं, जैसे–'जर्नल ऑफ द हिस्ट्री ऑफ सेक्सुॲलिटि' में फिलिप्पा लेविन का लेख, 'विनिरिअल डिज़ीज़, प्रॉस्टिट्यूशन, एंड द पॉलिटिक्स ऑफ एंपायर : द केस ऑफ ब्रिटिश इंडिया (4, 1993-4, पृ. 579-602) और जूडी ह्वाइटहेड द्वारा लिखित निबंध 'बॉडिज क्लीन एंड अनक्लीन : प्रॉस्टिट्यूशन, सैनिटरि, लेजिस्लेशन, एंड रिस्पेक्टॅबल फेमिनिटि इनकॉलोनिअल नॉर्थ इंडिया', जो 'जेंडर हिस्ट्री' में प्रकाशित हुआ (7, 1995, पृ. 137-60)। 'सोल्जर्स, सर्जन्स, एंड द कैंपेन्स टु कॉम्बेट सेक्सुअलिट्रैंजमिटिड डिज़ीज़ेज़ इन कॅलोनिअल इंडिया, 1805-1860' (एम एच, 42, 1998, पृ. 137-60) में डगलस एम.पीअर्स इस विषय पर पूर्व में लिखे साहित्य में से कुछ का पुनरीक्षण करता है और अपने विवेचन में सेना को भी शामिल कर लेता है। सेना का स्वास्थ्य स्वयं एक महत्त्वपूर्ण विषय है और उसका जिक्र इस अनुभाग में चर्चित लेखकों में से कई ने किया है (इसमें रामसुभान का 'इंपिरिअल हेल्थ इन ब्रिटिश इंडिया' और आर्नोल्ड का 'सिविलाइज़िंग द बॉडि' उल्लेख्य हैं), लेकिन इसकी विशद और क्रमबद्ध समीक्षा फिलिप डी. कर्टिन ने अपनी पुस्तक 'डेथ बाइ माइग्रेशन : यूरोप्स एनकाउंटर विद द ट्रॉपिकल वर्ल्ड इन द नाइंटींथ सेंचुरी' (कैंब्रिज, 1989) में की है। सफाई-नीति और सार्वजनिक स्वास्थ्य के उद्‌भव पर कुछ निबंध गहरी जानकारी प्रदान करते हैं। इनमें प्रमुख हैं, के. बॉलहैचेट और बी. हैरिसन द्वारा संपादित पुस्तक 'द सिटी इन साउथ एशिया' (लंदन, 1980) में प्रकाशित जे.बी. हैरिसन का निबंध 'इलाहाबाद : ए सैनिटरि हिस्ट्री' (पृ. 167-96); जॉन सी. ह्यूम का 'कॅलोनिअलिज़्म एंड सैनिटरि मेडिसिन : द डेवलपमेंट ऑफ़ प्रिवेंटिव हेल्थ पॉलिसी इन द पंजाब, 1860-1900' (एम ए एस, 20, 1986, पृ. 703-24); और मॉर्क हैरिसन का 'टुवर्ड्ज़ ए सैनिटरि यूटोपिआ? प्रोफेशनल विज़ंस एंड पब्लिक हेल्थ इन इंडिया, 1880-1914' (एस ए आर, 10, 1990, पृ. 19-40)।

4. प्रौद्योगिकी

आर्नोल्ड पैसी की पुस्तक 'टेक्नॉलॅजि इन वर्ल्ड सिविलाइज़ेशन : ए थाउजंड ईयर हिस्ट्री' (ऑक्सफोर्ड, 1990) भारत को व्यापक तुलनात्मक संदर्भ में प्रस्तुत करती है और अनेक सामान्य मुद्दे उठाती है, लेकिन इसमें मुख्य रूप से भारतीय उदाहरण ही दिए गए हैं। इस विषय पर डैनियल आर. हेड्रिक की दो पुस्तकें हैं 'टूल्स ऑफ़ एंपायर : टेक्नॉलॅजि एंड यूरोपियन इंपिरिअलिज़्म इन द नाइंटींथ सेंचुरी' (न्यूयार्क,

1981) और 'द टेन् टॅकल्ज़ ऑफ़ प्रोग्रेस : टेक्नॉलॅजि ट्रांसफ़र इन द एज ऑफ़ इंपिरिअलिज़्म, 1850-1940' (न्यूयार्क, 1988)। दूसरी पुस्तक ज्यादा सारगर्भित है। दोनों उन्नीसवीं और आरंभिक बीसवीं शताब्दी की प्रौद्योगिकी के संबंध में अधिक विचारोत्तेजक, किंतु मुख्य रूप से यूरो-केंद्रित दृष्टि अपनाती हैं। 'टेंटेकल्ज़ ऑफ़ प्रोग्रेस' भारतीय सामग्रियों का, विशेष रूप से रेलवे और सिंचाई के लिए, व्यापक उपयोग करती है। इसके विपरीत, धरमपाल की पुस्तक 'इंडियन साइंस एंड टेक्नॉलॅजि इन द एटींथ सेंचुरी : सम कंटेम्परिर यूरोपियन अकाउंट्स' (दिल्ली, 1971), जो यूरोपीय मतों का संग्रह है, विधि-तंत्र और सदंर्भ के विषय में ऐसे अनेक मुद्दे उठाती है जो उसके आरंभिक निबंध में अनुत्तरित रह गए हैं। माइकेल अडास की पुस्तक 'मशींस ऐज द मेज़र ऑफ़ मेन : साइंस, टेक्नॉलॅजि एंड आइडिऑलॉजिज़ ऑफ़ वेस्टर्न डॉमिनन्स' (इथाका, न्यूयार्क, 1989) पाश्चात्य मतों को अधिक विश्वसनीय रूप में सदंर्भगत करती है और चीन तथा अफ्रीका के साथ उनकी जो तुलना करती है वह बहुत उपयोगी है, लेकिन धरमपाल की भाँति अडास भी पाश्चात्य स्रोतों का ही अधिक उपयोग करता है जिसके फलस्वरूप भारतीय प्रतिक्रियाओं का मूल्यांकन नहीं हो पाता। सच पूछा जाए तो औपनिवेशिक भारत में प्रौद्योगिकी पर लिखी गई विद्वत्तापूर्ण रचनाओं की यह स्थायी और खेदजनक त्रुटि है।

उन्नीसवीं सदी की प्रौद्योगिकी के खास पहलुओं के अध्ययन के लिए पर्याप्त सामग्री उपलब्ध है। जहाज़रानी पर हेनरी बर्नस्टीन का उप-शीर्षक 'स्टीमबोट्स ऑन द गंगेज़ : ऐन एक्सप्लोरेशन इन द हिस्ट्री ऑफ़ इंडियाज मॉडर्नाइज़ेशन थ्रू साइंस एंड टेक्नॉलॅजि' (बंबई, 1960) आरंभ से ही लेखक की प्रौद्योगिकी संबंधी धारणाएँ स्पष्ट करता है। सतपाल संगवाँ का निबंध 'द सिंकिंग शिप्स : कॅलोनिअल पॉलिसी एंड द डिक्लाइन् ऑफ़ इंडियन शिपिंग, 1735-1835', जो मैक्लिऑड और कुमार द्वारा संपादित 'टेक्नॉलॅजि एंड द राज' (पृ. 137-52) में संकलित है, उस खण्ड के अनेक उपयोगी निबंधों में है और किसी हद तक बर्नस्टीन के विचारों का संशोधन करता है। सतपाल अपने 'साइंस, टेक्नॉलॅजि एंड कॅलोनाइज़ेशन : एन इंडियन एक्सपीरिअंस, 1757-1857' (दिल्ली, 1991) में इस पर और प्रौद्योगिकी संबंधी अनेक धारणाओं पर अधिक विस्तार से चर्चा करता है। इसी प्रकार वस्त्र उद्योग के इतिहास पर भी अनेक रचनाएँ प्रकाशित हुई हैं, हालाँकि उनमें से अधिकांश ने वस्त्र-उत्पादन के आर्थिक और सांगठनिक पक्षों पर ही विशेष ध्यान दिया है। किंचित अपवादस्वरूप हमीदा हुसैन की रचना 'द कंपनी वीवर्स ऑफ बंगाल : द ईस्ट इंडिया कंपनी एंड द ऑर्गेनाइज़ेशन ऑफ़ टेक्सटाइल प्रोडक्शन इन बंगाल, 1750-1813' (दिल्ली, 1988) वस्त्र प्रौद्योगिकी की चर्चा करती है। तीर्थंकर राय द्वारा संपादित निबंध-संग्रह 'क्लॉथ एंड कॉमर्स : टेक्स्टाइल्स इन कॅलॉनिअल इंडिया' (दिल्ली, 1996) भी उत्पादन-विधियों का किसी हद तक विवरण प्रस्तुत करता है।

जहाँ तक रेशम उत्पादन पर चर्चा का प्रश्न है, वह चरखियों और उत्पादन-स्थानों तक ही सीमित है, लेकिन सव्यसाची भट्टाचार्य द्वारा प्रस्तुत आलेख 'कल्चरल एंड सोशल कॅन्स्ट्रेंट्स ऑन टेक्नॉलॅजिकल इन्नोवेशन : सम केस स्टडीज़' (आई ई एस एच आर, 3, 1966, पृ. 240-67) निश्चित रूप से आज के संदर्भ में भी अति महत्त्वपूर्ण स्थान रखता है। खनन और धातु-विज्ञान पर बहुत कम ध्यान दिया गया है और वैलेंटाइन बॉल की कृति 'ए मैन्युअल ऑफ़ द जिऑलॅजि ऑफ़ इंडिया, भाग III, इकॉनॉमिक जिऑलॅजि' (कलकत्ता, 1881) आज भी महत्त्वपूर्ण जानकारी का स्रोत और पत्रिकाओं के लिए अत्यंत दुर्लभ मार्गदर्शिका है; इस विषय पर कुछ लेख आई जे एच एस में प्रकाशित हुए हैं।

इसके विपरीत सिंचाई विषय पर समुचित ध्यान दिया जाने लगा है, हालाँकि एक प्रौद्योगिकी के रूप में ही इसकी विशेष चर्चा हुई है। हेड्रिक के 'टेंटेकल्ज़ ऑफ़ प्रोग्रेस' के अलावे आज भी अधिक पुरानी रचनाओं जैसे अल्फ्रेडडीकिंस की 'इरिगेटिड इंडिया : ऐन आस्ट्रेलियन न्यू ऑफ़ इंडिया एंड सिलोन' (लंदन, 1893) और सैंडीज की 'मिलिटरि एंजिनिअर इन इंडिया' का दूसरे खण्ड का अध्ययन लाभदायक हो सकता है। सिंचाई पर हाल के कुछ निबंध स्थानीय अध्ययन की दृष्टि से बहुत उपयोगी हैं, जैसे डैविड ल्यूडेन का 'पैट्रॉनेज एंड इरिगेशन इन तमिलनाडु : ए लांग-टर्म व्यू' (आई ई एस एच आर, 16, 1979; पृ. 347-65); निर्मल सेनगुप्ता का 'द इंडिजेनस, इरिगेशन ऑर्गेनाइज़ेशन ऑफ साउथ इंडिया' (आई ई एस एच आर, 18, 1980, पृ. 157-89), और डैविड हार्डिमॅन, 'वेल इरिगेशन इन गुजरात : सिस्टम्स ऑफ़ यूस, हाइराकीज़ ऑफ़ कंट्रोल' ('इकॉनॉमिक एंड पॉलिटिकल वीकली' में प्रकाशित, 20 जून, 1998, पृ. 1533-44)। इयान स्टोन की पुस्तक 'कॅनैल इरिगेशन इन ब्रिटिश इंडिया, पर्सपेक्टिव्स ऑन टेक्नॉलॅजि चेंज इन ए पेजेंट इकॉनॉमि' (कैंब्रिज, 1984) औपनिवेशिक नहरी सिंचाई के प्रौद्योगिक महत्त्व और आर्थिक प्रभाव की विद्वत्तापूर्ण मूल्यांकन करती है, लेकिन इसका पूरा लाभ तभी मिल सकता है जबकि इसे कुछ अन्य निबंधों—धर्म कुमार द्वारा संपादित 'द कैंब्रिज हिस्ट्री ऑफ़ इंडिया' में एलिज़ाबेथ ह्विटकॉम्ब का सिंचाई पर निबंध (कैंब्रिज, 1983, खण्ड II, पृ. 677-737) और डैविड ऑर्नोल्ड तथा रामचंद्र गुहा द्वारा संपादित 'नेचर, कल्चर, इंपिरिअलिज़्म : एसेज़ ऑन द इन्वाइरॅन्मेंटल हिस्ट्री ऑफ साउथ एशिया' (दिल्ली, 1995) में प्रस्तुत उसका विवरण 'द इन्वाइरॅन्मेंटल कॉस्ट्स ऑफ इरिगेशन इन ब्रिटिश इंडिया : वाटरलॉगिंग, सॅलिनिटि, मलेरिआ' (पृ. 237-59), और मैक्लिऑड तथा कुमार के 'टेक्नॉलॅजि एंड द राज' में आर.जे. हेनरी का 'टेक्नॉलॅजि ट्रांसफर एंड इट्स कॅन्स्ट्रेंट्स : अर्लि वार्निंग्ज़ फ्रॉम एग्रिकल्चरल डेवलपमेंट इन कॅलोनिअल इंडिया' (पृ. 51-77)—के साथ पढ़ा जाए।

जैसाकि अनुमान था, उन्नीसवीं सदी की सारी प्रौद्योगिकियों में रेलवे ने सबसे

ज़्यादा ध्यान आकृष्ट किया है और हाल में उस पर बहुत-कुछ लिखा गया है। इनमें इयान. जे. केर्र लिखित 'बिल्डिंग द रेलवेज़ ऑफ़ द राज, 1850-1900' (दिल्ली, 1995) सर्वश्रेष्ठ रचना है, फिर भी इसके परिशिष्ट के रूप में मैकजॉर्ज की रचना 'वेज़ एंड वर्क्स', पृ. 65-104, पढ़ना लाभकर होगा। साथ ही, फ्रिट्ज़ लेहमॅन के दो निबंध, 'ग्रेट ब्रिटेन एंड द सप्लाई ऑफ़ रेलवे लोकोमोटिव्ज़ टु इंडिया : ए केस स्टडी ऑफ़ इकॉनॉमिक इंपिरिअलिज़्म', आई ई एस एच आर 2, 1965, पृ. 297-306 तथा 'रेलवे वर्कशॉप्स, टेक्नॉलॅजि ट्रांसफर एंड रिकल्ड लेबर रिक्रूटमेंट इन कॅलोनिअल इंडिया', 'जॅर्नल ऑफ़ हिस्टोरिकल रिसर्च' (राँची, 20, 1977, पृ. 49-61), का अध्ययन भी काफी उपयोगी होगा, लेकिन इनकी कुछ बातों का खण्डन क्लाइव डिवी ने अपने निबंध उसी के द्वारा संपादित 'अरेस्टिड डेवलपमेंट इन इंडिया : द हिस्टोरिकल डाइमेंशन' (रिवरडेल, एम डी, 1988) अपने निबंध 'सम कॉन्सिक्वेंसेज़ ऑफ मिलिटरि एक्सपेंडिचर इन ब्रिटिश इंडिया : द केस ऑफ द अपर सागर दोआब, 1849-1947' (पृ. 93-169) में और इयान डर्बिशायर ने मैक्लिॲड और कुमार द्वारा संपादित 'टेक्नॉलॅजि एंड दराज' में प्रकाशित अपने निबंध 'द बिल्डिंग ऑफ़ इंडियाज़ रेलवेज : द एप्लिकेशन ऑफ़ वेस्टर्न टेक्नॉलॅजि इन द कॅलोनिअल परिफॅरि, 1850-1920' (पृ. 177-215) में किया है। इस खण्ड में सरोज घोष का निबंध 'कॅमर्शल नीड्स एंड मिलिटरि नेसेसिटीज़ : द टेलिग्राफ़ इन इंडिया' भी शामिल है (पृ. 153-76)। इस विषय पर हेड्रिक के 'टॅन्टॅकल्ज़ ऑफ़ प्रोग्रेस' के अध्याय चार में भी चर्चा हुई है।

उन्नीसवीं सदी के भारत में परंपरागत प्रौद्योगिकियों की 'उत्तरजीविता' और भारत में उभरते उद्योगों के प्रौद्योगिक पहलुओं का समुचित विवेचन अभी भी किया जाना बाकी है, हालाँकि वे डी.आर. गाडगिल की 'द इंडस्ट्रिअल इवोल्यूशन ऑफ़ इंडिया इन रिसेंट टाइम्स, 1860-1939' (5वाँ संस्करण, दिल्ली, 1972) जैसी प्रतिष्ठित रचनाओं में भी परंपरा-प्रियता के साथ हल्की-फुल्की चर्चा में ही आते हैं। जॉर्ज बर्डवुड, ई.बी. हैवेल और अल्फ्रेड चैटरटॅन द्वारा भारत के प्रौद्योगिक और औद्योगिक भविष्य पर वाद-विवाद ने भी विद्वानों का पर्याप्त ध्यान आकृष्ट नहीं किया है, हालाँकि भारतीय परिप्रेक्ष्य में ध्रुव रैना और एस. इरफान हबीब लिखित 'द अनफ़ोल्डिंग ऑफ़ ऐन इनगेजमॅण्ट : द 'डॉन' ऑन साइंस, टेक्निकल एडुकेशन एंड इंडस्ट्रिअलाइज़ेशन : इंडिया, 1896-1912' (एस एच, 9, 1993, पृ. 87-117) इसका महत्त्वपूर्ण अपवाद है।

5. विज्ञान और साम्राज्य

दीपक कुमार की पुस्तक 'साइंस एंड द राज' औपनिवेशिक काल की वैज्ञानिक नीति और आचरण का सर्वोत्तम वृत्तांत प्रस्तुत करती है, लेकिन उसका पूर्व-लिखित

निबंध 'रेशल डिस्क्रिमिनेशन एंड साइंस इन नाइंटींथ सेंचुरी इंडिया' (आई ई एस एच आर, 19, 1982, पृ. 63-82) आज तक अविवादित बयान रहा है। मेट्रोपोलिटन परिप्रेक्ष्य में राय मैक्लिऑड का निबंध 'साइंटिफिक एडवाइस फ़ॉर ब्रिटिश इंडिया : इंपिरिअल पर्सेप्शंस एंड एडमिनिस्ट्रेटिव गोल्स, 1898-1923' (एम ए एस, 9, 1975, पृ. 343-84) भी महत्त्वपूर्ण है। 1890 और 1900 के दशकों में प्लेग का प्रकोप, जिसने औपनिवेशिक विज्ञान को एक नया मोड़ दिया, अनेक लेखकों का विवेच्य विषय रहा है, जैसे; डैविड आर्नोल्ड द्वारा संपादित 'इंपिरिअल मेडिसिन एंड इंडिजेनस सोसायटीज़' में प्रकाशित आई.जे. कॅटॅनक का 'प्लेग एंड द टेंशंस ऑफ़ एंपायर, इंडिया, 1896-1918' (मैंचेस्टर, 1988, पृ. 149-71); इरा क्लीन का 'प्लेग, पॉलिसी एंड पोप्युलर अनूरेस्ट इन ब्रिटिश इंडिया', (एम ए एस, 22, 1988, पृ. 723-55); आर्नोल्ड का 'कॅलॉनाइज़िंग द बॉडि', अध्याय 5, और राजनारायण चंदावर्कर का टेरेंस रेंजर और पॉल स्लैक द्वारा संपादित 'एपिडेमिक्स एंड आइडियाज : एसेज़ ऑन द हिस्टॉरिकल पर्सेप्शंस ऑफ़ पेस्टिलेंस' (कैंब्रिज, 1992) में प्रकाशित निबंध 'प्लेग, पैनिक एंड एपिडेमिक पॉलिटिक्स इन इंडिया, 1896-1914' (पृ. 203-40) फिर भी उस काल के वैज्ञानिक इतिहास के अन्य पक्षों (वनस्पति शास्त्र, भूगर्भशास्त्र और कृषि और पशुचिकित्सा-विज्ञान इत्यादि) पर कम ध्यान दिया गया है और उस काल के सर्वाधिक उपयोगी स्रोत औपनिवेशिक ग्रंथ हैं जिनमें दो अत्यंत महत्त्वपूर्ण हैं : 'इंडियन इंडस्ट्रिअल कमीशन 1916-18' (कलकत्ता, 1918) और 'द रॉयल कमीशन ऑन एग्रिकल्चर इन इंडिया' (लंदन, 1928)। इनमें पहले के लिए सहायक आलेख के रूप में के.एन. चौधरी और क्लाइव डिवी द्वारा संपादित 'इकॉनॅमि एंड सोसायटी : एसेज़ इन इंडियन इकॉनॉमिक एंड सोशल हिस्ट्री' (दिल्ली, 1979) में क्लाइव डिवी का निबंध 'द गवर्नमेंट ऑफ़ इंडियाज न्यू इंडस्ट्रिअल पॉलिसी', 1900-1925; 'फॉर्मेशन एंड फ़ेल्यर' बहुत उपयोगी है।

पर्यावरणीय इतिहास और वन-संरक्षण पर जितनी बड़ी संख्या में हाल के वर्षों में विद्वत्तापूर्ण रचनाएँ प्रकाशित हुई हैं वह विलक्षण प्रतीत होता है। इनमें कुछ तो आगे अध्ययन-परीक्षण का मार्ग प्रशस्त करती हैं, जैसे : माधव गाडगिल और रामचंद्र गुहा का निबंध 'स्टेट फ़ॉरेस्ट्रि एंड सोशल कॉनफ़्लिक्ट इन ब्रिटिश इंडिया', जो पहली बार 'पास्ट एंड प्रेज़ेंट', में प्रकाशित हुआ (संख्या 123, 1989, पृ. 141-77) और फिर डैविड हार्डिमॅन द्वारा संपादित 'पेज़ेंट रिज़िस्टॅन्स इन इंडिया, 1858-1914' (दिल्ली, 1992) में छपा (पृ. 259-95); उन्हीं लेखकों द्वारा 'दिस फिशर्ड लैंड : ऐन इकॉलॅजिकल हिस्ट्री ऑफ़ इंडिया' (दिल्ली, 1992); रिचर्ड ग्रोव की रचना 'ग्रीन इंपिरिअलिज़्म' और महेश रंगराजन कृत 'फॅसिंग द फॉरेस्ट : कॉन्सरवेशन एंड इकॉलॅजिकल चेंज इन इंडियाज़ सेंट्रल प्रोविंसेज़, 1860-1914' (दिल्ली, 1996)। भारत के पर्यावरणीय इतिहास के विकास को प्रोत्साहित करने में दो पत्रिकाएँ विशेष

रूप से महत्त्वपूर्ण रही हैं : 'इंडियन इकॉनॉमिक एंड सोशल हिस्ट्री रिव्यू' और 'इनूवाइरॅनूमेंट एंड हिस्ट्री'। पहली पत्रिका में आर.पी. टकर का 'फ़ॉरेस्ट मैनेजमेंट एंड इंपिरिअल पॉलिटिक्स : थाना डिस्ट्रिक्ट, बंबई, 1823-1887' (आई ई एस एच आर, 16, 1979, पृ. 273-300); रामचंद्र गुहा का 'ऐन अर्लि इनूवाइरॅनमेंटल डिबेट : द मेकिंग ऑफ़ द 1878 फ़ोरेस्ट एक्ट' (आई ई एस एच आर, 27, 1990, पृ. 65-84), और महेश रंगराजन का 'इंपिरिअल एजेंडाज़ एंड इंडियाज फॉरेस्ट्स : द अर्लि हिस्ट्री ऑफ़ इंडियन फ़ॉरेस्ट्रि, 1800-1878' (आई ई एस एच आर, 31, 1994, पृ. 147-67) शामिल हैं। दूसरी पत्रिका इस विषय पर महत्त्वपूर्ण लेख प्रकाशित करने लगी है। इसके खण्ड एक, 1995 में वनिता दामोदरन का 'फ़ेमिन इन ए फ़ॉरेस्ट ट्रैक्ट : इकॉलॅजिकल चेंज एंड द कॉज़ेज़ ऑफ़ द 1897 फ़ेमिन इन छोटानागपुर, नॉर्दर्न इंडिया' (पृ. 129-58) और माइकल मान के 'इकॉलॉजिकल चेंज इन नॉर्थ इंडिया : डीफ़ॉरेस्टेशन एंड अग्रेरिअन डिस्ट्रेस इन द गंगा-जमुना दोआब, 1800-1850' (पृ. 201-20) जैसे लेख हैं। दक्षिण एशिया पर इस पत्रिका के विशेषांक के खण्ड 2, संख्या 2, 1996 में महेश रंगराजन लिखित 'इनूवाइरॅनूमेंटल हिस्ट्रीज़ ऑफ़ साउथ एशिया : ए रिव्यू एसे' (पृ. 129-43); के. शिवराम कृष्णन का 'द पॉलिटिक्स ऑफ़ फ़ायर एंड फ़ॉरेस्ट रीजेनरेशन इन कॅलोनिअल बंगाल' (पृ. 145-94), और इंद्रा मुंशी सलदांहा का 'कॉलोनिअलिज़्म एंड प्रोफेशनेलिज़्म : ए जर्मन फॉरेस्टर इन इंडिया' (पृ. 195-219) है जिसमें डाइट्रिख ब्रांडिस की जीवन-यात्रा की चर्चा है। दो महत्त्वपूर्ण निबंध-संग्रह हैं : डैविड आर्नोल्ड और रामचंद्र गुहा द्वारा संपादित 'नेचर, कल्चर, इंपिरिअलिज़्म' (1995) तथा रिचर्ड ग्रोव, विनीता दामोदरन और सतपाल संगवाँ द्वारा संपादित 'नेचर एंड द ओरियंट : द इनूवाइरॅनमेंटल हिस्ट्री ऑफ़ साउथ एंड साउथ ईस्ट एशिया' (दिल्ली, 1998)।

यदि संतचरित-लेखन को छोड़ दिया जाए तो उन्नीसवीं सदी के अंत और बीसवीं सदी के प्रारंभ में भारतीय वैज्ञानिक समुदाय का उद्‌भव घोर उपेक्षा का शिकार रहा है। लेकिन आशीष नंदी के 'अल्टरनेटिव साइंसेज : क्रिएटिविटि एंड ऑथॅनूटिर्सिटि इन टू इंडियन साइंटिस्ट्स' द्वितीय संस्करण, दिल्ली 1995 में उसका निबंध 'डिफ़ाइअंस एंड' कॅनूफॉरमिटि इन साइंस : द वर्ल्ड ऑफ जगदीश चंद्र बोस' (पृ. 17-87) पैट्रिक गिडिस के 'एन इंडियन पायनिअर ऑफ़ साइंस : द लाइफ़ एंड वर्क ऑफ़ सर जगदीशचंद्र बोस' (लंदन, 1920) की कमी को पूरा करता है। दीपक कुमार द्वारा संपादित 'साइंस एंड एंपायर' में चित्तव्रत पालित का एक छोटा-सा आलेख है, 'महेंद्र लाल सरकार, 1833-1904', और कुमार स्वयं 'द कल्चर ऑफ़ साइंस एंड कॅलोनिअल कल्चर, इंडिया, 1820-1920' में अनेक अग्रणी भारतीय वैज्ञानिकों की सामान्य वृत्ति प्रस्तुत करता है (बी जे एच एस, 29, 1996, पृ. 195-209)। एस. इरफान हबीब और ध्रुव कुमार रैना का 'सोशल साइंटिस्ट्स'

(संख्या 17, 1989) में प्रकाशित निबंध 'कोपरनिकस, कोलंबस, कॅलोनिऑलिज़्म एंड द रोल ऑफ़ साइंस इन नाइंटींथ सेंचुरी इंडिया' (पृ. 50-66) और पी. पेटिटजीन तथा अन्य द्वारा संपादित 'साइंस एंड एंपायर' (डॉरड्रेख्त, 1992) में प्रकाशित वी. वी. कृष्ण का निबंध 'द कॅलोनिअल 'मॉडल' एंड द इमर्जेंस ऑफ़ नेशनल साइंस इन इंडिया, 1876-1920', दोनों बासल्ला के दृष्टिकोण की समीक्षा और उस काल के भारतीय विज्ञान का सामान्य व्याख्यात्मक सर्वेक्षण प्रस्तुत करते हैं।

6. हिंदू विज्ञान

हिंदू विज्ञान के पुनर्गठन और पुनरुत्थान तथा पाश्चात्य आयुर्विज्ञान के साथ उसके संबंध पर हाल के वर्षों में कुछ महत्त्वपूर्ण आलेख प्रकाश में आए हैं जिनमें शाहिद अमीन और दीपेश चक्रवर्ती द्वारा संपादित 'सबल्टर्न स्टडीज L X' में ज्ञान प्रकाश का निबंध 'साइंस बिट्वीन द लाइंस' (दिल्ली, 1996, पृ. 59-82) और पार्थ चटर्जी द्वारा संपादित 'टेक्स्ट्स ऑफ़ पॉवर : इमर्जिंग डिसिप्लिन इन कॅलोनिअल बंगाल' में पार्थ चटर्जी का निबंध 'द डिसिप्लिंस इन कलोनिअल बंगाल' (मिन्निपॉलिस, एम एन, 1995, पृ. 1-29) शामिल हैं। डैविड गॉस्लिग की पुस्तक 'साइंस एंड रिलिजन इन इंडिया' (मद्रास, 1996) और तपनराय चौधरी कृत 'यूरोप रीकॅन्सिडर्ड : पर्सेप्शंस ऑफ़ द वेस्ट इन नाइंटींथ सेंचुरी बंगाल' (दिल्ली, 1988) पूर्वपीठिका के रूप में रोचक सामग्री प्रस्तुत करती हैं।

तथापि, ध्यान मुख्य रूप से आयुर्वेदिक आयुर्विज्ञान के पुनरुत्थान पर केंद्रित रहा है। इस विषय पर अनेक रोचक आलेख प्रस्तुत किए गए हैं; जैसे : पूनमबाला की पुस्तक 'इंपिरिअलिज़्म एंड मेडिसिन इन बंगाल' का अध्याय दो; चार्ल्स लेस्ली द्वारा संपादित 'एशियन मेडिकल सिस्टम्स' में ब्रह्मानंद गुप्ता का आलेख 'इंडिजेनस मेडिसिन इन नाइंटींथ एंड ट्वेंटीएथ-सेंचुरी बंगाल' (पृ. 368-78); और एस.एच. रुडोल्फ तथा एल. आई. रुडोल्फ, द्वारा संपादित 'एडुकेशन एंड पॉलिटिक्स इन इंडिया' (कैंब्रिज, एम ए, 1972) में पॉल आर. ब्रास का आलेख 'द पॉलिटिक्स ऑफ़ आयुर्वेदिक एडुकेशन : ए केस स्टडी ऑफ़ रिवाइवेलिज़्म एंड मॉडर्नाइजेशन इन इंडिया' (पृ. 342-71)। चार्ल्स लेस्ली ने स्वयं 'एशियन मेडिकल सिस्टम्स' में एक महत्त्वपूर्ण निबंध 'द ऐम्बिग्यूइटीज़ ऑफ़ मेडिकल रिवाइवॅलिज़्म इन मॉडर्न इंडिया' लिखा है (पृ. 356-67)। इसके अतिरिक्त उसने और भी उपयोगी निबंध लिखे हैं, जैसे : जॉन जे. पोग्गी और रॉबर्ट एन लिंच द्वारा संपादित 'रीथिंकिंग मॉडर्नाइज़ेशन : ऐंथ्रोपॉलॉजकल पर्सपेक्टिव्स' (वेस्टपोर्ट, सीटी, 1974) में 'द मॉडर्नाइज़ेशन ऑफ़ एशियन मेडिकल सिस्टम्स' (पृ. 69-108) और चार्ल्स लेस्ली तथा एलन यंग द्वारा संपादित 'पाथ्स टु एशियन मेडिकल नॉलिज' (बर्कले, सी ए, 1992) में 'इंटरप्रिटेशंस ऑफ़ इलनेस : सिन्क्रेटिज़्म इन मॉडर्न आयुर्वेद'

(पृ. 177-208)। आशीष नंदी और शिव विश्वनाथन ने 'मॉडर्न मेडिसिन एंड इट्स नॉन-मॉडर्न क्रिटिक्स' पर रोचक निबंध लिखे हैं। यह निबंध पहले स्टीवेन मार्गलिन और फ्रेडरिक अप्फेल मार्गलिन द्वारा संपादित 'डॉमिनेटिंग नॉलिज' (ऑक्सफोर्ड, 1990, पृ. 145-84) में प्रकाशित हुआ और बाद में विश्वनाथन के 'एकार्निवल फ़ॉर साइंस : एसेज़ ऑन साइंस, टेक्नॉलॅजि एंड डेवलपमेंट' (दिल्ली, 1977, पृ. 94-145) में पुनर्मुद्रित हुआ। 'देशी आयुर्विज्ञान' के अंतर्गत जटिलता और विविधता के मूल्यांकन में आयुर्वेद के क्षेत्रीय अध्ययन की महत्ता बढ़ी है। बंगाल पर लिखी गई उपर्युक्त रचनाओं के अतिरिक्त केरल पर विशेष रूप से जानकारी देने वाली दो रचनाएँ हैं : किज़्हेदथ वासुदेवन नायर लिखित 'ए बाइऑग्रॅफि ऑफ़ वैद्यरत्नम पी.एस. वारिएर' (कोट्टाक्कल, 1954) और के.एन. पनिक्कर का निबंध 'इंडिजेनस मेडिसिन एंड कल्चरल हिजेमॅनि : ए स्टडी ऑफ द रिवाइटेलाइजेशन मूवमेंट इन केरलम' (एस एच, 8, 1992, पृ. 283-308)। अन्य चिकित्सा-संबंधी विचारों और आचरणों का विवेचन उतना व्यापक रूप में नहीं हुआ है, लेकिन होमिॲपैथि के लिए गिरिराज गुप्ता द्वारा संपादित 'द सोशल एंड कल्चरल कॉन्टेक्स्ट ऑफ़ मेडिसिन इन इंडिया' (दिल्ली, 1981) में सुरिन्दर एम. भारद्वाज का लिखित निबंध 'होमिॲपैथि इन इंडिया' (पृ. 31-54) और यूनानी आयुर्विज्ञान के अग्रणी चिकित्सक और भाष्यकार के लिए बार्बरा मेटकाफ़ 'नेशनेलिस्ट मुस्लिम्स इन ब्रिटिश इंडिया : द केस ऑफ़ हकीम अजमल ख़ाँ' (एम ए एस, 19, 1985, पृ. 1-28) पठनीय हैं।

7. विज्ञान, राज्य और राष्ट्र

प्रथम विश्वयुद्ध और भारतीय स्वतंत्रता के बीच की अवधि में विज्ञान, प्रौद्योगिकी और आयुर्विज्ञान की जैसी महत्त्वपूर्ण भूमिका रही है उसके अनुरूप उनका समीक्षात्मक विवेचन नहीं किया गया है। द्वितीय विश्वयुद्ध के आरंभ होने तक उस अवधि के लिए बी. प्रसाद द्वारा संपादित 'द प्रोग्रेस ऑफ़ साइंस इन इंडिया ड्यूरिंग द पास्ट ट्वेंटि-फाइव ईयर्स' (कलकत्ता, 1918) अपने निबंधों और संदर्भ-सूचियों की दृष्टि से बेहद उपयोगी है। इसके विपरीत सी.जी. पंडित और के. सोमेश्वर राव की कृति 'इंडियन रिसर्च फंड असोसिएशन एंड इंडियन काउंसिल ऑफ़ मेडिकल रिसर्च, 1911-1961 : फिफ्टी ईयर्स ऑफ़ प्रोग्रेस' (दिल्ली, 1961) औपचारिक और सतही है। कुछ सरकारी प्रकाशन और प्रतिवेदन आज भी उपयोगी हैं, जैसे : 'रॉयल कमीशन ऑन एग्रिकल्चर इन इंडिया' (1928), 'द हेल्थ एंड डेवलपमेंट कमिटि' (चार खण्डों में, 1946), और ए.वी. हिल्स का 'साइंटिक रिसर्च इन इंडिया' पर अर्द्ध-सरकारी प्रतिवेदन जिसमें प्रस्तुत सामग्री उसकी एक अन्य रचना 'द एथिकल डाइलेमा ऑफ़ साइंस एंड अदर राइटिंग्स' (न्यूयार्क, 1960) में अधिक विस्तार से

चर्चित हुई है। रॉबर्ट एस. एंडर्सन की पुस्तक 'बिल्डिंग साइंटिफिक इंस्टिट्यूशंस इन इंडिया : साहा एंड भाभा' दो शीर्षक वैज्ञानिकों, मेघनाद साहा और होमी भाभा, पर एक उत्कृष्ट रचना है जो अंतर-युद्ध काल की वैज्ञानिक प्रतिद्वंद्विताओं पर भी अच्छा प्रकाश डालती है। नोरा रिचर्ड की कृति 'सर शांति स्वरूप भटनागर : ए बाइऑग्रैफ़िकल स्टडी ऑफ़ इंडियाज एमिनॅन्ट साइंटिस्ट' (नई दिल्ली, 1948) पुरानी पड़ जाने के बावजूद उपयोगी है, जबकि कई खण्डों में प्रकाशित 'बाइऑग्रैफ़िकल मेमायर्स ऑफ़ फैलोज़ ऑफ़ द इंडियन नेशनल साइंस अकैडमि' (नई दिल्ली, 1976) में अनेक वैज्ञानिक जीवनियाँ परिरक्षित हैं जो अन्यत्र दुर्लभ हैं। आशीष नंदी द्वारा 'द सैवेज फ्रॉयड एंड अदर एसेज़ ऑन पॉसिबल एंड रिट्रीववॅबल सेल्व्ज़' (प्रिंसटन, एन टी, 1995, पृ. 81-144) में अग्रगामी मनोविश्लेषक गिरींद्रशेखर बोस का वृत्तांत तत्कालीन भारतीय वैज्ञानिक समुदाय की निराशाजनक तस्वीर प्रस्तुत करता है। यह आश्चर्य का विषय है कि चिकित्सा-संस्थाओं पर महत्त्वपूर्ण रचनाओं का भाव रहा है। इसका एक महत्त्वपूर्ण अपवाद है हेलेन पॉवर का आलेख 'द कलकत्ता स्कूल ऑफ़ ट्रॉपिकल मेडिसिन : इंस्टिट्यूशनॅलाइज़िंग मेडिकल रिसर्च इन द परिफॅरि' (एम एच, 40, 1996, पृ. 197-214)।

विज्ञान, औपनिवेशिक राज्य और राष्ट्रवादी आंदोलन के बीच जो संबंध रहे उन पर जगदीश एन. सिंहा ने दीपक कुमार द्वारा संपादित 'साइंस एंड एंपायर' में अपने आलेख 'साइंस एंड द इंडियन नेशनल कांग्रेस' (पृ. 161-81) और मैक्लिअॅड तथा कुमार द्वारा संपादित 'टेक्नॉलॅजि एंड द राज' में अपने निबंध 'टेक्नॉलॅजि फ़ॉर नेशनल रीकन्स्ट्रक्शन : द नेशनल प्लैनिंग कमिटि, 1938-49' (पृ. 250-64) में चर्चा की है। इस खण्ड में दिनेश अब्रॉल द्वारा लिखित 'कॅलोनाइज़्ड माइंड्स' ऑर प्रोग्रेसिव नेशनेलिस्ट साइंटिस्ट्स : द साइंस एंड कल्चर ग्रुप' (पृ. 265-88) और वैज्ञानिक और औद्योगिक अनुसंधान परिषद पर वी.वी. कृष्ण द्वारा लिखित 'ऑर्गेनाइज़ेशन ऑफ़ इंडस्ट्रिअल रिसर्च : द अर्लि हिस्ट्री ऑफ़ सी एस आई आर, 1934-47' (पृ. 289-323) निबंध भी शामिल हैं। आयुर्विज्ञान पर रोजर जेफरी के दो निबंध 'रेकॅग्नाइज़िंग इंडियाज डॉक्टर्स : द इस्टैब्लिशमॅन्ट ऑफ़ मेडिकल डिपेंडॅन्सि, 1918-39' (एम ए एस, 13, 1979, पृ. 245-70) और उसी का माइक शेपर्डसन और कॉलिन साइमॅन्स द्वारा संपादित 'द इंडियन नेशनल कांग्रेस एंड द पॉलिटिकल इकॉनॉमि ऑफ़ इंडिया, 1885-1985' में 'डॉक्टर्स एंड कांग्रेस : द रोल ऑफ़ मेडिकल मेन एंड मेडिकल पॉलिटिक्स इन इंडियन नेशनेलिज़्म' (अल्डरशॉट, 1988, पृ. 160-73) पठनीय हैं। 1914 के बाद विद्युत् और परिवहन तथा औद्योगिक और कृषि विषयक प्रौद्योगिकी में हुए परिवर्तन की चर्चा अमिय कुमार बागची की पुस्तक 'प्राइवेट इन्वेस्टमेंट इन इंडिया, 1900-1939' (कैंब्रिज, 1972) और रजत के. राय कृत 'इंडस्ट्रिअॅलाइज़ेशन इन इंडिया : ग्रोथ एंड कॉनफ्लिक्ट इन द प्राइवेट

कॉरपॅरिट सेक्टर, 1914-47' (1979) में हुई है। इसके अतिरिक्त क्रिस्टोफर जॉन बेकर द्वारा लिखित 'एन इंडियन रूरल इकॉनॉमि, 1880-1955 : द तमिलनाडु कंट्रिसाइड' (ऑक्सफोर्ड, 1984) जैसी क्षेत्रीय रचनाएँ भी उपलब्ध हैं। इन रचनाओं में से अधिकांश में, पूर्व-चर्चित क्लाइव डिवी की कृति ('सम कॉन्सिक्वेंसेज़ ऑफ़ मिलिटरि एक्सुपेंडिचर') को छोड़कर, द्वितीय विश्वयुद्ध के प्रभाव और तात्कालिक परिणाम संबंधी गवेषणा का अभाव खटकता है।

द न्यू कैंब्रिज हिस्ट्री ऑफ़ इंडिया

I मुग़ल और उनके समकालीन

एम.एन. पीअर्सन,	द पोर्तुगीज़ इन इंडिया
बर्टन स्टीन,	विजयनगर
माइलोक्लीवलैंड बीच,	मुग़ल एंड राजपूत पेंटिंग
कैथरीन ऐशर,	आर्किटेक्चर ऑफ़ मुग़ल इंडिया
जॉन एफ़. रिचर्ड्स्,	द मुग़ल एंपायर
जॉर्ज मिचेल,	आर्किटेक्चर एंड आर्ट ऑफ़ साउदर्न इंडिया
जॉर्ज मिचेल और मार्क ज़ेब्रोव्स्की,	आर्किटेक्चर एंड आर्ट ऑफ़ द देक्कन सल्तनत्स
रिचर्ड एम एटन,	सोशल हिस्ट्री ऑफ़ द देक्कन
ब्रूस आर. लॉरेंस,	इंडियन सूफ़ीज़्म एंड द इस्लामिक वर्ल्ड

II भारतीय राज्य और उनका उपनिवेशीकरण

सी.ए. बेली,	इंडियन सोसायटी एंड द मेकिंग ऑफ़ द ब्रिटिश एंपायर
पी.जे. मार्शल, बंगाल,	द ब्रिटिश ब्रिजहेड : ईस्टर्न इंडिया, 1740-1828
जे.एस. ग्रेवाल,	द सिख्स ऑफ़ द पंजाब
स्टिवर्ट गॉर्डन,	द मराठाज़, 1600-1818
ओम प्रकाश,	यूरोपियन कॅमर्शल एंटरप्राइज़ इन प्रीकॅलोनिअल इंडिया
रिचर्ड बी. बार्नेट,	मुस्लिम सक्सेसर स्टेट्स
डेविड वाशब्रुक,	साउथ इंडिया।

III भारतीय साम्राज्य और आधुनिक समाज के उपक्रम

केनेथ डब्ल्यू. जोंस,	सोशल एंड रिलिजस रिफॉर्म मूवमेंट इन ब्रिटिश इंडिया
सुगाता बोस,	पेज़ेंट लेबर एंड कॅलोनिअल कैपिटल : रूरल

	बंगाल सिंस 1770
बी.आर. टॉम्लिसन,	द इकॉनॅमि ऑफ़ मॉडर्न इंडिया, 1860-1970
टॉमस आर. मेटकाफ़,	आइडिऑलॅजिज़ ऑफ़ द राज
डैविड आर्नोल्ड,	साइंस, टेक्नॉलॅजि एंड मेडिसिन इन कॅलोनिअल इंडिया
गॉर्डन जॉनसन,	गवर्नमेंट एंड पॉलिटिक्स इन इंडिया
बी.एन. रामूसैक,	द इंडियन प्रिंसेज़ एंड देअर स्टेट्स

IV समकालीन दक्षिण एशिया का विकास

पॉल आर. ब्रास,	द पॉलिटिक्स ऑफ़ इंडिया सिंस इंडिपेंडेंस : द्वितीय संस्करण
जेराल्डिन फॉर्बिस,	विमॅन इन मॉडर्न इंडिया
सूसान बेली,	कास्ट, सोसायटी एंड पॉलिटिक्स इन इंडिया फ्रॉम द एटींथ सेंचुरी टु द मॉडर्न एज
डैविड ल्यूडेन,	ऐन अग्रेरिअन हिस्ट्री ऑफ़ साउथ एशिया
राजनारायण चंदावर्कर,	द अर्बन वर्किंग क्लास
फ्रांसिस रॉबिंसन,	इस्लाम इन साउथ एशिया
अनिल सील,	द ट्रैंस्फ़र ऑफ़ पावर एंड द पार्टिशन ऑफ़ इंडिया

अनुक्रमणिका

के लिए कोई निश्चित राय देने का न तो कोई अनुभव है, न जानकारी।' एल्गिन का निष्कर्ष था कि इसके परिणामस्वरूप 'प्रायः ग़लत निर्णय लिए जाते रहे हैं, और सर्वोत्तम प्रयास भी निष्फल सिद्ध हुए हैं। क्योंकि कार्य के लिए अपेक्षित सर्वोत्तम व्यक्तियों की सहायता नहीं ली गई है।' तदनुसार, भारत सरकार ने भारत में प्रस्तावित अथवा चालू शोध-कार्य पर 'सामान्य नियंत्रण' के लिए ब्रिटेन में विज्ञान में अग्रगण्य व्यक्तियों से परामर्श की माँग की।[15]

ऐसे समय में जब भारत अपनी वैज्ञानिक विशेषज्ञता का विकास कर रहा था और भारतीय वैज्ञानिक इसमें महत्त्वपूर्ण भूमिका अदा कर रहे थे, इस तरह का प्रयास प्रतिगामी जान पड़ता है। वास्तव में, यह भारत में उभरते वैज्ञानिक समुदाय में अविश्वास का सूचक था और औपनिवेशिक विज्ञान को अधिक मजबूती से मेट्रोपोलिटन अधिकारिता में जकड़ता था। एल्गिन के अनुरोध पर इंडियन अड्वाइज़रि कमिटि ऑफ़ द रॉयल सोसायटी बनी। यह समिति विशेषज्ञ वैज्ञानिकों का एक समूह थी और इनमें से कुछ को भारत के संबंध में व्यक्तिगत अनुभव भी थे। लेकिन यह समिति भी 1903 तक, अर्थात् अपने औपचारिक गठन के तीन साल बाद तक, निष्क्रिय रही जबकि कार्यवाही अविलंब किए जाने की जरूरत थी। अकाल और प्लेग के क्रम में कर्ज़न और उसके सलाहकारों ने बोर्ड ऑफ़ साइंटिफ़िक अड्वाइस (वैज्ञानिक परामर्श परिषद) के नाम से 1903 में विशेषज्ञों का एक अपना निकाय गठित करने का निर्णय लिया। इसका काम था, भारत के वैज्ञानिक और तकनीकी सेवाओं के प्रधानों को द्विवार्षिक बैठक में एक मंच पर लाना। लेकिन, मेट्रोपोलिटन विज्ञान के निर्देशानुसार बोर्ड के लिए लंदन के रॉयल सोसायटी को वार्षिक प्रतिवेदन देना आवश्यक था। कर्ज़न मानता था कि विज्ञान और प्रौद्योगिकी के तेजी से बदलते विश्व में भारत में ठोस सलाह और व्यावहारिक शोध नितांत आवश्यक हैं, खासकर इसलिए कि भारत सरकार 'विश्व में विशालतम भूभाग पर काबिज है, देश की समृद्धि अभी मुख्य रूप से इसकी कृषि पर निर्भर है, इसके आर्थिक और औद्योगिक संसाधनों की खोज ठीक से नहीं की जा सकी है और शोध-कार्यों के लिए कोष सीमित हैं।'[16] भारतीय निकाय को इस बात से कोफ्त होती थी कि उसे लंदन की समिति को प्रतिवेदन भेजने पड़ते थे और समिति उनके उत्तर तो काफी विलंब से देती ही थी, अनुमति भी 'आधारभूत' शोध-कार्यों के बदले उन्हीं 'व्यावहारिक' शोध-कार्यों की देती थी जो उसे भारत में विज्ञानकर्मियों के लिए उपयुक्त प्रतीत होते थे। परिषद को यह बिल्कुल पसंद नहीं था कि लंदन के विशेषज्ञ, भले ही उनमें से कुछ भारत में काम कर चुके हों, भारतीय विज्ञानकर्मियों का छिद्रान्वेषण करें। दोनों के बीच का व्यावहारिक संबंध वास्तव में 1910 में भंग हो गया। लंदन की परामर्शदातृ समिति 1914 के बाद निष्क्रिय हो गई और यही हाल 1922 में भारतीय परिषद का भी हुआ।

रॉय मैक्लिऑड ने भारतीय परिषद की जीवन-वृत्ति और लंदन समिति के साथ इसके संघर्ष को इस बात का प्रमाण माना है कि भारत में 'वैज्ञानिक स्वतंत्रता का नया बोध विकसित हो रहा था।'[17] संभव है, 1900 के दशक में अधिक स्वायत्तता पाने की कामना रही हो लेकिन राजनीतिक स्वतंत्रता की भाँति 'वैज्ञानिक स्वतंत्रता' 1945 के बाद ही हासिल हो पाई। दरअसल, भारत में विज्ञान के परामर्शदाता और निरीक्षक की रॉयल सोसायटी की भूमिका और भारत की अपनी बोर्ड ऑफ़ साइंटिफ़िक अड्वाइस की नियति को भारतीय वैज्ञानिकों द्वारा औपनिवेशिक राज्य और उसके मेट्रोपोलिटन मित्रों से स्वायत्तता अथवा नीति-निर्धारण प्रक्रिया में महत्त्वपूर्ण साझेदारी प्राप्त करने के प्रयासों की दीर्घकालीन विफलता का ही सूचक माना जा सकता है।

लॉर्ड कर्ज़न ने यह तो स्वीकार किया कि विज्ञान-विशेषज्ञों का काम सलाह देना था, प्रशासन करना नहीं, लेकिन वह उस युग की वैज्ञानिक चेतना और असंयत साम्राज्यवाद की व्यावहारिक तथा विवादात्मक आवश्यकताओं के प्रति अपने नौकरशाहों की अपेक्षा अधिक सचेत था। उसका स्पष्ट मत था कि भारत में विज्ञान को अब तक अपेक्षित महत्त्व नहीं दिया गया है। विज्ञान (न कि सिर्फ उन्नीसवीं सदी के चिंतन की प्रतिनिधि रचनाएँ) दूरगामी परिवर्तन की ताकत, अधिक प्रभावी शासन में सहायक और जोर पकड़ती राष्ट्रवादी भावना के समय में ब्रिटिश शासन के लिए विधि-निर्माण की नई शक्ति था। 1899 में एक चिकित्सा-सम्मेलन को संबोधित करते हुए कर्ज़न ने दावा किया कि ब्रिटिश भारत में सिर्फ विजेता के रूप में नहीं, हितैषी बनकर भी आए हैं और अपने साथ अपने कानून, धर्म, साहित्य और विज्ञान के उपहार लेते आए हैं। उसने यह भी स्वीकार किया कि ऐसे लोग हो सकते हैं जो ब्रिटेन के कानून और धर्म को संदेह की नजर से देखते हों, लेकिन विज्ञान, विशेषकर आयुर्विज्ञान के बारे में किसी प्रकार की शंका नहीं हो सकती। आयुर्विज्ञान 'शुद्ध, अकाट्य विज्ञान की ठोस नींव पर निर्मित' था। यह 'धनी और निर्धन, हिंदू और मुसलमान, महिला और पुरुष, सबों के लिए...वरदानस्वरूप' था। इसने 'बिना अश्रद्धा के पर्दा-प्रथा के' घूँघट उठा दिए, 'बिना धर्म नष्ट किए' वर्ण-व्यवस्था को भंग कर दिया। आयुर्विज्ञान सारे विज्ञानों में सबसे ज्यादा सार्वभौमिक था क्योंकि इसका उदार स्पर्श विश्व में प्रत्येक दुखी व्यक्ति को उपलब्ध था।

दीर्घकाल तक उपेक्षित रही कृषि अब उच्च प्राथमिकताओं में थी। 1905 में लॉर्ड कर्ज़न ने बिहार प्रांत के पूसा में इंडियन एग्रिकल्चरल रिसर्च इंस्टिट्यूट का शिलान्यास करते हुए इस बात पर विशेष बल दिया कि वैज्ञानिक शोध और शिक्षा को प्रोत्साहित करना भारत सरकार की विशेष जवाबदेही है। कर्ज़न के अनुसार सरकार का कर्तव्य था कि वह प्रांतों को नेतृत्व प्रदान करे और यह काम वह आदर्श वैज्ञानिक संस्थाओं के सर्जन और विशिष्ट प्रतिभा वाले विशेषज्ञों के नियोजन और